流形与几何初

（第二版）

梅加强　编著

科 学 出 版 社

北　京

内 容 简 介

本书是一本微分流形和现代几何的入门教材. 它从微分流形的定义出发, 介绍了现代几何学研究中的各种基本概念和技巧. 本书前两章为基础内容, 主要介绍流形上的微积分并证明 Stokes 积分公式; 后三章为进阶内容, 分别从几何、拓扑和整体分析三个方面阐述现代几何中的一些重要成果, 如 Gauss-Bonnet-Chern 公式、Hodge 定理以及 Atiyah-Singer 指标公式等. 本书内容丰富、语言简洁, 书中含有详细的例子和习题. 凡具有微积分、线性代数、点集拓扑以及泛函分析基础的读者均可阅读本书.

本书可作为综合性大学、师范院校数学系高年级本科生和研究生选修课教材, 也可供数学、物理工作者参考.

图书在版编目(CIP)数据

流形与几何初步 / 梅加强编著. -- 2 版. -- 北京 : 科学出版社, 2025. 6.
ISBN 978-7-03-081464-7

Ⅰ. O189.3

中国国家版本馆 CIP 数据核字第 2025PY9744 号

责任编辑: 许 蕾 / 责任校对: 郝璐璐
责任印制: 吴兆东 / 封面设计: 许 瑞

科 学 出 版 社 出版
北京东黄城根北街 16 号
邮政编码: 100717
http://www sciencep com
固安县铭成印刷有限公司印刷
科学出版社发行 各地新华书店经销
*
2013 年 1 月第 一 版 开本: 787 × 1092 1/16
2025 年 6 月第 二 版 印张: 19 3/4
2025 年11月第十三次印刷 字数: 468 000

定价: 89.00 元

(如有印装质量问题, 我社负责调换)

第二版前言

本书第一版自 2013 年出版以来, 在南京大学数学系经历了 10 余年的教学实践. 在使用过程中, 我们逐渐发现了许多值得改进的地方. 现在呈现给读者的就是经过全面修订后的版本, 它不仅改正了第一版中的若干错误, 还补充了 20 余幅插图, 对习题也做了适当的调整. 下面对主要的修订内容做一些简单介绍.

第 1 章增加了与单位分解有关的延拓定理、局部光滑逼近以及同伦的光滑化等内容; 补充了非紧情形下的 Whitney 嵌入定理.

第 2 章主要对一些重要概念引进的动机部分做了完善, 对 Lie 群相关内容做了微调.

第 3 章对关于局部对称空间的刻画 (命题 3.6.5) 的证明做了更正, 对 Gauss-Bonnet-Chern 公式的证明细节做了一点补充, 对 Chern-Weil 理论和主丛的相关内容做了适当的调整.

第 4 章前两节做了较大的调整. 第一节重新证明了 de Rham 上同调群的同伦不变性; 第二节重新证明了 Borsuk 定理, 并利用映射度给出了区域不变性定理和 Jordan 分割定理的证明.

第 5 章仅做了一些小的调整, 更正了几处错误.

本书作为教材在南京大学数学系长期使用, 历届同学和老师以及其他热心读者都提出过很好的修改建议; 本书的出版也得到了南京大学的大力支持, 特此一并致谢.

梅加强

2025 年 3 月于南京大学

第一版前言

几何学在古代被称为测地之学. 几何学的研究对象从平面上的简单规则图形一直演化到空间中较为复杂的曲线和曲面. Gauss 关于曲面的研究揭示了曲率是一个内蕴的几何量. Riemann 是第一个将曲面的概念从欧氏空间中抽象出来并推广到高维情形的数学家. Riemann 在他 1851 年的博士论文和 1854 年的著名的就职演讲中, 提出了流形的概念. Riemann 用流形这个概念来描述那些满足一定约束条件的变量所能取到的值所构成的集合. 比如, 欧氏空间中的单位球面是流形, 其中约束条件是向量的长度为 1. 在物理学中, 流形的概念出现得也很自然. 在一定的约束条件下某个物理量的所有可能的状态构成的集合就是流形.

1900 年前后, Poincaré 创立了代数拓扑学, 他研究了 3 维和高维流形的许多具体例子. 1912 年, Weyl 在其关于黎曼曲面的著作中给出了抽象的 2 维流形的定义. Weyl 将流形视为在局部上与欧氏空间同胚的点集. 这样, 高维抽象流形的概念就呼之欲出了. 1936 年前后, Whitney 详细地研究了微分流形的基本性质; 1944 年, 他证明了抽象的微分流形可以嵌入欧氏空间中, 于是我们又可以从抽象的空间回到现实的几何世界.

以流形为研究对象的几何学常称为现代几何学. 20 世纪以来, 现代几何学的发展取得了辉煌的成就, 这些成就部分地反映在本书中. 全书共五章, 第 1 章介绍流形的基本概念; 第 2 章在流形上引入微积分; 后三章分别从几何、拓扑和整体分析的角度进一步讨论一些重要的结果. 下面我们对各章主要内容做一些简要的说明:

在第 1 章中, 我们首先从 Weyl-Whitney 的观点出发引入微分流形的概念, 接着再利用反函数定理 (隐函数定理) 研究流形之间映射的局部性态. 利用隐函数定理, 我们可以将抽象流形视为欧氏空间中多元函数的广义图像. 然后我们介绍单位分解这个常用工具, 它可以用来将局部信息在流形上拼成整体结果. 为了利用微积分的思想研究流形, 我们引入了切空间和切映射的概念. 在微积分中, 我们知道导数恒为零的函数必为常值函数. 在微分流形上, Sard 定理是此结果的推广. 我们讨论了 Sard 定理和它的若干应用. 最后, 利用前面的这些概念和工具, 我们还介绍了 Lie 群的初步知识.

第 2 章主要研究流形上的微积分. 我们在这一章中引入了微分流形上的几个关键性的概念: 首先是切丛的概念, 它是切向量和切空间的整体化; 接着引入了分布的概念并讨论可积分布, 利用 Frobenius 可积性定理我们进一步探讨了 Lie 群; 然后我们将切丛推广为一般的向量丛, 再引入张量丛和张量场的概念. 张量和微分形式是微分流形上重要的基础性概念. 我们既用局部坐标的观点, 也用整体的不变观点阐述了这些概念. 最后我们介绍带有边界的流形并证明著名的 Stokes 积分公式, 这是流形上的微积分基本公式.

从第 3 章开始我们正式研究流形上的几何学. 首先是几何学的三个基本概念: 黎曼度量、联络和曲率. 引入基本概念以后我们专门以一节的内容介绍基本的计算方法, 包括活动标架法和正规坐标系中的计算方法. 利用这些方法, 我们研究了子流形的几何, 这样, 现代几何和古典几何就合在一起了. 接着我们讨论了 Lie 群和齐性空间的几何, 从不同的角度介绍了主丛和主丛上的联络. 最后, 我们给出陈省身先生关于 Gauss-Bonnet-Chern 公式的内蕴证明, 从证明方法中很自然地引出关于示性类的 Chern-Weil 理论.

在第 4 章中我们围绕 de Rham 上同调群介绍流形上的拓扑学. 我们首先计算了欧氏空间和球面的 de Rham 上同调群, 利用所得结果引入映射度的概念. 作为应用, 我们证明了 Brouwer 不动点定理和 Borsuk-Ulam 定理. 接着我们讨论 de Rham 上同调群的一般计算办法, 用到的主要工具是 Mayer-Vietoris 正合序列. 利用这些工具我们在一类流形上获得了 Poincaré 对偶定理, 并给出 Poincaré-Hopf 指标公式的证明. 最后我们还介绍了重要的 Hodge 理论和微分几何中常用的 Bochner 技巧. 为了与前后内容相衔接我们还引入了 Clifford 丛和 Dirac 算子的概念.

第 5 章的主要目的是给出 Hodge 定理的证明, 并讨论非凡的 Atiyah-Singer 指标公式. 首先我们在流形上建立了 Sobolev 空间, 讨论了 Dirac 算子的解析性质. 利用 Sobolev 空间的基本理论和 Dirac 算子的椭圆性质, 我们给出了 Hodge 定理的证明. 接着我们介绍 Dirac 算子的热方程和波方程, 研究热核的基本性质. 重要的是热核可以用来表示 Dirac 算子的指标. 最后, 利用热核的渐近展开, 我们给出了 Dirac 算子的指标公式, 同时也介绍了一般的 Atiyah-Singer 指标公式.

作者多年在南京大学数学系为高年级本科生和研究生讲授流形与几何的基础课程. 本书是根据作者授课的讲义修改而成, 历届同学也对本书提出了建议, 作者在此表示感谢. 本书部分内容曾经北京大学数学科学学院戴波副教授试用, 作者对他在试用后提出的宝贵意见和建议致以衷心的谢意.

本书的出版得到了南京大学数学系国家基础科学人才培养基金 (批准号: J1210049) 和国家自然科学基金面上项目 (项目批准号: 11171143) 的资助, 特此致谢.

梅加强

2012 年 8 月于南京大学

目　　录

第 1 章　微 分 流 形

本章给出微分流形的定义, 研究流形之间的映射及其线性化. 我们介绍微分流形的基本研究手段, 列举了若干具体的例子, 并将 Lie 群作为重要的例子加以介绍.

§1.1　流形的定义和例子

中学阶段学习过的平面几何和立体几何属于欧氏几何. 欧氏几何研究空间中的直线、平面等比较规则的图形. 大学阶段的数学专业又有解析几何和古典微分几何的课程, 其研究对象扩展到了曲线和曲面等不规则图形, 基本的研究工具有微积分、线性代数等. Gauss 对古典微分几何的贡献很大, 他发现曲面的曲率实际上只依赖于曲面的第一基本形式, 这为将曲面从欧氏空间中抽象出来奠定了基础. 此外, Gauss-Bonnet 定理将几何量 (曲率) 和拓扑量 (Euler 数) 联系在一起, 从而为运用几何手段研究拓扑问题提供了启发.

在欧氏几何中, 第五公设 (也就是平行线公理) 较难理解, 许多数学家尝试过将第五公设从欧氏几何的体系中拿掉, 这些尝试基本上都失败了. 一个重要的原因就是人们往往将自己局限在欧氏空间中考虑问题. 1854 年, Riemann 在其就职演讲中探讨了几何学的一般基础, 提出了流形的概念. Riemann 的学说囊括了以前的几何学, 以此为基础发展起来的几何学后来称为 Riemann 几何学, 也称为现代几何学.

流形是欧氏空间中曲线、曲面的抽象化, 它是现代几何学的研究对象. 粗略地来说, 流形是满足若干条件的要素所构成的集合, 比如物体的运动轨迹或运动状态所形成的状态空间等.

例 1.1.1　*考虑平面中长度为 ℓ 木棒, 将其一端固定, 木棒绕固定端转动, 研究其所有可能的位置或状态构成的空间.*

木棒一端固定, 其位置就完全由另一端所决定 (见图 1.1(a)). 另一端的运动轨迹是以固定端为中心, 以 ℓ 为半径的圆周. 圆周是所谓的 1 维流形 (见图 1.1(b)).

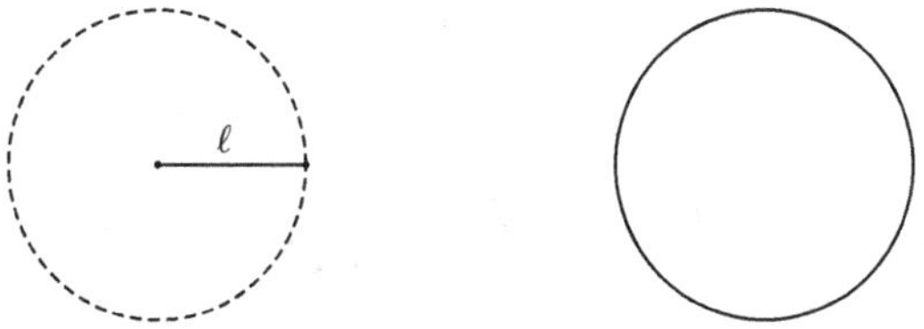

(a)　　(b)

图 1.1　圆周

例 1.1.2　*考虑平面中长度为 ℓ_1, ℓ_2 的两根木棒, 在端点处用铰链将它们连接起来成为双节棍. 将其一端固定, 研究双节棍所有可能的位置或状态构成的空间.*

一端固定以后, 双节棍的位置就完全由铰链的位置和另一端的位置所决定 (见图 1.2(a)). 铰链的运动轨迹是以固定端为中心, 以 ℓ_1 为半径的圆周, 记为 $S^1(\ell_1)$. 另一端的运动轨迹相对于铰链也是一个圆周, 记为 $S^1(\ell_2)$. 因此, 双节棍所有可能的位置可以用乘积空间 $S^1(\ell_1) \times S^1(\ell_2)$ 来描述, 这是环面, 它是所谓的 2 维流形 (见图 1.2(b)).

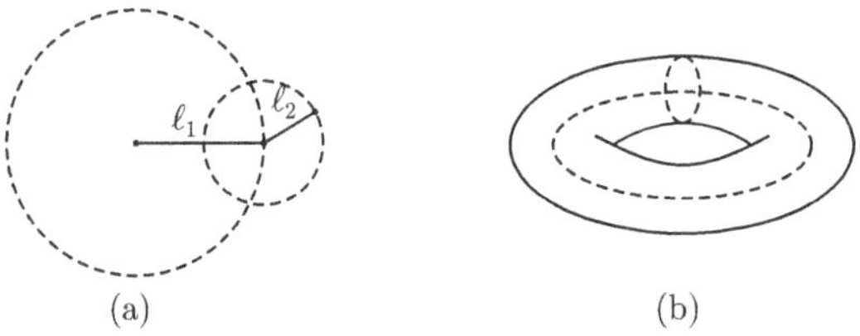

图 1.2　环面

一般地, 流形可以用拓扑空间的语言来描述. 回忆一下, 所谓拓扑空间是指一个配对 (X, τ), 其中 X 为一个集合, τ 也是一个集合, 其元素都是 X 的子集, 并且满足以下条件:

(1) $\varnothing$, $X \in \tau$;

(2) τ 中有限个元素之交仍属于 τ;

(3) τ 中任意多个元素之并仍属于 τ.

这样的 τ 称为 X 上的一个拓扑, τ 中的元素称为开集. 拓扑空间是点集拓扑学或一般拓扑学的主要研究对象. 在点集拓扑学中, 人们研究拓扑空间的连续性质以及在连续变换下保持不变的性质. 为了运用微积分的手段研究拓扑空间的性质, 我们必须对拓扑空间施加进一步的限制. 在点集拓扑学中, 具有可数拓扑基的拓扑空间称为 A_2 的, 具有 Hausdorff 性质的拓扑空间称为 T_2 的.

定义 1.1.1 (C^r 流形)　设 M 是具有 A_2, T_2 性质的拓扑空间. 如果存在 M 的开覆盖 $\{U_\alpha\}_{\alpha\in\Gamma}$ 以及相应的连续映射族 $\varphi_\alpha : U_\alpha \to \mathbb{R}^n$, 使得

(i) $\varphi_\alpha : U_\alpha \to \varphi_\alpha(U_\alpha) \subset \mathbb{R}^n$ 为从 U_α 到欧氏空间开集 $\varphi_\alpha(U_\alpha)$ 上的同胚;

(ii) 当 $U_\alpha \cap U_\beta \neq \varnothing$ 时, 如下的转换映射 (见图 1.3)

$$\varphi_\beta \circ \varphi_\alpha^{-1} : \varphi_\alpha(U_\alpha \cap U_\beta) \to \varphi_\beta(U_\alpha \cap U_\beta)$$

为 C^r ($r \geqslant 1$) 映射, 则称 M 为 C^r 流形.

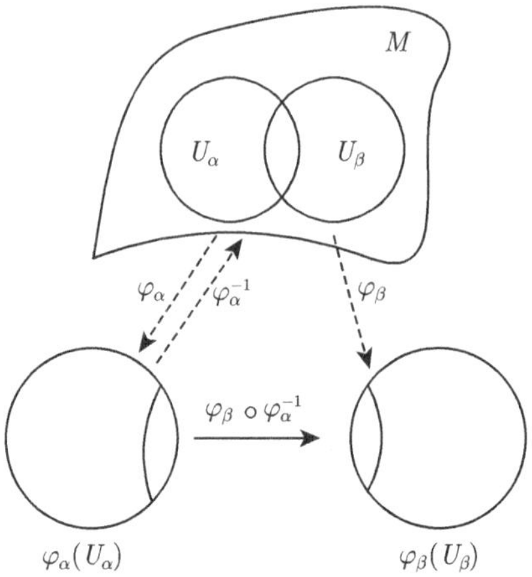

图 1.3　转换映射

我们称 $\{U_\alpha\}$ 或 $\{(U_\alpha,\varphi_\alpha)\}$ 为 M 的局部坐标覆盖, $(U_\alpha,\varphi_\alpha)$ 为一个局部坐标系, U_α 为局部坐标邻域, φ_α 为局部坐标映射. 设 $p\in U_\alpha$, 记 $x^i(p)$ 为 $\varphi_\alpha(p)$ 的第 i 个欧氏坐标. $x^i:U_\alpha\to\mathbb{R}$ 为第 i 个 (局部) 坐标函数, 有时也称 $\{x^i\}=\{x^1,x^2,\cdots,x^n\}$ 为 p 附近的局部坐标.

我们就流形的概念做一些解释:

(1) 定义 1.1.1 中的 n 称为流形 M 的维数, 也记为 $\dim M$. 以后我们将知道, 维数是流形的拓扑不变量. 为了强调流形的维数, 有时也把 M 记为 M^n.

(2) 如果所有的转换映射都只是连续的, 则称 M 为拓扑流形. 当 $1\leqslant r<\infty$ 时, 称 M 为 C^r 微分流形. 如果转换映射都是无限次可微的, 则称 M 为 C^∞ 流形或光滑流形. 当转换映射都是实解析 (记为 C^ω) 时, 称 M 为实解析流形.

(3) 设 U 为 M 上的开集, $\varphi:U\to\mathbb{R}^n$ 为连续映射, 且 φ 的像为开集, φ 到其像上是同胚. 如果 φ 和 φ_α 之间的转换映射均为 C^r 的, 则称 (U,φ) 和局部坐标覆盖 $\{(U_\alpha,\varphi_\alpha)\}$ 是 C^r 相容的. 利用选择公理容易证明, 对于任何一个局部坐标覆盖 $\{(U_\alpha,\varphi_\alpha)\}$, 均存在一个包含它的 "最大" 的局部坐标覆盖 $\mathscr{D}$, 其中 "最大" 是指任何与 $\mathscr{D}$ 均 C^r 相容的局部坐标系 (U,φ) 都要含于 $\mathscr{D}$ 之中. 我们把这样的 $\mathscr{D}$ 称为拓扑流形 M 的一个 C^r 微分构造或微分结构.

(4) 存在拓扑流形, 该拓扑流形上不存在任何相容的微分构造; 另一方面, 可以证明 (这是微分拓扑学的内容), 给定一个 C^r $(r\geqslant 1)$ 微分构造, 一定存在一个相容的 C^∞ 微分构造. 为了方便起见, 在没有明确说明的情况下, 下面的微分流形一般指的是光滑流形.

例 1.1.3 欧氏空间及其开集.

在 $\mathbb{R}^n$ 上取恒同映射 $\mathrm{id}:\mathbb{R}^n\to\mathbb{R}^n$, 则 $\mathbb{R}^n$ 成为微分流形, 恒同映射是其 (整体) 坐标. 显然, $\mathbb{R}^n$ 中的开集也都是 n 维微分流形, 这些是所谓的平凡流形; 一般地, 微分流形的开子集也继承了微分结构成为微分流形.

我们把上面所定义的 $\mathbb{R}^n$ 上的微分结构称为标准微分结构. 需要注意的是, 除了标准的微分结构以外, 还存在和标准微分结构不相容的其他微分结构. 例如, 考虑 $\mathbb{R}^1=\mathbb{R}$ 上如下的映射

$$\varphi:\mathbb{R}^1\to\mathbb{R}^1,\quad \varphi(u)=u^3,\ \forall\, u\in\mathbb{R}^1.$$

显然 φ 为同胚, 因此它定义了 $\mathbb{R}^1$ 上的一个微分结构, 它和标准的微分结构不相容. (为什么?)

例 1.1.4 单位圆周 S^1.

记

$$S^1=\{(x,y)\in\mathbb{R}^2\,|\,x^2+y^2=1\}=\{\mathrm{e}^{\mathrm{i}\theta}\,|\,\theta\in[0,2\pi]\},$$

则 S^1 为 $\mathbb{R}^2$ 的子拓扑空间. 令

$$U_1=\{\mathrm{e}^{\mathrm{i}\theta}\,|\,\theta\in(0,2\pi)\},\quad U_2=\{\mathrm{e}^{\mathrm{i}\eta}\,|\,\eta\in(\pi,3\pi)\},$$

则 $U_1=S^1\setminus\{(1,0)\}$, $U_2=S^1\setminus\{(-1,0)\}$, 因此 $S^1=U_1\cup U_2$. 分别在 U_1 和 U_2 上定义映射如下

$$\varphi_1:U_1\to(0,2\pi)\subset\mathbb{R}^1$$

$$\mathrm{e}^{\mathrm{i}\theta}\mapsto\theta,$$

$$\varphi_2: U_2 \to (\pi, 3\pi) \subset \mathbb{R}^1$$

$$e^{i\eta} \mapsto \eta,$$

则 φ_1 和 φ_2 均为同胚, 且转换映射

$$\varphi_2 \circ \varphi_1^{-1}: (0,\pi) \cup (\pi, 2\pi) \to (\pi, 2\pi) \cup (2\pi, 3\pi)$$

形如

$$\varphi_2 \circ \varphi_1^{-1}(\theta) = \begin{cases} \theta + 2\pi, & \theta \in (0, \pi), \\ \theta, & \theta \in (\pi, 2\pi). \end{cases}$$

同理可计算出 $\varphi_1 \circ \varphi_2^{-1}$, 它们均为光滑映射, 因此 S^1 为光滑流形.

可以证明, 在分类的意义下, $\mathbb{R}^1$ 和 S^1 是仅有的两个连通 1 维流形. 为了给流形分类, 我们先引入 C^k 映射的概念.

定义 1.1.2 (C^k 映射) 设 $f: M \to N$ 为两个 C^r 微分流形之间的连续映射. 如果任给 $p \in M$ 和 $q = f(p) \in N$ 附近的局部坐标系 (V, ψ), 均存在 p 附近的局部坐标系 (U, φ), 使得 $f(U) \subset V$, 且 f 在这两个局部坐标系下的局部表示

$$\psi \circ f \circ \varphi^{-1}: \varphi(U) \to \psi(V)$$

为 C^k $(k \leqslant r)$ 映射, 则称 f 为流形 M, N 之间的 C^k 映射. C^k 映射的全体记为 $C^k(M, N)$.

显然, C^k 映射的复合仍为 C^k 映射. 注意, C^k 映射的定义虽然用到局部坐标系, 但由于流形定义中要求转换映射都是 C^r 的, 故实际上映射的 C^k 性质不依赖于局部坐标系的选取. 在定义微分流形上某种对象的时候, 如果用局部坐标系来定义, 则需注意验证该定义是否与局部坐标的选取无关.

定义 1.1.3 (微分同胚) 设 M, N 为 C^r 微分流形, $f: M \to N$ 为同胚映射. 如果 f 及其逆映射 f^{-1} 均为 C^r 映射, 则称 f 为 C^r 微分同胚, 简称微分同胚.

不加申明时, 光滑流形之间的微分同胚指的是光滑的微分同胚. 我们不区分微分同胚的流形. 特别地, 在同一个拓扑流形上, 如果两个微分结构定义出的微分流形是微分同胚的, 则我们称这两个微分结构等价, 我们不区分等价的微分结构. 作为习题, 读者可证明例 1.1.3 中 $\mathbb{R}^1$ 上的两个微分结构是等价的. 一般地, Moise 等证明了维数不超过 3 的拓扑流形上存在唯一的微分结构. 后来, Milnor 发现在 7 维球面上存在不同于标准微分结构的微分结构, 这个结果当时在数学界引起了不小的轰动. 进一步的研究表明在 7 维球面上一共存在 28 个不同的微分结构, 它们组成一个有限循环群. 人们也早就发现, 除了 $\mathbb{R}^4$ 以外, 欧氏空间上的微分结构都是唯一的. 后来, 由于 Freedman 和 Donaldson 等的工作, 人们发现在 4 维欧氏空间上甚至存在不可数多个不同的微分结构.

设 $\{(U_\alpha, \varphi_\alpha)\}$ 为微分流形 M 的局部坐标覆盖. 转换映射可以用分量表示如下

$$\varphi_\beta \circ \varphi_\alpha^{-1}(x) = (y^1, y^2, \cdots, y^n),$$

其中, $x = (x^1, x^2, \cdots, x^n) \in \varphi_\alpha(U_\alpha \cap U_\beta)$, y^i $(1 \leqslant i \leqslant n)$ 是 x^j $(1 \leqslant j \leqslant n)$ 的函数. 转换映射 $\varphi_\beta \circ \varphi_\alpha^{-1}$ 的 Jacobi 矩阵记为

$$J(\varphi_\beta \circ \varphi_\alpha^{-1}) = \left(\frac{\partial y^i}{\partial x^j}\right)_{n \times n},$$

Jacobi 行列式记为

$$\det J(\varphi_\beta\circ\varphi_\alpha^{-1})(p)=\frac{\partial(y^1,y^2,\cdots,y^n)}{\partial(x^1,x^2,\cdots,x^n)}(\varphi_\alpha(p)),\quad p\in U_\alpha\cap U_\beta.$$

在多元微积分中，曲线和曲面上的第二型积分都涉及重要的概念: "定向". 定向这个概念对于微分流形也很重要，我们将从不同的角度来介绍它.

定义 1.1.4(可定向流形) *设 M 为微分流形，如果存在 M 的局部坐标覆盖 $\{(U_\alpha,\varphi_\alpha)\}_{\alpha\in\Gamma}$，使得只要 $U_\alpha\cap U_\beta\neq\varnothing$，就有 $\det J(\varphi_\beta\circ\varphi_\alpha^{-1})>0$，则称流形 M 可定向，$\{(U_\alpha,\varphi_\alpha)\}$ 为一个定向坐标覆盖. 如果不存在定向坐标覆盖，则称流形 M 不可定向.*

前面两个例子中的欧氏空间和单位圆周都是可定向的微分流形. 下面我们再来看几个例子.

例 1.1.5 *n 维环面 T^n.*

两个微分流形的乘积仍为微分流形，因此 $T^n=S^1\times S^1\times\cdots\times S^1$ (n 个 S^1 之积) 为 n 维微分流形，并且是可定向流形，称为 n 维环面.

例 1.1.6 *n 维球面 S^n.*

记

$$S^n=\left\{(x^1,x^2,\cdots,x^{n+1})\,\middle|\,\sum_{i=1}^{n+1}(x^i)^2=1\right\}.$$

S^n 是 $\mathbb{R}^{n+1}$ 中的子拓扑空间. 令

$$U_1=S^n\setminus\{(0,0,\cdots,-1)\},\quad U_2=S^n\setminus\{(0,0,\cdots,1)\}.$$

显然，$S^n=U_1\cup U_2$. 分别定义映射 $\varphi_1:U_1\to\mathbb{R}^n$ 和 $\varphi_2:U_2\to\mathbb{R}^n$(见图 1.4) 如下

$$\varphi_1(x^1,x^2,\cdots,x^{n+1})=\left(\frac{x^1}{1+x^{n+1}},\frac{x^2}{1+x^{n+1}},\cdots,\frac{x^n}{1+x^{n+1}}\right),$$

$$\varphi_2(x^1,x^2,\cdots,x^{n+1})=\left(\frac{x^1}{1-x^{n+1}},\frac{x^2}{1-x^{n+1}},\cdots,\frac{x^n}{1-x^{n+1}}\right).$$

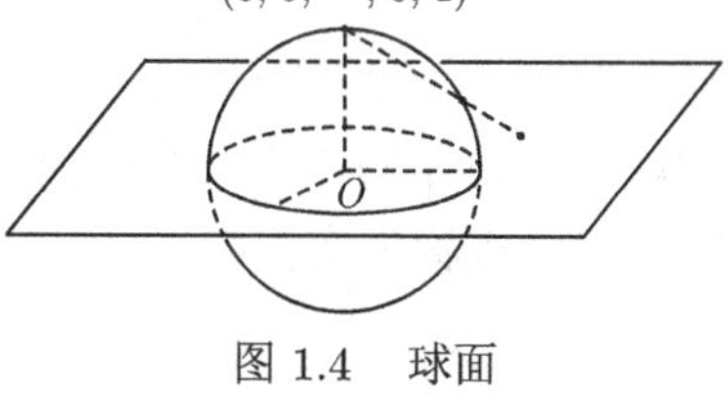

图 1.4 球面

容易看出 φ_1 和 φ_2 均为同胚，并且转换映射 $\varphi_2\circ\varphi_1^{-1}:\mathbb{R}^n\setminus\{0\}\to\mathbb{R}^n\setminus\{0\}$ 为

$$\varphi_2\circ\varphi_1^{-1}(y^1,y^2,\cdots,y^n)=\left(\sum_{i=1}^{n}(y^i)^2\right)^{-1}(y^1,y^2,\cdots,y^n).$$

因此 $\varphi_2\circ\varphi_1^{-1}$ 为光滑映射，同理 $\varphi_1\circ\varphi_2^{-1}$ 也为光滑映射. 这说明，S^n 为 n 维光滑流形. 不难验证它是可定向的紧致连通流形.

例 1.1.7 *n 维实投影空间 $\mathbb{R}P^n$.*

记

$$\mathbb{R}P^n = (\mathbb{R}^{n+1} \setminus \{0\})/\sim,$$

其中, 等价关系 “$\sim$” 定义如下

$$x, y \in \mathbb{R}^{n+1} \setminus \{0\},\ x \sim y \Longleftrightarrow \text{存在非零实数 } \lambda \text{ 使得 } x = \lambda y.$$

商空间 $\mathbb{R}P^n$ 中的点可以看成 $\mathbb{R}^{n+1}$ 中经过原点的直线. 记 x 的等价类为 $[x]$, 定义投影映射 $\pi: \mathbb{R}^{n+1} \setminus \{0\} \to \mathbb{R}P^n$ 为 $\pi(x) = [x]$. $\mathbb{R}P^n$ 商的拓扑定义为商拓扑, 即

$$V \text{ 为 } \mathbb{R}P^n \text{ 中开集} \Longleftrightarrow \pi^{-1}(V) \text{ 为 } \mathbb{R}^{n+1} \setminus \{0\} \text{ 中开集}.$$

$\mathbb{R}P^n$ 也可以看成 S^n 的商空间

$$\mathbb{R}P^n = S^n/\sim,$$

其中, $x \sim y$ 当且仅当 $y = \pm x$. 容易看出, 在商拓扑下, $\mathbb{R}P^n$ 为 A_2 和 T_2 的. 下面我们说明 $\mathbb{R}P^n$ 上有自然的微分流形结构. 为此, 对 $k = 1, 2, \cdots, n+1$, 令

$$U_k = \{[x] \in \mathbb{R}P^n \,|\, x = (x^1, x^2, \cdots, x^{n+1}),\ x^k \neq 0\},$$

由等价关系的定义知 U_k 的定义是恰当的, U_k 均为开集并且 $\mathbb{R}P^n = \bigcup\limits_{k=1}^{n+1} U_k$. 定义映射 $\varphi_k: U_k \to \mathbb{R}^n$ 为

$$\varphi_k([x]) = \big(x^1/x^k, x^2/x^k, \cdots, x^{k-1}/x^k, x^{k+1}/x^k, \cdots, x^{n+1}/x^k\big).$$

由等价关系的定义知 φ_k 的定义是恰当的且为同胚映射. 当 $k \neq l$ 时, $U_k \cap U_l \neq \varnothing$. 为了计算转换映射, 记 x^i/x^j 为 ${}_j\xi^i$, 则

$$\varphi_l \circ \varphi_k^{-1}({}_k\xi^1, \cdots, {}_k\xi^{k-1}, {}_k\xi^{k+1}, \cdots, {}_k\xi^{n+1}) = ({}_l\xi^1, \cdots, {}_l\xi^{l-1}, {}_l\xi^{l+1}, \cdots, {}_l\xi^{n+1}),$$

因为

$${}_l\xi^h = x^h/x^l = \left(\frac{x^h}{x^k}\right) \Big/ \left(\frac{x^l}{x^k}\right) = {}_k\xi^h \,/\, {}_k\xi^l, \quad h \neq l, k,$$

$${}_l\xi^k = x^k/x^l = 1 \Big/ \left(\frac{x^l}{x^k}\right) = ({}_k\xi^l)^{-1},$$

故转换映射均为光滑映射, 这说明 $\mathbb{R}P^n$ 为光滑流形.

可以证明, 当 n 为奇数时, $\mathbb{R}P^n$ 为可定向流形; 当 n 为偶数时, $\mathbb{R}P^n$ 为不可定向流形. $\mathbb{R}P^n$ 称为 n 维实投影空间, 其中 $\mathbb{R}P^2$ 也称为实投影平面.

例 1.1.8 流形的连通和.

设 M_1 和 M_2 均为 n 维微分流形, 取 $p_1 \in M_1, p_2 \in M_2$, 分别在 M_1 和 M_2 上取 p_1 附近的局部坐标系 (U_1, φ_1) 和 p_2 附近的局部坐标系 (U_2, φ_2), 使得 $\varphi_1(p_1) = \varphi_2(p_2) = 0$, 且

$$\varphi_1(U_1) = \varphi_2(U_2) = B_2(0) = \left\{x \in \mathbb{R}^n \,\middle|\, \sum_{i=1}^n (x^i)^2 < 4\right\}.$$

记

$$A(0.5, 2) = \left\{x \in \mathbb{R}^n \,\middle|\, \frac{1}{4} < \sum_{i=1}^n (x^i)^2 < 4\right\},$$

并令 $V_1=\varphi_1^{-1}\big(A(0.5,2)\big)$, $V_2=\varphi_2^{-1}\big(A(0.5,2)\big)$. 考虑映射

$$\phi: A(0.5,2)\to A(0.5,2),\quad \phi(x)=x\left[\sum_{i=1}^{n}(x^i)^2\right]^{-1},$$

ϕ 为微分同胚, 因而映射 $\varphi_2^{-1}\circ\phi\circ\varphi_1: V_1\to V_2$ 也是微分同胚. 考虑商空间 (其中 $\coprod$ 表示不交并)

$$\left[M_1\setminus\varphi_1^{-1}\big(\overline{B_{\frac{1}{2}}(0)}\big)\coprod M_2\setminus\varphi_2^{-1}\big(\overline{B_{\frac{1}{2}}(0)}\big)\right]\Big/\sim,$$

它是通过黏合映射 $\varphi_2^{-1}\circ\phi\circ\varphi_1$ 定义的, 即

$$x\in M_1, y\in M_2,\ x\sim y\iff x\in V_1, y\in V_2,\ y=\varphi_2\circ\phi\circ\varphi_1^{-1}(x).$$

通过这个办法我们得到了一个新的微分流形, 并且在微分同胚的意义下其微分结构不依赖于坐标邻域的选取, 记为 $M_1\#M_2$, 称为 M_1 和 M_2 的连通和 (见图 1.5). 不难证明, $M_1\#M_2$ 与 $M_2\#M_1$ 微分同胚, $M^n\#S^n$ 与 M^n 自身微分同胚.

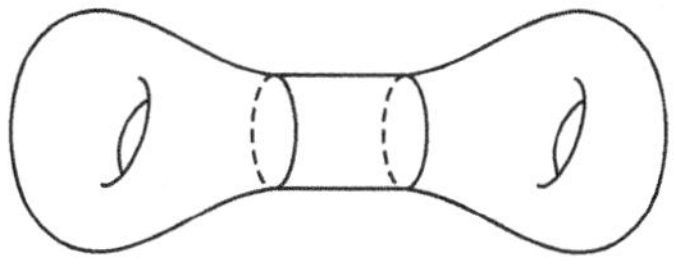

图 1.5 连通和

特别地, 任给 $g\geqslant 1$, g 个 2 维环面 T^2 的连通和仍为 2 维紧致连通流形, g 个投影平面 $\mathbb{R}\Gamma^2$ 的连通和也是 2 维紧致连通流形. 可以证明, 加上 2 维球面, 这些就是所有的 2 维紧致连通流形了, 它们也称为曲面或 2 维曲面.

本节最后, 我们来介绍什么是流形的定向以及定向和流形连通性之间的关系. 首先有如下简单的引理.

引理 1.1.1 *连通的拓扑流形必为道路连通的.*

证明 设 M 为连通的拓扑流形. $\forall\, p\in M$, 令

$$C_p=\{q\in M\mid \text{存在一条道路连接 } p \text{ 和 } q\}.$$

因为 $p\in C_p$, 故 C_p 非空. 又由于拓扑流形局部上和欧氏空间同胚, 即是局部道路连通的, 因此 C_p 为非空开集.

按照定义易见, 当 $p\neq q$ 时, 要么 $C_p=C_q$, 要么 $C_p\cap C_q=\varnothing$. 因此, 如果 $C_p\neq M$, 则 $M\setminus C_p=\bigcup\limits_{q\notin C_p}C_q$ 也是开集, 这和 M 的连通性相矛盾. 这说明 $C_p=M$, $\forall\, p\in M$. 因此 M 是道路连通的. □

设 M 为微分流形, 如果 M 的两个局部坐标系 $(U_\alpha,\varphi_\alpha)$, (U_β,φ_β) 满足

$$\det J(\varphi_\beta\circ\varphi_\alpha^{-1})(p)>0,\ \forall\, p\in U_\alpha\cap U_\beta,$$

则称这两个局部坐标系是同向的. 和前面微分结构的定义类似, 我们有如下定义.

定义 1.1.5 (定向) *设 M 为可定向微分流形, $\mathscr{D}$ 为一个定向坐标覆盖. 如果每一个与 $\mathscr{D}$ 中局部坐标系都同向的局部坐标系均包含于 $\mathscr{D}$ 内, 则称 $\mathscr{D}$ 为 M 的一个定向.*

由选择公理可知, 任给 M 的一个定向坐标覆盖, 总存在一个包含此坐标覆盖的"最大"定向坐标覆盖, 即定向. 定向这个概念很早就被数学家所意识到了, 但直到 Poincaré 发明

代数拓扑的时候才被大家真正认识清楚. 代数拓扑学的发展告诉我们, 定向实际上是一个拓扑性质 (即流形是否可定向与微分结构无关), 它由所谓的第一 Stiefel-Whitney 示性类决定. 我们在后面将从另外的角度来重新解释定向这个概念.

例 1.1.9 $\mathbb{R}^n$ 上的不同定向.

考虑 $\mathbb{R}^n$ 上如下坐标映射 $\rho: \mathbb{R}^n \to \mathbb{R}^n$

$$\rho(x) = (x^1, x^2, \cdots, x^{n-1}, -x^n),$$

$(\mathbb{R}^n, \rho)$ 是 $\mathbb{R}^n$ 的一个定向坐标覆盖, 它决定的定向和由恒同映射决定的定向不同. 一般地, 如果 $\{(U_\alpha, \varphi_\alpha)\}$ 是流形 M 的一个定向坐标覆盖, 则 $\{(U_\alpha,\ \rho\circ\varphi_\alpha)\}$ 也是定向坐标覆盖, 它们决定了两个不同的定向.

引理 1.1.2 *连通的可定向微分流形恰好有两个定向.*

证明 设 $\mathscr{D}$ 为可定向流形 M 的一个定向. 根据上面的讨论, 坐标映射 ρ 决定了另一定向, 记为 $\mathscr{D}^-$. 现设 $\tilde{\mathscr{D}}$ 为 M 的另一定向, 我们来定义一个函数 $f: M \to \mathbb{R}$. 任给 $p \in M$, 则存在局部坐标系 $(U, \varphi) \in \mathscr{D}$ 和 $(V, \psi) \in \tilde{\mathscr{D}}$, 使得 $p \in U \cap V$. 令

$$f(p) = \det J(\psi\circ\varphi^{-1})(p) |\det J(\psi\circ\varphi^{-1})(p)|^{-1}.$$

由于 $\mathscr{D}$ 和 $\tilde{\mathscr{D}}$ 均为定向, 故 $f(p)$ 与局部坐标的选取无关, 是 M 上定义好的局部常值函数. 如果 M 连通, 则 f 为常值函数, 从而 $f \equiv 1$ 或 $f \equiv -1$. 当 $f \equiv 1$ 时, $\tilde{\mathscr{D}} = \mathscr{D}$; 当 $f \equiv -1$ 时, $\tilde{\mathscr{D}} = \mathscr{D}^-$. □

推论 1.1.3 *设 $\mathscr{D}$ 为流形 M 的一个定向, (U, φ) 为 M 的一个局部坐标系. 如果 U 连通, 则要么 $(U, \varphi) \in \mathscr{D}$, 要么 $(U, \varphi) \in \mathscr{D}^-$.*

习题 1.1

1. 证明: 如果 M, N 均为 C^r 流形, 则 $M \times N$ 也是 C^r 流形, 且

$$\dim M \times N = \dim M + \dim N.$$

2. 按照定义说明微分流形的局部坐标映射是从坐标邻域到其像的微分同胚.
3. 证明: 微分同胚的流形具有相同的维数.
4. 证明: 如果流形 M, N 均可定向, 则 $M \times N$ 也是可定向流形; 反之, 如果 $M \times N$ 可定向, 则 M 和 N 都是可定向的.
5. 通过计算转换映射的 Jacobi 行列式, 证明: n 维球面是可定向的微分流形.
6. 证明: 如果微分流形被两个局部坐标邻域所覆盖, 并且它们的交集连通, 则该流形必定是可定向的.
7. 将上一题推广至三个坐标邻域, 此时如何判断流形是否可定向? 请说明投影平面不可定向.

§1.2 子 流 形

在前一节中我们按照微分流形的定义列举了若干例子. 一般来说, 直接按照定义验证某个抽象的拓扑空间为微分流形比较困难. Arnold 曾认为, 流形就是欧氏空间中一类特殊的子集, 这些子集在局部上可视为函数图像.

例 1.2.1 *函数的图像.*

设 U 为 $\mathbb{R}^n$ 中的开集, $f: U \to \mathbb{R}$ 为光滑函数, 记 $G_f = \{(x, f(x)) \in \mathbb{R}^{n+1} \mid x \in U\}$, 称为 f 的图像 (见图 1.6). G_f 是平凡流形: 我们只要考虑如下的整体坐标映射即可

$$G_f \to U, \quad (x, f(x)) \mapsto x.$$

上述 U 可以换成欧氏空间的子空间中的开集, 并且 f 可以换成向量值函数.

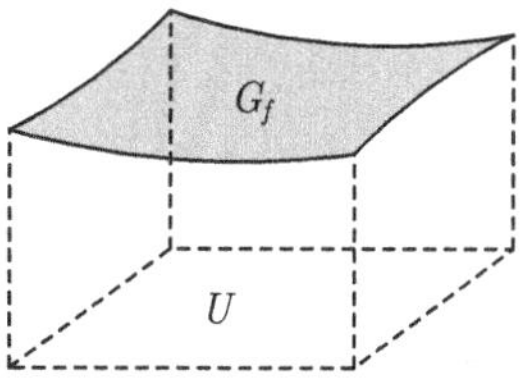

图 1.6 函数的图像

Arnold 的观点有其方便之处, 它可以让流形的概念显得不那么抽象. 为了展现更多自然的例子, 我们来研究流形之间的映射, 其中一个重要的工具就是逆映射定理 (即反函数定理). 我们先看一个简单的例子.

例 1.2.2 可逆线性映射.

考虑线性映射 $A: \mathbb{R}^n \to \mathbb{R}^n$. 由线性代数我们知道

$$A\text{ 可逆} \iff \det A \neq 0 \iff A\text{ 为单射}.$$

从微分流形的角度来看, 我们也可以说 A 是微分同胚当且仅当它是满秩的.

$\mathbb{R}^n$ 到自身的线性映射可用矩阵表示, n 阶矩阵可看成 $\mathbb{R}^{n^2}$ 中的元素, 因而可以定义范数. 如果 $B: \mathbb{R}^n \to \mathbb{R}^n$ 为线性映射, 范数 $\|B\| < 1$, 则 $I_n - B$ 可逆, 其中 I_n 为单位矩阵. 事实上, 设 $(I_n - B)x = 0$, 则

$$\|x\| = \|Bx\| \leqslant \|B\|\|x\|, \quad (1 - \|B\|)\|x\| \leqslant 0.$$

这说明 $x = 0$, 从而 $I_n - B$ 为单射, 也就为线性同构.

上述讨论表明单位矩阵经过微小的扰动以后仍然是可逆的. 下面我们要将这一结论推广到一般的映射.

定义 1.2.1 (映射的秩) 设 $f: M \to N$ 为两个微分流形之间的 C^k $(k \geqslant 1)$ 映射, $p \in M$, $q = f(p) \in N$. 分别取 p 附近的局部坐标系 (U, φ) 以及 q 附近的局部坐标系 (V, ψ), 令

$$\mathrm{rank}_p f = \mathrm{rank} J(\psi \circ f \circ \varphi^{-1})(\varphi(p)),$$

称为 f 在 p 处的秩.

请读者自行验证上述定义的恰当性. 下面的定理本质上就是多元函数的反函数定理.

定理 1.2.1 (逆映射定理) 设 $f: M^n \to N^n$ 为微分流形之间的 C^k $(k \geqslant 1)$ 映射. 如果 $\mathrm{rank}_p f = n$, 则存在 p 的开邻域 U 和 $q = f(p)$ 的开邻域 V, 使得 $f|_U: U \to V$ 为 C^k 的微分同胚.

证明 因为要证明的是局部结果, 我们不妨假设 $M^n = N^n = \mathbb{R}^n$, $p = q = 0$. 通过复合一个可逆的线性映射, 我们也不妨假设 f 在原点的 Jacobi 矩阵为单位矩阵, 即 $Jf(0) = I_n$. 这时, 在原点附近 f 是恒同映射的小扰动, 扰动项可定义为

$$g: \mathbb{R}^n \to \mathbb{R}^n, \quad g(x) = f(x) - x, \quad x \in \mathbb{R}^n.$$

由 $Jg(0) = 0$ 知存在 $\varepsilon > 0$, 使得

$$\|Jg(x)\| \leqslant \frac{1}{2}, \quad \forall\, x \in \overline{B_\varepsilon(0)}.$$

由多元向量值函数的拟微分中值定理可知

$$\|g(x_1)-g(x_2)\| \leqslant \|Jg(\xi)\|\|x_1-x_2\| \leqslant \frac{1}{2}\|x_1-x_2\|, \quad \forall\, x_1,x_2 \in \overline{B_\varepsilon(0)}.$$

设 $y \in B_{\frac{\varepsilon}{2}}(0)$, 我们来解方程

$$f(x)=y, \quad x \in B_\varepsilon(0). \tag{1.1}$$

这等价于在 $B_\varepsilon(0)$ 中寻求 $g_y(x)=x+y-f(x)$ 的不动点. 我们利用压缩映射原理来找不动点. 首先有

$$\|g_y(x)\| \leqslant \|y\|+\|g(x)\| < \frac{\varepsilon}{2}+\frac{1}{2}\|x\| \leqslant \varepsilon, \quad \forall\, x \in \overline{B_\varepsilon(0)}. \tag{1.2}$$

这说明 $g_y\big(\overline{B_\varepsilon(0)}\big) \subset B_\varepsilon(0)$. 映射 $g_y : \overline{B_\varepsilon(0)} \to B_\varepsilon(0) \subset \overline{B_\varepsilon(0)}$ 确实为压缩映射

$$\|g_y(x_1)-g_y(x_2)\| = \|g(x_2)-g(x_1)\| \leqslant \frac{1}{2}\|x_1-x_2\|, \ \forall\, x_1,x_2 \in \overline{B_\varepsilon(0)}.$$

于是方程 (1.1) 在 $\overline{B_\varepsilon(0)}$ 中有唯一的解, 记为 x_y. 由式 (1.2) 可知 $x_y \in B_\varepsilon(0)$.

记 $U=f^{-1}(B_{\frac{\varepsilon}{2}}(0)) \cap B_\varepsilon(0)$, $V=B_{\frac{\varepsilon}{2}}(0)$. 上面的论述表明, $f|_U : U \to V$ 为一一的 C^k 映射, 其逆 $h(y)=x_y$ 满足方程

$$y-g(h(y))=h(y). \tag{1.3}$$

我们有

(1) $h: V \to U$ 为连续映射. 当 $y_1,y_2 \in V$ 时

$$\begin{aligned}\|h(y_1)-h(y_2)\| &\leqslant \|y_1-y_2\|+\|g(h(y_1))-g(h(y_2))\| \\ &\leqslant \|y_1-y_2\|+\frac{1}{2}\|h(y_1)-h(y_2)\|.\end{aligned}$$

从而 $\|h(y_1)-h(y_2)\| \leqslant 2\|y_1-y_2\|$, 即 h 为 Lipschitz 连续映射.

(2) $h: V \to U$ 为可微映射. 设 $y_0 \in V$, 则对 $y \in V$ 有

$$\begin{aligned}h(y)-h(y_0) &= (y-y_0)-[g(h(y))-g(h(y_0))] \\ &= (y-y_0)-Jg(h(y_0))[h(y)-h(y_0)]+o(\|h(y)-h(y_0)\|).\end{aligned}$$

由 (1) 就得到

$$[I_n+Jg(h(y_0))][h(y)-h(y_0)] = (y-y_0)+o(\|y-y_0\|),$$

即

$$h(y)-h(y_0) = [I_n+Jg(h(y_0))]^{-1}(y-y_0)+o(\|y-y_0\|).$$

(3) $h: V \to U$ 为 C^k 映射. 事实上, 由 (2) 知

$$Jh(y) = [I_n+Jg(h(y_0))]^{-1} = [Jf(h(y))]^{-1}, \quad \forall\, y \in V.$$

利用 f 为 C^k 映射及上式, 我们可依次提升 h 的可微次数, 最后就知道 h 为 C^k 映射. □

注 压缩映射原理一般是用迭代的方法证明的, 比如我们可以用如下迭代公式来找 $f(x)=y$ 的解 (y 固定):

$$x_0=0, \quad x_{n+1}=x_n+y-f(x_n), \quad \forall\, n \geqslant 0.$$

下面简单地解释一下这个迭代公式的含义. 已知 x_n 是 $f(x)-y$ 的一个近似解, 我们想要找向量 u, 使得 $f(x_n+u)=y$. 在原点附近, 我们已经知道 Jf 约等于单位矩阵, 因此

$$y=f(x_n+u)\approx f(x_n)+u,\quad 即\ u\approx y-f(x_n).$$

这说明 $x_n+u\approx x_n+y-f(x_n)$. 记 $x_{n+1}=x_n+y-f(x_n)$, 则 x_{n+1} 就是新的近似解 (在一定的条件下是比 x_n 更好的近似解).

我们将利用逆映射定理来研究某些特殊映射的局部性态.

定义 1.2.2 (浸入、嵌入和淹没) 设 $f:M\to N$ 为微分流形之间的 C^k $(k\geqslant 1)$ 映射. 如果 $\mathrm{rank}_p f\equiv\dim M$, $\forall\, p\in M$, 则称 f 为 C^k 浸入 (immersion); 如果 f 为 C^k 浸入, 且 f 是从 M 到其像 $f(M)$ 上的同胚, 其中 $f(M)$ 的拓扑是从 N 上诱导而来的子拓扑, 则称 f 为 C^k 嵌入 (embedding); 如果 $\mathrm{rank}_p f\equiv\dim N$, $\forall\, p\in M$, 则称 f 为 C^k 淹没 (submersion).

当我们不强调映射的可微次数时, 通常简称上述几种映射分别为浸入、嵌入和淹没. 下面我们来举几个例子.

例 1.2.3 单位圆周.

考虑单位圆周 S^1 到平面 $\mathbb{R}^2$ 的包含映射 $i:S^1\to\mathbb{R}^2$, 这是一个嵌入. 包含映射 i 的秩恒为 1.

例 1.2.4 不是单射的浸入.

考虑映射 $f:\mathbb{R}^1\to\mathbb{R}^2$, $f(t)=(\cos t,\ \sin t)$, $t\in\mathbb{R}^1$. 易验证 $\mathrm{rank}f\equiv 1$, 因此 f 为光滑浸入. 显然, $f(\mathbb{R}^1)=S^1$. f 不是单射, 因此它不是嵌入.

例 1.2.5 单浸入未必是嵌入.

考虑映射 $f:\mathbb{R}^1\to\mathbb{R}^2$

$$f(t)=\left(\frac{t^3+t}{t^4+1},\frac{t^3-t}{t^4+1}\right),\quad t\in\mathbb{R}.$$

f 为单射, 且 $\mathrm{rank}f\equiv 1$. 因此 f 为一个单浸入, 但它也不是嵌入, 因为 $f(\mathbb{R}^1)$ 为 $\mathbb{R}^2$ 中的双纽线 $(x^2+y^2)^2=x^2-y^2$(见图 1.7), 双纽线为紧致子集, 不可能同胚于 $\mathbb{R}^1$.

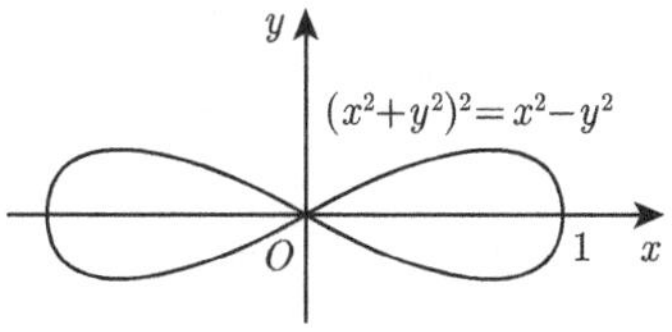

图 1.7 双纽线

例 1.2.6 环面的嵌入.

设 $a,b>0$, 考虑映射 $f:T^2=S^1\times S^1\to\mathbb{R}^3$

$$f\big(\mathrm{e}^{\mathrm{i}\theta},\mathrm{e}^{\mathrm{i}\phi}\big)=\big((a+b\cos\phi)\cos\theta,\ (a+b\cos\phi)\sin\theta,\ b\sin\phi\big),\quad \theta,\phi\in[0,2\pi].$$

f 为光滑嵌入, 其像为 $\mathbb{R}^3$ 中的轮胎面 (见图 1.8).

例 1.2.7 标准嵌入.

设 $m\leqslant n$, 考虑映射 $f:\mathbb{R}^m\to\mathbb{R}^n$

$$f(x^1,x^2,\cdots,x^m)=(x^1,x^2,\cdots,x^m,0,0,\cdots,0).$$

显然 f 为光滑嵌入.

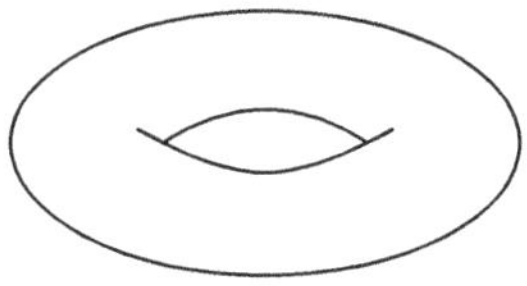

图 1.8　轮胎面

例 1.2.8　标准淹没.

设 $m \geqslant n$, 考虑映射 $f: \mathbb{R}^m \to \mathbb{R}^n$

$$f(x^1, x^2, \cdots, x^m) = (x^1, x^2, \cdots, x^n).$$

显然 f 为光滑淹没.

设 $A: V \to W$ 是向量空间之间秩为 r 的线性映射. 从线性代数我们知道, 在适当地选取线性空间 V 和 W 的基以后, A 可以表示为形如 $\begin{pmatrix} I_r & 0 \\ 0 & 0 \end{pmatrix}$ 的矩阵. 对于一般的映射, 我们有如下类似的结果.

定理 1.2.2 (浸入的局部标准型)　设 $f: M^m \to N^n$ 为微分流形之间的浸入, 则任给 $p \in M$, 存在 p 附近的局部坐标系 (U, φ) 以及 $q = f(p)$ 附近的局部坐标系 (V, ψ), 使得 f 的局部表示 $\psi \circ f \circ \varphi^{-1}: \varphi(U) \to \psi(V)$ 为标准嵌入, 即

$$\psi \circ f \circ \varphi^{-1}(x^1, x^2, \cdots, x^m) = (x^1, x^2, \cdots, x^m, 0, 0, \cdots, 0).$$

证明　因为要证明的是一个局部的结果, 如同逆映射定理的证明那样, 不妨设 $M = \mathbb{R}^m$, $N = \mathbb{R}^n$, $p = 0$, $q = 0$. 用分量形式表示映射 f 为

$$f(x) = (f_1(x^1, x^2, \cdots, x^m), f_2(x^1, x^2, \cdots, x^m), \cdots, f_n(x^1, x^2, \cdots, x^m)).$$

由题设, 矩阵 $\left(\partial_j f_i\right)_{n\times m}$ 的秩为 m. 通过调整坐标次序, 我们不妨设子矩阵 $\left(\partial_j f_i\right)_{m\times m}$ 在 0 处可逆. 考虑映射 $\varphi: \mathbb{R}^m \to \mathbb{R}^m$, 其中 $\varphi = (f_1, f_2, \cdots, f_m)$. 根据逆映射定理, φ 局部可逆, 此时

$$f \circ \varphi^{-1}(x^1, x^2, \cdots, x^m) = \left(x^1, x^2, \cdots, x^m, g_1(x^1, x^2, \cdots, x^m), \cdots, g_{n-m}(x^1, x^2, \cdots, x^m)\right).$$

我们在 $\mathbb{R}^n$ 中找一个坐标变换, 使得上式右边的后 $n-m$ 个分量变为零. 为此, 考虑映射 $\psi: \mathbb{R}^n \to \mathbb{R}^n$, 其中

$$\psi(x^1, x^2, \cdots, x^n) = \left(x^1, x^2, \cdots, x^m, x^{m+1} - g_1(x^1, x^2, \cdots, x^m), \cdots, x^n - g_{n-m}(x^1, x^2, \cdots, x^m)\right).$$

ψ 在 0 处 的 Jacobi 矩阵形如

$$\begin{pmatrix} I_m & 0 \\ * & I_{n-m} \end{pmatrix},$$

因此可逆. 由逆映射定理, ψ 局部可逆, 它可以作为 $\mathbb{R}^n$ 在原点附近的局部坐标, 且

$$\psi \circ f \circ \varphi^{-1}(x^1, x^2, \cdots, x^m) = (x^1, x^2, \cdots, x^m, 0, \cdots, 0).$$

这就证明了我们所要的结果. □

由浸入映射的局部标准型立即得到如下推论.

推论 1.2.3　微分流形之间的浸入映射在局部上必为嵌入.

类似地, 我们也可以得到淹没的局部标准型.

定理 1.2.4 (淹没的局部标准型) 设 $f: M^m \to N^n$ 为微分流形之间的淹没, 则任给 $p \in M$, 存在 p 附近的局部坐标系 (U, φ) 以及 $q = f(p)$ 附近的局部坐标系 (V, ψ), 使得 f 的局部表示 $\psi \circ f \circ \varphi^{-1}: \varphi(U) \to \psi(V)$ 是标准的淹没, 即

$$\psi \circ f \circ \varphi^{-1}(x^1, x^2, \cdots, x^m) = (x^1,\ x^2,\ \cdots,\ x^n).$$

这个定理的证明同样是应用逆映射定理, 我们留给读者完成 (可参考下面关于常秩映射的内容), 这里仅罗列一个可以立即得到的推论.

推论 1.2.5 微分流形之间的淹没映射必为开映射, 即将开集映射为开集.

定义 1.2.3 (子流形) 设 M, N 为微分流形, 作为集合, $M \subset N$. 如果包含映射 $i: M \to N$ 为浸入, 则称 M 为 N 的浸入子流形或子流形; 如果包含映射 $i: M \to N$ 为嵌入, 则称 M 为 N 的正则子流形. N 称为母流形.

我们要特别提醒读者注意的是, 浸入子流形的拓扑一般来说不是从母流形诱导而来的, 比如在例 1.2.5 中我们可以视双纽线为平面 $\mathbb{R}^2$ 的浸入子流形, 但其拓扑来源于 $\mathbb{R}^1$, 而不是 $\mathbb{R}^2$ 的子拓扑.

引理 1.2.6 设 M, N 为微分流形, $f: M \to N$ 为单的浸入映射. 在 $f(M)$ 上通过 f 定义一个微分结构, 使得 $f: M \to f(M)$ 为微分同胚, 则 $f(M)$ 为 N 的浸入子流形. 如果进一步, f 为嵌入, 则 $f(M)$ 为 N 的正则子流形.

证明 记 $i: f(M) \to N$ 为包含映射. 考虑复合映射

$$f: M \to f(M) \xrightarrow{i} N,$$

由于 $f: M \to f(M)$ 为微分同胚, 故 $i: f(M) \to N$ 为单浸入, 从而 $f(M)$ 为浸入子流形. 如果 $f: M \to N$ 为嵌入, 则 $i: f(M) \to N$ 为嵌入, 从而 $f(M)$ 为正则子流形. □

根据这个引理, 当 $f: M \to N$ 为单浸入时, 我们也称 M 为 N 的浸入子流形; 而当 $f: M \to N$ 为嵌入时, 我们也称 M 为 N 的正则子流形.

定理 1.2.7 (正则子流形的结构) 微分流形 M^m 为 N^n 的正则子流形 $\Longleftrightarrow$ M 为 N 的子拓扑空间, 且任给 $p \in M$, 存在 N 中含有 p 的局部坐标邻域 U 和坐标函数 $\{x^1, x^2, \cdots, x^n\}$, 使得 (见图 1.9)

$$M \cap U = \{q \in U \mid x^i(q) = 0,\ m+1 \leqslant i \leqslant n\}.$$

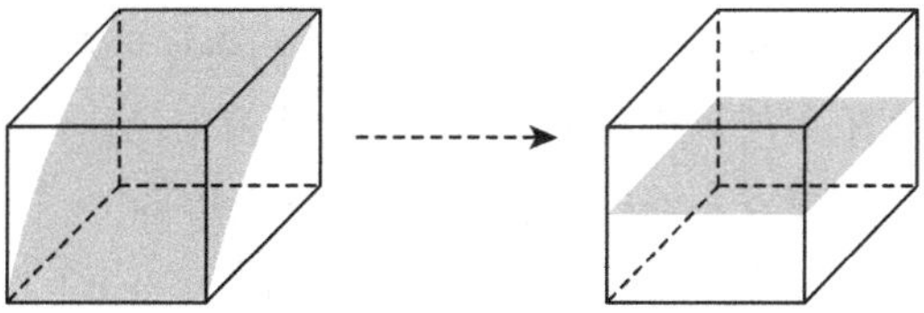

图 1.9 正则子流形

证明 ($\Longrightarrow$) 设 M 为 N 的正则子流形, 则包含映射 $i: M \to N$ 为嵌入. 由嵌入的定义即知 M 的流形拓扑和它从 N 诱导的子拓扑一致. 根据浸入的局部标准型, 任给 $p \in M$, 在 M 和 N 上分别存在含 p 的局部坐标邻域 (U_1, φ) 和 (V_1, ψ), 使得 $U_1 \subset V_1$, 且

$$\psi \circ \varphi^{-1}:\ \varphi(U_1) \subset \mathbb{R}^m \to \psi(V_1) \subset \mathbb{R}^n$$

$$(x^1, x^2, \cdots, x^m) \mapsto (x^1, x^2, \cdots, x^m, 0, 0, \cdots, 0).$$

映射 ψ 可用分量表示为 $\psi(q) = (x^1(q), x^2(q), \cdots, x^n(q))$, $q \in V_1$. 令

$$U' = \{q \in V_1 \,|\, (x^1(q), x^2(q), \cdots, x^m(q)) \in \varphi(U_1)\} \subset V_1,$$

因为 M 为 N 的子拓扑空间, 故我们可取 N 中含有 p 的开邻域 $U \subset U'$, 使得 $M \cap U \subset U_1$. 我们把 V_1 上的坐标映射限制到 U 上作为 U 上的坐标映射. 当 $q \in M \cap U$ 时, $q \in U_1$. 根据 U_1 和 V_1 的选取, $x^i(q) = 0$, $m+1 \leqslant i \leqslant n$. 即

$$M \cap U \subset \{q \in U \,|\, x^i(q) = 0,\ m+1 \leqslant i \leqslant n\}.$$

另一方面, 设 $q \in U$, 且 $x^i(q) = 0$, $m+1 \leqslant i \leqslant n$. 由 $U \subset U'$ 知

$$\big(x^1(q), x^2(q), \cdots, x^m(q)\big) \in \varphi(U_1).$$

记 $q' = \varphi^{-1}\big(x^1(q), x^2(q), \cdots, x^m(q)\big) \in U_1$, 则

$$\begin{aligned}\psi(q') &= \psi \circ \varphi^{-1}\big(x^1(q), x^2(q), \cdots, x^m(q)\big)\\ &= \big(x^1(q), x^2(q), \cdots, x^m(q), 0, 0, \cdots, 0\big)\\ &= \big(x^1(q), x^2(q), \cdots, x^m(q), x^{m+1}(q), x^{m+2}(q), \cdots, x^n(q)\big)\\ &= \psi(q).\end{aligned}$$

这说明 $q = q' \in U_1 \subset M$, 即

$$\{q \in U \,|\, x^i(q) = 0,\ m+1 \leqslant i \leqslant n\} \subset M \cap U.$$

这就得到了欲证等式的证明.

($\Longleftarrow$) 如果 M 满足题设, 则首先在 M 上取子拓扑, 其次把 $M \cap U$ 上的局部坐标取为 N 在 U 上局部坐标的前 m 个分量, 则容易验证 M 为微分流形, 且 M 到 N 的包含映射为嵌入. □

下面的定理给出了一大类正则子流形的构造方法.

定理 1.2.8 (常秩映射) *设 $f: M^m \to N^n$ 为微分流形之间的光滑映射. 如果存在常数 l, 使得 $\operatorname{rank}_p f = l$, $\forall\, p \in M$, 则对每个固定的 $q \in N$, q 在 f 下的原像*

$$f^{-1}(q) = \{p \in M \,|\, f(p) = q\}$$

要么为空集, 要么为 M 的正则子流形, 此时其维数为 $m - l$.

证明 记 $S = f^{-1}(q)$, 设 S 不是空集, $p \in S$. 我们将证明存在 M 中含有 p 的局部坐标系 (U, φ) 以及 N 中含有 q 的局部坐标系 (V, ψ), 使得 $\varphi(p) = 0 \in \mathbb{R}^m$, $\psi(q) = 0 \in \mathbb{R}^n$, $f(U) \subset V$, 且 f 的局部表示 $\psi \circ f \circ \varphi^{-1}: \varphi(U) \to \psi(V)$ 形如

$$\psi \circ f \circ \varphi^{-1}(x^1, x^2, \cdots, x^m) = \big(x^1, x^2, \cdots, x^l, g^{l+1}(x^1, x^2, \cdots, x^l), \cdots, g^n(x^1, x^2, \cdots, x^l)\big).$$

这个等式的证明和前面浸入映射的标准型的证明类似, 不妨设 $M = \mathbb{R}^m$, $N = \mathbb{R}^n$, $p = 0 \in \mathbb{R}^m$, $q = 0 \in \mathbb{R}^n$. 用分量表示 f 为

$$f(x^1, x^2, \cdots, x^m) = \big(f_1(x^1, x^2, \cdots, x^m), \cdots, f_n(x^1, x^2, \cdots, x^m)\big).$$

不妨设矩阵 $\big(\partial_j f_i\big)_{l \times l}$ 在原点处可逆. 定义映射 $g: \mathbb{R}^m \to \mathbb{R}^m$ 为

$$g(x^1, x^2, \cdots, x^m) = (f_1, f_2, \cdots, f_l,\ x^{l+1}, \cdots, x^m).$$

g 在原点处的 Jacobi 矩阵形如

$$\begin{pmatrix} (\partial_j f_i)_{l\times l} & * \\ 0 & I_{m-l} \end{pmatrix},$$

因而可逆. 由逆映射定理, 存在 $0\in\mathbb{R}^m$ 的开邻域 U 和 V 使得 $g|_U: U\to V$ 为微分同胚. 不妨设 V 为凸邻域, 记 $g|_U$ 为 φ, 则

$$f\circ\varphi^{-1}(x^1,x^2,\cdots,x^m)=\left(x^1,x^2,\cdots,x^l,\ g^{l+1},\cdots,g^n\right),$$

其中, g^i $(l+1\leqslant i\leqslant n)$ 为 $(x^1,x^2,\cdots,x^m)$ 的函数. 由 $\mathrm{rank}J(f\circ\varphi^{-1})|_V\equiv l$ 知

$$\partial_j g^i=0,\quad \forall\, l+1\leqslant i\leqslant n,\ l+1\leqslant j\leqslant m.$$

由 V 连通可知 g^i 只依赖于 $x^1,x^2,\cdots,x^l$. 此时

$$S\cap U=\{s\in U\,|\,f(s)=0\}=\{s\in U\,|\,x^1(s)=x^2(s)=\cdots=x^l(s)=0\}.$$

由正则子流形的结构定理即知 S 为 M 的正则子流形, 且维数为 $m-l$. □

注 (1) 由定理的证明可知, 只要在 $f^{-1}(q)$ 的某个开邻域内 $\mathrm{rank}f$ 为常数就可以说明 $f^{-1}(q)$ 为正则子流形. 因为矩阵在微扰之下秩不会变小, 因此当 $\mathrm{rank}f$ 在 $f^{-1}(q)$ 上恒为 n 时, $\mathrm{rank}f$ 在 $f^{-1}(q)$ 的开邻域内也恒为 n, 因而 $f^{-1}(q)$ 是维数为 $m-n$ 的正则子流形, 此时我们称 q 为 f 的正则值. 为了方便起见, 当 $f^{-1}(q)$ 为空集时也说 q 为正则值.

(2) $f^{-1}(q)$ 的维数可以这样看: 当 $\mathrm{rank}f=l$ 时, $f^{-1}(q)$ 是满足 l 个独立约束条件的子集, 因而其余维数必为 l. 读者只要对照线性代数中线性方程组解空间的维数就能理解得更清楚一些.

例 1.2.9 二次型决定的超曲面.

设 A 为非退化的 $n+1$ 阶实对称矩阵, 其二次型定义了一个光滑函数 φ_A

$$\varphi_A(x^1,x^2,\cdots,x^{n+1})=\sum_{i,j=1}^{n+1}a_{ij}x^ix^j,$$

当 $s\neq 0$ 时, $\varphi_A^{-1}(s)$ 要么为空集, 要么为 $\mathbb{R}^{n+1}$ 中维数为 n 的正则子流形 (超曲面). 例如, n 维球面就可以通过取 A 为单位矩阵得到.

例 1.2.10 特殊线性群 $SL(n,\mathbb{R})$.

我们将 n 阶实方阵看成 $\mathbb{R}^{n^2}$ 中的点, n 阶实方阵的全体 $M_{n\times n}$ 可等同于 $\mathbb{R}^{n^2}$. 考虑函数 $f: M_{n\times n}\to\mathbb{R}$, 其中 $f(A)=\det A$. 根据行列式的定义可知 f 为光滑映射. 我们来说明 $\mathrm{rank}f$ 在 $SL(n,\mathbb{R})=f^{-1}(1)$ 上秩为 1. 事实上, 记 E_{ij} $(1\leqslant i,j\leqslant n)$ 为在 (i,j) 位置为 1、其他位置为 0 的 n 阶方阵. E_{ij} 可视为 $\mathbb{R}^{n^2}$ 中的一个单位向量, 沿 E_{ij} 求多元函数 f 的方向导数如下

$$\partial_{E_{ij}}f(A)=\frac{\mathrm{d}}{\mathrm{d}t}\Big|_{t=0}\det(A+tE_{ij})=A_{ij},$$

其中, A_{ij} 是矩阵 A 在 (i,j) 位置的代数余子式. 因此, 如果 $\det A\neq 0$, 则上述方向导数不全为零. 特别地, f 在 $SL(n,\mathbb{R})$ 上秩为 1, 因而 $SL(n,\mathbb{R})$ 是维数为 n^2-1 的正则子流形.

习题 1.2

1. 设 P, Q, N 为微分流形, $f: P\times Q\to N$ 为 C^k $(k\geqslant 1)$ 映射. 证明: 如果 $\operatorname{rank}_q f(p,\cdot)=\dim Q=\dim N$, 其中 $p\in P$, $q\in Q$, 则存在 p 的开邻域 U 以及 C^k 映射 $g: U\to Q$, 使得

$$g(p)=q,\quad f\big(x,g(x)\big)\equiv f(p,q),\quad \forall\, x\in U.$$

2. 验证 $\{(x,y)\in\mathbb{R}^2\,|\,y^2=x^2(x+1)\}$ 为 $\mathbb{R}^2$ 的浸入子流形, 并画出它的图像.
3. 设 α 为正无理数, 考虑映射 $f:\mathbb{R}^1\to S^1\times S^1$, 其中 $f(t)=\big(\mathrm{e}^{\mathrm{i}2\pi t},\ \mathrm{e}^{\mathrm{i}2\pi\alpha t}\big)$. 证明: f 为单浸入, 且其像在 $S^1\times S^1$ 中稠密; 推广这个结果, 证明: 存在单浸入 $f:\mathbb{R}^1\to T^n$, 使得 $f(\mathbb{R}^1)$ 在 T^n 中稠密.
4. S^n 能否嵌入到 $\mathbb{R}^n$ 中? 请说明理由.
5. 通过把平面上的一个圆周绕某个坐标轴旋转得到 2 维环面到 $\mathbb{R}^3$ 的嵌入. 推广这一过程, 证明: n 维环面均可嵌入到 $\mathbb{R}^{n+1}$ 中.
6. 证明: C^k 映射限制到正则子流形上仍为 C^k 映射.
7. 设 $f: M\to N$ 为微分流形之间的光滑映射, 证明: f 的图像

$$G_f=\{(p,q)\in M\times N\,|\,f(p)=q\}$$

为乘积流形 $M\times N$ 的正则子流形.

8. 在关于常秩映射的定理中, 进一步证明: 在适当的局部坐标系中, f 的局部表示形如

$$(x^1,x^2,\cdots,x^m)\mapsto(x^1,x^2,\cdots,x^l,0,0,\cdots,0).$$

这个结果称为**秩定理** (Rank Theorem).

§1.3 单 位 分 解

在前一节中, 通过研究映射的局部性态我们可以得到微分流形的许多例子, 特别是在欧氏空间中可以构造丰富的例子. 通过继续研究一类特殊的映射, 本节将说明任何抽象的微分流形都可以视为欧氏空间中的正则子流形. 我们要用到单位分解这一基本工具. 所谓单位分解, 就是把 1 这个常值函数分解为若干光滑函数的和, 要求这些光滑函数分别只在指定的开集内不为零. 我们先从一个例子开始.

例 1.3.1 *一个特殊的光滑函数.*

考虑一元函数 $\varphi:\mathbb{R}\to\mathbb{R}$(见图 1.10), 其中

$$\varphi(x)=\begin{cases}\mathrm{e}^{-\frac{1}{x}}, & x>0,\\ 0, & x\leqslant 0.\end{cases}$$

这个函数在整个 $\mathbb{R}$ 上都是光滑函数: 只要计算 $\mathrm{e}^{-\frac{1}{x}}$ 的各阶导数, 并用归纳法证明原点处的各阶右导数均为零即可.

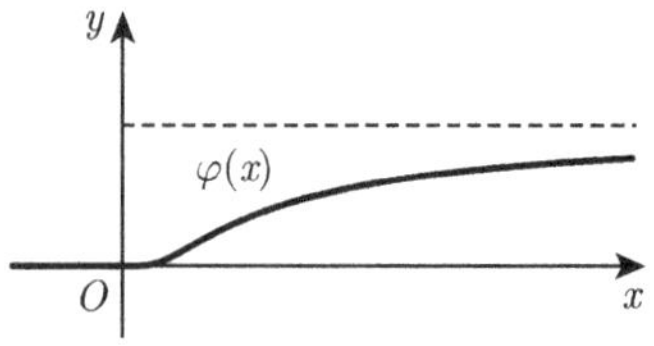

图 1.10 光滑函数

从这个例子出发, 下面我们来构造另一些特殊的光滑函数.

引理 1.3.1 (鼓包函数) (i) *存在光滑函数* $h:\mathbb{R}\to\mathbb{R}$, *使得*

$$h(x)=0,\ \forall\,|x|\geqslant 1;\ h(x)\in(0,1],\ \forall\,x\in(-1,1);\ h(x)=1,\ \forall\,x\in[-1/2,1/2].$$

(ii) *在* $\mathbb{R}^n$ *上存在光滑函数* $f:\mathbb{R}^n\to\mathbb{R}$, *使得*

$$f(x)=0,\ \forall\,\|x\|\geqslant 1;\ f(x)\in(0,1],\ \forall\,\|x\|<1;\ f(x)=1,\ \forall\,\|x\|\leqslant 1/2.$$

证明 (i) 设 φ 为例 1.3.1 中的光滑函数, 令 $g:\mathbb{R}\to\mathbb{R}$ 为

$$g(x)=\frac{\varphi(x)}{\varphi(x)+\varphi(1-x)},\quad x\in\mathbb{R}.$$

则 g 也是光滑函数 (见图 1.11(a)), 且

$$x\leqslant 0\ \text{时},\ g(x)=0;\ 0<x<1\ \text{时},\ g(x)>0;\ x\geqslant 1\ \text{时},\ g(x)=1.$$

再令 $g_1(x)=g(2x+2)$, 则 g_1 为光滑函数, 且

$$x\leqslant -1\ \text{时},\ g_1(x)=0;\ -1<x<-\frac{1}{2}\ \text{时},\ g_1(x)>0;\ x\geqslant -\frac{1}{2}\ \text{时},\ g_1(x)=1.$$

最后, 令 $h(x)=g_1(|x|)$, 则 h 即为所求光滑函数 (见图 1.11(b)).

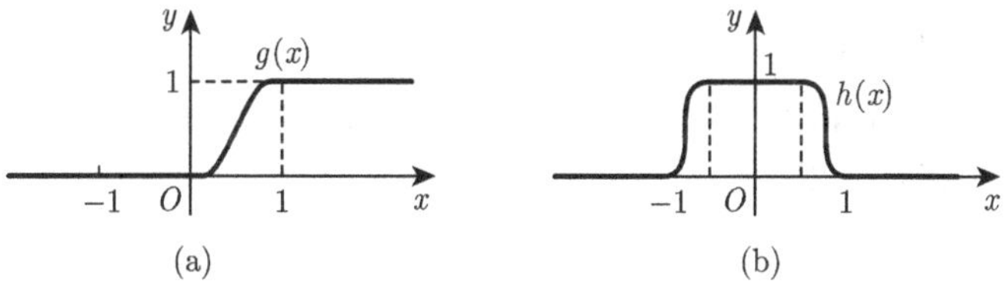

图 1.11 鼓包函数

(ii) 令 $f:\mathbb{R}^n\to\mathbb{R}$ 为 $f(x)=h(\|x\|)$, 注意到在原点附近 f 恒为 1, 故 f 为整个 $\mathbb{R}^n$ 上的光滑函数, 且满足我们的要求. □

这个引理中的函数有时也称为截断函数, 它只在原点附近不为零. 我们回忆一下函数支集的定义: 设 φ 为微分流形 M 上的实函数, 令

$$\operatorname{supp}\varphi=\overline{\{x\in M\,|\,\varphi(x)\neq 0\}},$$

我们称 $\operatorname{supp}\varphi$ 为函数 φ 的支集, 函数在其支集外为零.

在引入单位分解的定义之前, 我们再回忆一下局部有限这个概念: 给定拓扑空间中的子集族 $\{A_\alpha\}$, 如果任给空间中的一点, 均存在这个点的某个开邻域, 使得此开邻域只与有限个 A_α 有非空交, 则称 $\{A_\alpha\}$ 为局部有限的子集族.

定义 1.3.1 (单位分解) *设* $\{U_\alpha\}_{\alpha\in\Gamma}$ *为微分流形* M *的开覆盖. 如果存在至多可数个光滑函数* $\{g_i:M\to\mathbb{R}\}$ *满足以下条件*

(1) $0\leqslant g_i(x)\leqslant 1,\ \forall\,x\in M$;

(2) *对每一个* g_i, *均存在* $\alpha(i)\in\Gamma$, *使得* $\operatorname{supp}g_i\subset U_{\alpha(i)}$;

(3) $\{\operatorname{supp}g_i\}$ *为局部有限子集族*;

(4) $\sum_i g_i(x)\equiv 1,\ \forall\,x\in M$.

则称 $\{g_i\}$ 为从属于开覆盖 $\{U_\alpha\}_{\alpha\in\Gamma}$ 的单位分解.

下面我们说明微分流形上的单位分解总是存在的.

引理 1.3.2 (穷竭) 对于任何微分流形, 均存在一列开集 $\{G_i\}$, 使得 $\bar{G}_i$ 都是紧致的, 且

$$\bar{G}_i \subset G_{i+1},\ i \geqslant 1;\ \ \bigcup_i G_i = M.$$

证明 如果流形 M 是紧致的, 则无需证明. 一般地, 任给 $x \in M$, 我们取包含 x 的局部坐标邻域 V_x, 使得 $\bar{V}_x$ 是紧致的. 由于 M 具有可数的拓扑基, 根据点集拓扑学中的 Lindelöf 引理, 存在至多可数个 x_i, 使得 $\{V_{x_i}\}$ 为 M 的开覆盖. 下面我们递归地定义开集 G_i. 首先, 令 $G_1 = V_{x_1}$. 假设 $G_1, G_2, \cdots, G_i$ 均已定义好, 则由于集合 $\bigcup\limits_{k\leqslant i} \bar{G}_i$ 是紧致的, 必定存在 I, 使得

$$\bigcup_{k\leqslant i} \bar{G}_i \subset \bigcup_{j\leqslant I} V_{x_j},$$

令 $G_{i+1} = \bigcup\limits_{j\leqslant I} V_{x_j}$, 不难看出 $\{G_i\}$ 即为满足要求的一列开集. □

定理 1.3.3 (单位分解的存在性) 对于微分流形 M 的任何开覆盖 $\{U_\alpha\}_{\alpha\in\Gamma}$, 均存在从属于它的单位分解.

证明 设 G_i 为引理 1.3.2 中的一列开集 (穷竭), 令 $A_i = \bar{G}_i \setminus G_{i-1}$ $(G_0 = \varnothing)$. A_i 为紧致闭集, 且 $\{A_i\}$ 为 M 的一个覆盖. 对于固定的 A_i, 任给 $x \in A_i$, 选取 x 的局部坐标系 (U_x, φ_x), 使得 (见图 1.12)

(1) $\varphi_x(U_x) = B_2(0)$;

(2) 存在 $\alpha(x) \in \Gamma$, 使得 $U_x \subset U_{\alpha(x)}$;

(3) $U_x \cap A_j = \varnothing$, $\forall\ |j-i| > 1$.

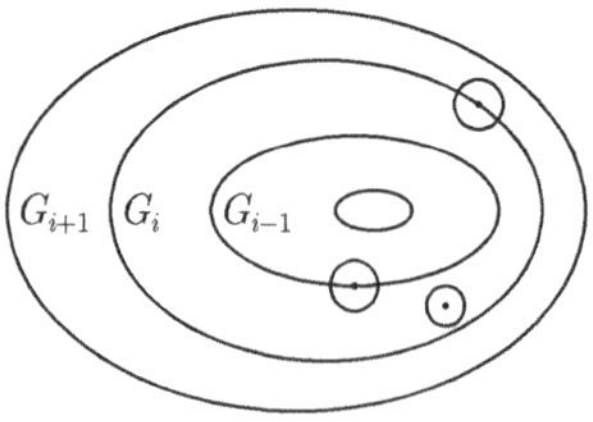

图 1.12 穷竭

设 f 为引理 1.3.1 中定义的 $\mathbb{R}^n$ 上的鼓包函数, 定义函数 $f_x: M \to \mathbb{R}$ 为

$$f_x(p) = \begin{cases} f(\varphi_x(p)), & p \in U_x, \\ 0, & p \in M \setminus U_x. \end{cases}$$

显然 f_x 为 M 上的光滑函数. 令 $V_x = \varphi_x^{-1}\big(B_{\frac{1}{2}}(0)\big)$, 则 $f_x(p) = 1$, $\forall\, p \in V_x$. 由于 A_i 是紧致集合, 故存在 A_i 中的有限个点 $x_1^i, x_2^i, \cdots, x_{k(i)}^i$, 使得

$$A_i \subset \bigcup_{j\leqslant k(i)} V_{x_j^i}.$$

根据前述局部坐标邻域的选取我们知道, $\{\mathrm{supp} f_{x_j^i}\}$ 是局部有限的, 因此和函数

$$\psi(x)=\sum_{j\leqslant k(i)} f_{x_j^i}$$

为 M 上的光滑函数, 并且在 M 上恒为正. 从而 $\left\{f_{x_j^i}\psi^{-1}\right\}$ 为所求的从属于开覆盖 $\{U_\alpha\}$ 的单位分解. □

注 从上面的证明可以看出, 我们构造的单位分解中的光滑函数的支集都是紧致的. 另外, 我们找到的开覆盖 $\{U_{x_j^i},\ j\leqslant k(i)\}$ 是开覆盖 $\{U_\alpha\}$ 的一个局部有限的加细 (fine). 记 $\Gamma'=\{\alpha(x_j^i),\ j\leqslant k(i)\}$, 当 $\alpha\in\Gamma'$ 时, 令

$$g_\alpha=\sum_{\alpha(x_j^i)=\alpha} f_{x_j^i}\psi^{-1},$$

当 $\alpha\notin\Gamma'$ 时, 令 $g_\alpha=0$. 则 $\{g_\alpha\}$ 为 M 上的光滑函数族, $0\leqslant g_\alpha\leqslant 1$, $\sum\limits_\alpha g_\alpha=1$, 且 $\mathrm{supp} g_\alpha\subset U_\alpha$. 有时也称 $\{g_\alpha\}$ 为从属于 $\{U_\alpha\}$ 的 (广义) 单位分解.

推论 1.3.4 *设 A 为微分流形 M 的闭子集, 如果 U 为 A 的开邻域, 则存在光滑函数 $\phi: M\to\mathbb{R}$, 使得 $\phi|_A\equiv 1$, $\mathrm{supp}\phi\subset U$.*

证明 考虑 M 的开覆盖 $\{U, M\setminus A\}$, 设 $\{\phi,\psi\}$ 为从属于它的单位分解, 则由 $\mathrm{supp}\psi\subset M\setminus A$ 知 $\psi|_A=0$, 从而 $\phi|_A=1$. ϕ 就是所求函数. □

对于一个连续映射, 如果任何紧致集的原像仍为紧致的, 则称该连续映射是逆紧 (proper) 的.

命题 1.3.5 (逆紧函数的存在性) *非紧微分流形上总存在光滑的逆紧函数.*

证明 设 M 为微分流形, 取其局部坐标覆盖 $\{U_i\}$, 使得 $\bar{U}_i$ 是紧致的. 设 $\{g_i\}$ 为从属于 $\{U_i\}$ 的广义单位分解, 令 $\rho: M\to\mathbb{R}$ 为

$$\rho(x)=\sum_i i g_i(x),\quad x\in M.$$

根据单位分解的性质, $\rho\geqslant 1$, 且为光滑函数. 我们来说明它是逆紧的. 事实上, 如果 $i<k$ 时 $g_i(x)=0$,

$$\rho(x)=\sum_{i\geqslant k} i g_i(x)\geqslant k\sum_{i\geqslant k} g_i(x)=k.$$

这说明 $\rho^{-1}[1,k]\subset\bigcup_{i=1}^k\bar{U}_i$, 由此可知紧集在 ρ 的原像下是紧致的. □

注 如果 $\rho: M\to\mathbb{R}$ 为光滑逆紧函数, 则 $G_i=\rho^{-1}(-i,i)$ 组成了 M 的穷竭.

在拓扑学中, 连续映射的延拓型定理十分有用. 下面的结果对应着拓扑学中的 Tietze 扩张定理, 这里的证明思想源于 Dugundji(1951).

命题 1.3.6 (连续延拓) *设 K 是微分流形 M 中的闭集, $f: K\to\mathbb{R}^n$ 为连续映射, 则存在连续映射 $F: M\to\mathbb{R}^n$, 使得 $F|_K=f$, 且 $F(M)$ 包含在 $f(K)$ 的凸包中 (子集的凸包是指包含该子集的最小凸集).*

证明 在第 3 章中我们将说明 M 上存在度量 d, 使得 (M,d) 为度量空间, 我们先承认

度量的存在性. 考虑 $M\setminus K$ 的开覆盖 $\{B_x\}_{x\in M\setminus K}$, 其中

$$B_x=\left\{y\in M\,\middle|\,d(y,x)<\frac{1}{2}d(x,K)\right\}.$$

取从属于该开覆盖的单位分解 $\{\rho_i\}$.

我们断言: 当 $y\in B_x$, $z\in K$ 时, $d(x,z)\leqslant 2\,d(y,z)$. 事实上, 由三角不等式可得

$$d(x,K)\leqslant d(x,y)+d(y,K)\leqslant \frac{1}{2}d(x,K)+d(y,z),$$

由此得出 $d(x,K)\leqslant 2\,d(y,z)$, 进而有

$$d(x,z)\leqslant d(x,y)+d(y,z)\leqslant \frac{1}{2}d(x,K)+d(y,z)\leqslant 2\,d(y,z).$$

当 $x\in M\setminus K$ 时, 取 $\bar{x}\in K$, 使得 $d(x,\bar{x})<2\,d(x,K)$. 当 $y\in B_x$, $z\in K$ 时, 就有

$$d(\bar{x},z)\leqslant d(\bar{x},x)+d(x,z)\leqslant 3\,d(x,z)\leqslant 6\,d(y,z). \tag{1.4}$$

设 $\operatorname{supp}\rho_i\subset B_{x_i}$, 定义 $F:M\to\mathbb{R}^n$ 如下

$$F(x)=\begin{cases}f(x), & x\in K,\\ \sum_i\rho_i(x)f(\bar{x}_i), & x\in M\setminus K.\end{cases}$$

显然, F 在 K 的内部以及 $M\setminus K$ 中均连续, 我们只要再验证 F 在 K 的边界上也连续就可以了. 为此, 设 $x_0\in\partial K$, 我们来说明 F 在 x_0 处连续.

任给 $\varepsilon>0$, 根据 f 的连续性, 存在 $\delta>0$, 使得当 $x\in K$ 且 $d(x,x_0)<\delta$ 时 $\|f(x)-f(x_0)\|<\varepsilon$. 我们要说明当 $y\in M$ 且 $d(y,x_0)<\dfrac{\delta}{6}$ 时, 也有

$$\|F(y)-F(x_0)\|=\|F(y)-f(x_0)\|<\varepsilon.$$

事实上, 不妨设 $y\in M\setminus K$, 则

$$\|F(y)-f(x_0)\|\leqslant\sum_i\rho_i(y)\|f(\bar{x}_i)-f(x_0)\|.$$

当 $\rho_i(y)\neq 0$ 时, $y\in\operatorname{supp}\rho_i\subset B_{x_i}$. 由式 (1.4) 可得

$$d(\bar{x}_i,x_0)\leqslant 6\,d(y,x_0)<\delta,$$

此时 $\|f(\bar{x}_i)-f(x_0)\|<\varepsilon$. 于是

$$\|F(y)-f(x_0)\|\leqslant\sum_{\{i|\rho_i(y)\neq 0\}}\rho_i(y)\|f(\bar{x}_i)-f(x_0)\|<\sum_{\{i|\rho_i(y)\neq 0\}}\rho_i(y)\varepsilon=\varepsilon.$$

命题得证. □

在现代几何学中, 往往利用光滑的对象去创建微分流形的拓扑不变量. 此过程涉及将连续对象进行光滑化的基本手法, 以利于我们充分利用微积分、微分方程等工具.

命题 1.3.7 (光滑逼近) *设 $f:M\to\mathbb{R}^k$ 为微分流形 M 上的连续映射, 则任给 M 上的正连续函数 $\varepsilon:M\to\mathbb{R}$, 存在光滑映射 $g:M\to\mathbb{R}^k$, 使得*

$$\|g(x)-f(x)\|\leqslant\varepsilon(x),\quad\forall\,x\in M.$$

证明 由 f, ε 的连续性知, 任给 $x \in M$, 存在 x 的开邻域 U_x, 使得

$$\varepsilon(y) \geqslant \frac{1}{2}\varepsilon(x), \quad \forall\, y \in U_x; \quad \|f(y) - f(x)\| \leqslant \frac{1}{2}\varepsilon(x), \quad \forall\, y \in U_x.$$

取从属于开覆盖 $\{U_x\}_{x\in M}$ 的单位分解 $\{\rho_i\}$, 对每个 i, 取 $x_i \in M$, 使得 $\operatorname{supp}\rho_i \subset U_{x_i}$. 令

$$g(x) = \sum_i \rho_i(x) f(x_i), \quad \forall\, x \in M.$$

因为 $\{\operatorname{supp}\rho_i\}$ 具有局部有限性, 上式在每一点附近都是有限和, 因此映射 $g: M \to \mathbb{R}^k$ 是光滑的. 由 $\{\rho_i\}$ 为单位分解可知

$$\|g(x) - f(x)\| \leqslant \sum_i \rho_i(x)\|f(x_i) - f(x)\| = \sum_{\{i|\rho_i(x)\neq 0\}} \rho_i(x)\|f(x_i) - f(x)\|.$$

当 $\rho_i(x) \neq 0$ 时, $x \in \operatorname{supp}\rho_i \subset U_{x_i}$, 因此

$$\|g(x) - f(x)\| \leqslant \sum_{\{i|\rho_i(x)\neq 0\}} \rho_i(x)\frac{1}{2}\varepsilon(x_i) \leqslant \sum_{\{i|\rho_i(x)\neq 0\}} \rho_i(x)\varepsilon(x) = \varepsilon(x),$$

这里我们再一次用到了 $\{\rho_i\}$ 为单位分解. □

推论 1.3.8 (局部光滑逼近) 设 $f: M \to \mathbb{R}^k$ 为微分流形 M 上的连续映射, $\varepsilon: M \to \mathbb{R}$ 为 M 上的正连续函数. 如果 A 是 M 中的闭集, U 是包含 A 的开集, 则存在连续映射 $h: M \to \mathbb{R}^k$, 使得

(i) $\|h(x) - f(x)\| \leqslant \varepsilon(x), \forall\, x \in M$;

(ii) h 在 A 的某个开邻域中是光滑的, 且若 f 在开集 V 中是光滑的, 则 h 在 V 中也是光滑的;

(iii) h 和 f 在 $M \setminus U$ 上相等.

证明 根据命题 1.3.7, 存在光滑映射 $g: M \to \mathbb{R}^k$, 使得

$$\|g(x) - f(x)\| \leqslant \varepsilon(x), \quad \forall\, x \in M.$$

取从属于开覆盖 $\{U, M \setminus A\}$ 的单位分解 $\{\rho_0, \rho_1\}$, 令

$$h(x) = \rho_0(x)g(x) + \rho_1(x)f(x), \quad \forall\, x \in M.$$

容易验证 h 是满足要求的连续映射. □

命题 1.3.9 设 $f: M \to N$ 是微分流形之间的连续映射, 则存在同伦于 f 的光滑映射 $g: M \to N$.

证明 我们利用推论 1.3.8 对映射 f 逐步地进行光滑逼近, 先简单地描述基本的想法: 设 $x_0 \in M$, 我们想要在 x_0 附近对 f 做光滑逼近. 为此, 取 $f(x_0)$ 在 N 中的坐标邻域 W, 使得 W 在坐标映射下的像为欧氏空间 $\mathbb{R}^k$. 由 f 连续可知, 存在 x_0 的坐标邻域 U, 使得 $f(U) \subset W$. 此时我们可以利用推论 1.3.8 对 $f|_U: U \to W$ 做光滑逼近, 且让 f 在 U 外保持不变.

具体来说, 根据单位分解定理的证明, 我们可以取由 M 的坐标邻域构成的局部有限的开覆盖 $\{U_i\}$, 使得

(1) $\bar{U}_i$ 均为紧集, 且 $f(\bar{U}_i)$ 包含于 N 的坐标邻域 W_i 中, W_i 在坐标映射下的像是 $\mathbb{R}^k$;

(2) 存在缩小的坐标邻域 V_i, 使得 $\bar{V}_i \subset U_i$, 且 $\{V_i\}$ 仍为 M 的开覆盖.

在 N 上取一个度量 d, 记 $\varepsilon_i = d\big(f(\bar{U}_i),\ N\setminus W_i\big)$. 因为 $\bar{U}_i$ 为紧集且 $\{U_j\}$ 是局部有限的, 故只有有限个 U_j 与 $\bar{U}_i$ 有非空交. 记

$$\eta_i = \frac{1}{2}\min\{\varepsilon_j \mid U_j\cap\bar{U}_i\neq\varnothing\}.$$

取从属于开覆盖 $\{U_j\}$ 的单位分解 $\{\rho_j\}$, 令

$$\varepsilon(x) = \sum_j \eta_j\rho_j(x),\quad \forall\, x\in M,$$

则 $\varepsilon(x)$ 为 M 上正的光滑函数, 且当 $x\in U_i$ 时

$$\varepsilon(x) = \sum_{\{j|\rho_j(x)\neq 0\}} \eta_j\rho_j(x) \leqslant \sum_j \frac{1}{2}\varepsilon_i\rho_j(x) = \frac{1}{2}\varepsilon_i,$$

当 $x\in\bar{U}_i$ 时, 上述不等式当然也成立.

记 $\varepsilon(x)$ 在 $\bar{U}_i$ 中的最小值为 $\bar{\varepsilon}_i$. 利用坐标映射我们可以把 $\mathbb{R}^k$ 中的线性结构和范数移植到 W_i 中. 设 L 为 W_i 中的紧集. 我们**断言**: 存在 $\delta_i>0$, 使得任给 $y\in L$, 当 $\|y'-y\|<\delta_i$ 时 $d(y',y)<2^{-i}\bar{\varepsilon}_i$. (反证法) 若断言不成立, 则存在一列 $y_j\in L$ 以及 y'_j, 使得当 $j\to\infty$ 时 $\|y'_j-y_j\|\to 0$, 但 $d(y'_j,y_j)\geqslant 2^{-i}\bar{\varepsilon}_i$. 由 L 为紧集可知 $\{y_j\}$ 存在收敛子列. 不妨设 $d(y_j,y_0)\to 0$, 此时由坐标映射为同胚可知 $\|y_j-y_0\|\to 0$. 于是

$$\|y'_j-y_0\|\leqslant\|y'_j-y_j\|+\|y_j-y_0\|\to 0,$$

这说明 $d(y'_j,y_0)\to 0$. 于是又有

$$d(y'_j,y_j)\leqslant d(y'_j,y_0)+d(y_j,y_0)\to 0,$$

从而导出了矛盾.

有了这些准备工作, 我们来归纳地定义一列连续映射 $g_i: M\to N$, $i=0,1,\cdots$, 使得当 $i\geqslant 1$ 时,

(1) $d\big(g_i(x),g_{i-1}(x)\big)\leqslant 2^{-i}\varepsilon(x)$, $\forall\, x\in M$;

(2) g_i 和 g_{i-1} 在 $M\setminus U_i$ 中相等;

(3) g_i 在 $K_i=\bar{V}_1\cup\bar{V}_2\cup\cdots\cup\bar{V}_i$ 的某开邻域中是光滑的;

(4) $g_i(\bar{U}_j)\subset W_j$, $\forall\, j\geqslant 1$.

事实上, 令 $g_0=f$. 若 g_{i-1} 已经定义好, 我们通过局部光滑化来定义 g_i. 为此, 取开集 V'_i, 使得 $\bar{V}_i\subset V'_i$, $\bar{V}'_i\subset U_i$. 根据推论 1.3.8 以及刚才的断言, 存在连续映射 $g'_i: U_i\to W_i$, 使得

$(1)'$ $d\big(g'_i(x),g_{i-1}(x)\big)\leqslant 2^{-i}\bar{\varepsilon}_i$, $\forall\, x\in U_i$;

$(2)'$ g'_i 和 g_{i-1} 在 $U_i\setminus V'_i$ 中相同;

$(3)'$ g'_i 在 $K_i\cap U_i$ 的某开邻域中是光滑的.

令

$$g_i(x)=\begin{cases} g'_i(x), & x\in U_i,\\ g_{i-1}(x), & x\in M\setminus U_i,\end{cases}$$

则 g_i 满足上述 (1), (2), (3) 中的要求. 至于 (4), 注意到

$$d\big(g_i(x), f(x)\big) \leqslant \sum_{j=1}^{i} d\big(g_j(x), g_{j-1}(x)\big) \leqslant \sum_{j=1}^{i} 2^{-j}\varepsilon(x) \leqslant \varepsilon(x),$$

特别地, 当 $x \in \bar{U}_j$ 时

$$d\big(g_i(x), f(\bar{U}_j)\big) \leqslant d\big(g_i(x), f(x)\big) \leqslant \frac{1}{2}\varepsilon_j,$$

由 ε_j 的定义可知 $g_i(x) \in W_j$.

因为 K_i 是紧集而 $\{U_j\}$ 是局部有限的, 当 j 充分大时 $U_j \cap K_i = \varnothing$. 此时, 根据上述构造, g_j 在 K_i 上不随 j 变化而变化. 于是可定义

$$g(x) = \lim_{j\to\infty} g_j(x), \quad \forall\, x \in M.$$

$g: M \to N$ 是光滑映射, 且

$$d\big(g(x), f(x)\big) = \lim_{j\to\infty} d\big(g_j(x), f(x)\big) \leqslant \varepsilon(x).$$

为了说明 g 同伦于 f, 我们先来构造 g_{i-1} 和 g_i 之间的同伦. 当 $(x,t) \in M \times [0,1]$ 时, 令

$$H_i(x,t) = \begin{cases} tg_i(x) + (1-t)g_{i-1}(x), & x \in U_i, \\ g_{i-1}(x), & x \in M \setminus U_i. \end{cases}$$

不难验证 H_i 的连续性. 我们再来构造 f 和 g 之间的同伦. 令

$$H(x,t) = \begin{cases} H_{i+1}\big(x,\ 2^{i+1}(t + 2^{-i} - 1)\big), & 1 - 2^{-i} \leqslant t \leqslant 1 - 2^{-i-1},\ i = 0, 1, \cdots, \\ g(x), & t = 1, \end{cases}$$

我们要说明 $H: M \times [0,1] \to N$ 是连续映射. 显然, 只需要验证 H 在 $M \times \{1\}$ 上连续即可. 任取 $x \in M$, 取包含 x 的坐标邻域 U_x, 使得 $\bar{U}_x$ 是紧致的. 由 $\{U_j\}$ 的局部有限性可知, 存在 i, 使得当 $j \geqslant i$ 时 $U_j \cap \bar{U}_x = \varnothing$. 根据 g_j 的构造可知, 当 $j \geqslant i$ 时, g_j 在 U_x 上等于 g. 再根据 H_j 和 H 的构造可知, 当 $j \geqslant i+1$ 时

$$H(x',t) = g(x'), \quad \forall\, (x',t) \in U_x \times \big[1 - 2^{-i},\ 1\big].$$

特别地, H 在 $(x,1)$ 处连续. □

命题 1.3.10 设 $f_0, f_1: M \to N$ 为微分流形之间同伦的光滑映射, 则存在光滑映射 $H: M \times \mathbb{R} \to N$, 使得

$$H(x,t) = f_0(x), \quad \forall\, x \in M,\ t \leqslant 0; \quad H(x,t) = f_1(x), \quad \forall\, x \in M,\ t \geqslant 1.$$

证明 根据题设, 存在连续映射 $G: M \times \left[\frac{1}{3}, \frac{2}{3}\right] \to N$, 使得

$$G\Big(x, \frac{1}{3}\Big) = f_0(x), \quad \forall\, x \in M; \quad G\Big(x, \frac{2}{3}\Big) = f_1(x), \quad \forall\, x \in M.$$

G 可以扩充为从 $M \times \mathbb{R}$ 到 N 的连续映射: 当 $t \leqslant \dfrac{1}{3}$ 时, 令 $G(x,t) = f_0(x)$; 当 $t \geqslant \dfrac{2}{3}$ 时, 令 $G(x,t) = f_1(x)$.

记 $U=M\times\left(-\infty,\dfrac{1}{3}\right)\cup M\times\left(\dfrac{2}{3},+\infty\right)$, $V=M\times(0,1)$, 则 $\{U,V\}$ 为 $M\times\mathbb{R}$ 的开覆盖. 取 $M\times\mathbb{R}$ 的局部有限开覆盖 $\{U_i\}$, 使得每一个坐标邻域 U_i 要么包含在 U 中, 要么包含在 V 中. 然后我们可以像命题 1.3.9 中所做的那样, 用逐步光滑化的方法对连续映射 G 进行光滑化. 在 U_i 中做局部光滑化时, 若 $U_i\subset U$, 则保持映射不变; 若 $U_i\subset V$, 则映射在 U_i 外保持不变; 总之映射在 V 外保持不变. 最终我们得到一个光滑映射 $H:M\times\mathbb{R}\to N$, 使得在 V 外有 $H=G$. □

最后我们用单位分解的思想证明如下重要的嵌入定理, 它说明抽象的微分流形可以具体实现在欧氏空间中.

定理 1.3.11 *每一个紧致微分流形 M^n 均可嵌入到某个欧氏空间 $\mathbb{R}^N$ 中.*

证明 因为 M 是紧致的, 故像证明单位分解的存在性那样, 我们可取 M 的有限个局部坐标系 $\{(U_i,\varphi_i),1\leqslant i\leqslant k\}$, 使得 $\varphi_i(U_i)=B_2(0)$, 且 $\left\{V_i=\varphi_i^{-1}(B_{\frac{1}{2}}(0))\right\}$ 为 M 的开覆盖. 如前那样, 在 M 上定义光滑函数 f_i, 使得

$$f_i|_{V_i}\equiv 1,\quad \mathrm{supp}f_i\subset\varphi_i^{-1}(B_1(0)).$$

定义 $F:M\to\mathbb{R}^{kn}\times\mathbb{R}^k$ 为

$$F(x)=\big(f_1(x)\varphi_1(x),f_2(x)\varphi_2(x),\cdots,f_k(x)\varphi_k(x),f_1,f_2,\cdots,f_k\big),$$

其中, 通过零延拓, 我们将 $f_i\varphi_i$ 视为 M 上的光滑函数.

(1) F 为单射. 事实上, 如果 $F(x)=F(y)$, 则 $f_i(x)=f_i(y)$, $1\leqslant i\leqslant k$. 设 $x\in V_i$, 则 $f_i(x)=1$, 从而 $f_i(y)=f_i(x)=1$, 因此由 $f_i(x)\varphi_i(x)=f_i(y)\varphi_i(y)$ 知 $\varphi_i(x)=\varphi_i(y)$, 即 $x=y$.

(2) F 的 Jacobi 矩阵是满秩的. 事实上, 由于在 V_i 上 f_i 恒为 1, 故由 F 的定义即知 F 在 V_i 上为嵌入.

现在我们得到了从 M 到 $\mathbb{R}^N$ $(N=k(n+1))$ 的一个单浸入. 由于 M 为紧致流形, 容易知道此时的单浸入 F 必为嵌入. □

注 在 F 的定义中, 可以把 F 的最后 k 个坐标取为从属于 $\{V_i\}$ 的单位分解, 这样可以将 M 嵌入到 $k(n+1)-1$ 维欧氏空间中. 一般地, 如果流形 M 能被有限个局部坐标邻域覆盖, 则根据上面的构造, M 可以单浸入到欧氏空间中. 事实上, 可以证明, 任何 n 维微分流形必定可以被至多 $n+1$ 个局部坐标邻域所覆盖, 因而可以单浸入到欧氏空间中. 后面我们将利用 Sard 定理证明非紧版本的 Whitney 嵌入定理.

习题 1.3

1. 令 $f:\mathbb{R}\to\mathbb{R}$ 为

$$f(x)=\begin{cases}\mathrm{e}^{\frac{1}{x-b}-\frac{1}{x-a}}, & x\in(a,b),\\ 0, & x\in\mathbb{R}\setminus(a,b).\end{cases}$$

证明: f 为 $\mathbb{R}$ 上的光滑函数.

2. 证明: 设 $\{A_\alpha\}$ 为微分流形 M 的局部有限子集族, 则 $\{\bar{A}_\alpha\}$ 也是局部有限的, 并且

$$\overline{\bigcup_\alpha A_\alpha}=\bigcup_\alpha\bar{A}_\alpha.$$

3. 证明: 设 A, B 为微分流形 M 的闭子集, 且 $A\cap B=\varnothing$, 则存在光滑函数 $f: M\to\mathbb{R}$, 使得 $f|_A=1$, $f|_B\equiv 0$.
4. 证明: 设 $\{U_\alpha\}$ 为微分流形 M 的局部有限开覆盖, $\{\varepsilon_\alpha\}$ 为一族正数, 则任给连续映射 $f: M\to\mathbb{R}^k$, 存在光滑映射 $\tilde{f}: M\to\mathbb{R}^k$, 使得
$$\|\tilde{f}(x)-f(x)\|<\varepsilon_\alpha,\quad \forall\, x\in U_\alpha.$$
5. 证明: 设 $f: M\to N$ 是微分流形之间的连续映射, $A\subset M$ 为闭集, U 为包含 A 的开集. 如果存在光滑映射 $g: U\to N$, 使得 $g|_A=f|_A$, 则存在光滑映射 $h: M\to N$, 使得 $h|_A=f|_A$.
6. 证明: 设 $f: M\to N$ 是微分流形之间的连续映射, $S\subset M$ 为闭的正则子流形. 如果 $f|_S: S\to N$ 是光滑映射, 则存在光滑映射 $g: M\to N$, 使得 $g|_S=f|_S$.
7. 证明: 设 M, N 为紧致微分流形, $f: M\times N\to\mathbb{R}$ 为连续函数, 则任给 $\varepsilon>0$, 存在 M, N 上的有限个光滑函数 $\{g_i\}_{i=1}^k$, $\{h_i\}_{i=1}^k$, 使得
$$\left|f(x,y)-\sum_{i=1}^k g_i(x)h_i(y)\right|<\varepsilon,\quad \forall\,(x,y)\in M\times N.$$
8. 证明: 若微分流形 M 可以单浸入到欧氏空间中, 则 M 一定也可以嵌入到欧氏空间中.

§1.4 切空间和切映射

在微分学中, 线性化是研究一般映射的基本手法. 在微分流形上, 要运用此方法, 我们先得对空间进行线性化. 对于微分流形来说, 在某一点处线性化以后所得对象称为这一点处的切空间, 这是一个和流形本身维数相等的向量空间.

我们先从切向量的定义开始. 为了将欧氏空间中的向量推广到流形上, 我们先把欧氏空间中的向量 v 与求方向导数的算子 ∂_v 联系起来, 用 ∂_v 的性质来刻画 v. 我们回忆, 若 f 是 $p\in\mathbb{R}^n$ 附近的光滑函数, 则 f 在 p 处沿 v 的方向导数定义为
$$\partial_v f(p)=\frac{\mathrm{d}}{\mathrm{d}t}\Big|_{t=0}f(p+tv)=\lim_{t\to 0}\frac{f(p+tv)-f(p)}{t}.$$
若 $\nabla f(p)$ 是 f 在 p 处的梯度, 则
$$\partial_v f(p)=v\cdot\nabla f(p).$$
我们不妨将线性算子 ∂_v 和向量 v 等同起来. 注意, 作为线性算子, ∂_v 具有所谓的导子性质:
$$\partial_v(fg)(p)=f(p)\partial_v g(p)+g(p)\partial_v f(p).$$
其中, f, g 均为 p 附近的光滑函数. 以此类比, 我们得到如下定义.

定义 1.4.1 (切向量) 记 $C^\infty(M)$ 为微分流形 M 上光滑函数的全体组成的向量空间. 设 $p\in M$, 如果线性算子 $X: C^\infty(M)\to\mathbb{R}$ 满足如下导子性质
$$X(fg)=f(p)X(g)+g(p)X(f),\quad \forall\, f,g\in C^\infty(M),$$
则称 X 为 M 在 p 处的切向量. p 处切向量的全体组成的向量空间称为 p 处的切空间, 记为 T_pM.

由定义易见, 切向量在常值函数上的作用为零. 切向量作用在函数上就如同多元函数沿某个方向求方向导数. 我们知道, 函数在某一点的导数只跟它在这一点附近的值有关. 下面的引理是这一结果在流形上的自然体现.

引理 1.4.1 设 $f, g \in C^{\infty}(M)$, 如果在 p 的一个开邻域中 $f = g$, 则任给 $X \in T_pM$, 均有 $X(f) = X(g)$.

证明 令 $h = f - g$, 只要证明 $X(h) = 0$ 即可. 由假设, h 在 p 的某个开邻域 U_p 内恒为零, 我们取 M 上的鼓包函数 φ, 使得 $\varphi(p) = 1$, 且 $\operatorname{supp}\varphi \subset U_p$, 则显然 $\varphi h \equiv 0$. 于是

$$0 = X(\varphi h) = \varphi(p)X(h) + h(p)X(\varphi) = X(h).$$

这就证明了引理. □

根据这个引理, 切向量也可以作用于局部光滑函数上: 设 f 是在 p 附近有定义的光滑函数, 利用截断函数把 f 延拓为 M 上的光滑函数 $\tilde{f}$, 使得在 p 附近 $\tilde{f} = f$, 定义 $X(f) = X(\tilde{f})$, 则这个定义是恰当的, 它和 f 的延拓无关.

设 (U, φ) 为 p 附近的局部坐标系, $\{x^i\}_{i=1}^n$ 为坐标函数, 我们在 p 处定义 n 个切向量 $\left.\dfrac{\partial}{\partial x^i}\right|_p$ $(1 \leqslant i \leqslant n)$ 如下: 任给 $f \in C^{\infty}(M)$, 令

$$\left.\frac{\partial}{\partial x^i}\right|_p (f) = \frac{\partial (f \circ \varphi^{-1})}{\partial x^i}(\varphi(p)).$$

容易验证 $\left.\dfrac{\partial}{\partial x^i}\right|_p \in T_pM$. 由于 $x^j = x^j \circ \varphi$, 其中等号后面那个 x^j 是 $\mathbb{R}^n$ 上的第 j 个坐标函数, 故

$$\left.\frac{\partial}{\partial x^i}\right|_p (x^j) = \delta_{ij} = \begin{cases} 1, & i = j, \\ 0, & i \neq j. \end{cases}$$

这说明 $\left\{\left.\dfrac{\partial}{\partial x^i}\right|_p\right\}_{i=1}^n$ 在 T_pM 中线性无关. 我们有

命题 1.4.2 $\left\{\left.\dfrac{\partial}{\partial x^i}\right|_p\right\}_{i=1}^n$ 为 T_pM 的一组基, 特别地, T_pM 是维数为 $\dim M$ 的有限维向量空间.

证明 只要证明任何切向量 X 均可由 $\left\{\left.\dfrac{\partial}{\partial x^i}\right|_p\right\}_{i=1}^n$ 张成即可. 事实上, 下面我们证明

$$X = \sum_{i=1}^n X(x^i)\left.\frac{\partial}{\partial x^i}\right|_p. \tag{1.5}$$

任给 $q \in U$, 记 $x = \varphi(q)$, $a = \varphi(p)$. 当 $f \in C^{\infty}(M)$ 时, 由微积分基本定理可得

$$\begin{aligned} f(q) = f \circ \varphi^{-1}(x) &= f \circ \varphi^{-1}(a) + \int_0^1 \frac{\mathrm{d}}{\mathrm{d}t}\Big[f \circ \varphi^{-1}\big(a + t(x - a)\big)\Big]\mathrm{d}t \\ &= f \circ \varphi^{-1}(a) + \sum_{i=1}^n (x^i - a^i) g_i(x), \end{aligned}$$

其中

$$g_i(x) = \int_0^1 \frac{\partial(f \circ \varphi^{-1})}{\partial x^i}(a + t(x-a))\mathrm{d}t.$$

g_i 仍为光滑函数, 且

$$g_i(a) = \frac{\partial(f \circ \varphi^{-1})}{\partial x^i}(a) = \frac{\partial}{\partial x^i}\Big|_p(f).$$

由切向量所满足的导子性质可得

$$X(f) = X\left(\sum_{i=1}^n (x^i - a^i)g_i(x)\right) = \sum_{i=1}^n X(x^i)g_i(a) = \sum_{i=1}^n X(x^i)\frac{\partial}{\partial x^i}\Big|_p(f),$$

这个等式对任何 f 都成立, 因此这就证明了 X_p 可由 $\left\{\dfrac{\partial}{\partial x^i}\Big|_p\right\}_{i=1}^n$ 张成. □

注意, 在上面的证明过程中, 函数 g_i 仍具有光滑性, 这一般只对于光滑流形才成立. 因此, 对于 C^1 的微分流形, 我们不能像上面一样证明切空间维数的有限性. 为此我们再从别的角度考察一下切空间.

首先, 如果 (U,φ), (V,ψ) 均为 p 附近的局部坐标系, 坐标函数分别记为 x^i 与 y^j, $1 \leqslant i,j \leqslant n$. 坐标转换映射 $\varphi \circ \psi^{-1}$ 的分量记为 f_i, $1 \leqslant i \leqslant n$. 由式 (1.5) 可得

$$\frac{\partial}{\partial y^j}\Big|_p = \sum_{i=1}^n \frac{\partial}{\partial y^j}\Big|_p(x^i)\frac{\partial}{\partial x^i}\Big|_p = \sum_{i=1}^n \frac{\partial f_i}{\partial y^j}(\psi(p))\frac{\partial}{\partial x^i}\Big|_p,$$

写成矩阵的形式为

$$\left(\frac{\partial}{\partial y^1}\Big|_p, \cdots, \frac{\partial}{\partial y^n}\Big|_p\right) = \left(\frac{\partial}{\partial x^1}\Big|_p, \cdots, \frac{\partial}{\partial x^n}\Big|_p\right) \cdot J(\varphi \circ \psi^{-1})\big(\psi(p)\big),$$

这是 T_pM 中两组基之间的变换公式. 因此, 如果 $X \in T_pM$ 在这两组基下分别表示为

$$\sum_{j=1}^n b^j \frac{\partial}{\partial y^j}\Big|_p = X = \sum_{i=1}^n a^i \frac{\partial}{\partial x^i}\Big|_p, \quad a^i, b^j \in \mathbb{R},$$

则其系数满足如下转换关系

$$(a^1, a^2, \cdots, a^n)^{\mathrm{T}} = J(\varphi \circ \psi^{-1})\big(\psi(p)\big)(b^1, b^2, \cdots, b^n)^{\mathrm{T}}$$

或

$$(b^1, b^2, \cdots, b^n)^{\mathrm{T}} = J(\psi \circ \varphi^{-1})\big(\varphi(p)\big)(a^1, a^2, \cdots, a^n)^{\mathrm{T}}.$$

这些转换公式也可以用来给出切向量和切空间的等价定义.

切向量和切空间还可以用流形上的光滑曲线来定义. 设 $p \in M$, 一条经过 p 的光滑曲线是指光滑映射 $\sigma : (a,b) \to M$, 使得 $\sigma(t_0) = p$. 定义 $\sigma'(t_0) \in T_pM$ 如下

$$\sigma'(t_0)(f) = \frac{\mathrm{d}}{\mathrm{d}t}\Big|_{t=t_0}\big[f \circ \sigma(t)\big], \quad \forall\, f \in C^\infty(M).$$

容易验证 $\sigma'(t_0)$ 为 p 处的切向量, 也记为 $\dot{\sigma}(t_0)$ 或 $\dfrac{\mathrm{d}\sigma}{\mathrm{d}t}(t_0)$.

在局部坐标系 (U,φ) 中, σ 可表示为

$$\varphi\circ\sigma(t)=\big(x^1\circ\sigma(t),\cdots,x^n\circ\sigma(t)\big),\quad t\in(a,b).$$

此时 $\dot\sigma(t_0)$ 可以表示为

$$\dot\sigma(t_0)=\sum_{i=1}^n\dot\sigma(t_0)(x^i)\frac{\partial}{\partial x^i}\Big|_p=\sum_{i=1}^n\frac{\mathrm{d}}{\mathrm{d}t}\Big|_{t=t_0}\big(x^i\circ\sigma(t)\big)\frac{\partial}{\partial x^i}\Big|_p.$$

反之, 任给 p 处的切向量 X, 设 $X=\sum\limits_{i=1}^n a^i\dfrac{\partial}{\partial x^i}\Big|_p$, 不妨设 $\varphi(p)=0$, 则 $\sigma(t)=\varphi^{-1}(a^1t,a^2t,\cdots,a^nt)$ 就是经过 p 的光滑曲线, 且 $\dot\sigma(0)=X$.

利用上面的叙述, 我们可以重新描述切向量和切空间: 考虑经过 p 的所有光滑曲线 σ, 如果两条这样的曲线 σ_1, σ_2 满足下面的条件

$$\frac{\mathrm{d}}{\mathrm{d}t}\Big|_{t=0}\big[x^i\circ\sigma_1(t)-x^i\circ\sigma_2(t)\big]=0,\quad 1\leqslant i\leqslant n,$$

则称 σ_1 和 σ_2 等价, 记为 $\sigma_1\sim\sigma_2$, 曲线的一个等价类就称为 p 处的一个切向量. 切空间则可以定义为

$$T_pM=\{\text{经过 } p \text{ 的光滑曲线}\}/\sim.$$

不难验证, 对于光滑流形, 切空间的这几种描述都是等价的.

例 1.4.1 欧氏空间 $\mathbb{R}^n$ 的切空间.

设 $p\in\mathbb{R}^n$, 则 $T_p\mathbb{R}^n=\mathrm{span}\left\{\dfrac{\partial}{\partial x^i}\Big|_p\right\}_{i=1}^n$, 而基向量 $\dfrac{\partial}{\partial x^i}\Big|_p$ 作用在函数上就是求偏导数. 利用整体坐标 $\{x^i\}$, 我们通常把切空间 $T_p\mathbb{R}^n$ 和作为向量空间的 $\mathbb{R}^n$ 等同起来

$$\sum_{i=1}^n a^i\frac{\partial}{\partial x^i}\Big|_p\longleftrightarrow(a^1,a^2,\cdots,a^n)\in\mathbb{R}^n.$$

因此, 对于 $\mathbb{R}^n$ 中的正则子流形, 其切空间也就可以看成 $\mathbb{R}^n$ 中的子向量空间了.

例 1.4.2 n 维球面 S^n 的切空间.

设 $p\in S^n$, σ 是 S^n 上经过 p 的光滑曲线, $\sigma(0)=p$. σ 也可看成 $\mathbb{R}^{n+1}$ 中的曲线. 在 $\mathbb{R}^{n+1}$ 的坐标下, σ 可表示为

$$\sigma(t)=\big(x^1(t),x^2(t),\cdots,x^{n+1}(t)\big),\quad t\in(-\varepsilon,\varepsilon).$$

记 $v=\dot\sigma(0)$, 则 $v=\sum\limits_{i=1}^{n+1}\dot x^i(0)\dfrac{\partial}{\partial x^i}\Big|_p$, 为了简单起见, 也记

$$v=\big(\dot x^1(0),\dot x^2(0),\cdots,\dot x^{n+1}(0)\big)\in\mathbb{R}^{n+1}.$$

由于 $\|\sigma(t)\|\equiv1$, 故

$$\sum_{i=1}^{n+1}\dot x^i(0)x^i(0)=0,$$

即 $\langle v,p\rangle=0$, 其中 $\langle,\rangle$ 为 $\mathbb{R}^{n+1}$ 中的标准内积. 这说明

$$T_pS^n\subset\{v\in\mathbb{R}^{n+1}\mid\langle v,p\rangle=0\},$$

因为上式两边是维数相同的向量空间, 故上式实际上是等式.

有了切空间的概念, 我们就可以对映射做线性化了.

定义 1.4.2 (切映射) 设 $f: M \to N$ 为微分流形之间的光滑映射, $p \in M$, $q = f(p) \in N$. 设 $X \in T_pM$, 定义 $f_{*p}(X) \in T_qN$ 如下: 任给 $g \in C^\infty(N)$, 令

$$f_{*p}(X)(g) = X(g \circ f).$$

这样我们就定义了线性映射 $f_{*p}: T_pM \to T_qN$, 称为 f 在 p 处的切映射或微分, 有时也把 f_{*p} 记为 $\mathrm{d}f_p$ 或 $\mathrm{d}f(p)$.

切映射具有以下性质:

(1) 恒同映射 $\mathrm{id}: M \to M$ 的切映射均为恒同映射;

(2) 如果 $f: M \to N$, $g: N \to S$ 均为微分流形之间的光滑映射, 则它们之间复合映射的切映射为切映射的复合

$$(g \circ f)_{*p} = g_{*f(p)} \circ f_{*p},$$

这一条对应着微积分中复合求导的链式法则;

(3) 设 σ 是经过 p 的光滑曲线, 则 $\sigma'(t_0) = \sigma_{*t_0}\left(\dfrac{\partial}{\partial t}\right)$; 如果记 $\sigma'(t_0) = X$, 则

$$f_{*p}(X) = (f \circ \sigma)'(t_0).$$

事实上, 由定义, 我们计算如下

$$\begin{aligned} f_{*p}(X)(g) = X(g \circ f) = \sigma'(t_0)(g \circ f) &= \frac{\mathrm{d}}{\mathrm{d}t}\Big|_{t=t_0}(g \circ f \circ \sigma(t)) \\ &= (f \circ \sigma)'(t_0)g. \end{aligned}$$

设 (U, φ) 为 p 附近的局部坐标系, (V, ψ) 为 $q = f(p)$ 处的局部坐标系, 坐标函数分别为 x^i $(1 \leqslant i \leqslant m)$ 和 y^j $(1 \leqslant j \leqslant n)$. 在这两个局部坐标系下, f 的局部表示可写为

$$\psi \circ f \circ \varphi^{-1}(x^1, x^2, \cdots, x^m) = \big(f_1(x), f_2(x), \cdots, f_n(x)\big).$$

在切空间 T_pM 和 T_qN 中分别有基 $\left\{\dfrac{\partial}{\partial x^i}\Big|_p\right\}$ 和 $\left\{\dfrac{\partial}{\partial y^j}\Big|_{f(p)}\right\}$. 在这两组基下, 线性映射 f_{*p} 可以表示为一个矩阵. 由式 (1.5) 可得

$$f_{*p}\Big(\frac{\partial}{\partial x^i}\Big|_p\Big) = \sum_{j=1}^n f_{*p}\Big(\frac{\partial}{\partial x^i}\Big|_p\Big)(y^j)\frac{\partial}{\partial y^j}\Big|_q.$$

我们可如下计算系数

$$\begin{aligned} f_{*p}\Big(\frac{\partial}{\partial x^i}\Big|_p\Big)(y^j) = \frac{\partial}{\partial x^i}\Big|_p(y^j \circ f) &= \frac{\partial}{\partial x^i}(y^j \circ f \circ \varphi^{-1})\big(\varphi(p)\big) \\ &= \frac{\partial}{\partial x^i}(\psi \circ f \circ \varphi^{-1})_j\big(\varphi(p)\big) = \frac{\partial f_j}{\partial x^i}\big(\varphi(p)\big), \end{aligned}$$

因此

$$f_{*p}\Big(\frac{\partial}{\partial x^i}\Big|_p\Big) = \sum_{j=1}^n \frac{\partial f_j}{\partial x^i}\big(\varphi(p)\big)\frac{\partial}{\partial y^j}\Big|_{f(p)},$$

写成矩阵形式为

$$\left(f_{*p}\left(\frac{\partial}{\partial x^1}\Big|_p\right),\cdots,f_{*p}\left(\frac{\partial}{\partial x^m}\Big|_p\right)\right)=\left(\frac{\partial}{\partial y^1}\Big|_{f(p)},\cdots,\frac{\partial}{\partial y^n}\Big|_{f(p)}\right)J(\psi\circ f\circ\varphi^{-1})\big(\varphi(p)\big).$$

由映射秩的定义立得

推论 1.4.3 $\mathrm{rank}_p f=\mathrm{rank} f_{*p}$.

特别地, 光滑映射 $f:M\to N$ 为浸入当且仅当 f 的切映射总是单线性映射; f 为淹没当且仅当其切映射总是满线性映射. 例如, 当包含映射 $I:M\to N$ 为嵌入, 即 M 为 N 的正则子流形时, T_pM 为 T_pN 的 m 维子向量空间.

例 1.4.3 行列式的秩.

考虑 n 阶矩阵空间上的行列式函数 $f:M_{n\times n}\to\mathbb{R}$, 其中 $f(A)=\det A$. 显然, f 为连续函数, 这说明一般线性群 $GL(n,\mathbb{R})=f^{-1}(\mathbb{R}\setminus\{0\})$ 为 $M_{n\times n}=\mathbb{R}^{n^2}$ 中的开集. 当 $A\in GL(n,\mathbb{R})$ 时, 任给 $h\in M_{n\times n}$, 有

$$\det(A+th)=\det A\,\det(I_n+tA^{-1}h)=\det A\left[1+t\cdot\mathrm{tr}A^{-1}h+o(t)\right]\ (t\to 0),$$

因此 f 在 A 处的切映射 $f_{*A}:M_{n\times n}\to\mathbb{R}$ 为

$$f_{*A}(h)=\frac{\mathrm{d}}{\mathrm{d}t}\Big|_{t=0}\det(A+th)=\det A\,\mathrm{tr}(A^{-1}h),$$

从上式易见 f 的秩为 1.

例 1.4.4 正则子流形的切空间.

设 $f:M\to N$ 为光滑映射, 其秩恒为 l. 取 $q\in N$, 设 $S=f^{-1}(q)\neq\varnothing$, 我们知道此时 S 为 M 的正则子流形. 设 $p\in S$, 下面来求 S 在 p 处的切空间 T_pS.

注意到 $f(S)\equiv q$, 因此, 如果 σ 是 S 中经过 p 的光滑曲线, 则

$$f_{*p}(\sigma'(0))=(f\circ\sigma)'(0)=0,$$

这说明 $T_pS\subset\ker f_{*p}$. 又因为 $\mathrm{rank}f=l$, 故 $\dim\ker f_{*p}=\dim M-l=\dim S$, 从而有

$$T_pS=\ker f_{*p}=\{v\in T_pM\mid f_{*p}(v)=0\}.\tag{1.6}$$

在这个例子中, S 是映射 f 在某一点的原像. 我们可以考虑更一般一点的问题: 若 Q 为 N 的正则子流形, 在何种情况下 $f^{-1}(Q)$ 仍为 M 的正则子流形? 对这个问题的研究可以引出如下概念.

定义 1.4.3 (横截相交) 设 $f:M\to N$ 为微分流形之间的光滑映射, Q 为 N 的正则子流形. 如果对满足条件 $p\in M$, $f(p)=q\in Q$ 的所有点 p, 均有

$$f_{*p}(T_pM)+T_qQ=T_qN,\tag{1.7}$$

则称 f 和 Q 横截相交, 有时记为 $f\pitchfork Q$. 当 $f(M)\cap Q=\varnothing$ 时, 也规定 f 和 Q 横截相交.

例 1.4.5 横截相交与正则值.

设 $f:M\to N$ 为光滑映射, $q\in N$, 则 f 和 N 中的 0 维流形 q 横截相交当且仅当 q 为 f 的正则值; 如果 M,Q 均为 N 的正则子流形, 且对任何 $p\in M\cap Q$, 均有

$$T_pM+T_pQ=T_pN,$$

则称 M,Q 横截相交, 记为 $M\pitchfork Q$. 例如, 在 $\mathbb{R}^2$ 中, 两个坐标轴是横截相交的; 经过原点的

直线和单位圆周也是横截相交的; $y = x^2$ 的图像与单位圆周横截相交 (见图 1.13), 但它与 x 轴不是横截相交的.

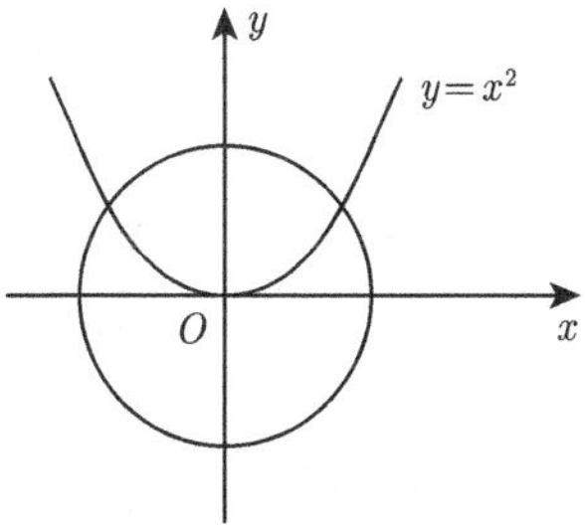

图 1.13 横截相交

引理 1.4.4 设 $0 \in \mathbb{R}^k$ 为光滑映射 $g: N \to \mathbb{R}^k$ 的正则值, 且 $Q = g^{-1}(0)$, 则映射 $f: M \to N$ 和 Q 横截相交当且仅当 $0 \in \mathbb{R}^k$ 是复合映射 $g \circ f$ 的正则值.

证明 $0 \in \mathbb{R}^k$ 是复合映射 $g \circ f$ 的正则值当且仅当对任意 $p \in (g \circ f)^{-1}(0)$ 均有

$$(g \circ f)_{*p}(T_pM) = g_{*f(p)}f_{*p}(T_pM) = T_0\mathbb{R}^k,$$

由于 $T_{f(p)}Q = \ker g_{*f(p)}$, $g_{*f(p)}(T_{f(p)}N) = T_0\mathbb{R}^k$, 故上式等价于

$$f_{*p}(T_pM) + T_{f(p)}Q = T_{f(p)}N,$$

即等价于 f 与 Q 横截相交. □

定理 1.4.5 设 $f: M \to N$ 为光滑映射, Q 为 N 的正则子流形. 如果 f 与 Q 横截相交, 则 $f^{-1}(Q)$ 为 M 的正则子流形, 且

$$\dim M - \dim f^{-1}(Q) = \dim N - \dim Q. \tag{1.8}$$

证明 设 $p \in f^{-1}(Q)$, 记 $q = f(p) \in Q$. 因为 Q 为正则子流形, 由正则子流形的结构定理, 存在 q 在 N 中的局部坐标邻域 U 以及相应的坐标函数 x^i $(1 \leqslant i \leqslant \dim N)$, 使得

$$Q \cap U = \left\{r \in U \mid x^j(r) = 0,\ \dim Q < j \leqslant \dim N\right\}.$$

考虑映射 $g: U \to \mathbb{R}^k$ $(k = \dim N - \dim Q)$, 其中

$$g(r) = \left(x^{\dim Q+1}(r), x^{\dim Q+2}(r), \cdots, x^{\dim N}(r)\right),$$

则 g 为淹没, 且 $Q \cap U = g^{-1}(0)$. 根据引理 1.4.4, $0 \in \mathbb{R}^k$ 为复合映射 $g \circ f$ 的正则值, 从而在 p 的开邻域 $f^{-1}(U)$ 中 $f^{-1}(Q) = (g \circ f)^{-1}(0)$ 为正则子流形, 维数为 $\dim M - k = \dim M - \dim N + \dim Q$. □

有时, 我们把 $\dim N - \dim Q$ 称为子流形 Q 的余维数, 记为 $\mathrm{codim} Q$. 用余维数的记号, 则式 (1.8) 可写为 $\mathrm{codim} f^{-1}(Q) = \mathrm{codim} Q$.

例 1.4.6 线性空间的横截相交.

设 U, V 为向量空间 W 的子向量空间, 则 U, V 横截相交当且仅当 $U + V = W$, 此时

$$\dim(U \cap V) = \dim U + \dim V - \dim W,$$

或改写为

$$\mathrm{codim}\, U \cap V = \mathrm{codim}\, U + \mathrm{codim}\, V.$$

定理 1.4.6 (横截相交的稳定性) 设 M, P, N, Q 为微分流形, 其中 M 为紧致流形,

Q 为 N 的闭正则子流形. 设 $f: M \times P \to N$ 为光滑映射, 取 $p \in P$, 定义 $f_p: M \to N$ 为 $f_p(x) = f(x,p)$, $\forall\, x \in M$, 则集合

$$\Omega = \{p \in P \,|\, f_p \text{ 和 } Q \text{ 横截相交}\}$$

为开集.

证明 设 $p_0 \in \Omega$, 我们要证明, 对于 p_0 附近的点 p, f_p 也和 Q 横截相交. (反证法) 假设不然, 则存在 $p_i \in P$, 使得 $p_i \to p_0$, 但 f_{p_i} 和 Q 不是横截相交的. 此时, 存在 $x_i \in M$, 使得 $f(x_i, p_i) = q_i \in Q$, 且

$$f_{*(x_i,p_i)}(T_{x_i}M) + T_{q_i}Q \neq T_{q_i}N, \quad i \geqslant 1. \tag{1.9}$$

由 M 紧致可知, $\{x_i\}$ 存在收敛子列, 不妨设其本身收敛于 x_0. 此时 $(x_i, p_i) \to (x_0, p_0)$. 由于 Q 是 N 中闭集, 故 $q_i = f(x_i, p_i) \to q_0 = f(x_0, p_0) \in Q$. 又由于 Q 为 N 的正则子流形, 我们可以取 q_0 的局部坐标邻域 V 以及光滑淹没 $\psi: V \to \mathbb{R}^k$, 使得 $0 \in \mathbb{R}^k$ 为 ψ 的正则值且 $Q \cap V = \psi^{-1}(0)$. 由 f_{p_0} 和 Q 横截相交知, $0 \in \mathbb{R}^k$ 为复合映射 $\psi \circ f(\cdot, p_0)$ 的正则值. 因为矩阵的秩在微扰下不会变小, 故当 i 充分大时, $0 \in \mathbb{R}^k$ 为复合映射 $\psi \circ f(\cdot, p_i)$ 的正则值, 且 $q_i \in V$. 这和式 (1.9) 相矛盾. □

这个定理说明, 横截相交经过微扰以后仍为横截相交. 反之, 利用下节中的 Sard 定理可以证明光滑映射总可以通过微扰使之和给定的正则子流形横截相交.

习题 1.4

1. 设 M 为微分流形, (U, φ) 为 p 附近的局部坐标系, 证明:

$$\left.\frac{\partial}{\partial x^i}\right|_p = \left(\varphi^{-1}\right)_{*\varphi(p)} e_i,$$

其中, e_i 是欧氏空间中第 i 个坐标为 1, 其余坐标为 0 的基向量.

2. 设 M 为微分流形, 则 $\Delta = \{(x,y) \in M \times M \,|\, x = y\}$ 为 $M \times M$ 的正则子流形, 计算其切空间.
3. 考虑映射 $f: M_{n\times n} \to M_{n\times n}$, 其中 $f(A) = AA^{\mathrm{T}}$. 利用 f 的切映射计算 f 在 $GL(n, \mathbb{R})$ 上的秩.
4. 设 $f: M \to N$ 为光滑映射, Q 为 N 的正则子流形. 证明: f 和 Q 横截相交当且仅当 f 的图像 G_f 和 $M \times Q$ 在 $M \times N$ 中横截相交.
5. 设 $f: M \to N$ 为光滑映射, Q 为 N 的正则子流形. 当 f 和 Q 横截相交时, 求 $f^{-1}(Q)$ 的切空间.
6. 设 P, Q 是微分流形 M 的正则子流形. 证明: 如果它们在 M 中横截相交, 则

$$T_x(P \cap Q) = T_xP \cap T_xQ, \quad \forall\, x \in P \cap Q.$$

7. 设 $f: M \to M$ 为光滑映射. 如果在 f 的每一个不动点 $p \in M$ 处, f 的切映射 $f_{*p}: T_pM \to T_pM$ 均没有非零不动点, 则称 f 为 Lefschetz 映射. 证明: 如果 M 为紧流形, 则 Lefschetz 映射的不动点最多只有有限个.
8. 设 $f: M_1 \to N$, $g: M_2 \to N$ 为微分流形之间的光滑映射, 如果对于任何满足条件 $f(x) = g(y) = z$ 的点, 均有

$$f_{*x}(T_xM_1) + g_{*y}(T_yM_2) = T_zN,$$

则称映射 f 和 g 横截相交. 证明: 如果 f, g 横截相交, 则

$$\{(x,y) \in M_1 \times M_2 \,|\, f(x) = g(y)\}$$

为 $M_1 \times M_2$ 的正则子流形, 维数为 $\dim M_1 + \dim M_2 - \dim N$.

§1.5 Sard 定理及应用

在前节最后我们定义了横截相交的概念并证明了横截相交性具有微扰不变性, 即它是一个“通有”的 (generic) 性质, 或者说映射和正则子流形处于一般 (通有) 的位置 (general position). 通有性是微分拓扑学里的重要概念, 映射本身的性质可能不够好, 但往往能在这个映射附近找某个性质较好的映射, 这里要用到的一个基本工具就是 Sard 定理.

定义 1.5.1 (零测集) 设 $C \subset \mathbb{R}^n$, 如果任给 $\varepsilon > 0$, 均存在覆盖 C 的至多可数个开立方体, 使得这些立方体的体积之和小于 ε, 则称 C 为 $\mathbb{R}^n$ 的零测集.

$\mathbb{R}^n$ 中的零测集具有以下性质:

(1) 零测集的子集显然为零测集;

(2) 至多可数个零测集之并仍为零测集;

(3) $\mathbb{R}^n$ 中的非空开集不是零测集. 事实上, 设 U 为 $\mathbb{R}^n$ 中开集, 取闭的立方体 $V \subset U$, 如果 S_i 是覆盖 U 的一列立方体, 则由于 V 为紧致集合, 故存在有限个 S_i $(1 \leqslant i \leqslant k)$, 使得 $V \subset \bigcup\limits_{i=1}^{k} S_i$. 从而这些 S_i 的特征函数之和在 V 上大于或等于 1, 对特征函数之和做积分可得

$$\sum_{i \geqslant 1} \mathrm{vol}(S_i) \geqslant \sum_{i=1}^{k} \mathrm{vol}(S_i) \geqslant \mathrm{vol} V > 0,$$

因而 V 不能为零测集, 当然 U 也就不是零测集.

(4) 当 $m < n$ 时, $\mathbb{R}^m \times \{0\} \subset \mathbb{R}^n$ 为 $\mathbb{R}^n$ 的零测集. 事实上, 不妨设 $m = n-1$. 因为 $\mathbb{R}^{n-1}$ 可以表示为可数个边长为单位长度的 $n-1$ 维立方体之并, 故只需证明这样的一个 $n-1$ 维立方体 I 为 $\mathbb{R}^n$ 中零测集即可. 任给 $\varepsilon > 0$, I 均包含于 n 维立方体 $I \times \left[-\frac{\varepsilon}{2}, \frac{\varepsilon}{2}\right]$ 中, 后者的体积为 ε. 由定义即知 I 为 $\mathbb{R}^n$ 中的零测集.

设 $f : \mathbb{R}^n \to \mathbb{R}^n$ 为映射, 若存在常数 $K > 0$, 使得

$$\|f(x) - f(y)\| \leqslant K\|x - y\|, \quad \forall\, x, y \in \mathbb{R}^n, \tag{1.10}$$

则称 f 为 Lipschitz 映射. 如果上式只在某子集上成立, 则称 f 在该子集上为 Lipschitz 映射.

命题 1.5.1 $\mathbb{R}^n$ 到 $\mathbb{R}^n$ 的 Lipschitz 映射将零测集映射为零测集; $\mathbb{R}^n$ 到 $\mathbb{R}^n$ 的 C^1 映射将零测集映射为零测集.

证明 先看 Lipschitz 映射. 设 f 满足条件 (1.10), 则易见一个体积为 ν 的立方体在 f 下的像包含于体积至多为 $\left(K\sqrt{n}\right)^n \nu$ 的立方体中, 从而由零测集的定义知, f 把零测集映为零测集. 根据多元微积分中的拟微分中值定理可知 C^1 的映射局部上是 Lipschitz 映射, 故 C^1 映射也将零测集映射为零测集. □

推论 1.5.2 设 $f : \mathbb{R}^m \to \mathbb{R}^n$ $(m < n)$ 为 C^1 映射, 则 $f(\mathbb{R}^m)$ 为 $\mathbb{R}^n$ 中的零测集.

证明 记 $\pi : \mathbb{R}^n \to \mathbb{R}^m$ 为投影映射

$$\pi(x^1, x^2, \cdots, x^n) = (x^1, x^2, \cdots, x^m).$$

则 $f \circ \pi : \mathbb{R}^n \to \mathbb{R}^n$ 是 C^1 映射, 且 $f(\mathbb{R}^m) = f \circ \pi(\mathbb{R}^m \times \{0\})$. 由于 $\mathbb{R}^m \times \{0\}$ 是 $\mathbb{R}^n$ 中的

零测集, 根据命题 1.5.1, $f(\mathbb{R}^m)$ 为 $\mathbb{R}^n$ 中的零测集. □

定义 1.5.2 (流形上的零测集)　设 C 为微分流形 M^n 中的子集, 如果存在 M^n 的局部坐标覆盖 $\{(U_\alpha,\varphi_\alpha)\}_{\alpha\in\Gamma}$, 使得对每个 $\alpha\in\Gamma$, $\varphi(C\cap U_\alpha)$ 均为 $\mathbb{R}^n$ 中的零测集, 则称 C 为 M^n 的零测集.

从上面欧氏空间中零测集的性质易见, 微分流形上零测集的定义是恰当的, 并且 C 为零测集当且仅当它在每一个局部坐标邻域内均为零测集. 以下事实对于微分流形上的零测集也是对的:

(1) 零测集的子集为零测集; 至多可数个零测集之并仍为零测集;

(2) 微分流形上的非空开集不是零测集;

(3) 如果 M 为 N 的浸入子流形且 $\dim M<\dim N$, 则 M 为 N 的零测集;

(4) 同维数的微分流形之间的 C^1 映射将零测集映射为零测集;

(5) 如果 $f:M\to N$ 为 C^1 映射, $\dim M<\dim N$, 则 $f(M)$ 为 N 中零测集.

设 $f:M\to N$ 为光滑映射, 如果在点 $p\in M$ 处 f 的切映射 f_{*p} 不是满射, 则称 p 为 f 的**临界点**, 临界点的像称为临界值.

定理 1.5.3 (Sard)　设 $f:M\to N$ 为微分流形之间的光滑映射, 则 f 的临界值的全体为 N 的零测集.

证明　由零测集的上述性质, 我们不妨设 M 为 $\mathbb{R}^m$ 中的开集, $N=\mathbb{R}^n$. 对 m 用数学归纳法. $m=0$ 的情形是显然的. 当 $m\geqslant 1$ 时, 假定结论对从 $\mathbb{R}^{m-1}$ 的开集出发的光滑映射都成立, 我们要证明结论对从 $\mathbb{R}^m$ 的开集到 $\mathbb{R}^n$ 的光滑映射 f 也成立. 记 C 为 f 的临界点的全体, 令

$$C_s=\{x\in M\,|\,f \text{ 在 } x \text{ 处直到 } s \text{ 阶偏导数均为零}\}.$$

显然 $C\supset C_1\supset C_2\supset\cdots$.

(1) $f(C\setminus C_1)$ 为零测集. 任给 $x_0\in C\setminus C_1$, 此时 f 在 x_0 处的一阶偏导数不全为零, 不妨设 $\dfrac{\partial f_1}{\partial x^1}\neq 0$, 其中 f_1 是 f 的第一个分量. 考虑如下映射 ϕ

$$\phi(x^1,x^2,\cdots,x^m)=\big(f_1(x^1,x^2,\cdots,x^m),x^2,x^3,\cdots,x^m\big),$$

则 ϕ 在 x_0 处秩为 m. 由逆映射定理, 存在 x_0 的开邻域 U, 使得 $\phi:U\to\phi(U)$ 是微分同胚. 记 $\tilde{f}=f\circ\phi^{-1}$, 则 $\tilde{f}$ 形如

$$\tilde{f}(y)=\big(y^1,g_2(y),\cdots,g_n(y)\big),$$

其中, $y=(y^1,y^2,\cdots,y^m)$. 令

$$h_t(y')=\big(g_2(t,y'),\cdots,g_n(t,y')\big),$$

其中, $y'=(y^2,y^3,\cdots,y^m)$. $\tilde{f}$ 在 $\phi(U)$ 中的临界点集记为 $\tilde{C}$, 通过计算 $\tilde{f}$ 的 Jacobi 矩阵可得

$$\tilde{C}=\bigcup_t\{t\}\times D_t,\quad \tilde{f}(\tilde{C})=\bigcup_t\{t\}\times h_t(D_t),$$

其中, D_t 表示 h_t 的临界点集. 根据归纳假设, $h_t(D_t)$ 均为 $\mathbb{R}^{n-1}$ 中的零测集. 由 Fubini 定理可知, $\tilde{f}(\tilde{C})$ 为 $\mathbb{R}^n$ 中的零测集. 由 ϕ 为微分同胚可知 $\tilde{f}(\tilde{C})=f(U\cap C)$, 由此可见

$f(C\setminus C_1)$ 为零测集.

(2) $f(C_s\setminus C_{s+1})$ 为零测集. 任给 $x_0\in C_s\setminus C_{s+1}$. 我们不妨设 $\dfrac{\partial f'}{\partial x^1}(x_0)\neq 0$, 其中

$$f'=\frac{\partial^{i_1+\cdots+i_m}f_1}{\partial(x^1)^{i_1}\cdots\partial(x^m)^{i_m}},\quad i_1+\cdots+i_m=s.$$

和前面的做法类似, 考虑映射 ψ

$$\psi(x)=(f'(x),x^2,x^3,\cdots,x^m).$$

根据逆映射定理, 存在 x_0 的开邻域 U, 使得 $\psi:U\to\psi(U)$ 为微分同胚. 显然有

$$\psi(U\cap C_s)\subset\{0\}\times\mathbb{R}^{m-1}\cap\psi(U),$$

于是 $f(U\cap C_s)\subset h(D)$, 其中

$$h=f\circ\psi^{-1}\big|_{\{0\}\times\mathbb{R}^{m-1}\cap\psi(U)},$$

D 是 h 的临界点集. 由归纳假设可知 $f(U\cap C_s)$ 为零测集, 这说明 $f(C_s\setminus C_{s+1})$ 为零测集.

(3) 当 $s>\dfrac{m}{n}-1$ 时, $f(C_s)$ 为零测集. 任给 $x_0\in C_s$, 取以 x_0 为中心的立方体 I, 其中 I 的边长为 δ. 由多元函数的 Taylor 展开容易知道, 存在常数 $M>0$, 使得

$$\|f(x)-f(y)\|\leqslant M\|x-y\|^{s+1},\quad\forall\, x\in I\cap C_s,\ y\in I.\tag{1.11}$$

将 I 等分为 ℓ^m 个边长为 $\delta\ell^{-1}$ 的立方体. 如果 I' 是等分后的一个小立方体, 则由式 (1.11) 可知, 当 $I'\cap C_s\neq\varnothing$ 时, $f(I')$ 含于边长不超过 $2M\sqrt{m}(\delta\ell^{-1})^{s+1}$ 的立方体中, 从而 $f(I\cap C_s)$ 含于总体积不超过

$$\ell^m\cdot\left[2M\sqrt{m}(\delta\ell^{-1})^{s+1}\right]^n=\left[2M\sqrt{m}\delta^{s+1}\right]^n\cdot\ell^{m-n(s+1)}$$

的立方体之并中. 当 $s>\dfrac{m}{n}-1$ 时, 上式在 $\ell\to\infty$ 时趋于零, 这说明 $f(I\cap C_s)$ 为零测集. 于是 $f(C_s)$ 为零测集.

以上三步合起来就得到了定理的证明. □

注 上述证明源于 Milnor. 当 $k>\max\{\dim M-\dim N,0\}$ 时, 定理的结论对于 C^k 映射也是成立的, 但上述证明不再适用.

下面我们介绍 Sard 定理的几个应用. 先来继续研究流形到欧氏空间中的浸入和嵌入.

定理 1.5.4 *n 维紧致微分流形均可浸入到 $\mathbb{R}^{2n}$ 中, 并且可以嵌入到 $\mathbb{R}^{2n+1}$ 中.*

证明 设 M 为 n 维紧致微分流形, 根据定理 1.3.11, M 可以嵌入到某个欧氏空间 $\mathbb{R}^N$ 中. 我们想要降低欧氏空间 $\mathbb{R}^N$ 的维数同时保持映射的浸入或嵌入性质. 不妨假设 M 为 $\mathbb{R}^N$ 中的正则子流形, 基本的想法是将 M 正交投影到 $\mathbb{R}^N$ 的某个适当的子空间中, 使得映射的浸入或嵌入性质得以保持.

设 $v\in S^{N-1}$ 为 $\mathbb{R}^N$ 中的单位向量. 定义投影 $\pi_v:\mathbb{R}^N\to\mathbb{R}^{N-1}$ 为

$$\pi_v(x)=x-\langle x,v\rangle v,\quad x\in\mathbb{R}^N.$$

我们将证明, 如果 $N>2n$, 则对几乎所有的 $v\in S^{N-1}$, π_v 限制在 M 上为浸入; 如果 $N>2n+1$, 则对几乎所有的 v, π_v 限制在 M 上为嵌入.

先假设 $N > 2n+1$, 考虑映射 $f: M \times M \setminus \Delta \to S^{N-1}$

$$f(x,y) = (x-y)\|x-y\|^{-1}, \quad x \neq y \in M.$$

这里, $\Delta = \{(x,y) \in M \times M \,|\, x = y\}$. 由 M 为 $\mathbb{R}^N$ 的正则子流形可知 f 是光滑映射. 又因为

$$\dim(M \times M \setminus \Delta) = 2n < \dim S^{N-1},$$

故 f 的像在 S^{N-1} 中为零测集, 这说明几乎所有的单位向量都不在 f 或 $-f$ 的像中. 对于这样的单位向量 v, π_v 必为单射: 如果 $\pi_v(x) = \pi_v(y)$, 则 $\pi_v(x-y) = 0$, 从而 $x - y = tv$, $t \in \mathbb{R}$. 如果 $x \neq y$, 则 $f(x,y) = v$ 或 $-f(x,y) = v$, 这和 v 的选取相矛盾.

为了使得 π_v 为浸入, 我们再考虑另一映射

$$g: SM \to S^{N-1}, \quad g(x,w) = w.$$

这里我们将 $\mathbb{R}^N$ 的切空间和它自身等同, 并令

$$TM = \bigcup_{x \in M} T_xM \subset \mathbb{R}^N \times \mathbb{R}^N, \quad SM = \{(x,w) \in TM \,|\, w \in T_xM,\ \|w\| = 1\}.$$

不难验证, 映射 $(x,w) \mapsto \|w\|^2$ 在 $TM \setminus \{0\}$ 上的秩等于 1, 因此 SM 是维数为 $2n-1$ 的正则子流形. 如果 $N > 2n$, 则由 Sard 定理, g 的像在 S^{N-1} 中为零测集, 如果 v 不在 g 或 $-g$ 的像中, 则

$$(\pi_v)_{*x}(w) = w - \langle w, v\rangle v \neq 0, \quad \forall\ (x,w) \in SM.$$

此时 π_v 为浸入. 这已经说明, M 可以浸入到 $\mathbb{R}^{2n}$ 中.

如果 $N > 2n+1$, 则可以选取 $v \in S^{N-1}$, 使得 v 不在 $\pm f$, $\pm g$ 的像中, 此时 π_v 将 M 单浸入到 $\mathbb{R}^{N-1}$ 中. 如此重复, 最后就可将 M 单浸入到 $\mathbb{R}^{2n+1}$ 中. 由于 M 是紧致的, 故单浸入必为嵌入. □

下面我们想将嵌入定理做到非紧流形上, 为此需要克服两个主要的困难: 一是非紧流形上不能用有限覆盖定理; 二是非紧流形上的单浸入未必是嵌入. 第一个困难主要用穷竭的办法予以克服, 第二个困难则是利用映射的逆紧性加以解决.

引理 1.5.5 *设 M 为非紧 n 维流形, 则存在 M 到 $\mathbb{R}^{2n+1}$ 的单浸入.*

证明 根据命题 1.3.5, 存在逆紧光滑函数 $\rho: M \to \mathbb{R}$, 且 $\rho \geqslant 1$. 当 $i \geqslant 1$ 时, 记

$$K_i = \rho^{-1}\big([i, i+1]\big), \quad U_i = \rho^{-1}\big((i-0.5,\ i+1.5)\big).$$

由于 K_i 为紧集, U_i 是包含 K_i 的开集, 故可取有限个覆盖 K_i 且仍包含于 U_i 中的坐标邻域, 这些坐标邻域的并集记为 V_i. 由于当 $|i-j| \geqslant 2$ 时 $U_i \cap U_j = \varnothing$, 此时也有 $V_i \cap V_j = \varnothing$.

根据定理 1.3.11 的证明, V_i 可以单浸入到某个欧氏空间中. 再根据定理 1.5.4 的证明, 存在单浸入 $f_i: V_i \to \mathbb{R}^{2n+1}$. 根据推论 1.3.4, 存在支集含于 V_i 的光滑函数 ρ_i, 使得 ρ_i 在 K_i 的某邻域中恒等于 1. 定义

$$f: M \to \mathbb{R}^{4n+3}, \quad p \mapsto \Big(\sum_j \rho_{2j-1}(p) f_{2j-1}(p),\ \sum_j \rho_{2j}(p) f_{2j}(p),\ \rho(p)\Big),$$

则 f 为光滑映射, 我们来说明它是一个嵌入.

(1) f 为单射. 设 $f(p) = f(q)$, 则 $\rho(p) = \rho(q)$. 于是 p, q 同时属于某个 K_i, 此时

$\rho_i(p)=\rho_i(q)=1$. 注意, 当 $|k-i|\geqslant 2$ 时, $\rho_k(p)=\rho_k(q)=0$, 于是 $\rho_i(p)f_i(p)=\rho_i(q)f_i(q)$, 即 $f_i(p)=f_i(q)$. 由 f_i 为单射可知 $p=q$.

(2) f 为浸入. 设 $p\in K_i$, 则 f 的分量 $\rho_i f_i$ 在 p 附近就等于 f_i, 而 f_i 为浸入, 故 $\mathrm{rank}_p f=\mathrm{rank}_p f_i=n$.

(3) f 为嵌入. 事实上, 由 ρ 为逆紧函数可知 f 必为逆紧映射, 从而将闭集映射为闭集. 这说明一一映射 $f:M\to f(M)$ 的逆映射仍然连续, 于是 f 为嵌入.

最后, 如果对嵌入 f 重复定理 1.5.4 的证明, 就可以得到从 M 到 $\mathbb{R}^{2n+1}$ 的单浸入. □

定理 1.5.6 (Whitney 嵌入定理) 任何 n 维微分流形都可以嵌入到 $\mathbb{R}^{2n+1}$ 中.

证明 不妨设 M 是非紧的 n 维流形. 我们首先将它嵌入到 $\mathbb{R}^{2n+2}$ 中, 再选取适当的投影将它嵌入到 $\mathbb{R}^{2n+1}$ 中.

根据引理 1.5.5, 存在从 M 到 $\mathbb{R}^{2n+1}$ 的单浸入. 再利用欧氏空间到其单位球的微分同胚 $x\mapsto \dfrac{x}{1+\|x\|^2}$, 就可以得到单浸入 $g:M\to\mathbb{D}$, 其中 $\mathbb{D}$ 是 $\mathbb{R}^{2n+1}$ 中的单位开球. 令

$$h:M\to\mathbb{R}^{2n+2},\quad p\mapsto\big(g(p),\rho(p)\big),$$

其中, ρ 是引理 1.5.5 中的逆紧函数, 则 h 是逆紧的单浸入, 从而是嵌入.

利用定理 1.5.4 中的证明技巧, 我们想要选取适当的单位向量 $v\in\mathbb{R}^{2n+2}$, 使得投影 $\pi_v:\mathbb{R}^{2n+2}\to\mathbb{R}^{2n+1}$ 和 h 的复合映射是从 M 到 $\mathbb{R}^{2n+1}$ 的嵌入. 主要是要保持映射的浸入性和逆紧性. 根据定理 1.5.4 中的证明, 我们可以选择单位向量 v, 使得 $v\neq(0,\cdots,0,\pm1)$, 且 $\pi_v\circ h$ 为单浸入. 我们断言, 此时 $\pi_v\circ h$ 是逆紧的, 从而是嵌入.

事实上, $\pi_v\circ h$ 的最后一个分量记为 ρ', 只要说明 ρ' 是逆紧函数就可以了. 记 $v=(v',c)$, 其中 $|c|<1$. 直接的计算表明

$$\rho'(p)=\rho(p)(1-c^2)+[g(p)\cdot v']c,$$

由 $|c|<1$, $|g(p)\cdot v'|<1$ 容易看出 ρ' 的确是逆紧的 (注意 ρ 是逆紧的). □

注 根据定理 1.5.4 中的证明就可以知道 M 可以浸入到 $\mathbb{R}^{2n}$ 中, 但此浸入可能有自相交点. 利用后来被称为 "Whitney 技巧" 的巧妙手法, Whitney 可以将这种自交点消除掉, 从而实现了 n 维流形到 $\mathbb{R}^{2n}$ 的嵌入. 这种技巧后来被 Smale 等发扬光大, 例如用来证明高维版本的 Poincaré 猜测. 人们猜测, n 维微分流形均可嵌入到 $\mathbb{R}^{2n-\alpha(n)+1}$ 中, 并可浸入到 $\mathbb{R}^{2n-\alpha(n)}$ 中, 其中 $\alpha(n)$ 表示 n 的二进制展开中 1 的个数. 关于嵌入部分的猜测至今未得到证明, 关于浸入部分的猜测由 Cohen 在 1985 年证明是正确的.

下面我们利用 Sard 定理来研究横截相交.

引理 1.5.7 设 $f:M\times P\to\mathbb{R}^k$ 为光滑映射, $0\in\mathbb{R}^k$ 为 f 的正则值, 则集合

$$\{p\in P\mid 0\ \text{为映射}\ f_p(\cdot)=f(\cdot,p):M\to\mathbb{R}^k\ \text{的临界值}\}$$

为 P 中的零测集

证明 记 $S=f^{-1}(0)$, S 为 $M\times P$ 的正则子流形, 我们把从 $M\times P$ 到 P 的投影限制在 S 上得到的映射记为 $\pi:S\to P$. 注意到 0 为 f_p 的正则值当且仅当

$$f_{*(x,p)}\big(T_{(x,p)}(M\times\{p\})\big)=T_0\mathbb{R}^k,\quad\forall\,(x,p)\in S.$$

因为 $f_{*(x,p)}\big(T_{(x,p)}(M\times P)\big)=T_0\mathbb{R}^k$ 以及 $\ker f_{*(x,p)}=T_{(x,p)}S$, 故上式等价于

$$T_{(x,p)}(M\times\{p\})+T_{(x,p)}S=T_{(x,p)}(M\times P).$$

用投影的切映射作用于上式两边, 并注意投影的切映射的零空间为 M 的切空间, 可以看出它等价于

$$\pi_{*(x,p)}T_{*(x,p)}S=T_pP,$$

即等价于 p 为 π 的正则值. 由 Sard 定理即知本引理成立. □

定理 1.5.8 (Thom 横截性定理) *设 $f:M\times P\to N$ 为光滑映射, Q 为 N 正则子流形. 设 f 与 Q 横截相交, 则集合*

$$\{p\in P\,|\,f_p(\cdot)=f(\cdot,p):M\to N\ \text{不与}\ Q\ \text{横截相交}\}$$

为 P 中的零测集.

证明 因为可数个零测集之并仍为零测集, 而 Q 可以被 N 的至多可数个局部坐标邻域覆盖, 故不妨设 $Q=g^{-1}(0)$, 其中 $g:N\to\mathbb{R}^k$ 为淹没. 因此 $0\in\mathbb{R}^k$ 为复合映射 $g\circ f$ 的正则值, 而 f_p 和 Q 横截相交当且仅当 $0\in\mathbb{R}^k$ 为 $g\circ f_p$ 的正则值. 现在问题就转化为引理 1.5.7 了. □

例 1.5.1 映射的微扰.

设 $f:M\to\mathbb{R}^n$ 为光滑映射, Q 为 $\mathbb{R}^n$ 的正则子流形, 令

$$F:M\times\mathbb{R}^n\to\mathbb{R}^n,\quad F(p,a)=f(p)+a,$$

则 F 为淹没, 因此和 Q 横截相交. 由上述横截性定理, 对于几乎所有的 $a\in\mathbb{R}^n$, 映射 $f+a:M\to\mathbb{R}^n$ 都和 Q 横截相交, 换言之, 可对 f 做任意小的扰动, 使之和正则子流形 Q 横截相交.

利用局部微扰的方法, 可以让流形之间的光滑映射具有横截性质.

定理 1.5.9 (同伦横截) *设 $f:M\to N$ 为微分流形之间的光滑映射, Q 为 N 的正则子流形, 则存在与 f 同伦的光滑映射 $g:M\to N$, 使得 g 与 Q 横截相交.*

证明 与命题 1.3.9 的证明类似, 可以选取 M 的坐标邻域组成的开覆盖, 然后利用归纳的办法在每一个坐标邻域中对映射做微小的扰动, 使之保持原有的横截性并逐步扩大具有横截性的区域, 直至在整个流形上都具有横截性. □

习题 1.5

1. 设 C 为 $\mathbb{R}^n$ 中的零测集, $f:C\to\mathbb{R}^n$ 为 Lipschitz 映射, 证明: $f(C)$ 为 $\mathbb{R}^n$ 中的零测集.
2. 证明: 若 $m<n$, 则从 m 维微分流形到 n 维微分流形之间的光滑映射必定不是满射.
3. 设 M 为 $\mathbb{R}^n$ 的正则子流形, L 为 $\mathbb{R}^n$ 中 $n-1$ 维子向量空间. 证明: 存在 $v\in\mathbb{R}^n$, 使得 $(L+v)\cap M$ 为 M 的正则子流形.
4. 设 M 为 n 维微分流形, 当 $p\in M$ 时, 切空间 T_pM 的对偶空间记为 T_p^*M, 验证 $T^*M=\bigcup_{p\in M}T_p^*M$ 上具有自然的微分结构, 使之成为 $2n$ 维微分流形, 且 $M^*=\{0\in T_p^*M\mid p\in M\}$ 为 T^*M 的正则子流形.
5. 设 $f:M\to\mathbb{R}$ 是微分流形上的光滑函数, f 的全微分 $\mathrm{d}f$ 定义为

$$\mathrm{d}f:M\to T^*M,\quad p\mapsto f_{*p}\in T_p^*M.$$

如果 p 为 f 的临界点 (即 $f_{*p}=0$), 且 $\mathrm{d}f$ 在 p 处与 M^* 横截相交, 则称 p 是非退化临界点. 证明. 非退化的临界点是临界点集的孤立点.

6. 设 $f: M \to \mathbb{R}$ 是微分流形上的光滑函数, 如果 f 的临界点都是非退化的, 则称 f 为 Morse 函数. 证明: 任何非平凡的线性函数 $f: \mathbb{R}^{n+1} \to \mathbb{R}$ 限制在单位球面 S^n 上都是 Morse 函数.
7. 设 M 是欧氏空间中闭的正则子流形. 证明: 对几乎所有的向量 v, 函数 $x \mapsto \|x-v\|^2$ 限制在 M 上都是 Morse 函数.
8. 证明: 微分流形上的任何光滑函数经过适当的微扰后都可以成为 Morse 函数.

§1.6 Lie 群初步

经过前面几节的介绍, 我们对于微分流形已经有一些感性认识了. 这一节我们继续介绍一类重要的微分流形, 它们兼有微分流形的结构和群的结构, 并且二者相容. 比如, 前面我们曾介绍的一般线性群 $GL(n,\mathbb{R})$ 和特殊线性群 $SL(n,\mathbb{R})$ 就属于这类微分流形.

定义 1.6.1 (Lie 群) 设 G 为群, 群的乘法运算记为 $\mu: G\times G\to G$. 如果 G 也是 C^r 微分流形, 且 μ 为 C^r 映射, 则称 G 为 C^r Lie 群.

注 当 G 为拓扑空间, 且群的乘法和逆运算均为连续映射时, 称 G 为拓扑群. 如果没有特别申明, 下面我们提到的 Lie 群都是指光滑 Lie 群.

命题 1.6.1 (i) 设 G 为 Lie 群, $g\in G$, 则左移映射 $L_g: G\to G$ 和右移映射 $R_g: G\to G$ 均为微分同胚, 其中

$$L_g(x)=gx=\mu(g,x),\quad R_g(x)=xg=\mu(x,g),\quad \forall\, x\in G.$$

(ii) μ 的切映射满足以下关系

$$\mu_{*(g,h)}(X_g,Y_h)=(R_h)_{*g}X_g+(L_g)_{*h}Y_h.$$

证明 (i) 固定 $g\in G$, 则复合映射

$$G\xrightarrow{x\to(g,x)}G\times G\xrightarrow{\mu}G$$

为光滑映射, 即左移 L_g 为光滑映射. 显然, L_g 可逆, 且逆映射为左移 $L_{g^{-1}}$, 即逆映射也是光滑的. 这说明左移映射为微分同胚. 同理, 右移映射也是微分同胚.

(ii) 注意到 $T_{(g,h)}(G\times G)=T_gG\oplus T_hG$. 由切映射的复合性质和线性性可得

$$\begin{aligned}\mu_{*(g,h)}(X_g,Y_h)&=\mu_{*(g,h)}(X_g,0)+\mu_{*(g,h)}(0,Y_h)\\&=(R_h)_{*g}X_g+(L_g)_{*h}Y_h.\end{aligned}$$

这也说明, 如果 σ,τ 是经过单位元 $e\in G$ 的光滑曲线, 则

$$(\sigma\tau)'(0)=\sigma'(0)+\tau'(0),$$

其中, $\sigma\tau=\mu(\sigma,\tau)$. □

推论 1.6.2 设 G 为 Lie 群, 则其逆运算也是光滑映射.

证明 考虑如下映射

$$\phi: G\times G\to G\times G,\quad (x,y)\mapsto(x,xy).$$

若 e 为 G 的单位元, 则由命题 1.6.1 可得

$$\phi_{*(e,e)}(X,Y)=(X,X+Y),\quad \forall\, X,Y\in T_eG.$$

显然, $\phi_{*(e,e)}$ 是线性同构. 根据逆映射定理, 存在 e 的开邻域 U, 使得 ϕ 是从 $U\times U$ 到 $\phi(U\times U)$ 的微分同胚, 记其逆映射为 ψ, 定义 $\nu: U\to G$ 为

$$\nu(x)=\pi_2\circ\psi(x,e),\ \forall\ x\in U,$$

其中, $\pi_2: G\times G\to G$ 为投影: $\pi_2(x,y)=y$. 于是 ν 是光滑映射, 且由 $\psi(x,e)=\big(x,\nu(x)\big)$ 可得

$$(x,e)=\phi\circ\psi(x,e)=\big(x,x\nu(x)\big),$$

这说明 $\nu(x)=x^{-1}$, 即逆运算在 e 附近是光滑的. 任给 $g\in G$, 当 $x\in L_g(U)$ 时, 容易验证

$$x^{-1}=(R_{g^{-1}}\circ\nu\circ L_{g^{-1}})(x),$$

这说明逆运算在 g 附近也是光滑的. □

注　对于拓扑群来说, 仅仅假设群的乘法运算的连续性并不能保证逆运算的连续性.

例 1.6.1　*欧氏加群.*

$\mathbb{R}^1$ 看成实数加群, 显然, 加法运算是光滑的, 因此 $\mathbb{R}^1$ 为 Lie 群. 同理, $\mathbb{R}^n$ 在加法运算下也都是 Lie 群.

例 1.6.2　*单位圆周乘法群.*

S^1 是由复平面上模为 1 的复数所构成的单位圆周, 复数乘法在 S^1 上定义了群的运算. 复数乘法运算在复平面上是光滑的, 因而限制在正则子流形 S^1 上也是光滑的, 即 S^1 在此运算下成为 Lie 群. 同理, 非零复数全体 $\mathbb{C}^*$ 为复平面上的开集, 在复数乘法运算下为 Lie 群.

例 1.6.3　*Lie 群的乘积.*

设 G,H 为 Lie 群, 则乘积群 $G\times H$ 也是 Lie 群. 特别地, n 维环面 T^n 为 Lie 群, 这是紧致的交换群.

例 1.6.4　*一般线性群.*

记 $GL(n,\mathbb{R})=\{A\in M_{n\times n}\mid \det A\neq 0\}$. $GL(n,\mathbb{R})$ 为 $M_{n\times n}=\mathbb{R}^{n^2}$ 中的开集, 且矩阵的乘积运算的分量关于变量是多元多项式, 因而光滑. 这说明 $GL(n,\mathbb{R})$ 为 Lie 群. 类似地, 复 n 阶非退化方阵的全体 $GL(n,\mathbb{C})$ 也是 Lie 群.

例 1.6.5　*特殊线性群.*

记 $SL(n,\mathbb{R})=\{A\in GL(n,\mathbb{R})\mid \det A=1\}$. 我们在例 1.2.10 中已经证明 $SL(n,\mathbb{R})$ 为 $\mathbb{R}^{n^2}$ 及 $GL(n,\mathbb{R})$ 的正则子流形, 群的乘积运算是从 $GL(n,\mathbb{R})$ 上诱导而来, 从而群的运算也是光滑的, 即特殊线性群也是 Lie 群.

例 1.6.6　*Heisenberg 群.*

考虑形如下面的实三阶方阵所构成的集合 H

$$\begin{pmatrix}1&x&z\\0&1&y\\0&0&1\end{pmatrix},\quad x,y,z\in\mathbb{R}.$$

显然, H 与 $\mathbb{R}^3$ 微分同胚. 矩阵的乘积运算也是光滑的, 因此 H 为 Lie 群.

例 1.6.7　*3 维球面上的 Lie 群结构.*

任给 $x, y \in S^3$, 其中

$$x=(x^1,x^2,x^3,x^4),\quad y=(y^1,y^2,y^3,y^4).$$

我们在 S^3 上定义群的运算如下 (它来源于四元数的乘法): 令

$$\begin{aligned}x\cdot y=(&x^1y^1-x^2y^2-x^3y^3-x^4y^4,\ x^1y^2+x^2y^1+x^3y^4-x^4y^3,\\&x^1y^3+x^3y^1+x^4y^2-x^2y^4,\ x^1y^4+x^2y^3+x^4y^1-x^3y^2),\end{aligned}$$

在这个运算下, S^3 的单位元和逆运算分别为

$$e=(1,0,0,0),\quad x^{-1}=(x^1,-x^2,-x^3,-x^4).$$

这些运算在 $\mathbb{R}^4$ 中显然是光滑的, 从而限制在正则子流形 S^3 上也是光滑的, 即 S^3 为 Lie 群.

注 可以证明 (见 §4.3), 只有 $n=1, 3$ 时, S^n 上才有相容的 Lie 群结构.

下面我们研究 Lie 群之间的同态.

定义 1.6.2 (Lie 群同态) 设 $\varphi: G\to H$ 为 Lie 群之间的群同态, 如果 φ 为光滑映射, 则称 φ 为 Lie 群同态. 如果 Lie 群同态是群的同构, 则称之为 Lie 群同构.

例 1.6.8 行列式是 Lie 群同态.

考虑群同态 $\det: GL(n,\mathbb{R})\to\mathbb{R}^*=\mathbb{R}\setminus\{0\}$, 在非零实数的全体 $\mathbb{R}^*$ 上定义群的运算为实数的乘法. 显然, det 为 Lie 群同态.

引理 1.6.3 Lie 群同态的秩为常数.

证明 设 $\varphi: G\to H$ 为 Lie 群同态. 我们要证明 $\mathrm{rank}_g\varphi=\mathrm{rank}_e\varphi$, $\forall\, g\in G$. 事实上, 考虑左移映射 L_g, 由 φ 为群同态可知

$$\varphi\circ L_g=L_{\varphi(g)}\circ\varphi,$$

因此有切映射的等式

$$\varphi_{*g}\circ(L_g)_{*e}=(L_{\varphi(g)})_{*e}\circ\varphi_{*e}.$$

由于 $(L_g)_{*e}$ 和 $(L_{\varphi(g)})_{*e}$ 均为线性同构, 故上式表明 $\mathrm{rank}_g\varphi=\mathrm{rank}_e\varphi$. □

推论 1.6.4 设 $\varphi: G\to H$ 为 Lie 群同态, $h\in H$, 则当 $\varphi^{-1}(h)$ 非空时, 它是 G 的正则子流形, 其维数为 $\dim G-\mathrm{rank}\,\varphi$. 特别地, $\ker\varphi=\varphi^{-1}(e)$ 既是 G 的子群, 又是 G 的正则子流形.

证明 直接利用定理 1.2.8 即可. □

推论 1.6.5 单的 Lie 群同态必为浸入; 满的 Lie 群同态必为淹没; Lie 群同构必为微分同胚, 即其逆也是 Lie 群同构.

证明 如果 $\varphi: G\to H$ 为单的 Lie 群同态, 则 $\ker\varphi=\{e\}$, 由推论 1.6.4 可知

$$0=\dim\ker\varphi=\dim G-\mathrm{rank}\,\varphi,$$

即 $\mathrm{rank}\,\varphi=\dim G$, 从而 φ 为浸入. 如果 $\varphi: G\to H$ 为满的 Lie 群同态, 则由 Sard 定理, 存在 φ 的正则值 $h\in H$, 此时 $\varphi^{-1}(h)\neq\varnothing$, 取 $g\in\varphi^{-1}(h)$, 则 φ_{*g} 为满射, 由引理 1.6.3, φ 的切映射均为满射, 即 φ 为淹没. 如果 φ 为 Lie 群同构, 则 φ 的切映射均为同构, 由逆映射定理, 其逆也是光滑的. □

定义 1.6.3 (Lie 子群) 设 H, G 为 Lie 群, $H\subset G$, $I: H\to G$ 为包含映射. 如果 I 为单的 Lie 群同态, 则称 H 为 G 的 Lie 子群; 如果进一步, I 为嵌入, 则称 H 为 G 的闭 Lie 子群.

从推论 1.6.5 可知, Lie 子群为 (浸入) 子流形, 闭 Lie 子群为正则子流形; 如果 φ 为 Lie 群同态, 则 $\ker\varphi$ 为闭 Lie 子群.

命题 1.6.6 闭 Lie 子群作为集合必为闭集.

证明 设 H 为 G 的闭 Lie 子群, 则 H 为正则子流形, 从而存在 G 在 e 附近的局部坐标系 (U,ψ), 使得

$$H\cap U=\big\{q\in U\,|\,\psi^j(q)=0,\ j>\dim H\big\}.$$

取 $e\in G$ 的开邻域 W, 使得 $\bar{W}$ 为紧集, 且 $\bar{W}\subset U$. 再利用群的运算的连续性, 取 e 的开邻域 V, 使得 $V^{-1}V\subset W$, 其中

$$V^{-1}V=\big\{x^{-1}y\,|\,x,\ y\in V\big\}.$$

设 $h_i\in H$ 且 $h_i\to g$, 我们要证明 $g\in H$. 事实上, 因为 $gV=L_g(V)$ 为 g 的开邻域, 故 i 充分大以后, $h_i\in gV$. 固定一个这样的 h_{i_0}, 则

$$h_{i_0}^{-1}h_i\in V^{-1}V\subset W,$$

因此 $h_{i_0}^{-1}h_i\to h_{i_0}^{-1}g\in\bar{W}$. 由 $h_{i_0}^{-1}h_i\in H\cap W$ 及 W 的选取易见 $h_{i_0}^{-1}g\in H\cap U$, 从而 $g\in H$. 因此 H 为 G 的闭集. □

下面我们进一步研究切映射为满射的 Lie 群同态. 我们需要下面这个关于拓扑群的引理.

引理 1.6.7 设 G 为连通的拓扑群, U 为单位元 e 的一个开邻域, 则

$$\bigcup_{n\geqslant 1}U^n=G,$$

其中, $U^n=\{\tau_1\tau_2\cdots\tau_n\,|\,\tau_i\in U,\ 1\leqslant i\leqslant n\}$.

证明 令 $V=U\cap U^{-1}$, 其中 $U^{-1}=\{\tau^{-1}\,|\,\tau\in U\}$. V 也是 e 的开邻域, 并且 $V=V^{-1}$. 令

$$H=\bigcup_{n\geqslant 1}V^n\subset\bigcup_{n\geqslant 1}U^n.$$

易见 H 为 G 的子群, 下面证明 $H=G$. 因为 G 是连通的, 只要说明 H 既是开集又是闭集即可.

H 为开集: 任取 $\sigma\in H$, 则存在 $n_0\geqslant 1$, 使得 $\sigma\in V^{n_0}$. 于是

$$\sigma V=\{\sigma\tau\,|\,\tau\in V\}\subset V^{n_0+1}\subset H,$$

而 $\sigma V=L_\sigma(V)$ 为 σ 的开邻域, 故 H 为 G 的开子集.

H 为闭集: 每一个 $\sigma H=L_\sigma(H)$ 均为开子集, 且由群的陪集分解可得

$$G\setminus H=\bigcup_{\sigma\notin H}\sigma H,$$

这说明 H 也是 G 的闭子集. 由 H 非空即知 $H=G$. □

命题 1.6.8 设 $\varphi:G\to H$ 为 Lie 群同态. 如果 H 连通, 且 φ_{*e} 为满射, 则 φ 为满同态.

证明 当 φ_{*e} 为满射时 φ 为淹没, 因此 φ 为开映射. 特别地, 存在 $e \in H$ 的开邻域 $V \subset \varphi(G)$. 因为 H 为连通的, 由引理 1.6.7, $H = \bigcup_{n\geqslant 1} V^n \subset \varphi(G)$. □

如果 Lie 群同态的切映射为同构, 则它具有更进一步的性质. 我们回忆一下复迭空间和复迭映射的概念. 设 $f: X \to Y$ 为拓扑空间之间的连续满射, 如果任给 $y \in Y$, 存在 y 的开邻域 V_y, 使得

$$f^{-1}(V_y) = \bigcup_{\alpha} U_\alpha,$$

其中, $\{U_\alpha\}$ 为 X 中互不相交的开集, 且 $f|_{U_\alpha}: U_\alpha \to V_y$ 均为同胚, 则称 f 为复迭映射, X 为 Y 的复迭空间. 当 X 单连通 (基本群为零) 时, 称 X 为万有复迭空间.

例 1.6.9 从 $\mathbb{R}^1$ 到单位圆周 S^1 的复迭映射.

考虑 Lie 群同态

$$\exp: \mathbb{R}^1 \to S^1, \quad \exp(t) = \mathrm{e}^{\mathrm{i}t}, \ t \in \mathbb{R}^1,$$

其中, $\mathrm{i} = \sqrt{-1}$. exp 为复迭映射, 称为 S^1 的指数映射.

命题 1.6.9 设 $\varphi: G \to H$ 为连通 Lie 群之间的 Lie 群同态, 则 φ 为复迭映射当且仅当切映射 $\varphi_{*e}: T_eG \to T_eH$ 为线性同构.

证明 设 $\varphi: G \to H$ 为复迭映射, 则 φ 为满射, 因此是淹没, 即 φ_{*e} 为满射. 另一方面, $\ker \varphi = \varphi^{-1}(e)$ 为 G 的离散子群, 从而

$$0 = \dim \ker \varphi = \dim G - \dim \operatorname{rank} \varphi,$$

这说明 φ_{*e} 也是单射.

反之, 设 $\varphi_{*e}: T_eG \to T_eH$ 为同构, 由引理 1.6.3 可知 φ 既是淹没, 又是浸入. 因此 φ 为开映射, 且由命题 1.6.8 可知 φ 还是满射. 由逆映射定理可知, 存在 $e \in G$ 的开邻域 W, 使得 $W \cap \ker \varphi = \{e\}$, 且 $\varphi|_W: W \to \varphi(W)$ 为微分同胚. 我们再取 $e \in G$ 的开邻域 $V \subset W$, 使得 $V^{-1}V \subset W$. 记 $U = \varphi(V)$, 则 U 为 $e \in H$ 的开邻域, 下面我们证明

$$\varphi^{-1}(U) = \bigcup_{g \in \ker \varphi} gV,$$

且 $g_1 \neq g_2 \in \ker \varphi$ 时, $g_1V \cap g_2V = \varnothing$.

显然, 当 $g \in \ker \varphi$ 时, $\varphi(gV) = \varphi(V) = U$, 且根据 V 的选取知 $\varphi|_{gV}: gV \to U$ 为微分同胚. 另一方面, 如果 $\varphi(g) \in U$, 则存在 $v \in V$, 使得 $\varphi(g) = \varphi(v)$, 从而 $gv^{-1} \in \ker \varphi$. 这说明 $g \in (\ker \varphi)V$.

如果 $g_1V \cap g_2V \neq \varnothing$, 则存在 $v_1, v_2 \in V$, 使得 $g_1v_1 = g_2v_2$, 从而 $g_2^{-1}g_1 = v_2v_1^{-1} \in V^{-1}V$, 即 $g_2^{-1}g_1 \in W \cap \ker \varphi = \{e\}$, $g_1 = g_2$. □

我们知道, 群是反映空间对称性的产物, 群往往通过它在空间上的作用来揭示空间的内在对称性. 下面我们简要介绍 Lie 群在微分流形上的作用.

定义 1.6.4 (Lie 群作用) 设 G 为 Lie 群, M 为微分流形. 如果光滑映射

$$F: G \times M \to M, \quad (g, x) \mapsto gx \in M, \quad \forall\, g \in G, \ x \in M$$

满足以下条件:

(i) $ex = x, \forall\, x \in M$;

(ii) $g_1(g_2x) = (g_1g_2)x, \forall\, g_1, g_2 \in G, x \in M$.
则称 G 左方光滑作用于 M.

我们就这个概念做一些说明:

(1) 如果任给 $g \neq e$, 存在 $x \in M$, 使得 $gx \neq x$, 则称 G 在 M 上的作用是有效的; 如果任给 $g \neq e, x \in M$, 均有 $gx \neq x$, 则称 G 在 M 上的作用是自由的.

(2) 对于固定的 $x \in M$, 记 $G_x = \{g \in G \,|\, gx = x\}$, G_x 为 G 的子群, 称为 x 处的迷向子群; 记 $M_x = \{gx \,|\, g \in G\}$, 称为经过 x 的轨道. 如果任给 $x, y \in M$, 均存在 $g \in G$, 使得 $gx = y$, 则称 G 在 M 上的作用是可迁的.

(3) 对于固定的 $g \in G$, 考虑映射

$$\eta_g : M \to M, \quad \eta_g(x) = gx, \quad \forall\, x \in M,$$

则 η_g 是微分同胚 (注意 $\eta_g^{-1} = \eta_{g^{-1}}$). 记 $\mathrm{Diff}(M)$ 为 M 的微分同胚全体在复合运算下组成的群, 则 $g \mapsto F_g$ 是从 G 到 $\mathrm{Diff}(M)$ 的群同态.

例 1.6.10 Lie 群在自身上的作用.

Lie 群 G 上的乘积运算 $G \times G \to G$ 可以看成是 Lie 群 G 作用在自身上. 如下的映射

$$G \times G \to G, \ (g, h) \mapsto ghg^{-1}, \quad g, h \in G$$

也定义了一个光滑作用, 称为 G 的伴随作用.

例 1.6.11 一般线性群在欧氏空间上的作用.

$GL(n, \mathbb{R})$ 可自然作用于 $\mathbb{R}^n$ 上

$$(A, x) \mapsto Ax, \ A \in GL(n, \mathbb{R}), \ x \in \mathbb{R}^n.$$

这是一个有效的不可迁作用.

命题 1.6.10 设 Lie 群 G 光滑作用在微分流形 M 上, 则对任意 $x \in M$, x 处的迷向子群 G_x 为 G 的闭 Lie 子群.

证明 设 $x \in M$, 定义映射如下

$$\theta : G \to M, \ \theta(g) = gx; \quad \eta_g : M \to M, \ \eta_g(y) = gy.$$

则 θ, η_g 为光滑映射, 且 η_g 为微分同胚. 注意到 $\theta \circ L_g = \eta_g \circ \theta$, 故

$$\theta_{*gh} \circ (L_g)_{*h} = (\eta_g)_{*hx} \circ \theta_{*h}, \quad h \in G.$$

因为左移 L_g 也是微分同胚, 故上式说明

$$\mathrm{rank}_{gh}\theta = \mathrm{rank}_h\theta, \quad \forall\, g, h \in G.$$

因此 θ 在 G 上的秩为常数, $G_x = \theta^{-1}(x)$ 为 G 的正则子流形. 显然 G_x 为 G 的子群, G_x 中群的乘法运算是 G 中乘法运算在 G_x 上的限制, 因而也是光滑的, 这说明 G_x 为闭的 Lie 子群. □

例 1.6.12 一般线性群在矩阵加群上的作用.

考虑 $GL(n, \mathbb{R})$ 在 $M_{n\times n}$ 上的作用

$$(A, K) \mapsto AKA^{\mathrm{T}}, \ A \in GL(n, \mathbb{R}), \ K \in M_{n\times n}.$$

由命题 1.6.10, 对于任何固定的 $K \in M_{n\times n}$, 迷向子群

$$GL(n, \mathbb{R})_K = \{A \in GL(n, \mathbb{R}) \,|\, AKA^{\mathrm{T}} = K\}$$

为 $GL(n,\mathbb{R})$ 的闭 Lie 子群.

特别地, 当 $K=I_n$ 时, 相应的迷向子群

$$O(n)=\{A\in GL(n,\mathbb{R})\mid AA^{\mathrm{T}}=I_n\}$$

为闭 Lie 子群, 这是实的正交群. 根据命题 1.6.10, 其维数为 $n^2-\mathrm{rank}\theta$, 其中 θ 为如下映射

$$\theta: GL(n,\mathbb{R})\to M_{n\times n},\ \theta(A)=AA^{\mathrm{T}},\ \forall\, A\in GL(n,\mathbb{R}).$$

θ 的秩是常数, 我们只需在 $A=I_n$ 处做计算即可, 而在 I_n 处 θ 的切映射为

$$\theta_{*I_n}: M_{n\times n}\to M_{n\times n},\ h\mapsto h+h^{\mathrm{T}},\ \forall\, h\in M_{n\times n}.$$

容易看出 $\mathrm{rank}\theta_{*I_n}=\dfrac{1}{2}n(n+1)$, 因此

$$\dim O(n)=n^2-\frac{1}{2}n(n+1)=\frac{1}{2}n(n-1).$$

$O(n)$ 是紧致的, 且利用实正交矩阵的标准型不难证明它具有两个连通分支

$$O^+(n)=\{A\in O(n)\mid \det A=1\}=SO(n)\ (\text{特殊正交群}),$$

$$O^-(n)=\{A\in O(n)\mid \det A=-1\}.$$

其他的特殊情形有

$$K=J=\begin{pmatrix}0 & I_n\\ -I_n & 0\end{pmatrix},$$

相应的迷向子群为 $Sp(n,\mathbb{R})=\{A\in GL(2n,\mathbb{R})\mid AJA^{\mathrm{T}}=J\}$, 称为辛群, 这是维数为 $2n^2+n$ 的连通 Lie 群;

$$K=L=\begin{pmatrix}-I_r & 0\\ 0 & I_s\end{pmatrix}_{n\times n},$$

相应的迷向子群称为 Lorentz 群.

完全类似地, 把实数 $\mathbb{R}$ 换成复数 $\mathbb{C}$, 实矩阵换成复矩阵, 我们可以得到 Lie 群的许多例子.

例 1.6.13 复一般线性群的作用.

记 $M(n,\mathbb{C})$ 为 n 阶复方阵的全体, 它可以和 $\mathbb{C}^{n^2}=\mathbb{R}^{2n^2}$ 等同. 考虑如下作用

$$\begin{aligned}F: GL(n,\mathbb{C})\times M(n,\mathbb{C}) &\to M(n,\mathbb{C})\\ (A,K) &\mapsto AKA^*\end{aligned}$$

其中, A^* 表示矩阵 A 的共轭转置. 于是对任何固定的 $K\in M(n,\mathbb{C})$, 迷向子群

$$GL(n,\mathbb{C})_K=\{A\in GL(n,\mathbb{C})\mid AKA^*=K\}$$

为闭 Lie 子群.

特别地, $K=I_n$ 时, 迷向子群为酉群

$$U(n)=\{A\in GL(n,\mathbb{C})\mid AA^*=I_n\},$$

它是紧致连通的维数为 n^2 维的 Lie 群, 特殊酉群 $SU(n)=\{A\in U(n)\mid \det A=1\}$ 为它的闭 Lie 子群.

习题 1.6

1. 计算 Lie 群的逆运算的切映射.
2. 证明: 一般线性群 $GL(n,\mathbb{R})$ 恰有两个道路分支 (提示: 考虑矩阵的极分解); 复的一般线性群 $GL(n,\mathbb{C})$ 是道路连通的.
3. 验证可逆实上三角 n 阶方阵的全体组成一个 Lie 群.
4. 证明: Lie 群同态的像是 Lie 子群.
5. 试说明 Lie 群的复迭空间仍然具有自然的 Lie 群结构.
6. 设 Lie 群 G 光滑地作用在微分流形 M 和 N 上, 若 G 在 M 上的作用是可迁的, 且光滑映射 $f: M \to N$ 满足如下等变性质

$$f(gx) = g\,f(x), \quad \forall\, g \in G,\ x \in M,$$

   证明: f 的秩为常数.
7. 证明: $SO(2)$ 与 S^1 微分同胚, $SO(3)$ 与 $\mathbb{R}P^3$ 微分同胚, $SU(2)$ 与 S^3 微分同胚.
8. 计算酉群 $U(n)$ 的维数, 并证明 $U(n)$ 微分同胚于 $S^1 \times SU(n)$.

第 2 章　流形上的微积分

本章介绍流形上的微积分. 微积分本来主要研究欧氏空间中的函数或向量值函数的微分性质和积分性质. 为了在微分流形上做微积分, 我们就需要将函数的概念加以推广. 函数在微分流形上的推广就是各种向量丛的截面, 特别是张量丛的截面, 即张量场. 其中, 微分形式是一类特殊的张量场. 我们将介绍流形上微分形式的积分, 这里主要的困难在于流形不一定是平直的, 不一定有整体坐标. 利用单位分解可以克服困难并证明流形上的微积分基本定理, 即重要的 Stokes 积分公式.

§2.1　切丛和切向量场

设 M 为微分流形, 在前一章中我们定义了切空间和切向量. 切空间是流形在一点处的线性化, 切向量既可以看成求导算子, 也可以看成曲线的初始切向量. 为了研究 M 的对称性, 我们要考虑其微分同胚群

$$\mathrm{Diff}(M)=\{f:M\to M\mid f\text{ 为微分同胚}\},$$

其中, 群乘法的运算为映射的复合, 单位元为恒同映射 id. 利用微分学的基本手法, 我们可以将它在恒同映射 id 处做线性化, 得到的线性空间记为 $T_{\mathrm{id}}\mathrm{Diff}(M)$. 为了理解这个线性空间中的元素, 设 $\phi:(-\varepsilon,\varepsilon)\to\mathrm{Diff}(M)$ 为曲线, 其中 $\phi(0)=\mathrm{id}$. 此时应该有 $\phi'(0)\in T_{\mathrm{id}}\mathrm{Diff}(M)$. 如何理解 $\phi'(0)$ 呢? 我们可以回到 M 上来看. 任给 $p\in M$, 则 $\sigma_p(t)=\phi(t)(p)$ 是 M 中经过 p 的曲线, 因此 $\sigma_p'(0)\in T_pM$. 于是我们得到映射

$$M\to TM=\bigcup_{p\in M}T_pM,\quad p\mapsto\sigma_p'(0)\in T_pM,$$

它是 M 上所谓的切向量场. 因此, 通过研究流形上的切向量场应该可以得出流形本身的对称性质. 下面我们逐步将上述过程严格化.

记 TM 为 M 上所有切向量所组成的集合, 我们首先在 TM 上引进拓扑. 定义投影映射 $\pi:TM\to M$ 为

$$\pi(X_p)=p,\ \ \forall\ X_p\in T_pM.$$

设 (U,φ) 为 M 的任一局部坐标系, 其坐标函数为 $\{x^i\}_{i=1}^n$, 定义映射 θ 如下

$$\theta:\pi^{-1}(U)=\bigcup_{p\in U}T_pM\to U\times\mathbb{R}^n$$

$$X_p\mapsto\big(p,X_p(x^1),X_p(x^2),\cdots,X_p(x^n)\big).$$

θ 为一一映射, 它诱导了 $\pi^{-1}(U)$ 上的拓扑, 使得在这个拓扑下 θ 为同胚.

一般地, 设 $\{(U_\alpha,\varphi_\alpha)\}$ 为 M 的局部坐标覆盖, 如上定义 $\theta_\alpha:\pi^{-1}(U_\alpha)\to U_\alpha\times\mathbb{R}^n$. 我们这样定义 TM 上的拓扑: V 为 TM 上的开集当且仅当 $\theta_\alpha(V\cap\pi^{-1}(U_\alpha))$ 均为开集. 不

难验证这个定义是恰当的. 在这个拓扑下, TM 为 A_2 和 T_2 的拓扑空间, 且 π 为开映射.

下面我们说明 TM 具有微分结构. 事实上, $\{(\pi^{-1}(U_\alpha),(\varphi_\alpha,\mathrm{id})\circ\theta_\alpha)\}$ 就组成一个坐标覆盖, 其中复合映射

$$(\varphi_\alpha,\mathrm{id})\circ\theta_\alpha:\pi^{-1}(U_\alpha)\to\mathbb{R}^{2n}$$

$$X_p\mapsto\big(\varphi(p),X_p(x^1),X_p(x^2),\cdots,X_p(x^n)\big)$$

为 $\pi^{-1}(U_\alpha)$ 上的坐标映射. 当 $U_\alpha\cap U_\beta\neq\varnothing$ 时, 记

$$g_{\beta\alpha}:U_\alpha\cap U_\beta\to GL(n,\mathbb{R})$$

$$p\mapsto J(\varphi_\beta\circ\varphi_\alpha^{-1})\big(\varphi_\alpha(p)\big),$$

$g_{\beta\alpha}$ 为光滑映射. 简单的计算表明, $\pi^{-1}(U_\alpha)\cap\pi^{-1}(U_\beta)$ 上的坐标转换映射形如

$$\big[(\varphi_\beta,\mathrm{id})\circ\theta_\beta\big]\circ\big[(\varphi_\alpha,\mathrm{id})\circ\theta_\alpha\big]^{-1}:\ \varphi_\alpha(U_\alpha\cap U_\beta)\times\mathbb{R}^n\to\varphi_\beta(U_\alpha\cap U_\beta)\times\mathbb{R}^n$$

$$(x,a)\ \mapsto\big(\varphi_\beta\circ\varphi_\alpha^{-1}(x),\ g_{\beta\alpha}(\varphi_\alpha^{-1}(x))a\big),$$

因而是光滑的. 这就说明 TM 为 $2n$ 维的光滑流形, 并且投影 π 是光滑映射.

定义 2.1.1 (切丛) 如上定义的微分流形 TM 称为 M 的切丛, π 称为切丛的投影.

有了切丛的概念, 我们就可以正式地定义切向量场了.

定义 2.1.2 (切向量场) 设 $X:M\to TM$ 为 C^k 映射, 如果 $\pi\circ X=\mathrm{id}_M$ 为恒同映射, 则称 X 为 M 上的 C^k 切向量场, 有时简称向量场.

粗略地说, 向量场 X 就是在每一点 $p\in M$ 指定 p 处的一个切向量 X_p 的映射. 显然, 我们也可以局部地定义 C^k 向量场. 下面的引理给出了向量场可微程度的判断方法.

引理 2.1.1 设 M 为微分流形, U 为 M 上的开集, 则

(i) X 为 U 上的 C^k 切向量场当且仅当任给 M 的局部坐标系 (V,ψ)

$$X(p)=X_p=\sum_{i=1}^n a^i(p)\frac{\partial}{\partial x^i}\Big|_p,\quad p\in U\cap V,$$

其中, $a^i=X(x^i)$ 为 $U\cap V$ 上的 C^k 函数;

(ii) X 为 U 上的光滑切向量场当且仅当任给光滑函数 $f:U\to\mathbb{R}$, Xf 均为 U 上光滑函数, 其中

$$Xf(p)=X_p(f),\quad p\in U.$$

证明 (i) 只要将 X 在 TM 和 M 的局部坐标系下写出局部表示即可, 细节留给读者.

(ii) 如果 X 为 U 上光滑向量场, 则对任意局部坐标系 (V,φ) 有

$$Xf=\left(\sum_{i=1}^n a^i\frac{\partial}{\partial x^i}\right)f=\sum_{i=1}^n a^i\frac{\partial(f\circ\varphi^{-1})}{\partial x^i},$$

这说明 Xf 为光滑函数.

反之, 如果对任意光滑函数 f, Xf 均为光滑函数, 则对于 U 内的局部光滑函数, Xf 也是局部光滑函数. 特别地, 对于局部坐标函数 x^i, $X(x^i)$ 为局部光滑函数, 由 (i) 即知 X 是光滑的. □

以后我们将看到, 切丛是向量丛的特殊情形, 而切向量场就是向量丛的一个截面. 恒为零的向量场称为零截面, 它显然是光滑的. 零截面的像是 TM 的正则子流形且与 M 微分同胚, 有时就用 M 表示.

例 2.1.1 基向量场.

如果 $\{x^i\}$ 为 U 上的局部坐标函数, 则

$$\frac{\partial}{\partial x^i}: U \to \pi^{-1}(U), \quad p \mapsto \frac{\partial}{\partial x^i}\Big|_p$$

为 U 上的局部光滑向量场. 这些向量场称为 (局部) 基向量场或坐标向量场.

例 2.1.2 梯度场.

$\mathbb{R}^n$ 上的整体坐标给出了 $T\mathbb{R}^n = \mathbb{R}^n \times \mathbb{R}^n$ 上的整体坐标, $\mathbb{R}^n$ 上的向量场 X 形如

$$X(x) = (x, X_x), \quad x \in \mathbb{R}^n,$$

其中, $X_x \in T_x\mathbb{R}^n = \mathbb{R}^n$. 因此, 我们通常就用从 $\mathbb{R}^n$ 到 $\mathbb{R}^n$ 的向量值函数来表示 $\mathbb{R}^n$ 上的向量场. 例如, 当 $f: \mathbb{R}^n \to \mathbb{R}$ 为光滑函数, 则

$$\nabla f(x) = \left(\frac{\partial f}{\partial x^1}, \frac{\partial f}{\partial x^2}, \cdots, \frac{\partial f}{\partial x^n}\right)$$

定义了 $\mathbb{R}^n$ 上的一个向量场, 称为 f 的梯度场.

M 上的光滑向量场的全体记为 $\Gamma(TM)$ 或 $C^\infty(M;TM)$. 从引出切丛的过程来看, 我们可以粗略地认为 $T_{\mathrm{id}}\mathrm{Diff}(M) \approx \Gamma(TM)$. 我们想通过研究 $\Gamma(TM)$ 来了解 $\mathrm{Diff}(M)$, 进而了解 M 本身. 我们知道, 任给 $v \in T_pM$, 存在曲线 $\sigma: (-\varepsilon, \varepsilon) \to M$, 使得 $\sigma'(0) = v$. 类似地, 给定向量场 $X \in \Gamma(TM)$, 我们想要在 $\mathrm{Diff}(M)$ 中找一条曲线, 使得其初始切向量等于 X. 为此, 我们引入如下概念.

定义 2.1.3 (积分曲线) 设 X 为 M 上的光滑切向量场, $\sigma: (a,b) \to M$ 为光滑曲线. 如果

$$\sigma'(t) = X_{\sigma(t)}, \quad \forall\, t \in (a,b),$$

则称 σ 为 X 的积分曲线或流线.

常微分方程的基本理论可以告诉我们积分曲线的存在性和唯一性.

定理 2.1.2 设 X 为光滑向量场, 则任给 $p \in M$, $c \in \mathbb{R}$, 存在 $\varepsilon > 0$ 以及唯一的积分曲线 $\sigma: (c-\varepsilon, c+\varepsilon) \to M$, 使得 $\sigma(c) = p$.

证明 取 p 附近的局部坐标系 (U, φ), 在 U 内 X 可以表示为

$$X = \sum_{i=1}^n a^i \frac{\partial}{\partial x^i},$$

其中, a^i 均为 U 中光滑函数. 在 U 内 σ 为经过 p 的积分曲线当且仅当

$$\begin{cases} \dfrac{\mathrm{d}}{\mathrm{d}t}\left[x^i \circ \sigma(t)\right] = a^i(x^1 \circ \sigma, x^2 \circ \sigma, \cdots, x^n \circ \sigma), \\[2ex] x^i \circ \sigma(c) = x^i(p), \quad i = 1, 2, \cdots, n. \end{cases}$$

由常微分方程组的基本理论, 上述方程组在局部上存在唯一的解. □

根据常微分方程组的理论, 积分曲线 σ 光滑依赖于 c 和 p. 特别地, 任给紧致集合 K,

存在 K 的开邻域 V, 以及 $\varepsilon > 0$, 使得只要 $q \in V$, 就有经过 q 的积分曲线

$$\sigma_q : (-\varepsilon, \varepsilon) \to M, \quad \sigma_q(0) = q.$$

利用常微分方程组解的存在唯一性就得到以下定理.

定理 2.1.3 设 X 为 M 上的光滑向量场, $p \in M$, 则存在 p 的开邻域 V 和 $\varepsilon > 0$, 以及光滑映射 $\phi : (-\varepsilon, \varepsilon) \times V \to M$, 使得

(i) $\phi(\cdot, q)$ 是经过 q 的积分曲线, $\phi(0, q) = q, \forall\, q \in V$;

(ii) 当 $|s|, |t|, |s+t| < \varepsilon$ 时, 如果 q, $\phi_t(q) = \phi(t, q) \in V$, 则

$$\phi_{s+t}(q) = \phi_s \circ \phi_t(q);$$

(iii) $\phi_t : V \to \phi_t(V)$ 为微分同胚, $\forall\, |t| < \varepsilon$.

我们把定理中的 $\{\phi_t\}$ 称为由 X 生成的一族局部单参数变换群, X 称为此单参数变换群的无穷小生成元.

定义 2.1.4 (光滑单参数变换群) 设 $\{\phi_t\}$ 是依赖于参数 $t \in \mathbb{R}$ 的一族微分同胚. 如果它满足下列条件:

(i) $\phi : \mathbb{R} \times M \to M$ 为光滑映射, 其中 $\phi(t, p) = \phi_t(p)$;

(ii) $\phi_0 = \mathrm{id}$;

(iii) $\phi_{s+t} = \phi_s \circ \phi_t, \forall\, s, t \in \mathbb{R}$.

则称 $\{\phi_t\}$ 为光滑单参数变换群.

用 Lie 群作用的语言来说, 光滑单参数变换群可以看成实数加群 $\mathbb{R}$ 在 M 上的一个光滑作用. 一族光滑的单参数变换群在 M 上决定了光滑向量场 X, 其中

$$X_p = X(p) = \frac{\mathrm{d}}{\mathrm{d}t}\Big|_{t=0} \phi(t, p),$$

且 $\phi(\cdot, p)$ 是 X 的经过 p 的积分曲线. 反之, 如果向量场 X 生成了 M 的单参数变换群, 则称 X 为 M 上的完备向量场, 这等价于说 X 的积分曲线都可以定义在整个 $\mathbb{R}$ 上.

例 2.1.3 不完备的向量场.

在 $(0,1)$ 上考虑向量场 $X = \dfrac{\partial}{\partial t}$, 则经过 $t_0 \in (0,1)$ 的积分曲线为 $\sigma_{t_0}(t) = t + t_0$, σ_{t_0} 的定义域显然不能为整个 $\mathbb{R}$. 因此 X 不是完备的.

对于 M 上的光滑向量场 X, 记

$$\operatorname{supp} X = \overline{\{p \in M \mid X(p) \neq 0\}},$$

称为 X 的支集. 我们有

定理 2.1.4 微分流形上具有紧致支集的光滑向量场都是完备的.

证明 设 X 为 M 上的光滑向量场, 且其支集 $K = \operatorname{supp} X$ 紧致. 由前面的说明, 存在 $\varepsilon > 0$ 以及包含 K 的开邻域 V, 使得 X 生成了局部单参数变换群 $\{\phi_t\}_{t\in(-\varepsilon,\varepsilon)}$, 其中 ϕ_t 为从 V 到 $\phi_t(V)$ 的微分同胚. 我们把 ϕ_t 的定义延拓到 K 之外

$$\phi_t(p) = p, \quad p \notin K.$$

延拓后 ϕ_t 的定义是恰当的, 且仍为光滑映射. 这样我们得到了光滑映射 $\phi : (-\varepsilon, \varepsilon) \times M \to M$, 使得每个 $\phi_t = \phi(t, \cdot)$ 都是从 M 到 M 的微分同胚. 这说明, 经过每一点的积分曲线的

解区间长度有一个一致的正下界. 于是每一条积分曲线总是可以不断延拓其定义区间直至定义在整个 $\mathbb{R}$ 上. □

由上述定理立即得到

推论 2.1.5 紧致微分流形上的光滑向量场都是完备的.

在微积分中我们用导数来表示函数的变化率. 我们也想在微分流形上研究向量场是如何变化的. 向量场在每一点处的值虽然都是向量, 但一般来说这些向量属于不同的向量空间, 不能直接进行比较. 利用 (局部) 单参数变换群, 我们可以部分地克服这一困难. 基本的想法是利用单参数变换将位于不同切空间中的切向量变到同一个切空间中 (见图 2.1).

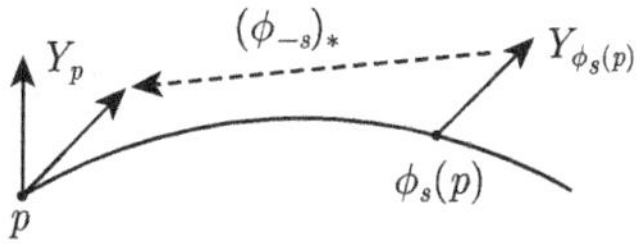

图 2.1 Lie 导数

设 X, Y 为 M 上的光滑向量场, 我们要研究向量场 Y 沿着向量场 X 的导数. 为此, 设 X 生成的局部单参数群为 $\{\phi_t\}$. 对 $p \in M$, 定义

$$(L_XY)(p) = \frac{\mathrm{d}}{\mathrm{d}t}\Big|_{s=0}(\phi_{-s})_*Y_{\phi_s(p)} = \lim_{s\to 0}\frac{(\phi_{-s})_*Y_{\phi_s(p)} - Y_p}{s},$$

其中, 求导和求极限是在切空间 T_pM 中进行的. 我们称 L_XY 是 Y 关于 X 的 Lie 导数. 为了给出具体的计算公式, 我们需要如下结论.

引理 2.1.6 设 $f : (-\varepsilon, \varepsilon) \times M \to \mathbb{R}$ 为光滑函数, 且 $f(0, p) = 0, \forall\, p \in M$, 则存在光滑函数 $g : (-\varepsilon, \varepsilon) \times M \to \mathbb{R}$, 使得 $f(s, p) = sg(s, p)$, 且

$$g(0, p) = \frac{\partial f}{\partial s}(0, p), \quad \forall\, p \in M.$$

证明 由微积分基本公式, 有

$$f(s,p) = f(s,p) - f(0,p) = \int_0^1 \frac{\mathrm{d}}{\mathrm{d}t}f(st,p)\,\mathrm{d}t = s\int_0^1 \frac{\partial f}{\partial s}(st,p)\,\mathrm{d}t = sg(s,p),$$

其中, $g(0,p) = \displaystyle\int_0^1 \frac{\partial f}{\partial s}(0,p)\,\mathrm{d}t = \frac{\partial f}{\partial s}(0,p)$. □

定理 2.1.7 设 X, Y 如上, 则 $(L_XY)f = X(Yf) - Y(Xf), \forall\, f \in C^\infty(M)$.

证明 任给 $p \in M$, 设 f 为 p 附近的光滑函数, 由引理 2.1.6, 有

$$f \circ \phi_t - f = tg_t,$$

其中, $g_0 = Xf$. 我们计算如下

$$\begin{aligned}
(L_XY)(p)f &= \lim_{s\to 0}\frac{(\phi_{-s})_*Y_{\phi_s(p)} - Y_p}{s}f = \lim_{s\to 0}\frac{1}{s}\big[Y_{\phi_s(p)}(f\circ\phi_{-s}) - Y_pf\big] \\
&= \lim_{s\to 0}\frac{1}{s}\big[Y_{\phi_s(p)}(f) - Y_pf\big] - \lim_{s\to 0}Y_{\phi_s(p)}(g_{-s}) \\
&= \lim_{s\to 0}\frac{1}{s}\big[Yf(\phi_s(p)) - Yf(p)\big] - Y_p(g_0) \\
&= X_p(Yf) - Y_p(Xf).
\end{aligned}$$

常记 $[X,Y]=L_XY$, 称为 X,Y 的 Lie 括号积. □

显然, 对于局部的光滑向量场, 我们也可以定义 Lie 括号积运算. Lie 括号积运算具有以下性质:

(1) (反称性和双线性性) $[X,Y]=-[Y,X]$, $[\lambda X+\mu Y,Z]=\lambda[X,Z]+\mu[Y,Z]$, $\forall\ \lambda,\mu\in\mathbb{R}$, $X,Y,Z\in C^\infty(M;TM)$.

(2) $[fX,gY]=f(Xg)Y-g(Yf)X+fg[X,Y]$, 其中 f,g 为任意光滑函数.

(3) (Jacobi 恒等式) $[X,[Y,Z]]+[Y,[Z,X]]+[Z,[X,Y]]=0$.

(4) 设向量场 X, Y 有如下局部表示

$$X=\sum_{i=1}^n a^i\frac{\partial}{\partial x^i},\quad Y=\sum_{j=1}^n b^j\frac{\partial}{\partial x^j},$$

则 $[X,Y]$ 有如下局部表示

$$[X,Y]=\sum_{i=1}^n\sum_{j=1}^n\left(a^i\frac{\partial b^j}{\partial x^i}-b^i\frac{\partial a^j}{\partial x^i}\right)\frac{\partial}{\partial x^j}.$$

特别地, 有

(5) $\left[\dfrac{\partial}{\partial x^i},\dfrac{\partial}{\partial x^j}\right]=0$, 其中 $\{x^i\}_{i=1}^n$ 为局部坐标.

这些性质的证明都是直接的, 我们留给读者完成. 这些性质表明, 光滑向量场的全体 $\varGamma(TM)$ 在 Lie 括号积运算下是一个 Lie 代数. 所谓 Lie 代数是指某个域 F 上的向量空间 V 连同运算

$$\begin{aligned}[,]:V\times V&\to V\\(X,Y)&\mapsto[X,Y],\end{aligned}$$

且运算 $[,]$ 满足以下条件:

(1) $[X,Y]=-[Y,X]$, $\forall\ X,Y\in V$;

(2) $[\lambda X+\mu Y,Z]=\lambda[X,Z]+\mu[Y,Z]$, $\forall\ \lambda,\mu\in F$, $X,Y,Z\in V$;

(3) $[X,[Y,Z]]+[Y,[Z,X]]+[Z,[X,Y]]=0$, $\forall\ X,Y,Z\in V$.

如果 W 为 V 的子线性空间, 且 W 关于运算 $[,]$ 是封闭的, 则称 W 为 Lie 子代数.

如果 G 为 Lie 群, 我们还可以构造 $\varGamma(TG)$ 的一个有限维 Lie 子代数, 它蕴含了 Lie 群 G 本身的许多信息. 为此, 设 $X_e\in T_eG$ 是单位元 e 处的切向量, 它生成了 G 上的切向量场 X

$$X_g=(L_g)_{*e}X_e,\quad\forall\ g\in G.$$

利用 Lie 群乘法运算的光滑性可以看出 $X\in\varGamma(TG)$, 且它满足如下性质

$$(L_g)_{*h}X_h=X_{gh},\quad\forall\ g,h\in G.\tag{2.1}$$

满足上述性质的向量场称为 Lie 群上的左不变向量场.

命题 2.1.8 设 G 为 Lie 群. X 是 G 上的左不变向量场, σ 是 X 的经过 e 的积分曲线, 则 $L_g\circ\sigma=g\sigma$ 是 X 的经过 g 的积分曲线. 特别地, 左不变向量场都是完备的向量场.

证明 根据已知条件, $\sigma'(t)=X_{\sigma(t)}$. 由式 (2.1) 可得

$$\frac{\mathrm{d}}{\mathrm{d}t}L_g\circ\sigma(t)=(L_g)_{*\sigma(t)}\sigma'(t)=(L_g)_{*\sigma(t)}X_{\sigma(t)}=X_{g\sigma(t)},$$

这说明 $L_g\circ\sigma(t)$ 也是 X 的积分曲线. 于是, 经过每一点的积分曲线的定义区间的长度有一致的正下界, 经过不断延拓就知道这些积分曲线的最大定义区间都是整个 $\mathbb{R}$. □

设 $X_e, Y_e\in T_eG$, X_e, Y_e 生成的左不变向量场分别记为 X, Y. 定义如下 Lie 括号积运算

$$[X_e, Y_e]=[X, Y]_e\in T_eG,$$

我们将说明 T_eG 在这个 Lie 括号积运算下成为 Lie 代数. 先看一个典型的例子.

例 2.1.4 一般线性群 $GL(n,\mathbb{R})$ 的 Lie 代数.

在单位元 I_n 处, 一般线性群的切空间为 $M_{n\times n}$. 设 $A\in M_{n\times n}$, A 生成的左不变向量场记为 X. 按照定义

$$X_P=(L_P)_{*I_n}A=PA,\quad \forall\ P\in GL(n,\mathbb{R}).$$

设 $\sigma(t)$ 是 X 的经过 I_n 的积分曲线, 则

$$\frac{\mathrm{d}}{\mathrm{d}t}\sigma(t)=X_{\sigma(t)}=\sigma(t)A,\quad \sigma(0)=I_n.$$

这个方程的解形如

$$\sigma(t)=\mathrm{e}^{tA}=\sum_{k=0}^{\infty}\frac{t^kA^k}{k!},\quad t\in\mathbb{R}.$$

于是 X 生成的单参数变换群 $\{\phi_t\}$ 为

$$\phi_t(P)=P\sigma(t)=P\mathrm{e}^{tA},\quad \forall\ P\in GL(n,\mathbb{R}).$$

另给 $B\in M_{n\times n}$, B 生成的左不变向量场记为 Y, 则

$$\begin{aligned}[A,B]&=\frac{\mathrm{d}}{\mathrm{d}s}\Big|_{s=0}(\phi_{-s})_*\big(Y_{\phi_s(I_n)}\big)=\frac{\mathrm{d}}{\mathrm{d}s}\Big|_{s=0}\big[Y_{\mathrm{e}^{sA}}\mathrm{e}^{-sA}\big]\\&=\frac{\mathrm{d}}{\mathrm{d}s}\Big|_{s=0}\big[\mathrm{e}^{sA}B\mathrm{e}^{-sA}\big]=AB-BA.\end{aligned}$$

显然, $[,]$ 满足 Jacobi 恒等式, $(M_{n\times n},\ [,])$ 是一个有限维 Lie 代数, 记为 $\mathfrak{gl}(n,\mathbb{R})$.

为了说明在一般的 Lie 群 G 上 $(T_eG,\ [,])$ 也构成 Lie 代数, 只要验证 $[,]$ 满足 Jacobi 恒等式即可. 为此我们先把积分曲线的概念做一点推广.

设 $f: M\to N$ 为光滑映射, 定义整体的切映射 $f_*: TM\to TN$ 如下

$$f_*|_{T_pM}=f_{*p}: T_pM\to T_{f(p)}N.$$

由切丛上微分结构的定义可直接验证 f_* 为光滑映射, 且 $f\circ\pi=\pi\circ f_*$.

定义 2.1.5 (f 相关) 设 $f: M\to N$ 为光滑映射, $X\in\mathit{\Gamma}(TM)$, $Y\in\mathit{\Gamma}(TN)$. 如果 $f_*\circ X=Y\circ f$, 即

$$f_{*p}X_p=Y_{f(p)},\quad \forall\ p\in M, \tag{2.2}$$

则称向量场 X 与 Y 是 f 相关的.

如果 φ 是 N 上的光滑函数, 则由式 (2.2) 可得

$$X_p(\varphi\circ f)=Y_{f(p)}\varphi,\quad \forall\ p\in M.$$

上式也可以改写为

$$X(\varphi\circ f)=(Y\varphi)\circ f.$$

反之, 若上式对任何光滑函数 φ 均成立, 则 X 与 Y 是 f 相关的.

例 2.1.5　沿曲线的向量场.

设 $\sigma: I \to M$ 为光滑曲线, X 为 M 上的切向量场. 在区间 I 上取参数 t, 则 $\dfrac{\partial}{\partial t}$ 为 I 上的光滑向量场, 它和 X 是 σ 相关的当且仅当

$$X_{\sigma(t)} = \sigma'(t), \quad t \in I,$$

即 σ 是 X 的积分曲线.

命题 2.1.9　向量场 X 与 Y 是 f 相关的, 如果 σ 是 X 的积分曲线, 则 $f \circ \sigma$ 是 Y 的积分曲线.

证明　由已知条件, $\sigma'(t) = X_{\sigma(t)}$. 于是

$$\frac{\mathrm{d}}{\mathrm{d}t} f \circ \sigma(t) = f_{*\sigma(t)}\sigma'(t) = f_{*\sigma(t)} X_{\sigma(t)} = Y_{f\circ\sigma(t)},$$

这说明 $f \circ \sigma$ 是 Y 的积分曲线. □

如果 $f: M \to N$ 是微分同胚, 则我们可以定义一个 "前推" 映射, 它把 M 上的向量场变为 N 上的向量场: 设 X 为 M 上的向量场, 令

$$f_*X: N \to TN, \quad q \mapsto f_{*f^{-1}(q)} X_{f^{-1}(q)},$$

此时 f_*X 为 N 上定义好的光滑向量场, 且显然 X 和 f_*X 是 f 相关的.

例 2.1.6　基向量场回顾.

设 (U, φ) 是 M 的局部坐标系, 则

$$\varphi_* \frac{\partial}{\partial x^i} = e_i, \quad (\varphi^{-1})_* e_i = \frac{\partial}{\partial x^i},$$

其中, e_i 是 $\varphi(U) \subset \mathbb{R}^n$ 中的标准基向量场 (它的第 i 个分量为 1, 其余分量为 0).

命题 2.1.10　设 $X_1, X_2 \in \Gamma(TM)$, $Y_1, Y_2 \in \Gamma(TN)$. 如果 X_i 和 Y_i 是 f 相关的, $i = 1, 2$, 则 $[X_1, X_2]$ 和 $[Y_1, Y_2]$ 也是 f 相关的.

证明　任给 N 上的光滑函数 φ, 我们计算如下

$$\begin{aligned}
[X_1, X_2]_p(\varphi \circ f) &= X_1\big(X_2(\varphi \circ f)\big) - X_2\big(X_1(\varphi \circ f)\big) \\
&= X_1\big((Y_2\varphi) \circ f\big) - X_2\big((Y_1\varphi) \circ f\big) \\
&= Y_1\big(Y_2(\varphi)\big) \circ f - Y_2\big(Y_1(\varphi)\big) \circ f \\
&= \big([Y_1, Y_2]\varphi\big) \circ f,
\end{aligned}$$

即 $f_* \circ [X_1, X_2] = [Y_1, Y_2] \circ f$. □

推论 2.1.11　设 $f: M \to N$ 为微分同胚, $X, Y \in \Gamma(TM)$, 则

$$f_*[X, Y] = [f_*X, f_*Y].$$

推论 2.1.12　设 X, Y 为 Lie 群 G 上的左不变向量场, 则 $[X, Y]$ 也是左不变向量场.

证明　从定义容易看出, Lie 群上的向量场为左不变向量场当且仅当它在左移微分同胚的前推下保持不变. 于是

$$(L_g)_*[X, Y] = [(L_g)_*X, (L_g)_*Y] = [X, Y],$$

因此 $[X,Y]$ 也是左不变向量场. □

这说明, 左不变向量场的全体构成了 $(\Gamma(TG),[,])$ 的一个有限维 Lie 子代数. 在 T_eG 中来看, $(T_eG,[,])$ 就成为有限维 Lie 代数, 有时记为 $\mathfrak{g}$. 我们希望通过研究这个 Lie 代数的性质了解 Lie 群 G 的性质. 首先, 我们利用所谓的指数映射将 T_eG 和 G 联系起来.

定义 2.1.6 (指数映射) 设 G 为 Lie 群, 任取 $X_e\in T_eG$, X_e 生成左不变向量场 X, X 生成的单参数变换群为 $\{\phi_t\}_{t\in\mathbb{R}}$. 令

$$\exp: T_eG\to G,\quad X_e\mapsto\phi_1(e),$$

称 exp 为 G 的指数映射.

指数映射有以下简单性质:

命题 2.1.13 设 $X_e\in T_eG$, 则

(i) $\exp(tX_e)=\phi_t(e)$, $\forall\, t\in\mathbb{R}$;

(ii) $t\mapsto\exp(tX_e)$ 是实数加群 $\mathbb{R}$ 到 G 的同态;

(iii) $\exp(-tX_e)=\big(\exp(tX_e)\big)^{-1}$, $\forall\, t\in\mathbb{R}$;

(iv) 指数映射 exp 为光滑映射, 且切映射

$$\exp_{*0}: T_0\big(T_eG\big)=T_eG\to T_eG$$

为恒同映射, 从而 exp 在 $0\in T_eG$ 附近为微分同胚.

证明 (i) 如果 X 生成的单参数变换群为 $\{\phi_s\}_{s\in\mathbb{R}}$, 则 tX 生成的单参数变换群为 $\{\phi_{ts}\}_{s\in\mathbb{R}}$. 因此, 由指数映射的定义即得欲证结论.

(ii) 当 $s,t\in\mathbb{R}$ 时, 由命题 2.1.8 可得

$$\phi_{s+t}(e)=\phi_s\big(\phi_t(e)\big)=\phi_t(e)\phi_s(e),$$

在上式中交换 s,t 的位置等式仍然成立. 再由 (i) 即得欲证结论.

(iii) 这可以由 (ii) 立即得到.

(iv) exp 的光滑性是由积分曲线对参数的光滑依赖性决定的. 我们将 T_eG 在原点 0 处的切空间和 T_eG 自身等同. 设 $X_e\in T_eG$, 则 $\sigma(t)=tX_e$ 为 T_eG 中的光滑曲线, 且 $\sigma'(0)=X_e$. 于是

$$\exp_{*0}X_e=\frac{\mathrm{d}}{\mathrm{d}t}\Big|_{t=0}\exp\big(tX_e\big)=\frac{\mathrm{d}}{\mathrm{d}t}\Big|_{t=0}\phi_t(e)=X_e,$$

即 exp 的切映射在 0 处为恒同映射. □

例 2.1.7 单位圆周的指数映射.

单位圆周 $S^1=\{\mathrm{e}^{\mathrm{i}\theta}\in\mathbb{C}\,|\,\theta\in\mathbb{R}\}$. 按照复数的乘法运算, S^1 为 Lie 群. 在单位元 1 处, S^1 的切空间为

$$T_1S^1\cong\{\mathrm{i}\theta\,|\,\theta\in\mathbb{R}\}\cong\mathbb{R},$$

$\theta\in\mathbb{R}$ 生成的单参数变换群为

$$\phi(t,g)=g\mathrm{e}^{\mathrm{i}t\theta},\quad\forall\, t\in\mathbb{R},\ g\in S^1.$$

因此, S^1 在 1 处的指数映射为

$$\exp:\mathbb{R}\to S^1,\quad\exp(\theta)=\mathrm{e}^{\mathrm{i}\theta}.$$

指数映射将 Lie 群的切空间 (Lie 代数) 和 Lie 群本身联系在一起, 由此出发可以从 Lie 代数的性质去了解 Lie 群本身的性质. 我们先看一个简单的结果.

引理 2.1.14 设 $X, Y \in \Gamma(TM)$, 它们生成的局部单参数变换群分别为 $\{\phi_t\}$, $\{\psi_t\}$, 则

(i) $[X, Y] = 0$ 当且仅当 $(\phi_s)_* Y = Y$, $\forall\ s$;

(ii) $[X, Y] = 0$ 当且仅当 $\phi_s \circ \psi_t = \psi_t \circ \phi_s$, $\forall\ s, t$.

证明 (i) 留作练习.

(ii) 利用命题 2.1.9 不难看出, 向量场 $(\phi_s)_* Y$ 生成的局部单参数变换群为 $\phi_s \circ \psi_t \circ (\phi_s)^{-1}$. 于是

$$[X, Y] = 0 \Longleftrightarrow (\phi_s)_* Y = Y \Longleftrightarrow \phi_s \circ \psi_t \circ (\phi_s)^{-1} = \psi_t \Longleftrightarrow \phi_s \circ \psi_t = \psi_t \circ \phi_s.$$

引理得证. □

推论 2.1.15 设 G 为连通 Lie 群, 则 G 为 Abel 群当且仅当 G 的 Lie 代数是平凡的, 即 $[,] \equiv 0$.

证明 设左不变向量场 X, Y 生成的单参数变换群分别为 $\{\phi_t\}$, $\{\psi_t\}$, 则

$$\phi_t(g) = g\exp(tX_e), \quad \psi_t(g) = g\exp(tY_e), \quad \forall\ g \in G.$$

若 G 为 Abel 群, 则上式表明 $\phi_s \circ \psi_t = \psi_t \circ \phi_s$, 由引理 2.1.14 可知 $[X, Y] = 0$. 反之, 若 $[X, Y] = 0$, 则必有

$$\exp(X_e)\exp(Y_e) = \exp(Y_e)\exp(X_e).$$

再根据命题 2.1.13 中的 (iv) 可知 G 中的乘法运算在单位元的某个开邻域中具有可交换性. 由 G 连通以及引理 1.6.7 即知 G 是 Abel 群. □

习题 2.1

1. 证明: 作为微分流形, TM 总是可定向的.
2. 设 $p, q \in M$, 其中 M 是微分流形. 证明: 任给 $u \in T_pM$, $v \in T_qM$, 存在 M 上的光滑向量场 X, 使得 $X_p = u$, $X_q = v$.
3. 在连通的微分流形 M 上任取两点 p, q, 利用单参数变换群证明: 存在 $f \in \mathrm{Diff}(M)$, 使得 $f(p) = q$.
4. 将 Lie 导数看成 $\Gamma(TM)$ 上的算子, 证明:
$$[L_X, L_Y] = L_{[X,Y]}, \quad \forall\ X, Y \in \Gamma(TM).$$
5. 设 $X, Y \in \Gamma(TM)$, X 生成的局部单参数变换群为 $\{\phi_t\}$, 用前推映射验证 $L_X Y = \dfrac{\mathrm{d}}{\mathrm{d}t}\Big|_{t=0}(\phi_{-t})_* Y$.
6. 设 $f: M \to N$ 为微分同胚, M 上的向量场 X 生成的局部单参数变换群为 $\{\phi_t\}$, 证明: N 上的向量场 $f_* X$ 生成的单参数变换群为 $\{f \circ \phi_t \circ f^{-1}\}$.
7. 计算酉群 $U(n)$ 和特殊线性群 $SL(n, \mathbb{R})$, $SL(n, \mathbb{C})$ 的 Lie 代数.
8. 设 G 是连通 Abel 群. T_eG 视为加法群, 证明: $\exp: T_eG \to G$ 是满同态, 并研究此同态的核.

§2.2 可积性定理及应用

这一节我们利用向量场来继续研究子流形. 先从 Lie 群和 Lie 代数开始.

命题 2.2.1 设 $\varphi: H \to G$ 为 Lie 群同态, 则

(i) 切映射 $\varphi_{*e}: T_eH \to T_eG$ 为 Lie 代数同态, 即它保持 $[,]$ 运算;

(ii) $\varphi \circ \exp = \exp \circ \varphi_{*e}$, 即下列图表具有可交换性:

$$\begin{array}{ccc} \mathfrak{h} & \xrightarrow{\varphi_{*e}} & \mathfrak{g} \\ {\scriptstyle \exp}\downarrow & & \downarrow{\scriptstyle \exp} \\ H & \xrightarrow{\varphi} & G \end{array}$$

(iii) 设 H 为连通 Lie 群, $\varphi_1, \varphi_2 : H \to G$ 均为 Lie 群同态, 则当 $(\varphi_1)_{*e} = (\varphi_2)_{*e}$ 时, $\varphi_1 = \varphi_2$.

证明 (i) 设 $X_e \in T_eH$, X_e 生成的左不变向量场记为 X, $Y_e = \varphi_{*e}X_e$ 生成的左不变向量场记为 Y, 则

$$\varphi_{*g}X = \varphi_{*g}(L_g)_{*e}X_e = (\varphi \circ L_g)_{*e}X_e$$

$$= (L_{\varphi(g)} \circ \varphi)_{*e}X_e = (L_{\varphi(g)})_{*e}Y_e = Y_{\varphi(g)}.$$

即 X 和 Y 是 φ 相关的. 根据命题 2.1.10, φ 相关的向量场的 Lie 括号积仍为 φ 相关的, 从而由 Lie 代数的定义知 φ_* 保持 Lie 括号积运算.

(ii) 设 $X_e \in T_eH$, 由 (i) 和命题 2.1.9 可知

$$\varphi\big(\exp(tX_e)\big) = \exp(t\varphi_{*e}X_e), \quad \forall\, t \in \mathbb{R}.$$

特别地, $\varphi \circ \exp(X_e) = \exp \circ \varphi_{*e}X_e$.

(iii) 如果 $(\varphi_1)_{*e} = (\varphi_2)_{*e}$, 则由 (ii) 可知

$$\varphi_1 \circ \exp = \varphi_2 \circ \exp : T_eH \to G.$$

因为指数映射在 0 附近是微分同胚, 故存在 $e \in H$ 的开邻域 U, 使得 $\varphi_1|_U = \varphi_2|_U$. 由于 H 连通, 根据引理 1.6.7 即知 $\varphi_1 = \varphi_2$. □

受这个命题的启发, 我们可以问如下问题:

(1) Lie 群的子代数能否由某个 Lie 子群实现?

(2) Lie 代数之间的同态能否由 Lie 群同态实现?

为了研究这些问题, 我们先将前一节中向量场及其积分曲线的理论推广到多个向量场的情形, 并用所得结果进一步研究 Lie 群.

引理 2.2.2 设 X 为微分流形 M 上的光滑向量场, $p \in M$. 如果 $X_p \neq 0$, 则存在 p 附近的局部坐标 $\{y^i\}_{i=1}^n$, 使得在 p 附近 $X = \dfrac{\partial}{\partial y^1}$.

证明 通过选取 p 附近的局部坐标, 不妨设 $M = \mathbb{R}^n$, $p = 0$. 向量场 X 在 p 附近生成了单参数变换群 $\{\phi_t\}_{t \in (-\varepsilon, \varepsilon)}$. 在 $p = 0$ 附近 X 可以表示为

$$X = \sum_{i=1}^n a^i \frac{\partial}{\partial x^i},$$

因为 $X_p \neq 0$, 不妨设 $a^1(p) \neq 0$. 记 $V' = \{(x^2, \cdots, x^n) \,|\, (0, x^2, \cdots, x^n) \in V\}$, 考虑如下映射

$$\varphi : (-\varepsilon, \varepsilon) \times V' \to M, \ \varphi(t, x^2, \cdots, x^n) = \phi_t(0, x^2, \cdots, x^n).$$

显然, $\varphi(0, x^2, \cdots, x^n) = (0, x^2, \cdots, x^n)$, φ 在 $p = 0$ 处的 Jacobi 矩阵形如

$$J\varphi(0)=\begin{pmatrix} a^1(0) & 0 & \cdots & 0 \\ \vdots & & & \\ a^n(0) & & I_{n-1} & \end{pmatrix},$$

因此 φ 在 0 附近秩为 n. 由逆映射定理, φ 在 0 附近为微分同胚. 由于 $\varphi_*\dfrac{\partial}{\partial t}=X$, 故利用 φ^{-1} 作为 p 附近的局部坐标映射, 重新把它的第一个坐标函数记为 y^1, 则 $X=\dfrac{\partial}{\partial y^1}$. □

这个引理说明非零的向量场局部上可以看成是坐标向量场, 即在适当的坐标系中来看, 向量场的流线都是所谓的平行线 (见图 2.2).

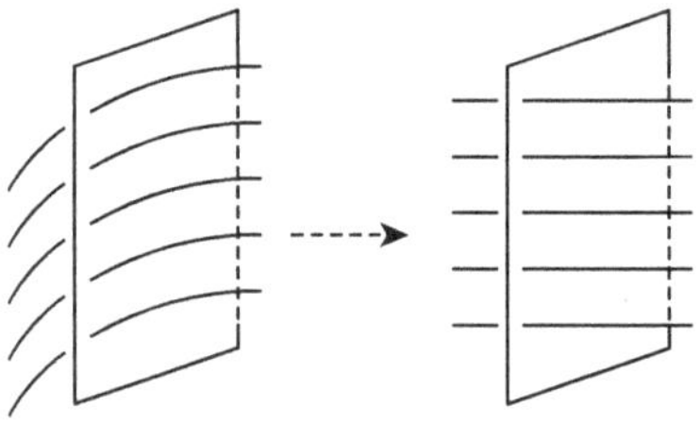

图 2.2　坐标向量场

如果 X,Y 均为 p 附近的局部光滑向量场, 且 X,Y 在 p 处线性无关, 则 X,Y 是否可以同时看成坐标向量场? 我们知道, 坐标向量场之间的 Lie 括号积为零, 因此一个必要的条件就是 $[X,Y]=0$. 仍然利用单参数变换群, 我们说明这也是充分条件.

引理 2.2.3　设 $X_1,\cdots,X_k$ 为 M 上的光滑向量场, $p\in M$. 如果 $\{X_i\}_{i=1}^k$ 在 p 处线性无关, 且 $[X_i,X_j]=0,\ \forall\ 1\leqslant i,j\leqslant k$, 则存在 p 附近的局部坐标 $\{y^i\}_{i=1}^n$, 使得

$$X_i=\frac{\partial}{\partial y^i},\quad \forall\ 1\leqslant i\leqslant k.$$

证明　为了简单起见, 我们像引理 2.2.2 一样, 不妨设 $M=\mathbb{R}^n$, $p=0$. 通过适当地调整坐标次序, 不妨设 $\left\{X_1(p),\cdots,X_k(p),\dfrac{\partial}{\partial x^{k+1}}\bigg|_p,\cdots,\dfrac{\partial}{\partial x^n}\bigg|_p\right\}$ 为 T_pM 的一组基.

记向量场 X_i 生成的局部单参数变换群为 ϕ_t^i, $1\leqslant i\leqslant k$. 由 $[X_i,X_j]=0$ 以及引理 2.1.14 可知 $\phi_s^i\circ\phi_t^j=\phi_t^j\circ\phi_s^i$. 考虑映射

$$\begin{aligned}\varphi:(-\varepsilon,\varepsilon)^k\times\mathbb{R}^{n-k}&\to M\\ (t_1,\cdots,t_k,x^{k+1},\cdots,x^n)&\mapsto\phi_{t_1}^1\circ\cdots\circ\phi_{t_k}^k(0,\cdots,0,x^{k+1},\cdots,x^n).\end{aligned}$$

显然, $\varphi_*\left(\dfrac{\partial}{\partial t_1}\right)=X_1$, 由 $\phi_s^i\circ\phi_t^j=\phi_t^j\circ\phi_s^i$ 又可以知道 $\varphi_*\left(\dfrac{\partial}{\partial t_i}\right)=X_i,\forall\ 1\leqslant i\leqslant k$. 注意

$$\begin{aligned}\varphi(0,\cdots,0,x^{k+1},\cdots,x^n)&=\varphi_0^1\circ\cdots\varphi_0^k(0,\cdots,0,x^{k+1},\cdots,x^n)\\&=(0,\cdots,0,x^{k+1},\cdots,x^n),\end{aligned}$$

因此 $\varphi_{*0}\left(\dfrac{\partial}{\partial x^l}\right)=\dfrac{\partial}{\partial x^l}\bigg|_0$, $l=k+1,\cdots,n$. 这说明 φ 在 0 附近秩为 n. 由逆映射定理, φ 在 0 附近为微分同胚. 利用 φ^{-1} 作为 p 附近的局部坐标映射就得到欲证结果. □

在上述引理中, 要求向量场之间的 Lie 括号积等于 0, 这是一个比较强的必要条件. 在实际应用中, 我们往往需要把条件放宽一些. 为此, 我们引进分布的概念. 设 M 为微分流形. M 上的一个**分布** (distribution) $\mathcal{D}$ 是指将每一点 $p\in M$ 都映射为 T_pM 的某个 k 维线性子空间 $\mathcal{D}(p)$ 的映射, k 称为此分布的秩. 如果对任意 $p\in M$, 均存在 p 的开邻域 U 以及 U 上的光滑向量场 $X_1,\cdots,X_k$, 使得 $\mathcal{D}(q)$ 由 $X_1(q),\cdots,X_k(q)$ 张成, $\forall\, q\in U$, 则称 $\mathcal{D}$ 为**光滑分布**.

设 $\mathcal{D}$ 为光滑分布, X 为光滑向量场. 如果任给 $p\in M$, 均有 $X_p\in\mathcal{D}(p)$, 则称 X 属于分布 $\mathcal{D}$, 记为 $X\in\mathcal{D}$. 如果对于任意两个属于 $\mathcal{D}$ 的光滑向量场 X,Y, 均有 $[X,Y]\in\mathcal{D}$, 则称 $\mathcal{D}$ 为**对合** (involutive) **分布**, 或**可积分布**.

设 $i:N\to M$ 为单浸入, $\mathcal{D}$ 为 M 上光滑分布. 如果任给 $p\in N$, 均有

$$i_{*p}(T_pN)=\mathcal{D}\big(i(p)\big),$$

则称 (N,i) 为分布 $\mathcal{D}$ 的积分流形. 积分流形是积分曲线的推广.

下面我们考虑一般的光滑分布. 不难看出, 如果对任意的 $p\in M$, 均存在经过 p 的积分流形, 则 $\mathcal{D}$ 是对合分布. 反之, 我们有

定理 2.2.4 (Frobenius) *设 $\mathcal{D}$ 为 M 上秩为 k 的对合分布, 则任给 $p\in M$, 存在 p 附近的局部坐标系 (V,ψ), 使得形如下面的坐标片* (slice)

$$\{q\in V\,|\,y^l(q)=c_l,\quad l=k+1,\cdots,n\}$$

均为 $\mathcal{D}$ 的积分流形, 其中 c_l 都是为常数. 另一方面, 如果 (N,i) 为 $\mathcal{D}$ 的连通积分流形, 且 $i(N)\subset V$, 则 $i(N)$ 含于如上某个坐标片中.

证明 固定 $p\in M$, 在 p 附近存在光滑向量场 $X_1,\cdots,X_k$, 使得

$$\mathcal{D}=\operatorname{span}\{X_1,\cdots,X_k\}.$$

设 $\{x^i\}_{i=1}^n$ 为 p 附近的局部坐标, 向量场 X_i 可表为

$$X_i(q)=\sum_{i=1}^n a_i^j(q)\frac{\partial}{\partial x^j}\Big|_q.$$

因为 $\{X_i\}_{i=1}^k$ 线性无关, 通过适当调整坐标次序, 我们不妨假设 k 阶方阵 $A=\big(a_i^j\big)_{1\leqslant i,j\leqslant k}$ 在 p 的开邻域 U 中可逆. 令

$$(Y_1,\cdots,Y_k)^{\mathrm{T}}=A^{-1}(X_1,\cdots,X_k)^{\mathrm{T}},$$

则仍有 $\mathcal{D}=\operatorname{span}\{Y_1,\cdots,Y_k\}$, 且

$$Y_i(q)=\frac{\partial}{\partial x^i}\Big|_q+Z_i(q),\quad i=1,2,\cdots,k,\quad q\in U. \tag{2.3}$$

其中, Z_i 为 U 上的光滑向量场, 且不含 $\dfrac{\partial}{\partial x^j}$ $(j\leqslant k)$ 分量, 即

$$Z_i(x^j)=0,\quad \forall\, j\leqslant k.$$

由等式

$$[Y_i,Y_j]=\Big[\frac{\partial}{\partial x^i}+Z_i,\frac{\partial}{\partial x^j}+Z_j\Big]=\Big[\frac{\partial}{\partial x^i},Z_j\Big]+\Big[Z_i,\frac{\partial}{\partial x^j}\Big]+[Z_i,Z_j]$$

知 $[Y_i, Y_j]$ 亦不含 $\dfrac{\partial}{\partial x^l}$ $(l \leqslant k)$ 分量. 另一方面, $\mathcal{D}$ 为对合分布, 由 Lie 括号积的性质可知

$$[Y_i, Y_j] \in \mathrm{span}\{X_1, \cdots, X_k\} = \mathrm{span}\{Y_1, \cdots, Y_k\}.$$

由式 (2.3) 可知 $[Y_i, Y_j] = 0, \forall\, 1 \leqslant i, j \leqslant k$.

根据引理 2.2.3, 在 p 附近存在局部坐标邻域 (V, ψ), 使得在 V 中有

$$Y_i = \frac{\partial}{\partial y^i}, \quad \forall\, 1 \leqslant i \leqslant k.$$

从而根据积分流形的定义, 如下的坐标片 (c_l 为常数)

$$\{q \in V \mid y^l(q) = c_l, \quad l = k+1, \cdots, n\}$$

均为 $\mathcal{D}$ 的积分流形.

最后, 如果 (N, i) 为 $\mathcal{D}$ 的连通积分流形, $i(N) \subset V$, 考虑复合映射

$$N \xrightarrow{i} V \xrightarrow{\psi} \psi(V) \subset \mathbb{R}^n \xrightarrow{\pi} \mathbb{R}^{n-k},$$

其中, $\pi : \mathbb{R}^n \to \mathbb{R}^{n-k}$ 为投影

$$\pi(y^1, \cdots, y^n) = (y^{k+1}, \cdots, y^n).$$

因为 $\pi_* \dfrac{\partial}{\partial y^i} = 0, \forall\, i = 1, \cdots, k$, 故 $(\pi \circ \psi \circ i)_* = 0$. 因为 N 连通, 故 $\pi \circ \psi \circ i$ 为常值映射, 从而 $i(N)$ 必定含于如上某个坐标片中. □

如果 (N, i) 为积分流形, N 是连通的且不是另一积分流形的真子集, 则称 (N, i) 为极大积分流形. 可以证明, 对于光滑对合分布, 存在经过给定点的唯一极大积分流形, 使得经过该点的任何连通积分流形均含于此极大积分流形中. 下面, 我们利用这些结论进一步研究 Lie 群.

命题 2.2.5 设 $\mathfrak{g}$ 为 Lie 群 G 的 Lie 代数. 如果 $\mathfrak{h}$ 为 $\mathfrak{g}$ 的 Lie 子代数, 则存在唯一的连通 Lie 子群 (H, φ), 使得 $\varphi_{*e}(T_eH) = \mathfrak{h}$.

证明 设 $\mathfrak{h}$ 维数为 k, 取它的一组基为 $X_1, \cdots, X_k$, 它们生成的左不变向量场仍记为 $X_1, \cdots, X_k$, 这些左不变向量场张成了 G 上的一个分布 $\mathcal{D}$, 容易看出它是一个对合分布.

设 (H, φ) 为经过 e 的极大积分流形, 任取 $\sigma \in \varphi(H)$. 由于分布 $\mathcal{D}$ 在左移下不变, 故 $(H, L_{\sigma^{-1}} \circ \varphi)$ 仍为经过 e 的积分流形, 从而 $L_{\sigma^{-1}} \circ \varphi(H) \subset \varphi(H)$. 特别地, $\sigma^{-1} \in \varphi(H)$. 同理, 当 $\sigma, \tau \in \varphi(H)$ 时, $\sigma\tau \in \varphi(H)$. 这就说明 $\varphi(H)$ 为 G 的子群.

为了说明 (H, φ) 为 Lie 子群, 只要说明映射

$$\alpha : H \times H \to H, \ \alpha(\sigma, \tau) = \sigma\tau$$

是光滑的即可. 注意到映射

$$\beta : H \times H \to G, \ \beta(\sigma, \tau) = \mu\big(\varphi(\sigma), \varphi(\tau)\big)$$

为光滑映射, 其中 μ 为 G 中乘积运算, 由 $\beta = \varphi \circ \alpha$ 不难看出 α 也是光滑映射. 这说明 (H, φ) 为 G 的 Lie 子群, 且显然 $\varphi_*(T_eH) = \mathfrak{h}$.

唯一性: 设 (K, ψ) 为 G 的另一连通 Lie 子群, 且 $\psi_{*e}(T_eK) = \mathfrak{h}$, 则 (K, ψ) 也是经过 e 的积分流形, 由 (H, φ) 的极大性知 $\psi(K) \subset \varphi(H)$, 从而存在光滑映射 $f : K \to H$, 使

得 $\psi=\varphi\circ f$, 其中 f 为单的 Lie 群同态. 因为 $\dim K=\dim H$, 因此 f 也是满的同态, 从为 Lie 群同构. □

定理 2.2.6 设 $\mathfrak{g},\mathfrak{h}$ 分别为 Lie 群 G,H 的 Lie 代数, 如果 G 是单连通 Lie 群, $\psi:\mathfrak{g}\to\mathfrak{h}$ 为 Lie 代数同态, 则存在唯一的 Lie 群同态 $\varphi:G\to H$, 使得 $\varphi_{*e}=\psi$.

证明 只要证明存在性即可. 为此, 考虑乘积 Lie 群 $G\times H$, 其 Lie 代数为 $\mathfrak{g}\oplus\mathfrak{h}$. 显然, $\{(X,\psi(X))\in\mathfrak{g}\oplus\mathfrak{h}\,|\,X\in\mathfrak{g}\}$ 为 $\mathfrak{g}\oplus\mathfrak{h}$ 的 Lie 子代数. 因此存在 $G\times H$ 的 Lie 子群 (G',φ'), 使得

$$\varphi'_{*e}(T_eG')=\{(X,\psi(X))\in\mathfrak{g}\oplus\mathfrak{h}\,|\,X\in\mathfrak{g}\}.$$

记

$$\pi_1:G\times H\to G,\ \pi_2:G\times H\to H$$

分别为向分量 G,H 的投影同态, 则 $\pi_1\circ\varphi:G'\to G$ 为同态, 且其切映射为满同态. 由于 $\dim G'=\dim G$, 故切映射是线性同构. 根据命题 1.6.9, 我们知道 $\pi_1\circ\varphi$ 为复迭映射. 由于 G 是单连通的 Lie 群, 故此复迭映射是一一的, 即为 Lie 群同构.

令

$$\varphi=\pi_2\circ\varphi'\circ(\pi_1\circ\varphi')^{-1}:G\to H,$$

则 φ 即为满足要求的 Lie 群同态. □

推论 2.2.7 两个单连通的 Lie 群同构当且仅当它们的 Lie 代数同构.

这个推论表明, 单连通的 Lie 群由其 Lie 代数唯一决定. 由 Lie 代数的表示理论可知, 每一个有限维的 Lie 代数均可视为某个一般线性群的 Lie 代数的子代数, 因而也是某个 Lie 群的 Lie 代数. 因此, 单连通 Lie 群的分类等价于 Lie 代数的分类.

定理 2.2.8 (Cartan) 设 A 为 Lie 群 G 的子群. 如果 A 为闭集, 则 A 上有唯一的微分结构, 使之成为 G 的闭 Lie 子群.

证明 先证明微分结构的存在性. 令

$$\mathfrak{a}=\{X\in\mathfrak{g}\,|\,\exp(tX)\in A,\ \forall\, t\in\mathbb{R}\}.$$

显然, $0\in\mathfrak{a}$, 并且当 $X\in\mathfrak{a}$ 时 $tX\in\mathfrak{a}$, $\forall\, t\in\mathbb{R}$. 如果 $X,Y\in\mathfrak{a}$, 则由 (见本节习题 3)

$$\exp(sX)\exp(sY)=\exp\big[s(X+Y)+O(s^2)\big]$$

以及 A 为闭子群知

$$\lim_{n\to\infty}\left(\exp\frac{t}{n}X\exp\frac{t}{n}Y\right)^n=\exp\big[t(X+Y)\big],\ \forall\, t\in\mathbb{R}.$$

这说明

$$X,Y\in\mathfrak{a}\Longrightarrow\exp\big[t(X+Y)\big]\in A,\ \forall\, t\in\mathbb{R}\Longrightarrow X+Y\in\mathfrak{a}.$$

从而 $\mathfrak{a}$ 为 $\mathfrak{g}$ 的子线性空间. 任取 $\mathfrak{a}$ 在 $\mathfrak{g}$ 中的补空间, 记为 $\mathfrak{b}$, 考虑光滑映射

$$\alpha:\mathfrak{a}\times\mathfrak{b}\to G,\ \alpha(X,Y)=\exp(X)\exp(Y).$$

根据指数映射的性质可知 α 在 $(0,0)$ 处秩为 $n=\dim G$, 从而分别存在 $0\in\mathfrak{a}$ 和 $0\in\mathfrak{b}$ 的开邻域 U, V, 使得 $\alpha|_{U\times V}$ 为微分同胚, 其像为 $e\in G$ 的开邻域 W.

断言: V 可以取得充分小, 使得 $A \cap \exp(V) = \{e\}$. (反证法) 假若不然, 则存在一列 $Y_i \in V$, $Y_i \neq 0$, $Y_i \to 0$ 且 $\exp(Y_i) \in A$. 通过选取子列以及 $t_j > 0$, $t_j \to 0$, 可设 $t_j^{-1} Y_j \to Y \neq 0$, 其中 $Y \in \mathfrak{b}$. 对任意 $t > 0$, 有

$$\exp(tY) = \exp\Big(\lim_{j\to\infty} \lfloor t_j^{-1} t \rfloor Y_j\Big) = \lim_{j\to\infty} \big(\exp Y_j\big)^{\lfloor t_j^{-1} t \rfloor} \in A,$$

其中, $\lfloor t_j^{-1} t \rfloor$ 表示不超过 $t_j^{-1} t$ 的最大整数. 由于 $\exp(-tY) = (\exp tY)^{-1}$, 因此 $Y \in \mathfrak{a}$. 这和 $Y \in \mathfrak{b}$ 以及 $Y \neq 0$ 相矛盾.

现在我们假设 V 是充分小的邻域, 则对任意 $\sigma \in A \cap W$, σ 可写为

$$\sigma = \exp X \exp Y, \quad X \in U, \ Y \in V.$$

由 $\exp X \in A$ 知 $\exp Y \in A$, 从而 $Y = 0$, 即 $\sigma = \exp X$. 当 U, V 取得充分小时, $\exp^{-1}|_W$ 为微分同胚, 此时 $U = \exp^{-1}(A \cap W)$. 这说明在 e 附近 A 为 G 的正则子流形. 因为 A 为子群, 故在任意点附近 A 也为正则子流形, 从而 A 为 G 的闭 Lie 子群. 显然, A 的 Lie 代数为 $\mathfrak{a}$.

唯一性: 如果 A 上另有微分结构, 使得 A 为 G 的 Lie 子群, 则 A 的含有单位元 e 的连通分支为一个积分流形. 不难证明, A 的 Lie 代数也是 $\mathfrak{a}$, 因此唯一性由积分流形的唯一性可得. □

定理 2.2.9 设 $f: H \to G$ 为 Lie 群之间的连续同态, 则 f 必为光滑同态.

证明 记 $A = \{(h, f(h)) \in H \times G \mid h \in H\}$, 由 f 为连续同态可知 A 是 $H \times G$ 的闭子群. 根据 Cartan 定理, A 是 $H \times G$ 的闭 Lie 子群. 记 $\varphi = \pi_1 \circ i$, 其中 $i: A \to H \times G$ 为包含映射, $\pi_1: H \times G \to H$ 为向第一个分量的投影, 则 φ 是一个既单又满的 Lie 群同态, 因此必为 Lie 群同构. 记 $\pi_2: H \times G \to G$ 为向第二个分量的投影, 则 f 可以表示为 $f = \pi_2 \circ \varphi^{-1}$, 这说明 f 是光滑映射. □

根据这个定理我们知道, 在 C^0 Lie 群上至多存在一个相容的微分构造使之成为光滑 Lie 群. 反之, Gleason、Montgomery 和 Zippin 解决了 Hilbert 的第五问题, 证明了在每个 C^0 群上都存在一个相容的微分构造使之成为光滑 Lie 群.

习题 2.2

1. 设 $\mathcal{D}$ 为 M 上的光滑分布, 如果任给 $p \in M$, 均存在经过 p 的积分流形, 证明: $\mathcal{D}$ 是对合分布.
2. 设 (N, φ) 为积分流形, $f: S \to M$ 为微分流形之间的光滑映射, 且 $f(S) \subset \varphi(N)$, 证明: 存在唯一的光滑映射 $g: S \to N$, 使得 $f = \varphi \circ g$.
3. 设 $\mathfrak{g}$ 为 Lie 群 G 的 Lie 代数, 当 $X, Y \in \mathfrak{g}$, $t \in \mathbb{R}$ 充分小时, 证明:
$$\exp(tX)\exp(tY) = \exp\big[t(X+Y) + O(t^2)\big].$$
4. 条件同上, 证明:
$$\exp(-tX)\exp(-tY)\exp(tX)\exp(tY) = \exp\big\{t^2[X,Y] + O(t^3)\big\}.$$
5. 在同构的意义下分类 1 维连通 Lie 群.
6. 设 $\varphi: \mathbb{R} \to G$ 是从加法群 $\mathbb{R}$ 到 Lie 群 G 的连续同态, 证明: 存在 $X_e \in T_eG$, 使得 $\varphi(t) = \exp(tX_e)$, $\forall\, t \in \mathbb{R}$.
7. 证明: $P \in GL(n, \mathbb{R})$ 时, $\mathrm{e}^{PAP^{-1}} = P\mathrm{e}^A P^{-1}$; 如果 $AB = BA$, 则 $\mathrm{e}^A \mathrm{e}^B = \mathrm{e}^{A+B} = \mathrm{e}^B \mathrm{e}^A$.
8. 证明: $\det \mathrm{e}^A = \mathrm{e}^{tr\,A}$, 并找一个行列式大于零矩阵 B, 使得 $B \notin \exp\big(\mathfrak{gl}(n, \mathbb{R})\big)$.

§2.3 向量丛和纤维丛

在前两节, 我们定义了微分流形的切丛, 切丛本身也是微分流形, 它具有特殊的结构:

(1) 切丛局部上是乘积空间, 且乘积空间的第二个分量为向量空间;

(2) 切丛的局部坐标转换映射保持第二个分量的线性性.

粗略地看, 切丛就是利用自然的拓扑将切空间"束缚"在一起所形成的特殊微分流形. 一般地, 我们可以将一族向量空间"束缚"在一起, 形成所谓的向量丛.

定义 2.3.1 (向量丛) 设 E, M 为微分流形, $\pi: E \to M$ 为光滑满射. 如果存在 M 的开覆盖 $\{U_\alpha\}$ 以及相应的微分同胚 $\psi_\alpha: \pi^{-1}(U_\alpha) \to U_\alpha \times \mathbb{R}^k$ 满足下面的条件:

(i) $\psi_\alpha(\pi^{-1}(p)) = \{p\} \times \mathbb{R}^k, \forall\, p \in U_\alpha$;

(ii) 当 $U_\alpha \cap U_\beta \neq \varnothing$ 时, 存在光滑映射 $g_{\beta\alpha}: U_\alpha \cap U_\beta \to GL(k, \mathbb{R})$, 使得

$$\psi_\beta \circ \psi_\alpha^{-1}(p, v) = \big(p,\ g_{\beta\alpha}(p)v\big),\ \forall\, p \in U_\alpha \cap U_\beta,\ v \in \mathbb{R}^k.$$

则称 E 为 M 上的向量丛, k 为该向量丛的秩, π 为丛投影, E 和 M 分别称为总空间和底空间.

我们也把 ψ_α 称为局部平凡化, $g_{\beta\alpha}$ 为连接函数. 我们还称 $\pi^{-1}(p) = E_p$ 为 p 上的纤维, 根据定义中的条件 (i), 纤维 $\pi^{-1}(p)$ 中还可自然地定义线性结构, 使之线性同构于 $\mathbb{R}^k$. 于是 E 可以看成一族向量空间 $\{E_p\}_{p\in M}$ 之并. 由条件 (ii) 可知, 纤维的线性结构由 $GL(k, \mathbb{R})$ 加以保持, 我们把 $GL(k, \mathbb{R})$ 称为结构群. 如果存在闭的 Lie 子群 H, 使得 $g_{\beta\alpha}(p) \in H$, $\forall\, p \in U_\alpha \cap U_\beta$, 则称结构群可约化到子群 H.

在向量丛的定义中, 连接函数处于非常重要的地位, 这些连接函数满足如下性质

$$g_{\alpha\alpha} = 1,\ \forall\, U_\alpha;\quad g_{\beta\alpha}g_{\alpha\gamma}g_{\gamma\beta} = 1,\ \forall\, U_\alpha \cap U_\beta \cap U_\gamma \neq \varnothing. \tag{2.4}$$

特别地, $g_{\alpha\beta} = (g_{\beta\alpha})^{-1}$. 反之, 如果有这样一族光滑函数 $\{g_{\beta\alpha}\}$ 满足上述条件, 则定义商空间

$$E = \Big(\coprod_\alpha U_\alpha \times \mathbb{R}^k\Big)\Big/\sim,$$

其中, 等价关系"$\sim$"定义如下: 当 $(p, v) \in U_\alpha \times \mathbb{R}^k$, $(q, w) \in U_\beta \times \mathbb{R}^k$ 时, 规定

$$(p, v) \sim (q, w) \Longleftrightarrow p = q,\ w = g_{\beta\alpha}(p)v.$$

E 的拓扑由商拓扑给出. 用 $[p, v]$ 表示 (p, v) 的等价类, 定义投影 $\pi: E \to M$ 为 $\pi([p, v]) = p$. 不难验证 E 在投影 π 之下成为 M 上的向量丛.

例 2.3.1 平凡向量丛.

令 $E = M \times \mathbb{R}^k$, $\pi: E \to M$ 是向第一个分量的投影. 显然, E 为 M 上的向量丛, 其平凡化为恒同映射, 连接函数恒为 1 (单位矩阵).

例 2.3.2 流形的切丛.

设 M 为微分流形, 其切向量的全体组成的空间 $TM = \bigcup\limits_{p\in M} T_pM$ 连同投影 $\pi: TM \to M$ 满足向量丛的定义, 这是秩为 $\dim M$ 的向量丛.

例 2.3.3 实投影空间 $\mathbb{R}P^n$ 上的秩为 1 的向量丛.

令 $E=\{(v,[w])\in\mathbb{R}^{n+1}\times\mathbb{R}P^n \mid 存在\ \lambda\in\mathbb{R},\ 使得\ v=\lambda w\}$. E 是乘积流形 $\mathbb{R}^{n+1}\times\mathbb{R}P^n$ 的子集, 其拓扑定义为子拓扑. 定义自然投影

$$\pi: E\to\mathbb{R}P^n,\quad (v,[w])\mapsto[w],$$

则 E 是 $\mathbb{R}P^n$ 上秩为 1 的向量丛.

事实上, 令 $U_j=\{[w^1,w^2,\cdots,w^{n+1}]\in\mathbb{R}P^n \mid w^j\neq 0\}$, $j=1,2,\cdots,n+1$. 定义 $\psi_j:\pi^{-1}(U_j)\to U_j\times\mathbb{R}$ 为

$$\psi_j(v,[w])=([w],v^j),\quad [w]\in U_j,\ (v,[w])\in E.$$

ψ_j 为微分同胚, 且当 $i\neq j$ 时

$$\psi_i\circ\psi_j^{-1}([w],a)=\Big([w],\frac{w^i}{w^j}a\Big),\quad [w]\in U_i\cap U_j,\ a\in\mathbb{R}.$$

因此连接函数 $g_{ij}:U_i\cap U_j\to GL(1,\mathbb{R})$ 为

$$g_{ij}([w])=\frac{w^i}{w^j},\quad [w]\in U_i\cap U_j,$$

这是光滑映射. 因此 E 是 $\mathbb{R}P^n$ 上光滑向量丛.

秩为 1 的向量丛常称为线丛. 设 $\{(U_\alpha,\varphi_\alpha)\}$ 为微分流形 M 的局部坐标覆盖, 则 $\{\det(\varphi_\beta\circ\varphi_\alpha^{-1})\}$ 满足条件 (2.4), 以它们为连接函数所形成的向量丛是 M 上的线丛, 称为 M 的行列式丛.

我们知道, 通过研究切向量场可以了解微分流形本身的性质. 切向量场的推广就是所谓的截面.

定义 2.3.2 (截面) *设 E 为 M 上的光滑向量丛, $\pi:E\to M$ 为丛投影. 如果 C^r 映射 $\sigma:M\to E$ 满足条件 $\pi\circ\sigma=\mathrm{id}$, 即 $\sigma(p)\in\pi^{-1}(p)$, $\forall\, p\in M$, 则称 σ 为 E 的一个 C^r 截面.*

向量丛 E 上 C^r 截面的全体记为 $C^r(M;E)$. 当我们不强调可微次数时, 将光滑截面的全体记为 $\Gamma(M;E)$. 截面也可以局部定义, 即只定义在 M 的子集中. 将 $p\in M$ 映射为纤维 E_p 中零向量的映射是一个特殊的截面, 称为零截面. 我们也可以在 $C^r(M;E)$ 中自然地定义加法和数乘运算, 使之成为向量空间, 零截面是这个空间中的零元.

例 2.3.4 *平凡向量丛的截面.*

映射 $s:M\to M\times\mathbb{R}^k$ 为截面当且仅当 s 形如

$$s(p)=\big(p,f(p)\big),\quad p\in M,$$

其中, $f:M\to\mathbb{R}^k$ 为 M 上的 C^r 向量值函数. 可见, 截面实际上是函数和向量值函数的推广. 向量值函数是多元微积分的研究对象. 若要在流形上做微积分, 则要研究流形上各种向量丛的截面.

例 2.3.5 *切丛的截面.*

按照我们的定义, 切丛的截面就是 M 上的切向量场. 一般向量丛的截面也称为向量场. 我们将利用各种各样的向量场来研究流形本身的性质.

按照向量丛的定义, 向量丛在局部上总可以看成平凡丛, 因此截面都有所谓的局部表

示. 设 $\sigma: E \to M$ 为截面, $\{\psi_\alpha\}$ 为局部平凡化, 则

$$\psi_\alpha(\sigma(p)) = (p, \sigma_\alpha(p)),\ \forall\, p \in U_\alpha.$$

其中, σ_α 为 U_α 到 $\mathbb{R}^k$ 的映射, 且当 $U_\alpha \cap U_\beta \neq \varnothing$ 时, 有

$$\sigma_\beta(p) = g_{\beta\alpha}(p)\sigma_\alpha(p),\ \forall\, p \in U_\alpha \cap U_\beta.$$

反之, 满足上述条件的一组映射 $\{\sigma_\alpha\}$ 就决定了 E 上的一个截面.

我们知道, 向量空间之间有线性映射, 我们用线性同构来区分不同的向量空间. 这些概念也可以推广到向量丛上.

定义 2.3.3 (丛映射) 设 E_1, E_2 分别为 M, N 上的向量丛, π_1, π_2 分别为丛投影. 如果 C^r 映射对 $(F, f): (E_1, M) \to (E_2, N)$ 满足条件 $\pi_2 \circ F = f \circ \pi_1$, 即 $F(\pi_1^{-1}(p)) \subset \pi_2^{-1}(f(p)), \forall\, p \in M$, 并且 F 限制在每个纤维 $\pi^{-1}(p)$ 上均为线性同态, 则称 (F, f) 为向量丛 E_1 和 E_2 之间的丛映射.

显然, 丛映射 (F, f) 中的映射 f 完全由 F 决定. 如果存在从 E_2 到 E_1 的丛映射 (G, g), 使得 G 和 F 互为逆映射, g 和 f 也互为逆映射, 则称 (F, f) 及 (G, g) 为互逆的**丛等价**, 此时 F 限制在纤维上均为线性同构.

特别地, 如果 $M = N$, 则称丛映射 (F, id) 为**丛同态**, 相应地把丛等价称为**丛同构**. 我们不区分同构的向量丛.

例 2.3.6 切映射为丛映射.

设 $f: M \to N$ 为光滑映射, 则 f 的整体切映射 $f_*: TM \to TN$ 为丛映射.

下面我们考虑向量丛的一个有用的例子. 设 E 为 M 上的向量丛, $f: N \to M$ 为光滑映射. 令

$$f^*E = \{(n, v) \in N \times E \,|\, f(n) = \pi(v)\} \subset N \times E.$$

可以证明 (见习题 4), f^*E 为乘积流形 $N \times E$ 的正则子流形.

定义投影 $\pi_f: f^*E \to N$ 为

$$\pi_f(n, v) = n,\quad \forall\ (n, v) \in f^*E,$$

则 f^*E 成为 N 上的向量丛. 事实上, 设 U 为 M 中的开集, $\psi: \pi^{-1}(U) \to U \times \mathbb{R}^k$ 为 E 在 U 上的局部平凡化, 则映射 $\psi_f: \pi_f^{-1}(f^{-1}(U)) \to f^{-1}(U) \times \mathbb{R}^k$

$$\psi_f(n, v) = (n, \pi_2(\psi(v)))$$

为微分同胚, 其中 $\pi_2: U \times \mathbb{R}^k \to \mathbb{R}^k$ 为向第二个分量的投影. 如果 ψ_α 和 ψ_β 分别为 U_α, U_β 上的局部平凡化, 则有

$$\psi_{\beta f} \circ \psi_{\alpha f}^{-1}(n, v) = (n, g_{\beta\alpha}(f(n))v),$$

其中, $g_{\beta\alpha}$ 为 E 的连接函数. 这说明 f^*E 为 N 上的向量丛, 并且其连接函数为 $\{g_{\beta\alpha} \circ f\}$.

我们把 f^*E 称为诱导丛或拉回丛. 可以证明, 如果 $f_1, f_2: N \to M$ 为同伦映射, 则它们的拉回丛 f_1^*E 和 f_2^*E 是同构的. 特别地, 可缩流形上的向量丛均为平凡丛.

下面我们把子向量空间和商空间的概念推广到向量丛上.

定义 2.3.4 (子丛) 设 E 是 M 上秩为 k 的向量丛, 如果 F 为 E 的正则子流形, 且 E 的局部平凡化 ψ 满足条件

$$\psi(\pi^{-1}(U)\cap F)=U\times\mathbb{R}^l,$$

则 E 的丛投影限制在 F 上仍为丛投影, F 为 M 上秩为 l 的向量丛, 称为 E 的子向量丛, 简称子丛.

设 E, F, G 均为 M 上的向量丛, 如果丛同态 $f: F\to E$ 和 $g: E\to G$ 限制在纤维上的同态序列

$$0\to F_p\xrightarrow{f_p}E_p\xrightarrow{g_p}G_p\to 0,\quad p\in M$$

是短正合序列, 则称丛同态序列

$$0\to F\xrightarrow{f}E\xrightarrow{g}G\to 0$$

为短正合序列. 如果 F 为 E 的子丛, 则令

$$G=E/F=\bigcup_{p\in M}E_p/F_p$$

G 也是 M 上的向量丛, 且有丛的短正合列 $0\to F\to E\to G\to 0$, 称 G 为 E 和 F 的**商丛**.

例 2.3.7 子流形的法丛.

如果 N 为 M 的正则子流形, 则 N 的切丛 TN 为限制丛 $TM|_N$ 的子丛, 其商丛称为 N 的法丛. 例如, 考虑 n 维球面 S^n, 其法丛为

$$NS^n=\{(p,v)\in S^n\times\mathbb{R}^{n+1}\,|\,v=\lambda p,\ \lambda\in\mathbb{R}\}.$$

这是 S^n 上的平凡线丛.

下面我们再把向量空间之间的其他几个自然运算推广到向量丛上.

1) Whitney 和 (也称**直和**)

设 E, F 为 M 上的向量丛, 秩分别为 k, l. 定义空间

$$E\oplus F=\bigcup_{p\in M}E_p\oplus F_p$$

以及投影映射 $\pi: E\oplus F\to M$ 为

$$\pi(e_p\oplus f_p)=p,\ \forall\ e_p\in E_p,\ f_p\in F_p,\ p\in M.$$

在此投影下 $E\oplus F$ 成为 M 上秩为 $k+l$ 的向量丛. 实际上, 因为 E 和 F 在 M 上均有局部平凡化的开覆盖, 通过选取公共的加细覆盖, 我们不妨设 $\{U_\alpha\}$ 既是 E 的局部平凡化覆盖, 又是 F 的局部平凡化覆盖, 它们的平凡化映射分别为

$$\psi_\alpha^E:\pi_E^{-1}(U_\alpha)\to U_\alpha\times\mathbb{R}^k,\qquad \psi_\alpha^F:\pi_F^{-1}(U_\alpha)\to U_\alpha\times\mathbb{R}^l,$$

则 $E\oplus F$ 在 U_α 上的局部平凡化

$$\psi_\alpha:\pi^{-1}(U_\alpha)\to U_\alpha\times\mathbb{R}^{k+l}$$

可以定义为

$$\psi_\alpha(e_p\oplus f_p)=\big(p,\ (\pi_2^E\circ\psi_\alpha^E(e_p),\pi_2^F\circ\psi_\alpha^F(f_p))^{\mathrm{T}}\big),$$

其中, $\pi_2^E: U_\alpha\times\mathbb{R}^k\to\mathbb{R}^k$ 和 $\pi_2^F: U_\alpha\times\mathbb{R}^l\to\mathbb{R}^l$ 分别为向第二个分量的投影映射.

因此, 如果 $g_{\beta\alpha}^E$ 和 $g_{\beta\alpha}^F$ 分别为 E 和 F 的连接函数, 则

$$\psi_\beta\circ\psi_\alpha^{-1}(p,(a,b)^{\mathrm{T}})=\left(p,\ \begin{pmatrix}g_{\beta\alpha}^E(p) & 0\\ 0 & g_{\beta\alpha}^F(p)\end{pmatrix}\begin{pmatrix}a\\ b\end{pmatrix}\right),$$

即 $E\oplus F$ 的连接函数为

$$g_{\beta\alpha}=\begin{pmatrix} g^E_{\beta\alpha} & 0 \\ 0 & g^F_{\beta\alpha}\end{pmatrix}.$$

2) 对偶丛

设 E 为 M 上秩为 k 的向量丛, 考虑如下空间

$$E^*=\bigcup_{p\in M}E^*_p,$$

其中, E^*_p 为向量空间 E_p 的对偶空间, 即

$$E^*_p=\{\phi:E_p\to\mathbb{R}\,|\,\phi\ \text{为线性同态}\}.$$

定义投影 π^* 为

$$\pi^*:E^*\to M,\quad \pi^*(E^*_p)=p,\ \forall\, p\in M,$$

则 E^* 成为 M 上秩为 k 的向量丛, 称为 E 的对偶丛. 如果 ψ_α 为 E 的局部平凡化, 则对 $\forall\, p\in U_\alpha$, $\psi_{\alpha p}:E_p\to\{p\}\times\mathbb{R}^k$ 为线性同构, 它诱导了自然的线性同构

$$\psi^*_{\alpha p}:E^*_p\to\{p\}\times(\mathbb{R}^k)^*\to\{p\}\times\mathbb{R}^k,$$

其中, 通过 $\mathbb{R}^k$ 上的标准内积我们将 $\mathbb{R}^k$ 和它的对偶空间 $(\mathbb{R}^k)^*$ 自然地等同起来. E^* 的连接函数可以通过计算转换映射得到

$$\psi^*_\beta\circ(\psi^*_\alpha)^{-1}(p,v)=\big(p,\ (g^{\mathrm{T}}_{\beta\alpha}(p))^{-1}v\big),$$

因此 E^* 的连接函数为

$$g^*_{\beta\alpha}=(g^{\mathrm{T}}_{\beta\alpha})^{-1}.$$

3) 张量积

我们先简要地介绍一下向量空间之间的张量积. 设 V,W 分别为两个有限维的向量空间, 其对偶空间分别记为 V^* 和 W^*. 记

$$V\otimes W=\{f:V^*\times W^*\to\mathbb{R}\,|\,f\ \text{关于两个分量都是线性的}\},$$

其中, f 关于两个分量都是线性的是指当 $\lambda,\mu\in\mathbb{R}$ 时

$$f(\lambda\phi_1+\mu\phi_2,\psi)=\lambda f(\phi_1,\psi)+\mu f(\phi_2,\psi),\quad \forall\ \phi_1,\phi_2\in V^*,\ \psi\in W^*$$

以及

$$f(\phi,\lambda\psi_1+\mu\psi_2)=\lambda f(\phi,\psi_1)+\mu f(\phi,\psi_2),\quad \forall\ \phi\in V^*,\ \psi_1,\psi_2\in W^*.$$

在 $V\otimes W$ 上可以自然地定义加法和数乘运算使之成为向量空间, 称为 V 和 W 的张量积.

设 $v\in V$, $w\in W$, 我们如下定义一个元素 $v\otimes w\in V\otimes W$

$$v\otimes w(\phi,\psi)=\phi(v)\,\psi(w),\ \forall\ \phi\in V^*,\ \psi\in W^*.$$

易见运算 $\otimes$ 具有如下简单性质

$$(\lambda v)\otimes w=v\otimes(\lambda w)=\lambda(v\otimes w),$$

$$(v_1+v_2)\otimes w=v_1\otimes w+v_2\otimes w,$$

$$v\otimes(w_1+w_2)=v\otimes w_1+v\otimes w_2.$$

根据 V, W 维数的有限性不难证明, $V\otimes W$ 是由所有的形如 $\{v\otimes w\,|\,v\in V,\ w\in W\}$ 的元素生成的, 且有

(1) 如果 $\{v^i\}$, $\{w^j\}$ 分别为 V, W 的基, 则 $\{v^i\otimes w^j\}$ 为 $V\otimes W$ 的一组基;

(2) $V\otimes W$ 与 $W\otimes V$ 同构;

(3) $\dim(V\otimes W)=\dim V\,\dim W$.

如果 $A\in GL(V,\mathbb{R})$, $B\in GL(W,\mathbb{R})$ 分别为 V 和 W 上的线性变换, 则定义 $V\otimes W$ 上的线性变换 $A\otimes B\in GL(V\otimes W,\mathbb{R})$ 如下

$$A\otimes B(v\otimes w)=Av\otimes Bw.$$

因此, 如果 E, F 分别是 M 上秩为 k 和 l 的向量丛, 则令

$$E\otimes F=\bigcup_{p\in M}E_p\otimes F_p.$$

如前面讨论的那样, $E\otimes F$ 上有自然的流形结构使之成为 M 上秩为 kl 的向量丛, 称为 E 和 F 的张量积. 如果 $g^E_{\beta\alpha}$ 和 $g^F_{\beta\alpha}$ 分别为 E, F 的连接函数, 则 $g^E_{\beta\alpha}\otimes g^F_{\beta\alpha}$ 为 $E\otimes F$ 的连接函数.

在本节最后, 我们简要地介绍一下纤维丛的概念, 这是向量丛的自然推广, 只不过纤维不一定具有线性结构, 结构群也不再限于一般线性群.

定义 2.3.5 (纤维丛) *设 E, M 为微分流形, $\pi: E\to M$ 为光滑满射, G 是光滑有效地作用在微分流形 F 上的 Lie 群. 如果存在 M 的开覆盖 $\{U_\alpha\}$ 以及相应的微分同胚 $\psi_\alpha:\pi^{-1}(U_\alpha)\to U_\alpha\times F$, 使得*

(i) $\psi(\pi^{-1}(p))=\{p\}\times F,\ \forall\, p\in U_\alpha$;

(ii) *当 $U_\alpha\cap U_\beta\neq\varnothing$ 时, 存在光滑映射 $g_{\beta\alpha}: U_\alpha\cap U_\beta\to G$, 使得*

$$\psi_\beta\circ\psi_\alpha^{-1}(p,f)=\big(p,\ g_{\beta\alpha}(p)f\big),\quad \forall\, p\in U_\alpha\cap U_\beta,\ f\in F.$$

则称 E 为 M 上的纤维丛, π 为丛投影, F 为纤维, E 和 M 分别为总空间和底空间, G 为结构群.

我们也把 ψ_α 称为局部平凡化, $\pi^{-1}(p)=E_p$ 为 p 处的纤维, $g_{\beta\alpha}$ 为连接函数.

从纤维丛的定义可以看出, 丛投影必为淹没. 反之, Ehresmann 证明了, 如果逆紧的满射为淹没, 则必为纤维丛的丛投影.

关于向量丛的一些概念和结果也可照搬到纤维丛上来, 我们在需要的场合再加以说明, 下面仅介绍两个例子.

例 2.3.8 Hopf *纤维化.*

类似于实的投影空间, 我们可以定义复的投影空间. 令

$$\mathbb{C}P^n=\mathbb{C}^{n+1}\setminus\{0\}/\sim,$$

其中, 等价关系 "$\sim$" 定义为

$$v\sim w\Longleftrightarrow \text{存在 }\lambda\in\mathbb{C}^*,\ \text{使得 } v=\lambda w.$$

v 的等价类用 $[v]$ 表示, 商投影为

$$\pi:\mathbb{C}^{n+1}\setminus\{0\}\to\mathbb{C}P^n,\quad \pi(v)=[v].$$

$\mathbb{C}P^n$ 上的拓扑定义为商拓扑, 则它也是一个微分流形. 事实上, 其局部坐标覆盖可以取为 $\{U_j\}_{j=1}^{n+1}$, 其中

$$U_j = \{[z] \in \mathbb{C}P^n \mid z^j \neq 0\}.$$

U_j 上的坐标映射 $\varphi_j : U_j \to \mathbb{C}^n$ 定义为

$$\varphi_j([z]) = \left(z^1/z^j, \cdots, z^{j-1}/z^j, z^{j+1}/z^j, \cdots, z^{n+1}/z^j\right),$$

这些坐标映射之间的转换映射实际上是全纯映射, 因此 $\mathbb{C}P^n$ 为光滑流形.

我们把 S^{2n+1} 看成 $\mathbb{C}^{n+1} = \mathbb{R}^{2n+2}$ 中的单位球面, 把商投影限制在 S^{2n+1} 上, 仍记为 π. 下面说明 $\pi : S^{2n+1} \to \mathbb{C}P^n$ 为纤维丛的丛投影.

事实上, 由 U_j 的定义, 有

$$\pi^{-1}(U_j) = \{z = (z^1, z^2, \cdots, z^{n+1}) \in S^{2n+1} \mid z^j \neq 0\},$$

局部平凡化 $\psi_j : \pi^{-1}(U_j) \to U_j \times S^1$ 定义为

$$\psi_j(z) = \left([z],\ z^j|z^j|^{-1}\right), \quad z \in \pi^{-1}(U_j).$$

ψ_j 为光滑映射, 且其逆 $\psi_j^{-1} : U_j \times S^1 \to \pi^{-1}(U_j)$ 为

$$\psi_j^{-1}([w^1, w^2, \cdots, w^{n+1}],\ a) = a\left(\sum_{i=1}^{n+1} |w^j|^2\right)^{-\frac{1}{2}} \frac{|w^j|}{w^j}(w^1, w^2, \cdots, w^{n+1}).$$

此定义是恰当的, 且它为光滑映射, 因此 ψ_j 为微分同胚. 当 $k \neq l$ 时

$$\psi_k \circ \psi_l^{-1}([w], a) = \left([w], \frac{w^k/w^l}{|w^k/w^l|}a\right),$$

因此 S^{2n+1} 为 $\mathbb{C}P^n$ 上的纤维丛, 纤维为 S^1. 根据上式, 连接函数为

$$g_{kl} : U_k \cap U_l \to S^1, \quad g_{kl}([w]) = \frac{w^k/w^l}{|w^k/w^l|},$$

即结构群也为 S^1.

例 2.3.9 向量丛的标架丛.

设 E 为 M 上秩为 k 的向量丛, 对任意 $p \in M$, 令

$$F(E_p) = \{l : \mathbb{R}^k \to E_p \text{ 为线性同构}\}.$$

记 $e_1, \cdots, e_k$ 为 $\mathbb{R}^k$ 的一组标准基, 则线性同构 l 完全由 E_p 的基 $l(e_1), \cdots, l(e_k)$ 决定, 我们把这组基称为 E_p 的一组标架, 因此 $F(E_p)$ 可以看成 E_p 的标架的全体. 选定一组标架后, $F(E_p)$ 和 $GL(k, \mathbb{R})$ 一一对应. 令

$$F(E) = \bigcup_{p \in M} F(E_p),$$

则 $F(E)$ 有自然的微分流形结构, 使之成为 M 上的纤维丛, 称为 E 的标架丛.

习题 2.3

1. 验证 $\mathbb{R}P^n$ 上线丛的定义中的总空间的确为微分流形.
2. 设 M 为微分流形, 若其切丛是平凡向量丛, 则称 M 可平行化. 证明: Lie 群必可平行化.
3. 证明: 微分流形可定向当且仅当其行列式丛是平凡线丛.

4. 设 E 为 M 上的向量丛, $f: N \to M$ 为光滑映射. 证明: $(f, \pi): N \times E \to M \times M$ 与 $M \times M$ 中的对角线横截相交, 从而 $f^*E = (f, \pi)^{-1}(\Delta)$ 为 $N \times E$ 的正则子流形.
5. 设 E 为 M 上的向量丛, N 为 M 的正则子流形. 令 $E_N = \bigcup\limits_{p \in N} E_p$, 证明: E_N 为 E 的正则子流形, 且为 N 上的向量丛, 称为限制丛.
6. 证明: 若 $0 \to F \to E \to G \to 0$ 为向量丛的短正合序列, 则 E 同构于 $F \oplus G$.
7. 证明: 若 $A \in GL(k, \mathbb{R})$, $B \in GL(l, \mathbb{R})$, 则 $\det(A \otimes B) = (\det A)^l (\det B)^k$.
8. 定义映射 $\pi: SO(n) \to S^{n-1}$ 为

$$\pi(A) = Ae, \quad A \in SO(n),$$

其中, e 为 $\mathbb{R}^n$ 中的一个固定的单位向量. 证明: π 为纤维丛.

§2.4 张 量 丛

在前面一节里, 我们介绍了向量丛及其运算. 现在我们从流形的切丛出发, 利用向量丛的运算给出几种新的重要的向量丛. 我们先从切丛的对偶丛讲起.

设 M 为微分流形, $f: M \to \mathbb{R}$ 为光滑函数. 任给 $p \in M$, f 在 p 处的线性化 (即切映射或微分) $\mathrm{d}f(p)$ 是切空间 T_pM 上的线性泛函

$$\mathrm{d}f(p) = f_{*p}: T_pM \to \mathbb{R}, \quad X \mapsto X(f), \quad \forall\, X \in T_pM.$$

也就是说 $\mathrm{d}f(p) \in T_p^*M = (T_pM)^*$ (余切空间). 于是我们得到 M 上的场 $\mathrm{d}f$

$$\mathrm{d}f: M \to T^*M = \bigcup_{p \in M} T_p^*M, \quad p \mapsto \mathrm{d}f(p) \in T_p^*M,$$

$\mathrm{d}f$ 称为 f 的全微分或**外微分**.

如果 $(U_\alpha, \varphi_\alpha)$ 为 p 附近的局部坐标, 坐标函数记为 $\{x_\alpha^i\}_{i=1}^n$, 则

$$\mathrm{d}x_\alpha^i\Big(\frac{\partial}{\partial x_\alpha^j}\Big) = \frac{\partial x_\alpha^i}{\partial x_\alpha^j} = \delta_j^i = \begin{cases} 1, & i = j, \\ 0, & i \neq j. \end{cases}$$

这说明 $\{\mathrm{d}x_\alpha^i(p)\}_{i=1}^n$ 是 $\left\{\dfrac{\partial}{\partial x_\alpha^j}\Big|_p\right\}_{j=1}^n$ 的对偶基. 在这一组对偶基下, 余切空间 T_p^*M 中的任一元素 $\omega(p)$ 均可表示为

$$\omega(p) = \sum_{i=1}^n a_i\, \mathrm{d}x_\alpha^i(p), \quad a_i \in \mathbb{R}.$$

如果 $p \in U_\alpha \cap U_\beta$, 则 T_p^*M 有另一组基 $\{\mathrm{d}x_\beta^i(p)\}_{i=1}^n$, 两组基之间的转换关系可以计算如下

$$\begin{aligned} \mathrm{d}x_\beta^i(p)\Big(\frac{\partial}{\partial x_\alpha^j}\Big|_p\Big) &= \mathrm{d}x_\beta^i(p)\Big(\sum_{k=1}^n \frac{\partial}{\partial x_\alpha^j}\Big|_p (x_\beta^k) \frac{\partial}{\partial x_\beta^k}\Big|_p\Big) \\ &= \sum_{k=1}^n \frac{\partial}{\partial x_\alpha^j}\Big|_p (x_\beta^k) \delta_k^i = \frac{\partial}{\partial x_\alpha^j}\Big|_p (x_\beta^i). \end{aligned}$$

这说明

$$\mathrm{d}x_\beta^i(p) = \sum_{j=1}^n \frac{\partial}{\partial x^j}\Big|_p (x_\beta^i)\,\mathrm{d}x_\alpha^j(p). \tag{2.5}$$

因此, 如果 $\omega(p) \in T_p^*M$ 另有表示

$$\omega(p) = \sum_{j=1}^n b_j\,\mathrm{d}x_\beta^j(p), \quad b_j \in \mathbb{R},$$

则两组系数之间满足如下转换关系

$$(a_1, a_2, \cdots, a_n) = (b_1, b_2, \cdots, b_n) J(\varphi_\beta \circ \varphi_\alpha^{-1})(p),$$

或者改写为

$$(b_1, \cdots, b_n)^{\mathrm{T}} = \left[J^{\mathrm{T}}(\varphi_\beta \circ \varphi_\alpha^{-1})(p)\right]^{-1} (a_1, \cdots, a_n)^{\mathrm{T}}.$$

综上所述, 如果 $(U_\alpha, \varphi_\alpha)$ 为 M 的局部坐标覆盖, 则 T^*M 在 U_α 上的局部平凡化 $\psi_\alpha^* : (\pi^*)^{-1}(U_\alpha) \to U_\alpha \times \mathbb{R}^n$ 可定义为

$$\psi_\alpha^*(\omega) = \big(p,\ (a_1, \cdots, a_n)^{\mathrm{T}}\big), \quad p \in U_\alpha,\ \omega \in T_p^*M.$$

当 $U_\alpha \cap U_\beta \neq \varnothing$ 时

$$\psi_\beta^* \circ (\psi_\alpha^*)^{-1}(p, a) = \big(p,\ \left[J^{\mathrm{T}}(\varphi_\beta \circ \varphi_\alpha^{-1})(p)\right]^{-1} a\big),$$

因此向量丛 T^*M 的连接函数为

$$g_{\beta\alpha}^* : U_\alpha \cap U_\beta \to GL(n, \mathbb{R}), \quad p \to \left[J^{\mathrm{T}}(\varphi_\beta \circ \varphi_\alpha^{-1})(p)\right]^{-1}.$$

T^*M 称为 M 的余切丛, T_p^*M 中的向量称为余切向量, T^*M 的截面称为余切向量场, 也称为 1 次外微分形式, 或简称 1-形式. T^*M 的光滑截面的全体记为 $\Gamma(T^*M)$ 或 $\Omega^1(M)$.

设 $f: M \to N$ 为微分流形之间的光滑映射, 则有**余切映射**

$$f^* : \Gamma(T^*N) \to \Gamma(T^*M), \quad \omega \mapsto f^*\omega,$$

其中, 任给 $p \in M$, $(f^*\omega)_p \in T_p^*M$ 定义为

$$(f^*\omega)_p(X_p) = \omega_{f(p)}\big(f_{*p}(X_p)\big), \quad \forall\, X_p \in T_pM.$$

f^* 也称为**拉回映射**.

有了切丛和余切丛, 我们可以通过张量积来构造新的向量丛.

定义 2.4.1 (张量) 设 (r, s) 为非负整数对, $(r, s) \neq (0, 0)$. 如果函数

$$\theta : T_p^*M \times \cdots \times T_p^*M \times T_pM \times \cdots \times T_pM \to \mathbb{R} \quad (r \text{ 个 } T_p^*M \text{ 和 } s \text{ 个 } T_pM)$$

对于每个分量都是线性的, 则称 θ 为 p 处的 (r, s) 型张量, r 为逆变指数, s 为协变指数. 以 $\otimes^{r,s}T_pM$ 表示 p 处 (r, s) 型张量的全体, 在自然的加法和数乘之下成为向量空间.

张量空间 $\otimes^{r,s}T_pM$ 是向量空间的张量积的推广. 显然, 当 $(r, s) = (0, 1)$ 时, $\otimes^{0,1}T_pM = T_p^*M$; 当 $(r, s) = (1, 0)$ 时, $\otimes^{0,1}T_pM = T_p^{**}M = T_pM$, 即我们不区分 T_pM 和它的二次对偶空间 $T_p^{**}M$. 我们规定, 当 $(r, s) = (0, 0)$ 时, $\otimes^{0,0}T_pM = \mathbb{R}$. 我们把 $(r, 0)$ 型的张量称为 r 阶的**逆变张量**, $(0, s)$ 型的张量称为 s 阶的**协变张量**.

为了研究张量空间, 我们先引进基本的运算.

定义 2.4.2 (张量积) 定义张量积运算如下

$$\otimes : \otimes^{r,s}T_pM \times \otimes^{t,h}T_pM \to \otimes^{r+t,s+h}T_pM,$$

$$(\theta, \eta) \mapsto \theta \otimes \eta,$$

其中, 对 $\phi_i \in T_p^*M$ $(1 \leqslant i \leqslant r+t)$, $X_j \in T_pM$ $(1 \leqslant j \leqslant s+h)$, 有

$$\begin{aligned}&\theta \otimes \eta(\phi_1, \cdots, \phi_{r+t}; X_1, \cdots, X_{s+h})\\&= \theta(\phi_1, \cdots, \phi_r; X_1, \cdots, X_s)\, \eta(\phi_{r+1}, \cdots, \phi_{r+t}; X_{s+1}, \cdots, X_{s+h}).\end{aligned}$$

张量积运算有如下一些性质:

(1) $(\theta + \xi) \otimes \eta = \theta \otimes \eta + \xi \otimes \eta$; $\theta \otimes (\xi + \eta) = \theta \otimes \xi + \theta \otimes \eta$;

(2) $(\lambda\theta) \otimes \eta = \theta \otimes (\lambda\eta) = \lambda(\theta \otimes \eta)$, $\forall\ \lambda \in \mathbb{R}$;

(3) $(\theta \otimes \xi) \otimes \eta = \theta \otimes (\xi \otimes \eta)$;

(4) $(\otimes^{r,s}T_pM) \otimes (\otimes^{t,h}T_pM)$ 与 $\otimes^{r+t,s+h}T_pM$ 同构.

记

$$\otimes T_pM = \sum_{r,s=0}^{\infty} \otimes^{r,s}T_pM = \{\text{张量的有限和}\},$$

$\otimes T_pM$ 连同加法, 数乘和张量积形成 $\mathbb{R}$ 上的一个代数, 称为**张量代数**.

下面我们来寻找张量空间 $\otimes^{r,s}T_pM$ 的基以及张量在不同基下的变换公式. 为了方便起见, 我们采用 Einstein 求和约定, 即若关于一对相同的指标进行求和, 我们往往省略求和的符号.

引理 2.4.1　设 $\{e_i\}_{i=1}^n$ 为 T_pM 的一组基, $\{e^j\}_{j=1}^n$ 为其对偶基, 则

$$\left\{e_{i_1} \otimes \cdots \otimes e_{i_r} \otimes e^{j_1} \otimes \cdots \otimes e^{j_s} \;\middle|\; 1 \leqslant i_1, \cdots, i_r \leqslant n,\ 1 \leqslant j_1, \cdots, j_s \leqslant n\right\}$$

为 $\otimes^{r,s}T_pM$ 的一组基. 且

(i) 如果 $\theta \in \otimes^{r,s}T_pM$, 则

$$\theta = \theta^{i_1\cdots i_r}_{j_1\cdots j_s} e_{i_1} \otimes \cdots \otimes e_{i_r} \otimes e^{j_1} \otimes \cdots \otimes e^{j_s},$$

其中, $\theta^{i_1\cdots i_r}_{j_1\cdots j_s} = \theta(e^{i_1}, \cdots, e^{i_r}; e_{j_1}, \cdots, e_{j_s}) \in \mathbb{R}$.

(ii) 如果 $\{f_i\}_{i=1}^n$ 为 T_pM 的另一组基, $\{f^j\}_{j=1}^n$ 为相应的对偶基, 记

$$\tilde{\theta}^{i_1\cdots i_r}_{j_1\cdots j_s} = \theta(f^{i_1}, \cdots, f^{i_r}; f_{j_1}, \cdots, f_{j_s}),$$

则

$$\tilde{\theta}^{i_1\cdots i_r}_{j_1\cdots j_s} = d^{i_1}_{k_1} \cdots d^{i_r}_{k_r} \cdot c^{l_1}_{j_1} \cdots c^{l_s}_{j_s} \cdot \theta^{k_1\cdots k_r}_{l_1\cdots l_s},$$

其中, c_i^j 和 d_j^i 由下式决定

$$f_i = c_i^j e_j, \quad f^i = d_j^i e^j,$$

其中, 矩阵 $\left(c_i^j\right)$ 和 $\left(d_i^j\right)$ 互逆.

证明　如果 $\lambda^{i_1\cdots i_s}_{j_1\cdots j_s} e_{i_1} \otimes \cdots \otimes e_{i_r} \otimes e_{j_1} \otimes \cdots e^{j_s} = 0$, 则

$$\begin{aligned}0 &= (\lambda^{i_1\cdots i_s}_{j_1\cdots j_s} e_{i_1} \otimes \cdots \otimes e_{i_r} \otimes e_{j_1} \otimes \cdots e^{j_s})(e^{k_1}, \cdots, e^{k_r}, e_{l_1}, \cdots, e_{l_s})\\&= \lambda^{i_1\cdots i_r}_{j_1\cdots j_s} \cdot \delta^{k_1}_{i_1} \cdots \delta^{k_r}_{i_r} \cdot \delta^{j_1}_{l_1} \cdots \delta^{j_s}_{l_s} = \lambda^{k_1\cdots k_r}_{l_1\cdots l_s},\end{aligned}$$

这说明了线性无关性.

另一方面, 如果 $\theta \in \otimes^{r,s} T_pM$, 则

$$\theta(e^{k_1},\cdots,e^{k_r};e_{l_1},\cdots,e_{l_s}) = \theta^{k_1\cdots k_r}_{l_1\cdots l_s}$$
$$= (\theta^{i_1\cdots i_r}_{j_1\cdots j_s} e_{i_1}\otimes\cdots\otimes e_{i_r}\otimes e^{j_1}\otimes\cdots\otimes e^{j_s})(e^{k_1},\cdots,e^{k_r};e_{l_1},\cdots,e_{l_s})$$

对任意的 k_i, l_j 均成立. 由于 θ 关于每个分量都是线性的, 故

$$\theta = \theta^{i_1\cdots i_r}_{j_1\cdots j_s} e_{i_1}\otimes\cdots\otimes e_{i_r}\otimes e^{j_1}\otimes\cdots\otimes e^{j_s}.$$

进一步, 如果 $\{f_i\}$ 为 T_pM 的另一组基, $f_i = c_i^j e_j$, 则对应的对偶基满足关系 $f^i = d^i_j e^j$, 由

$$\delta^i_j = f^i(f_j) = d^i_k e^k(c^l_j e_l) = d^i_k c^l_j \delta^k_l = d^i_k c^k_j$$

知 (d^j_i) 和 (c^j_i) 为互逆的矩阵. 我们有

$$\begin{aligned}\tilde\theta^{i_1\cdots i_r}_{j_1\cdots j_s} &= \theta(f^{i_1},\cdots,f^{i_r};f_{j_1},\cdots,f_{j_s})\\ &= \theta(d^{i_1}_{k_1}e^{k_1},\cdots,d^{i_r}_{k_r}e^{k_r};c^{l_1}_{j_1}e_{l_1}\cdots,c^{l_s}_{j_s}e_{l_s})\\ &= d^{i_1}_{k_1}\cdots d^{i_r}_{k_r}\cdot c^{l_1}_{j_1}\cdots c^{l_s}_{j_s}\cdot\theta(e^{k_1},\cdots,e^{k_r};e_{l_1},\cdots,e_{l_s})\\ &= d^{i_1}_{k_1}\cdots d^{i_r}_{k_r}\cdot c^{l_1}_{j_1}\cdots c^{l_s}_{j_s}\cdot\theta^{k_1\cdots k_r}_{l_1\cdots l_s}.\end{aligned}$$

这就完成了引理的证明. □

上述引理的证明中涉及很多指标的形式计算, 这些对于张量运算来说是很常见的, 读者应当逐渐熟悉它们.

如果 $(U_\alpha,\varphi_\alpha)$ 为 p 附近的局部坐标, 则 $\left\{\dfrac{\partial}{\partial x^i_\alpha}\Big|_p\right\}$ 为 T_pM 的一组基, $\{\mathrm{d}x^i_\alpha(p)\}$ 为 T^*_pM 的一组对偶基. 按照上面的讨论, 如果 θ 为 p 处 (r,s) 型的张量, 则 θ 可表示为

$$\theta = \theta^{i_1\cdots i_s}_{j_1\cdots j_s}\frac{\partial}{\partial x^{i_1}_\alpha}\Big|_p\otimes\cdots\otimes\frac{\partial}{\partial x^{i_s}_\alpha}\Big|_p\otimes\mathrm{d}x^{j_1}_\alpha(p)\otimes\cdots\otimes\mathrm{d}x^{j_s}_\alpha(p),$$

其中

$$\theta^{i_1\cdots i_r}_{j_1\cdots j_s} = \theta\Big(\mathrm{d}x^{i_1}_\alpha(p),\cdots,\mathrm{d}x^{i_r}_\alpha(p),\frac{\partial}{\partial x^{j_1}_\alpha}\Big|_p,\cdots,\frac{\partial}{\partial x^{j_s}_\alpha}\Big|_p\Big).$$

如果 (U_β,φ_β) 为另一局部坐标, $p\in U_\alpha\cap U_\beta$, θ 也可以表示为

$$\theta = \tilde\theta^{k_1\cdots k_s}_{l_1\cdots l_s}\frac{\partial}{\partial x^{k_1}_\beta}\Big|_p\otimes\cdots\otimes\frac{\partial}{\partial x^{k_s}_\beta}\Big|_p\otimes\mathrm{d}x^{l_1}_\beta(p)\otimes\cdots\otimes\mathrm{d}x^{l_s}_\beta(p),$$

θ 的分量 $\tilde\theta^{k_1\cdots k_r}_{l_1\cdots l_s}$ 和 $\theta^{i_1\cdots i_r}_{j_1\cdots j_s}$ 之间满足的关系为

$$\tilde\theta^{k_1\cdots k_r}_{l_1\cdots l_s} = \frac{\partial}{\partial x^{i_1}_\alpha}\Big|_p(x^{k_1}_\beta)\cdots\frac{\partial}{\partial x^{i_r}_\alpha}\Big|_p(x^{k_r}_\beta)\cdot\frac{\partial}{\partial x^{l_1}_\beta}\Big|_p(x^{j_1}_\alpha)\cdots\frac{\partial}{\partial x^{l_s}_\beta}\Big|_p(x^{j_s}_\alpha)\cdot\theta^{i_1\cdots i_r}_{j_1\cdots j_s}.$$

如果认为之前张量的定义比较抽象的话, 上式也可以用来重新定义张量: 粗略地来说, 张量的分量有很多指标, 在不同的坐标系中这些分量按上式进行转化. 这种转化规律常称为张量的协变性, 它有很强的物理含义: 在不同的参照系中观测同一个物理量得到的数据之间应该满足某种协变性.

有了上面这些准备, 我们可以明确地写出张量从 $\otimes^{r,s}TM = \bigcup\limits_{p\in M} \otimes^{r,s}T_pM$ 的局部平凡化来

$$\psi_\alpha : (\pi^{r,s})^{-1}(U_\alpha) \to U_\alpha \times \mathbb{R}^{n^{r+s}}, \quad \theta \mapsto \big(p,\ \theta^{i_1\cdots i_r}_{j_1\cdots j_s}\big),$$

其中, 分量 $\theta^{i_1\cdots i_r}_{j_1\cdots j_s}$ 按字典顺序排为列向量 (先按上指标从小到大排, 再按下指标从小到大排).

张量从 $\otimes^{r,s}TM$ 的一个 C^k 截面称为 M 上的一个 (r,s) 型的 C^k 张量场. 特别地, $(0,0)$ 型的张量场 (标量场) 就是函数, $(1,0)$ 型的张量场就是切向量场, $(0,1)$ 型的张量场就是余切向量场.

注 对于 M 上一般的向量从 E, 可以完全类似地构造张量从 $\otimes^{r,s}E$.

下面的引理可以用来判断张量场的可微程度, 这和切向量场的情形完全类似.

引理 2.4.2 设 M 为微分流形, 则

(i) θ 为 M 上的 C^k 的 (r,s) 型张量场 $\Longleftrightarrow$ 任给局部坐标 (U,φ), 在 U 中 θ 可表示为

$$\theta = \theta^{i_1\cdots i_r}_{j_1\cdots j_s}\frac{\partial}{\partial x^{i_1}} \otimes \cdots \otimes \frac{\partial}{\partial x^{i_r}} \otimes \mathrm{d}x^{j_1} \otimes \cdots \otimes \mathrm{d}x^{j_s},$$

其中, $\theta^{i_1\cdots i_r}_{j_1\cdots j_s}$ 为 U 上的 C^k 函数.

(ii) θ 为 M 上的 C^∞ 的 (r,s) 型张量场 $\Longleftrightarrow$ 任给光滑余切向量场 $\{\phi_i\}_{i=1}^r$ 以及切向量场 $\{X_j\}_{j=1}^s$, $\theta(\phi_1,\cdots,\phi_r;X_1,\cdots,X_s)$ 均为 M 上的光滑函数.

M 上的 C^k 的 (r,s) 型的张量场的全体记为 $C^k(M;\otimes^{r,s}TM)$, C^∞ 的 (r,s) 型的张量场的全体记为 $\Gamma(\otimes^{r,s}TM)$, 它们在自然地定义了加法和数乘运算以后成为向量空间. 和张量类似, 张量场之间也有张量积运算.

设 $f: M\to N$ 为微分流形之间的光滑映射, 我们现在把余切映射推广到协变张量场上. 任取 N 上的 s 阶协变张量场 θ, 对于 $p\in M$, 定义 $(f^*\theta)_p \in \otimes^{0,s}T_pM$ 如下

$$(f^*\theta)_p(X_1,\cdots X_s) = \theta_{f(p)}\big(f_{*p}(X_1),\cdots,f_{*p}(X_s)\big), \quad \forall\ X_i\in T_pM.$$

这样就定义了 M 上的 s 阶协变张量场 $f^*\theta$, 因此得到推广的拉回映射

$$f^*: \Gamma(\otimes^{0,s}TN) \to \Gamma(\otimes^{0,s}TM), \quad \theta\mapsto f^*\theta.$$

拉回映射具有以下性质:

(1) 如果 $s=0$, 则 $f^*\varphi = \varphi\circ f$; $s=1$ 时, $f^*\mathrm{d}g = \mathrm{d}(g\circ f)$.

(2) 如果 θ,η 为协变张量场, 则 $f^*(\theta\otimes\eta) = f^*\theta\otimes f^*\eta$;

(3) 设 $f: M\to N$, $g: N\to P$ 为微分流形之间的光滑映射, θ 为 P 上的 s 阶协变张量场, 则 $(g\circ f)^*\theta = f^*(g^*\theta)$.

在微分流形上, 有一类重要而特殊的二阶协变张量场, 称为黎曼度量.

定义 2.4.3 (黎曼度量) 设 $g\in\Gamma(\otimes^{0,2}TM)$ 为 M 上光滑二阶协变张量场. 如果任给 $p\in M$, 张量 $g_p: T_pM\times T_pM\to\mathbb{R}$ 均为切空间 T_pM 上的内积, 则称 g 为 M 上的黎曼度量, (M,g) 称为黎曼流形.

我们知道, 古典微分几何主要研究欧氏空间中的曲线和曲面, 第一基本形式是其中的重要概念, 它就对应着流形上的黎曼度量.

在 M 的局部坐标系 (U,φ) 下, 黎曼度量 g 可以表示为

$$g = g_{ij}\mathrm{d}x^i\otimes\mathrm{d}x^j,$$

其中, $g_{ij}=g\left(\dfrac{\partial}{\partial x^i},\dfrac{\partial}{\partial x^i}\right)$ 为 U 上的光滑函数, 它们组成的 n 阶方阵 $(g_{ij})_{n\times n}$ 是处处正定对称的方阵, 称为度量矩阵.

例 2.4.1 欧氏空间中的标准黎曼度量.

设 $\{x^i\}_{i=1}^n$ 为 $\mathbb{R}^n$ 上的标准直角坐标, 则 $g_0=\sum\limits_{i=1}^n \mathrm{d}x^i\otimes\mathrm{d}x^i$ 为 $\mathbb{R}^n$ 上的黎曼度量, 称为标准黎曼度量. 标准黎曼度量对应着欧氏空间中的标准内积.

例 2.4.2 单位开球中的 Poincaré 度量.

考虑 $\mathbb{R}^n$ 中的单位开球 $B^n=\{x\in\mathbb{R}^n\,|\,(x^1)^2+\cdots+(x^n)^2<1\}$, 则

$$g_{-1}=\frac{4}{\left[1-\sum\limits_{i=1}^n(x^i)^2\right]^2}\sum_{j=1}^n \mathrm{d}x^j\otimes\mathrm{d}x^j$$

为 B^n 上的黎曼度量, 称为 Poincaré 度量. $n=2$ 时, (B^2,g_{-1}) 称为 Poincaré 圆盘.

例 2.4.3 上半欧氏空间中的双曲度量.

考虑 $\mathbb{R}^n$ 中的上半空间 $\mathbb{H}^n=\{x=(x^1,x^2,\cdots,x^n)\in\mathbb{R}^n\,|\,x^n>0\}$, 则

$$h_{-1}=\frac{1}{(x^n)^2}\sum_{i=1}^n \mathrm{d}x^i\otimes\mathrm{d}x^i$$

为 $\mathbb{H}^n$ 上的黎曼度量, 称为标准双曲度量.

设 (M,g) 为黎曼流形, 我们常用内积的记号 $\langle,\rangle$ 表示黎曼度量 g. 给定黎曼度量, 我们可以在切向量场和余切向量场之间定义一个对偶映射. 例如, 设 ω 为 M 上的余切向量场, 在任何给定的点, 考虑切向量 $\omega^\#$, 使得对任意切向量 X, 下式成立

$$\langle\omega^\#,X\rangle=\omega(X).$$

这就定义了切向量场 $\omega^\#$, 称为 ω 的对偶向量场. 反之, 利用上式也可以由切向量场 X 定义其对偶余切向量场 $X^\flat$.

例 2.4.4 梯度场.

设 (M,g) 为黎曼流形, $f:M\to\mathbb{R}$ 为 M 上的光滑函数, 其外微分 $\mathrm{d}f$ 的对偶切向量场称为 f 的梯度场, 记为 ∇f 或 $\mathrm{grad}f$. 由外微分和对偶向量场的定义可得

$$\langle\nabla f,X\rangle=Xf,\quad\forall\ X\in\Gamma(TM).$$

特别地, 如果 ϕ 为光滑函数, 则 $\nabla f(\phi)=\langle\nabla f,\nabla\phi\rangle$.

按照定义, 张量场在每一点处的值是一个张量. 在实际应用中, 往往不去逐点地定义张量场, 而是采用一种整体性的方法. 为此我们简要介绍所谓的场张量.

定义 2.4.4 (场张量) 设映射

$$\theta:\Gamma(TM)\times\cdots\times\Gamma(TM)\to\Gamma(\otimes^{r,0}TM)$$

关于 s 个分量均为函数线性的, 即对任意 $X_i,Y_i\in\Gamma(TM)$ $(1\leqslant i\leqslant s)$, 以及 $f,g\in C^\infty(M;\mathbb{R})$, 有

$$\theta(X_1,\cdots,X_{i-1},fX_i+gY_i,X_{i+1},\cdots,X_s)$$

$$= f\theta(X_1, X_2, \cdots, X_s) + g\theta(X_1, \cdots, X_{i-1}, Y_i, X_{i+1}, \cdots, X_s),$$

则称 θ 为 (r, s) 型的场张量.

一个 (r, s) 型的张量场可以自然地视为 (r, s) 型的场张量: 设 T 为 (r, s) 的张量场, 任给切向量场 $\{X_i\}_{i=1}^s$, 定义 $\theta(X_1, \cdots, X_s) \in \Gamma(\otimes^{r,0}TM)$ 为

$$\theta(X_1, \cdots, X_s)_p(\omega_1, \cdots, \omega_r) = T(\omega_1, \cdots, \omega_r, X_1(p), \cdots, X_s(p)), \quad \forall\ \omega_i \in T_p^*M.$$

容易看出 θ 关于每一个分量 X_i 都是函数线性的, 因此 θ 为 (r, s) 型的场张量, 称为由张量场诱导的场张量.

反之, 由场张量可以唯一地确定一个张量场.

命题 2.4.3 任何 (r, s) 型的场张量均由 (r, s) 型的张量场诱导而来.

证明 我们就 $r = 0, s = 1$ 的简单情形加以证明, 一般情形的证明完全类似. 为此, 设 $\theta : \Gamma(TM) \to C^\infty(M;\mathbb{R})$ 为满足函数线性性的映射, 任给 $p \in M$, 我们定义线性函数 $\theta_p : T_pM \to \mathbb{R}$ 如下: 设 $X_p \in T_pM$, 延拓 X_p 为 M 上的光滑向量场 X, 令

$$\theta_p(X_p) = \theta(X)(p)$$

这个定义是恰当的: 如果 Y 为 X_p 的另一光滑延拓, 则 $(Y - X)(p) = 0$, 根据本节习题 8, 存在有限个光滑函数 f_i 以及光滑切向量场 X_i, 使得 $f_i(p) = 0$, 且

$$Y - X = \sum_i f_i X_i.$$

因此, 由 θ 的函数线性性, 有

$$\theta(Y)(p) - \theta(X)(p) = \theta(Y - X)(p) = \sum_i f_i(p)\theta(X_i)(p) = 0,$$

这样我们就定义了一个余切向量场, 仍记为 θ. 显然, θ 为光滑余切向量场. □

习题 2.4

1. 设 $f : M \to \mathbb{R}$ 为光滑函数, x 为 $\mathbb{R}$ 上的标准坐标, 证明: $\mathrm{d}f = f^*(\mathrm{d}x)$.
2. 写出拉回映射在局部坐标下的局部表达式.
3. 利用单位分解证明: 任意微分流形上均存在黎曼度量.
4. 写出黎曼度量在不同局部坐标下度量矩阵的转换公式.
5. 给定黎曼度量, 在局部坐标系中写出梯度场的局部表达式.
6. 设 $f : M \to N$ 为光滑浸入, h 为 N 上的黎曼度量, 证明: $g = f^*h$ 为 M 上的黎曼度量.
7. 记 $i : S^n \to \mathbb{R}^{n+1}$ 为包含映射, $g_0 = \sum\limits_{i=0}^{n} \mathrm{d}x^i \otimes \mathrm{d}x^i$, 选择 S^n 的适当局部坐标, 在此坐标下写出拉回度量 i^*g_0 的表达式.
8. 设 X 为 M 上的光滑切向量场且 $X(p) = 0$, 利用鼓包函数证明: 存在有限个光滑函数 f_i 以及光滑切向量场 X_i, 使得 $f_i(p) = 0$, 且 $X = \sum\limits_i f_i X_i$.

§2.5 微分形式

在微积分中, 第二型积分中涉及有向面积元、有向体积元等概念. 将它们的运算规则抽象出来并加以推广, 可以得到反称协变张量场的概念.

定义 2.5.1 设 $\omega \in \otimes^{0,s}T_pM$ 为 p 处的 s 阶协变张量, 如果任给切向量 $\{X_i\}_{i=1}^s \subset T_pM$, 以及 $(1,2,\cdots,s)$ 的置换 π, 均有

$$\omega(X_{\pi(1)},\cdots,X_{\pi(s)}) = (-1)^\pi\omega(X_1,\cdots,X_s),$$

(其中, 当 π 为偶置换时, $(-1)^\pi = 1$; 当 π 为奇置换时, $(-1)^\pi = -1$) 则称 ω 为 p 处的 s 阶反称协变张量或 s 阶外形式. s 阶外形式的全体组成的子向量空间记为 $\bigwedge^s T_p^*M$.

设 (U,φ) 为 p 附近的局部坐标系, 为了书写简便起见, 将 $\dfrac{\partial}{\partial x^i}\Big|_p$ 简记为 $\dfrac{\partial}{\partial x^i}$, $\mathrm{d}x^i(p)$ 简记为 $\mathrm{d}x^i$. 此时, p 处的 s 阶协变张量 ω 可以表示为

$$\omega = \omega_{i_1\dots i_s}\mathrm{d}x^{i_1}\otimes\cdots\otimes\mathrm{d}x^{i_s}, \tag{2.6}$$

其中, $\omega_{i_1\dots i_s} = \omega\left(\dfrac{\partial}{\partial x^{i_1}},\cdots,\dfrac{\partial}{\partial x^{i_s}}\right)$. 我们有

引理 2.5.1 ω 为 s 阶外形式当且仅当对任意置换 π, 均有

$$\omega_{i_{\pi(1)}\cdots i_{\pi(s)}} = (-1)^\pi\omega_{i_1\cdots i_s}.$$

证明 如果 ω 为 s 阶外形式, 则

$$\omega_{i_{\pi(1)}\cdots i_{\pi(s)}} = \omega\Big(\frac{\partial}{\partial x^{i_{\pi(1)}}},\cdots,\frac{\partial}{\partial x^{i_{\pi(s)}}}\Big) = (-1)^\pi\omega\Big(\frac{\partial}{\partial x^{i_1}},\cdots,\frac{\partial}{\partial x^{i_s}}\Big) = (-1)^\pi\omega_{i_1\cdots i_s}.$$

反之, 设 $\{X_i\}_{i=1}^s \subset T_pM$, π 为 $(1,2,\cdots,s)$ 的一个置换, 记 $X_i = a_i^j\dfrac{\partial}{\partial x^j}$, 则

$$\begin{aligned}\omega(X_1,\cdots,X_s) &= \omega\Big(a_1^{j_1}\frac{\partial}{\partial x^{j_1}},\cdots,a_s^{j_s}\frac{\partial}{\partial x^{j_s}}\Big) = a_1^{j_1}\cdots a_s^{j_s}\omega\Big(\frac{\partial}{\partial x^{j_1}},\cdots,\frac{\partial}{\partial x^{j_s}}\Big)\\ &= a_{\pi(1)}^{j_{\pi(1)}}\cdots a_{\pi(s)}^{j_{\pi(s)}}\omega_{j_1\cdots j_s} = (-1)^\pi a_{\pi(1)}^{j_{\pi(1)}}\cdots a_{\pi(s)}^{j_{\pi(s)}}\omega_{j_{\pi(1)}\cdots j_{\pi(s)}}\\ &= (-1)^\pi\omega(X_{\pi(1)},\cdots,X_{\pi(s)}).\end{aligned}$$

□

下面我们来确定 $\bigwedge^s T_p^*M$ 的维数. 由引理易见, 当 $s > n$ 时, $\bigwedge^s T_p^*M = \{0\}$. 为了方便起见, 我们也把零阶和一阶协变张量称为反称协变张量. 若 ω 为 s 阶协变张量, 在其局部表达式 (2.6)中合并同类项可得

$$\omega = \sum_{1\leqslant i_1<i_2<\cdots<i_s\leqslant n}\omega_{i_1\dots i_s}\mathrm{d}x^{i_1}\wedge\mathrm{d}x^{i_2}\wedge\cdots\wedge\mathrm{d}x^{i_s},$$

其中

$$\mathrm{d}x^{i_1}\wedge\mathrm{d}x^{i_2}\wedge\cdots\wedge\mathrm{d}x^{i_s} = \sum_\pi(-1)^\pi\mathrm{d}x^{i_{\pi(1)}}\otimes\mathrm{d}x^{i_{\pi(2)}}\otimes\cdots\otimes\mathrm{d}x^{i_{\pi(s)}}.$$

一般地, 设 $\{\phi^i\}_{i=1}^s \subset T_p^*M$, 记

$$\phi^1\wedge\cdots\wedge\phi^s = \sum_\pi(-1)^\pi\phi^{\pi(1)}\otimes\cdots\otimes\phi^{\pi(s)}, \tag{2.7}$$

则 $\phi^1\wedge\cdots\wedge\phi^s \in \bigwedge^s T_p^*M$. 当 σ 为置换时, 容易验证

$$\phi^{\sigma(1)}\wedge\cdots\wedge\phi^{\sigma(s)} = (-1)^\sigma\phi^1\wedge\cdots\wedge\phi^s.$$

如果 $\{X_j\}_{j=1}^s \subset T_pM$, 则

$$\phi^1\wedge\cdots\wedge\phi^s(X_1,\cdots,X_s)=\sum_\pi(-1)^\pi\phi^{\pi(1)}(X_1)\cdots\phi^{\pi(s)}(X_s)=\det\big(\phi^i(X_j)\big)_{s\times s}.$$

命题 2.5.2　设 $\{e^i\}_{i=1}^n$ 为 T_p^*M 的一组基, 则

$$\{e^{i_1}\wedge e^{i_2}\wedge\cdots\wedge e^{i_s}\,|\,1\leqslant i_1<i_2<\cdots<i_s\leqslant n\}$$

为 $\bigwedge^s T_p^*M$ 的一组基, 特别地, $\dim(\bigwedge^s T_p^*M)=C_n^s$(组合数).

证明　只要说明线性无关性就可以了. 事实上, 设

$$\sum_{i_1<i_2<\cdots<i_s}\lambda_{i_1i_2\cdots i_s}e^{i_1}\wedge e^{i_2}\wedge\cdots\wedge e^{i_s}=0,$$

记 $\{e_j\}_{j=1}^n$ 为 T_pM 中的对偶基, 则当 $j_1<j_2<\cdots<j_s$ 时, 有

$$\begin{aligned}0&=\Big(\sum_{i_1<i_2<\cdots<i_s}\lambda_{i_1i_2\cdots i_s}e^{i_1}\wedge e^{i_2}\wedge\cdots\wedge e^{i_s}\Big)(e_{j_1},e_{j_2},\cdots,e_{j_s})\\&=\sum_{i_1<i_2<\cdots<i_s}\lambda_{i_1i_2\cdots i_s}\det\big(e^{i_k}(e_{j_l})\big)=\lambda_{j_1j_2\cdots j_s}.\end{aligned}$$

□

下面我们考虑与反称协变张量有关的若干代数运算.

定义 2.5.2　设 θ 为 s 阶协变张量, 我们定义一个 s 阶反称协变张量 $\mathscr{A}(\theta)$ 如下: 设 $X_1,\cdots,X_s\in T_pM$, 令

$$\mathscr{A}(\theta)(X_1,\cdots,X_s)=\frac{1}{s!}\sum_\pi(-1)^\pi\theta\big(X_{\pi(1)},\cdots,X_{\pi(s)}\big),$$

其中, π 取遍 $(1,2,\cdots,s)$ 的置换群.

$\mathscr{A}$ 称为反称化算子. 当 $\{\phi^i\}_{i=1}^s\subset T_p^*M$ 时, 我们就有

$$\phi^1\wedge\cdots\wedge\phi^s=s!\mathscr{A}(\phi^1\otimes\cdots\otimes\phi^s).\tag{2.8}$$

引理 2.5.3　我们有

(i) 映射 $\mathscr{A}:\otimes^{0,s}T_pM\to\bigwedge^s T_p^*M,\ \theta\mapsto\mathscr{A}(\theta)$ 的定义是恰当的;

(ii) θ 为反称协变张量当且仅当 $\mathscr{A}(\theta)=\theta$;

(iii) $\mathscr{A}\big(\mathscr{A}(\theta)\big)=\mathscr{A}(\theta),\ \forall\,\theta\in\otimes^{0,s}T_pM$.

证明　(i) 显然, $\mathscr{A}(\theta)$ 仍为 s 阶协变张量, 我们来说明它是反称的. 任取 $(1,2,\cdots,s)$ 的置换 π, 有

$$\begin{aligned}\mathscr{A}(\theta)\big(X_{\pi(1)},\cdots,X_{\pi(s)}\big)&=\frac{1}{s!}\sum_\sigma(-1)^\sigma\theta\big(X_{\pi\circ\sigma(1)},\cdots,X_{\pi\circ\sigma(s)}\big)\\&=\frac{1}{s!}\sum_\sigma(-1)^{\pi\circ\sigma}(-1)^\pi\theta\big(X_{\pi\circ\sigma(1)},\cdots,X_{\pi\circ\sigma(s)}\big)\\&=\frac{1}{s!}(-1)^\pi\sum_\tau(-1)^\tau\theta\big(X_{\tau(1)},\cdots,X_{\tau(s)}\big)\\&=(-1)^\pi\mathscr{A}(\theta)(X_1,\cdots,X_s).\end{aligned}$$

这说明 θ 的确为反称协变张量.

(ii) 如果 θ 已经是反称协变张量, 则

$$\mathscr{A}(\theta)(X_1,\cdots,X_s)=\frac{1}{s!}\sum_{\pi}(-1)^{\pi}\theta\big(X_{\pi(1)},\cdots,X_{\pi(s)}\big)=\frac{1}{s!}\sum_{\pi}\theta(X_1,\cdots,X_s)$$

$$=\theta(X_1,\cdots,X_s),$$

因此 $\mathscr{A}(\theta)=\theta$. 反之, 如果 $\mathscr{A}(\theta)=\theta$, 则由 (i) 即知 θ 是反称的.

(iii) 这可由 (i) 和 (ii) 立即推出. □

利用反称化和张量积, 我们可以定义反称协变张量之间的一种乘积运算.

定义 2.5.3 设 α,β 分别为 r,s 阶反称协变张量, 我们定义一个 $r+s$ 阶的反称协变张量 $\alpha\wedge\beta$ 如下

$$\alpha\wedge\beta=\frac{(r+s)!}{r!s!}\mathscr{A}(\alpha\otimes\beta),$$

映射 $\wedge:\bigwedge^{r}T_p^*M\times\bigwedge^{s}T_p^*M\to\bigwedge^{r+s}T_p^*M$, $(\alpha,\beta)\mapsto\alpha\wedge\beta$ 称为外积或楔积运算.

按定义, 任给 $X_1,\cdots,X_{r+s}\in T_pM$, 有

$$\begin{aligned}\alpha\wedge\beta(X_1,\cdots,X_{r+s})&=\frac{(r+s)!}{r!s!}\mathscr{A}(\alpha\otimes\beta)(X_1,\cdots,X_{r+s})\\&=\frac{1}{r!s!}\sum_{\pi}(-1)^{\pi}\alpha\otimes\beta\big(X_{\pi(1),\cdots,X_{\pi(r+s)}}\big)\\&=\frac{1}{r!s!}\sum_{\pi}(-1)^{\pi}\alpha\big(X_{\pi(1)},\cdots,X_{\pi(r)}\big)\beta\big(X_{\pi(r+1)},\cdots,X_{\pi(r+s)}\big).\end{aligned}$$

特别地, 当 $r=s=1$ 时,

$$\alpha\wedge\beta(X,Y)=\alpha(X)\beta(Y)-\alpha(Y)\beta(X),\ \forall\ X,Y\in T_pM.\tag{2.9}$$

即 $\alpha\wedge\beta=\alpha\otimes\beta-\beta\otimes\alpha$, 这和我们在式 (2.7) 中定义的 $\alpha\wedge\beta$ 是一致的. 一般地, 我们有

引理 2.5.4 设 $\{\phi^i\}_{i=1}^n\subset T_p^*M$, 则

$$\big(\phi^{i_1}\wedge\cdots\wedge\phi^{i_r}\big)\wedge\big(\phi^{j_1}\wedge\cdots\wedge\phi^{j_s}\big)=\phi^{i_1}\wedge\cdots\wedge\phi^{i_r}\wedge\phi^{j_1}\wedge\cdots\wedge\phi^{j_s}.$$

证明 按照定义计算如下:

$$\begin{aligned}&\big(\phi^{i_1}\wedge\cdots\wedge\phi^{i_r}\big)\wedge\big(\phi^{j_1}\wedge\cdots\wedge\phi^{j_s}\big)\\&=\frac{(r+s)!}{r!s!}\mathscr{A}\Big(\big(\phi^{i_1}\wedge\cdots\wedge\phi^{i_r}\big)\otimes\big(\phi^{j_1}\wedge\cdots\wedge\phi^{j_s}\big)\Big)\\&=\frac{(r+s)!}{r!s!}\mathscr{A}\Big(\sum_{\sigma}(-1)^{\sigma}\phi^{i_{\sigma(1)}}\otimes\cdots\otimes\phi^{i_{\sigma(s)}}\otimes\sum_{\tau}(-1)^{\tau}\phi^{j_{\tau(1)}}\otimes\cdots\otimes\phi^{j_{\tau(s)}}\Big)\\&=\frac{(r+s)!}{r!s!}\sum_{\sigma,\tau}(-1)^{\sigma}(-1)^{\tau}\mathscr{A}\big(\phi^{i_{\sigma(1)}}\otimes\cdots\otimes\phi^{i_{\sigma(s)}}\otimes\phi^{j_{\tau(1)}}\otimes\cdots\otimes\phi^{j_{\tau(s)}}\big)\\&=\frac{1}{r!s!}\sum_{\sigma,\tau}(-1)^{\sigma}(-1)^{\tau}\phi^{i_{\sigma(1)}}\wedge\cdots\wedge\phi^{i_{\sigma(s)}}\wedge\phi^{j_{\tau(1)}}\wedge\cdots\wedge\phi^{j_{\tau(s)}}\end{aligned}$$

$$= \frac{1}{r!s!}\sum_{\sigma,\tau}\phi^{i_1}\wedge\cdots\wedge\phi^{i_r}\wedge\phi^{j_1}\wedge\cdots\wedge\phi^{j_s}$$

$$= \phi^{i_1}\wedge\cdots\wedge\phi^{i_r}\wedge\phi^{j_1}\wedge\cdots\wedge\phi^{j_s}.$$

由此还容易得出楔积运算的如下性质:

(1) 若 α,β 分别为 r,s 阶反称协变张量, 则 $\alpha\wedge\beta=(-1)^{rs}\beta\wedge\alpha$.

(2) 若 α,β,γ 分别为 r, s, t 阶反称协变张量, 则

$$(\alpha\wedge\beta)\wedge\gamma=\alpha\wedge(\beta\wedge\gamma)=\frac{(r+s+t)!}{r!s!t!}\mathscr{A}(\alpha\otimes\beta\otimes\gamma).$$

一般地, 如果 α_i $(1\leqslant i\leqslant s)$ 为 r_i 阶反称协变张量, 则

$$\alpha_1\wedge\alpha_2\wedge\cdots\wedge\alpha_s=\frac{(r_1+\cdots+r_s)!}{(r_1)!\cdots(r_s)!}\mathscr{A}(\alpha_1\otimes\cdots\otimes\alpha_s). \tag{2.10}$$

记

$$\bigwedge T_p^*M=\bigwedge^0 T_p^*M\oplus\bigwedge^1 T_p^*M\oplus\cdots\oplus\bigwedge^n T_p^*M,$$

其中, $n=\dim M$, 则

$$\{1,\ e^i,\ e^i\wedge e^j,\ \cdots,\ e^1\wedge\cdots\wedge e^n\}$$

为 $\bigwedge T_p^*M$ 之基. 因此,

$$\dim\bigwedge T_p^*M=C_n^0+C_n^1+\cdots+C_n^n=2^n.$$

外积运算 $\wedge$ 可以自然地定义在 $\bigwedge T_p^*M$ 上使之成为一个代数, 称为外代数.

设 ω 为 p 处的 s 阶反称协变张量, $(U_\alpha,\varphi_\alpha)$ 为 p 附近的局部坐标, 则 ω 可以表示为

$$\omega=\sum_{i_1<i_2<\cdots<i_s}\omega_{i_1i_2\cdots i_s}\mathrm{d}x_\alpha^{i_1}\wedge\mathrm{d}x_\alpha^{i_2}\wedge\cdots\wedge\mathrm{d}x_\alpha^{i_s},$$

其中, $\omega_{i_1i_2\cdots i_s}=\omega\left(\frac{\partial}{\partial x_\alpha^{i_1}},\frac{\partial}{\partial x_\alpha^{i_2}},\cdots,\frac{\partial}{\partial x_\alpha^{i_s}}\right)$. 设 (U_β,φ_β) 为 p 附近的另一局部坐标, 则

$$\omega=\sum_{j_1<j_2<\cdots<j_s}\omega'_{j_1j_2\cdots j_s}\mathrm{d}x_\beta^{j_1}\wedge\mathrm{d}x_\beta^{j_2}\wedge\cdots\wedge\mathrm{d}x_\beta^{j_s}.$$

我们有

$$\omega'_{j_1j_2\cdots j_s}=\omega\Big(\frac{\partial}{\partial x_\beta^{j_1}},\frac{\partial}{\partial x_\beta^{j_2}},\cdots,\frac{\partial}{\partial x_\beta^{j_s}}\Big)=\sum_{i_1<i_2<\cdots<i_s}\omega_{i_1i_2\cdots i_s}\det\Big(\frac{\partial(\varphi_\alpha\circ\varphi_\beta^{-1})^{i_k}}{\partial x^{j_l}}\Big)_{s\times s}.$$

特别地, 如果 $s=n$, 则 $\omega'_{12\cdots n}=\omega_{12\cdots n}\det J(\varphi_\alpha\circ\varphi_\beta^{-1})$. 有了这些转换公式, 我们可以像前面构造张量丛一样, 令

$$\bigwedge^s T^*M=\bigcup_{p\in M}\bigwedge^s T_p^*M,$$

则 $\bigwedge^s T^*M$ 为 M 上的向量丛, 它是张量丛 $\otimes^{0,s}TM$ 的子丛, 称为 s 阶 (次) 外形式丛. s 阶外形式丛的 C^k 截面称为 M 上的 s 次 C^k **微分形式** 或简称 s 形式. M 上光滑 s 次微分形式的全体记为 $\Omega^s(M)$. 微分形式之间也可以自然地定义外积运算 $\wedge$.

给定光滑映射 $f: M \to N$, 我们在前面定义了协变张量场之间的拉回映射. 显然, 拉回映射保持反称性, 即把微分形式拉回成为微分形式. 我们还有

命题 2.5.5 设 $f: M \to N$ 为光滑映射, ω, η 为 N 上的微分形式, 则

(i) $f^*(h\omega) = h(f)f^*\omega$, $\forall\ h \in C^\infty(N;\mathbb{R})$;

(ii) $f^*(\omega \wedge \eta) = f^*\omega \wedge f^*\eta$.

证明 (i) 设 $X_1, \cdots, X_r$ 为 p 处的切向量, 则

$$\begin{aligned} f^*(h\omega)_p(X_1, \cdots, X_r) &= (h\omega)_{f(p)}(f_{*p}X_1, \cdots, f_{*p}X_r) \\ &= h(f(p))\omega_{f(p)}(f_{*p}X_1, \cdots, f_{*p}X_r) \\ &= h(f(p))f^*\omega(X_1, \cdots, X_r) \\ &= \big(h(f)\omega\big)_p(X_1, \cdots, X_r). \end{aligned}$$

因此 $f^*(h\omega) = h(f)f^*\omega$.

(ii) 按照定义验证即可, 略. □

下面我们来看几个例子.

例 2.5.1 体积形式.

设 (M, g) 为黎曼流形, 假设 M 可定向, 且 $\{(U_\alpha, \varphi_\alpha)\}$ 为 M 的定向坐标覆盖, 在 U_α 上考虑 n 次微分形式

$$\Omega_\alpha = \sqrt{\det(g_{ij}^\alpha)}\,\mathrm{d}x_\alpha^1 \wedge \cdots \wedge \mathrm{d}x_\alpha^n,$$

其中, 在 U_α 中 $g = g_{ij}^\alpha\,\mathrm{d}x_\alpha^i \otimes \mathrm{d}x_\alpha^j$. 如果 $U_\alpha \cap U_\beta \neq \varnothing$, 则

$$\left(g_{ij}^\beta\right)_{n\times n} = J^{\mathrm{T}}\left(\varphi_\alpha \circ \varphi_\beta^{-1}\right)\left(g_{ij}^\alpha\right)_{n\times n} J\left(\varphi_\alpha \circ \varphi_\beta^{-1}\right),$$

这说明

$$\det\left(g_{ij}^\beta\right)_{n\times n} = \left|\det J\left(\varphi_\alpha \circ \varphi_\beta^{-1}\right)\right|^2 \det\left(g_{ij}^\alpha\right)_{n\times n},$$

因为给定的是定向坐标覆盖, 上式说明, 在 $U_\alpha \cap U_\beta$ 上, $\Omega_\alpha = \Omega_\beta$, 即它们定义了 M 上的整体 n 次微分形式, 称为 (M, g) 的体积形式.

命题 2.5.6 n 维微分流形 M 可定向当且仅当 M 上存在处处非零的 n 次微分形式.

证明 如果 M 可定向, 则任取 M 上的黎曼度量 g, 由例 2.5.1 可知, (M, g) 的体积形式就是一个处处非零的 n 次微分形式.

反之, 设 ω 为 M 上处处非零的 n 次微分形式, 我们来构造 M 的定向坐标覆盖. 首先, 我们选取 M 的坐标覆盖 $\{U_\alpha\}$, 使得 U_α 都是连通的. 在 U_α 中,

$$\omega = f_\alpha\,\mathrm{d}x_\alpha^1 \wedge \cdots \wedge x_\alpha^n, \quad 其中\ f_\alpha = \omega\Big(\frac{\partial}{\partial x_\alpha^1}, \cdots, \frac{\partial}{\partial x_\alpha^n}\Big).$$

f_α 为 U_α 上处处非零的函数. 由 U_α 连通和零值定理可知 f_α 恒大于零或恒小于零. 通过调整坐标次序, 我们不妨设 $f_\alpha > 0$.

断言: $\{U_\alpha\}$ 为 M 的定向坐标覆盖.

事实上, 在 $U_\alpha \cap U_\beta$ 上

$$f_\beta = f_\alpha \det J\big(\varphi_\alpha \circ \varphi_\beta^{-1}\big),$$

因此, 转换映射 $\varphi_\alpha \circ \varphi_\beta^{-1}$ 的 Jacobi 行列式为正, 这说明 M 可定向. □

利用此命题我们也可以用一个处处非零的 n 次微分形式来表示一个定向. 两个处处非零的 n 次微分形式 ω 和 η 之间相差一个处处非零的光滑函数, 即 $\omega = f\eta$. 当 f 恒正时, 称 ω 和 η 表示同一个定向; 当 f 恒负时, 称 ω 和 η 表示相反定向. 如果 $g: M \to N$ 为定向流形之间的微分同胚, ω_M, ω_N 分别为代表 M, N 定向的 n 次微分形式, 则当 $f^*\omega_N$ 和 ω_M 表示同一定向时, 称 f 为保持定向的微分同胚.

例 2.5.2　n 维球面 S^n 的可定向性.

记 $i: S^n \to \mathbb{R}^{n+1}$ 为包含映射, 考虑 $\mathbb{R}^{n+1}$ 上如下 n 次微分形式

$$\omega = \sum_{i=1}^{n+1} (-1)^{i-1} x_i \, \mathrm{d}x^1 \wedge \cdots \wedge \widehat{\mathrm{d}x^i} \wedge \cdots \wedge \mathrm{d}x^{n+1},$$

其中, $\widehat{\mathrm{d}x^i}$ 表示不含 $\mathrm{d}x^i$. 不难验证, $i^*\omega$ 为 S^n 上处处非零的 n 次微分形式, 因此 S^n 是可定向的微分流形.

例 2.5.3　实投影空间 $\mathbb{R}P^n$ 的定向性质.

考虑商投影 $\pi: S^n \to \mathbb{R}P^n$. 考虑对径映射 $\rho: S^n \to S^n$, $\rho(x) = -x$, 显然有 $\pi \circ \rho = \pi$. 记 ω 为上例中的 n 次微分形式, 则 $\rho^*\omega = (-1)^{n+1}\omega$. 因此, 当 n 为奇数时, ρ 保持 ω 不变. 因为 π 是局部微分同胚, 从而 $\mathbb{R}P^n$ 上存在 n 次微分形式 η, 使得 $\omega = \pi^*\eta$. 又因为 ω 在 S^n 上处处非零, 故 η 在 $\mathbb{R}P^n$ 上也处处非零, 这说明当 n 为奇数时, $\mathbb{R}P^n$ 是可定向的.

当 n 为偶数时, $\mathbb{R}P^n$ 不可定向. 我们可用反证法来说明这一点: 若 $\mathbb{R}P^n$ 可定向, 则 $\mathbb{R}P^n$ 上存在处处非零的 n 次微分形式 τ. 因此 $\pi^*\tau$ 为 S^n 上处处非零的 n 次微分形式, 从而存在 S^n 上处处非零的光滑函数 f, 使得 $\pi^*\tau = f\omega$. 另一方面, 由 $\pi \circ \rho = \pi$ 可知

$$f\omega = \pi^*\tau = \rho^*\pi^*\tau = \rho^*(f\omega) = -f(\rho)\omega,$$

即 $f = -f(\rho)$, 由零值定理可知 f 必有零点, 从而导出了矛盾.

例 2.5.4　$\mathbb{R}^{2n}$ 上的辛形式和辛变换.

考虑 $\mathbb{R}^{2n}$ 上的标准坐标 $\{x^i\}_{i=1}^{2n}$. 令

$$\omega = \sum_{i=1}^{n} \mathrm{d}x^i \wedge \mathrm{d}x^{n+i},$$

则 ω 为 $\mathbb{R}^{2n}$ 上的 2 次微分形式, 称为标准辛形式. 又令 $\Omega = \mathrm{d}x^1 \wedge \mathrm{d}x^2 \wedge \cdots \wedge \mathrm{d}x^{2n}$, Ω 为标准体积形式. 简单的计算表明

$$\omega^n = \omega \wedge \omega \wedge \cdots \wedge \omega = (-1)^{\frac{n(n-1)}{2}} n! \, \Omega. \tag{2.11}$$

如果 $f: \mathbb{R}^{2n} \to \mathbb{R}^{2n}$ 为线性映射, 且 $f^*\omega = \omega$, 则称 f 为辛变换. 对于辛变换, 有

$$f^*\omega^n = (f^*\omega)^n = \omega^n.$$

因此, 由式 (2.11) 可知 $f^*\Omega = \Omega$. 从而有

$$\Omega = f^*\Omega = (\det A)\Omega,$$

其中, A 是 f 在标准基下的矩阵表示, 由上式知 $\det A=1$.

注 如果 A 是辛变换 f 在标准基下的矩阵表示, 则

$$A^{\mathrm{T}}\begin{pmatrix}0 & I_n\\ -I_n & 0\end{pmatrix}A=\begin{pmatrix}0 & I_n\\ -I_n & 0\end{pmatrix}.$$

下面我们考虑微分形式的求导运算, 先从所谓不变式的观点定义外微分运算, 这是光滑函数的外微分运算的推广.

定义 2.5.4 (外微分) 设 ω 为 s 次微分形式, 任给光滑切向量场 $X_i\ (1\leqslant i\leqslant s+1)$, 令

$$\begin{aligned}\mathrm{d}\omega(X_1,X_2,\cdots,X_{s+1})=&\sum_{i=1}^{s+1}(-1)^{i-1}X_i\big(\omega(X_1,\cdots,\widehat{X_i},\cdots,X_{s+1})\big)\\&+\sum_{i<j}(-1)^{i+j}\omega([X_i,X_j],X_1,\cdots,\widehat{X_i},\cdots,\widehat{X_j},\cdots,X_{s+1}),\end{aligned}$$

其中, $\widehat{X_i}$ 表示不含 X_i. $\mathrm{d}\omega$ 称为 ω 的外微分.

我们来说明 $\mathrm{d}\omega$ 是 $s+1$ 次的微分形式. 为此首先验证 $\mathrm{d}\omega$ 是场张量. 为了简单起见, 以 $s=1$ 加以说明: 设 ω 为 1 次微分形式, 则对任何向量场 X,Y, 均有

$$\mathrm{d}\omega(X,Y)=X\big(\omega(Y)\big)-Y\big(\omega(X)\big)-\omega([X,Y]).$$

如果 f 为光滑函数, 则

$$\begin{aligned}\mathrm{d}\omega(fX,Y)&=fX\big(\omega(Y)\big)-Y\big(\omega(fX)\big)-\omega([fX,Y])\\&=fX\big(\omega(Y)\big)-(Yf)\omega(X)-fY\big(\omega(X)\big)-\omega(f[X,Y]-(Yf)X)\\&=fX\big(\omega(Y)\big)-(Yf)\omega(X)-fY\big(\omega(X)\big)-f\omega([X,Y])+(Yf)\omega(X)\\&=f\mathrm{d}\omega(X,Y).\end{aligned}$$

显然, $\mathrm{d}\omega$ 关于两个分量 X,Y 是反称的, 因此由上面的计算即知 $\mathrm{d}\omega$ 为场张量, 因此定义了一个 2 次反称协变张量场, 即 $\mathrm{d}\omega$ 为 2 次微分形式. 对于一般的 s 次微分形式, 类似的计算表明 $\mathrm{d}\omega$ 为场张量. 虽然直接的计算可以说明其反称性, 但为了避免过于冗长的计算, 我们先考虑下面的简单性质.

命题 2.5.7 设 f 为光滑函数, ω 为 s 次微分形式, 则 $\mathrm{d}(f\omega)=\mathrm{d}f\wedge\omega+f\mathrm{d}\omega$. 特别地, 当 $\mathrm{d}\omega=0$ 时, $\mathrm{d}(f\omega)=\mathrm{d}f\wedge\omega$.

证明 任取光滑切向量场 $X_1,\cdots,X_{s+1}$, 我们计算如下

$$\begin{aligned}&\mathrm{d}(f\omega)(X_1,\cdots,X_{s+1})\\&=\sum_{i=1}^{s+1}(-1)^{i-1}X_i\big[f\omega(X_1,\cdots,\widehat{X_i},\cdots,X_{s+1})\big]\\&\quad+\sum_{i<j}(-1)^{i+j}f\omega([X_i,X_j],X_1,\cdots,\widehat{X_i},\cdots,\widehat{X_j},\cdots,X_{s+1})\\&=\sum_{i=1}^{s+1}(-1)^{i-1}X_i(f)\omega(X_1,\cdots,\widehat{X_i},\cdots,X_{s+1})+f\mathrm{d}\omega(X_1,\cdots,X_{s+1})\end{aligned}$$

$$=\sum_{i=1}^{s+1}(-1)^{i-1}\mathrm{d}f(X_i)\omega(X_1,\cdots,\widehat{X_i},\cdots,X_{s+1})+f\mathrm{d}\omega(X_1,\cdots,X_{s+1})$$

$$=\mathrm{d}f\wedge\omega(X_1,\cdots,X_{s+1})+f\mathrm{d}\omega(X_1,\cdots,X_{s+1}).$$

在上面最后的等式中用到了楔积的性质. □

由于我们已经说明了 $\mathrm{d}\omega$ 为场张量 (张量场), 故现在可以做一些局部的计算. 设 (U,φ) 为局部坐标, 我们考虑 s 次局部微分形式 $\omega=\mathrm{d}x^{i_1}\wedge\cdots\wedge\mathrm{d}x^{i_s}$, 因为 $\left[\dfrac{\partial}{\partial x^i},\dfrac{\partial}{\partial x^j}\right]=0$, 因此有

$$\begin{aligned}\mathrm{d}\omega\left(\frac{\partial}{\partial x^{k_1}},\cdots,\frac{\partial}{\partial x^{k_{s+1}}}\right)&=\sum_{i=1}^{s+1}(-1)^{i-1}\frac{\partial}{\partial x^{k_i}}\left[\omega\left(\frac{\partial}{\partial x^{k_1}},\cdots,\widehat{\frac{\partial}{\partial x^{k_i}}},\cdots,\frac{\partial}{\partial x^{k_{s+1}}}\right)\right]\\&=\sum_{i=1}^{s+1}(-1)^{i-1}\frac{\partial}{\partial x^{k_i}}\omega_{k_1\cdots\widehat{k_i}\cdots k_{s+1}}=0.\end{aligned}$$

在上面最后的等式是因为 ω 的分量为 1 或 0, 因此求导后为零, 这说明此时 $\mathrm{d}\omega=0$.

现在, 对于一般的 s 次微分形式 ω, 记其局部表示为

$$\omega=\sum_{i_1<i_2<\cdots<i_s}\omega_{i_1i_2\cdots i_s}\mathrm{d}x^{i_1}\wedge\mathrm{d}x^{i_2}\wedge\cdots\wedge\mathrm{d}x^{i_s},$$

利用命题 2.5.7 计算可得

$$\begin{aligned}\mathrm{d}\omega&=\sum_{i_1<i_2<\cdots<i_s}\mathrm{d}\omega_{i_1i_2\cdots i_s}\wedge\mathrm{d}x^{i_1}\wedge\mathrm{d}x^{i_2}\wedge\cdots\wedge\mathrm{d}x^{i_s}\\&=\sum_{i_1<i_2<\cdots<i_s}\sum_{i=1}^{n}\frac{\partial\omega_{i_1i_2\cdots i_s}}{\partial x^i}\mathrm{d}x^i\wedge\mathrm{d}x^{i_1}\wedge\mathrm{d}x^{i_2}\wedge\cdots\wedge\mathrm{d}x^{i_s}.\end{aligned}\tag{2.12}$$

特别地, 上式表明 $\mathrm{d}\omega$ 为 $s+1$ 次微分形式. 我们也可以直接用上式作为 $\mathrm{d}\omega$ 的定义. 这种定义常称为坐标式定义, 其缺点是需要验证定义的恰当性, 即需要验证在不同的坐标系中定义了同一个对象.

映射 $\mathrm{d}:\Omega^s(M)\to\Omega^{s+1}(M)$ 称为**外微分算子**.

命题 2.5.8 外微分算子 d 具有如下性质:

(i) $\mathrm{d}(\lambda\omega+\mu\eta)=\lambda\mathrm{d}\omega+\mu\mathrm{d}\eta,\ \forall\ \lambda,\mu\in\mathbb{R}$;

(ii) $\mathrm{d}(\omega\wedge\eta)=\mathrm{d}\omega\wedge\eta+(-1)^r\omega\wedge\mathrm{d}\eta$, 其中 ω 为 r 次微分形式;

(iii) $\mathrm{d}^2=0$, 即 $\mathrm{d}(\mathrm{d}\omega)=0$ 对任意微分形式 ω 均成立;

(iv) 设 $f:M\to N$ 为光滑映射, 则 $\mathrm{d}\circ f^*=f^*\circ d$, 即 $\mathrm{d}(f^*\omega)=f^*(\mathrm{d}\omega)$ 对 N 上的任意微分形式 ω 均成立.

证明 (i) 外微分算子的线性性是显然的.

(ii) 由线性性和微分形式的局部表示, 不妨设 $\omega=f\omega_0,\eta=g\eta_0$, 其中 $\mathrm{d}\omega_0=0,\mathrm{d}\eta_0=0$. 于是

$$\mathrm{d}(\omega\wedge\eta)=\mathrm{d}(fg\omega_0\wedge\eta_0)=\mathrm{d}(fg)\wedge\omega_0\wedge\eta_0$$

$$= g\mathrm{d}f \wedge \omega_0 \wedge \eta_0 + f\mathrm{d}g \wedge \omega_0 \wedge \eta_0$$

$$= \mathrm{d}\omega \wedge \eta + f(-1)^r \omega_0 \wedge \mathrm{d}g \wedge \eta_0$$

$$= \mathrm{d}\omega \wedge \eta + (-1)^r \omega \wedge \mathrm{d}\eta.$$

(iii) 不妨设 $\omega = f\omega_0$, 其中 $\mathrm{d}\omega_0 = 0$. 由 (ii) 可知

$$\mathrm{d}(\mathrm{d}\omega) = \mathrm{d}(\mathrm{d}f \wedge \omega_0) = \mathrm{d}(\mathrm{d}f) \wedge \omega_0.$$

在局部坐标系中, 有

$$\mathrm{d}(\mathrm{d}f) = \mathrm{d}\left(\frac{\partial(f \circ \varphi^{-1})}{\partial x^i}\mathrm{d}x^i\right) = \frac{\partial^2(f \circ \varphi^{-1})}{\partial x^i \partial x^j}\mathrm{d}x^i \wedge \mathrm{d}x^j.$$

因为上式最后的系数关于指标 i, j 对称, 而 $\mathrm{d}x^i \wedge \mathrm{d}x^j$ 关于指标 i, j 反对称, 因此求和为零, 即 $\mathrm{d}^2 = 0$.

(iv) 先假设 $\omega = \mathrm{d}g$, g 为 N 上的光滑函数, 则对于 M 上的切向量 X, 有

$$f^*(\mathrm{d}g)(X) = \mathrm{d}g(f_*X) = f_*X(g) = X(g \circ f) = \mathrm{d}(g \circ f)(X).$$

这说明 $f^*(\mathrm{d}g) = \mathrm{d}(g \circ f) = \mathrm{d}(f^*g)$. 对于一般的微分形式, 利用微分形式的局部表示和拉回映射的性质即可类似证明. □

如果 $\mathrm{d}\omega = 0$, 则称 ω 为**闭形式**; 如果 $\omega = \mathrm{d}\eta$, 则称 ω 为**恰当形式**. 由命题 2.5.8 知, 恰当形式必为闭形式. s 次闭形式的全体记为 $Z^s(M;\mathbb{R})$, s 次恰当形式的全体记为 $B^s(M;\mathbb{R})$. 考虑商空间

$$H^s_{dR}(M;\mathbb{R}) = Z^s(M;\mathbb{R})/B^s(M;\mathbb{R}),$$

称为 M 的 s 次 de Rham 上同调群. 我们将在第 4 章中进一步研究 de Rham 上同调群.

推论 2.5.9 设 $f: M \to N$ 为光滑映射, 则 f 的拉回映射诱导了 de Rham 上同调群之间的同态

$$f^*: H^s_{dR}(N;\mathbb{R}) \to H^s_{dR}(M;\mathbb{R}).$$

证明 由命题 2.5.8 可知, f 把闭形式拉回为闭形式, 把恰当形式拉回为恰当形式, 如果用 $[\omega]$ 表示闭形式 ω 的上同调类, 则令 $f^*[\omega] = [f^*\omega]$, f^* 就是定义恰当的群同态. □

我们再来介绍微分形式的另一种求导运算.

定义 2.5.5 (Lie 导数) 设 ω 为 s 次微分形式, X 为切向量场, 我们来定义一个 s 次微分形式 $L_X(\omega)$ 如下: 设 X 生成的局部单参数变换群为 $\{\phi_t\}$, 任给 $\{Y_i\}_{i=1}^s \subset T_pM$, 令

$$L_X(\omega)(Y_1, Y_2, \cdots, Y_s) = \frac{\mathrm{d}}{\mathrm{d}t}\bigg|_{t=0} \omega_{\phi_t(p)}\big((\phi_t)_{*p}Y_1, \cdots, (\phi_t)_{*p}Y_s\big),$$

$L_X: \Omega^s(M) \to \Omega^s(M)$ 称为关于 X 的 Lie 导数运算.

从定义可以看出, 我们也可以用拉回映射的求导来表示 Lie 导数

$$L_X(\omega) = \frac{\mathrm{d}}{\mathrm{d}t}\bigg|_{t=0} \phi_t^*\omega.$$

Lie 导数运算具有以下性质:

(1) $L_X(f)=Xf$, 其中 f 为光滑函数. 事实上, 由定义, 有

$$L_X(f)=\frac{\mathrm{d}}{\mathrm{d}t}\Big|_{t=0}f\circ\phi_t=Xf.$$

(2) $L_X(\omega\wedge\eta)=L_X(\omega)\wedge\eta+\omega\wedge L_X(\eta)$. 这是因为

$$\phi_t^*(\omega\wedge\eta)=\phi_t^*\omega\wedge\phi_t^*\eta,$$

由 Lie 导数的拉回映射的求导表示即得欲证等式. 特别地, 我们有

$$L_X(f\omega)=(Xf)\omega+fL_X\omega.$$

(3) $\mathrm{d}\circ L_X=L_X\circ\mathrm{d}$, 即 Lie 导数运算和外微分运算可交换次序. 这是因为外微分运算和拉回映射可交换次序.

(4) $[L_X,L_Y]=L_{[X,Y]}$. 这条性质的证明留作习题.

最后我们来研究外微分运算和 Lie 导数运算之间的关系. 先介绍内乘运算.

定义 2.5.6 (内乘)　设 ω 为 s 次微分形式, X 为切向量场, 定义 $s-1$ 次微分形式 $i_X(\omega)$ 如下: 任给切向量场 $Y_1,\cdots,Y_{s-1}$, 令

$$i_X(\omega)(Y_1,\cdots,Y_{s-1})=\omega(X,Y_1,\cdots,Y_{s-1}).$$

称 $i_X:\Omega^s(M)\to\Omega^{s-1}(M)$ 为关于 X 的内乘算子.

内乘算子具有以下性质:

(1) $i_X\circ i_X=0$, $i_{fX}(\omega)=i_X(f\omega)=fi_X(\omega)$, 其中 f 为光滑函数. 这从定义可以立即得到.

(2) 对于 1 次微分形式 ω, 有 $i_X(\omega)=\omega(X)$. 特别地, $i_X(\mathrm{d}f)=Xf$, 其中 f 为光滑函数.

(3) 如果 $\{x^i\}$ 为局部坐标函数, 则

$$i_{\frac{\partial}{\partial x^i}}(\mathrm{d}x^{i_1}\wedge\cdots\wedge\mathrm{d}x^{i_s})=\begin{cases}0, & i\notin\{i_j\}_{j=1}^s,\\(-1)^{k-1}\mathrm{d}x^{i_1}\wedge\cdots\wedge\widehat{\mathrm{d}x^{i_k}}\wedge\cdots\wedge\mathrm{d}x^{i_s}, & i=i_k.\end{cases}$$

这可由定义和简单的计算得出. 由此可知, 对于一般的向量场 X, 有

$$i_X(\mathrm{d}x^{i_1}\wedge\cdots\wedge\mathrm{d}x^{i_s})=\sum_{j=1}^s(-1)^{j-1}X(x^{i_j})\mathrm{d}x^{i_1}\wedge\cdots\wedge\widehat{\mathrm{d}x^{i_j}}\wedge\cdots\wedge\mathrm{d}x^{i_s}.$$

(4) $i_X(\omega\wedge\eta)=i_X(\omega)\wedge\eta+(-1)^r\omega\wedge i_X\eta$, 其中 ω 为 r 次微分形式. 这可由微分形式的局部表示和上面两条性质得出.

下面的重要公式将几个算子联系在一起, 以后我们将用它来研究 de Rham 上同调群的同伦不变性.

命题 2.5.10 (Cartan 公式)　设 X 为切向量场, 则如下恒等式成立

$$L_X=\mathrm{d}\circ i_X+i_X\circ\mathrm{d}.$$

证明　只需局部验证即可, 不妨设 $\omega=f\mathrm{d}x^{i_1}\wedge\cdots\wedge\mathrm{d}x^{i_s}$, 由上述算子的性质, 我们有

$$\begin{aligned}\mathrm{d}i_X(\omega)&=\mathrm{d}\big[f\,i_X(\mathrm{d}x^{i_1}\wedge\cdots\wedge\mathrm{d}x^{i_s})\big]\\&=\mathrm{d}f\wedge i_X(\mathrm{d}x^{i_1}\wedge\cdots\wedge\mathrm{d}x^{i_s})+f\,\mathrm{d}i_X(\mathrm{d}x^{i_1}\wedge\cdots\wedge\mathrm{d}x^{i_s})\end{aligned}$$

$$= \mathrm{d}f \wedge i_X(\mathrm{d}x^{i_1} \wedge \cdots \wedge \mathrm{d}x^{i_s})$$

$$+ f\,\mathrm{d}\sum_{k=1}^{s}(-1)^{k-1}X(x^{i_k})\mathrm{d}x^{i_1} \wedge \cdots \wedge \widehat{\mathrm{d}x^{i_k}} \wedge \cdots \wedge \mathrm{d}x^{i_s}$$

$$= \mathrm{d}f \wedge i_X(\mathrm{d}x^{i_1} \wedge \cdots \wedge \mathrm{d}x^{i_s}) + f\sum_{k=1}^{s}\mathrm{d}x^{i_1} \wedge \cdots \wedge \mathrm{d}X(x^{i_k}) \wedge \cdots \wedge \mathrm{d}x^{i_s}.$$

同时有

$$\begin{aligned} i_X\,\mathrm{d}\omega &= i_X(\mathrm{d}f \wedge \mathrm{d}x^{i_1} \wedge \cdots \wedge \mathrm{d}x^{i_s}) \\ &= (Xf)\mathrm{d}x^{i_1} \wedge \cdots \wedge \mathrm{d}x^{i_s} - \mathrm{d}f \wedge i_X(\mathrm{d}x^{i_1} \wedge \cdots \wedge \mathrm{d}x^{i_s}), \end{aligned}$$

以及

$$\begin{aligned} L_X(\omega) &= L_X(f)\,\mathrm{d}x^{i_1} \wedge \cdots \wedge \mathrm{d}x^{i_s} + f\,L_X(\mathrm{d}x^{i_1} \wedge \cdots \wedge \mathrm{d}x^{i_s}) \\ &= (Xf)\mathrm{d}x^{i_1} \wedge \cdots \wedge \mathrm{d}x^{i_s} + f\sum_{k=1}^{s}\mathrm{d}x^{i_1} \wedge \cdots \wedge L_X(\mathrm{d}x^{i_k}) \wedge \cdots \wedge \mathrm{d}x^{i_s} \\ &= (Xf)\mathrm{d}x^{i_1} \wedge \cdots \wedge \mathrm{d}x^{i_s} + f\sum_{k=1}^{s}\mathrm{d}x^{i_1} \wedge \cdots \wedge \mathrm{d}X(x^{i_k}) \wedge \mathrm{d}x^{i_s}. \end{aligned}$$

将上面的这几个等式合起来即得欲证等式. □

注 Lie 导数运算和内乘运算均可以直接推广到张量场上. 例如, 设 θ 为 (r,s) 型的张量场, X 为向量场, 则 $L_X\theta$ 仍为 (r,s) 型的张量场, 它可如下定义

$$\begin{aligned} L_X\theta(\omega_1,\cdots,\omega_r,X_1,\cdots,X_s) &= X\big(\theta(\omega_1,\cdots,\omega_r,X_1,\cdots,X_s)\big) \\ &\quad -\sum_{i=1}^{r}\theta(\omega_1,\cdots,L_X\omega_i,\cdots,\omega_r,X_1,\cdots,X_r) \\ &\quad -\sum_{j=1}^{s}\theta(\omega_1,\cdots,\omega_r,X_1,\cdots,L_XX_j,\cdots,X_s). \end{aligned}$$

当 η 也是张量场时, $L_X(\theta\otimes\eta) = L_X(\theta)\otimes\eta + \theta\otimes L_X(\eta)$.

习题 2.5

1. 设 α 为一阶协变张量, β 为 s 阶反称协变张量, 证明:
$$\alpha\wedge\beta(X_1,\cdots,X_{s+1}) = \sum_{i=1}^{s+1}(-1)^{i-1}\alpha(X_i)\beta(X_1,X_2,\cdots,\widehat{X_i},X_{s+1}),$$
其中, $\widehat{X_i}$ 表示去掉 X_i.
2. 在平面 $\mathbb{R}^2$ 上定义等价关系 "$\sim$" 如下: $(x,y)\sim(x',y')$ 当且仅当存在整数 m,n, 使得 $(x',y') = (m+(-1)^{|n|}x,\ n+y)$. 记商空间 $K=\mathbb{R}^2/\sim$, 称为 Klein 瓶. 证明: Klein 瓶是不可定向的 2 维流形.
3. 设 $f: M\to\mathbb{R}$ 为定向流形上的光滑函数, c 为 f 的正则值. 证明: 如果 $f^{-1}(c)$ 非空, 则 $f^{-1}(c)$ 为 M 的定向正则子流形.
4. 验证例 2.5.2 中给出的 S^n 上的微分形式 ω 的确是处处非零的.
5. 设 $A:\mathbb{R}^n\to\mathbb{R}^n$ 为线性映射, 证明: $A^*\Omega = (\det A)\Omega$, 其中 Ω 为 $\mathbb{R}^n$ 的标准体积形式.

6. 对于一般的 s 次微分形式, 验证 $\mathrm{d}\omega$ 是函数线性的, 即它为场张量.
7. 设 f, g 为 $\mathbb{R}^3$ 中的光滑函数, 通过计算验证
$$\frac{\partial}{\partial x}\frac{\partial(f,g)}{\partial(y,z)}-\frac{\partial}{\partial y}\frac{\partial(f,g)}{\partial(x,z)}+\frac{\partial}{\partial z}\frac{\partial(f,g)}{\partial(x,y)}=0,$$
并将上式推广到 $\mathbb{R}^n$ 中.
8. 若直接在局部坐标系中用式 (2.12) 定义外微分算子, 请用上一题的推广形式验证此定义的恰当性.

§2.6 带边流形

为了将微积分基本公式推广到微分流形上, 我们先做一些预备工作. 令
$$\mathbb{H}^n=\{x=(x^1,x^2,\cdots,x^n)\in\mathbb{R}^n\,|\,x^n\geqslant 0\},$$
这是 $\mathbb{R}^n$ 的带边上半空间, 其边界 $\partial\mathbb{H}^n=\{x\in\mathbb{R}^n\,|\,x^n=0\}$ 为 $n-1$ 维欧氏空间.

定义 2.6.1 设 M 为具有 A_2, T_2 性质的拓扑空间, 如果存在 M 的开覆盖 $\{U_\alpha\}$, 以及相应的同胚族 $\varphi_\alpha: U_\alpha\to\varphi_\alpha(U_\alpha)$, 其中 $\varphi_\alpha(U_\alpha)$ 为 $\mathbb{H}^n$ 中的开集, 且当 $U_\alpha\cap U_\beta\neq\varnothing$ 时, 转换映射
$$\varphi_\beta\circ\varphi_\alpha^{-1}:\varphi_\alpha(U_\alpha\cap U_\beta)\to\varphi_\beta(U_\alpha\cap U_\beta)$$
均为 C^k 映射, 则称 M 为 n 维 C^k 带边流形.

为了区别起见, 定义 1.1.1 所定义的微分流形也称为无边流形. 紧致 (连通) 的无边流形常称为**闭流形**, 而非紧 (连通) 的无边流形称为**开流形**. 对于带边流形, 我们可以类似地定义微分结构、可定向性以及切丛等.

注 (1) 设 M 是上述定义中的带边流形, $p\in U_\alpha$. 如果 $\varphi_\alpha(p)\in\partial\mathbb{H}^n$, 则由逆映射定理不难证明, 当 $p\in U_\beta$ 时, 也有 $\varphi_\beta(p)\in\partial\mathbb{H}^n$.

(2) 根据 (1), 我们可以定义带边流形的边界为
$$\partial M=\{p\in M\,|\ \text{存在 }\alpha,\ \text{使得 }\varphi_\alpha(p)\in\partial\mathbb{H}^n\}.$$
注意, 带边流形的边界可能是空集. 当边界非空时, M 的坐标映射 φ_α 限制在 $U_\alpha\cap\partial M$ 上就成为边界的局部坐标映射, 这说明边界是 $\dim M-1$ 维的 (无边) 流形.

例 2.6.1 欧氏空间中的区域.

显然, 上半空间 $\mathbb{H}^n$ 为带边流形, 其边界为 $\mathbb{R}^{n-1}$. $\mathbb{R}^n$ 中的闭球也是带边流形, 例如, 单位闭球 D^n 为带边流形, 其边界为单位球面.

特别地, $\mathbb{R}^1$ 上的闭区间 $[a,b]$ 为带边流形, 其边界由两个点 (零维流形) 组成. 可以证明, 边界非空的 1 维紧致连通带边流形均为某个闭区间.

例 2.6.2 乘积流形.

柱面 $S^1\times I$(见图 2.3) 为 2 维带边流形, 其中 I 为某个闭区间; 实心环 $S^1\times\mathbb{D}^2$ 为 3 维带边流形, 其中 $\mathbb{D}^2$ 为闭的 2 维圆盘. 一般地, 一个无边流形与一个带边流形的乘积是带边流形.

例 2.6.3 Möbius 带.

考虑乘积空间 $X=[a,b]\times[0,1]$, 在 X 上定义等价关系 "$\sim$", 使得 $(a,s)\sim(b,1-s)$. 此时商空间 $X/\sim$ 具有带边流形的结构, 其边界为 S^1. 这个带边流形称为 Möbius 带 (见图 2.4).

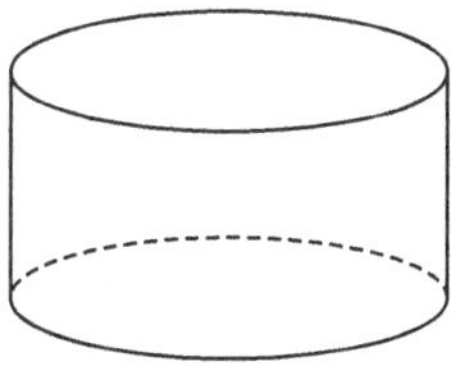

图 2.3 柱面

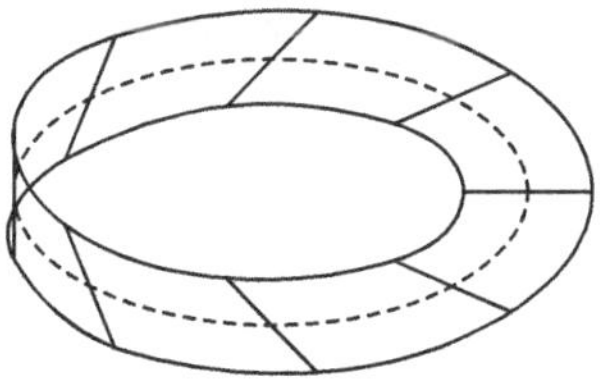

图 2.4 Möbius 带

例 2.6.4 流形中的区域.

设 $f: M \to \mathbb{R}$ 为无边流形上的光滑函数, 如果 $c \in \mathbb{R}$ 为 f 的正则值, 则 $f^{-1}(-\infty, c]$ 为带边流形.

带边流形去掉边界的部分称为其内部, 这是一个无边流形. 对于带边流形, Sard 定理同样成立.

定理 2.6.1 (Sard) 设 M 为带边流形, N 为无边流形, $f: M \to N$ 为光滑映射, f 在边界 ∂M 上的限制记为 ∂f, 则 f 和 ∂f 的临界值之并为 N 中的零测集, 即几乎所有的 $y \in N$ 既是 f 也是 ∂f 的正则值.

证明 由无边流形的 Sard 定理, $\partial f: \partial M \to N$ 的临界值为零测集. 同理, f 限制在 M 的内部得到的光滑映射的临界值也为零测集, 从而几乎所有的 $y \in N$ 既是 f 也是 ∂f 的正则值. □

设 $f: M \to N$ 是从带边流形 M 到无边流形 N 的光滑映射, S 为 N 的正则子流形. 如果 f 在 M 的内部的限制映射以及 f 在边界 ∂M 上的限制映射 ∂f 都和 S 横截相交, 则称 f 和 S **横截相交**. 这等价于: 任给 $p \in f^{-1}(S)$, 下面的等式成立

$$f_{*p}(T_pM) + T_{f(p)}S = T_{f(p)}N,$$

$$(\partial f)_{*p}(T_p(\partial M)) + T_{f(p)}S = T_{f(p)}N.$$

其中, 第二个等式当 $p \in \partial M$ 时成立. 和无边流形类似, 我们有

定理 2.6.2 设 $f: M \to N$ 是从带边流形 M 到无边流形 N 的光滑映射, S 为 N 的正则子流形. 如果 f 和 S 横截相交, 则 $f^{-1}(S)$ 为带边流形, 其边界满足

$$\partial f^{-1}(S) = f^{-1}(S) \cap \partial M,$$

且 $\mathrm{codim} f^{-1}(S) = \mathrm{codim} S$.

作为应用, 我们有

定理 2.6.3 设 M 为紧致带边流形, 则不存在光滑映射 $f: M \to \partial M$, 使得 ∂f 为恒同映射 id.

证明 选取 $q \in \partial M$, 使得 q 为 f 的正则值. 因为 f 在边界上为恒同映射, q 也是 ∂f 的正则值. 因此 $f^{-1}(q)$ 为紧致 1 维带边流形, 且

$$\partial f^{-1}(q) = f^{-1}(q) \cap \partial M = \{q\}.$$

然而紧致 1 维带边流形的边界必由偶数个点组成, 这就导出了矛盾. □

在上面的定理中, 光滑性条件的要求有时可以减弱为连续性, 我们以 $\mathbb{R}^n$ 中的单位闭球 $\mathbb{D}^n$ 为例加以说明.

定理 2.6.4 不存在连续映射 $f: \mathbb{D}^n \to S^{n-1}$, 使得 f 限制在边界 S^{n-1} 上为恒同映射.

证明 用反证法. 假设这样的连续映射 $f:\mathbb{D}^n\to S^{n-1}$ 存在, 则定义 $\tilde{f}:\mathbb{D}^n\to S^{n-1}$ 如下

$$\tilde{f}(x)=\begin{cases}f(2x), & \|x\|\leqslant 0.5,\\ \dfrac{x}{\|x\|}, & \|x\|>0.5.\end{cases}$$

$\tilde{f}$ 仍为连续映射, 且在 $\{0.5<\|x\|\leqslant 1\}$ 上光滑, 在 S^{n-1} 上为恒同映射. 我们用光滑映射 $\tilde{g}:\mathbb{D}^n\to\mathbb{R}^n$ 逼近 $\tilde{f}$, 使得 $\tilde{g}$ 在 $\{0.6<\|x\|\leqslant 1\}$ 上与 $\tilde{f}$ 保持一致, 且

$$\|\tilde{g}(x)-\tilde{f}(x)\|<1,\quad \forall\, x\in\mathbb{D}^n.$$

令 $g=r\circ\tilde{g}$, 其中 $r:\mathbb{R}^n\setminus\{0\}\to S^{n-1}$ 为压缩映射

$$r(x)=\frac{x}{\|x\|},\quad \forall\, x\in\mathbb{R}^n\setminus\{0\}.$$

显然, g 是光滑的, 且限制在 S^{n-1} 上为恒同映射, 这和前一定理的结论相矛盾. □

推论 2.6.5 (Brouwer) *设 $f:\mathbb{D}^n\to\mathbb{D}^n$ 为连续映射, 则存在 $x_0\in\mathbb{D}^n$, 使得 $f(x_0)=x_0$.*

证明 用反证法. 假设连续映射 $f:\mathbb{D}^n\to\mathbb{D}^n$ 没有不动点, 即 $f(x)\neq x$, $\forall\, x\in\mathbb{D}^n$. 从 $f(x)$ 出发到 x 的直线段经适当延长后与 $S^{n-1}=\partial\mathbb{D}^n$ 的交点记为 $g(x)$(见图 2.5), 则 $g:\mathbb{D}^n\to S^{n-1}$ 为连续映射, 且它限制在 S^{n-1} 上为恒同映射, 这和上面定理的结论相矛盾. □

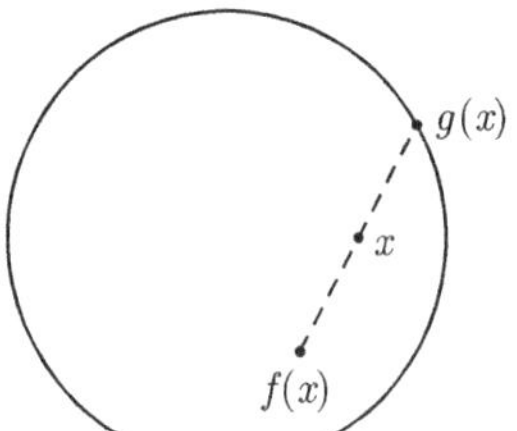

图 2.5 Brouwer 不动点定理

下面我们考虑带边流形的定向. 设 M 为 n 维带边流形, $p\in\partial M$. 注意切空间 $T_p(\partial M)$ 为 T_pM 中的一个超平面, 超平面两侧的切向量分别称为内向量和外向量. 利用局部坐标, 我们可以定义内向量如下: 设 (U,φ) 为 p 附近的局部坐标系, 使得

$$\varphi(U)\subset\mathbb{H}^n,\quad \varphi(U\cap\partial M)=\varphi(U)\cap\partial\mathbb{H}^n.$$

设 $X_p\in T_pM\setminus T_p(\partial M)$, 如果 $X_p(x^n)\geqslant 0$, 则称 X_p 为内向量.

我们要说明这个定义是恰当的. 为此设 (V,ψ) 为满足同样条件的 p 附近的局部坐标, $\{y^i\}_{i=1}^n$ 为坐标函数, 则

$$X_p(y^n)=\sum_{i=1}^n\frac{\partial y^n}{\partial x^i}(p)X_p(x^i).$$

因为 y^n 限制在 ∂M 上恒为零, 故当 $i<n$ 时, $\dfrac{\partial y^n}{\partial x^i}(p)=0$. 且

$$\frac{\partial y^n}{\partial x^n}(p)=\lim_{x_n\to 0^+}\frac{y^n(x)-y^n(p)}{x^n-x^n(p)}=\lim_{x_n\to 0^+}\frac{y^n(x)}{x^n}\geqslant 0,$$

因此

$$X_p(y^n) = \frac{\partial y^n}{\partial x^n}(p) X_p(x^n) \geqslant 0.$$

这说明内向量的定义与局部坐标的选取无关. 类似地可以定义外向量. 如果我们在 M 上选取黎曼度量, 则可以把内法向量定义为与 $T_p(\partial M)$ 正交的内向量. 因此, 在边界 ∂M 上每一点处均存在唯一的一个单位内法向量, 这是 ∂M 的法丛的一个处处非零的截面, 因此有

命题 2.6.6 *带边流形边界上的法丛为平凡线丛.*

如果 M 为可定向带边流形, 则得到下面的推论.

推论 2.6.7 *如果 M 为可定向带边流形, 则其边界 ∂M 为可定向的无边流形.*

我们可以用定向局部坐标覆盖将 M 和 ∂M 上的定向表示出来. 为此, 设 $\{(U_\alpha, \varphi_\alpha)\}$ 为 M 的一个定向坐标覆盖, 考虑 ∂M 的坐标覆盖

$$\{(U_\alpha \cap \partial M,\ \varphi_\alpha|_{U_\alpha \cap \partial M})\},$$

我们来说明这是 ∂M 的一个定向坐标覆盖.

事实上, 注意到 $\varphi_\beta^n|_{\partial M} \equiv 0$, 故

$$\frac{\partial(\varphi_\beta \circ \varphi_\alpha^{-1})^n}{\partial x^i}\Big|_{\partial M} = 0, \quad 1 \leqslant i \leqslant n-1.$$

从而有

$$0 < \det J\big(\varphi_\beta \circ \varphi_\alpha^{-1}\big)|_{\partial M} = \det J\big(\varphi_\beta|_{\partial M} \circ \varphi_\alpha|_{\partial M}^{-1}\big) \frac{\partial(\varphi_\beta \circ \varphi_\alpha^{-1})^n}{\partial x^n}\Big|_{\partial M},$$

在前面我们已经证明了 $\dfrac{\partial x_\beta^n}{\partial x_\alpha^n} \geqslant 0$, 因此上式表明

$$\det J\big(\varphi_\beta|_{\partial M} \circ \varphi_\alpha|_{\partial M}^{-1}\big) > 0.$$

这说明 M 上的定向坐标覆盖限制在边界 ∂M 上也是定向坐标覆盖.

通常, 我们用定向坐标覆盖中的有序坐标函数来表示一个定向. 在此意义下, 如果 $\{x_\alpha^1, x_\alpha^2, \cdots, x_\alpha^n\}$ 为 M 的一个定向, 则 $\{x_\alpha^1, x_\alpha^2, \cdots, x_\alpha^{n-1}\}$ 限制在边界上就定义了 ∂M 上的一个定向, 称为**限制定向**.

习题 2.6

1. 验证带边流形边界定义的恰当性.
2. 设 M 为无边流形, N 为带边流形, 证明: $M \times N$ 为带边流形, 其边界为 $M \times \partial N$.
3. 证明: Möbius 带不可定向.
4. 设 M^n 为连通可定向的无边流形, N^{n-1} 为 M^n 的紧致连通正则子流形. 证明: 如果集合 $M^n \backslash N^{n-1}$ 不连通, 则 N^{n-1} 可定向.
5. 用 Brouwer 不动点定理证明: 元素全都非负的 n 阶方阵必定存在一个非负实特征值.
6. 证明: 带边流形边界上的单位内法向量场为法丛的光滑截面.

§2.7 Stokes 积分公式

本节我们将微积分基本公式推广到流形上, 先考虑微分形式在可定向流形上的积分. 为此设 M 为 n 维 (带边) 流形, 并在 M 上给定了一个定向. 设 ω 为 M 上具有紧支

集的 n 次微分形式, 其中 ω 的支集定义为

$$\operatorname{supp}\omega=\overline{\{x\in M\mid\omega(x)\neq 0\}}.$$

我们假设以下出现的局部坐标系均与给定的定向相容.

(1) 假设 $\operatorname{supp}\omega$ 含于某局部坐标邻域 U_α 中, 且在此局部坐标下 ω 表示为

$$\omega=a_\alpha\,\mathrm{d}x_\alpha^1\wedge\cdots\wedge\mathrm{d}x_\alpha^n.$$

ω 在 M 上的积分定义为

$$\int_M\omega=\int_{\varphi_\alpha(U_\alpha)}a_\alpha\circ\varphi_\alpha^{-1}(x)\,\mathrm{d}x_\alpha^1\cdots\mathrm{d}x_\alpha^n.$$

断言: 上述积分和局部坐标的选取无关.

事实上, 如果 $\operatorname{supp}\omega$ 含于另一局部坐标邻域 U_β 中, 则 $\operatorname{supp}\omega\subset U_\alpha\cap U_\beta$. 在 U_β 中, ω 可以表示为

$$\omega=b_\beta\,\mathrm{d}x_\beta^1\wedge\cdots\wedge\mathrm{d}x_\beta^n,\quad\text{其中 } b_\beta=\det J\big(\varphi_\alpha\circ\varphi_\beta^{-1}\big)a_\alpha,$$

M 的定向保证了坐标转换的 Jacobi 行列式大于零. 由多元函数重积分的变量代换公式可得

$$\begin{aligned}\int_{\varphi_\beta(U_\beta)}b_\beta\,\mathrm{d}x_\beta^1\cdots\mathrm{d}x_\beta^n&=\int_{\varphi_\beta(U_\beta\cap U_\alpha)}b_\beta\,\mathrm{d}x_\beta^1\cdots\mathrm{d}x_\beta^n\\&=\int_{\varphi_\alpha(U_\beta\cap U_\alpha)}\big|\det J\big(\varphi_\beta\circ\varphi_\alpha^{-1}\big)\big|b_\beta\,\mathrm{d}x_\alpha^1\cdots\mathrm{d}x_\alpha^n\\&=\int_{\varphi_\alpha(U_\alpha)}a_\alpha\,\mathrm{d}x_\alpha^1\cdots\mathrm{d}x_\alpha^n.\end{aligned}$$

(2) 设 $\omega=\sum\limits_{i=1}^k\omega_i$, 且 ω_i 的支集均含于某一个局部坐标邻域 U 中, 则 ω 的支集也含于 U 中, 因此可以用 (1) 中的方式定义 ω 在 M 上的积分.

断言: $\displaystyle\int_M\omega=\sum_{i=1}^k\int_M\omega_i.$

事实上, 如果 ω_i 在 U 中有局部表示 $\omega_i=a_i\,\mathrm{d}x^1\wedge\cdots\wedge\mathrm{d}x^n$, 则 ω 的局部表示形如

$$\omega=\Big(\sum_{i=1}^k a_i\Big)\mathrm{d}x^1\wedge\cdots\wedge\mathrm{d}x^n.$$

因此

$$\begin{aligned}\int_M\omega&=\int_{\varphi(U)}\Big(\sum_{i=1}^k a_i\circ\varphi^{-1}(x)\Big)\mathrm{d}x^1\cdots\mathrm{d}x^n=\sum_{i=1}^k\int_{\varphi(U)}a_i\circ\varphi^{-1}(x)\,\mathrm{d}x^1\cdots\mathrm{d}x^n\\&=\sum_{i=1}^k\int_M\omega_i.\end{aligned}$$

(3) 最后, 设 ω 为具有紧支集的 n 次微分形式, 取 $\operatorname{supp}\omega$ 的一个有限局部坐标覆盖,

从属于此覆盖的单位分解为 $\{\varphi_\alpha\}$, 令

$$\int_M \omega = \sum_\alpha \int_M \varphi_\alpha \omega,$$

称为 ω 在 M 上的积分. 我们来说明, 积分的定义是恰当的, 和开覆盖及单位分解的选取无关.

事实上, 如果另有一个坐标覆盖以及相应的单位分解 $\{\psi_\beta\}$, 则对每一个固定的指标 α, 由于微分形式 $\psi_\beta\varphi_\alpha\omega$ 的支集都在同一坐标邻域中, 由 (2) 就有

$$\int_M \varphi_\alpha\omega = \sum_\beta \int_M \psi_\beta\varphi_\alpha\omega, \quad \int_M \psi_\beta\omega = \sum_\alpha \int_M \varphi_\alpha\psi_\beta\omega.$$

这说明

$$\sum_\alpha \int_M \varphi_\alpha\omega = \sum_\alpha\sum_\beta \int_M \psi_\beta\varphi_\alpha\omega = \sum_\beta\sum_\alpha \int_M \psi_\beta\varphi_\alpha\omega = \sum_\beta \int_M \psi_\beta\omega.$$

微分形式的积分具有如下性质:

(1) $\displaystyle\int_{-M} \omega = -\int_M \omega$, 其中 $-M$ 表示相反定向. 例如, 如果 $\{x^1, x^2, \cdots, x^n\}$ 为 M 上定向坐标, 则 $\{y^1 = -x^1, y^2 = x^2, \cdots, y^n = x^n\}$ 为 $-M$ 的定向坐标. 如果 ω 在前一局部坐标下局部表示的系数为 $a(x)$, 则在后一局部坐标下局部表示的系数为 $-a(x)$, 因此由积分的定义可知 ω 在这两个定向下的积分相差一个符号.

(2) $\displaystyle\int_M (\lambda\omega + \mu\eta) = \lambda\int_M \omega + \mu\int_M \eta$, 其中 λ, μ 为实数. 这由积分的定义可以立即推出.

(3) 设 $f: M \to N$ 为定向流形之间保持定向的微分同胚, ω 为 N 上具有紧支集的微分形式, 则

$$\int_M f^*\omega = \int_N \omega.$$

事实上, 如果 $\{\rho_\alpha\}$ 为 N 上的单位分解, 则 $\rho_\alpha \circ f$ 为 M 上的单位分解, 由此可见上述等式由多元函数重积分的变量替换公式即可推出.

在微积分中, 联系微分和积分的微积分基本公式是 Newton-Leibniz 公式, 它也是微积分的核心结果. 下面我们在微分流形上给出一个联系外微分和微分形式积分的公式, 它可视为流形上的微积分基本公式. 我们先看一个简单的情形.

定理 2.7.1 设 M^n 为定向无边流形, ω 为具有紧支集的 $n-1$ 次微分形式, 则

$$\int_M \mathrm{d}\omega = 0.$$

证明 利用单位分解, 不妨设 ω 的支集含于局部坐标邻域 U 中. 将 ω 表示为

$$\omega = \sum_{i=1}^n (-1)^{i-1} a_i(x)\mathrm{d}x^1 \wedge \cdots \wedge \widehat{\mathrm{d}x^i} \wedge \cdots \wedge \mathrm{d}x^n,$$

则

$$\mathrm{d}\omega=\Big(\sum_{i=1}^{n}\frac{\partial a_i}{\partial x^i}\Big)\mathrm{d}x^1\wedge\cdots\wedge\mathrm{d}x^n,$$

于是

$$\int_M \mathrm{d}\omega=\sum_{i=1}^{n}\int_{\varphi(U)}\frac{\partial a_i}{\partial x^i}\,\mathrm{d}x^1\cdots\mathrm{d}x^n.$$

注意到 a_i 的支集含于 U 中, 因此在零延拓的意义下就有

$$\begin{aligned}\int_{\varphi(U)}\frac{\partial a_i}{\partial x^i}\,\mathrm{d}x^1\cdots\mathrm{d}x^n&=\int_{\mathbb{R}^n}\frac{\partial a_i}{\partial x^i}\,\mathrm{d}x^1\cdots\mathrm{d}x^n\\&=\int_{\mathbb{R}^{n-1}}\int_{-\infty}^{+\infty}\frac{\partial a_i}{\partial x^i}\,\mathrm{d}x^i\,\mathrm{d}x^1\cdots\widehat{\mathrm{d}x^i}\cdots\mathrm{d}x^n\\&=\int_{\mathbb{R}^{n-1}}\Big(a_i\Big|_{x^i=-\infty}^{x^i=+\infty}\Big)\mathrm{d}x^1\cdots\widehat{\mathrm{d}x^i}\cdots\mathrm{d}x^n=0,\end{aligned}$$

上面我们用到 a_i 支集的紧致性. 由此即知 $\int_M \mathrm{d}\omega=0$. □

推论 2.7.2 设 M^n 为闭的可定向微分流形, 则 $H^n_{dR}(M;\mathbb{R})\neq\{0\}$.

证明 设 M 为可定向流形, 任取 M 的黎曼度量 g, 其体积形式 Ω 为 M 上处处非零的 n 次微分形式, 因为 M 上的 $n+1$ 次微分形式均为零, 故 Ω 为闭形式, 它代表了 de Rham 上同调群中的一个元素 $[\Omega]$. 记

$$\mathrm{Vol}(M,g)=\int_M\Omega,$$

称为黎曼流形 (M,g) 的体积. 根据 Ω 的局部表达式易知 $\mathrm{Vol}(M,g)>0$. 由前一定理可知 Ω 不是恰当形式, 即 $[\Omega]$ 必为 $H^n_{dR}(M;\mathbb{R})$ 中非零元素. □

下面的定理是流形上的微积分基本公式.

定理 2.7.3 (Stokes 公式) 设 M^n 为定向带边流形, ω 为 M 上具有紧支集的 $n-1$ 次微分形式, 则

$$\int_M \mathrm{d}\omega=(-1)^n\int_{\partial M}i^*\omega=(-1)^n\int_{\partial M}\omega,$$

其中, $i:\partial M\to M$ 为包含映射, ∂M 上的定向取为限制定向.

证明 通过利用单位分解, 不妨设 $\mathrm{supp}\,\omega$ 含于坐标邻域 U 中, φ 为 U 上的坐标映射, 且

$$\varphi(U\cap\partial M)=\varphi(U)\cap\partial\mathbb{H}^n.$$

ω 在 U 中可以表示为

$$\omega=\sum_{i=1}^{n}(-1)^{i-1}a_i\,\mathrm{d}x^1\wedge\cdots\wedge\widehat{\mathrm{d}x^i}\wedge\cdots\wedge\mathrm{d}x^n,$$

此时有

$$\mathrm{d}\omega=\Big(\sum_{i=1}^{n}\frac{\partial a_i}{\partial x^i}\Big)\mathrm{d}x^1\wedge\cdots\wedge\mathrm{d}x^n.$$

我们分两种情况讨论:

(1) $\partial M\cap U=\varnothing$. 此时, 和定理 2.7.1 的证明一样, 有

$$\int_M \mathrm{d}\omega=\int_U \mathrm{d}\omega=\sum_{i=1}^n\int_{\varphi(U)}\frac{\partial a_i}{\partial x^i}\,\mathrm{d}x^1\cdots\mathrm{d}x^n=0.$$

另一方面, 由于 $\partial M\cap\operatorname{supp}\omega=\varnothing$, 故 $i^*\omega=0$, 从而

$$\int_{\partial M} i^*\omega=0=\int_M \mathrm{d}\omega.$$

(2) $\partial M\cap U\neq\varnothing$. 此时

$$\begin{aligned}\int_M \mathrm{d}\omega&=\int_{\varphi(U)}\sum_{i=1}^n\frac{\partial a_i}{\partial x^i}\,\mathrm{d}x^1\cdots\mathrm{d}x^n=\sum_{i=1}^n\int_{\mathbb{H}^n}\frac{\partial a_i}{\partial x^i}\,\mathrm{d}x^1\cdots\mathrm{d}x^n\\&=\sum_{i=1}^{n-1}\int_0^{+\infty}\int_{\mathbb{R}^{n-1}}\frac{\partial a_i}{\partial x^i}\,\mathrm{d}x^1\cdots\mathrm{d}x^n+\int_{\mathbb{R}^{n-1}}\int_0^{+\infty}\frac{\partial a_n}{\partial x^n}\,\mathrm{d}x^1\cdots\mathrm{d}x^{n-1}\\&=\sum_{i=1}^{n-1}\int_0^{+\infty}\int_{\mathbb{R}^{n-2}}\left(a_i\Big|_{x^i=-\infty}^{x^i=+\infty}\right)\mathrm{d}x^1\cdots\widehat{\mathrm{d}x^i}\cdots\mathrm{d}x^n\\&\quad+\int_{\mathbb{R}^{n-1}}\left(a_n\Big|_{x^n=0}^{x^n=+\infty}\right)\mathrm{d}x^1\cdots\mathrm{d}x^{n-1}\\&=-\int_{\partial\mathbb{H}^n}a_n(x^1,\cdots,x^{n-1},0)\,\mathrm{d}x^1\cdots\mathrm{d}x^{n-1}.\end{aligned}$$

另一方面, 由 $x^n|_{\partial M}\equiv 0$ 可知

$$i^*\omega=(-1)^{n-1}a_n(x^1,\cdots,x^{n-1},0)\,\mathrm{d}x^1\wedge\cdots\wedge\mathrm{d}x^{n-1},$$

于是

$$\int_{\partial M}i^*\omega=(-1)^{n-1}\int_{\partial\mathbb{H}^n}a_n(x^1,\cdots,x^{n-1},0)\,\mathrm{d}x^1\cdots\mathrm{d}x^{n-1}.$$

这说明

$$\int_M\mathrm{d}\omega=(-1)^n\int_{\partial M}i^*\omega.$$

这就完成了定理的证明. □

注 为了让 Stokes 公式右边不出现 $(-1)^n$, 我们可以在 ∂M 上采用所谓的**诱导定向**: 当 n 为偶数时, 诱导定向就是限制定向; 当 n 为奇数时, 诱导定向和限制定向相反.

设 M 为定向流形, Ω 为体积形式. 如果 X 为 M 上的光滑切向量场, 则 $L_X\Omega$ 可以写为

$$L_X\Omega=\operatorname{div}(X)\Omega,$$

系数 $\operatorname{div}(X)$ 称为 X 的**散度**.

推论 2.7.4 (散度定理) *设 M 为定向带边流形, Ω 为体积形式, X 为 M 上具有紧支集的光滑切向量场, 则*

$$\int_M\operatorname{div}(X)\Omega=\int_{\partial M}i_X\Omega.$$

证明 利用 Cartan 公式可得

$$L_X\Omega = \mathrm{d}\circ i_X\Omega + i_X\circ \mathrm{d}\Omega = \mathrm{d}\circ i_X\Omega,$$

再用 Stokes 公式即可. □

如果体积形式 Ω 是 M 上黎曼度量 g 的体积形式, 则记 g 在 ∂M 上的限制的体积形式为 ω. 记 $\vec{N}$ 为边界 ∂M 的单位外法向量, 则有

推论 2.7.5 在上面推论 2.7.4 的条件下, 有

$$\int_M \mathrm{div}(X)\Omega = \int_{\partial M}\langle X, \vec{N}\rangle\omega.$$

证明 设 $p\in\partial M$, 取 $T_p(\partial M)$ 的一组标准正交基 $\{e_i\}_{i=1}^{n-1}$, 使得 (参见本节习题 4)

$$\omega(e_1,\cdots,e_{n-1}) = 1.$$

则

$$\begin{aligned} i_X\Omega(e_1,\cdots,e_{n-1}) &= \Omega(X,e_1,\cdots,e_{n-1})\\ &= \Omega\left(\langle X,\vec{N}\rangle\vec{N} + \sum_{i=1}^{n-1}\langle X,e_i\rangle\, e_i,\ e_1,\cdots,e_{n-1}\right)\\ &= \langle X,\vec{N}\rangle\,\Omega(\vec{N},e_1,\cdots,e_{n-1}) = \langle X,\vec{N}\rangle. \end{aligned}$$

这里我们用到了诱导定向 (见本节习题 5). 这说明

$$i_X\Omega = \langle X,\vec{N}\rangle\,\omega,$$

从而本推论由前一推论即可得到. □

例 2.7.1 Newton-Leibniz 公式.

取 1 维带边流形 $[a,b]$ 其定向由 $\mathbb{R}^1$ 上的标准坐标给出, 考虑 1 次微分形式 $\omega = \mathrm{d}f = f'(x)\mathrm{d}x$, 则由 Stokes 公式, 有

$$\int_a^b f'(x)\mathrm{d}x = \int_a^b \mathrm{d}f = \int_{\partial[a,b]} f = f(b) - f(a) = f(x)\Big|_a^b.$$

此处, $\partial[a,b]$ 由带有诱导定向的两点 $-\{a\}$, $+\{b\}$ 组成.

例 2.7.2 $\mathbb{R}^2$ 中的 Green 公式.

考虑 $\mathbb{R}^2$ 上的有界区域 W, 设其边界为 1 维正则子流形 (曲线), W 上的定向由 $\mathbb{R}^2$ 上的标准坐标 $\{x,y\}$ 给出, ∂W 的定向为诱导定向, 即由 “右手法则” 确定的定向. 设 $\omega = p\mathrm{d}x + q\mathrm{d}y$ 为 1 次微分形式, 则

$$\mathrm{d}\omega = \left(\frac{\partial q}{\partial x} - \frac{\partial p}{\partial y}\right)\mathrm{d}x\wedge\mathrm{d}y.$$

由 Stokes 公式, 有

$$\begin{aligned}\int_W \mathrm{d}\omega &= \int_W \left(\frac{\partial q}{\partial x} - \frac{\partial p}{\partial y}\right)\mathrm{d}x\wedge\mathrm{d}y\\ &= \int_{\partial W} p\mathrm{d}x + q\mathrm{d}y = \int_{\partial W}\omega.\end{aligned}$$

例 2.7.3 $\mathbb{R}^3$ 中的 Stokes 公式.

考虑 $\mathbb{R}^3$ 中的 2 维曲面 M, 其边界 ∂M 为 1 维正则子流形, 在 M 上选定外法向, 并由此从 $\mathbb{R}^3$ 中诱导定向 ("右手法则"), ∂M 的定向从 M 诱导而来. 如果 $\omega = p\mathrm{d}x + q\mathrm{d}y + r\mathrm{d}z$ 为 1-形式, 则

$$\mathrm{d}\omega = \Big(\frac{\partial r}{\partial y} - \frac{\partial q}{\partial z}\Big)\mathrm{d}y \wedge \mathrm{d}z + \Big(\frac{\partial p}{\partial z} - \frac{\partial r}{\partial x}\Big)\mathrm{d}z \wedge \mathrm{d}x + \Big(\frac{\partial q}{\partial x} - \frac{\partial p}{\partial y}\Big)\mathrm{d}x \wedge \mathrm{d}y.$$

由 Stokes 公式, 得

$$\begin{aligned}\int_M \mathrm{d}\omega &= \int_M \Big(\frac{\partial r}{\partial y} - \frac{\partial q}{\partial z}\Big)\mathrm{d}y \wedge \mathrm{d}z + \Big(\frac{\partial p}{\partial z} - \frac{\partial r}{\partial x}\Big)\mathrm{d}z \wedge \mathrm{d}x + \Big(\frac{\partial q}{\partial x} - \frac{\partial p}{\partial y}\Big)\mathrm{d}x \wedge \mathrm{d}y \\ &= \int_{\partial M} p\mathrm{d}x + q\mathrm{d}y + r\mathrm{d}z = \int_{\partial M} \omega.\end{aligned}$$

例 2.7.4 $\mathbb{R}^3$ 中的 Gauss 公式.

设 W 为 $\mathbb{R}^3$ 中的有界开集, 其边界 ∂W 为 2 维曲面, 定向皆为诱导定向. 设 ω 为 2 次微分形式,

$$\omega = p\mathrm{d}y \wedge \mathrm{d}z + q\mathrm{d}z \wedge \mathrm{d}x + r\mathrm{d}x \wedge \mathrm{d}y,$$

则

$$\mathrm{d}\omega = \Big(\frac{\partial p}{\partial x} + \frac{\partial q}{\partial y} + \frac{\partial r}{\partial z}\Big)\mathrm{d}x \wedge \mathrm{d}y \wedge \mathrm{d}z.$$

由 Stokes 公式, 有

$$\begin{aligned}\int_W \mathrm{d}\omega &= \int_W \Big(\frac{\partial p}{\partial x} + \frac{\partial q}{\partial y} + \frac{\partial r}{\partial z}\Big)\mathrm{d}x \wedge \mathrm{d}y \wedge \mathrm{d}z \\ &= \int_{\partial W} p\mathrm{d}y \wedge \mathrm{d}z + q\mathrm{d}z \wedge \mathrm{d}x + r\mathrm{d}x \wedge \mathrm{d}y = \int_{\partial W} \omega.\end{aligned}$$

最后我们重新证明前一节的一个结果.

定理 2.7.6 设 M 为定向紧致带边流形, 则不存在光滑映射 $f: M \to \partial M$, 使得 f 限制在 ∂M 上为恒同映射.

证明 反证法. 设这样的 f 存在, 我们来导出矛盾. 取 ∂M 上体积形式 ω, 则

$$\int_{\partial M} \omega = \mathrm{Vol}(\partial M) > 0.$$

另一方面, 由于 ∂f 为恒同映射, 故由 Stokes 公式, 有

$$0 < \int_{\partial M} \omega = \int_{\partial M} f^*\omega = \int_M \mathrm{d}[f^*\omega] = \int_M f^*\mathrm{d}\omega = 0,$$

上式最后是因为 $\mathrm{d}\omega$ 的次数大于 ∂M 的维数, 从而为零. 这就导出了矛盾. □

习题 2.7

1. 计算 S^n 在标准度量下的体积.
2. 设 M 为定向紧致流形, g 为黎曼度量, X 为光滑切向量场, 它生成的单参数变换群记为 $\{\phi_t\}$, 记 $g_t = \phi_t^* g$(拉回度量), (M, g_t) 的体积记为 V_t, 证明:

$$\frac{\mathrm{d}}{\mathrm{d}t}\Big|_{t=0} V_t = \int_M \mathrm{div}(X)\varOmega,$$

其中, Ω 为 g 的体积形式.

3. 设 M^n 为定向无边流形, α,β 分别为 s 次和 $n-s$ 次微分形式, X 为具有紧支集的光滑切向量场, 证明:

$$\int_M L_X(\alpha)\wedge\beta=-\int_M \alpha\wedge L_X(\beta).$$

4. 设 (M^n,g) 为定向黎曼流形, $\{e_i\}_{i=1}^n$ 是切从的一组定向局部标准正交标基, 其对偶 1-形式记为 $\{\omega^i\}_{i=1}^n$, 证明: (M^n,g) 的体积形式等于 $\omega^1\wedge\cdots\wedge\omega^n$.
5. 验证推论 2.7.5 中用到的等式 $\Omega(\vec{N},e_1,\cdots,e_{n-1})=1$.
6. 设 M 为定向闭流形, g 为黎曼度量. 证明: 如果 X 为光滑切向量场, f 为光滑函数, 则

$$\int_M X(f)\,\Omega=\int_M f\,L_X\Omega,$$

其中, Ω 为体积形式.

7. 设 M 为定向闭流形, g 为黎曼度量. 当 f 为光滑函数时, 记 $\Delta f=\mathrm{div}(\nabla f)$. 证明:

$$\int_M f\Delta f\,\Omega=-\int_M |\nabla f|^2\,\Omega,$$

其中, Ω 为体积形式. 由此说明, 若 $\Delta f=0$, 则 f 为局部常值函数.

8. 设 M 为定向流形, g 为黎曼度量. 在局部坐标 $\{x^i\}$ 中, g 可以表示为

$$g=g_{ij}\mathrm{d}x^i\otimes\mathrm{d}x^j.$$

设 X 为光滑切向量场, 证明:

$$\mathrm{div}(X)=\frac{1}{\sqrt{G}}\frac{\partial}{\partial x^i}\left[\sqrt{G}\,X(x^i)\right],$$

其中, $G=\det\left(g_{ij}\right)$.

9. 用 Stokes 公式重新证明 Brouwer 不动点定理.

第 3 章　流形的几何

本章介绍流形上的几何学, 我们首先引入度量、联络、曲率等黎曼几何学的基本概念, 并研究若干特殊的例子, 最后证明 Gauss-Bonnet-Chern 公式, 这个重要的公式将流形上局部的几何不变量与整体的拓扑不变量联系在了一起.

§3.1　度 量 回 顾

我们知道, 古典微分几何研究欧氏空间中的曲线和曲面等. 曲线有线元 (弧长元素) 的概念, 曲面有第一基本形式的概念. 有了线元或第一基本形式, 我们就可以计算曲线的长度, 讨论两点之间的最短距离. 线元或第一基本形式在微分流形上的推广就是黎曼度量.

回忆一下, 微分流形上的黎曼度量指的是二阶正定对称协变张量场, 它在流形的每一点的切空间上都指定了一个内积. 在局部坐标系 $\{x^1,\cdots,x^n\}$ 中, 黎曼度量 g 可以表示为

$$g=\sum_{i,j=1}^{n} g_{ij}\mathrm{d}x^i\otimes \mathrm{d}x^j,\quad \text{其中 } g_{ij}=g\Big(\frac{\partial}{\partial x^i},\frac{\partial}{\partial x^j}\Big).$$

例 3.1.1　*黎曼度量的存在性.*

设 M 为微分流形, 取 M 的局部有限坐标覆盖 $\{U_\alpha\}$, 从属于这个覆盖的单位分解记为 $\{\rho_\alpha\}$. 如果 U_α 中的坐标函数为 $\{x_\alpha^1,\cdots,x_\alpha^n\}$, 令

$$g=\sum_{\alpha}\rho_\alpha g_{ij}^{\alpha}\mathrm{d}x_\alpha^i\otimes \mathrm{d}x_\alpha^j,$$

其中, $\big(g_{ij}^{\alpha}\big)$ 是 U_α 中给定的度量矩阵. 显然, g 为 M 上的二阶对称协变张量场. 根据单位分解函数的性质也容易看出 g 是正定的, 即 g 是 M 上的黎曼度量.

例 3.1.2　*拉回度量.*

设 $f:M\to N$ 为浸入, h 是 N 上的黎曼度量, 则拉回协变张量场 f^*h 是 M 上的二阶协变对称张量场. 因为 f 是浸入, 其切映射是单射, 从而 h 也是正定的, 即 h 是 M 上的黎曼度量, 称为拉回度量.

例 3.1.3　*球面 S^n 上的度量.*

考虑包含映射 $i:S^n\to\mathbb{R}^{n+1}$, 在 $\mathbb{R}^{n+1}$ 上有标准黎曼度量

$$g_0=\sum_{i=1}^{n+1}\mathrm{d}x^i\otimes \mathrm{d}x^i.$$

S^n 上的拉回度量记为 $g_1=i^*g_0$, g_1 也就是将欧氏空间中的标准内积限制在 S^n 上每一点的切空间上所得到的限制度量.

我们在球极投影坐标下计算 g_1 的局部表示. 令 $U=S^n\setminus\{(0,\cdots,0,-1)\}$, U 上的局

部坐标映射为

$$\varphi : U \to \mathbb{R}^n, \quad \varphi(x) = \Big(\frac{x^1}{1+x^{n+1}}, \cdots, \frac{x^n}{1+x^{n+1}}\Big),$$

其中, $x = (x^1, \cdots, x^{n+1}) \in U$. 如果记 φ 的第 i 个分量为 u_i, 则

$$x^i = \frac{2u^i}{1+\sum\limits_{i=1}^n (u^i)^2} \quad (1 \leqslant i \leqslant n); \quad x^{n+1} = \frac{1-\sum\limits_{i=1}^n (u^i)^2}{1+\sum\limits_{i=1}^n (u^i)^2}.$$

直接的计算表明, 在 U 中 g_1 可以表示为

$$g_1 = i^* g_0 = \frac{4}{\Big[1+\sum\limits_{i=1}^n (u^i)^2\Big]^2} \sum_{i=1}^n \mathrm{d}u^i \otimes \mathrm{d}u^i.$$

类似地, 可以得到 g_1 在 $V = S^n \setminus \{(0, \cdots, 0, 1)\}$ 上的局部表示.

我们知道, 在线性代数中用线性同构来区分不同的向量空间. 如果要区分不同的内积空间, 则要看线性同构是否保持内积. 类似地, 我们用保持黎曼度量的微分同胚来区分不同的黎曼流形.

定义 3.1.1 (等距同构) 设 $f: (M,g) \to (N,h)$ 是黎曼流形之间的微分同胚, 如果 $g = f^*h$, 则称 f 为黎曼流形 (M,g) 和 (N,h) 之间的等距同构. 我们不区分等距同构的黎曼流形.

除了等距同构的概念以外, 还有局部等距同构和等距嵌入的概念. 局部等距同构是指黎曼流形之间的映射 $f:(M,g) \to (N,h)$, 使得任给 $p \in M$, 均存在 p 的开邻域 U, 使得 $f: (U,g) \to (f(U),h)$ 为等距同构. 等距嵌入是指黎曼流形之间的嵌入映射 $f: (M,g) \to (N,h)$, 使得 $g = f^*h$. 1957 年左右, Nash 证明了任何 (完备) 黎曼流形均可等距嵌入到高维欧氏空间中.

黎曼流形 (M,g) 到自身的等距同构称为自同构, 自同构的全体组成的集合在复合运算下形成的群称为等距自同构群, 记为 $I(M,g)$, 它是微分同胚群 $\mathrm{Diff}(M)$ 的子群. 1939 年, Myers 和 Steenrod 证明了 $I(M,g)$ 是 Lie 群, 其 Lie 代数可以由所谓的 Killing 场组成.

定义 3.1.2 (Killing 场) 设 (M,g) 为黎曼流形, X 为切向量场. 如果 X 生成的无穷小变换均为等距同构, 则称 X 为 (M,g) 的 Killing 场.

由 Lie 导数的定义可知, X 为 Killing 场当且仅当 $L_X g = 0$. 这等价于, 任给切向量场 Y, Z, 有

$$X\langle Y,\ Z\rangle = \langle [X,Y],\ Z\rangle + \langle Y,\ [X,Z]\rangle, \tag{3.1}$$

其中, $g = \langle , \rangle$.

例 3.1.4 欧氏空间的等距同构.

在 $\mathbb{R}^n$ 上取标准度量, 则如下仿射变换均为等距同构

$$\varphi : \mathbb{R}^n \to \mathbb{R}^n, \quad \varphi(x) = Ax + b,$$

其中, $A \in O(n)$ 为正交矩阵, $b \in \mathbb{R}^n$. 反之, 可以证明欧氏空间中的等距同构都是如上的仿射变换.

例 3.1.5 复迭空间上的度量.

设 $f: M \to N$ 为微分流形之间的复迭映射, h 为 N 上的黎曼度量, 则 $g = f^*h$ 为 M 上的黎曼度量, 此时 $f: (M,g) \to (N,h)$ 为局部等距同构.

例 3.1.6 商空间上的度量.

设 (M,g) 为黎曼流形, G 为 $I(M,g)$ 的离散子群. 如果 G 在 M 上的作用是自由的, 则商空间

$$M/G = \{G\cdot x\,|\,x \in M\}$$

具有微分流形的结构, 且 M 上的黎曼度量可“降”到 M/G 上, 即 M/G 上存在黎曼度量 h, 使得 $g = \pi^*h$, 其中 $\pi: M \to M/G$ 为商投影, 这是一个复迭映射.

作为例子, 考虑欧氏空间 $(\mathbb{R}^n, g_0)$. $\mathbb{R}^n$ 中的平移都是等距自同构. 作为加群, $\mathbb{R}^n$ 的离散子群也是等距自同构群的离散子群. 设 $\{v_1,\cdots,v_n\}$ 为 $\mathbb{R}^n$ 中线性无关的 n 个向量, 考虑离散子群

$$\Lambda = \Big\{\sum_{i=1}^n m_i v_i \,\Big|\, m_i \in \mathbb{Z}\Big\},$$

Λ 作用在 $\mathbb{R}^n$ 上都是平移. 在 $\mathbb{R}^n$ 中定义等价关系如下

$$x \sim y \text{ 当且仅当存在 } m_i \in \mathbb{Z} \text{ 使得 } x - y = \sum_{i=1}^n m_i v_i.$$

于是商空间 $\mathbb{R}^n/\Lambda = \{[x]\,|\,x \in \mathbb{R}^n\}$ 上存在黎曼度量 h, 使得商投影 $\pi: \mathbb{R}^n \to \mathbb{R}^n/\Lambda$ 为局部等距同构. 商空间 $\mathbb{R}^n/\Lambda$ 为紧致黎曼流形, 通常称为 n 维黎曼环面.

例 3.1.7 双曲模型的等价性.

考虑 Poincaré 圆盘 $\mathbb{D} = \big\{z \in \mathbb{C}\,\big|\,|z| < 1\big\}$, 其中 $z = x + \mathrm{i}y$ 为复坐标. $\mathbb{D}$ 上的黎曼度量为

$$g_{-1} = \frac{4}{\big[1-|z|^2\big]^2}(\mathrm{d}x\otimes\mathrm{d}x + \mathrm{d}y\otimes\mathrm{d}y).$$

我们还有上半平面 $\mathbb{H} = \{z \in \mathbb{C}\,|\,\mathrm{Im}z > 0\}$, $\mathbb{H}$ 上的黎曼度量为

$$h_{-1} = \frac{1}{(\mathrm{Im}z)^2}(\mathrm{d}x\otimes\mathrm{d}x + \mathrm{d}y\otimes\mathrm{d}y).$$

考虑全纯映射

$$\varphi: \mathbb{H} \to \mathbb{D},\quad \varphi(z) = \frac{z-\mathrm{i}}{z+\mathrm{i}},$$

则

$$\varphi'(z) = \frac{2\mathrm{i}}{(z+\mathrm{i})^2},\quad 1 - |\varphi(z)|^2 = \frac{4\mathrm{Im}z}{|z+\mathrm{i}|^2},$$

因此

$$\varphi^* g_{-1} = \frac{4}{\big[1-|\varphi(z)|\big]^2}|\varphi'(z)|^2(\mathrm{d}x\otimes\mathrm{d}x + \mathrm{d}y\otimes\mathrm{d}y) = \frac{1}{(\mathrm{Im}z)^2}(\mathrm{d}x\otimes\mathrm{d}x + \mathrm{d}y\otimes\mathrm{d}y),$$

这说明 φ 是一个等距同构.

类似的计算表明, 当 $\theta \in \mathbb{R}$, $z_0 \in \mathbb{D}$ 时, 分式线性变换

$$\varphi : \mathbb{D} \to \mathbb{D}, \quad \varphi(z) = \mathrm{e}^{\mathrm{i}\theta} \frac{z - z_0}{1 - \bar{z}_0 z}$$

是 $(\mathbb{D}, g_{-1})$ 的等距自同构; 当 $a, b, c, d \in \mathbb{R}$, $ad - bc = 1$ 时, 分式线性变换

$$\varphi : \mathbb{H} \to \mathbb{H}, \quad \varphi(z) = \frac{az + b}{cz + d}$$

是 $(\mathbb{H}, h_{-1})$ 的等距自同构.

我们知道, 在向量空间中引入内积以后就可以求向量的长度和两点之间的距离等. 类似地, 在流形上引入黎曼度量以后就可以求曲线的长度, 进而可以用长度定义两点之间的距离.

定义 3.1.3 (曲线的长度) 设 $\sigma : [a, b] \to M$ 为黎曼流形 (M, g) 上的分段 C^1 曲线, 定义其长度 $L(\sigma)$ 为

$$L(\sigma) = L_g(\sigma) = \int_a^b \|\dot{\sigma}(t)\| \,\mathrm{d}t,$$

其中, $\|\dot{\sigma}(t)\| = \|\dot{\sigma}(t)\|_g = \sqrt{g(\dot{\sigma}(t), \dot{\sigma}(t))}$ 是切向量 $\dot{\sigma}(t)$ 的长度.

注 曲线的长度与其参数的选取无关; 曲线的长度在等距变换下保持不变, 即如果 $f : (M, g) \to (N, h)$ 为等距同构, 则 $L(f(\sigma)) = L(\sigma)$.

定义 3.1.4 (距离) 设 (M, g) 为连通黎曼流形, $p, q \in M$. 令

$$d(p, q) = d_g(p, q) = \inf_{\sigma} L(\sigma),$$

称为 p, q 之间的距离, 其中下确界是对所有连接 p, q 的连续分段 C^1 曲线取的.

下列性质是显然的:

(1) $d(p, q) \geqslant 0$, $\forall\, p, q \in M$;

(2) $d(p, q) = d(q, p)$, $\forall\, p, q \in M$;

(3) $d(p, q) \leqslant d(p, r) + d(r, q)$, $\forall\, p, q, r \in M$.

下面的引理表明 (M, d) 的确是一个度量 (距离) 空间.

引理 3.1.1 当 $p \neq q$ 时, $d(p, q) > 0$.

证明 取 p 附近的局部坐标系 $\{x^1, \cdots, x^n\}$, 使得 $x^i(p) = 0$ $(1 \leqslant i \leqslant n)$, 且

$$q \notin U = \left\{(x^1)^2 + \cdots + (x^n)^2 \leqslant \delta\right\},$$

其中, $\delta > 0$. 在 U 中, 黎曼度量 g 可以表示为 $g = \sum\limits_{i,j=1}^n g_{ij} \mathrm{d}x^i \otimes \mathrm{d}x^j$. 令

$$g_0 = \sum_{i,j=1}^n \delta_{ij} \mathrm{d}x^i \otimes \mathrm{d}x^j = \sum_{i=1}^n \mathrm{d}x^i \otimes \mathrm{d}x^i,$$

根据黎曼度量的正定性和度量矩阵的连续性可知, 存在正数 λ, μ, 使得

$$\lambda^2 g_0 \leqslant g \leqslant \mu^2 g_0.$$

因此, 对于 U 中的曲线 σ, 其长度满足关系

$$\lambda L_{g_0}(\sigma) \leqslant L_g(\sigma) \leqslant \mu L_{g_0}(\sigma). \tag{3.2}$$

特别地, 当 $x,y\in U$ 时, 取 $\xi(t)=x+t(y-x)$, 则

$$d(x,y)\leqslant L_g(\xi)\leqslant \mu L_{g_0}(\xi)=\mu\left[\sum_{i=1}^n(x^i-y^i)^2\right]^{\frac{1}{2}}.$$

另一方面, 如果 $\sigma:[a,b]\to U$ 为连接 x,y 的分段 C^1 曲线, 则

$$\begin{aligned}L_{g_0}(\sigma)&=\int_a^b\left[\sum_{i=1}^n(\dot\sigma^i(t))^2\right]^{\frac{1}{2}}\mathrm{d}t\geqslant\int_a^b\left[\sum_{i=1}^n(\sigma^i(t))^2\right]^{-\frac{1}{2}}\sum_{i=1}^n\sigma^i(t)\dot\sigma^i(t)\,\mathrm{d}t\\&=\int_a^b\left(\left[\sum_{i=1}^n(\sigma^i(t))^2\right]^{\frac{1}{2}}\right)'\mathrm{d}t=\left[\sum_{i=1}^n(y^i)^2\right]^{\frac{1}{2}}-\left[\sum_{i=1}^n(x^i)^2\right]^{\frac{1}{2}}.\end{aligned}$$

特别地, 如果 $\gamma:[0,1]\to M$ 是连接 p,q 的曲线, 则存在 t_0, 使得 $\gamma(t_0)\in\partial U$, 此时由式 (3.2) 得

$$L_g(\gamma)\geqslant\lambda L_{g_0}(\gamma|_{[0,t_0]})\geqslant\lambda\delta,$$

即 $d(p,q)\geqslant\lambda\delta>0$. □

推论 3.1.2 (M,d) 为度量空间.

从引理 3.1.1 的证明可以看出, 作为度量空间, (M,d) 的拓扑和微分流形本身的拓扑是一致的; 并且在欧氏空间中, 连接任意两点的长度最短曲线一定是直线段.

设 $p\in M$, $r>0$, 记 $B_r(p)=\{q\in M\mid d(p,q)<r\}$, 称为以 p 为中心, 以 r 为半径的测地球; 记 $S_r(p)=\{q\in M\mid d(p,q)=r\}$, 称为测地球面.

例 3.1.8 双曲模型中的距离.

先看 Poincaré 圆盘模型. 设 $z_1,z_2\in\mathbb{D}$, 取等距同构 $\varphi(z)=\mathrm{e}^{\mathrm{i}\theta}\dfrac{z-z_1}{1-\bar z_1z}$, 使得 $\varphi(z_1)=0$, $\varphi(z_2)\in\mathbb{R}\cap\mathbb{D}$. 如果 $\sigma:[0,1]\to\mathbb{D}$ 是连接 $\varphi(z_1)=0$ 和 $\varphi(z_2)$ 的曲线, 记 $\sigma(t)=(x(t),y(t))$, 则

$$\begin{aligned}L(\sigma)&=\int_0^1\frac{2}{1-x^2(t)-y^2(t)}\sqrt{(x'(t))^2+(y'(t))^2}\,\mathrm{d}t\geqslant\int_0^1\frac{2|x'(t)|}{1-x^2(t)}\,\mathrm{d}t\\&\geqslant\left|\int_0^1\frac{2x'(t)}{1-x^2(t)}\,\mathrm{d}t\right|=\left|\ln\frac{1+\varphi(z_2)}{1-\varphi(z_2)}\right|=\ln\frac{1+|\varphi(z_2)|}{1-|\varphi(z_2)|}\\&=\ln\frac{|1-\bar z_1z_2|+|z_1-z_2|}{|1-\bar z_1z_2|-|z_1-z_2|}.\end{aligned}$$

等号成立当且仅当 σ 是连接 $\varphi(z_1)=0$ 和 $\varphi(z_2)\in\mathbb{R}$ 的直线段. 因此

$$d(z_1,z_2)=d(\varphi(z_1),\varphi(z_2))=\ln\frac{|1-\bar z_1z_2|+|z_1-z_2|}{|1-\bar z_1z_2|-|z_1-z_2|}.$$

这就得到了 $(\mathbb{D},g_{-1})$ 的距离, 也称为双曲距离.

设 γ 为黎曼流形 (M,g) 中的曲线, 如果 $d\big(\gamma(t_1),\gamma(t_2)\big)=L(\gamma|_{[t_1,t_2]})$ 对定义域中任意 $t_1<t_2$ 成立, 则称 σ 为一条最短测地线. 显然, 在等距同构下, 最短测地线仍然变为最短测地线.

从以上计算可以看出, 经过圆心的直线段均为 $(\mathbb{D},g_{-1})$ 的最短测地线. 因为分式线性

变换将直线变为直线或圆弧, 同时分式线性变换是保角的, 因此, 那些在端点处和单位圆周 $S^1 = \partial\mathbb{D}$ 正交的圆弧 (包括直线) 都是 $(\mathbb{D}, g_{-1})$ 的最短测地线, 并且这也是所有可能的最短测地线.

最后, 我们简要介绍黎曼度量在向量丛上的推广. 设 E 为 M 上的向量丛, 如果张量丛 $\otimes^{0,2}E = E^* \otimes E^*$ 的一个截面 g 满足正定对称性, 则称之为 E 的一个黎曼度量. 即对每一点 $p \in M$, g_p 是纤维 E_p 中的内积. 按照这个定义, 流形上的黎曼度量也就是其切丛上的黎曼度量. 与切丛上的黎曼度量类似, 利用单位分解可以说明向量丛上黎曼度量的存在性.

在 M 上给定黎曼度量 g, 我们可以将这个度量自然地推广到张量丛 $\otimes^{r,s}TM$ 上. 先看余切丛 T^*M. 设 $\{e_1, \cdots, e_n\}$ 为切空间 T_pM 中的一组标准正交基, 即

$$g(e_i, e_j) = \delta_{ij}, \quad \forall\, i, j \in \{1, 2, \cdots, n\}.$$

这一组基的对偶基记为 $\{e^1, \cdots, e^n\}$, 即

$$e^i(e_j) = \delta_{ij}, \quad \forall\, i, j \in \{1, 2, \cdots, n\}.$$

我们规定, $\{e^1, \cdots, e^n\}$ 是 T_p^*M 的标准正交基. 这样就在余切空间 T_p^*M 中定义了一个内积, 称为诱导内积, 仍记为 g. 在这个内积下, 任意两个余切向量 ω, η 的内积为

$$g(\omega, \eta) = \sum_{i=1}^{n} \omega(e_i)\eta(e_i),$$

从这个等式不难看出这个内积不依赖于切空间中标准正交基的选取.

有了切空间和余切空间中的内积, 我们可以在张量丛 $\otimes^{r,s}TM$ 上定义内积. 事实上, 只要规定 $\otimes^{r,s}T_pM$ 的基

$$\sqrt{(r+s)!}\, e_{i_1} \otimes \cdots \otimes e_{i_r} \otimes e^{j_1} \otimes \cdots \otimes e^{j_s} \quad (1 \leqslant i_k, j_l \leqslant n)$$

为标准正交基即可.

向量丛上的度量限制在子丛上是子丛上的度量, 因此, 在外形式丛上也有相应的诱导度量.

习题 3.1

1. 给出 S^n 上的拉回度量在球极投影坐标下局部表示的详细计算过程.
2. 设 (M, g) 上任意两点均可用最短测地线连接. 如果 φ, ψ 均为等距同构, 且存在一点 $p \in M$, 使得
$$\varphi(p) = \psi(p), \quad \varphi_{*p} = \psi_{*p},$$
证明: $\varphi = \psi$.
3. 利用上题证明: $(\mathbb{R}^n, g_0)$ 的等距同构均形如 $\varphi(x) = Ax + b$, 其中 $A \in O(n)$, $b \in \mathbb{R}^n$.
4. 证明: (S^n, g_1) 的等距同构群为 $O(n+1)$.
5. 求双曲空间的等距同构群, 并证明双曲空间中的测地球也是欧氏空间中的标准球, 并计算其球心位置.
6. 设 (M, g) 为黎曼流形, $\{X_i\}$ 为 M 上一组局部基向量场 (比如局部坐标基向量场). 利用线性代数中的 Gram-Schmidt 正交过程证明: 可以从 $\{X_i\}$ 出发做正交化得到一组局部标准正交基 $\{e_i\}$.
7. 设 (M, g) 为黎曼流形, f 为 M 上的光滑函数, 给定切丛的一组局部标准正交基 $\{e_i\}$, 证明: 梯度场可以表示为 $\nabla f = e_i(f)e_i$.
8. 验证余切空间中的诱导内积不依赖于切空间中标准正交基的选取.

§3.2 联　　络

在多元微积分中, 我们用方向导数刻画多元函数沿着某个方向的变化率. 多元函数在流形上的推广就是各种各样的张量场. 我们想要研究流形上张量场的变化规律, 自然就要对张量场求方向导数. 给定流形的一个切向量, 对于函数来说, 我们已经会求方向导数; 对于一般的张量场而言, 因为它在不同点处的取值一般落在不同的张量空间中, 因此其方向导数不那么容易定义.

为了将方向导数推广到流形上, 先回顾一下欧氏空间中的做法. 在欧氏空间 $\mathbb{R}^n$ 中, 设 $Y=(f_1,\cdots,f_n)$ 为向量场, $v\in T_p\mathbb{R}^n=\mathbb{R}^n$, Y 沿着 v 的方向导数可以自然地定义为

$$D_vY=(\partial_vf_1,\cdots,\partial_vf_n),$$

其中, ∂_vf_i 表示 f_i 沿 v 的方向导数. 设 M 为流形, $Y\in\Gamma(TM)$, $v\in T_pM$, 我们也想定义方向导数 D_vY. 模仿欧氏空间中的做法, 在局部坐标系中, 可以尝试定义

$$D_vY=\sum_{i=1}^n(\partial_vb_i)\frac{\partial}{\partial x^i},\quad 其中\ Y=\sum_{i=1}^n b_i\frac{\partial}{\partial x^i}.$$

然而, 简单的计算表明, 上述定义一般会依赖于局部坐标的选取, 因而不是恰当的.

为了给出一个恰当的定义, 我们可以将欧氏空间中求方向导数看成一种算子, 把这个算子的特性抽取出来, 用这些特性定义流形上的求导算子. 这样抽象出来的概念叫做联络.

定义 3.2.1 (联络)　满足以下条件的算子 $D:\ \Gamma(TM)\times\Gamma(TM)\to\Gamma(TM)$ 称为切丛 TM 上的一个联络:

(i) $D_{fX+gY}Z=fD_XZ+gD_YZ,\ \forall\ X,Y,Z\in\Gamma(TM),\ f,g\in C^\infty(M)$;

(ii) $D_X(Y+Z)=D_XY+D_XZ,\ \forall\ X,Y,Z\in\Gamma(TM)$;

(iii) $D_X(fY)=(Xf)Y+fD_XY,\ \forall\ X,Y\in\Gamma(TM),\ f\in C^\infty(M)$.

联络具有如下基本性质:

(1) 设 $\{\lambda_i\}_{i=1}^k$ 为光滑函数, $\{D^i\}_{i=1}^k$ 均为 TM 上的联络. 如果 $\sum\limits_{i=1}^k\lambda_i\equiv1$, 则 $\sum\limits_{i=1}^k\lambda_iD^i$ 也是 TM 上的联络.

(2) 给定联络 D, 切向量场 Y 沿切向量 $v\in T_pM$ 的方向导数 (一般称为协变导数) 可以定义为

$$D_vY=\big(D_XY\big)_p\in T_pM,$$

其中, $X\in\Gamma(TM)$, $X_p=v$. 利用联络定义中的条件 (i) 不难说明上述定义方式与 X 的选取无关 (参见命题 2.4.3 的证明).

(3) 利用联络定义中的条件 (ii) 和 (iii) 可以说明 D_vY 只与 Y 在 p 附近的值有关, 因此可以对局部的切向量场求协变导数. 同理, 可以证明: 设 σ 为 M 上的光滑曲线, 如果切向量场 Y_1 和 Y_2 限制在 σ 上完全相同, 则 $D_{\dot\sigma}Y_1=D_{\dot\sigma}Y_2$.

为了方便起见, 以下我们常采用 Einstein 求和约定. 在局部坐标系 $\{x^i\}$ 中, 记 $D_{\partial_i}\partial_j=\Gamma_{ij}^k\partial_k$, 其中 $\partial_k=\dfrac{\partial}{\partial x^k}$, $k=1,2,\cdots,n$. $\{\Gamma_{ij}^k\}$ 称为联络 D 的 Christoffel 系数, 它们刻画了基向量场 $\{\partial_i\}$ 的变化规律.

设 $X=a^i\partial_i, Y=b^j\partial_j$ 为 (局部) 切向量场, 简单的计算表明

$$D_XY=X(b^j)\partial_j+a^ib^j\Gamma_{ij}^k\partial_k. \tag{3.3}$$

从上式可以看出, 正是因为有了 Christoffel 系数项才能正确地定义出向量场的方向导数 (协变导数). 接下来我们再将协变导数的概念推广到其他类型的张量场上. 先看余切向量场. 我们用圆括号 (,) 表示余切向量和切向量之间的配对. 设 $\omega\in\Omega^1(M), Y\in\Gamma(TM)$, 当 $v\in T_pM$ 时, 我们自然要求

$$D_v(\omega,Y)=(D_v\omega,Y)+(\omega,D_vY),$$

即

$$D_v\big(\omega(Y)\big)=(D_v\omega)(Y)+\omega(D_vY).$$

于是我们定义

$$(D_v\omega)(Y)=v\big(\omega(Y)\big)-\omega(D_vY). \tag{3.4}$$

简单的计算表明, 上式关于 Y 具有函数线性性, 因此 $D_v\omega\in T_p^*M$, 它给出了 ω 沿 v 的协变导数.

按照以上定义, 在局部坐标中, 我们有

$$(D_{\partial_i}\mathrm{d}x^j)(\partial_k)=\partial_i\big(\mathrm{d}x^j(\partial_k)\big)-\mathrm{d}x^j(\Gamma_{ik}^l\partial_l)=-\Gamma_{ik}^j,$$

这说明

$$D_{\partial_i}\mathrm{d}x^j=-\Gamma_{ik}^j\mathrm{d}x^k. \tag{3.5}$$

一般地, 设 θ 为 (r,s) 型的张量场, $v\in T_pM$, 定义协变导数 $D_v\theta$ 如下: 任给 1-形式 $\{\eta_i\}_{i=1}^r$ 以及切向量场 $\{Y_j\}_{j=1}^s$, 令

$$\begin{aligned}(D_v\theta)(\eta_1,\cdots,\eta_r;Y_1,\cdots,Y_s)=&\,v\big(\theta(\eta_1,\cdots,\eta_r;Y_1,\cdots,Y_s)\big)\\&-\sum_{i=1}^r\theta(\eta_1,\cdots,\eta_{i-1},D_v\eta_i,\eta_{i+1},\cdots\eta_r;Y_1,\cdots,Y_s)\\&-\sum_{j=1}^s\theta(\eta_1,\cdots,\eta_r;Y_1,\cdots,Y_{j-1},D_vY_j,Y_{j+1},\cdots,Y_s),\end{aligned}$$

容易看出, $D_v\theta$ 关于 η_i 和 Y_j 都具有函数线性性, 因此仍为 (r,s) 型张量 (同样参见命题 2.4.3 的证明).

在局部坐标系 $\{x^i\}$ 中, 设 (r,s) 型张量 θ 表示为

$$\theta=\theta_{j_1\cdots j_s}^{i_1\cdots i_r}\frac{\partial}{\partial x^{i_1}}\otimes\cdots\otimes\frac{\partial}{\partial x^{i_r}}\otimes\mathrm{d}x^{j_1}\otimes\cdots\otimes\mathrm{d}x^{j_s},$$

则

$$D_{\partial_k}\theta=\theta_{j_1\cdots j_s,k}^{i_1\cdots i_r}\frac{\partial}{\partial x^{i_1}}\otimes\cdots\otimes\frac{\partial}{\partial x^{i_r}}\otimes\mathrm{d}x^{j_1}\otimes\cdots\otimes\mathrm{d}x^{j_s},$$

其中

$$\theta_{j_1\cdots j_s,k}^{i_1\cdots i_r}=(D_{\partial_k}\theta)\big(\mathrm{d}x^{i_1},\cdots,\mathrm{d}x^{i_r};\partial_{j_1},\cdots,\partial_{j_s}\big)$$

$$= \partial_k \theta^{i_1\cdots i_r}_{j_1\cdots j_s} - \sum_{p=1}^{r} \theta\big(\mathrm{d}x^{i_1}, \cdots, D_{\partial_k}\mathrm{d}x^{i_p}, \cdots, \mathrm{d}x^{i_r}; \partial_{j_1}, \cdots, \partial_{j_s}\big)$$

$$- \sum_{q=1}^{s} \theta\big(\mathrm{d}x^{i_1}, \cdots, \mathrm{d}x^{i_r}; \partial_{j_1}, \cdots, D_{\partial_k}\partial_{j_q}, \cdots, \partial_{j_s}\big)$$

$$= \partial_k \theta^{i_1\cdots i_r}_{j_1\cdots j_s} + \sum_{p=1}^{r} \theta^{i_1\cdots i_{p-1}\,h\,i_{p+1}\cdots i_r}_{j_1\cdots j_s} \Gamma^{i_p}_{kh} - \sum_{q=1}^{s} \theta^{i_1\cdots i_r}_{j_1\cdots j_{q-1}\,h\,j_{q+1}\cdots j_s} \Gamma^{h}_{k\,j_q}.$$

可以看到, 协变导数和偏导数之间的差别由 Christoffel 系数表示出来了.

D_v 还具有以下性质:

(1) 设 θ, η 均为张量场, 则

$$D_v(\theta \otimes \eta) = (D_v\theta) \otimes \eta + \theta \otimes D_v\eta. \tag{3.6}$$

我们来验证一个特殊情形, 一般的情形留作练习. 设 Y 为切向量场, ω 为 1-形式. 任给 1-形式 η 和切向量场 Z, 有

$$\begin{aligned} D_v(Y \otimes \omega)(\eta, Z) &= v\big(\eta(Y)\omega(Z)\big) - (D_v\eta)(Y)\omega(Z) - \eta(Y)\omega(D_vZ) \\ &= v\big(\eta(Y)\big)\omega(Z) + \eta(Y)v\big(\omega(Z)\big) - v\big(\eta(Y)\big)\omega(Z) \\ &\quad + \eta(D_vY)\omega(Z) - \eta(Y)\omega(D_vZ) \\ &= \eta(D_vY)\omega(Z) + \eta(Y)\big[v\big(\omega(Z)\big) - \omega(D_vZ)\big] \\ &= \big[(D_vY) \otimes \omega + Y \otimes (D_v\omega)\big](\eta, Z). \end{aligned}$$

(2) 设 α, β 为微分形式, 则

$$D_v(\alpha \wedge \beta) = (D_v\alpha) \wedge \eta + \alpha \wedge D_v\beta, \tag{3.7}$$

这可由上一条以及外积运算的定义推出.

(3) D_v 与缩并运算可交换次序. 记 C^l_k 为逆变指标 k 和协变指标 l 之间的缩并算子, 它将 (r,s) 型的张量 θ 缩并为 $(r-1, s-1)$ 型的张量 $C^l_k(\theta)$

$$\begin{aligned} &C^l_k(\theta)(\omega^1, \cdots, \omega^{r-1}; X_1, \cdots, X_{s-1}) \\ &= \theta(\omega^1, \cdots, \omega_{k-1}, e^i, \omega_k, \cdots, \omega^{r-1}; X_1, \cdots, X_{l-1}, e_i, X_l, \cdots, X_{s-1}), \end{aligned}$$

其中, $\{e_i\}$ 是切丛的一组局部基, $\{e^i\}$ 是相应的对偶基. 例如, 设 Y, Z 为切向量场, ω, η 为 1-形式, 则 $\theta = Y \otimes Z \otimes \omega \otimes \eta$ 为 $(2,2)$ 型的张量场, 将其第二个逆变指标和第一个协变指标做缩并, 得 $(1,1)$ 型张量场 $C^2_1(\theta) = \omega(Z)Y \otimes \eta$. 计算协变导数如下

$$D_v \circ C^2_1(\theta) = v\big(\omega(Z)\big)Y \otimes \eta + \omega(Z)D_vY \otimes \eta + \omega(Z)Y \otimes D_v\eta.$$

另一方面, 先求协变导数再做缩并

$$\begin{aligned} C^2_1 \circ D_v(\theta) &= \omega(Z)D_vY \otimes \eta + \omega(D_vZ)Y \otimes \eta + (D_v\omega)(Z)Y \otimes \eta + \omega(Z)Y \otimes D_v\eta \\ &= \omega(Z)D_vY \otimes \eta + v\big(\omega(Z)\big)Y \otimes \eta + \omega(Z)Y \otimes D_v\eta, \end{aligned}$$

因此所得两个结果是一致的.

有了协变导数, 像对标量场 (函数) 求全微分那样, 对张量场也可以求某种全微分. 具体来说, 设 θ 为 (r,s) 型张量场, 定义 $(r,s+1)$ 型的张量场 $D\theta$ 如下: 任给余切向量 $\{\eta_i\}_{i=1}^r$ 以及切向量 $\{Y_j\}_{j=1}^s$, X, 令

$$(D\theta)(\eta_1,\cdots,\eta_r;Y_1,\cdots,Y_s,X)=(D_X\theta)(\eta_1,\cdots,\eta_r;Y_1,\cdots,Y_s), \tag{3.8}$$

$D\theta$ 称为 θ 的协变微分. 协变微分为零的张量场称为平行张量场.

在局部坐标系 $\{x^i\}$ 中, $D\theta$ 可以表示为

$$D\theta=\theta^{i_1\cdots i_r}_{j_1\cdots j_s,k}\frac{\partial}{\partial x^{i_1}}\otimes\cdots\otimes\frac{\partial}{\partial x^{i_r}}\otimes \mathrm{d}x^{j_1}\otimes\cdots\otimes \mathrm{d}x^{j_s}\otimes \mathrm{d}x^k, \tag{3.9}$$

它类似于标量场 (函数) 的全微分在局部坐标系中的表达式.

例 3.2.1　函数的 Hessian.

设 $f\in C^\infty(M)$, 则 $Df=\mathrm{d}f$ 为 1-形式, $D^2f=D(\mathrm{d}f)$ 为二阶协变张量场, 称为 f 的 Hessian. 当 $X,Y\in\Gamma(TM)$ 时, 按定义计算如下

$$D^2f(X,Y)=(D_Y\mathrm{d}f)(X)=Y\big(\mathrm{d}f(X)\big)-\mathrm{d}f(D_YX)=Y(Xf)-(D_YX)f. \tag{3.10}$$

在局部坐标系中, D^2f 可以表示为

$$D^2f=D^2f(\partial_i,\partial_j)\mathrm{d}x^i\otimes \mathrm{d}x^j=\big(\partial_j\partial_if-\Gamma^k_{ji}\partial_kf\big)\mathrm{d}x^i\otimes \mathrm{d}x^j. \tag{3.11}$$

在多元微积分中, 函数的 Hesse 矩阵具有对称性, 我们用 Hesse 矩阵判断函数的驻点是否为极值点. 在流形上, 一般我们要求函数的 Hessian 具有对称性, 即 $\Gamma^k_{ji}=\Gamma^k_{ij}$, 或

$$D_XY-D_YX=[X,Y],\ \ \forall\, X,Y\in\Gamma(TM).$$

命题 3.2.1　设 D 为 TM 上的联络, 则 $T(X,Y)=D_XY-D_YX-[X,Y]$ 定义了 M 上的一个张量场, 称为 D 的挠率张量.

证明　显然, T 关于 X,Y 具有反称性. 以下说明 T 关于 X 的函数线性性. 设 ϕ 为光滑函数, 则

$$\begin{aligned}T(\phi X,Y)&=D_{\phi X}Y-D_Y(\phi X)-[\phi X,Y]\\&=\phi D_XY-(Y\phi)X-\phi D_YX-\phi[X,Y]+(Y\phi)X\\&=\phi T(X,Y).\end{aligned}$$

这说明 T 是场张量 (张量场). □

如果挠率张量 $T=0$, 则称联络 D 是无挠的或对称的. 对于无挠的联络, 函数 f 的 Hessian 是对称的二阶协变张量场.

为什么会把求导的算子称为联络呢? 在某种意义上, 联络可以将流形上不同点处的切空间联系在一起, 这样就可以正确地对张量场求导. 为了准确地说明一点, 我们引进平行移动的概念. 设 $\sigma:[a,b]\to M$ 为曲线, Y 是沿 σ 的切向量场 (即 $Y(t)\in T_{\sigma(t)}M, \forall\, t\in[a,b]$). 如果 $D_{\dot\sigma}Y\equiv 0$, 则称 Y 沿 σ 平行.

在局部坐标系中, $\dot\sigma(t)=\dot\sigma^i(t)\partial_i|_{\sigma(t)}$, $Y(t)=Y^j(t)\partial_j|_{\sigma(t)}$, $D_{\dot\sigma}Y\equiv 0$ 可以改写为

$$\dot Y^j(t)\partial_j|_{\sigma(t)}+\dot\sigma^i(t)Y^j(t)\Gamma^k_{ij}(\sigma(t))\partial_k|_{\sigma(t)}=0$$

或

$$\dot{Y}^k(t)+\dot{\sigma}^i(t)Y^j(t)\Gamma_{ij}^k(\sigma(t))=0,\quad k=1,2,\cdots,n. \tag{3.12}$$

这是关于 $\{Y^k(t)\}$ 的一阶线性常微分方程组, 给定初值 $Y(a)=v\in T_{\sigma(a)}M$, 它就有唯一的整体解 $Y(t)$. 定义

$$P^\sigma: T_{\sigma(a)}M\to T_{\sigma(b)}M,\quad v\mapsto Y(b),$$

这是线性同构, 称为沿 σ 的平行移动.

如果流形 M 具有黎曼度量 $g=\langle,\rangle$, 则联络所定义的平行移动在什么情况下保持内积呢? 为了研究这一问题, 设 X,Y 为沿 σ 的平行向量场. 在局部坐标系中, $g=g_{ij}\mathrm{d}x^i\otimes\mathrm{d}x^j$, $X=X^i(t)\partial_i|_{\sigma(t)}$, $Y=Y^j(t)\partial_j|_{\sigma(t)}$, 则

$$\begin{aligned}\frac{\mathrm{d}}{\mathrm{d}t}\langle X,Y\rangle&=\frac{\mathrm{d}}{\mathrm{d}t}\big[X^i(t)Y^j(t)g_{ij}(\sigma(t))\big]\\&=\dot{X}^i(t)Y^j(t)g_{ij}(\sigma(t))+X^i(t)\dot{Y}^j(t)g_{ij}(\sigma(t))+X^i(t)Y^j(t)\frac{\mathrm{d}}{\mathrm{d}t}g_{ij}(\sigma(t))\\&=\dot{X}^l(t)Y^j(t)g_{lj}(\sigma(t))+X^i(t)\dot{Y}^l(t)g_{il}(\sigma(t))+X^i(t)Y^j(t)\dot{\sigma}^k(t)(\partial_k g_{ij})(\sigma(t))\\&=X^i(t)Y^j(t)\dot{\sigma}^k(t)\big[\partial_k g_{ij}-\Gamma_{ki}^l g_{lj}-\Gamma_{kj}^l g_{il}\big](\sigma(t))\\&=X^i(t)Y^j(t)\dot{\sigma}^k(t)g_{ij,k}(\sigma(t)).\end{aligned}$$

由此可见, 如果 $Dg=0$, 则 $\langle X,Y\rangle$ 沿 σ 保持不变.

设 $X,Y,Z\in\Gamma(TM)$, 则

$$(Dg)(X,Y,Z)=(D_Zg)(X,Y)=Z\big(g(X,Y)\big)-g(D_ZX,Y)-g(X,D_ZY),$$

即 $Dg=0$ 等价于

$$Z\langle X,Y\rangle=\langle D_ZX,Y\rangle+\langle X,D_ZY\rangle.$$

此时, 称联络 D 与黎曼度量 g 相容.

下面的定理是黎曼几何学的基本定理, 它说明与 M 上给定的黎曼度量相容的无挠联络是唯一存在的, 这个联络称为 Levi-Civita 联络.

定理 3.2.2 设 (M,g) 为黎曼流形, 则 TM 上满足下面条件的联络 D 存在且唯一:

(i) $Z\langle X,Y\rangle=\langle D_ZX,Y\rangle+\langle X,D_ZY\rangle,\ \forall\, X,Y,Z\in\Gamma(TM)$;

(ii) $D_XY-D_YX=[X,Y],\ \forall\, X,Y\in\Gamma(TM)$.

证明 先说明唯一性. 首先, 根据条件 (i) 得

$$Z\langle X,Y\rangle=\langle D_ZX,Y\rangle+\langle X,D_ZY\rangle,$$

$$X\langle Y,Z\rangle=\langle D_XY,Z\rangle+\langle Y,D_XZ\rangle,$$

$$Y\langle Z,X\rangle=\langle D_YZ,X\rangle+\langle Z,D_YX\rangle.$$

其次, 利用度量和联络的对称性得

$$\begin{aligned}&X\langle Y,Z\rangle+Y\langle Z,X\rangle-Z\langle X,Y\rangle\\&=\langle D_XY+D_YX,Z\rangle+\langle Y,D_XZ-D_ZX\rangle+\langle X,D_YZ-D_ZY\rangle\end{aligned}$$

$$= 2\langle D_X Y, Z\rangle - \langle [X,Y], Z\rangle + \langle Y, [X,Z]\rangle + \langle X, [Y,Z]\rangle,$$

上式称为 Koszul 公式. 由此可知满足条件 (i) 和 (ii) 的联络是唯一的.

反之, 我们可利用 Koszul 公式定义 $D_X Y$, 并且可验证 D 是满足所有条件的联络. □

在局部坐标系 $\{x^i\}$ 中, 黎曼度量 g 可表示为 $g = g_{ij}\mathrm{d}x^i \otimes \mathrm{d}x^j$, 其中 $g_{ij} = \langle \partial_i, \partial_j\rangle$. 以 $X = \partial_i, Y = \partial_j, Z = \partial_l$ 代入 Koszul 公式可得

$$2\Gamma_{ij}^m g_{ml} = \partial_i g_{lj} + \partial_j g_{li} - \partial_l g_{ij}, \tag{3.13}$$

由此得到 Levi-Civita 联络的 Christoffel 系数在局部坐标下的表达式

$$\Gamma_{ij}^k = \frac{1}{2} g^{kl}(\partial_i g_{lj} + \partial_j g_{li} - \partial_l g_{ij}), \tag{3.14}$$

其中, g^{kl} 表示 $(g_{ij})_{n\times n}$ 的逆矩阵在 (k,l) 位置的元素.

例 3.2.2 散度回顾.

设 $X \in \Gamma(TM)$, D 为 TM 上的联络. DX 为 $(1,1)$ 型的协变张量场, 将其逆变指标和协变指标做缩并, 得标量场 $C_1^1 \circ DX$. 当 D 为 Levi-Civita 联络时, 我们断言

$$C_1^1 \circ DX = \mathrm{div}(X). \tag{3.15}$$

事实上, 设 $\{e_i\}$ 为 TM 的一组局部标准正交基, 其对偶基记为 $\{e^i\}$, 则体积形式 Ω 可以表示为 $\Omega = e^1 \wedge \cdots \wedge e^n$. 于是

$$L_X \Omega = \sum_{i=1}^n e^1 \wedge \cdots \wedge L_X e^i \wedge \cdots \wedge e^n = \left(\sum_{i=1}^n (L_X e^i)(e_i)\right) e^1 \wedge \cdots \wedge e^n,$$

这说明

$$\begin{aligned}
\mathrm{div}(X) &= \sum_{i=1}^n (L_X e^i)(e_i) = \sum_{i=1}^n \left[X\big(e^i(e_i)\big) - e^i\big(L_X e_i\big)\right] \\
&= \sum_{i=1}^n e^i\big([e_i, X]\big) = \sum_{i=1}^n e^i\big(D_{e_i} X - D_X e_i\big) \\
&= \sum_{i=1}^n e^i\big(D_{e_i} X\big) - \sum_{i=1}^n \langle D_X e_i, e_i\rangle \\
&= C_1^1 \circ DX - \frac{1}{2}\sum_{i=1}^n X\langle e_i, e_i\rangle = C_1^1 \circ DX,
\end{aligned}$$

其中, 我们用到了 $\{e_i\}$ 为标准正交基. □

利用梯度和散度, 我们可以引入重要的 Laplace 算子 Δ. 设 f 为光滑函数, 其梯度场记为 ∇f. 定义

$$\Delta f = \mathrm{div}(\nabla f), \tag{3.16}$$

如果 $\Delta f = 0$, 则称 f 为 M 上的调和函数.

为了把它跟欧氏空间中的 Laplace 算子联系起来, 我们先引入迹 (trace) 的概念.

定义 3.2.2 (trace) 设 S 为二阶对称协变张量场, 其迹 $\mathrm{tr}S$ 是 M 上的标量场, 定义为

$$\mathrm{tr}S = \sum_{i=1}^{n} S(e_i, e_i),$$

其中, $\{e_i\}$ 为切丛的局部标准正交基.

容易看出, $\mathrm{tr}S$ 的定义不依赖于标准正交基的选取. 一般地, 我们可以对张量场的任意两个协变指标求 trace.

命题 3.2.3 对于光滑函数 f, $\Delta f = \mathrm{tr}D^2 f$ 成立, 其中 D 为 Levi-Civita 联络.

证明 按照定义 3.2.2 和例 3.2.2, 有

$$\begin{aligned}\Delta f &= \sum_{i=1}^{n}\langle D_{e_i}\nabla f, e_i\rangle = \sum_{i=1}^{n}\left[e_i\langle \nabla f, e_i\rangle - \langle \nabla f, D_{e_i}e_i\rangle\right] \\ &= \sum_{i=1}^{n}\left[e_i(e_i f) - D_{e_i}e_i f\right] = \sum_{i=1}^{n} D^2 f(e_i, e_i) = \mathrm{tr}D^2 f.\end{aligned}$$

□

例 3.2.3 欧氏空间中的联络和平移.

设 $X = (a_1, \cdots, a_n)$, $Y = (b_1, \cdots, b_n)$ 为 $\mathbb{R}^n$ 中的向量场, 定义

$$D_X Y = \big(X(b_1), \cdots, X(b_n)\big),$$

则 D 为 $\mathbb{R}^n$ 上标准黎曼度量的 Levi-Civita 联络. 在标准的直角坐标下, 这个联络的 Christoffel 系数恒为零.

如果 σ 为 $\mathbb{R}^n$ 中的光滑曲线, $Y = (b_1, \cdots, b_n)$ 为沿 σ 的平行向量场, 则

$$0 = D_{\dot\sigma} Y = \big(b_1'(t), \cdots, b_n'(t)\big),$$

即 b_i 沿 σ 是常值的. 这说明, 这个联络所定义的平移和欧氏空间作为向量空间的平移是一致的.

设 σ 为流形 M 上的曲线, 则 $\dot\sigma$ 是沿着 σ 的向量场, 如果它沿 σ 自身平行, 则称 σ 为**测地线**. 在局部坐标 $\{x^i\}$ 中, σ 可表示为 $\sigma(t) = \big(\sigma^1(t), \cdots, \sigma^n(t)\big)$, 从而 $\dot\sigma = \dot\sigma^i(t)\partial_i|_\sigma$, 条件 $D_{\dot\sigma}\dot\sigma = 0$ 可写为

$$\ddot\sigma^k(t) + \dot\sigma^i(t)\dot\sigma^j(t)\Gamma_{ij}^k(\sigma(t)) = 0, \quad k = 1, 2, \cdots, n. \tag{3.17}$$

这是二阶常微分方程组 (但一般不是线性的), 如果给定初值 $\sigma(a) = p \in M$, $\dot\sigma(a) = v \in T_pM$, 则其解在局部上存在且唯一. 显然, 对于欧氏空间来说, 测地线方程的解均为直线.

例 3.2.4 (S^n, g_1) 的联络和测地线.

记 $\bar D$ 为例 3.2.3 中欧氏空间 $\mathbb{R}^{n+1}$ 的 Levi-Civita 联络. 如果 X, Y 为 S^n 上的光滑切向量场, 则 $\bar D_X Y$ 仍然有意义, 将它向 S^n 的切空间做投影, 记为 $D_X Y$, 则

$$D_X Y = \bar D_X Y - \langle \bar D_X Y, \vec{x}\rangle \vec{x},$$

其中, $\vec{x} \in \mathbb{R}^{n+1}$ 为 S^n 的位置向量 (单位外法向量场). 我们来说明 D 是限制度量 g_1 的 Levi-Civita 联络.

先说明 D 为联络. 联络定义 (定义 3.2.1) 中的 (i) (ii) 是显然满足的. (iii): 给定 S^n 上

的光滑函数 f, 有

$$\begin{aligned}D_X(fY) &= \bar{D}_X(fY) - \langle \bar{D}_X(fY), \vec{x}\rangle \vec{x}\\ &= (Xf)Y + f\bar{D}_XY - \langle (Xf)Y + f\bar{D}_XY, \vec{x}\rangle\vec{x}\\ &= (Xf)Y + f\bar{D}_XY - f\langle \bar{D}_XY, \vec{x}\rangle\vec{x}\\ &= (Xf)Y + fD_XY,\end{aligned}$$

其中, 我们用到切向量场 Y 与法向量场 $\vec{x}$ 之间的正交性.

其次, D 是无挠的

$$\begin{aligned}D_XY - D_YX &= \bar{D}_XY - \bar{D}_YX - \langle \bar{D}_XY - \bar{D}_YX, \vec{x}\rangle\vec{x}\\ &= [X,Y] - \langle [X,Y], \vec{x}\rangle\vec{x} = [X,Y],\end{aligned}$$

其中, 我们用到切向量场 $[X,Y]$ 与外法向量场 $\vec{x}$ 之间的正交性.

最后, D 与度量 g_1 相容: 设 X,Y,Z 均为 S^n 上的光滑向量场, 则

$$\begin{aligned}Z\langle X,Y\rangle &= \langle \bar{D}_ZX, Y\rangle + \langle X, \bar{D}_ZY\rangle\\ &= \langle \bar{D}_ZX - \langle \bar{D}_ZX, \vec{x}\rangle\vec{x}, Y\rangle + \langle X, \bar{D}_ZY - \langle \bar{D}_ZY, \vec{x}\rangle\vec{x}\rangle\\ &= \langle D_ZX, Y\rangle + \langle X, D_ZY\rangle.\end{aligned}$$

设 σ 为 S^n 上以弧长为参数的测地线, 则

$$0 = D_{\dot\sigma}\dot\sigma = \bar{D}_{\dot\sigma}\dot\sigma - \langle \bar{D}_{\dot\sigma}\dot\sigma, \sigma\rangle\sigma = \ddot\sigma - \langle\ddot\sigma, \sigma\rangle\sigma,$$

其中

$$\langle\ddot\sigma, \sigma\rangle = \langle\dot\sigma, \sigma\rangle' - \langle\dot\sigma, \dot\sigma\rangle = -1,$$

因此, 测的线方程成为 $\ddot\sigma = -\sigma$, 其解形如

$$\sigma(t) = \sigma(0)\cos t + \dot\sigma(0)\sin t,$$

也就是说测地线均为球面大圆 (或大圆的一部分).

联络的概念可以推广到一般的向量丛上. 设 E 为流形 M 上的向量丛. 为了方便起见, E 上光滑截面的全体记为 $\Gamma(E)$.

定义 3.2.3 (联络)　满足以下条件的算子 $D\colon \Gamma(TM)\times\Gamma(E)\to\Gamma(E)$ 称为向量丛 E 上的一个联络:

(i) $D_{fX+gY}s = fD_Xs + gD_Ys,\ \forall\, X,Y\in\Gamma(TM),\ f,g\in C^\infty(M),\ s\in\Gamma(E)$;

(ii) $D_X(s_1+s_2) = D_Xs_1 + D_Xs_2,\ \forall\, X\in\Gamma(TM),\ s_1,s_2\in\Gamma(E)$;

(iii) $D_X(fs) = (Xf)s + fD_Xs,\ \forall\, X\in\Gamma(TM),\ f\in C^\infty(M),\ s\in\Gamma(E)$.

例 3.2.5　平凡丛 $E = M\times\mathbb{R}^k$ 上的联络.

平凡丛上的截面 s 可以看成 M 上的向量值函数 $s=(f_1,\cdots,f_k)$, 其中 f_i 为 M 上的函数. 如果 X 为 M 上的向量场, 则令

$$D_Xs = (Xf_1,\cdots,Xf_k),$$

容易验证这样定义的算子 D 的确是 E 上的一个联络.

因为向量丛均可局部平凡化, 因此, 在局部上总是可以定义联络的. 利用单位分解我们就可以在向量丛上构造整体的联络. 事实上, 向量丛上的联络是十分丰富的, 我们往往要根据向量丛的其他几何结构来选取适当的联络. 有了联络就可以同样地定义平行移动, 我们留给读者完成.

习题 3.2

1. 请解释为什么不用 Lie 导数去定义张量场的方向导数 (协变导数).
2. 请给出联络基本性质的详细证明.
3. 设 D_1 和 D_2 均为联络, 试说明 $D_1 - D_2$ 为场张量, 从而为张量场.
4. 设 θ 为张量场, 证明: $D\theta = D_{\partial_i}\theta \otimes \mathrm{d}x^i$, 这里 $\{\partial_i\}$ 和 $\{\mathrm{d}x^i\}$ 也可以换成别的对偶基.
5. 设 D 为无挠联络, 证明: 外微分算子可以表示为 $\mathrm{d} = \mathrm{d}x^i \wedge D_{\partial_i}$, 这里 $\{\partial_i\}$ 和 $\{\mathrm{d}x^i\}$ 也可以换成别的对偶基.
6. 在上一题中, 我们用联络表示了外微分算子. 如何用联络表示 Lie 导数?
7. 设 $\sigma : [a, b] \to M$ 为 M 上的曲线, 记 $P_t : T_{\sigma(a)}M \to T_{\sigma(t)}M$ 为由联络 D 定义的平行移动. 若 Y 是沿 σ 的切向量场, 验证
$$D_{\dot{\sigma}(a)}Y = \frac{\mathrm{d}}{\mathrm{d}t}\Big|_{t=a} P_t^{-1}Y_{\sigma(t)}.$$
8. 设 (M, g) 为黎曼流形, D 为 Levi-Civita 联络, f 为光滑函数, 证明: $L_{\nabla f}g = 2D^2 f$.
9. 设 D 为 (M, g) 的 Levi-Civita 联络, 证明: Z 为 Killing 场当且仅当
$$\langle D_X Z, Y\rangle + \langle X, D_Y Z\rangle = 0, \quad \forall\, X, Y \in \Gamma(TM).$$
10. 设 S 为二阶对称协变张量场, 证明: $\mathrm{tr}S = g^{ij}S(\partial_i, \partial_j)$.
11. 利用梯度和散度的局部表达式证明: 在局部坐标系中, Laplace 算子可以表示为
$$\Delta f = \frac{1}{\sqrt{G}}\partial_i(g^{ij}\sqrt{G}\partial_j f),$$
其中, $G = \det(g_{ij})$.
12. 证明: 对于用 Levi-Civita 联络定义的测地线, 其切向量的长度必为常数.
13. 利用单位分解证明: 任何向量丛上都存在联络.
14. 设 E 为流形 M 上的向量丛, $\langle,\rangle$ 为 E 上的度量. 证明: 存在 E 上与 $\langle,\rangle$ 相容的联络 ∇. 即对 M 的任意光滑切向量场 X 和 E 的光滑截面 s_1, s_2, 下式成立
$$X\langle s_1, s_2\rangle = \langle\nabla_X s_1, s_2\rangle + \langle s_1, \nabla_X s_2\rangle.$$

§3.3 曲 率

设 (M, g) 为黎曼流形, 如无特别申明, 以下均假设 D 为 Levi-Civita 联络. 我们继续考虑张量场的导数. 我们知道, 如果 f 为标量场 (光滑函数), 则 $D^2 f$ 为对称二阶协变张量场. 当 θ 为 (r, s) 型张量场时, $D^2\theta$ 为 $(r, s+2)$ 型的张量场, 它关于新增加的两个协变指标是否具有对称性?

为了研究这个问题, 我们在局部坐标系中计算如下
$$\begin{aligned} D^2\theta = D(D\theta) &= D(D_{\partial_i}\theta \otimes \mathrm{d}x^i) = D_{\partial_j}(D_{\partial_i}\theta \otimes \mathrm{d}x^i) \otimes \mathrm{d}x^j \\ &= D_{\partial_j}D_{\partial_i}\theta \otimes \mathrm{d}x^i \otimes \mathrm{d}x^j + D_{\partial_i}\theta \otimes D_{\partial_j}\mathrm{d}x^i \otimes \mathrm{d}x^j. \end{aligned}$$

当 $X = a^i \partial_i, Y = b^j \partial_j$ 为切向量 (场) 时, 代入上式可得

$$\begin{aligned} D^2\theta(\cdot, X, Y) &= a^i b^j D_{\partial_j} D_{\partial_i}\theta + b^j \big(D_{\partial_j} \mathrm{d}x^i\big)(X) D_{\partial_i}\theta \\ &= a^i D_Y D_{\partial_i}\theta + \big(D_Y \mathrm{d}x^i\big)(X) D_{\partial_i}\theta \\ &= D_Y(a^i D_{\partial_i}\theta) - Y(a^i) D_{\partial_i}\theta + \big(D_Y \mathrm{d}x^i\big)(X) D_{\partial_i}\theta \\ &= D_Y D_X\theta - \mathrm{d}x^i(D_Y X) D_{\partial_i}\theta \\ &= D_Y D_X\theta - D_{D_Y X}\theta. \end{aligned}$$

这说明

$$D^2\theta(\cdot, X, Y) - D^2\theta(\cdot, Y, X) = R(X, Y)\theta, \tag{3.18}$$

上式称为 Ricci 恒等式, 其中

$$R(X, Y) = D_Y D_X - D_X D_Y + D_{[X,Y]}. \tag{3.19}$$

$R(X, Y)$ 称为曲率算子, 它反映了求导次序之间的差异.

命题 3.3.1 设 $\theta_1, \theta_2, \theta$ 为张量场, f 为光滑函数, 则

(i) $R(X, Y)(\theta_1 \otimes \theta_2) = (R(X, Y)\theta_1) \otimes \theta_2 + \theta_1 \otimes (R(X, Y)\theta_2)$;

(ii) $R(fX, Y)\theta = R(X, fY)\theta = R(X, Y)(f\theta) = fR(X, Y)\theta$.

证明 (i) 这只要利用协变求导与张量积运算之间的可交换性即可, 略.

(ii) 由定义, 有

$$\begin{aligned} R(fX, Y)\theta &= D_Y D_{fX}\theta - D_{fX} D_Y\theta + D_{[fX,Y]}\theta \\ &= D_Y(fD_X\theta) - fD_X D_Y\theta + D_{f[X,Y]-(Yf)X}\theta \\ &= (Yf)D_X\theta + fD_Y D_X\theta - fD_X D_Y\theta + fD_{[X,Y]}\theta - (Yf)D_X\theta \\ &= fR(X, Y)\theta. \end{aligned}$$

再由 $R(Y, X) = -R(X, Y)$ 可得 $R(X, fY)\theta = fR(X, Y)\theta$. 另一方面, 曲率算子 $R(X, Y)$ 可以写为

$$R(X, Y) = D_{[X,Y]} - [D_X, D_Y],$$

由此不难验证关于 θ 的函数线性性. □

根据以上讨论, 我们定义 $(1, 3)$ 型曲率张量 R 如下: 设 ω 为余切向量, X, Y, Z 为切向量, 令

$$R(\omega, X, Y, Z) = \omega(R(X, Y)Z).$$

在局部坐标系中, R 可表示为

$$R = R_{ijk}{}^l \frac{\partial}{\partial x^l} \otimes \mathrm{d}x^i \otimes \mathrm{d}x^j \otimes \mathrm{d}x^k,$$

其中

$$\begin{aligned} R_{ijk}{}^l &= \mathrm{d}x^l\big(R(\partial_i, \partial_j)\partial_k\big) = \mathrm{d}x^l\big(D_{\partial_j} D_{\partial_i}\partial_k - D_{\partial_i} D_{\partial_j}\partial_k\big) \\ &= \mathrm{d}x^l\big(D_{\partial_j}(\Gamma_{ik}^m \partial_m) - D_{\partial_i}(\Gamma_{jk}^m \partial_m)\big) \end{aligned}$$

$$= \partial_j \Gamma_{ik}^l - \partial_i \Gamma_{jk}^l + \Gamma_{ik}^m \Gamma_{jm}^l - \Gamma_{jk}^m \Gamma_{im}^l. \tag{3.20}$$

利用黎曼度量 g, 我们可以将 R 的逆变指标降为协变指标, 这样得到的 $(0,4)$ 型曲率张量仍记为 R. 具体来说, 任给向量场 X, Y, Z, W, 有

$$R(X,Y,Z,W) = \langle R(X,Y)Z, W \rangle.$$

在局部坐标中, 曲率张量可表示为

$$R = R_{ijkl}\mathrm{d}x^i \otimes \mathrm{d}x^j \otimes \mathrm{d}x^k \otimes \mathrm{d}x^l,$$

其中, $R_{ijkl} = R(\partial_i, \partial_j, \partial_k, \partial_l)$. 为了计算该系数, 我们首先注意到

$$\begin{aligned}\langle D_{\partial_j}\partial_k, \partial_l \rangle = \Gamma_{jk}^m g_{ml} &= \frac{1}{2} g_{ml} g^{mt}(\partial_k g_{tj} + \partial_j g_{tk} - \partial_t g_{jk}) \\ &= \frac{1}{2}(\partial_k g_{lj} + \partial_j g_{lk} - \partial_l g_{jk}),\end{aligned}$$

其次有

$$\begin{aligned}R_{ijkl} &= \langle D_{\partial_j} D_{\partial_i} \partial_k, \partial_l \rangle - \langle D_{\partial_i} D_{\partial_j} \partial_k, \partial_l \rangle \\ &= \partial_j \langle D_{\partial_i}\partial_k, \partial_l \rangle - \langle D_{\partial_i}\partial_k, D_{\partial_j}\partial_l \rangle - \partial_i \langle D_{\partial_j}\partial_k, \partial_l \rangle - \langle D_{\partial_j}\partial_k, D_{\partial_i}\partial_l \rangle,\end{aligned}$$

最后得

$$R_{ijkl} = \frac{1}{2}(\partial_j \partial_k g_{il} + \partial_i \partial_l g_{jk} - \partial_j \partial_l g_{ik} - \partial_i \partial_k g_{jl}) + g_{rs}\Gamma_{jk}^r \Gamma_{il}^s - g_{rs}\Gamma_{jl}^r \Gamma_{ik}^s. \tag{3.21}$$

由上式可知, 曲率张量的系数由黎曼度量系数的二阶导数和一阶导数组合而成.

我们也可以从平行移动或测地线出发导出曲率. 事实上, 设 $\{\gamma_s(t)\}_{s\in(-\varepsilon,\varepsilon)}$ 是一族光滑依赖于参数 s 的测地线. 对测地线方程

$$D_{\frac{\partial \gamma_s}{\partial t}} \frac{\partial \gamma_s}{\partial t} = 0$$

关于 s 求导可得 (注意 $[\partial_s, \partial_t] = 0$)

$$\begin{aligned}0 = D_{\frac{\partial \gamma_s}{\partial s}} D_{\frac{\partial \gamma_s}{\partial t}} \frac{\partial \gamma_s}{\partial t} &= D_{\frac{\partial \gamma_s}{\partial s}} D_{\frac{\partial \gamma_s}{\partial t}} \frac{\partial \gamma_s}{\partial t} - D_{\frac{\partial \gamma_s}{\partial t}} D_{\frac{\partial \gamma_s}{\partial s}} \frac{\partial \gamma_s}{\partial t} + D_{\frac{\partial \gamma_s}{\partial t}} D_{\frac{\partial \gamma_s}{\partial t}} \frac{\partial \gamma_s}{\partial s} \\ &= R\Big(\frac{\partial \gamma_s}{\partial t}, \frac{\partial \gamma_s}{\partial s}\Big)\frac{\partial \gamma_s}{\partial t} + D_{\frac{\partial \gamma_s}{\partial t}} D_{\frac{\partial \gamma_s}{\partial t}} \frac{\partial \gamma_s}{\partial s},\end{aligned}$$

将上式限制在 $\gamma = \gamma_0$ 上就成为

$$\ddot{U}(t) + R(\dot{\gamma}(t), U(t))\dot{\gamma}(t) = 0, \tag{3.22}$$

其中, $U(t)$ 是 $\dfrac{\partial \gamma_s}{\partial s}$ 在 γ 上的限制, 称为 Jacobi 场. 这个关于 $U(t)$ 的二阶方程称为 Jacobi 方程, 它是测地线方程的线性化. 我们知道, 由于测地线方程含有非线性项, 因此它的解一般只能局部存在. Jacobi 方程的一个好处就是它关于 $U(t)$ 是线性的, 它的解一定是整体存在的. 在整体黎曼几何学中, 往往通过 Jacobi 场去了解测地线以及黎曼流形的整体性质. 由于 Jacobi 场方程中含有曲率项, 因此可以想象曲率会对黎曼流形整体性质产生影响. 曲率是黎曼几何中主要的几何不变量, 对它的理解和研究是黎曼几何学的中心任务之一.

例 3.3.1 欧氏空间的曲率.

欧氏空间 $(\mathbb{R}^n, g_0)$ 的曲率张量恒为零, 这可从式 (3.21) 立即知道.

例 3.3.2 球面 (S^n, g_1) 的曲率.

我们先看联络. 沿用前一节的记号, 以 $\bar{D}$ 表示 $\mathbb{R}^{n+1}$ 上的联络, $\vec{x}$ 为 S^n 的位置向量. 如果 X, Y 为 S^n 的切向量场, 则

$$\bar{D}_X\vec{x} = \big(X(x^1), \cdots, X(x^{n+1})\big) = X,$$

从而有

$$\langle \bar{D}_X Y, \vec{x}\,\rangle = X\langle Y, \vec{x}\,\rangle - \langle Y, \bar{D}_X\vec{x}\,\rangle = -\langle Y, X\rangle,$$

这说明 S^n 的联络 D 可表示为

$$D_X Y = \bar{D}_X Y + \langle X, Y\rangle\vec{x}. \tag{3.23}$$

利用上式我们来进行二阶求导

$$\begin{aligned} D_Y D_X Z &= \bar{D}_Y D_X Z + \langle Y, D_X Z\rangle\,\vec{x} \\ &= \bar{D}_Y(\bar{D}_X Z + \langle X, Z\rangle\,\vec{x}) + X\langle Y, Z\rangle\,\vec{x} - \langle D_X Y, Z\rangle\,\vec{x} \\ &= \bar{D}_Y\bar{D}_X Z + (Y\langle X, Z\rangle + X\langle Y, Z\rangle - \langle D_X Y, Z\rangle)\vec{x} + \langle X, Z\rangle Y, \end{aligned}$$

于是有 (注意 $\mathbb{R}^{n+1}$ 的曲率为零)

$$R(X, Y)Z = \langle X, Z\rangle Y - \langle Y, Z\rangle X,$$

最后得到 S^n 的 $(0,4)$ 型曲率张量为

$$R(X, Y, Z, W) = \langle X, Z\rangle\langle Y, W\rangle - \langle Y, Z\rangle\langle X, W\rangle. \tag{3.24}$$

对于一般的黎曼流形, 其曲率张量可能非常复杂. 不过, 从式 (3.21) 可以观察到以下等式

$$R_{ijkl} = -R_{jikl} = -R_{ijlk}, \quad R_{ijkl} = R_{klij}. \tag{3.25}$$

进一步的观察表明

$$R_{ijkl} + R_{jkil} + R_{kijl} = 0. \tag{3.26}$$

我们将这些等式总结为

命题 3.3.2 曲率张量具有以下对称性:

(i) (第一 Bianchi 恒等式) $R(X, Y, Z, W) + R(Y, Z, X, W) + R(Z, X, Y, W) = 0$;

(ii) $R(X, Y, Z, W) = -R(Y, X, Z, W) = -R(X, Y, W, Z)$;

(iii) $R(X, Y, Z, W) = R(Z, W, X, Y)$.

证明 我们只证明 (i). 直接计算如下

$$\begin{aligned} & R(X, Y)Z + R(Y, Z)X + R(Z, X)Y \\ = {} & D_Y D_X Z - D_X D_Y Z + D_{[X,Y]}Z + D_Z D_Y X - D_Y D_Z X \\ & + D_{[Y,Z]}X + D_X D_Z Y - D_Z D_X Y + D_{[Z,X]}Y \\ = {} & -D_Y[Z, X] - D_X[Y, Z] - D_Z[X, Y] + D_{[X,Y]}Z + D_{[Y,Z]}X + D_{[Z,X]}Y \end{aligned}$$

$$= -[X, [Y, Z]] - [Y, [Z, X]] - [Z, [X, Y]] = 0,$$

最后的等号用到了 Lie 括号所满足的 Jacobi 恒等式. □

利用曲率张量的对称性, 我们给出**截面曲率**这一重要概念. 设 Π 为切空间 T_pM 的 2 维子空间, 取它的一组基为 X, Y, 定义 Π 的截面曲率为

$$K(\Pi) = \frac{R(X, Y, X, Y)}{|X \wedge Y|^2}, \tag{3.27}$$

其中, $|X \wedge Y|^2 = \langle X, X\rangle\langle Y, Y\rangle - \langle X, Y\rangle^2$. 我们要说明截面曲率的定义与 Π 中基的选取无关. 设 $\{Z, W\}$ 为 Π 的另一组基, 则存在实数 a, b, c, d 使得

$$Z = aX + bY, \quad W = cX + dY, \quad ad - bc \neq 0.$$

此时, 直接的计算表明

$$|Z \wedge W|^2 = (ad - bc)^2|X \wedge Y|^2.$$

根据曲率张量的对称性, 有

$$\begin{aligned} R(Z, W, Z, W) &= R(aX + bY, cX + dY, aX + bY, cX + dY) \\ &= (ad - bc)R(X, Y, aX + bY, cX + dY) \\ &= (ad - bc)^2 R(X, Y, X, Y). \end{aligned}$$

于是

$$\frac{R(Z, W, Z, W)}{|Z \wedge W|^2} = \frac{R(X, Y, X, Y)}{|X \wedge Y|^2},$$

即截面曲率的定义是恰当的. 根据例 3.3.1 和例 3.3.2 可知, $(\mathbb{R}^n, g_0)$ 的截面曲率恒为零, 而 (S^n, g_1) 的截面曲率恒为 1.

例 3.3.3 双曲空间的曲率.

考虑上半空间模型 $\mathbb{H}^n$, 黎曼度量 $g = x_n^{-2} \sum\limits_{i=1}^{n} \mathrm{d}x^i \otimes \mathrm{d}x^i$. 此时 $g_{ij} = x_n^{-2}\delta_{ij}$, $g^{ij} = x_n^2\delta_{ij}$. 于是有

$$\begin{aligned} \Gamma_{ij}^k &= \frac{1}{2}x_n^2\delta_{km}(-2x_n^{-3}\delta_{im}\delta_{jn} - 2x_n^{-3}\delta_{jm}\delta_{in} + 2x_n^{-3}\delta_{ij}\delta_{mn}) \\ &= x_n^{-1}(\delta_{ij}\delta_{kn} - \delta_{ik}\delta_{jn} - \delta_{kj}\delta_{in}). \end{aligned}$$

注意到 $\partial_k\partial_l g_{ij} = 6x_n^{-4}\delta_{kn}\delta_{ln}\delta_{ij}$. 将它们代入式 (3.21) 得

$$R_{ijkl} = x_n^{-4}(\delta_{jk}\delta_{il} - \delta_{jl}\delta_{ik}) = -(g_{ik}g_{jl} - g_{il}g_{jk}),$$

因此有

$$R(X, Y, Z, W) = -(\langle X, Z\rangle\langle Y, W\rangle - \langle Y, Z\rangle\langle X, W\rangle),$$

这说明双曲空间的截面曲率恒为 -1.

从 $(0, 4)$ 型的曲率张量 R 出发, 对它的 1, 3 指标求 trace, 就得到一个二阶协变张量场, 称为 Ricci 张量. 具体来说, 取标准正交基 $\{e_i\}$, 令

$$\mathrm{Ric}(X,Y)=\sum_{i=1}^{n}R(e_i,X,e_i,Y), \tag{3.28}$$

则根据曲率张量的对称性质, Ric 为对称二阶协变张量场. 在局部坐标 $\{x^i\}$ 下, Ric 可以表示为 $\mathrm{Ric}=R_{ij}\mathrm{d}x^i\otimes \mathrm{d}x^j$, 其中 $R_{ij}=g^{kl}R_{kilj}$.

如果 X 为单位向量, 则称 $\mathrm{Ric}(X,X)$ 为 X 方向的 **Ricci 曲率**. 如果将 $X=e_1$ 扩充为一组标准正交基 $\{e_i\}$, 则

$$\mathrm{Ric}(X,X)=\sum_{i=1}^{n}R(e_i,X,e_i,X)=\sum_{i=2}^{n}R(e_i,e_1,e_i,e_1),$$

因此 Ricci 曲率均为 $n-1$ 个截面曲率之和.

从 Ricci 张量出发, 对它求 trace 就得到 M 上的标量场 (函数) S, 称为 (M,g) 的**数量曲率或纯量曲率**. 按照定义, S 可表示为

$$S=g^{ij}g^{kl}R_{kilj}=\sum_{i,j}R(e_i,e_j,e_i,e_j).$$

例 3.3.4 2 维曲面的曲率.

对于 2 维流形来说, 它在每一点的截面曲率只有一个, 记为 K. 此时 $\mathrm{Ric}=Kg$, $S=2K$.

例 3.3.5 n 维球面的曲率.

(S^n,g_1) 的 Ricci 曲率恒为 $n-1$, 因此 $\mathrm{Ric}=(n-1)g$, $S=n(n-1)$.

一般地, Ricci 曲率为常数的黎曼度量称为 Einstein 度量, 拥有 Einstein 度量的黎曼流形称为 Einstein 流形. 对 Einstein 流形的研究是微分几何的重要课题之一, 其研究动力很大程度上是来自 Einstein 的广义相对论.

例 3.3.6 3 维 Einstein 流形.

如果 M^3 为 Einstein 流形, 设其 Ricci 曲率为常数 λ. 任取标准正交基 $\{e_i\}$, 记

$$R_{ijkl}=R(e_i,e_j,e_k,e_l),\quad R_{ij}=\mathrm{Ric}(e_i,e_j).$$

由 Ricci 曲率的定义, 有

$$R_{11}=R_{1212}+R_{1313},\quad R_{22}=R_{1212}+R_{3232},\quad R_{33}=R_{1313}+R_{2323}.$$

从上式中可解出

$$R_{1212}=\frac{1}{2}(R_{11}+R_{22}-R_{33})=\frac{1}{2}\lambda,$$

由于 $\{e_i\}$ 是任取的, 这表明 M^3 的截面曲率实际上是常数.

以上讨论的曲率均涉及二阶求导. 关于三阶求导, 我们有

命题 3.3.3 (第二 Bianchi 恒等式) 对于 $(1,3)$ 型的张量 R, 有

$$(D_XR)(Y,Z)+(D_YR)(Z,X)+(D_ZR)(X,Y)=0.$$

证明 任给向量场 W, 有

$$(D_XR)(Y,Z)W=D_X(R(Y,Z)W)-R(Y,Z)(D_XW)-R(D_XY,Z)W-R(Y,D_XZ)W,$$

将上式中的 X, Y, Z 依次轮换, 得到另外两个方程, 将它们相加, 并利用联络和曲率的性质

即可得到证明. 具体的计算有些烦琐, 我们略去. 下一节我们将给出另外一个证明. □

Bianchi 恒等式对于 (0,4) 型的曲率张量也成立. 事实上, 因为

$$\begin{aligned}(DR)(X,Y,Z,W,V) &= (D_VR)(X,Y,Z,W)\\ &= V(R(X,Y,Z,W)) - R(D_VX,Y,Z,W) - R(X,D_VY,Z,W)\\ &\quad - R(X,Y,D_VZ,W) - R(X,Y,Z,D_VW)\\ &= \langle V(R(X,Y)Z),W\rangle + \langle R(X,Y)Z,D_VW\rangle - \langle R(D_VX,Y)Z,W\rangle\\ &\quad - \langle R(X,D_VY)Z,W\rangle - \langle R(X,Y)D_VZ,W\rangle - \langle R(X,Y)Z,D_VW\rangle\\ &= \langle (D_VR)(X,Y)Z,W\rangle,\end{aligned}$$

轮换上式中 V, X, Y 的位置, 将所得等式相加, 得

$$(DR)(X,Y,Z,W,V) + (DR)(Y,V,Z,W,X) + (DR)(V,X,Z,W,Y) = 0, \tag{3.29}$$

根据曲率张量的对称性, 上式也可以改写为

$$(DR)(Z,W,X,Y,V) + (DR)(Z,W,Y,V,X) + (DR)(Z,W,V,X,Y) = 0. \tag{3.30}$$

在局部坐标 $\{x^i\}$ 下, (DR) 可以表示为

$$DR = R_{ijkl,h}\mathrm{d}x^i \otimes \mathrm{d}x^j \otimes \mathrm{d}x^k \otimes \mathrm{d}x^l \otimes \mathrm{d}x^h,$$

此时第二 Bianchi 恒等式成为

$$R_{ijkl,h} + R_{ijlh,k} + R_{ijhk,l} = 0. \tag{3.31}$$

如果对数量曲率求协变导数, 并利用 $Dg = 0$ 和上式可得

$$\begin{aligned}S_m &= g^{ij}g^{kl}R_{kilj,m} = -g^{ij}g^{kl}R_{kijm,l} - g^{ij}g^{kl}R_{kiml,j}\\ &= g^{kl}R_{km,l} + g^{ij}R_{im,j} = 2g^{ij}R_{mi,j}.\end{aligned}$$

如果 Ricci 张量是黎曼度量的倍数, 即存在函数 $f(x)$, 使得 $R_{ij} = f(x)g_{ij}$, 则易见 $f(x) = \dfrac{S}{n}$, 即

$$\mathrm{Ric} = \frac{S}{n}g.$$

此时对上式求协变导数, 得

$$R_{mi,j} = \frac{1}{n}S_jg_{mi},$$

因此有

$$S_m = 2g^{ij}R_{mi,j} = \frac{2}{n}g^{ij}S_jg_{mi} = \frac{2}{n}S_m,$$

于是当 $n \geqslant 3$ 时 $DS = 0$. 这可总结为下面的结果.

定理 3.3.4 (Shur)　设 M 为连通 n 维流形, $n \geqslant 3$. 如果黎曼度量 g 的 Ricci 张量是 g 的倍数, 则 g 是 Einstein 度量.

习题 3.3

1. 设 (M,g) 为黎曼流形, D 为 Levi-Civita 联络. 若 ω 为 1-形式, X,Y,Z 为切向量场, 证明:
$$D^2\omega(Z,X,Y)-D^2\omega(Z,Y,X)=-\omega\big(R(X,Y)Z\big).$$
2. 设 θ 为 (r,s) 型张量场, 在局部坐标系中, 记
$$D^2\theta=\theta^{i_1\cdots i_r}_{j_1\cdots j_s,kl}\frac{\partial}{\partial x^{i_1}}\otimes\cdots\otimes\frac{\partial}{\partial x^{i_r}}\otimes \mathrm{d}x^{j_1}\otimes\cdots\otimes \mathrm{d}x^{j_s}\otimes \mathrm{d}x^k\otimes \mathrm{d}x^l,$$
通过计算证明:
$$\theta^{i_1\cdots i_r}_{j_1\cdots j_s,kl}-\theta^{i_1\cdots i_r}_{j_1\cdots j_s,lk}=\sum_{p=1}^{r}\theta^{i_1\cdots i_{p-1}ii_{p+1}\cdots i_r}_{j_1\cdots j_s}R^{i_p}_{kli}-\sum_{q=1}^{s}\theta^{i_1\cdots i_r}_{j_1\cdots j_{q-1}jj_{q+1}\cdots j_s}R^{j}_{klj_q}.$$
3. 设 (M,g) 为黎曼流形, D 为 Levi-Civita 联络. 设 $p\in M$, $X,Y\in T_pM$. 在以 p 为原点的局部坐标系 $\{x^i\}$ 下, 记 $X=a^i\partial_i$, $Y=b^i\partial_i$. 设 ε,δ 为充分小的正数, 考虑坐标分别为 $\{\delta b^i\}$, $\{\varepsilon a^i\}$, $\{\varepsilon a^i+\delta b^i\}$ 的点 p', p'', q. 任给 $Z\in T_pM$, 将 Z 沿坐标系中的直线段先从 p 平移至 p', 再从 p' 平移至 q, 所得向量记为 $Z'\in T_qM$. 同理, 将 Z 沿坐标系中的直线段先从 p 平移至 p'', 再从 p'' 平移至 q, 所得向量记为 $Z''\in T_qM$. 证明:
$$Z'-Z''=\varepsilon\delta R(X,Y)Z+o(\varepsilon\delta)\quad(\varepsilon,\delta\to 0^+).$$
4. 设 $(0,4)$ 型的张量场 S, T 均满足曲率张量关于指标的对称性. 证明: 如果
$$S(X,Y,X,Y)=T(X,Y,X,Y),\quad \forall\ X,Y\in\Gamma(TM),$$
则 $S\equiv T$.
5. 证明: 黎曼流形 (M,g) 的截面曲率为常数 c 当且仅当曲率张量满足
$$R(X,Y)Z=c(\langle X,Z\rangle Y-\langle Y,Z\rangle X).$$
6. 考虑 $\mathbb{R}^{n+1}$ 中的超曲面
$$H^n(1)=\left\{(x^1,\cdots,x^{n+1})\in\mathbb{R}^{n+1}\,\middle|\,\sum_{i=1}^{n}(x^i)^2-(x^{n+1})^2=-1,\ x^{n+1}>0\right\}.$$
证明: 二阶协变张量场 $g_{n,1}=\sum\limits_{i=1}^{n}\mathrm{d}x^i\otimes\mathrm{d}x^i-\mathrm{d}x^{n+1}\otimes\mathrm{d}x^{n+1}$ 在 $H^n(1)$ 上的限制是黎曼度量, 并计算其截面曲率.
7. 设 (M,g) 为黎曼流形, D 为 Levi-Civita 联络. 若 $\big(g_{ij}\big)$ 是 g 在局部坐标系 $\{x^i\}$ 中的度量矩阵, 其逆矩阵记为 $\big(g^{ij}\big)$. 验证 $g^{-1}=g^{ij}\partial_i\otimes\partial_j$ 为 $(2,0)$ 型张量场, 且 $Dg^{-1}=0$.
8. 设 (M,g) 为黎曼流形, f 为 M 上的正光滑函数, 则 $\bar{g}=f^2g$ 也是 M 上的黎曼度量. 求这两个黎曼度量的曲率张量之间的关系.
9. 在上一题的假设下, 证明: 如果 f 为常数, 则 $\mathrm{Ric}(g)=\mathrm{Ric}(\bar{g})$.
10. 设 $f:\ (M,g)\to(N,h)$ 为等距同构, 证明: f 保持曲率不变, 即 $R_M=f^*R_N$.
11. 设 Z 为 (M,g) 为 Killing 向量场, 证明:
(1) $\langle D^2Z(X,Y),W\rangle=-\langle D^2Z(W,Y),X\rangle$;
(2) $D^2Z(X,Y)=R(Z,Y)X$.
12. 设 D 为向量丛 E 上的联络. 任给 X, $Y\in\Gamma(TM)$, 定义曲率算子
$$R(X,Y):\ \Gamma(E)\to\Gamma(E),\quad R(X,Y)s=D_YD_Xs-D_XD_Ys+D_{[X,Y]}s.$$
证明: $R(X,Y)s$ 关于 X, Y 以及截面 s 都是函数线性的.

§3.4 联络和曲率的计算

对曲率的理解离不开具体的计算, 而曲率的表达式是比较复杂的, 我们有必要介绍一些相关的计算技巧.

§3.4.1 活动标架法

所谓标架, 是指空间中的一组基. 当空间变化时, 基也随之而变, 故称活动标架.

设 D 为流形切丛 TM 上的联络. 设 $\{e_i\}$ 为 TM 的一组 (局部) 基, $\{\omega^i\}$ 为相应的对偶基. 由于 De_j 是 $(1,1)$ 型的张量场, 它可以表示为

$$De_j = c_{kj}^i e_i \otimes \omega^k,$$

其中, $\{c_{kj}^i\}$ 是一组 (局部) 函数. 例如, 设 $\{x^i\}$ 为 M 的局部坐标系, 取 $e_i = \partial_i$, $\omega^i = \mathrm{d}x^i$, 则由

$$D\partial_j = D_{\partial_k}\partial_j \otimes \mathrm{d}x^k = \Gamma_{kj}^i \partial_i \otimes \mathrm{d}x^k,$$

可知 $c_{kj}^i = \Gamma_{kj}^i$.

一般地, 记 $\omega_j^i = c_{kj}^i \omega^k$, 称为联络 D 的联络形式. 此时

$$De_j = e_i \otimes \omega_j^i. \tag{3.32}$$

若 X 为切向量 (场), 则由上式可得

$$D_X e_j = \omega_j^i(X) e_i,$$

这说明 $\omega_j^i(X) = \omega^i(D_X e_j)$, 这也可以作为联络形式的定义.

以上我们用联络表示出了标架 $\{e_i\}$ 的变化规律, 下面我们再看余标架 $\{\omega^i\}$ 的变化规律. 注意到

$$\left(D_X\omega^i\right)(e_j) = X\left(\omega^i(e_j)\right) - \omega^i(D_X e_j) = -\omega_j^i(X),$$

这说明

$$D_X\omega^i = -\omega_j^i(X)\omega^j,$$

因此有

$$D\omega^i = -\omega^j \otimes \omega_j^i. \tag{3.33}$$

例如, 当 $\omega^i = \mathrm{d}x^i$ 时

$$D\mathrm{d}x^i = -\Gamma_{kj}^i \mathrm{d}x^j \otimes \mathrm{d}x^k.$$

引理 3.4.1 设 D 为无挠联络, ω 为 1-形式, 则 $\mathrm{d}\omega = -\mathscr{A}(D\omega)$, 即

$$\mathrm{d}\omega(X,Y) = D\omega\,(Y,X) - D\omega\,(X,Y).$$

证明 不妨设 $\omega = \phi\mathrm{d}\psi$, 其中 ϕ, ψ 为函数. 此时 $\mathrm{d}\omega = \mathrm{d}\phi \wedge \mathrm{d}\psi$, 而

$$D\omega = \mathrm{d}\psi \otimes \mathrm{d}\phi + \phi D^2\psi.$$

当 D 无挠时, $D^2\psi$ 为对称张量, 反称化以后为零. 于是 $\mathscr{A}(D\omega) = \mathrm{d}\psi \wedge \mathrm{d}\phi = -\mathrm{d}\omega$. □

以下我们假设 D 为无挠联络, 由式 (3.33) 以及引理 3.4.1 可得

$$\mathrm{d}\omega^i = \omega^j \wedge \omega_j^i. \tag{3.34}$$

注意到外微分算子一个重要的特点: $\mathrm{d}^2 = 0$. 因此对上式两边再求外微分可得

$$0 = \mathrm{d}\omega^j \wedge \omega_j^i - \omega^j \wedge \mathrm{d}\omega_j^i,$$

再利用式 (3.34) 可得

$$\omega^j \wedge \Omega_j^i = 0, \tag{3.35}$$

其中

$$\Omega_j^i = d\omega_j^i + \omega_k^i \wedge \omega_j^k. \tag{3.36}$$

另一方面, 若 X, Y 为切向量场, 则

$$\begin{aligned} d\omega_j^i(X,Y) &= X(\omega_j^i(Y)) - Y(\omega_j^i(X)) - \omega_j^i([X,Y]) \\ &= X(\omega^i(D_Y e_j)) - Y(\omega^i(D_X e_j)) - \omega^i(D_{[X,Y]}e_j) \\ &= \left(D_X\omega^i\right)(D_Y e_j) - \left(D_Y\omega^i\right)(D_X e_j) - \omega^i(R(X,Y)e_j) \\ &= -\omega_k^i(X)\omega^k(D_Y e_j) + \omega_k^i(Y)\omega^k(D_X e_j) - \omega^i(R(X,Y)e_j) \\ &= -\omega_k^i(X)\omega_j^k(Y) + \omega_k^i(Y)\omega_j^k(X) - \omega^i(R(X,Y)e_j) \\ &= -\omega_k^i \wedge \omega_j^k(X,Y) - \omega^i(R(X,Y)e_j). \end{aligned}$$

这说明

$$\Omega_j^i = -\frac{1}{2}R_{klj}^i\omega^k \wedge \omega^l, \tag{3.37}$$

其中, $R_{klj}^i = \omega^i(R(e_k, e_l)e_j)$. Ω_j^i 称为曲率形式.

式 (3.34)、式 (3.36) 和式 (3.37) 统称 **Cartan 结构方程**, 它们只涉及外微分算子而不含协变导数, 因此有利于计算, 是非常有用的工具.

由式 (3.35) 和式 (3.37) 可知

$$R_{klj}^i + R_{ljk}^i + R_{jkl}^i = 0,$$

这是第一 Bianchi 恒等式.

为了获得第二 Bianchi 恒等式, 我们先在标架 $\{e_i\}$ 和 $\{\omega^i\}$ 下计算 (r,s) 型张量 θ 的协变导数

$$\begin{aligned} \theta_{j_1\cdots j_s,k}^{i_1\cdots i_r} &= (D_{e_k}\theta)(\omega^{i_1},\cdots,\omega^{i_r};e_{j_1},\cdots,e_{j_s}) \\ &= e_k(\theta_{j_1\cdots j_s}^{i_1\cdots i_r}) - \sum_{p=1}^{r}\theta(\omega^{i_1},\cdots,D_{e_k}\omega^{i_p},\cdots,\omega^{i_r};e_{j_1},\cdots,e_{j_s}) \\ &\quad - \sum_{q=1}^{s}\theta(\omega^{i_1},\cdots,\omega^{i_r};e_{j_1},\cdots,D_{e_k}e_{j_q},\cdots,e_{j_s}) \\ &= e_k(\theta_{j_1\cdots j_s}^{i_1\cdots i_r}) + \sum_{p=1}^{r}\theta_{j_1\cdots j_s}^{i_1\cdots i_{p-1}\,h\,i_{p+1}\cdots i_r}\omega_h^{i_p}(e_k) - \sum_{q=1}^{s}\theta_{j_1\cdots j_{q-1}\,h\,j_{q+1}\cdots j_s}^{i_1\cdots i_r}\omega_{j_q}^h(e_k), \end{aligned}$$

上式也可以改写为

$$\theta_{j_1\cdots j_s,k}^{i_1\cdots i_r}\omega^k = d\theta_{j_1\cdots j_s}^{i_1\cdots i_r} + \sum_{p=1}^{r}\theta_{j_1\cdots j_s}^{i_1\cdots i_{p-1}\,h\,i_{p+1}\cdots i_r}\omega_h^{i_p} - \sum_{q=1}^{s}\theta_{j_1\cdots j_{q-1}\,h\,j_{q+1}\cdots j_s}^{i_1\cdots i_r}\omega_{j_q}^h. \tag{3.38}$$

现在, 对式 (3.36) 两边求外微分就得到

$$d\Omega_j^i = d\omega_k^i \wedge \omega_j^k - \omega_k^i \wedge d\omega_j^k = \Omega_k^i \wedge \omega_j^k - \omega_k^i \wedge \Omega_j^k,$$

将式 (3.37) 以及结构方程代入上式并加以整理, 得

$$(\mathrm{d}R^i_{klj} - R^i_{hlj}\omega^h_k - R^i_{khj}\omega^h_l - R^i_{klh}\omega^h_j + R^h_{klj}\omega^i_h) \wedge \omega^k \wedge \omega^l = 0,$$

利用式 (3.38), 上式可改写为

$$R^i_{klj,h}\omega^h \wedge \omega^k \wedge \omega^l = 0, \tag{3.39}$$

这也就是第二 Bianchi 恒等式.

以下我们进一步假设 D 为 Levi-Civita 联络. 当 $\{e_i\}$ 为标准正交基时, 黎曼度量 g 可以写成

$$g = \omega^1 \otimes \omega^1 + \omega^2 \otimes \omega^2 + \cdots + \omega^n \otimes \omega^n. \tag{3.40}$$

此时有

$$\omega^i_j(X) + \omega^j_i(X) = \langle D_X e_j, e_i\rangle + \langle D_X e_i, e_j\rangle = X\langle e_j, e_i\rangle = 0,$$

这说明

$$\omega^i_j + \omega^j_i = 0. \tag{3.41}$$

我们也有

$$R^i_{klj} = \langle R(e_k, e_l)e_j, e_i\rangle = R_{klji} = -R_{ijkl},$$

此时曲率形式可写为

$$\Omega^i_j = \frac{1}{2}R_{ijkl}\omega^k \wedge \omega^l. \tag{3.42}$$

下面我们来看几个例子.

例 3.4.1 曲面的曲率.

设 2 维曲面 M 有黎曼度量 $g = \phi^2\mathrm{d}u\otimes\mathrm{d}u + \psi^2\mathrm{d}v\otimes\mathrm{d}v$, 其中 $\{u, v\}$ 为局部坐标, ϕ, ψ 为正的光滑函数. 此时, $e_1 = \phi^{-1}\partial_u$, $e_2 = \psi^{-1}\partial_v$ 组成了标准正交基, 其对偶基为 $\omega^1 = \phi\mathrm{d}u$, $\omega^2 = \psi\mathrm{d}v$. 求导可得

$$\mathrm{d}\omega^1 = \mathrm{d}\phi \wedge \mathrm{d}u = \phi_v\mathrm{d}v \wedge \mathrm{d}u = \omega^2 \wedge \psi^{-1}\phi_v\mathrm{d}u,$$

同理有

$$\mathrm{d}\omega^2 = \mathrm{d}\psi \wedge \mathrm{d}v = \psi_u\mathrm{d}u \wedge \mathrm{d}v = \omega^1 \wedge \phi^{-1}\psi_u\mathrm{d}v.$$

由此解出联络形式为

$$\omega^1_2 = \psi^{-1}\phi_v\mathrm{d}u - \phi^{-1}\psi_u\mathrm{d}v.$$

于是曲率形式为

$$\Omega^1_2 = \mathrm{d}\omega^1_2 = -\left[\left(\frac{\psi_u}{\phi}\right)_u + \left(\frac{\phi_v}{\psi}\right)_v\right]\mathrm{d}u \wedge \mathrm{d}v,$$

这说明 M^2 的截面曲率为

$$K = R_{1212} = -\frac{1}{\phi\psi}\left[\left(\frac{\psi_u}{\phi}\right)_u + \left(\frac{\phi_v}{\psi}\right)_v\right].$$

这与古典微分几何中的计算结果是一致的.

例 3.4.2 双曲空间的结构方程.

在上半空间 $\mathbb{H}^n$ 中考虑黎曼度量 $g = x_n^{-2}\sum\limits_{i=1}^{n}\mathrm{d}x^i\otimes\mathrm{d}x^i$, 取标准正交标架 $\{e_i = x_n\partial_i\}$, 其对偶标架为 $\{\omega^i = x_n^{-1}\mathrm{d}x^i\}$. 此时有

$$\omega^j\wedge\omega_j^i = \mathrm{d}\omega^i = x_n^{-2}\mathrm{d}x^i\wedge\mathrm{d}x^n = \omega^i\wedge\omega^n,$$

以及

$$\omega^j\wedge\omega_j^n = \mathrm{d}\omega^n = 0.$$

从以上两式中解出联络形式为

$$\omega_j^i = 0\ (i,j<n),\quad \omega_i^n = -\omega_n^i = \omega^i\ (i<n).$$

因此, 当 $i,j<n$ 时

$$\Omega_j^i = \omega_n^i\wedge\omega_j^n = -\omega^i\wedge\omega^j,$$

当 $i<n$ 时

$$\Omega_n^i = \mathrm{d}\omega_n^i = -\mathrm{d}\omega^i = -\omega^i\wedge\omega^n.$$

总之, 曲率形式形如 $\Omega_j^i = -\omega^i\wedge\omega^j$, 这再一次说明双曲空间的截面曲率恒为 -1.

例 3.4.3 黎曼度量的共形形变.

设 g 为流形 M 上的黎曼度量. 如果 ρ 为 M 上的光滑正函数, 则 $\tilde{g} = \rho^2 g$ 也是 M 上的黎曼度量, 称为 g 的共形形变. 如果 $\{\omega^i\}$ 为 (M,g) 的标准正交余切标架, 则 $\tilde{\omega}^i = \rho\omega^i$ 为 $(M,\tilde{g})$ 的标准正交余切标架, 我们计算相应的结构方程如下

$$\begin{aligned}\mathrm{d}\tilde{\omega}^i &= \mathrm{d}\rho\wedge\omega^i + \rho\mathrm{d}\omega^i = \rho_j\omega^j\wedge\omega^i + \rho\omega^j\wedge\omega_j^i\\ &= \rho^{-1}\rho_j\tilde{\omega}^j\wedge\omega^i + \tilde{\omega}^j\wedge\omega_j^i,\end{aligned}$$

其中, $\{\rho_i\}$ 由 $\mathrm{d}\rho = \rho_i\omega^i$ 所定义. 从上式可解出 $\tilde{g}$ 对应的联络形式 $\tilde{\omega}_j^i$ 为

$$\tilde{\omega}_j^i = \omega_j^i + \rho^{-1}\rho_j\omega^i - \rho^{-1}\rho_i\omega^j,$$

继续计算 $\tilde{g}$ 对应的曲率形式 $\tilde{\Omega}_j^i$

$$\begin{aligned}\tilde{\Omega}_j^i &= \mathrm{d}\tilde{\omega}_j^i + \tilde{\omega}_m^i\wedge\tilde{\omega}_j^m\\ &= \mathrm{d}\omega_j^i + \omega_m^i\wedge\omega_j^m + \mathrm{d}(\ln\rho)_j\wedge\omega^i + (\ln\rho)_j\mathrm{d}\omega^i - \mathrm{d}(\ln\rho)_i\wedge\omega^j - (\ln\rho)_i\mathrm{d}\omega^j\\ &\quad + \big[(\ln\rho)_m\omega^i - (\ln\rho)_i\omega^m\big]\wedge\omega_j^m + \omega_m^i\wedge\big[(\ln\rho)_j\omega^m - (\ln\rho)_m\omega^j\big]\\ &\quad + \big[(\ln\rho)_m\omega^i - (\ln\rho)_i\omega^m\big]\wedge\big[(\ln\rho)_j\omega^m - (\ln\rho)_m\omega^j\big]\\ &= \Omega_j^i - |\nabla\ln\rho|^2\omega^i\wedge\omega^j + [(\ln\rho)_{jm} - (\ln\rho)_m(\ln\rho)_j]\omega^m\wedge\omega^i\\ &\quad - [(\ln\rho)_{im} - (\ln\rho)_m(\ln\rho)_i]\omega^m\wedge\omega^j,\end{aligned}$$

其中, $|\nabla\ln\rho|^2 = (\ln\rho)_i(\ln\rho)_i$, 而 $(\ln\rho)_{ij}$ 由下式定义

$$(\ln\rho)_{ij}\omega^j = \mathrm{d}(\ln\rho)_i - (\ln\rho)_k\omega_i^k.$$

从曲率形式可以得到 $\tilde{g}$ 对应的曲率张量 $\tilde{R}$ 的表示

$$\rho^2\tilde{R}_{ijkl} = R_{ijkl} - |\nabla\ln\rho|^2(\delta_{ik}\delta_{jl} - \delta_{il}\delta_{jk})$$

$$+ [(\ln\rho)_{jm} - (\ln\rho)_m(\ln\rho)_j](\delta_{mk}\delta_{il} - \delta_{ml}\delta_{ik})$$

$$- [(\ln\rho)_{im} - (\ln\rho)_m(\ln\rho)_i](\delta_{mk}\delta_{jl} - \delta_{ml}\delta_{jk}).$$

$\tilde{g}$ 对应的 Ricci 曲率表示为

$$\rho^2\tilde{R}_{ij} = R_{ij} + (2-n)[(\ln\rho)_{ij} - (\ln\rho)_i(\ln\rho)_j]$$
$$+ (2-n)|\nabla\ln\rho|^2\delta_{ij} - (\Delta\ln\rho)\delta_{ij},$$

其中, Δ 是 (M,g) 的 Laplace 算子. 纯量曲率 $\tilde{S}$ 表示为

$$\rho^2\tilde{S} = S + 2(1-n)\Delta\ln\rho - (n-1)(n-2)|\nabla\ln\rho|^2.$$

当 $n=2$ 时, 令 $\rho = \mathrm{e}^u$, 则纯量曲率 $\tilde{S}$ 和 S 之间的关系化为

$$\tilde{S} = \mathrm{e}^{-2u}(S - 2\Delta u),$$

或改写为 (K, $\tilde{K}$ 分别为截面曲率)

$$\Delta u - K + \tilde{K}\mathrm{e}^{2u} = 0. \tag{3.43}$$

当 $n \geqslant 3$ 时, 令 $\rho = u^{\frac{2}{n-2}}$, 则纯量曲率 $\tilde{S}$ 和 S 之间的关系化为

$$\tilde{S} = u^{-\frac{n+2}{n-2}}\left(Su - \frac{4(n-1)}{n-2}\Delta u\right),$$

或改写为

$$\Delta u - \frac{n-2}{4(n-1)}Su + \frac{n-2}{4(n-1)}\tilde{S}u^{\frac{n+2}{n-2}} = 0. \tag{3.44}$$

这些方程可以用来研究在流形上预定纯量曲率的问题. 例如, Yamabe 在 1960 年提出猜测: 在紧致流形上, 任何给定的黎曼度量均可做共形形变, 使其纯量曲率为常数. 这个猜测经过 Aubin、Schoen 等的研究在 1984 年被最终证实了.

当 $n \geqslant 3$ 时, 考虑下式给出的 Weyl 张量

$$W_{ijkl} = R_{ijkl} - \frac{1}{n-2}(R_{ik}\delta_{jl} - R_{jk}\delta_{il} + R_{jl}\delta_{ik} - R_{il}\delta_{jk})$$
$$+ \frac{S}{(n-1)(n-2)}(\delta_{ik}\delta_{jl} - \delta_{jk}\delta_{il}).$$

Weyl 张量的特点是其任意两个指标缩并 (求迹) 均为零. 当 $n=3$ 时, Weyl 张量恒为零. 对黎曼度量做共形形变时, Weyl 张量的变化特别简单

$$\rho^2\tilde{W}_{ijkl} = W_{ijkl}.$$

因此, 当黎曼度量 (局部) 共形于欧氏度量时, 其 Weyl 张量恒为零, 反之, 当 $n \geqslant 4$ 时, Weyl 张量恒为零意味着黎曼度量可局部共形形变到欧氏度量.

为了处理 $n=3$ 的情形, 考虑 Bak 张量

$$B_{ijk} = \frac{1}{n-2}(R_{ij,k} - R_{ik,j}) - \frac{1}{2(n-1)(n-2)}(\delta_{ij}S_k - \delta_{ik}S_j).$$

当 $n=3$ 时, $\rho^3\tilde{B}_{ijk} = B_{ijk}$. 可以证明, 3 维黎曼流形局部共形于欧氏空间当且仅当 Bak 张量为零.

§3.4.2　正规坐标

当我们在局部坐标系中计算联络以及与曲率相关的几何量时, 不可避免地要遇到 Chirstoffel 系数及其导数. 我们往往选取适当的坐标来简化计算过程. 下面我们就来构造这样的坐标.

设 p 为流形 M 上任意固定的一点. 在 p 附近选取局部坐标 $\{u^i\}$, 使得 $u^i(p)=0$. 在 $\{u^i\}$ 下的 Christoffel 系数记为 $\tilde{\Gamma}^k_{ij}$. 令

$$x^i = u^i + \frac{1}{2}\tilde{\Gamma}^i_{jk}(p)u^j u^k,$$

则

$$\frac{\partial x^i}{\partial u^j}(p) = \delta_{ij}, \quad \frac{\partial^2 x^i}{\partial u^j \partial u^k}(p) = \tilde{\Gamma}^i_{jk}(p).$$

因此, $\{x^i\}$ 可以作为 p 附近的局部坐标. 我们说明, 在此坐标下的 Chirstoffel 系数 Γ^k_{ij} 在 p 处均为零.

事实上, 对 $\mathrm{d}x^i = \dfrac{\partial x^i}{\partial u^j}\mathrm{d}u^j$ 求协变微分, 得

$$D\mathrm{d}x^i = \frac{\partial^2 x^i}{\partial u^k \partial u^j}\mathrm{d}u^j \otimes \mathrm{d}u^k - \frac{\partial x^i}{\partial u^j}\tilde{\Gamma}^j_{lk}\mathrm{d}u^k \otimes \mathrm{d}u^l,$$

上式在 p 处取值, 得 $D\mathrm{d}x^i(p)=0$, 因此 $\Gamma^j_{ik}(p)=0$. 这也意味着

$$\mathrm{d}g_{ij}(p)=0, \quad \mathrm{d}g^{ij}(p)=0, \quad \mathrm{d}G(p)=0,$$

其中, $G=\det\left(g_{ij}\right)$. 通过做适当的线性变换, 我们还可以要求 $g_{ij}(p)=\delta_{ij}$.

在以上构造的局部坐标 $\{x^i\}$ 中, 由于在 p 处联络的系数均为零 (联络形式在 p 处也为零), 因此在 p 处协变导数就等于偏导数

$$\theta^{i_1\cdots i_r}_{j_1\cdots j_s,h}(p) = \left(\partial_h \theta^{i_1\cdots i_r}_{j_1\cdots j_s}\right)(p).$$

曲率张量的表示也变得很简单

$$R_{ijkl}(p) = \frac{1}{2}(\partial_j\partial_k g_{il} + \partial_i\partial_l g_{jk} - \partial_j\partial_l g_{ik} - \partial_i\partial_k g_{jl}), \tag{3.45}$$

曲率张量的协变微分可以写为

$$R_{ijkl,h}(p) = \frac{1}{2}(\partial_h\partial_j\partial_k g_{il} + \partial_h\partial_i\partial_l g_{jk} - \partial_h\partial_j\partial_l g_{ik} - \partial_h\partial_i\partial_k g_{jl}). \tag{3.46}$$

例 3.4.4　散度的局部表示.

设 X 为切向量场, 在如上坐标下可表示为 $X=X^i\partial_i$, 由于

$$\mathrm{div}X = \frac{1}{\sqrt{G}}\partial_i\left(\sqrt{G}X^i\right),$$

于是在 p 处有

$$\mathrm{div}X(p) = \partial_i X^i,$$

这就回到了欧氏空间中的散度公式了. 当然, 上式只在 p 处成立.

例 3.4.5　Laplace 算子的局部表示.

设 f 为光滑函数, 则

$$\Delta f = \frac{1}{\sqrt{G}}\partial_i(\sqrt{G}g^{ij}\partial_j f),$$

于是在 p 处有

$$\Delta f(p) = \partial_i\partial_i f,$$

这就回到了欧氏空间中的 Laplace 算子了.

例 3.4.6 外微分算子的表示.

设 $\{e_i\}$ 为一组局部标架, $\{\omega^i\}$ 为其对偶, 则必有

$$\mathrm{d} = \omega^i \wedge D_{e_i}. \tag{3.47}$$

我们先来验证上式成立. 首先容易看出, 上式右边不依赖于标架的选取. 因此, 我们可以在如上选取的局部坐标 $\{x^i\}$ 下令

$$\tilde{\mathrm{d}} = \mathrm{d}x^i \wedge D_{\partial_i},$$

然后只要说明 $\mathrm{d} = \tilde{\mathrm{d}}$ 即可. 设 η 为 r 次微分形式, 不妨设

$$\eta = f\mathrm{d}x^{i_1} \wedge \cdots \wedge \mathrm{d}x^{i_r},$$

则在 p 处 (注意在 p 处 $D\mathrm{d}x^i = 0$) 有

$$\tilde{d}\eta = (\partial_j f)\mathrm{d}x^j \wedge \mathrm{d}x^{i_1} \wedge \cdots \wedge \mathrm{d}x^{i_r} = \mathrm{d}\eta,$$

由于 p 可以任意选取, 这说明式 (3.47) 总成立.

在实际的应用中, 满足上述要求的局部坐标系还可以如下构造. 仍设 $p \in M$. 我们知道, 给定 p 处的切向量 v, 存在从 p 出发的唯一测地线 σ_v, 使得 $\dot{\sigma}_v(0) = v$. 根据常微分方程组关于初始条件的光滑依赖性, 存在 T_pM 中原点 0 的开邻域 U_0, 使得当 $v \in U_0$ 时, 测地线 σ_v 的定义域包含 $[0,1]$. 定义映射

$$\exp_p:\ U_0 \to M,\quad \exp_p(v) = \sigma_v(1),\quad \forall\, v \in U_0.$$

$\exp_p$ 是光滑映射, 称为 p 处的**指数映射**.

显然, 当 t 充分小时, $\exp_p(tv) = \sigma_v(t)$, 特别地

$$\mathrm{d}\exp_p(v) = \dot{\sigma}_v(0) = v,$$

即 $\exp_p$ 在 $0 \in T_pM$ 处的切映射为恒同映射, 这说明指数映射局部上为微分同胚. 利用这一点, 我们在 p 附近构造局部坐标. 事实上, 任取 T_pM 的一组标准正交基 $\{e_i\}$, p 附近的任意一点 q 可以唯一地表示为

$$q = \exp_p(x^1e_1 + \cdots x^ne_n),$$

我们就将 $\{x^i\}$ 作为 q 的坐标. 这样就得到了 p 附近的局部坐标系 $\{x^i\}$, 称为 p 处的**法坐标**或**正规坐标**.

我们来研究正规坐标的性质. 首先, 按定义可得 $\partial_i|_p = e_i$, 因此

$$g_{ij}(p) = \langle \partial_i|_p, \partial_j|_p \rangle = \delta_{ij}. \tag{3.48}$$

其次, 任给向量 $v = v^ie_i$, 测地线 $\sigma_v(t) = \exp_p(tv)$ 在局部坐标 $\{x^i\}$ 中表示为

$$\sigma_v = (v^1t, \cdots, v^nt),$$

从而测地线方程成为

$$\Gamma_{ij}^k(\sigma_v(t))v^iv^j = 0. \tag{3.49}$$

特别地, 在上式中令 $t=0$, 注意 $\{v^i\}$ 可任取, 从而立即得到

$$\Gamma_{ij}^k(p) = 0. \tag{3.50}$$

如果在式 (3.49) 两边乘以 t^2, 则得到如下一般的恒等式

$$\Gamma_{ij}^k x^ix^j = 0. \tag{3.51}$$

由于 σ_v 为测地线, 其切向量的长度为常数, 因此

$$g_{ij}(\sigma_v(t))v^iv^j = g_{ij}(p)v^iv^j = v^iv^i,$$

在上式两边乘以 t^2, 得如下恒等式

$$g_{ij}x^ix^j = x^ix^i. \tag{3.52}$$

从以上这些等式出发, 我们再推导一个在正规坐标下很有用的等式. 首先, 将式 (3.14) 代入式 (3.51) 可得

$$(\partial_j g_{ik} + \partial_i g_{jk} - \partial_k g_{ij})x^ix^j = 0,$$

由指标 i,j 的对称性得

$$(2\partial_j g_{ik} - \partial_k g_{ij})x^ix^j = 0,$$

从而有

$$\begin{aligned}(\partial_j g_{ik})x^ix^j &= \frac{1}{2}(\partial_k g_{ij})x^ix^j = \frac{1}{2}\partial_k\big(g_{ij}x^ix^j\big) - g_{ik}x^i \\ &= \frac{1}{2}\partial_k\big(x^ix^i\big) - g_{ik}x^i = x^k - g_{ik}x^i.\end{aligned}$$

另一方面, 注意 $(\partial_j g_{ik})x^ix^j = \partial_j\big(g_{ik}x^i\big)x^j - g_{ik}x^i$, 代入上式得

$$\partial_j\big(g_{ik}x^i\big)x^j = x^k,$$

这可以改写为

$$\partial_j\big(g_{ik}x^i - x^k\big)x^j = 0,$$

这说明, 沿着从 p 出发的任意测地线 $\sigma_v(t)$, 均有

$$\frac{\mathrm{d}}{\mathrm{d}t}\big(g_{ik}x^i - x^k\big) = 0.$$

由于在 p 处 $g_{ik}x^i - x^k = 0$, 上式说明

$$x^k = g_{ik}x^i. \tag{3.53}$$

这个有用的等式称为 **Gauss 引理**.

对式 (3.53) 在 p 处求导可以得到 g_{ij} 的各阶导数之间的关系. 例如, 等式两边先后关于 x^i, x^l 以及 x^j 求导, 然后在 p 处取值, 得到

$$(\partial_l\partial_i g_{jk} + \partial_i\partial_j g_{lk} + \partial_j\partial_l g_{ik})(p) = 0. \tag{3.54}$$

同理, 继续求导可得

$$(\partial_i\partial_j\partial_k g_{lm} + \partial_j\partial_k\partial_l g_{im} + \partial_k\partial_l\partial_i g_{jm} + \partial_l\partial_i\partial_j g_{km})(p) = 0. \tag{3.55}$$

高阶导数有完全类似的等式.

例 3.4.7 黎曼度量的 Taylor 展开.

在正规坐标 x^i 下, 黎曼度量的分量 g_{ij} 在 p 处可以做 Taylor 展开

$$g_{ij} = \delta_{ij} + \frac{1}{2}\partial_l\partial_k g_{ij}(p)x^k x^l + \frac{1}{6}\partial_m\partial_l\partial_k g_{ij}(p)x^k x^l x^m + \cdots. \tag{3.56}$$

下面我们用曲率来表示上式中的系数.

首先, 利用式 (3.54) 可得

$$(\partial_j\partial_k g_{li} + \partial_k\partial_l g_{ji} + \partial_l\partial_j g_{ki})(p) = 0,$$

$$(\partial_i\partial_k g_{lj} + \partial_k\partial_l g_{ij} + \partial_l\partial_i g_{kj})(p) = 0,$$

$$(\partial_i\partial_j g_{lk} + \partial_j\partial_l g_{ik} + \partial_i\partial_l g_{jk})(p) = 0,$$

$$(\partial_i\partial_j g_{kl} + \partial_j\partial_k g_{il} + \partial_k\partial_i g_{jl})(p) = 0.$$

前两式的和减去后两式的和, 得

$$\partial_k\partial_l g_{ij}(p) = \partial_i\partial_j g_{kl}(p).$$

利用式 (3.45) 以及上式得

$$\begin{aligned} R_{ikjl}(p) + R_{iljk}(p) &= (\partial_i\partial_l g_{jk} - \partial_k\partial_l g_{ij})(p) + (\partial_l\partial_j g_{ik} - \partial_k\partial_l g_{ij})(p) \\ &= -3\,\partial_k\partial_l g_{ij}(p). \end{aligned}$$

同理, 多次利用式 (3.46) 以及式 (3.55) 可以算出

$$\begin{aligned} &(R_{ikjl,m} + R_{iljk,m} + R_{ikjm,l} + R_{imjk,l} + R_{iljm,k} + R_{imjl,k})(p) \\ &= (\partial_m R_{ikjl} + \partial_m R_{iljk} + \partial_l R_{ikjm} + \partial_l R_{imjk} + \partial_k R_{iljm} + \partial_k R_{imjl})(p) \\ &= -6\,\partial_m\partial_k\partial_l g_{ij}(p), \end{aligned}$$

因此式 (3.56) 可以改写为

$$g_{ij} = \delta_{ij} - \frac{1}{3}R_{ikjl}(p)x^k x^l - \frac{1}{6}R_{ikjl,m}(p)x^k x^l x^m + \cdots. \tag{3.57}$$

从而有

$$G = \det(g_{ij}) = 1 - \frac{1}{3}R_{kl}(p)x^k x^l - \frac{1}{6}R_{kl,m}(p)x^k x^l x^m + \cdots.$$

如果在测地球上对体积形式积分, 则得到测地球体积的渐近展开式

$$\mathrm{Vol}B_r(p) = \omega_n r^n\left[1 - \frac{S}{6(n+2)}r^2 + O(r^4)\right], \tag{3.58}$$

其中, ω_n 是 $\mathbb{R}^n$ 中单位球体的体积.

习题 3.4

1. 设 D 为无挠联络, ω 为 r 次微分形式, 证明: 任给切向量场 $\{X_i\}$, 成立

$$\mathrm{d}\omega(X_1, \cdots, X_{r+1}) = \sum_{i=1}^{r+1}(-1)^{i-1}(D_{X_i}\omega)(X_1, \cdots, \widehat{X_i}, \cdots, X_{r+1}).$$

2. 设 (M^n, g) 为黎曼流形, 如果存在一组 (局部) 1-形式 $\{\omega^i\}$, 使得度量 g 可以表示为

$$g = \omega^1 \otimes \omega^1 + \omega^2 \otimes \omega^2 + \cdots + \omega^n \otimes \omega^n,$$

证明: $\{\omega^i\}$ 是一组标准正交基的对偶.

3. 设 $\{\omega^i\}$ 为一组余切标架, $\{\omega_j^i\}$ 为一组 1-形式, 满足条件

$$\omega_j^i + \omega_i^j = 0, \quad \omega_j^i \wedge \omega^j = 0,$$

证明: $\omega_i^j \equiv 0$. 此结果称为 Cartan 引理, 常用来求解联络形式.

4. 用活动标架法证明: 等距同构保持曲率张量不变.
5. 设 (M, g), (N, h) 为黎曼流形, 计算 $(M \times N, g + h)$ 的曲率, 并说明当 X, Y 分别与 M, N 相切时, 平面 $\operatorname{span}\{X, Y\}$ 的截面曲率为零.
6. 设 (M, g), (N, h) 为黎曼流形, ϕ 为 M 上的正光滑函数, 计算 $M \times N$ 在度量 $g + \phi^2 h$ 下的曲率.
7. 请用式 (3.46) 证明第二 Bianchi 恒等式.
8. 设 M 为曲面, g 为 M 上的黎曼度量. 设 $p \in M$, $r > 0$. 记

$$S_r(p) = \{q \in M \mid d(p, q) = r\}.$$

当 r 充分小时, $S_r(p)$ 是圆周, 求其长度 $L(S_r(p))$ 关于 r 的渐近展开式.

§3.5　子流形几何

古典微分几何研究欧氏空间中的曲线和曲面等. 曲线和曲面可以视为欧氏空间中的子流形. 下面我们从黎曼几何学的角度初步研究子流形的几何学.

§3.5.1　第二基本形式

设 $(\bar{M}, \bar{g})$ 为黎曼流形, M 为 $\bar{M}$ 的子流形, 其黎曼度量 g 由 $\bar{g}$ 诱导而来. 记 $(\bar{M}, \bar{g})$ 的 Levi-Civita 联络为 $\bar{D}$. 任给 M 的切向量场 X, Y, 定义

$$D_X Y = (\bar{D}_X Y)^\top, \quad \forall\, X, Y \in \Gamma(TM),$$

其中, $\top$: $T\bar{M} \to TM$ 是正交投影. 与例 3.3.2 中的讨论一样, 不难验证 D 是 (M, g) 的 Levi-Civita 联络. 令

$$\mathrm{II}(X, Y) = \bar{D}_X Y - D_X Y,$$

则 II 关于 X, Y 均为函数线性的, 从而定义了从 M 的切空间到法空间的双线性映射, 称为 M 的第二基本形式. 黎曼度量 g 则称为 M 的第一基本形式.

第二基本形式关于 X, Y 具有对称性

$$\mathrm{II}(X, Y) - \mathrm{II}(X, Y) = (\bar{D}_X Y - \bar{D}_Y X) - (D_X Y - D_Y X) = [X, Y] - [X, Y] = 0.$$

设 ν 为 M 的法向量 (即 $\langle \nu, X \rangle = 0$ 对 M 的任意切向量 X 均成立), 令

$$\mathrm{II}_\nu(X, Y) = \langle \nu, \mathrm{II}(X, Y) \rangle,$$

则 II_ν 是 M 上的二阶对称协变张量, 称为关于法向 ν 的第二基本形式. 若 ν 为法向量场, 上式还可以改写为

$$\mathrm{II}_\nu(X, Y) = \langle \nu, \bar{D}_X Y \rangle = -\langle \bar{D}_X \nu, Y \rangle,$$

记 $A_\nu(X)$ 为 $\bar{D}_X \nu$ 到 TM 的正交投影, 则上式还可写为

$$\mathrm{II}_\nu(X, Y) = -\langle A_\nu X, Y \rangle,$$

算子 A_ν 称为关于法向 ν 的形状算子. 如果 M 为超曲面 (即 $\dim M=\dim\bar{M}-1$), ν 为单位法向量场, 则由

$$\langle\bar{D}_X\nu,\nu\rangle=\frac{1}{2}X\langle\nu,\nu\rangle=0$$

知 $\bar{D}_X\nu$ 本身就是切向量, 此时 $A_\nu(X)=\bar{D}_\nu X$. 算子 A_ν 的特征值称为 M 的主曲率 (principal curvature).

例 3.5.1 等值面的第二基本形式.

设 $f:\bar{M}\to\mathbb{R}$ 为光滑函数, c 为 f 的正则值, 则 $M=f^{-1}(c)$ 为 $\bar{M}$ 的超曲面. 取 $\nu=\nabla f$, 则 ν 限制在 M 上时是法向量. 任取 M 的切向量场 X, Y, 则有

$$\begin{aligned}\mathrm{II}_\nu(X,Y)&=\langle\nu,\bar{D}_XY\rangle=\langle\nabla f,\bar{D}_XY\rangle=\bar{D}_XYf\\&=-YXf+\bar{D}_XYf=-\bar{D}^2f(X,Y),\end{aligned}$$

这说明 $\mathrm{II}_\nu=-\bar{D}^2f$.

如果 M 的第二基本形式恒为零, 则称 M 为 $\bar{M}$ 的全测地子流形. 设 M 为全测地子流形, σ 为 M 的一条测地线, 则

$$\bar{D}_{\dot\sigma}\dot\sigma=D_{\dot\sigma}\dot\sigma=0,$$

这说明 σ 也是 $\bar{M}$ 的测地线. 反之, 如果初始位置与 M 相切的 $\bar{M}$ 的测地线均完全含于 M 中, 则 M 是全测地子流形.

最简单的全测地子流形莫过于测地线了. 一般维数的全测地子流形在大部分情况下并不存在. 不过, 等距同构有时能给出全测地子流形.

命题 3.5.1 设 $\varphi:\bar{M}\to\bar{M}$ 为 $(\bar{M},\bar{g})$ 的等距同构, 记

$$M=\{p\in\bar{M}\,|\,\varphi(p)=p\},$$

即 M 为 φ 的不动点全体, 则 M 的每个连通分支均为 $\bar{M}$ 的全测地子流形.

证明 设 $p\in M$. 记

$$V_p=\{v\in T_p\bar{M}\,|\,\varphi_{*p}(v)=v\},$$

则 V_p 为 $T_p\bar{M}$ 的子空间. 任给 $v\in V_p$, 设 σ 是从 p 出发的测地线, $\dot\sigma(0)=v$. 此时, $\varphi(\sigma)$ 也是从 p 出发的测地线, 且它的初始切向量也是 v. 根据测地线的唯一性, 必有 $\varphi(\sigma)=\sigma$, 这说明 $\sigma\subset M$, 因此

$$\exp_p(V_p)\subset M.$$

反之, 因为指数映射局部上是微分同胚, 任取 M 中靠近 p 的点 q, 在 p 附近有唯一的测地线 γ 连接 p 和 q. 由于 $\varphi(p)=p$, $\varphi(q)=q$, 故 $\varphi(\gamma)$ 也是这样的测地线, 这说明 $\varphi(\gamma)=\gamma$. 因此 $\dot\gamma(0)\in V_p$, 且 $q\in\exp_p(V_p)$.

利用指数映射的局部微分同胚性质, 以上论证就表明 M 的含有 p 的连通分支是 $\bar{M}$ 的正则子流形, 维数为 $\dim V_p$. 同时, 从以上论证还可以看出, 初始位置与 M 相切的测地线必定总是含于 M 中, 这说明 M 是全测地子流形. □

作为上述命题的推论, 如果一个等距同构的不动点集是一条曲线, 则该曲线必为测地线. 由此很容易确定 $\mathbb{R}^n$, S^n 以及 $\mathbb{H}^n$ 中的测地线.

下面我们研究子流形 M 的曲率和外围流形 $\bar{M}$ 的曲率之间的关系. 设 X, Y, Z 为 M 的切向量场, 则有

$$\begin{aligned}\bar{D}_Y\bar{D}_X Z &= \bar{D}_Y(D_X Z + \mathrm{II}(X,Z))\\ &= D_Y D_X Z + \mathrm{II}(Y, D_X Z) + \bar{D}_Y(\mathrm{II}(X,Z)),\end{aligned}$$

同理可得

$$\bar{D}_X\bar{D}_Y Z = D_X D_Y Z + \mathrm{II}(X, D_Y Z) + \bar{D}_X(\mathrm{II}(Y,Z)),$$

再利用 $\bar{D}_{[X,Y]}Z = D_{[X,Y]}Z + \mathrm{II}([X,Y],Z)$ 可得

$$\begin{aligned}\bar{R}(X,Y)Z = R(X,Y)Z &+ \mathrm{II}(Y, D_X Z) - \mathrm{II}(X, D_Y Z) + \mathrm{II}([X,Y],Z)\\ &+ \bar{D}_Y(\mathrm{II}(X,Z)) - \bar{D}_X(\mathrm{II}(Y,Z)).\end{aligned} \tag{3.59}$$

我们考虑上式在 M 的切向和法向的分量. 先考虑切向. 任取 M 的切向量场 W, 则

$$\langle\bar{D}_Y(\mathrm{II}(X,Z)), W\rangle = -\langle\mathrm{II}(X,Z), \bar{D}_Y W\rangle = -\langle\mathrm{II}(X,Z), \mathrm{II}(Y,W)\rangle,$$

同理有

$$\langle\bar{D}_X(\mathrm{II}(Y,Z)), W\rangle = -\langle\mathrm{II}(Y,Z), \mathrm{II}(X,W)\rangle,$$

代入式 (3.59) 可得

$$\bar{R}(X,Y,Z,W) = R(X,Y,Z,W) - \langle\mathrm{II}(X,Z),\mathrm{II}(Y,W)\rangle + \langle\mathrm{II}(Y,Z),\mathrm{II}(X,W)\rangle. \tag{3.60}$$

上式称为 M 的 Gauss 方程. 考虑式 (3.59) 在 M 的法向的分量, 则有

$$\begin{aligned}\perp\bar{R}(X,Y)Z = \mathrm{II}(Y, D_X Z) &- \mathrm{II}(X, D_Y Z) + \mathrm{II}([X,Y],Z)\\ &+ \perp\bar{D}_Y(\mathrm{II}(X,Z)) - \perp\bar{D}_X(\mathrm{II}(Y,Z)).\end{aligned} \tag{3.61}$$

上式称为 M 的 Codazzi 方程.

当 M 为超曲面时, Codazzi 方程可以进一步简化. 此时, 取 M 的单位法向量场 ν, 则由 $\mathrm{II}(X,Y) = \mathrm{II}_\nu(X,Y)\cdot\nu$ 可得

$$\bar{D}_Y(\mathrm{II}(X,Z)) = Y(\mathrm{II}_\nu(X,Z))\cdot\nu + \mathrm{II}_\nu(X,Z)\bar{D}_Y\nu,$$

同理可得 $\bar{D}_X(\mathrm{II}(Y,Z))$ 的分解. 此时 Codazzi 方程可写为

$$\perp\bar{R}(X,Y)Z = \big[(D_Y\mathrm{II}_\nu)(X,Z) - (D_X\mathrm{II}_\nu)(Y,Z)\big]\nu.$$

特别地, 当 $\bar{M}$ 为常曲率流形时, 上式左端为零, 这时 $(D_X\mathrm{II}_\nu)(Y,Z)$ 关于 X, Y, Z 都是对称的.

§3.5.2 活动标架法

下面我们运用 Cartan 结构方程来研究子流形. 设 $\bar{M}$ 为 $n+p$ 维流形, M 是其 n 维子流形. 我们规定, 指标 A, B, C 等的取值范围从 1 至 $n+p$; 指标 i, j, k 等的取值范围从 1 至 n; 指标 α, β, γ 等的取值范围从 $n+1$ 至 $n+p$. 在 $\bar{M}$ 上选取局部标准正交标架 $\{e_A\}$, 使得当限制在 M 上时, $\{e_i\}$ 是 M 的局部正交标架, 从而 $\{e_\alpha\}$ 为 M 的法丛的局部标架.

设 $\{\omega^A\}$ 为 $\{e_A\}$ 的对偶余切标架. 考虑 $\bar{M}$ 的结构方程

$$\mathrm{d}\omega^A = \omega^B\wedge\omega_B^A,\quad \omega_B^A + \omega_A^B = 0,$$

$$\mathrm{d}\omega_B^A = -\omega_C^A \wedge \omega_B^C + \bar{\Omega}_B^A, \quad \bar{\Omega}_B^A = \frac{1}{2}\bar{R}_{ABCD}\,\omega^C \wedge \omega^D.$$

其中, ω_B^A 和 $\bar{\Omega}_B^A$ 分别为 $\bar{M}$ 的联络形式和曲率形式. 由于 ω^α 限制在 M 上恒为零, 因此 $\bar{M}$ 的结构方程的第一式限制在 M 上就得到了 M 的结构方程的第一式. 在 M 上有

$$0 = \mathrm{d}\omega^\alpha = \omega^i \wedge \omega_i^\alpha.$$

从上式容易看出, ω_i^α 不含 ω^β 的分量. 其 ω^j 分量可计算如下

$$\omega_i^\alpha(e_j) = \langle \bar{D}_{e_j} e_i, e_\alpha\rangle = \langle \mathrm{II}(e_j, e_i), e_\alpha\rangle = \mathrm{II}_{e_\alpha}(e_j, e_i).$$

如果记 $h_{ji}^\alpha = \mathrm{II}_{e_\alpha}(e_j, e_i)$, 则上式表明

$$\omega_i^\alpha = h_{ij}^\alpha \omega^j, \quad h_{ij}^\alpha = h_{ji}^\alpha. \tag{3.62}$$

将上式代入 $\bar{M}$ 的结构方程的第二式, 计算出 M 的曲率形式 Ω_j^i 为

$$\Omega_j^i = -\omega_\alpha^i \wedge \omega_j^\alpha + \bar{\Omega}_j^i = h_{ik}^\alpha h_{jl}^\alpha \omega^k \wedge \omega^l + \frac{1}{2}\bar{R}_{ijkl}\omega^k \wedge \omega^l,$$

因此 M 的曲率为

$$R_{ijkl} = \bar{R}_{ijkl} + (h_{ik}^\alpha h_{jl}^\alpha - h_{il}^\alpha h_{jk}^\alpha). \tag{3.63}$$

这也就是 M 的 Gauss 方程.

同理可以求得

$$\mathrm{d}\omega_\beta^\alpha = -\omega_\gamma^\alpha \wedge \omega_\beta^\gamma + \Omega_\beta^\alpha, \quad \Omega_\beta^\alpha = \frac{1}{2}R_{\alpha\beta kl}\omega^k \wedge \omega^l,$$

其中

$$R_{\alpha\beta kl} = \bar{R}_{\alpha\beta kl} + (h_{ik}^\alpha h_{il}^\beta - h_{il}^\alpha h_{ik}^\beta), \tag{3.64}$$

上式称为 M 的 Ricci 方程.

下面考虑 Codazzi 方程. 记 M 的法丛为 $T^\perp M$, 它由 M 的所有法向量构成. 我们可以在法丛上如下定义联络: 设 X 为 M 的切向量场, ξ 为法向量场, 令

$$D_X\xi = (\bar{D}_X\xi)^\perp,$$

则不难验证 $D_X\xi$ 定义了 $T^\perp M$ 上的联络. 由

$$\bar{D}e_\alpha = e_i \otimes \omega_\alpha^i + e_\beta \otimes \omega_\alpha^\beta$$

可得

$$\bar{D}_{e_i}e_\alpha = -h_{ij}^\alpha e_j + \omega_\alpha^\beta(e_i)e_\beta.$$

因此

$$D_{e_i}e_\alpha = (\bar{D}_{e_i}e_\alpha)^\perp = \omega_\alpha^\beta(e_i)e_\beta,$$

这说明 ω_α^β 是法丛联络的联络形式.

有了这些联络以后, 我们可以对法丛, 切丛以及余切丛的张量积的截面求协变微分. 例如, e_α 为法丛的局部截面, 其协变微分 De_α 是 $T^\perp M \otimes T^*M$ 的截面, 定义为

$$De_\alpha = e_\beta \otimes \omega_\alpha^\beta.$$

再如, 如果

$$S = S_{ij}^\alpha e_\alpha \otimes \omega^i \otimes \omega^j$$

是 $T^{\perp}M\otimes T^*M\otimes T^*M$ 的截面, 则其协变微分定义为

$$DS=S^{\alpha}_{ij,k}e_{\alpha}\otimes\omega^i\otimes\omega^j\otimes\omega^k,$$

其中

$$S^{\alpha}_{ij,k}\omega^k=\mathrm{d}S^{\alpha}_{ij}-S^{\alpha}_{kj}\omega^k_i-S^{\alpha}_{ik}\omega^k_j+S^{\beta}_{ij}\omega^{\alpha}_{\beta}. \tag{3.65}$$

一般的情形可类似地定义协变微分. 有了协变微分, M 的 Codazzi 方程可以写为

$$\perp\bar{R}(X,Y)Z=(D_Y\mathrm{I\!I})(X,Z)-(D_X\mathrm{I\!I})(Y,Z). \tag{3.66}$$

在局部标架下, M 的第二基本形式可写为

$$\mathrm{I\!I}=h^{\alpha}_{ij}e_{\alpha}\otimes\omega^i\otimes\omega^j,$$

于是 Codazzi 方程也可写为

$$\bar{R}_{ijk\alpha}=h^{\alpha}_{ik,j}-h^{\alpha}_{jk,i}, \tag{3.67}$$

它也可以通过对式 (3.62) 两边求外微分, 再利用结构方程得到.

§3.5.3 极小子流形

设 M 为 n 维子流形, 法向量 $H=\dfrac{1}{n}\mathrm{tr}\mathrm{I\!I}$ 称为 M 的平均曲率向量. 其中 $\mathrm{tr}\mathrm{I\!I}$ 表示对第二基本形式的两个协变指标求 trace. 在前一小节的记号下, 有

$$H=\frac{1}{n}\left(\sum_{i=1}^{n}h^{\alpha}_{ii}\right)e_{\alpha}.$$

设 ν 为单位法向量, 记 $H_{\nu}=\dfrac{1}{n}\mathrm{tr}\mathrm{I\!I}_{\nu}$, 称为 ν 方向的平均曲率.

平均曲率向量恒为零的子流形称为**极小子流形**. 极小子流形是微分几何的重要研究对象之一, 我们在这里只给出一些基本的事实和例子.

例 3.5.2 球面的平均曲率.

考虑 $\mathbb{R}^{n+1}$ 中半径为 c 的球面 $S^n(c)$. 此时 $\nu=c^{-1}\vec{x}$ 为其单位外法向, 如果 X 为切向量, 则

$$\bar{D}_X\nu=c^{-1}\bar{D}_X\vec{x}=c^{-1}X.$$

因此第二基本形式为

$$\mathrm{I\!I}_{\nu}(X,Y)=-c^{-1}\langle X,Y\rangle,$$

平均曲率为 $H_{\nu}=-c^{-1}$. 如果取单位内法向, 则平均曲率为 c^{-1}.

例 3.5.3 $\mathbb{R}^{n+1}$ 中的图像.

设 $f(x)$ 为 n 元光滑函数, 其中 $x=(x^1,x^2,\cdots,x^n)$, 则 $x^{n+1}=f(x)$ 定义了 $\mathbb{R}^{n+1}$ 中的超曲面, 称为函数 f 的图像.

在函数图像上可以采用整体坐标 $\{x^i\}_{i=1}^n$, 此时对应的坐标基向量场为 $\{\partial_i\}$ 在 $\mathbb{R}^{n+1}$ 中可以表示为

$$\partial_i=e_i+(\partial_i f)e_{n+1},$$

其中, $\{e_k\}_{k=1}^{n+1}$ 是 $\mathbb{R}^{n+1}$ 的标准正交基.

第一基本形式 g 可以表示为 $g = g_{ij}\mathrm{d}x^i \otimes \mathrm{d}x^j$, 其中

$$g_{ij} = \langle \partial_i, \partial_j \rangle = \delta_{ij} + \partial_i f \partial_j f,$$

因此 $g^{ij} = \delta_{ij} - G^{-1}\partial_i f \partial_j f$, 其中 $G = \det\big(g_{ij}\big) = 1 + |\nabla f|^2$.

为了表示第二基本形式, 我们取单位法向量为

$$\nu = \frac{1}{\sqrt{G}}\big[-(\partial_i f)e_i + e_{n+1}\big],$$

则

$$\bar{D}_{\partial_i}\nu = -\frac{\partial_i\sqrt{G}}{\sqrt{G}}\nu - \frac{1}{\sqrt{G}}(\partial_i\partial_j f)e_j.$$

因此

$$\mathrm{II}_\nu(\partial_i, \partial_j) = -\frac{1}{\sqrt{G}}\partial_i\partial_j f,$$

这说明第二基本形式可表示为

$$\mathrm{II}_\nu = -\frac{1}{\sqrt{G}}\partial_i\partial_j f\mathrm{d}x^i \otimes \mathrm{d}x^j,$$

平均曲率为

$$H_\nu = -\frac{1}{n}g^{ij}\frac{1}{\sqrt{G}}\partial_i\partial_j f = -\frac{1}{n}\partial_i\Big(\frac{\partial_i f}{\sqrt{G}}\Big).$$

因此函数 f 的图像为极小超曲面当且仅当 f 满足以下方程

$$\sum_{i=1}^n \partial_i\left(\frac{\partial_i f}{\sqrt{1+|\nabla f|^2}}\right) = 0. \tag{3.68}$$

下面我们讨论欧氏空间中极小子流形所满足的一般条件. 设 $f: M^k \to \mathbb{R}^n$ 为浸入, M 取诱导度量 $g = f^*g_0$. 设 $\{f^i\}_{i=1}^n$ 为 f 的分量, 则 $g = \sum\limits_{i=1}^k \mathrm{d}f^i \otimes \mathrm{d}f^i$. 我们来计算 M 的平均曲率向量. 因为这可以局部计算, 我们不妨设 f 为嵌入, 这样, 当等同 M 与 $f(M)$ 以后, f 就可以看成是 M 的位置向量. 特别地, 对于 M 上的向量场 X 来说, $X = Xf$. 取 M 的局部标准正交标架 $\{e_i\}$, 则

$$\begin{aligned}H &= \frac{1}{k}(\bar{D}_{e_i}e_i - D_{e_i}e_i) = \frac{1}{k}[\bar{D}_{e_i}(e_i f) - (D_{e_i}e_i)f]\\ &= \frac{1}{k}[e_i(e_i f) - (D_{e_i}e_i)f] = \frac{1}{k}\Delta f,\end{aligned}$$

其中, $\Delta f = (\Delta f^1, \Delta f^2, \cdots, \Delta f^n)$. 于是我们有

推论 3.5.2 浸入子流形 M 是 $\mathbb{R}^n$ 的极小子流形当且仅当浸入映射的每一个分量均为调和函数.

因为紧致无边流形上的调和函数必为常值函数, 因而还有

推论 3.5.3 欧氏空间中不存在紧致无边的极小子流形.

接着我们考察球面的极小子流形. 先设 $\bar{M} \subset \mathbb{R}^{n+1}$ 为嵌入子流形, $f: M^k \to \bar{M}$ 为浸入, M, $\bar{M}$ 的度量均为诱导黎曼度量. M 在 $\bar{M}$ 和 $\mathbb{R}^{n+1}$ 中的平均曲率向量分别记为 H 和 $\bar{H}$.

命题 3.5.4 $H = \top\bar{H} = \dfrac{1}{k}\top\Delta f$, 其中 $\top$ 表示向 $\bar{M}$ 的切向做投影.

证明 记 D^0 为 $\mathbb{R}^{n+1}$ 的标准联络, M 和 $\bar{M}$ 的联络分别记为 D, $\bar{D}$. 取 M 的局部标准正交标架 $\{e_i\}$, 则

$$\bar{H} = \frac{1}{k}(D^0_{e_i}e_i - D_{e_i}e_i), \quad H = \frac{1}{k}(\bar{D}_{e_i}e_i - D_{e_i}e_i).$$

由 $\top D^0 = \bar{D}$ 以及上式即知 $H = \top\bar{H}$. □

如果取 $\bar{M} = S^n(c)$ 为 $\mathbb{R}^{n+1}$ 中半径为 c 的球面, 则 $f: M \to S^n(c)$ 为极小浸入当且仅当 $\top(\Delta f) = 0$, 此时 Δf 为 $S^n(c)$ 的法向, 从而存在函数 $\lambda: M \to \mathbb{R}$, 使得 $\Delta f = \lambda f$. 由 $|f|^2 = c^2$ 可得

$$0 = \Delta|f|^2 = 2\langle\Delta f, f\rangle + 2|\nabla f|^2,$$

于是

$$\lambda c^2 = -|\nabla f|^2 = -\sum_{i=1}^{k}\langle e_i f, e_i f\rangle = -\sum_{i=1}^{k}\langle e_i, e_i\rangle = -k,$$

其中, $\{e_i\}$ 是 M 的一组局部标准正交标架. 这就得到如下推论.

推论 3.5.5 如果 $f: M^k \to S^n(c)$ 为等距极小浸入, 则 f 满足条件

$$\Delta f = -\frac{k}{c^2}f,$$

即 f 的每个分量均为 M 的 Laplace 算子的特征函数, 相应的特征值为 $-kc^{-2}$.

反之, 设 $f: M \to \mathbb{R}^{n+1}$ 为等距浸入, 满足条件 $\Delta f = \lambda f$, 其中 λ 为 M 上处处非零的函数. 这说明, 作为位置向量, f 在 M 上是法向. 因此, 对连通流形 M 的任意切向量 X, 均有

$$X|f|^2 = 2\langle Xf, f\rangle = 2\langle X, f\rangle = 0,$$

从而 $|f|^2 = c^2$ 为常数, 即 $f(M) \subset S^n(c)$. 这时 M 为 $S^n(c)$ 的极小子流形, 且 $\lambda = -kc^{-2}$. 总结一下, 我们就得到了如下结果.

定理 3.5.6 (Takahashi) 设 $f: M^k \to \mathbb{R}^{n+1}$ 为等距浸入, 则下列几条是等价的:

(i) $f(M)$ 为 $S^n(c)$ 的极小浸入子流形;

(ii) $\Delta f = -\dfrac{k}{c^2}f$;

(iii) $\Delta f = \lambda f$, 其中 λ 为 M 上处处非零的函数.

这个定理可以用来构造球面极小子流形.

例 3.5.4 Veronese 曲面.

考虑映射 $f: S^2(\sqrt{3}) \to S^4$, 其中

$$f(x,y,z) = \Big(\frac{1}{\sqrt{3}}xy, \frac{1}{\sqrt{3}}xz, \frac{1}{\sqrt{3}}yz, \frac{1}{2\sqrt{3}}(x^2-y^2), \frac{1}{6}(x^2+y^2-2z^2)\Big).$$

直接的计算表明, f 为等距浸入. 为了说明它还是极小浸入, 我们要在球面上计算函数的 Laplace.

一般地, 设 ϕ 为 $\mathbb{R}^{n+1}$ 上的光滑函数, 我们来比较球面 Laplace 算子 Δ 和 $\mathbb{R}^{n+1}$ 的 Laplace 算子 $\bar{\Delta}$ 作用于 ϕ 的区别. 为此, 取 $S^n(c)$ 的局部标准正交标架 $\{e_i\}$, 则

$$\Delta\phi = \sum_{i=1}^{n}(e_i(e_i\phi) - D_{e_i}e_i\phi).$$

取 $\nu = c^{-1}\vec{x}$ 为单位外法向, 则

$$\bar{\Delta}\phi = \sum_{i=1}^{n}(e_i(e_i\phi) - \bar{D}_{e_i}e_i\phi) + (\nu(\nu\phi) - \bar{D}_\nu\nu\phi).$$

于是

$$\begin{aligned}\Delta\phi &= \bar{\Delta}\phi + nH\phi - (\nu(\nu\phi) - \bar{D}_\nu\nu\phi)\\ &= \bar{\Delta}\phi - \frac{n}{c}\nu\phi - \frac{1}{c^2}x^i\partial_i(x^j\partial_j\phi) + \frac{1}{c}\nu\phi\\ &= \bar{\Delta}\phi - \frac{n-1}{c^2}x^i\partial_i\phi - \frac{1}{c^2}x^i\partial_i(x^j\partial_j\phi).\end{aligned}$$

利用上式很容易验证 $\Delta f = -2f$, 由 Takahashi 定理即知 f 为极小浸入.

从上面的计算中可以看出, 如果 ℓ 为球面 $S^n(c)$ 上的线性函数, 则

$$\Delta_{S^n(c)}\ell = -\frac{n}{c^2}\ell, \tag{3.69}$$

我们可以利用上式寻找一类乘积球面, 使得它们是单位球面里的极小子流形.

例 3.5.5 Clifford 极小超曲面.

设 $S^r(a)$ 和 $S^s(b)$ 分别为半径 a, b 的球面, $r+s=n$. 如果 $a^2+b^2=1$, 则乘积流形 $S^r(a)\times S^s(b)$ 是单位球面 S^{n+1} 的超曲面. 记

$$x = (x_1, x_2) \in S^r(a)\times S^s(b),$$

则

$$\Delta x = \big(\Delta_{S^r(a)}x_1, \Delta_{S^s(b)}x_2\big) = -\Big(\frac{r}{a^2}x_1, \frac{s}{b^2}x_2\Big).$$

$S^r(a)\times S^s(b)$ 为极小超曲面当且仅当 $\Delta x = -nx$, 即 $r = na^2$, $s = nb^2$. 从中解出 $a = \sqrt{\dfrac{r}{n}}$, $b = \sqrt{\dfrac{s}{n}}$. 这说明 $S^r\Big(\sqrt{\dfrac{r}{n}}\Big)\times S^s\Big(\sqrt{\dfrac{s}{n}}\Big)$ 为 S^{n+1} 的极小超曲面, 其中 $r+s=n$. 例如, $S^1\Big(\sqrt{\dfrac{1}{2}}\Big)\times S^1\Big(\sqrt{\dfrac{1}{2}}\Big)$ 是 S^3 中的极小曲面, 称为 Clifford 环面.

最后, 我们指出极小子流形实际上是体积泛函的临界点. 为此先引入光滑变分的概念. 设 M 为紧致带边流形 (边界可能为空集).

定义 3.5.1 设 $f\colon M\to\bar{M}$ 为浸入, f 的一个光滑变分是指满足下列条件的光滑映射 $F\colon M\times(-\varepsilon,\varepsilon)\to\bar{M}$:

(i) 每一个映射 $f_t = F(\cdot, t)$ 均为从 M 到 $\bar{M}$ 的浸入;

(ii) $f_0 = f$;

(iii) $f_t\big|_{\partial M} = f\big|_{\partial M}$, $\forall\, t \in (-\varepsilon, \varepsilon)$.

设 $\bar{g} = \langle , \rangle$ 为 $\bar{M}$ 上的黎曼度量, 记 $g_t = g(t) = f_t^* \bar{g}$, 则 $\{g_t\}$ 为 M 上的一族度量, 我们研究体积 $\mathrm{Vol}(M, g_t)$ 如何随 t 变化. 为此, 取 (M, g_0) 的局部标准正交标架 $\{e_i\}$, 其对偶标架为 $\{\omega^i\}$. 于是

$$g_t = g_{ij}(t)\omega^i \otimes \omega^j,$$

其中, $g_{ij}(t) = g_t(e_i, e_j) = \bar{g}(f_{t*}e_i, f_{t*}e_j)$. 此时有

$$\mathrm{Vol}(M, g_t) = \int_M \Omega_t = \int_M \sqrt{G_t}\,\omega^1 \wedge \cdots \wedge \omega^n,$$

其中, $G_t = \det\big(g_{ij}(t)\big)$. 我们计算体积关于 t 导数

$$\begin{aligned}\frac{\mathrm{d}}{\mathrm{d}t}\mathrm{Vol}(M, g_t) &= \int_M \frac{\mathrm{d}}{\mathrm{d}t}\sqrt{G_t}\,\omega^1 \wedge \cdots \wedge \omega^n = \int_M \frac{1}{2} G_t^{-\frac{1}{2}} \frac{\mathrm{d}}{\mathrm{d}t} G_t\,\omega^1 \wedge \cdots \wedge \omega^n \\ &= \int_M \frac{1}{2} g^{ij}(t) g'_{ij}(t) \Omega_t.\end{aligned}$$

$M \times (-\varepsilon, \varepsilon)$ 上的局部标架 $\left\{e_i, \dfrac{\partial}{\partial t}\right\}$ 在 F 下的像记为 $\{e_i(t), V(t)\}$. 容易看出, $[e_i(t), V(t)] = 0$. 记 $\bar{g}$ 的 Levi-Civita 联络为 $\bar{D}$, 则有

$$\begin{aligned}\frac{1}{2} g^{ij}(t) g'_{ij}(t) &= \frac{1}{2} g^{ij}(t) V(t)\langle e_i(t), e_j(t)\rangle = g^{ij}(t)\langle \bar{D}_{V(t)} e_i(t), e_j(t)\rangle \\ &= g^{ij}(t)\langle \bar{D}_{e_i(t)} V(t), e_j(t)\rangle = g^{ij}(t)\langle \bar{D}_{e_i(t)} \top V(t), e_j(t)\rangle - \mathrm{tr}_{g_t} \mathrm{I\!I}_{\perp V(t)} \\ &= g^{ij}(t)\langle D_{e_i(t)} \top V(t), e_j(t)\rangle - \mathrm{tr}_{g_t} \mathrm{I\!I}_{\perp V(t)} \\ &= \mathrm{div}_{g_t}(\top V(t)) - \mathrm{tr}_{g_t} \mathrm{I\!I}_{\perp V(t)},\end{aligned}$$

其中, $\top V(t)$, $\perp V(t)$ 分别表示向 M 的切向和法向做投影. 注意到 $V(t)\big|_{\partial M} = 0$, 利用 Stokes 公式, 最后可以得到如下的体积第一变分公式

$$\frac{\mathrm{d}}{\mathrm{d}t}\mathrm{Vol}(M, g_t) = -\int_M n\langle H_t, V(t)\rangle \Omega_t, \tag{3.70}$$

其中, H_t 是 (M, g_t) 的平均曲率. 由此可见, 如果 (M, g_0) 为极小子流形, 则

$$\left.\frac{\mathrm{d}}{\mathrm{d}t}\right|_{t=0} \mathrm{Vol}(M, g_t) = 0.$$

我们将 $V(t) = \dfrac{\partial f_t}{\partial t}$ 称为 M 的变分场. 当 $V(0) = \nu$ 总是沿着 M 的法向时, 称变分 $\{f_t\}$ 是法向变分, 此时无需边界条件, 式 (3.70) 对 $t = 0$ 仍成立.

以上说明极小子流形是体积泛函的临界点. 如果想进一步了解极小子流形的体积是否在变分下是最小的, 就必须计算体积泛函的第二变分.

我们先引进几个概念. 在 M 的法丛 $T^\perp M$ 上我们已经定义过联络 D. 对于法向量场 ξ, 定义其 Laplace 为

$$\Delta\xi = \mathrm{tr} D^2 \xi = D_{e_i} D_{e_i} \xi - D_{D_{e_i} e_i} \xi,$$

定义沿 ξ 方向的 Ricci 曲率向量为

$$\overline{\mathrm{Ric}}(\xi)=\sum_{i=1}^{n}\perp\bar{R}(e_i,\xi)e_i,$$

其中, $\{e_i\}$ 是 (M,g_0) 的局部标准正交标架. 如果 ζ 为另一法向量场, 则

$$\langle\overline{\mathrm{Ric}}(\xi),\zeta\rangle=\langle\bar{R}(e_i,\xi)e_i,\zeta\rangle=\langle\bar{R}(e_i,\zeta)e_i,\xi\rangle=\langle\overline{\mathrm{Ric}}(\zeta),\xi\rangle.$$

最后, 定义

$$\mathrm{I\!I}\circ\mathrm{I\!I}^{\mathrm{T}}(\xi)=\mathrm{I\!I}_{\xi}(e_i,e_j)\mathrm{I\!I}(e_i,e_j)=\langle\xi,\mathrm{I\!I}(e_i,e_j)\rangle\mathrm{I\!I}(e_i,e_j),$$

容易验证这个定义与标架的选取无关, 且

$$\langle\mathrm{I\!I}\circ\mathrm{I\!I}^{\mathrm{T}}(\xi),\zeta\rangle=\langle\mathrm{I\!I}\circ\mathrm{I\!I}^{\mathrm{T}}(\zeta),\xi\rangle.$$

设 $f\colon M\to\bar{M}$ 为极小浸入, $\{f_t\}$ 为法向变分, 变分场在 M 上满足条件

$$\nu\big|_{\partial M}=V(0)\big|_{\partial M}=0.$$

我们来计算体积 $\mathrm{Vol}(M,g_t)$ 在 $t=0$ 的二阶导数

$$\begin{aligned}\frac{\mathrm{d}^2}{\mathrm{d}t^2}\Big|_{t=0}\mathrm{Vol}(M,g_t)&=-\int_M\frac{\mathrm{d}}{\mathrm{d}t}\Big|_{t=0}\langle nH_t,V(t)\rangle\varOmega_0-\langle nH_0,\nu\rangle\frac{\mathrm{d}}{\mathrm{d}t}\Big|_{t=0}\varOmega_t\\&=-\int_M\frac{\mathrm{d}}{\mathrm{d}t}\Big|_{t=0}\langle nH_t,V(t)\rangle\varOmega_0,\end{aligned}$$

其中

$$\begin{aligned}\frac{\mathrm{d}}{\mathrm{d}t}\Big|_{t=0}\langle nH_t,V(t)\rangle&=\frac{\mathrm{d}}{\mathrm{d}t}\Big|_{t=0}\langle g^{ij}(t)(\bar{D}_{e_i(t)}e_j(t)-D_{e_i(t)}e_j(t)),\ \perp V(t)\rangle\\&=\frac{\mathrm{d}g^{ij}}{\mathrm{d}t}(0)\mathrm{I\!I}_{\nu}(e_i,e_j)+\langle\bar{D}_{\nu}(\bar{D}_{e_i(t)}e_i(t)-D_{e_i(t)}e_i(t)),\ \nu\rangle\big|_{t=0}\\&\quad+\langle nH_0,\bar{D}_{\nu}\perp V(t)\rangle\\&=\frac{\mathrm{d}g^{ij}(0)}{\mathrm{d}t}\mathrm{I\!I}_{\nu}(e_i,e_j)+\langle\bar{D}_{\nu}(\bar{D}_{e_i(t)}e_i(t)-D_{e_i(t)}e_i(t)),\ \nu\rangle\big|_{t=0}.\end{aligned}$$

利用 $g_{ij}(0)=\delta_{ij}$ 得

$$0=\frac{\mathrm{d}}{\mathrm{d}t}(g^{ik}(t)g_{kj}(t))=\frac{\mathrm{d}g^{ij}}{\mathrm{d}t}(0)+\frac{\mathrm{d}g_{ij}}{\mathrm{d}t}(0),$$

于是有

$$\begin{aligned}\frac{\mathrm{d}g^{ij}}{\mathrm{d}t}(0)&=-\frac{\mathrm{d}g_{ij}}{\mathrm{d}t}(0)=-V(t)\langle e_i(t),e_j(t)\rangle\big|_{t=0}\\&=-\langle\bar{D}_{\nu}e_i(t),e_j\rangle\big|_{t=0}-\langle e_i,\bar{D}_{\nu}e_j(t)\rangle\big|_{t=0}\\&=-\langle\bar{D}_{e_i}\nu,e_j\rangle-\langle e_i,\bar{D}_{e_j}\nu\rangle\\&=2\mathrm{I\!I}_{\nu}(e_i,e_j).\end{aligned}$$

当 $t=0$ 时

$$\langle\bar{D}_{\nu}\bar{D}_{e_i(t)}e_i(t),\nu\rangle=\langle\bar{R}(e_i,\nu)e_i,\nu\rangle+\langle\bar{D}_{e_i}\bar{D}_{\nu}e_i(t),\nu\rangle\big|_{t=0}$$

$$
\begin{aligned}
&= \langle \overline{\mathrm{Ric}}(\nu), \nu \rangle + \langle \bar{D}_{e_i} \bar{D}_{e_i} \nu, \nu \rangle \\
&= \langle \overline{\mathrm{Ric}}(\nu), \nu \rangle + \langle \bar{D}_{e_i} (D_{e_i} \nu + \top \bar{D}_{e_i} \nu), \nu \rangle \\
&= \langle \overline{\mathrm{Ric}}(\nu), \nu \rangle + \langle D_{e_i} D_{e_i} \nu, \nu \rangle - \langle \top \bar{D}_{e_i} \nu, \top \bar{D}_{e_i} \nu \rangle \\
&= \langle \overline{\mathrm{Ric}}(\nu), \nu \rangle + \langle D_{e_i} D_{e_i} \nu, \nu \rangle - \langle \mathrm{II}_\nu(e_i, e_j) e_j, \mathrm{II}_\nu(e_i, e_k) e_k \rangle \\
&= \langle \overline{\mathrm{Ric}}(\nu), \nu \rangle + \langle D_{e_i} D_{e_i} \nu, \nu \rangle - \mathrm{II}_\nu(e_i, e_j) \mathrm{II}_\nu(e_i, e_j).
\end{aligned}
$$

此外

$$
\begin{aligned}
\langle \bar{D}_\nu D_{e_i(t)} e_i(t), \perp V(t) \rangle &= -\langle D_{e_i} e_i, \bar{D}_\nu \perp V(t) \rangle = -\langle D_{e_i} e_i, e_j \rangle \langle \bar{D}_\nu \perp V(t), e_j \rangle \\
&= \langle D_{e_i} e_i, e_j \rangle \langle \nu, \bar{D}_\nu e_j \rangle = \langle D_{e_i} e_i, e_j \rangle \langle \nu, \bar{D}_{e_j} \nu \rangle \\
&= \frac{1}{2} \langle D_{e_i} e_i, e_j \rangle e_j \langle \nu, \nu \rangle = \frac{1}{2} D_{e_i} e_i \langle \nu, \nu \rangle \\
&= \langle D_{D_{e_i} e_i} \nu, \nu \rangle.
\end{aligned}
$$

将以上这些计算综合起来, 最后得到体积第二变分公式

$$
\left.\frac{\mathrm{d}^2}{\mathrm{d}t^2}\right|_{t=0} \mathrm{Vol}(M, g_t) = \int_M -\left\langle \Delta\nu + \overline{\mathrm{Ric}}(\nu) + \mathrm{II} \circ \mathrm{II}^{\mathrm{T}}(\nu),\ \nu \right\rangle \varOmega_0. \tag{3.71}
$$

如果极小子流形体积的第二变分总是非负的, 则称它是稳定的极小子流形. 如果边界相同的子流形中 M 的体积最小, 则当然 M 是稳定的极小子流形.

例 3.5.6　极小图像的稳定性.

设 f 是定义在区域 $D \subset \mathbb{R}^n$ 上的光滑函数, f 的图像记为 M, 它是 $\mathbb{R}^{n+1}$ 中的超曲面. 设 M 是极小超曲面, 则 f 满足方程 (3.68). 设 N 是 $D \times \mathbb{R}$ 中的另一超曲面, 且 $\partial N = \partial M$, 我们来说明必有 $\mathrm{Vol}(N) \geqslant \mathrm{Vol}(M)$.

事实上, 考虑 $D \times \mathbb{R}$ 中的向量场

$$
\nu = \left(1 + |\nabla f|^2\right)^{-\frac{1}{2}} (\partial_1 f, \cdots, \partial_n f, -1),
$$

ν 限制在 M 上是单位法向量场. 由方程 (3.68) 知 $\mathrm{div}\nu = 0$. 记 Σ 为 $\mathbb{R}^{n+1}$ 中由 M 及 N 围成的区域, 则

$$
0 = \int_\Sigma \mathrm{div}\nu \varOmega_\Sigma = \int_{\partial\Sigma} \langle \nu, \vec{n} \rangle \varOmega_{\partial\Sigma},
$$

其中, $\vec{n}$ 为边界 $\partial\Sigma = M \bigcup \{-N\}$ 的单位法向量场. 于是

$$
\mathrm{Vol}(M) = \int_M \langle \nu, \vec{n} \rangle \varOmega_M = \int_N \langle \nu, \vec{n} \rangle \varOmega_N \leqslant \int_N |\nu||\vec{n}| \varOmega_N = \mathrm{Vol}(N).
$$

这说明 M 体积最小.

对于极小超曲面, 其体积第二变分公式可以化简. 假定 M 可定向, 取其单位法向量场 $\vec{n}$, 则变分场 ν 可以表示为 $\nu = \phi\vec{n}$, 其中 ϕ 是 M 上的函数, 且在边界 ∂M 上为零. 对于 M 的切向量场 X, 由

$$
\langle \bar{D}_X \vec{n}, \vec{n} \rangle = \frac{1}{2} X \langle \vec{n}, \vec{n} \rangle = 0
$$

可知 $D_X\vec{n}=0$. 因此

$$\Delta\nu = D_{e_i}D_{e_i}(\phi\vec{n}) - D_{D_{e_i}e_i}(\phi\vec{n}) = (\Delta\phi)\vec{n}.$$

其次

$$\langle\overline{\mathrm{Ric}}(\nu),\nu\rangle = \phi^2\langle\bar{R}(e_i,\vec{n})e_i,\vec{n}\rangle = \phi^2\overline{\mathrm{Ric}}(\vec{n},\vec{n}).$$

最后

$$\langle \mathrm{I\!I}\circ\mathrm{I\!I}^{\mathrm{T}}(\nu),\nu\rangle = \phi^2\sum_{i,j}\mathrm{I\!I}_{\vec{n}}^2(e_i,e_j) = \phi^2|A|^2,$$

其中, $|A|^2=\sum\limits_{i,j}\mathrm{I\!I}_{\vec{n}}^2(e_i,e_j)$, $|A|^2$ 也可表示为主曲率的平方和. 总之, 极小超曲面的体积第二变分公式成为

$$\begin{aligned}\frac{\mathrm{d}^2}{\mathrm{d}t^2}\Big|_{t=0}\mathrm{Vol}(M,g_t) &= \int_M\left[-\phi\Delta\phi-\phi^2\left(\overline{\mathrm{Ric}}(\vec{n},\vec{n})+|A|^2\right)\right]\varOmega\\ &= \int_M\left[|\nabla\phi|^2-\phi^2\left(\overline{\mathrm{Ric}}(\vec{n},\vec{n})+|A|^2\right)\right]\varOmega.\end{aligned}$$

因此, M 为稳定极小超曲面当且仅当对任何具有紧支集的光滑函数 ϕ, 下式成立

$$\int_M\phi^2\left(\overline{\mathrm{Ric}}(\vec{n},\vec{n})+|A|^2\right)\varOmega\leqslant\int_M|\nabla\phi|^2\varOmega,$$

其中, $\varOmega$ 为 M 的体积形式, $\overline{\mathrm{Ric}}$ 表示 $\bar{M}$ 的 Ricci 张量. 特别地, $\mathbb{R}^{n+1}$ 中的极小超曲面是稳定的当且仅当

$$\int_M\phi^2|A|^2\varOmega\leqslant\int_M|\nabla\phi|^2\varOmega.$$

由于极小图像是体积最小的, 因而也是稳定的. 有名的 Bernstein 定理告诉我们, 定义在整个平面上的极小图像必定是某个 2 维平面. 这个定理的自然推广是去研究一般维数的极小图像. 1965 年, de Giorgi 证明了 3 维的整体极小图像必定是线性的. 1966 年, Almgren 证明了 4 维的情形. Simons 在 1967 年解决了维数不超过 7 的情形. 不过, 当维数大于 7 时, Bombieri、de Giorgi 和 Giusti 在 1969 年找到了非线性的整体极小图像.

§3.5.4 黎曼淹没

设 $\pi:\ \bar{M}\to M$ 为光滑淹没. 令 $V_p=\mathrm{Ker}\pi_{*p}$, $\forall\, p\in\bar{M}$. $\{V_p\}$ 组成了 $T\bar{M}$ 的子丛, 记为 V, 称为垂直子丛. 设 $\bar{g}$, g 分别为 $\bar{M}$, M 上的黎曼度量, 记 $H_p=\perp V_p$ 为 V_p 的正交补, $\{H_p\}$ 组成的子丛 H 称为水平子丛. 如果对所有的 p

$$\pi_*\big|_{H_p}: H_p\to T_{\pi(p)}M$$

均为保持内积的等距同构, 则称 π 为黎曼淹没. 以下我们主要研究 $(\bar{M},\bar{g})$ 和 (M,g) 的一些几何量之间的联系. 先看淹没的两条基本性质.

(1) 设 X 为 M 上的切向量场, 则存在唯一的 $\bar{M}$ 上的向量场 $\bar{X}$, 使得 $\bar{X}\in\varGamma(H)$, 且 $\pi_*(\bar{X})=X$. $\bar{X}$ 称为 X 的水平提升. 唯一性是显然的, 下面考虑存在性.

事实上, 根据淹没的局部表示, 在一定的局部坐标系中 π 可以表示为

$$\pi(x^1,\cdots,x^{n+p})=(x^1,\cdots,x^n),$$

其中, $\dim\bar{M}=n+p$, $\dim M=n$. 我们规定指标 i, j, k 等的取值范围从 1 到 n, 而 α, β, γ 等的取值范围为 $n+1$ 到 $n+p$. 在此局部坐标系中, 向量场 X 可以表示为

$$X=a^i(x^1,\cdots,x^n)\partial_i,$$

也可将它视为 $\bar{M}$ 上的局部向量场. 令

$$b^\alpha(x)=-\bar{g}^{\alpha\beta}\bar{g}(X,\partial_\beta),$$

记 $\bar{X}=X+b^\alpha(x)\partial_\alpha$, 则由 b^α 的定义可知

$$\bar{g}(\bar{X},\partial_\beta)=0,\quad \forall\ \beta.$$

这说明 $\bar{X}$ 是水平向量场 (即 $\bar{X}\in\Gamma(H)$). 显然, $\pi_*(\bar{X})=X$.

(2) 设 $\sigma:\ [a,b]\to M$ 为 (分段) 光滑曲线, 则任给 $p\in\pi^{-1}(\sigma(a))$, 存在唯一的 (分段) 光滑曲线 $\bar{\sigma}:\ [a,b]\to\bar{M}$, 使得

$$\bar{\sigma}(a)=p,\quad \dot{\bar{\sigma}}\in H_{\bar{\sigma}},\quad \pi(\bar{\sigma})=\sigma.$$

$\bar{\sigma}$ 称为 σ 的水平提升.

我们仍然在局部坐标中求解. 记 $\sigma(t)=(\sigma^1(t),\cdots,\sigma^n(t))$. 令

$$\bar{\sigma}=(\sigma^1(t),\cdots,\sigma^n(t),\tau^{n+1}(t),\cdots,\tau^{n+p}(t)),$$

其中, τ^α 为待定函数. 此时

$$\dot{\bar{\sigma}}(t)=\dot{\sigma}^i(t)\partial_i+\dot{\tau}^\alpha(t)\partial_\alpha.$$

条件 $\dot{\bar{\sigma}}\in H_{\bar{\sigma}}$ 等价于

$$\bar{g}(\dot{\sigma},\partial_\beta)+\dot{\tau}^\alpha(t)\bar{g}_{\alpha\beta}=0,\quad \forall\ \beta.$$

这是关于 $\dot{\tau}^\alpha(t)$ 的一阶线性常微分方程组, 在给定初值的情况下, 它的解是唯一存在的.

以下我们用记号 T, U, V 等表示垂直向量场, X, Y, Z 等表示水平向量场, $\bar{X}$ 等表示水平提升. $\bar{D}$, D 分别表示 $\bar{M}$, M 上的 Levi-Civita 联络.

引理 3.5.7　设 $\bar{X},\bar{Y}$ 分别为 X,Y 的水平提升, 则 $[\bar{X},\bar{Y}]_p^v$ 只依赖于 $\bar{X}$ 和 $\bar{Y}$ 在 p 处的值. 这里, 上标 v 表示到 V_p 的正交垂直投影.

证明　任取垂直向量场 T, 则有

$$\begin{aligned}\langle[\bar{X},\bar{Y}],T\rangle&=\langle\bar{D}_{\bar{X}}\bar{Y}-\bar{D}_{\bar{Y}}\bar{X},T\rangle\\&=\bar{X}\langle\bar{Y},T\rangle-\langle\bar{Y},D_{\bar{X}}T\rangle-\bar{Y}\langle\bar{X},T\rangle+\langle\bar{X},D_{\bar{Y}}T\rangle\\&=\langle\bar{X},D_{\bar{Y}}T\rangle-\langle\bar{Y},D_{\bar{X}}T\rangle.\end{aligned}$$

由联络的性质即知引理的结论成立. □

注　我们也可以通过说明 $[\bar{X},\bar{Y}]^v$ 关于 $\bar{X},\bar{Y}$ 函数线性来证明引理.

引理 3.5.8　设 V 为垂直向量场, $\bar{X}$ 为 X 的水平提升, 则 $[V,\bar{X}]$ 仍为垂直向量场.

证明　由命题 2.1.10 可知,

$$\pi_*[V,\bar{X}]=[\pi_*V,\pi_*\bar{X}]=[0,X]=0,$$

因此 $[V,\bar{X}]$ 为垂直向量场. □

引理 3.5.9 设 $\bar{X},\bar{Y}$ 分别为 X,Y 的水平提升, 则

$$\bar{D}_{\bar{X}}\bar{Y}=\overline{D_XY}+\frac{1}{2}[\bar{X},\bar{Y}]^v.$$

证明 我们分别考虑 $\bar{D}_{\bar{X}}\bar{Y}$ 的垂直分量和水平分量. 首先, 由引理 3.5.8 可知

$$\langle[\bar{X},\bar{Y}],\bar{Z}\rangle=\langle[X,Y],Z\rangle,\quad \langle[\bar{X},T],\bar{Y}\rangle=0,$$

其中, T 为垂直向量场. 由定理 3.2.2 的证明可知,

$$\begin{aligned}2\langle\bar{D}_{\bar{X}}\bar{Y},T\rangle&=\bar{X}\langle\bar{Y},T\rangle+\bar{Y}\langle\bar{X},T\rangle-T\langle\bar{X},\bar{Y}\rangle\\&\quad+\langle[\bar{X},\bar{Y}],T\rangle-\langle[\bar{X},T],\bar{Y}\rangle-\langle[\bar{Y},T],\bar{X}\rangle.\end{aligned}$$

因为 T 为垂直向量场, 故 $T\langle\bar{X},\bar{Y}\rangle=T\langle X,Y\rangle=0$. 于是上式可写为

$$2\langle\bar{D}_{\bar{X}}\bar{Y},T\rangle=\langle[\bar{X},\bar{Y}],T\rangle,$$

这说明 $\bar{D}_{\bar{X}}\bar{Y}$ 的垂直分量为 $\frac{1}{2}[\bar{X},\bar{Y}]^v$.

另一方面,

$$\begin{aligned}2\langle\bar{D}_{\bar{X}}\bar{Y},\bar{Z}\rangle&=\bar{X}\langle\bar{Y},\bar{Z}\rangle+\bar{Y}\langle\bar{X},\bar{Z}\rangle-\bar{Z}\langle\bar{X},\bar{Y}\rangle\\&\quad+\langle[\bar{X},\bar{Y}],\bar{Z}\rangle-\langle[\bar{X},\bar{Z}],\bar{Y}\rangle-\langle[\bar{Y},\bar{Z}],\bar{X}\rangle\\&=2\langle D_XY,Z\rangle=2\langle\overline{D_XY},\bar{Z}\rangle,\end{aligned}$$

这说明 $\bar{D}_{\bar{X}}\bar{Y}$ 的水平分量为 $\overline{D_XY}$. □

注 由此引理可知, 如果 σ 为 M 上的测地线, 则其水平提升 $\bar{\sigma}$ 也为 $\bar{M}$ 的测地线.

有了以上这些准备, 我们可以计算曲率了. 首先

$$\begin{aligned}\langle\bar{D}_{\bar{X}}\bar{D}_{\bar{Y}}\bar{Z},\bar{W}\rangle&=\bar{X}\langle\bar{D}_{\bar{Y}}\bar{Z},\bar{W}\rangle-\langle\bar{D}_{\bar{Y}}\bar{Z},\bar{D}_{\bar{X}}\bar{W}\rangle\\&=X\langle D_YZ,W\rangle-\langle D_YZ,D_XW\rangle-\frac{1}{4}\langle[\bar{Y},\bar{Z}]^v,[\bar{X},\bar{W}]^v\rangle\\&=\langle D_XD_YZ,W\rangle-\frac{1}{4}\langle[\bar{Y},\bar{Z}]^v,[\bar{X},\bar{W}]^v\rangle.\end{aligned}$$

其次, 当 T 为垂直向量场时

$$\begin{aligned}\langle\bar{D}_T\bar{X},\bar{Y}\rangle&=\langle\bar{D}_{\bar{X}}T,\bar{Y}\rangle+\langle[T,\bar{X}],\bar{Y}\rangle=\bar{X}\langle T,\bar{Y}\rangle-\langle\bar{D}_{\bar{X}}\bar{Y},T\rangle\\&=-\frac{1}{2}\langle[\bar{X},\bar{Y}]^v,T\rangle.\end{aligned}$$

于是有

$$\begin{aligned}\langle\bar{D}_{[\bar{X},\bar{Y}]}\bar{Z},\bar{W}\rangle&=\langle\bar{D}_{[\bar{X},\bar{Y}]^h}\bar{Z},\bar{W}\rangle+\langle\bar{D}_{[\bar{X},\bar{Y}]^v}\bar{Z},\bar{W}\rangle\\&=\langle D_{[X,Y]}Z,W\rangle-\frac{1}{2}\langle[\bar{Z},\bar{W}]^v,[\bar{X},\bar{Y}]^v\rangle.\end{aligned}$$

其中, 上标 h 表示水平投影. 最后得到曲率等式

$$\bar{R}(\bar{X},\bar{Y},\bar{Z},\bar{W})=R(X,Y,Z,W)+\frac{1}{4}\langle[\bar{X},\bar{W}]^v,[\bar{Y},\bar{Z}]^v\rangle$$

$$-\frac{1}{4}\langle[\bar{X},\bar{Z}]^v,[\bar{Y},\bar{W}]^v\rangle-\frac{1}{2}\langle[\bar{X},\bar{Y}]^v,[\bar{Z},\bar{W}]^v\rangle. \tag{3.72}$$

特别地

$$\bar{R}(\bar{X},\bar{Y},\bar{X},\bar{Y})=R(X,Y,X,Y)-\frac{3}{4}\big|[\bar{X},\bar{Y}]^v\big|^2. \tag{3.73}$$

上面两式称为 O'Neill 公式.

例 3.5.7　复投影空间的度量和曲率.

考虑 $2n+1$ 维球面

$$S^{2n+1}=\left\{z=(z^1,\cdots,z^{n+1})\in\mathbb{C}^{n+1}\,\middle|\,\sum_{i=1}^{n+1}|z^i|^2=1\right\},$$

记 $z^i=x^i+\sqrt{-1}y^i$, 则 S^{2n+1} 上的黎曼度量为

$$\bar{g}=\sum_{i=1}^{n+1}\big(\mathrm{d}x^i\otimes\mathrm{d}x^i+\mathrm{d}y^i\otimes\mathrm{d}y^i\big).$$

按照定义, 复投影空间 $\mathbb{C}P^n$ 为

$$\mathbb{C}P^n=S^{2n+1}/\sim,$$

其中, $z\sim w$ 当且仅当存在 $\lambda\in S^1$, 使得 $z=\lambda w$. 任给单位复数 $\mu\in S^1$, 映射

$$\varphi_\mu:\ S^{2n+1}\to S^{2n+1},\quad \varphi_\mu(z)=\mu z$$

是等距同构, 因而在商空间 $\mathbb{C}P^n$ 上存在黎曼度量 g, 使得商投影

$$\pi:\ S^{2n+1}\to\mathbb{C}P^n,\quad \pi(z)=[z]$$

为黎曼淹没.

任取 $z_0\in S^{2n+1}$, 经过 z_0 的纤维为 $\pi^{-1}([z_0])=\{\lambda z_0\,|\,\lambda\in S^1\}$. 我们来寻找纤维的切空间 (垂直空间). 为此, 定义线性同构 $J:\ T\mathbb{C}^{n+1}\to T\mathbb{C}^{n+1}$ 如下

$$J(\partial_{x^i})=\partial_{y^i},\quad J(\partial_{y^i})=-\partial_{x^i}.$$

球面 S^{2n+1} 的位置向量记为 $\vec{z}=x^i\partial_{x^i}+y^i\partial_{y^i}$, 则

$$J\vec{z}=x^i\partial_{y^i}-y^i\partial_{x^i},$$

不难看出, $J\vec{z}$ 为纤维的单位切向量, 它张成了垂直空间.

设 $\bar{X},\bar{Y}$ 为水平向量场, 则

$$\langle\bar{D}_{\bar{X}}\bar{Y},J\vec{z}\rangle=-\langle\bar{Y},\bar{D}_{\bar{X}}J\vec{z}\rangle=-\langle\bar{Y},J\bar{X}\rangle=\langle\bar{X},J\bar{Y}\rangle.$$

因此

$$\langle[\bar{X},\bar{Y}],J\vec{z}\rangle=2\langle\bar{X},J\bar{Y}\rangle.$$

由 $[\bar{X},\bar{Y}]^v=\langle[\bar{X},\bar{Y}],J\vec{z}\rangle J\vec{z}$ 以及 O'Neill 公式可得如下截面曲率公式

$$K_{\mathbb{C}P^n}(X,Y)=1+3\langle\bar{X},J\bar{Y}\rangle^2,$$

其中, X, Y 为 $\mathbb{C}P^n$ 上任意两个单位正交切向量. 这说明 $\mathbb{C}P^n$ 的截面曲率介于 1 和 4 之间.

习题 3.5

1. 详细验证子流形上定义的算子 D_XY 是 Levi-Civita 联络.

2. 如果 M, N 分别是 $\bar{M}$, $\bar{N}$ 的全测地子流形, 证明: $M\times N$ 也是 $\bar{M}\times\bar{N}$ 的全测地子流形.
3. 用 Gauss 方程计算 $\mathbb{R}^{n+1}$ 半径为 c 的球面 $S^n(c)$ 的曲率.
4. 从函数图像的观点验证 2 维单位球面的曲率等于 1.
5. 设 M 为 $\mathbb{R}^{n+1}$ 中的闭超曲面. 证明: 存在 $p\in M$, 使得 M 在 p 处的截面曲率都大于零.
6. 设 M 为 $\mathbb{R}^{n+1}$ $(n\geqslant 3)$ 中的连通超曲面, 证明: 如果 M 的截面曲率为常数, 则要么 M 是某个超平面, 要么是某个 n 维球面.
7. 设 $f:(M,g)\to(N,h)$ 为黎曼流形之间的光滑映射. 令

$$E(f)=\frac{1}{2}\int_M \mathrm{tr}_g f^*h,$$

称为 f 的能量. 求能量泛函的变分, 并导出临界点方程 (满足临界点方程的映射称为调和映照).
8. 从黎曼淹没的观点研究 Hopf 纤维化 $\pi:S^3\to S^2$.

§3.6 齐 性 空 间

本节继续提供黎曼流形的若干自然的例子, 它们均与 Lie 群有关.

§3.6.1 Lie 群和不变度量

设 G 为光滑 Lie 群. 我们知道, Lie 群的左移变换和右移变换都是微分同胚. 如果左移均为某个黎曼度量的等距同构, 则称该度量是左不变的; 如果右移均为某个黎曼度量的等距同构, 则称该度量是右不变的. 当黎曼度量既是左不变, 又是右不变时, 称它是双不变度量.

命题 3.6.1 *Lie 群 G 上总存在左 (右) 不变的黎曼度量.*

证明 在单位元 e 处的切空间 T_eG 上任取内积 $\langle,\rangle_e$. 通过左移将此内积移至任意切空间, 就得到了左不变的黎曼度量. 具体来说, 令

$$\langle X,Y\rangle_g=\langle (L_{g^{-1}})_*X,(L_{g^{-1}})_*Y\rangle_e,\quad \forall\, X,Y\in T_gG.$$

于是 $\langle,\rangle_g$ 为 T_gG 上的内积, 它光滑依赖于 g, 因此定义了 G 上的黎曼度量. 任给 $h\in G$, 则

$$\begin{aligned}\langle (L_h)_*X,(L_h)_*Y\rangle_g&=\langle (L_{g^{-1}})_*(L_h)_*X,(L_{g^{-1}})_*(L_h)_*Y\rangle_e\\&=\langle (L_{g^{-1}h})_*X,(L_{g^{-1}h})_*Y\rangle_e=\langle X,Y\rangle_{h^{-1}g},\end{aligned}$$

这说明上述黎曼度量是左不变的. 类似地, 可以通过右移构造右不变的度量. □

注 设 $\{X_i\}$ 是 G 上一组左不变向量场组成的标架, 它们的对偶基记为 $\{\omega^i\}$, 则 $\sum\limits_i\omega^i\otimes\omega^i$ 就是 G 上左不变的黎曼度量.

下面我们来研究 Lie 群上是否存在双不变度量. 先介绍所谓的伴随表示. 设 G 为 Lie 群, V 为向量空间. V 到自身的线性同构的全体在复合映射下构成一个 Lie 群, 记为 $\mathrm{Aut}(V)$. 从 G 到 $\mathrm{Aut}(V)$ 的 Lie 群同态称为 G 在 V 上的一个表示. 记 G 的 Lie 代数为 $\mathfrak{g}$, 作为向量空间, $\mathfrak{g}$ 可等同于 T_eG, 其中 e 为 G 的单位元. 任给 $g\in G$, 记

$$R_{g^{-1}}\circ L_g:G\to G,\quad h\mapsto ghg^{-1},\quad \forall\, h\in G.$$

这是群 G 的自同构, 它在单位元处其切映射记为 Ad_g, 则 $Ad_g\in\mathrm{Aut}(\mathfrak{g})$. 显然, $Ad_{g_1g_2}=Ad_{g_1}Ad_{g_2}$, 因此有群同态

$$Ad:G\to\mathrm{Aut}(\mathfrak{g}),\quad g\mapsto Ad_g,\quad \forall\, g\in G,$$

Ad 称为 G 的伴随表示.

利用指数映射, 伴随表示也可用下式定义

$$\exp\big(Ad_gX\big) = g\big(\exp(X)\big)g^{-1}, \quad \forall\, g \in G,\ X \in \mathfrak{g}. \tag{3.74}$$

命题 3.6.2 Lie 群 G 上存在双不变度量当且仅当 T_eG 上存在内积, 使得 Ad_g 均保持此内积不变.

证明 设 $\langle,\rangle$ 为双不变度量, 则 $R_{g^{-1}}\circ L_g$ 均为等距同构, 从而在单位元处的切映射 Ad_g 保持 T_eG 上的内积不变.

反之, 假设 T_eG 上的内积 $\langle,\rangle_e$ 在 Ad_g 下均保持不变. 将此内积左移为左不变度量 $\langle,\rangle$. 利用等式

$$L_h \circ (R_{g^{-1}} \circ L_g) = R_{g^{-1}} \circ L_h \circ L_g = R_{g^{-1}} \circ L_{hg}$$

即知右移 $R_{g^{-1}}$ 也保持此度量不变, 因此 $\langle,\rangle$ 为双不变度量. □

因为伴随表示为 Lie 群同态, 因此它诱导了 Lie 代数之间的同态

$$ad = Ad_{*e}:\ \mathfrak{g} \to \mathfrak{gl}(\mathfrak{g}).$$

通常记 $ad_X = ad(X) = Ad_{*e}(X)$, $\forall\, X \in \mathfrak{g}$.

例 3.6.1 一般线性群的伴随表示.

考虑 Lie 群 $G = GL(n,\mathbb{R})$. 设 $C \in \mathfrak{gl}(n,\mathbb{R})$, 则

$$Ad_B(C) = \frac{\mathrm{d}}{\mathrm{d}t}\Big|_{t=0}(Be^{tC}B^{-1}) = BCB^{-1}.$$

因此, 当 $D \in \mathfrak{gl}(n,\mathbb{R})$ 时

$$ad_D(C) = \frac{\mathrm{d}}{\mathrm{d}t}\Big|_{t=0}(e^{tD}Ce^{-tD}) = [D,C].$$

完全类似地, 对于一般的 Lie 群 G, 也有

$$ad_X(Y) = [X,Y], \quad \forall\, X, Y \in \mathfrak{g}. \tag{3.75}$$

设 $\langle,\rangle$ 为 G 上的左不变度量. 如果 X, Y 均为左不变向量场, 则 $\langle X,Y\rangle$ 为常数. 根据 Koszul 公式, 其 Levi-Civita 联络 D 满足等式

$$2\langle D_XY, Z\rangle = \langle [X,Y], Z\rangle - \langle Y, [X,Z]\rangle - \langle X, [Y,Z]\rangle, \tag{3.76}$$

其中, X, Y, Z 均为左不变向量场. 上式可改写为

$$D_XY = \frac{1}{2}\big\{[X,Y] - (ad_X)^*(Y) - (ad_Y)^*(X)\big\}, \tag{3.77}$$

其中, A^* 表示线性算子 A 的伴随算子.

如果 W 也是左不变向量场, 则由式 (3.76) 可知 $Y\langle D_XZ, W\rangle = 0$. 于是

$$\langle D_YD_XZ, W\rangle = -\langle D_XZ, D_YW\rangle,$$

这说明

$$R(X,Y,Z,W) = \langle D_XW, D_YZ\rangle - \langle D_XZ, D_YW\rangle + \langle D_{[X,Y]}Z, W\rangle. \tag{3.78}$$

特别地, 利用式 (3.76) 和式 (3.77) 可得

$$R(X,Y,X,Y) = |(ad_X)^*(Y) + (ad_Y)^*(X)|^2 - \langle (ad_X)^*(X), (ad_Y)^*(Y)\rangle$$

$$-\frac{3}{4}|[X,Y]|^2-\frac{1}{2}\langle[[X,Y],Y],X\rangle+\frac{1}{2}\langle[[X,Y],X],Y\rangle. \tag{3.79}$$

如果 $\langle,\rangle$ 是双不变度量, 则由 Ad_g 均为保内积的正交变换可知 $(ad_X)^*=-ad_X$, 因此式 (3.77) 可简化为

$$D_XY=\frac{1}{2}[X,Y]. \tag{3.80}$$

特别地, $D_XX=0$, 这说明左不变向量场的流线均为测地线. 此时曲率张量可写为

$$R(X,Y,Z,W)=\frac{1}{4}\langle[X,W],[Y,Z]\rangle-\frac{1}{4}\langle[X,Z],[Y,W]\rangle-\frac{1}{2}\langle[[X,Y],Z],W\rangle.$$

利用 Jacobi 恒等式可得

$$\langle[[X,Y],Z],W\rangle=\langle[X,[Y,Z]],W\rangle+\langle[Y,[Z,X]],W\rangle,$$

再利用 $(ad_X)^*=-ad_X$ 得

$$\langle[[X,Y],Z],W\rangle=-\langle[Y,Z],[X,W]\rangle-\langle[Z,X],[Y,W]\rangle.$$

代入曲率张量的方程, 最后有

$$R(X,Y,Z,W)=\frac{1}{4}\langle[X,Z],[Y,W]\rangle-\frac{1}{4}\langle[X,W],[Y,Z]\rangle. \tag{3.81}$$

特别地

$$R(X,Y,X,Y)=\frac{1}{4}|[X,Y]|^2, \tag{3.82}$$

因此双不变度量的截面曲率都是非负的.

命题 3.6.3 *在紧致 Lie 群 G 上总存在双不变度量.*

证明 在 G 上取一个右不变的体积形式 Ω, 比如 Ω 可取为某右不变度量的体积形式. 再任取 T_eG 上的内积 $\langle,\rangle_e$, 定义一个新内积 $\langle,\rangle$ 如下

$$\langle X,Y\rangle=\int_G\langle Ad_g(X),Ad_g(Y)\rangle_e\Omega(g).$$

任给 $h\in G$, 有

$$\langle Ad_h(X),Ad_h(Y)\rangle=\int_G\langle Ad_{gh}(X),Ad_{gh}(Y)\rangle_e\Omega(g).$$

因为右移是保持 Ω 不变的微分同胚, 故

$$\begin{aligned}\int_G\langle Ad_{gh}(X),Ad_{gh}(Y)\rangle_e\Omega(g)&=\int_G\langle Ad_{gh}(X),Ad_{gh}(Y)\rangle_e(R_{h^{-1}})^*\Omega(g)\\&=\int_G\langle Ad_{gh}(X),Ad_{gh}(Y)\rangle_e\Omega(gh)\\&=\int_G\langle Ad_k(X),Ad_k(Y)\rangle_e\Omega(k),\end{aligned}$$

这说明 $\langle Ad_h(X),Ad_h(Y)\rangle=\langle X,Y\rangle$, 因此内积 $\langle,\rangle$ 诱导的黎曼度量是 G 上的双不变度量. □

例 3.6.2 *双曲空间的 Lie 群模型.*

考虑 2 维 Lie 群

$$G=\left\{\begin{pmatrix} x & y\\ 0 & 1\end{pmatrix}\,\middle|\, x>0,\ y\in\mathbb{R}\right\}.$$

G 的 Lie 代数为

$$\mathfrak{g}=\left\{\begin{pmatrix} a & b\\ 0 & 0\end{pmatrix}\,\middle|\, a,b\in\mathbb{R}\right\}.$$

取其基为

$$X=\begin{pmatrix} 1 & 0\\ 0 & 0\end{pmatrix},\quad Y=\begin{pmatrix} 0 & 1\\ 0 & 0\end{pmatrix},$$

则 $[X,Y]=XY-YX=Y$. 在 G 上定义左不变度量, 使得 $\{X,Y\}$ 为标准正交基, 则其 Levi-Civita 联络满足

$$D_XX=D_XY=0,\quad D_YX=-Y,\quad D_YY=X.$$

曲率满足

$$R(X,Y)X=D_YD_XX-D_XD_YX+D_{[X,Y]}X=D_YX=-Y,$$

这说明 G 的截面曲率恒为 -1.

例 3.6.3 $SO(3)$ 与坍缩度量.

我们知道, $SO(3)$ 的 Lie 代数为 $\mathfrak{so}(3)=\{A\in gl(3)\,|\,A+A^{\mathrm{T}}=0\}$. 在 Lie 代数中可取一组基 X_1, X_2, X_3 使得

$$[X_1,X_2]=2X_3,\quad [X_2,X_3]=2X_1,\quad [X_3,X_1]=2X_2.$$

取 $0<\varepsilon\leqslant 1$, 在 $SO(3)$ 上定义左不变度量 g_ε, 使得 $\{\varepsilon^{-1}X_1,X_2,X_3\}$ 为标准正交基. 计算表明, 其 Levi-Civita 联络满足

$$D_{X_1}X_1=0,\quad D_{X_1}X_2=(2-\varepsilon^2)X_3,\quad D_{X_1}X_3=(\varepsilon^2-2)X_2,$$

$$D_{X_2}X_1=-\varepsilon^2X_3,\quad D_{X_2}X_2=0,\quad D_{X_2}X_3=X_1,$$

$$D_{X_3}X_1=\varepsilon^2X_2,\quad D_{X_3}X_2=-X_1,\quad D_{X_1}X_3=(\varepsilon^2-2)X_2.$$

曲率满足

$$R(X_1,X_2)X_1=\varepsilon^4X_2,\quad R(X_1,X_2)X_2=-\varepsilon^2X_1,\quad R(X_1X_2)X_3=0;$$

$$R(X_2,X_3)X_1=0,\quad R(X_2,X_3)X_2=(4-3\varepsilon^2)X_3,\quad R(X_2X_3)X_3=(3\varepsilon^2-4)X_2;$$

$$R(X_3,X_1)X_1=-\varepsilon^4X_3,\quad R(X_3,X_1)X_2=0,\quad R(X_3X_1)X_3=\varepsilon^2X_1.$$

由此可见, g_ε 的截面曲率介于 ε^2 与 $4-3\varepsilon^2$ 之间. 当 $\varepsilon\to 0$ 时, $(SO(3),g_\varepsilon)$ 的体积趋于零. 这一列度量称为 $SO(3)$ 上的坍缩度量.

§3.6.2 齐性空间

设 G 为连通 Lie 群, H 为其闭子群. H 在 G 中的左陪集的全体记为 G/H, 定义投影

$$\pi:\ G\to G/H,\quad \pi(g)=[gH].$$

G/H 的拓扑规定为商拓扑, 即 U 为 G/H 中的开集当且仅当 $\pi^{-1}(U)$ 为 G 中的开集. 在此拓扑下 π 为开映射.

G/H 称为**齐性空间**. 在商拓扑下, G/H 是 Hausdorff 空间. 事实上, 设 $[\sigma H] \neq [\tau H]$, 则 $\tau^{-1}\sigma \notin H$. 因为 H 为闭子群, 且群的运算是连续的, 故存在 σ 的开邻域 V 和 τ 的开邻域 W, 使得

$$\tau'^{-1}\sigma' \notin H, \quad \forall\, \sigma' \in V,\ \tau' \in W.$$

这说明 $\pi(V), \pi(W)$ 分别是 $[\sigma H], [\tau H]$ 的不交开邻域.

因为 Lie 群 G 是 A_2 空间, 故 G/H 也是 A_2 空间. 利用闭子群的结构, 可以进一步说明 G/H 上存在唯一的微分结构, 使得 G/H 为光滑流形, 且 π 为光滑淹没; 当 H 为正规子群时, G/H 仍为 Lie 群.

G 上的左移 L_g 也可定义在 G/H 上: $L_g[\sigma H] = [g\sigma H]$. 左移 L_g 常简记为 g. 因此我们就得到了 Lie 群 G 在齐性空间 G/H 上的作用

$$G \times G/H \to G/H, \quad (g, [\sigma H]) \mapsto g[\sigma H] = [g\sigma H].$$

因为 $g'g^{-1}[gH] = [g'H]$, 故这个作用是可迁的. 这是我们将 G/H 称为齐性空间的原因.

一般地, 黎曼流形 M 的等距变换群 $I(M)$ 作用于自身. 如果此作用是可迁的, 则

$$M = I(M)/\hat{H},$$

其中, $\hat{H}$ 为某一固定点的迷向子群.

例 3.6.4 球面与正交群.

记 $O(n)$ 为 $n \times n$ 实正交矩阵组成的正交变换群. $O(n)$ 自然地作用于 $\mathbb{R}^n$, 并且保持标准内积不变, 从而保持向量的长度不变. 特别地, 我们就得到 $O(n)$ 在单位球面 S^{n-1} 上的作用

$$O(n) \times S^{n-1} \to S^{n-1}, \quad (A, v) \mapsto Av,$$

其中, $v \in S^{n-1}$ 看成单位长度的列向量. 这个作用是可迁的: 任给 $v_1 \in S^{n-1}$, 将 $\{v_1\}$ 扩充为 $\mathbb{R}^n$ 的一组标准正交基 $\{v_1, v_2, \cdots, v_n\}$. 这 n 个列向量排成的 n 阶方阵记为 A, 这是正交矩阵, 且

$$Ae_1 = v_1, \quad e_1 = (1, 0, \cdots, 0)^{\mathrm{T}}.$$

由此易见, 任给 $v, w \in S^{n-1}$, 均存在正交矩阵 $B \in O(n)$, 使得 $Bv = w$.

考虑 $e_n = (0, 0, \cdots, 0, 1)^{\mathrm{T}} \in S^{n-1}$. 如果 $A \in O(n)$, 且保持 e_n 不动, 则 A 必定形如

$$A = \begin{pmatrix} B & 0 \\ 0 & 1 \end{pmatrix},$$

其中, $B \in O(n-1)$. 这说明 e_n 处的迷向子群为 $O(n-1)$. 因此, S^{n-1} 可自然等同于齐性空间 $O(n)/O(n-1)$.

同理可以说明 S^{n-1} 可自然等同于 $SO(n)/SO(n-1)$.

例 3.6.5 复投影空间是齐性空间.

记 $SU(n)$ 为 n 阶特殊酉阵组成的特殊酉阵群. 由于特殊酉变换保持 $\mathbb{C}^n$ 中向量的长度, 我们可以得到 $SU(n)$ 在 S^{2n-1} 上的一个自然作用, 这个作用在 e_n 处的迷向子群为 $SU(n-1)$. 同上例类似, S^{2n-1} 可自然等同于齐性空间 $SU(n)/SU(n-1)$.

我们知道, $\mathbb{C}P^{n-1}$ 可以看成 S^{2n-1} 之商. 上述特殊酉群的作用保持等价关系不变, 因此 $SU(n)$ 也可自然作用于 $\mathbb{C}P^{n-1}$, 这也是一个可迁作用.

设 $e_n=(0,0,\cdots,0,1)^{\mathrm{T}}$, 我们来求 $[e_n]$ 处的迷向子群. 设 $A\in SU(n)$, 则 $A[e_n]=[e_n]$ 当且仅当 A 形如

$$A=\begin{pmatrix} B & 0\\ 0 & (\det B)^{-1}\end{pmatrix},$$

其中, $B\in U(n-1)$. 这说明 $\mathbb{C}P^{n-1}$ 可自然等同于齐性空间 $SU(n)/U(n-1)$.

例 3.6.6　作为齐性流形的双曲空间.

在 $\mathbb{R}^{n+1}$ 中考虑二阶协变张量场

$$g_{n,1}=\sum_{i=1}^{n}\mathrm{d}x^i\otimes\mathrm{d}x^i-\mathrm{d}x^{n+1}\otimes\mathrm{d}x^{n+1},$$

它限制在超曲面

$$H^n(1)=\left\{(x^1,\cdots,x^{n+1})\in\mathbb{R}^{n+1}\,\middle|\,\sum_{i=1}^{n}(x^i)^2-(x^{n+1})^2=-1,\ x^{n+1}>0\right\}$$

上得到一个正定的黎曼度量 g_{-1}. 可以计算出 $(H^n(1),g_{-1})$ 的截面曲率恒为 -1.

$\mathbb{R}^{n+1}$ 中保持 $g_{n,1}$ 不变的线性变换的全体组成了所谓的 Lorentz 群 $O(n+1,1)$, 用矩阵来表示就是

$$O(n+1,1)=\{A\in GL(n+1,\mathbb{R})\,|\,A^{\mathrm{T}}KA=K\},$$

其中, K 为如下 $n+1$ 阶方阵

$$K=\begin{pmatrix} I_n & 0\\ 0 & -1\end{pmatrix}.$$

设 $A=\big(a_{ij}\big)\in O(n+1,1)$. 由 $A^{\mathrm{T}}KA=K$ 知 $(\det A)^2=1$, 从而 $\det A=\pm1$. 此外还有

$$\sum_{i=1}^{n}(a_{i\,n+1})^2-(a_{n+1\,n+1})^2=-1,$$

这说明 $a_{n+1\,n+1}\geqslant 1$ 或 $a_{n+1,n+1}\leqslant -1$. 利用这些事实可以说明 $O(n+1,1)$ 有 4 个连通分支, 其中包含单位元的连通分支为

$$G=\{A\in O(n+1,1)\,|\,\det A=1,\ a_{n+1\,n+1}\geqslant 1\}.$$

G 在 $\mathbb{R}^{n+1}$ 上的自然作用保持 $H^n(1)$ 不变, 因此可视为作用在 $H^n(1)$ 上. 这是一个可迁的作用. 如果 $A\in G$ 保持 $e_{n+1}\in H^n(1)$ 不变, 则 A 形如

$$A=\begin{pmatrix} B & 0\\ 0 & 1\end{pmatrix},$$

其中, $B \in SO(n)$. 这说明 $H^n(1)$ 可自然等同于齐性空间 $G/SO(n)$.

下面我们讨论齐性空间 G/H 上的黎曼度量, 使得 G 的作用均为等距, 这样的度量称为 G-不变度量, 或简称不变度量. 需要注意的是, 一般来说此时 G 不等于 $I(G/H)$.

并非所有的齐性空间上均存在不变度量. 记 $\mathfrak{h}$ 为 H 的 Lie 代数, 则 $T_{[H]}(G/H)$ 可等同于 $\mathfrak{g}/\mathfrak{h}$. 不变度量在 $\mathfrak{g}/\mathfrak{h}$ 上定义了内积 $\langle,\rangle$. 我们来说明, 此内积在 Ad_H 作用下保持不变. 事实上, 任给 $h \in H$, $X \in \mathfrak{g}$, 则

$$he^{tX}H = he^{tX}h^{-1}H.$$

由于 Ad_h 以及 $ad_{\mathfrak{h}}$ 保持 $\mathfrak{h}$ 不变, 故它们可自然作用于 $\mathfrak{g}/\mathfrak{h}$. 在上式中关于 t 求导, 得

$$(L_h)_*(X) = \pi\big(Ad_h(X)\big),$$

其中, $\pi:\ \mathfrak{g} \to \mathfrak{g}/\mathfrak{h}$ 为商投影. 当 L_h 为等距同构时, 上式表明 Ad_h 保持内积 $\langle,\rangle$ 不变.

当 G 有效且等距作用于 G/H 时, G 可视为 $I(G/H)$ 的子群. 此时, H 为 $\hat{H}$ 的子群, $\hat{H}$ 为正交群的闭子群, 因而是紧致的. 利用这一点, 我们可以在 G 上构造左不变度量, 使得该度量在 H 的右作用下不变. 这个度量限制在 H 上是双不变的. $\mathfrak{h}$ 的正交补记为 $\mathfrak{p}$, 则

$$\mathfrak{g} = \mathfrak{h} \oplus \mathfrak{p},$$

$\mathfrak{p}$ 上的内积由 G/H 上的黎曼度量给出. 这说明 $\pi:\ G \to G/H$ 为黎曼淹没, 而上式就是切空间的垂直和水平分解.

利用黎曼淹没的 O'Neill 公式以及前一小节 Lie 群左不变度量的曲率公式, 得到 G/H 的如下曲率公式

$$\begin{aligned} R(X,Y,X,Y) = &\ |(ad_X)^*(Y) + (ad_Y)^*(X)|^2 - \langle (ad_X)^*(X), (ad_Y)^*(Y)\rangle \\ & - \frac{3}{4}|[X,Y]_{\mathfrak{p}}|^2 - \frac{1}{2}\langle [[X,Y],Y],X\rangle + \frac{1}{2}\langle [[X,Y],X],Y\rangle. \end{aligned} \tag{3.83}$$

其中, $X, Y \in \mathfrak{p}$, 我们将 X 与 $\pi_*(X)$ 等同.

如果 G 上的度量还是双不变的, 由前一小节的计算公式可得

$$R(X,Y,X,Y) = \frac{1}{4}|[X,Y]_{\mathfrak{h}}|^2 + |[X,Y]_{\mathfrak{p}}|^2, \tag{3.84}$$

特别地, 此时截面是非负的.

当 G 上的度量为双不变度量时, 称 G/H 为正规齐性空间. 正规齐性空间提供了许多自然的非负曲率流形的例子.

§3.6.3 对称空间

设 (M,g) 为黎曼流形, 如果任给 $m \in M$, 均存在 m 的某个开邻域中的等距同构 I_m, 使得 m 是该邻域中唯一的不动点, 且 $I_m \circ I_m = \mathrm{id}$ 为恒同映射, 则称 (M,g) 为**局部对称空间**. 如果 I_m 均可延拓为 M 上的整体等距同构, 则称 (M,g) 为**对称空间**.

例 3.6.7 $\mathbb{R}^n$, S^n, $\mathbb{H}^n$ 均为对称空间.

对于 $\mathbb{R}^n$, 考虑关于原点的反射 $I:\ \mathbb{R}^n \to \mathbb{R}^n$, $I(x) = -x$, 则 I 为等距同构, 且 $I^2 = \mathrm{id}$. 原点是唯一的不动点. 由于 $(\mathbb{R}^n, g_0)$ 的等距同构群可迁地作用在 $\mathbb{R}^n$ 上, 故 $\mathbb{R}^n$ 关于每一点都是对称的.

对于 S^n, 任取 $x_0 \in S^n$, 考虑映射

$$I_{x_0}: S^n \to S^n, \quad I_{x_0}(x) = -x + 2\langle x, x_0\rangle x_0,$$

则 I_{x_0} 为等距同构, 它有两个不动点 x_0, $-x_0$, 且 $I_{x_0}^2 = \mathrm{id}$.

对于 $\mathbb{H}^n$, 考虑 Poincaré 圆盘模型, 则关于原点的反射是等距同构, 它以原点为唯一的不动点. 与 $\mathbb{R}^n$ 类似, 由于 $\mathbb{H}^n$ 的等距同构群可迁地作用于自身, 故 $\mathbb{H}^n$ 关于任意一点都是对称的.

下面我们研究 (局部) 对称空间的性质.

命题3.6.4 设 I_m 是以 m 为孤立不动点的 (局部) 等距同构, 如果 $I_m^2 = \mathrm{id}$, 则 $(I_m)_{*m} = -\mathrm{id}$.

证明 由 $I_m^2 = \mathrm{id}$ 知 $(I_m)_{*m}^2 = \mathrm{id}$. 因此, 线性映射 I_{*m} 的特征值为 1 或 -1. 我们来说明 1 不是特征值. 不然的话, 存在非零切向量 $v \in T_mM$, 使得 $(I_m)_{*m}(v) = v$. 因为 I_m 为等距同构, 因此这说明 I_m 保持从 m 出发, 以 v 为初始切向量的测地线不变. 这与 m 为孤立不动点相矛盾.

任给 $w \in T_mM$, 由于 $(I_m)_{*m}[w + (I_m)_{*m}w] = w + (I_m)_{*m}w$, 根据刚才的讨论即知

$$w + (I_m)_{*m}w = 0.$$

即 $(I_m)_{*m} = -\mathrm{id}$. □

从命题的证明可以看到, I_m 将经过 m 的测地线反向, 即

$$I_m(\exp(tw)) = \exp(-tw).$$

在以 m 为中心的正规坐标 $\{x^i\}$ 中考虑时, I_m 可以表示为

$$I_m(x^1, \cdots, x^n) = -(x^1, \cdots, x^n),$$

即 I_m 如同 $\mathbb{R}^n$ 中关于原点的反射一样.

命题 3.6.5 (M, g) 为局部对称空间当且仅当其曲率张量是平行的, 即 $DR = 0$.

证明 (必要性) 任给 $m \in M$, 因为 I_m 是保持 m 不动的等距同构, 故在 m 处成立 $(I_m)^*(DR) = DR$. 即

$$\begin{aligned}(DR)(X,Y,Z,W,V) &= (DR)((I_m)_{*m}X, (I_m)_{*m}Y, (I_m)_{*m}Z, (I_m)_{*m}W, (I_m)_{*m}V)\\ &= (DR)(-X,-Y,-Z,-W,-V)\\ &= -(DR)(X,Y,Z,W,V),\end{aligned}$$

这说明在 m 处成立 $DR = 0$.

(充分性) 任给 $m \in M$, 取以 m 为中心的正规坐标系 $\{x^i\}_{i=1}^n$, 我们要说明 $I_m(x) = -x$ 是等距. 为此, 任取单位向量 $v \in \mathbb{R}^n$, 考虑沿测地线 $\gamma(t) = tv$ 的向量场 $U(t) = tu^i\partial_i$, 其中 $u = (u^1, u^2 \cdots, u^n) \in \mathbb{R}^n$. 因为 $U(t)$ 是以 s 为参数的测地线族 $\gamma_s(t) = t(v + su)$ 的变分场, 因此满足 Jacobi 方程

$$\ddot{U}(t) + R(\dot\gamma(t), U(t))\dot\gamma(t) = 0.$$

将 $e_1 = v$ 扩充为 T_mM 中的一组标准正交基 $\{e_i\}_{i=1}^n$ 并沿 γ 平移, 记为 $\{e_i(t)\}_{i=1}^n$. 记 $U(t) = u^j(t)e_j(t)$, 代入上述 Jacobi 方程可得

$$\ddot{u}^j(t) + R(e_1(t), e_i(t), e_1(t), e_j(t))u^i(t) = 0, \quad j = 1, 2, \cdots, n.$$

由 $DR = 0$ 可知 $R(e_1(t), e_i(t), e_1(t), e_j(t))$ 为常数. 再由 $U(0) = 0$ 以及常微分方程组解的唯一性可知

$$-u^j(-t) = u^j(t), \quad j = 1, 2, \cdots, n.$$

这说明 $\|U(-t)\| = \|U(t)\|$, 即 $u^i u^j g_{ij}(tv) = u^i u^j g_{ij}(-tv)$. 由 u 的任意性即知 $g_{ij}(tv) = g_{ij}(-tv)$. 再由 v 的任意性可知 I_m 的确保持 g 不变. □

下面我们讨论对称空间. 设 (M, g) 为对称空间, 如果 $\gamma: [a, b] \to M$ 为测地线, 则 $I_{\gamma(b)} \circ \sigma$ 也是测地线, 它们连接起来以后也还是测地线. 这说明 M 上的测地线均可无限延长, 由 Hopf-Rinow 定理 (见文献《线性代数与矩阵论》(许以超, 2006)) 可知 M 上任意两点均 p, q 可用最短测地线 γ_{pq} 连接, 取 γ_{pq} 的中点 m, 则 $I_m(p) = q$. 这说明等距同构群 $I(M)$ 在 M 上的作用是可迁的. 因此, M 是齐性空间.

设 M 为连通对称空间. 记 $M = G/H$, 其中 $G = I(M)$, $H = G_m$ 为 m 处的迷向子群. 定义

$$\sigma: \ G \to G, \quad \sigma(g) = I_m \circ g \circ I_m,$$

则 σ 为 G 的自同构, 且 $\sigma^2 = \mathrm{id}$. 记 $K = \{g \in G \,|\, \sigma(g) = g\}$, 则 K 为 G 的闭子群. 当 $h \in H$ 时, $h(m) = m$, 因此 $\sigma(h)(m) = m$, 且

$$\sigma(h)_{*m} = (I_m)_{*m} \circ h_{*m} \circ (I_m)_{*m} = h_{*m}.$$

由 M 连通可知 $\sigma(h) = h$. 这说明 $H \subset K$.

记 K (H) 的含有单位元的连通分支为 K_0 (H_0), 根据以上论述可知 $H_0 \subset K_0$. 我们来说明 $K_0 \subset H$, 从而 $K_0 = H_0$. 设 $k \in K$, 则 $k(m) = I_m \circ k(m)$. 因为 m 为 I_m 的孤立不动点, 故存在 G 的含单位元的开邻域 U, 使得当 $k \in K \cap U$ 时 $k(m) = m$, 即 $K \cap U \subset H$. 因为 K_0 可由 $K \cap U$ 生成, 故 $K_0 \subset H$.

反之, 设 $\sigma: \ G \to G$ 为 Lie 群 G 的一个自同构, $\sigma^2 = \mathrm{id}$. σ 的不动点全体仍记为 K. 由

$$\sigma(gk) = \sigma(g)\sigma(k) = \sigma(g)k$$

可知 σ 诱导了 G/K 上的微分同胚. 如果这个微分同胚保持 G/K 上的 G-不变度量 $\langle , \rangle$, 则 $(G/K, \langle , \rangle)$ 为对称空间, 它在 $[K]$ 处的反射等距同构由 σ 给出.

记 G 的 Lie 代数为 $\mathfrak{g}$, 注意到 σ_{*e} 是 $\mathfrak{g}$ 的自同构, 且 $\sigma_{*e}^2 = \mathrm{id}$. 记 K 的 Lie 代数为 $\mathfrak{k}$, 则

$$\mathfrak{k} = \{X \in \mathfrak{g} \,|\, \sigma_{*e}(X) = X\}.$$

定义

$$\mathfrak{m} = \{X \in \mathfrak{g} \,|\, \sigma_{*e}(X) = -X\},$$

则由 $\sigma_{*e}^2 = \mathrm{id}$ 易见 $\mathfrak{g}$ 有线性空间的直和分解

$$\mathfrak{g} = \mathfrak{m} \oplus \mathfrak{k}, \tag{3.85}$$

并且关于 Lie 代数运算满足

$$[\mathfrak{k}, \mathfrak{k}] \subset \mathfrak{k}, \quad [\mathfrak{m}, \mathfrak{m}] \subset \mathfrak{k}, \quad [\mathfrak{k}, \mathfrak{m}] \subset \mathfrak{m}.$$

例如, 当 $X_1, X_2 \in \mathfrak{m}$ 时, 由

$$\sigma_{*e}[X_1, X_2] = [\sigma_{*e}(X_1), \sigma_{*e}(X_2)] = [-X_1, -X_2] = [X_1, X_2]$$

可知 $[X_1, X_2] \in \mathfrak{k}$.

利用这些分解, 我们来计算 $M = G/K$ 的曲率张量. 当 $X, Y, Z, W \in \mathfrak{m}$ 时, 由 $[X, Z] \in \mathfrak{k}$ 可得

$$\langle (ad_X)^*(Y), Z\rangle = \langle Y, [X, Z]\rangle = 0,$$

这说明 $(ad_X)^*(Y) \in \mathfrak{k}$. 另一方面, 当 $T \in \mathfrak{k}$ 时, 如果 K 在 G 上的右作用为等距, 则有

$$\langle [T, X], Y\rangle + \langle X, [T, Y]\rangle = \langle ad_T(X), Y\rangle + \langle X, ad_T(Y)\rangle = 0,$$

即

$$\langle T, (ad_X)^*Y\rangle + \langle T, (ad_Y)^*(X)\rangle = 0,$$

这表明 $(ad_X)^*(Y) + (ad_Y)^*(X) = 0$. 由式 (3.77) 即知

$$\bar{D}_X Y = \frac{1}{2}[X, Y],$$

其中, $\bar{D}$ 为 G 的联络. 此外, 再利用 $[X, Y] \in \mathfrak{k}$ 以及 Koszul 公式可得

$$\begin{aligned} 2\langle \bar{D}_{[X,Y]}Z, W\rangle &= \langle [[X, Y], Z], W\rangle - \langle Z, [[X, Y], W] - \langle [X, Y], [Z, W]\rangle \\ &= 2\langle [[X, Y], Z], W\rangle - \langle [X, Y], [Z, W]\rangle. \end{aligned}$$

由式 (3.78) 可得

$$\begin{aligned} \bar{R}(X, Y, Z, W) = &\frac{1}{4}\langle [X, W], [Y, Z]\rangle - \frac{1}{4}\langle [X, Z], [Y, W]\rangle \\ &- \frac{1}{2}\langle [X, Y], [Z, W]\rangle + \langle [[X, Y], Z], W\rangle. \end{aligned}$$

根据 O'Neill 公式, M 的曲率张量 R 满足等式

$$\begin{aligned} \bar{R}(X, Y, Z, W) = R(X, Y, Z, W) &+ \frac{1}{4}\langle [X, W], [Y, Z]\rangle \\ &- \frac{1}{4}\langle [X, Z], [Y, W]\rangle - \frac{1}{2}\langle [X, Y], [Z, W]\rangle, \end{aligned}$$

这说明

$$R(X, Y, Z, W) = \langle [[X, Y], Z], W\rangle, \quad R(X, Y)Z = [[X, Y], Z]. \tag{3.86}$$

例 3.6.8　复投影空间是对称空间.

考虑 Lie 群 $G = SU(n+1)$. 它的一个自同构定义为

$$\sigma:\ SU(n+1) \to SU(n+1), \quad A \mapsto \begin{pmatrix} I_n & 0 \\ 0 & -1 \end{pmatrix} A \begin{pmatrix} I_n & 0 \\ 0 & -1 \end{pmatrix},$$

$SU(n+1)$ 关于 σ 的不动点子群为

$$K = \left\{ \begin{pmatrix} B & 0 \\ 0 & (\det B)^{-1} \end{pmatrix} \,\middle|\, B \in U(n) \right\}.$$

$SU(n+1)$ 的 Lie 代数 $\mathfrak{su}(n+1)$ 在 σ 作用下的分解为

$$\mathfrak{su}(n+1)=\mathfrak{m}\oplus\mathfrak{k},$$

其中

$$\mathfrak{m}=\left\{\begin{pmatrix}0 & -z^*\\ z & 0\end{pmatrix}\,\middle|\, z\in\mathbb{C}^n\right\},\quad \mathfrak{k}=\left\{\begin{pmatrix}B & 0\\ 0 & -\mathrm{tr}B\end{pmatrix}\,\middle|\, B\in\mathfrak{u}(n)\right\}.$$

在 $\mathfrak{su}(n+1)$ 中考虑内积 $\langle A_1,A_2\rangle=-\dfrac{1}{2}\mathrm{tr}(A_1A_2)$, 它决定了 $SU(n+1)$ 上的双不变度量, 使得 $\mathbb{C}P^n=SU(n+1)/U(n)=G/K$ 成为对称空间.

下面我们计算曲率. 首先有

$$\begin{aligned}&\left[\begin{pmatrix}0 & -z^*\\ z & 0\end{pmatrix},\begin{pmatrix}0 & -w^*\\ w & 0\end{pmatrix}\right]\\ &=\begin{pmatrix}0 & -z^*\\ z & 0\end{pmatrix}\begin{pmatrix}0 & -w^*\\ w & 0\end{pmatrix}-\begin{pmatrix}0 & -w^*\\ w & 0\end{pmatrix}\begin{pmatrix}0 & -z^*\\ z & 0\end{pmatrix}\\ &=\begin{pmatrix}w^*z-z^*w & 0\\ 0 & wz^*-zw^*\end{pmatrix},\end{aligned}$$

其次

$$\begin{aligned}&\left[\left[\begin{pmatrix}0 & -z^*\\ z & 0\end{pmatrix},\begin{pmatrix}0 & -w^*\\ w & 0\end{pmatrix}\right],\begin{pmatrix}0 & -z^*\\ z & 0\end{pmatrix}\right]\\ &=\begin{pmatrix}0 & z^*(wz^*-zw^*)-(w^*z-z^*w)z^*\\ (wz^*-zw^*)z-z(w^*z-z^*w) & 0\end{pmatrix}.\end{aligned}$$

为了方便起见, 我们将 $\mathfrak{m}$ 与 $\mathbb{C}^n$ 等同, 其内积由 $\langle z,w\rangle=\dfrac{1}{2}(zw^*+wz^*)$ 给出. 由式 (3.86) 可得

$$R(z,w)z=(wz^*-zw^*)z-z(w^*z-z^*w).$$

当 z, w 为单位正交向量时

$$R(z,w)z=3wz^*z+w,$$

因此

$$R(z,w,z,w)=\langle R(z,w)z,w\rangle=1-3(zw^*)^2,$$

由此得到 $\mathbb{C}P^n$ 的截面曲率介于 1 到 4 之间.

例 3.6.9 Grassmann 流形.

考虑 Lie 群 $G=SO(k+l)$, 它的一个自同构定义为

$$\sigma:\ SO(k+l)\to SO(k+l),\quad A\mapsto\begin{pmatrix}I_k & 0\\ 0 & -I_l\end{pmatrix}A\begin{pmatrix}I_k & 0\\ 0 & -I_l\end{pmatrix},$$

$SO(k+l)$ 关于 σ 的不动点子群为

$$K=\left\{\begin{pmatrix}B_1 & 0\\ 0 & B_2\end{pmatrix}\ \middle|\ B_1\in O(k),\ B_2\in O(l),\ \det B_1=\det B_2.\right\}.$$

K 的含单位元的连通分支为 $K_0=SO(k)\times SO(l)$.

齐性流形 $SO(k+l)/SO(k)\times SO(l)$ 可以看成 $\mathbb{R}^{k+l}$ 中定向 k 维子向量空间的全体, 称为 Grassmann 流形, 记为 $\tilde{G}r_k(\mathbb{R}^{k+l})$. 当 $k=1$ 时它就是球面 S^l.

$SO(k+l)$ 的 Lie 代数在 σ 作用下的分解为

$$\mathfrak{so}(k+l)=\mathfrak{m}\oplus\mathfrak{so}(k)\oplus\mathfrak{so}(l),$$

其中

$$\mathfrak{m}=\left\{\begin{pmatrix}0 & B\\ -B^{\mathrm{T}} & 0\end{pmatrix}\ \middle|\ B\in M_{k\times l}\right\}.$$

在 $\mathfrak{so}(k+l)$ 考虑内积 $\langle A_1,A_2\rangle=-\dfrac{1}{2}\mathrm{tr}(A_1A_2)$, 它决定了 $SO(k+l)$ 上的双不变度量, 使得 $SO(k+l)/SO(k)\times SO(l)$ 成为对称空间.

根据式 (3.84) 可知, 当 $X,\ Y\in\mathfrak{m}$ 时, $R(X,Y,X,Y)=|[X,Y]|^2$. 如果我们将 $\mathfrak{m}$ 与 $M_{k\times l}$ 等同, 则由

$$\begin{aligned}&\left[\begin{pmatrix}0 & A\\ -A^{\mathrm{T}} & 0\end{pmatrix},\begin{pmatrix}0 & B\\ -B^{\mathrm{T}} & 0\end{pmatrix}\right]\\ &=\begin{pmatrix}0 & A\\ -A^{\mathrm{T}} & 0\end{pmatrix}\begin{pmatrix}0 & B\\ -B^{\mathrm{T}} & 0\end{pmatrix}-\begin{pmatrix}0 & B\\ -B^{\mathrm{T}} & 0\end{pmatrix}\begin{pmatrix}0 & A\\ -A^{\mathrm{T}} & 0\end{pmatrix}\\ &=\begin{pmatrix}BA^{\mathrm{T}}-AB^{\mathrm{T}} & 0\\ 0 & B^{\mathrm{T}}A-A^{\mathrm{T}}B\end{pmatrix}\end{aligned}$$

得

$$R(A,B,A,B)=\frac{1}{2}\left[|BA^{\mathrm{T}}-AB^{\mathrm{T}}|^2+|B^{\mathrm{T}}A-A^{\mathrm{T}}B|^2\right].$$

当 $k=1$ 或 $l=1$ 时, 从上式容易算出截面曲率恒为 1, 这也就是单位球面的截面曲率.

上面的这些例子可以推广. 一般地, 考虑 Lie 代数 $\mathfrak{g}$, 定义双线性型如下

$$B(X,Y)=\mathrm{tr}(ad_Xad_Y),\quad \forall\ X,Y\in\mathfrak{g}.$$

显然, B 为对称双线性型, 称为 Killing 形式. 当 $X,\ Y,\ Z\in\mathfrak{g}$ 时

$$\begin{aligned}B([X,Y],Z)&=\mathrm{tr}[(ad_Xad_Y-ad_Yad_X)ad_Z]=\mathrm{tr}(ad_Yad_Zad_X-ad_Yad_Xad_Z)\\ &=\mathrm{tr}(ad_Yad_{[Z,X]})=B(Y,[Z,X]),\end{aligned}$$

这可以改写为

$$B(ad_X(Y),Z)=-B(Y,ad_X(Z)),$$

即 ad_X 关于 B 斜对称.

如果 σ: $\mathfrak{g}\to\mathfrak{g}$ 为 Lie 代数的自同构, 则由

$$[\sigma(X),Y]=[\sigma(X),\sigma\circ\sigma^{-1}(Y)]=\sigma([X,\sigma^{-1}(Y)])$$

知 $ad_{\sigma(X)}=\sigma\circ ad_X\circ\sigma^{-1}$, 因此

$$B(\sigma(X),\sigma(Y))=B(X,Y).$$

当 B 非退化时, 称 $\mathfrak{g}$ 为**半单 Lie 代数**. 半单 Lie 代数的分类见文献 *Theory of Lie Groups* (Chevalley, 1999). 当 Lie 群的 Lie 代数为半单 Lie 代数时, 该 Lie 群也称为半单的.

我们知道, 紧致 Lie 群上存在双不变度量. 在此度量下, ad_X 均为斜对称矩阵, 此时 Killing 形式是半负定的. 另一方面, 如果 B 是负定的, 则 $-B$ 就定义了 G 上的一个双不变度量. 通过计算曲率可以说明此时 G 必然是紧致的.

设 G 为紧致半单 Lie 群, σ 为自同构, 且 $\sigma^2=\mathrm{id}$. $\mathfrak{g}$ 在 σ 下可以分解为

$$\mathfrak{g}=\mathfrak{m}\oplus\mathfrak{k},$$

此时 $-B$ 定义了一个内积, 在此内积下, $\mathfrak{m}$ 与 $\mathfrak{k}$ 正交. $-B$ 诱导了 G 上的双不变度量, 使得 G/K 成为对称空间, 其曲率满足

$$R(X,Y,X,Y)=|[X,Y]|^2.$$

设 G 为非紧半单 Lie 群, 可以证明, $\mathfrak{g}$ 可以分解为 $\mathfrak{m}\oplus\mathfrak{k}$, 其中 $\mathfrak{k}$ 为 (紧) 子代数, 且

$$[\mathfrak{k},\mathfrak{k}]\subset\mathfrak{k},\quad [\mathfrak{m},\mathfrak{m}]\subset\mathfrak{k},\quad [\mathfrak{k},\mathfrak{m}]\subset\mathfrak{m}.$$

此时, B 在 $\mathfrak{k}$ 上是负定的, 在 $\mathfrak{m}$ 上是正定的, 它诱导了 G/K 上的对称度量. 其曲率满足

$$\begin{aligned}R(X,Y,X,Y)&=\langle[[X,Y],X],Y\rangle=B([[X,Y],X],Y)\\&=-B([X,Y],[X,Y])=-|[X,Y]|^2.\end{aligned}$$

习题 3.6

1. 证明: 在双不变度量下, Lie 群的曲率张量满足等式

$$R(X,Y)Z=\frac{1}{4}[[X,Y],Z].$$

2. 证明: 紧致连通 Lie 群的指数映射必为满射.
3. 证明: 作为齐性空间, $\mathbb{C}P^n$ 为 Einstein 流形.
4. 证明: 正规齐性空间 G/H 中的测地线是 Lie 群 G 中单参数子群的投影.
5. 证明: M 为局部对称空间当且仅当沿任意测地线, 平行切平面的截面曲率不变.
6. 证明: $ad_{[X,Y]}=[ad_X,ad_Y]$.
7. 证明: 紧致 Lie 群必为对称空间, 并计算其曲率.
8. 说明 $O(k,l)/O(k)\times O(l)$ 为对称空间, 并计算其曲率.
9. 说明 $SL(n,\mathbb{R})/SO(n)$ 为对称空间, 并计算其曲率.

§3.7 Gauss-Bonnet-Chern 公式

设 M 为 n 维闭流形, 其 Euler 示性数 (简称 Euler 数) $\chi(M)$ 定义为

$$\chi(M)=\sum_{i=0}^{n}(-1)^i b_i(M),$$

其中, $b_i(M) = \dim H^i_{dR}(M)$(Betti 数). 在下一章中我们将看到 $\chi(M)$ 是流形的拓扑不变量. 当 M 为开流形或带边流形时, 只要 $b_i(M)$ 有限, 我们仍用上式定义 Euler 数. 下面的定理是古典微分几何中最重要的结果之一.

定理 3.7.1 (Gauss-Bonnet) 设 M 为定向闭曲面, g 为 M 上的黎曼度量, 则有

$$\int_M K\,\mathrm{d}\sigma = 2\pi\chi(M), \tag{3.87}$$

其中, K 为 (M,g) 的截面曲率, $\mathrm{d}\sigma$ 为面积元.

式 (3.87) 常称为 Gauss-Bonnet 公式. 1925 年, Hopf 将此公式推广到了欧氏空间中的超曲面情形. 1939~1940 年, Allendoerfer 和 Fenchel 又分别将 Gauss-Bonnet 公式推广到了欧氏空间中的一般子流形. 1943 年, Allendoerfer 和 Weil 合作证明了抽象闭黎曼流形上的 Gauss-Bonnet 定理, 他们的证明方法仍然依赖于流形到欧氏空间的嵌入技术. 不依赖于欧氏空间, 而直接利用黎曼流形的标架丛和单位球丛的内蕴式证明是随后由陈省身先生给出来的, 因此最后的结果也称为 Gauss-Bonnet-Chern 公式 (定理).

本节将沿用陈先生的思想给出上述公式的证明, 为此先做一些准备工作.

§3.7.1 向量场的指标

本小节主要介绍映射度和向量场及其指标公式. 一些结果仅做叙述, 其中未证明的部分将在第 4 章中予以进一步阐述.

设 $\{x^i\}_{i=1}^n$ 为欧氏空间 $\mathbb{R}^n$ 中的标准直角坐标, 它给出了 $\mathbb{R}^n$ 的标准定向. 将单位球面 S^{n-1} 视为单位球 D^n 的边界, 它有诱导定向. 在微积分中, 我们熟知 S^{n-1} 的面积 $|S^{n-1}|$ 和 D^n 的体积 $|D^n|$ 之间满足等式

$$|S^{n-1}| = n\,|D^n| = \frac{2\pi^{n/2}}{\Gamma\big(n/2\big)},$$

其中, Gamma 函数 $\Gamma(s)$ 定义为

$$\Gamma(s) = \int_0^\infty t^{s-1}\mathrm{e}^{-t}\mathrm{d}t, \quad s > 0.$$

当 $s = k$ 为正整数时, $\Gamma(k) = (k-1)!$.

在 $\mathbb{R}^n$ 中考虑如下 $n-1$ 次微分形式

$$\eta = i_{\vec{x}}(\mathrm{d}x^1 \wedge \mathrm{d}x^2 \wedge \cdots \wedge \mathrm{d}x^n) = \sum_{i=1}^n (-1)^{i-1} x^i \mathrm{d}x^1 \wedge \cdots \wedge \widehat{\mathrm{d}x^i} \wedge \cdots \wedge \mathrm{d}x^n,$$

其中, $\vec{x} = (x^1, x^2, \cdots, x^n)$ 表示位置向量. 求导可得

$$\mathrm{d}\eta = n\,\mathrm{d}x^1 \wedge \mathrm{d}x^2 \wedge \cdots \wedge \mathrm{d}x^n.$$

由 Stokes 公式可得

$$\int_{S^{n-1}} \eta = \int_{D^n} \mathrm{d}\eta = n\,|D^n| = |S^{n-1}|.$$

事实上, $\vec{x}$ 限制在 S^{n-1} 上是其单位外法向量, 因此 η 限制在 S^{n-1} 上以后成为其面积元.

定义 3.7.1 (映射度) 设 N 为 $n-1$ 维定向闭流形, $f: N \to S^{n-1}$ 为光滑映射. 令

$$\deg(f) = \frac{1}{|S^{n-1}|}\int_N f^*\eta.$$

可以证明, $\deg(f)$ 为整数, 称为 f 的映射度.

例 3.7.1 球面到球面的简单映射.

考虑光滑映射

$$i_1 : S^{n-1} \to S^{n-1}, \quad (x^1, x^2, \cdots, x^n) \mapsto (-x^1, x^2, \cdots, x^n),$$

由 $i_1^*\eta = -\eta$ 可知 $\deg(i_1) = -1$. 类似地, 考虑对径映射

$$i : S^{n-1} \to S^{n-1}, \quad (x^1, x^2, \cdots, x^n) \mapsto (-x^1, -x^2, \cdots, -x^n),$$

由 $i^*\eta = (-1)^n\eta$ 可知 $\deg(i) = (-1)^n$.

考虑映射

$$i_{12} : S^{n-1} \to S^{n-1}, \quad (x^1, x^2, \cdots, x^n) \mapsto (x^2, x^1, \cdots, x^n),$$

由 $i_{12}^*\eta = -\eta$ 可知 $\deg(i_{12}) = -1$. 类似地, 设 σ 是 $(1, \cdots, n)$ 的一个置换, 定义

$$i_\sigma : S^{n-1} \to S^{n-1}, \quad (x^1, x^2, \cdots, x^n) \mapsto (x^{\sigma(1)}, \cdots, x^{\sigma(n)}),$$

由 $i_\sigma^*\eta = (-1)^\sigma\eta$ 可知 $\deg(i_\sigma) = (-1)^\sigma$, 其中当 σ 为偶置换时 $(-1)^\sigma = 1$; 当 σ 为奇置换时 $(-1)^\sigma = -1$.

设 $A \in O(n)$ 为正交变换, 则 $\deg(A) = \det A$. 更一般地, 设 $f : S^{n-1} \to S^{n-1}$ 为微分同胚, 则当 f 保持定向时 $\deg(f) = 1$, 否则 $\deg(f) = -1$.

设 $f : S^{n-1} \to S^{n-1}$ 为光滑映射. 可以证明, 存在 $n-2$ 次微分形式 θ, 使得 $f^*\eta = \deg(f)\eta + \mathrm{d}\theta$. 如果 $g : N \to S^{n-1}$ 为另一光滑映射, 则

$$(f \circ g)^*\eta = g^*(f^*\eta) = g^*(\deg(f)\eta + \mathrm{d}\theta) = \deg(f)g^*\eta + \mathrm{d}(g^*\theta),$$

根据 Stokes 公式可得

$$\int_N (f \circ g)^*\eta = \deg(f)\int_N g^*\eta,$$

这说明 $\deg(f \circ g) = \deg(f) \cdot \deg(g)$.

利用映射度的概念我们可以定义切向量场的指标. 设 M 为 n 维定向流形, X 是 M 上的光滑向量场. 设 $p \in M$ 为 X 的孤立零点. 在 p 附近选取定向局部坐标系 $\{x^i\}_{i=1}^n$, 使得 $x^i(p) = 0$ $(1 \leqslant i \leqslant n)$. 取充分小的 $\delta > 0$, 使得 X 在 B_δ 上只有 p 这一个零点, 其中

$$B_\delta = \{q \in M \big| (x^1(q))^2 + (x^2(q))^2 + \cdots + (x^n(q))^2 \leqslant \delta^2\}.$$

X 可以表示为 $X = \sum\limits_{i=1}^n a^i(x)\partial_i$, 其中 $a^i(x) = X(x^i)$ $(1 \leqslant i \leqslant n)$. 考虑映射

$$\xi_p : \partial B_\delta \to S^{n-1}, \quad x \mapsto \left[\sum_{i=1}^n (a^i(x))^2\right]^{-\frac{1}{2}} (a^1(x), a^2(x), \cdots, a^n(x)),$$

可以证明, 映射度 $\deg(\xi_p)$ 不依赖于 δ 的大小, 也不依赖于定向局部坐标系的选取. 记 $\mathrm{ind}_p(X) = \deg(\xi_p)$, 称为向量场 X 在 p 处的指标.

我们也可以用局部定向标架来定义向量场的指标. 设 $\{e_i\}_{i=1}^n$ 为 p 附近的定向标架, 记

$$e_i(x)=\sum_{j=1}^n c_i^j(x)\,\partial_j,\quad i=1,2,\cdots,n.$$

此时矩阵 $C(x)=\big(c_i^j(x)\big)$ 的行列式处处为正. 将 X 表示为 $X=\sum\limits_{j=1}^n b^j(x)e_j(x)$, 其中

$$\big(b^1(x),b^2(x),\cdots,b^n(x)\big)C(x)=\big(a^1(x),a^2(x),\cdots,a^n(x)\big).$$

考虑映射

$$\zeta_p:\partial B_\delta\to S^{n-1},\quad x\mapsto\left[\sum_{i=1}^n(b^i(x))^2\right]^{-\frac{1}{2}}\big(b^1(x),b^2(x),\cdots,b^n(x)\big),$$

利用 $\det C(x)>0$ 可说明 $\deg(\zeta_p)=\deg(\xi_p)$.

例 3.7.2　平面向量场的指标.

在平面 $\mathbb{R}^2$ 上, 我们取标准直角坐标 (x,y). 平面上的向量场 X 可写为 $X=a(x,y)\,\partial_x+b(x,y)\,\partial_y$, 通常就简记为 $X=\big(a(x,y),b(x,y)\big)$.

在 $\mathbb{R}^2$ 上我们有复坐标 $z=x+\mathrm{i}y$. 设 k 为整数, 考虑向量场 $X(z)=z^k$. X 以坐标原点为唯一零点, 我们来计算它在坐标原点处的指标.

根据指标的定义和讨论, 只需要计算如下映射的映射度即可

$$\phi:S^1\to S^1,\quad z\mapsto z^k.$$

在极坐标 (r,θ) 下, $\eta=x\,\mathrm{d}y-y\,\mathrm{d}x=\mathrm{d}\theta$. 利用极坐标容易算出 $\phi^*\eta=k\,\mathrm{d}\theta=k\,\eta$. 这说明 $\deg(\phi)=k$, 即 X 在原点的指标为 k.

例 3.7.3　球面向量场的指标.

考虑 S^{n-1} 上的向量值函数 $X:S^{n-1}\to\mathbb{R}^n$, 则 X 为切向量场当且仅当 $x\cdot X(x)=0$, $\forall\, x\in S^{n-1}$. 下面我们来构造一个只有两个零点的切向量场. 记

$$N=(0,\cdots,0,1),\quad S=(0,\cdots,0,-1),$$

N 和 S 分别是球面的北极和南极. 当 $x\in S^{n-1}\setminus\{N,S\}$ 时, x 位于 (唯一) 一条连接 N 和 S 的大圆弧上, 此大圆弧用参数方程可写为

$$\gamma(t)=(\cos t)N+(\sin t)\big[1-(x^n)^2\big]^{-\frac{1}{2}}(x^1,\cdots,x^{n-1},0),\quad t\in[0,\pi].$$

$\gamma(t_0)=x$ 当且仅当 $t_0\in(0,\pi)$ 满足条件

$$\cos t_0=x^n,\quad \sin t_0=\big[1-(x^n)^2\big]^{\frac{1}{2}}.$$

显然, $\dot\gamma(t)$ 为球面的切向量, 其中

$$\dot\gamma(t)=-(\sin t)N+(\cos t)\big[1-(x^n)^2\big]^{-\frac{1}{2}}(x^1,\cdots,x^{n-1},0).$$

当 $t=t_0$ 时, 我们有

$$\dot\gamma(t_0)=-\sqrt{1-(x^n)^2}\,N+\frac{x^n}{\sqrt{1-(x^n)^2}}(x^1,\cdots,x^{n-1},0).$$

作为 x 的向量值函数, 上式右端在 N, S 处不光滑, 因此我们将它改造为如下光滑切向量场

$$X(x)=\sqrt{1-(x^n)^2}\,\dot{\gamma}(t_0)=\left(x^1x^n,\cdots,x^{n-1}x^n,(x^n)^2-1\right),\quad x\in S^{n-1}.$$

向量场 X 正好以 N 和 S 为零点. X 在零点处的指标分别为 1 和 $(-1)^{n-1}$.

下面的结果在 Gauss-Bonnet-Chern 定理的证明中需要用到.

定理 3.7.2 (Poincaré-Hopf) 设 M 为定向闭流形, X 为 M 上的光滑切向量场. 设 X 只有孤立零点, 其零点集记为 Z, 则

$$\sum_{p\in Z}\operatorname{ind}_p(X)=\chi(M). \tag{3.88}$$

注 (1) 设 M 的维数为 n, 则 $\operatorname{ind}_p(-X)=(-1)^n\operatorname{ind}_p(X), \forall\, p\in Z$. 这说明 $(-1)^n\chi(M)=\chi(M)$. 因此当 n 为奇数时 $\chi(M)=0$.

(2) 如果 M 上存在处处非零的光滑切向量场, 则 $\chi(M)=0$. 比如, 在奇数维球面 S^{2p-1} 上, 如下光滑切向量场处处非零

$$X:S^{2p-1}\to\mathbb{R}^{2p},\quad (x^1,x^2,\cdots,x^{2p-1},x^{2p})\mapsto(-x^2,x^1,\cdots,-x^{2p},x^{2p-1}).$$

(3) 在闭流形 M 上, 总可以找到只有孤立零点的光滑切向量场. 事实上, 固定一个黎曼度量 g, 在 M 上取一个 Morse 函数 f, 则 f 的梯度场 $\operatorname{grad}f$ 只有孤立零点 (就是 f 的临界点).

§3.7.2 单位球丛上的计算

设 (M,g) 是定向闭黎曼流形, 维数为 $n=2p$. 取 M 的开覆盖 $\{U_\alpha\}$, 在每一个 U_α 中取定向标准正交标架 $\{e_{\alpha i}\}_{i=1}^n$, 其对偶余标架为 $\{\omega_\alpha^i\}$. 设 D 是切丛上与黎曼度量相容的联络, 记联络形式为 $\{\omega_{\alpha j}^i\}$, 曲率形式为 $\{\Omega_{\alpha j}^i\}$. 当 D 是 Levi-Civita 联络时, 还有

$$\Omega_{\alpha j}^i=-\Omega_{\alpha i}^j=\frac{1}{2}R_{ijkl}\omega_\alpha^k\wedge\omega_\alpha^l.$$

在 U_α 中定义一个 n 次微分形式如下

$$\Omega_\alpha^0=\sum_{\sigma\in S_n}(-1)^\sigma\Omega_{\alpha\sigma(2)}^{\sigma(1)}\wedge\Omega_{\alpha\sigma(4)}^{\sigma(3)}\wedge\cdots\wedge\Omega_{\alpha\sigma(n)}^{\sigma(n-1)}, \tag{3.89}$$

其中, S_n 是 $(1,2,\cdots,n)$ 的所有置换构成的置换群.

当 $U_\alpha\cap U_\beta\neq\varnothing$ 时, 我们断言 $\Omega_\alpha^0=\Omega_\beta^0$ 在 $U_\alpha\cap U_\beta$ 中成立. 事实上, 此时有

$$(e_{\alpha1},\cdots,e_{\alpha n})A_{\alpha\beta}=(e_{\beta1},\cdots,e_{\beta n}),$$

其中, $A_{\alpha\beta}:U_\alpha\cap U_\beta\to SO(n)$ 为连接函数. 记 $A_{\alpha\beta}=\left(a_i^j\right)_{n\times n}$, 计算表明

$$\Omega_{\beta j}^i=a_l^i\Omega_{\alpha k}^l a_k^j,\quad i,j=1,2,\cdots,n.$$

于是我们有

$$\begin{aligned}
\Omega_\beta^0&=\sum_{\sigma\in S_n}(-1)^\sigma\Omega_{\beta\sigma(2)}^{\sigma(1)}\wedge\Omega_{\beta\sigma(4)}^{\sigma(3)}\wedge\cdots\wedge\Omega_{\beta\sigma(n)}^{\sigma(n-1)}\\
&=\sum_{\sigma\in S_n}(-1)^\sigma a_{l_1}^{\sigma(1)}a_{k_1}^{\sigma(2)}\cdots a_{l_p}^{\sigma(n-1)}a_{k_p}^{\sigma(n)}\Omega_{\alpha k_1}^{l_1}\wedge\cdots\wedge\Omega_{\alpha k_p}^{l_p}\\
&=\delta(l_1,k_1,\cdots,l_p,k_p)\det A_{\alpha\beta}\,\Omega_{\alpha k_1}^{l_1}\wedge\cdots\wedge\Omega_{\alpha k_p}^{l_p},
\end{aligned}$$

注意 $\det A_{\alpha\beta} = 1$, 且当 $(l_1, k_1, \cdots, l_p, k_p)$ 为 $(1, \cdots, n)$ 的偶置换时 $\delta(l_1, k_1, \cdots, l_p, k_p)$ 为 1; 当 $(l_1, k_1, \cdots, l_p, k_p)$ 为 $(1, \cdots, n)$ 的奇置换时 $\delta_((l_1, k_1, \cdots, l_p, k_p)$ 为 -1; 其他情形下 $\delta_((l_1, k_1, \cdots, l_p, k_p)$ 为零. 这说明 $\Omega_\beta^0 = \Omega_\alpha^0$.

根据以上讨论, $\{\Omega_\alpha^0\}$ 在 M 上定义了一个整体 n-形式, 记为 Ω^0.

定理 3.7.3 (Gauss-Bonnet-Chern)　设 (M, g) 为定向闭流形, M 的维数 n 是偶数, Ω^0 定义如上, 则有

$$\frac{1}{n!!}\int_M \Omega^0 = (2\pi)^{\frac{n}{2}}\chi(M). \tag{3.90}$$

当 $n = 2$ 时

$$\Omega^0 = \Omega_{\alpha 2}^1 - \Omega_{\alpha 1}^2 = 2R_{1212}\omega_\alpha^1 \wedge \omega_\alpha^2 = 2K\mathrm{d}\sigma,$$

这说明式 (3.90) 的确是式 (3.87) 的高维推广. 在证明式 (3.90) 的过程中, 陈省身先生的一个重要观察就是, 将 Ω^0 拉回到 M 的单位球丛 $S(M)$ 或标架丛 $F(M)$ 上以后会成为恰当形式!

我们先做一些准备工作. 记 $\pi : S(M) \to M$ 为单位球丛的丛投影, 其中 $S(M)$ 由 M 的所有单位切向量所组成. 在 $\pi^{-1}(U_\alpha)$ 上定义一组函数 $\{x_\alpha^i\}$ 如下

$$x_\alpha^i(v) = g\big(v, e_{\alpha i}(\pi(v))\big),\ i = 1, 2, \cdots, n.$$

当 $U_\alpha \cap U_\beta \neq \varnothing$ 时, 下式成立

$$(x_\alpha^1, \cdots, x_\alpha^n)\pi^* A_{\alpha\beta} = (x_\beta^1, \cdots, x_\beta^n).$$

记 $x_\alpha = (x_\alpha^1, \cdots, x_\alpha^n)$, 在上式两边求导, 利用等式

$$\omega_\beta = A_{\alpha\beta}^{-1}\omega_\alpha A_{\alpha\beta} + A_{\alpha\beta}^{-1}\mathrm{d}A_{\alpha\beta}$$

可得

$$\begin{aligned}\mathrm{d}x_\beta &= \mathrm{d}x_\alpha \cdot \pi^* A_{\alpha\beta} + x_\alpha \cdot \pi^*\mathrm{d}A_{\alpha\beta}\\ &= \mathrm{d}x_\alpha \cdot \pi^* A_{\alpha\beta} + x_\alpha \cdot \pi^* A_{\alpha\beta} \cdot \pi^*\omega_\beta - x_\alpha \cdot \pi^*\omega_\alpha \cdot \pi^* A_{\alpha\beta}\\ &= \mathrm{d}x_\alpha \cdot \pi^* A_{\alpha\beta} + x_\beta \cdot \pi^*\omega_\beta - x_\alpha \cdot \pi^*\omega_\alpha \cdot \pi^* A_{\alpha\beta},\end{aligned}$$

记 $\eta_\alpha = \mathrm{d}x_\alpha - x_\alpha \cdot \pi^*\omega_\alpha$, 上式可改写为

$$\eta_\beta = \eta_\alpha \cdot \pi^* A_{\alpha\beta}.$$

对 η_α 求导可得

$$\begin{aligned}\mathrm{d}\eta_\alpha &= \mathrm{d}^2 x_\alpha - \mathrm{d}x_\alpha \wedge \pi^*\omega_\alpha - x_\alpha \cdot \pi^*\mathrm{d}\omega_\alpha\\ &= -\eta_\alpha \wedge \pi^*\omega_\alpha - x_\alpha \cdot \pi^*(\omega_\alpha \wedge \omega_\alpha) - x_\alpha \cdot \pi^*\mathrm{d}\omega_\alpha\\ &= -\eta_\alpha \wedge \pi^*\omega_\alpha - x_\alpha \cdot \pi^*\Omega_\alpha.\end{aligned}$$

注意到 $\{x_\alpha^i(v)\}$ 实际上是单位向量 v 在标准正交基 $\{e_{\alpha i}\}$ 下的系数, 因此

$$(x_\alpha^1)^2 + \cdots + (x_\alpha^n)^2 = 1.$$

记 $\eta_\alpha = (\eta_\alpha^1, \cdots, \eta_\alpha^n)$, 我们有

$$x_\alpha \cdot \eta_\alpha = x_\alpha^i \mathrm{d}x_\alpha^i - x_\alpha^i x_\alpha^j \pi^*\omega_{\alpha i}^j = 0,$$

其中, 我们还用到了 $\omega_{\alpha j}^i$ 关于指标 i,j 的反称性. 由此还可以得到

$$\eta_\alpha^1 \wedge \cdots \wedge \eta_\alpha^n = 0.$$

按照陈省身先生的做法, 下面我们在单位球丛 $S(M)$ 上定义两组微分形式. 设 $n=2p$, 当 $0 \leqslant k \leqslant p-1$ 时, 令

$$\Phi_\alpha^k = \sum_{\sigma \in S_n} (-1)^\sigma x_\alpha^{\sigma(n)} \pi^* \Omega_{\alpha\sigma(2)}^{\sigma(1)} \wedge \cdots \wedge \pi^* \Omega_{\alpha\sigma(2k)}^{\sigma(2k-1)} \wedge \eta_\alpha^{\sigma(2k+1)} \wedge \cdots \wedge \eta_\alpha^{\sigma(n-1)};$$

当 $0 \leqslant k \leqslant p$ 时, 令

$$\Psi_\alpha^k = \sum_{\sigma \in S_n} (-1)^\sigma \pi^* \Omega_{\alpha\sigma(2)}^{\sigma(1)} \wedge \cdots \wedge \pi^* \Omega_{\alpha\sigma(2k)}^{\sigma(2k-1)} \wedge \eta_\alpha^{\sigma(2k+1)} \wedge \cdots \wedge \eta_\alpha^{\sigma(n)}.$$

同 Ω^0 类似, 这些都是整体定义的微分形式.

为了计算的简便起见, 以下我们省略下标 α. 根据定义, $\Psi^p = \pi^* \Omega^0$. 同时我们注意到

$$\Psi^0 = \sum_{\sigma \in S_n} (-1)^\sigma \eta^{\sigma(1)} \wedge \cdots \wedge \eta^{\sigma(n)} = n!\, \eta^1 \wedge \cdots \wedge \eta^n = 0.$$

引理 3.7.4 当 $0 \leqslant k \leqslant p-1$ 时, 我们有如下递推关系式

$$\mathrm{d}\Phi^k = \frac{n-2k-1}{2(k+1)} \Psi^{k+1} - \Psi^k. \tag{3.91}$$

证明 在对 Φ^k 求导时, 需要计算 $\mathrm{d}x^i$, $\mathrm{d}\Omega_j^k$ 和 $\mathrm{d}\eta^l$. 对于 $\mathrm{d}x^i$ 项我们可以用 η^i 和联络形式表示. 对于 $\mathrm{d}\Omega_j^k$ 项, 我们可以利用 Bianchi 恒等式

$$\mathrm{d}\Omega_j^i = \Omega_k^i \wedge \omega_j^k - \omega_k^i \wedge \Omega_j^k.$$

对于 $\mathrm{d}\eta^l$ 项则可以用联络形式和 Ω_i^j 表示. 在计算时, 还可以充分利用各指标之间的轮换对称性. 总之, $\mathrm{d}\Phi^k$ 可以写为

$$\begin{aligned}
\mathrm{d}\Phi^k = & \sum_{\sigma \in S_n} (-1)^\sigma \eta^{\sigma(n)} \wedge \pi^* \Omega_{\sigma(2)}^{\sigma(1)} \wedge \cdots \wedge \pi^* \Omega_{\sigma(2k)}^{\sigma(2k-1)} \wedge \eta^{\sigma(2k+1)} \wedge \cdots \wedge \eta^{\sigma(n-1)} \\
& + (n-2k-1) \sum_{\sigma \in S_n} (-1)^\sigma x^{\sigma(n)} \pi^* \Omega_{\sigma(2)}^{\sigma(1)} \wedge \cdots \wedge \pi^* \Omega_{\sigma(2k)}^{\sigma(2k-1)} \\
& \wedge \left(-x^j \pi^* \Omega_{\sigma(2k+1)}^j\right) \wedge \eta^{\sigma(2k+2)} \wedge \cdots \wedge \eta^{\sigma(n-1)} + E_k \\
= & -\Psi^k + (n-2k-1) \sum_{i=1}^n \sum_{\sigma \in S_n} (-1)^\sigma x^{\sigma(n)} \pi^* \Omega_{\sigma(2)}^{\sigma(1)} \wedge \cdots \wedge \pi^* \Omega_{\sigma(2k)}^{\sigma(2k-1)} \\
& \wedge \left(x^{\sigma(i)} \pi^* \Omega_{\sigma(i)}^{\sigma(2k+1)}\right) \wedge \eta^{\sigma(2k+2)} \wedge \cdots \wedge \eta^{\sigma(n-1)} + E_k,
\end{aligned}$$

其中, E_k 是含有联络形式的项. 注意到其他项都是整体定义的微分形式, 因此 E_k 也是整体定义的. 在局部正规坐标系的中心处 E_k 为零, 从而 E_k 处处为零.

我们要继续做一些化简工作. 首先, **断言**: 当 $1 \leqslant i \leqslant 2k+1$ 时, 有

$$\begin{aligned}
& \sum_{\sigma \in S_n} (-1)^\sigma x^{\sigma(n)} x^{\sigma(i)} \pi^* \Omega_{\sigma(2)}^{\sigma(1)} \wedge \cdots \wedge \pi^* \Omega_{\sigma(2k)}^{\sigma(2k-1)} \wedge \pi^* \Omega_{\sigma(i)}^{\sigma(2k+1)} \\
& \quad \wedge \eta^{\sigma(2k+2)} \wedge \cdots \wedge \eta^{\sigma(n-1)} = 0.
\end{aligned}$$

以 $i=2k$ 为例, 取 $\tau\in S_n$, 使得 $\tau(2k-1)=2k+1$, $\tau(2k+1)=2k-1$, 且 $\tau(j)=j\ \forall j\neq 2k\pm 1$. 记 $\sigma'=\sigma\circ\tau$, 则

$$\begin{aligned}&\sum_{\sigma\in S_n}(-1)^\sigma x^{\sigma(n)}x^{\sigma(2k)}\pi^*\Omega_{\sigma(2)}^{\sigma(1)}\wedge\cdots\wedge\pi^*\Omega_{\sigma(2k)}^{\sigma(2k-1)}\wedge\pi^*\Omega_{\sigma(2k)}^{\sigma(2k+1)}\\&\wedge\eta^{\sigma(2k+2)}\wedge\cdots\wedge\eta^{\sigma(n-1)}\\=&-\sum_{\sigma\in S_n}(-1)^{\sigma'}x^{\sigma'(n)}x^{\sigma'(2k)}\pi^*\Omega_{\sigma'(2)}^{\sigma'(1)}\wedge\cdots\wedge\pi^*\Omega_{\sigma'(2k)}^{\sigma'(2k+1)}\wedge\pi^*\Omega_{\sigma'(2k)}^{\sigma'(2k-1)}\\&\wedge\eta^{\sigma'(2k+2)}\wedge\cdots\wedge\eta^{\sigma'(n-1)}\\=&-\sum_{\sigma\in S_n}(-1)^{\sigma'}x^{\sigma'(n)}x^{\sigma'(2k)}\pi^*\Omega_{\sigma'(2)}^{\sigma'(1)}\wedge\cdots\wedge\pi^*\Omega_{\sigma'(2k)}^{\sigma'(2k-1)}\wedge\pi^*\Omega_{\sigma'(2k)}^{\sigma'(2k+1)}\\&\wedge\eta^{\sigma'(2k+2)}\wedge\cdots\wedge\eta^{\sigma'(n-1)}\end{aligned}$$

当 σ 跑遍 S_n 时, σ' 也跑遍 S_n, 于是由上式可知上述断言的确成立.

其次, 记

$$\begin{aligned}A_k=&\sum_{\sigma\in S_n}(-1)^\sigma x^{\sigma(n)}x^{\sigma(n)}\pi^*\Omega_{\sigma(2)}^{\sigma(1)}\wedge\cdots\wedge\pi^*\Omega_{\sigma(2k)}^{\sigma(2k-1)}\wedge\pi^*\Omega_{\sigma(n)}^{\sigma(2k+1)}\\&\wedge\eta^{\sigma(2k+2)}\wedge\cdots\wedge\eta^{\sigma(n-1)},\\B_k=&\sum_{\sigma\in S_n}(-1)^\sigma x^{\sigma(n)}x^{\sigma(2k+2)}\pi^*\Omega_{\sigma(2)}^{\sigma(1)}\wedge\cdots\wedge\pi^*\Omega_{\sigma(2k)}^{\sigma(2k-1)}\wedge\pi^*\Omega_{\sigma(2k+2)}^{\sigma(2k+1)}\\&\wedge\eta^{\sigma(2k+2)}\wedge\cdots\wedge\eta^{\sigma(n-1)},\\C_k=&\sum_{\sigma\in S_n}(-1)^\sigma x^{\sigma(2k+2)}x^{\sigma(2k+2)}\pi^*\Omega_{\sigma(2)}^{\sigma(1)}\wedge\cdots\wedge\pi^*\Omega_{\sigma(2k)}^{\sigma(2k-1)}\wedge\pi^*\Omega_{\sigma(n)}^{\sigma(2k+1)}\\&\wedge\eta^{\sigma(2k+2)}\wedge\cdots\wedge\eta^{\sigma(n-1)}.\end{aligned}$$

利用指标之间的轮换对称性可得

$$\mathrm{d}\Phi^k=-\Psi^k+(n-2k-1)[A_k+(n-2k-2)B_k]. \tag{3.92}$$

我们再来看 A_k, B_k 和 C_k 之间的关系. 利用

$$x^{\sigma(n)}x^{\sigma(n)}=1-\sum_{j\neq n}x^{\sigma(j)}x^{\sigma(j)}$$

和指标之间的轮换对称性可得

$$A_k=\Psi^{k+1}-(2k+1)A_k-(n-2k-2)C_k,$$

因此有

$$\Psi^{k+1}=(2k+2)A_k+(n-2k-2)C_k. \tag{3.93}$$

同理, 利用

$$x^{\sigma(2k+2)}\eta^{\sigma(2k+2)}=-\sum_{j\neq 2k+2}x^{\sigma(j)}\eta^{\sigma(j)}$$

可得 $B_k = C_k - (2k+1)B_k$, 即 $C_k = (2k+2)B_k$. 结合式 (3.92) 和式 (3.93) 就得到了式 (3.91). □

下面的引理表明, 将闭的微分形式 Ω^0 拉回到单位球丛上以后, 它成为了恰当微分形式. 这种现象称为超渡 (transgression).

引理 3.7.5 (超渡) *存在 $S(M)$ 上的微分形式 Π, 使得 $\pi^*\Omega^0 = \mathrm{d}\Pi$.*

证明 由 $\Psi^0 = 0$ 和式 (3.91) 可以看出 Ψ^k 均为恰当形式. 特别地, 可以算出

$$\Psi^p = \sum_{l=1}^{p} \frac{(2l)!!}{(2l-1)!!} C_p^l \mathrm{d}\Phi^{p-l},$$

其中, C_p^l 为组合数. 记

$$\Pi = \sum_{l=1}^{p} \frac{(2l)!!}{(2l-1)!!} C_p^l \Phi^{p-l}, \tag{3.94}$$

则有 $\pi^*\Omega^0 = \Psi^p = \mathrm{d}\Pi$. □

Gauss-Bonnet-Chern 定理的证明. 在流形 M 上任取一个只有孤立零点的光滑切向量场 X, 其零点集记为 Z. 设 $\varepsilon > 0$, 令 $Z_\varepsilon = \bigcup_{m\in Z} B_\varepsilon(m)$, 其中 $B_\varepsilon(m)$ 表示 M 中以 m 为中心, 以 ε 为半径的测地球.

在 $M\setminus Z$ 上, $\nu = X|X|^{-1}$ 为单位切向量场, 其中 $|X| = \sqrt{g(X,X)}$. 此时 $\nu: M\setminus Z \to S(M)$ 是单位球丛在 $M\setminus Z$ 上的光滑截面. 特别地, 由 $\pi\circ\nu = \mathrm{id}$ 可知 $\nu^*\pi^*\Omega^0 = \Omega^0$. 于是由引理 3.7.5 和 Stokes 公式可得

$$\begin{aligned}
\int_M \Omega^0 &= \lim_{\varepsilon\to 0^+}\int_{M\setminus Z_\varepsilon} \Omega^0 = \lim_{\varepsilon\to 0^+}\int_{M\setminus Z_\varepsilon} \nu^*\pi^*\Omega^0 = \lim_{\varepsilon\to 0^+}\int_{M\setminus Z_\varepsilon} \nu^*\mathrm{d}\Pi \\
&= \lim_{\varepsilon\to 0^+}\int_{M\setminus Z_\varepsilon} \mathrm{d}\nu^*\Pi = -\lim_{\varepsilon\to 0^+}\sum_{m\in Z}\int_{\partial B_\varepsilon(m)} \nu^*\Pi \\
&= -\sum_{m\in Z}\lim_{\varepsilon\to 0^+}\int_{\partial B_\varepsilon(m)} \nu^*\Pi,
\end{aligned}$$

上式最后的负号是因为 $\partial B_\varepsilon(m)$ 从 $M\setminus Z_\varepsilon$ 诱导而来的定向与它从 $B_\varepsilon(m)$ 诱导而来的定向相反.

在 $B_\varepsilon(m)$ 中我们选取以 m 为中心的正规坐标系 $\{y^i\}$. 利用沿径向测地线的平行移动可以将 $\{\partial_i|_m\}$ 在 $B_\varepsilon(m)$ 中平移为一组标准正交基, 记为 $\{e_i\}$. 向量场 X 在 $B_\varepsilon(m)$ 中可以表示为 $X(y) = \sum\limits_{i=1}^{n} a^i(y)e_i$. 此时 $\nu(y)$ 可以表示为

$$\nu(y) = \left[\sum_{j=1}^{n}\big(a^j(y)\big)^2\right]^{-\frac{1}{2}} \sum_{i=1}^{n} a^i(y)e_i.$$

由于 X 以 $y=0$ 为孤立零点, 简单的计算表明

$$\big|\partial_i\nu(y)\big| = O\big(r^{-1}\big), \quad 其中\ r = \left[\sum_{j=1}^{n}\big(y^j\big)^2\right]^{\frac{1}{2}}, \quad i = 1,2,\cdots,n.$$

利用上式, 我们可以估计 $\nu^*\Pi$ 在 $\partial B_\varepsilon(m)$ 上的积分. 我们考虑 Π 中含有 $\pi^*\Omega_j^i$ 的项. 这些项记为 Π', 则有

$$|\nu^*\Pi'| = O\big(r^{2-n}\big).$$

于是

$$\int_{\partial B_\varepsilon(m)} \nu^*\Pi' = O\big(\varepsilon^{2-n}\big)\cdot O\big(\varepsilon^{n-1}\big) = O(\varepsilon).$$

根据式 (3.94) 和 Φ^k 的定义, 上式表明

$$\lim_{\varepsilon\to 0^+}\int_{\partial B_\varepsilon(m)} \nu^*\Pi = \frac{n!!}{(n-1)!!}\lim_{\varepsilon\to 0^+}\int_{\partial B_\varepsilon(m)} \nu^*\Phi^0,$$

其中

$$\Phi^0 = \sum_{\sigma\in S_n}(-1)^\sigma x^{\sigma(n)}\eta^{\sigma(1)}\wedge\cdots\wedge\eta^{\sigma(n-1)}.$$

在 η^i 中也含有 $\pi^*\omega_j^i$ 的项, 基于上面同样的理由, 我们有

$$\begin{aligned}
&\lim_{\varepsilon\to 0^+}\int_{\partial B_\varepsilon(m)} \nu^*\Pi\\
=&\frac{n!!}{(n-1)!!}\lim_{\varepsilon\to 0^+}\int_{\partial B_\varepsilon(m)} \nu^*\left(\sum_{\sigma\in S_n}(-1)^\sigma x^{\sigma(n)}\mathrm{d}x^{\sigma(1)}\wedge\cdots\wedge\mathrm{d}x^{\sigma(n-1)}\right)\\
=&\frac{n!!}{(n-1)!!}(n-1)!\lim_{\varepsilon\to 0^+}\int_{\partial B_\varepsilon(m)} \nu^*\left(\sum_{i=1}^{n}(-1)^{n+i}x^i\mathrm{d}x^1\wedge\cdots\wedge\widehat{\mathrm{d}x^i}\wedge\cdots\wedge\mathrm{d}x^n\right)\\
=&-n!!(n-2)!!|S^{n-1}|\,\mathrm{ind}_m(X)\\
=&-n!!(2\pi)^{\frac{n}{2}}\mathrm{ind}_m(X).
\end{aligned}$$

最后我们得到

$$\frac{1}{n!!}\int_M \Omega^0 = (2\pi)^{\frac{n}{2}}\sum_{m\in Z}\mathrm{ind}_m(X),$$

利用 Poincaré-Hopf 公式就完成了 Gauss-Bonnet-Chern 公式的证明. □

注 当我们固定黎曼度量时, 上面的证明表明向量场 X 的指标之和是个常数. 因此, 为了证明 Poincaré-Hopf 公式成立, 我们只需要选取特殊的向量场加以验证即可; 反之, 固定向量场 X, 当黎曼度量 g 和联络变化时, 虽然 Ω^0 在变化, 但它在 M 上的积分不变.

习题 3.7

1. 试说明切向量场在孤立零点处的指标与流形的定向无关, 因此在不可定向的流形上仍有相应的 Poincaré-Hopf 定理.
2. 在不同的标架下通过计算验证联络形式和曲率形式的变化规律.
3. 验证微分形式 Ω^0 的定义与开覆盖或定向标架的选取无关.
4. 设 $A=\left(a_j^i\right)_{n\times n}$ 为斜对称方阵, n 为偶数. 定义

$$\mathrm{Pf}(A) = \frac{1}{n!!}\sum_{\sigma\in S_n}(-1)^\sigma a^{\sigma(1)}_{\sigma(2)}a^{\sigma(3)}_{\sigma(4)}\cdots a^{\sigma(n-1)}_{\sigma(n)}.$$

证明: (1) $\mathrm{Pf}(O^\top AO)=\mathrm{Pf}(A)$, 其中 $O\in SO(n)$; (2) $\left[\mathrm{Pf}(A)\right]^2=\det A$.

5. 环面 $S^1\times S^1$ 上是否存在曲率恒为零的度量? 是否存在曲率恒大于零的度量? 请说明理由.
6. 设 M 为 4 维定向闭黎曼流形. 证明: $\Omega^0=\left(|R|^2-4|Ric|^2+S^2\right)\mathrm{d}v$, 其中 $\mathrm{d}v$ 为体积形式, S 为数量曲率, $|Ric|^2=\sum\limits_{i,j}R_{ij}^2$, $|R|^2=\sum\limits_{i,j,k,l}R_{ijkl}^2$.

§3.8 Chern-Weil 理论

Gauss-Bonnet-Chern 公式中的整体微分形式 Ω^0 是由局部的曲率形式进行适当的代数组合而成. Ω^0 在 M 上的积分与黎曼度量和联络的选取无关, 这实际上意味着不同联络得出的 Ω^0 代表了同样的 de Rham 上同调类. 这种对局部微分形式进行适当的组合从而得到特定的 de Rham 上同调类的做法可以进一步推广.

我们先来做一点准备工作, 先将微分形式的概念做一点推广, 推广以后的概念可以更方便地描述形如 ω_i^j 的联络形式和形如 Ω_i^j 的曲率形式等.

定义 3.8.1 (向量值的微分形式) *设 E 是有限维向量空间, M 为微分流形, $p\in M$. p 处的 E–值 s 次外形式是指从 $T_pM\times\cdots\times T_pM$ (s 个乘积) 到 E 的映射, 且满足以下条件*

(i) (多重线性性) 该映射关于每一个分量都是线性的;

(ii) (反称性) 该映射关于任意两个不同的分量都具有反交换性.

M 上 E-值 s 次外形式的全体构成了 M 上的一个向量丛, 其截面称为 M 上 E-值 s 次微分形式, 或简称 E-值 s-形式. E-值 s-形式的全体记为 $\Omega^s(M;E)$, 这些空间的直和记为 $\Omega(M;E)$.

同理, 当 E 为 M 上的向量丛时, 也可以定义 M 上的 E-值 s-形式 (定义过程留给读者完成). 更一般地, 可以定义 E-值 (r,s) 型张量 (场). 比如, M 的切向量场可以视为 TM-值函数, M 上的 $(1,1)$ 型张量场可以视为 TM-值 1–形式. 如果 $f:M\to N$ 为流形之间的光滑映射, 则 f 的全微分 (整体切映射) $\mathrm{d}f$ 可以视为 M 上 f^*TN-值 1-形式.

例 3.8.1 *向量值的微分形式的局部表示.*

设 ω 为 M 上的 E-值 s-形式. 固定向量空间 E 的一组基 $\{E_1,\cdots,E_m\}$, ω 可以表示为

$$\omega=\omega^1\cdot E_1+\cdots+\omega^m\cdot E_m,$$

其中, ω^i $(1\leqslant i\leqslant m)$ 为 M 上的 s-形式. 上式称为 ω 的局部表示. 有了局部表示, 我们也可以将外微分运算定义在 E-值微分形式上: 令

$$\mathrm{d}\omega=(\mathrm{d}\omega^1)\cdot E_1+\cdots+(\mathrm{d}\omega^m)\cdot E_m,$$

$\mathrm{d}\omega$ 与 E 的基的选取无关, 它是一个 E-值 $(s+1)$-形式, 称为 ω 的外微分. 同样地, 拉回运算也可以对向量值的微分形式定义.

例 3.8.2 *Lie 群上的左不变典则 1-形式.*

设 G 为 Lie 群, 其 Lie 代数记为 $\mathfrak{g}$. 作为向量空间, $\mathfrak{g}$ 可等同于 T_eG, 其中 e 为 G 的单位元. 任给 $g\in G$, 左移 $L_{g^{-1}}$ 的切映射将 T_gG 映射为 $T_eG=\mathfrak{g}$. 于是 $\left\{g\mapsto\left(L_{g^{-1}}\right)_{*g}\right\}$ 可视为 G 上的 $\mathfrak{g}$-值 1-形式, 记为 θ, 称为 G 的典则 1-形式. 根据 θ 的定义容易看出 θ 具有左不变性: $(L_h)^*\theta=\theta$ 对任意 $h\in G$ 均成立.

设 $\{E_1,\cdots,E_r\}$ 为 $\mathfrak{g}$ 的一组基, 典则 $\mathfrak{g}$-值 1-形式 θ 可表示为

$$\theta=\theta^1\cdot E_1+\cdots+\theta^r\cdot E_r,$$

其中, $\theta^1,\cdots,\theta^r$ 均为左不变 1-形式, 它们构成了 G 上左不变 1-形式空间的一组基. 记

$$[E_j,\ E_k]=\sum_{i=1}^{r}c_{jk}^iE_i,$$

其中, $\{c_{jk}^i\}$ 称为 $\mathfrak{g}$ 在基 $\{E_1,\cdots,E_r\}$ 下的结构常数.

断言: $\{\theta^i\}$ 满足如下 Maurer-Cartan 方程

$$\mathrm{d}\theta^i=-\frac{1}{2}\sum_{j,k=1}^{r}c_{jk}^i\theta^j\wedge\theta^k,\quad i=1,2,\cdots,r. \tag{3.95}$$

事实上, E_i 生成的左不变向量场仍记为 E_i, 由 θ 和 θ^i 的定义可知

$$\theta^i(E_j)=\delta_{ij},\quad i,j=1,2,\cdots,r.$$

由外微分的定义可得

$$\begin{aligned}\mathrm{d}\theta^i(E_j,E_k)&=E_j\big(\theta^i(E_k)\big)-E_k\big(\theta^i(E_j)\big)-\theta^i\big([E_j,E_k]\big)\\&=-\theta^i\left(\sum_{l=1}^{r}c_{jk}^lE_i\right)=-c_{jk}^i,\end{aligned}$$

再利用 $c_{jk}^i=-c_{kj}^i$ 即可得到式 (3.95).

我们还需要将 M 上的 (局部) 向量值的微分形式组合成 M 上的微分形式. 为此, 设 k 为正整数, 考虑函数

$$f:E\times\cdots\times E\to\mathbb{R},\quad (v_1,\cdots,v_k)\mapsto f(v_1,\cdots,v_k).$$

设 f 满足条件:

(1) (多重线性性) f 关于每一个分量都是线性的;

(2) (对称性) f 是对称的, 即

$$f(v_{\sigma(1)},\cdots,v_{\sigma(k)})=f(v_1,\cdots,v_k),\quad \forall\,\sigma\in S_k.$$

满足上述条件的函数 f 的全体所构成的向量空间记为 $S^k(E^*)$. 记 $S^0(E^*)=\mathbb{R}$, 令

$$S(E^*)=\oplus_{k=0}^{\infty}S^k(E^*).$$

在 $S(E^*)$ 中可以引入乘积运算: 设 $f\in S^k(E^*)$, $g\in S^l(E^*)$, 令

$$(fg)(v_1,\cdots,v_{k+l})=\frac{1}{(k+l)!}\sum_{\sigma\in S_{k+l}}f(v_{\sigma(1)},\cdots,v_{\sigma(k)})g(v_{\sigma(k+1)},\cdots,v_{\sigma(k+l)}).$$

乘积运算可以扩充到 $S(E^*)$ 中, 使之成为一个交换代数. 可以直接验证乘积运算也具有结合律.

在 E^* 中选取一组基 $\{\xi^1,\cdots,\xi^m\}$. 设 $p:E\to\mathbb{R}$ 为 E 上的函数. 如果 p 可以表示为 $\xi^1,\cdots,\xi^m$ 的多项式, 则称 p 为 E 上的多项式函数. 容易看出此定义与基的选取无关. E 上次数为 k 的齐次多项式函数的全体构成的向量空间记为 $P^k(E^*)$. E 上多项式函数的全

体记为 $P(E^*)$, 它是所有 $P^k(E^*)$ 的直和. 定义映射

$$\varphi: S(E^*) \to P(E^*),\quad \varphi(f)(v) = f(v,\cdots,v),\quad f \in S^k(E^*),\ v \in E.$$

引理 3.8.1 *φ 是 $S(E^*)$ 和 $P(E^*)$ 之间的代数同构.*

证明 显然 φ 为代数同态. 设 $p \in P(E^*)$, 令

$$\psi(p)(v_1,\cdots,v_k) = \frac{1}{k!}\frac{\partial^k}{\partial t_1 \cdots \partial t_k} p(t_1 v_1 + \cdots + t_k v_k),$$

上式称为极化公式. 直接的计算表明 ψ 和 φ 是互逆的同态. □

设 $f \in S^k(E^*)$, $\eta_1,\cdots,\eta_k$ 均为流形 M 上的 E–值微分形式, 我们定义 M 上的微分形式 $f(\eta_1,\cdots,\eta_k)$ 如下: 在 E 中取一组基 $\{E_i\}$, 记

$$\eta_i = \sum_{j=1}^{m} \eta_i^j \cdot E_j,\quad i = 1,2,\cdots,k.$$

令

$$f(\eta_1,\cdots,\eta_k) = \sum_{j_1,\cdots,j_k=1}^{m} f(E_{j_1},\cdots,E_{j_k})\eta_1^{j_1} \wedge \cdots \wedge \eta_k^{j_k},$$

利用 f 的多重线性性容易看出 $f(\eta_1,\cdots,\eta_k)$ 的定义不依赖于 E 中基的选取. 如果 η_i 的次数为 s_i, 则有

$$\begin{aligned} \mathrm{d}f(\eta_1,\cdots,\eta_k) &= f(\mathrm{d}\eta_1,\cdots,\eta_k) + (-1)^{s_1} f(\eta_1,\mathrm{d}\eta_2,\cdots,\eta_k) \\ &\quad + \cdots + (-1)^{s_1+\cdots+s_{k-1}} f(\eta_1,\cdots,\mathrm{d}\eta_k). \end{aligned}$$

定义 3.8.2 (不变多项式) *设 G 为 Lie 群, $\mathfrak{g}$ 为其 Lie 代数. 设 $f \in S^k(\mathfrak{g}^*)$, 如果*

$$f\big(Ad_{g^{-1}}X_1,\cdots,Ad_{g^{-1}}X_k\big) = f(X_1,\cdots,X_k),\quad \forall\ X_1,\cdots,X_k \in \mathfrak{g},\ g \in G,$$

则称 f 为 Ad-不变多项式, 简称不变多项式.

$S^k(\mathfrak{g}^*)$ 中不变多项式的全体记为 $I^k(G)$. 我们用 $I^*(G)$ 表示不变多项式的全体所构成的空间. 下面我们利用不变多项式来构造 M 上的整体微分形式.

设 $\{E_1,\cdots,E_m\}$ 是 $\mathfrak{g}$ 的一组基, η_1,η_2 为流形 M 上的 $\mathfrak{g}$-值微分形式, 记

$$\eta_1 = \sum_{i=1}^{m} \eta_1^i \cdot E_i,\quad \eta_2 = \sum_{j=1}^{m} \eta_2^j \cdot E_j.$$

定义

$$[\eta_1,\eta_2] = \sum_{i,j=1}^{m} \eta_1^i \wedge \eta_2^j \cdot [E_i,E_j].$$

容易验证此定义与基 $\{E_i\}$ 的选取无关. 当 η_1,η_2 均为 $\mathfrak{g}$-值 1-形式, X,Y 为 M 的切向量时, 简单的计算表明

$$[\eta_1,\eta_2](X,Y) = [\eta_1(X),\eta_2(Y)] - [\eta_1(Y),\eta_2(X)].$$

下面的等式也可直接验证

$$[\eta_2,\eta_1] = (-1)^{\deg\eta_1\cdot\deg\eta_2+1}[\eta_1,\eta_2],\quad \mathrm{d}[\eta_1,\eta_2] = [\mathrm{d}\eta_1,\eta_2] + (-1)^{\deg\eta_1}[\eta_1,\mathrm{d}\eta_2].$$

设 (E,M,π) 为向量丛, 其结构群为 $GL(r,\mathbb{R})$. 取 M 的开覆盖 $\{U_\alpha\}$, 设 $\varphi_\alpha:\pi^{-1}(U_\alpha)\to U_\alpha\times\mathbb{R}^r$ 为局部平凡化, 连接函数为 $\{g_{\alpha\beta}\}$. 固定 $\mathbb{R}^r$ 的一组基 $\{e_i\}$, 记

$$e_{\alpha i}(x)=\varphi_\alpha^{-1}(x,e_i),\quad x\in U_\alpha.$$

在 E 上任取联络 D, 记

$$De_{\alpha i}=e_{\alpha j}\otimes\omega_{\alpha i}^j,\quad i=1,2,\cdots,r.$$

其中, $\{\omega_{\alpha j}^i\}$ 为联络形式, 将它写成矩阵形式 $\omega_\alpha=\left(\omega_{\alpha j}^i\right)$, 此时 ω_α 是 U_α 上的 $\mathfrak{gl}(r,\mathbb{R})$-值 1-形式. 令

$$\varOmega_\alpha=\mathrm{d}\omega_\alpha+\frac{1}{2}[\omega_\alpha,\omega_\alpha],$$

它是 U_α 上的 $\mathfrak{gl}(r,\mathbb{R})$-值 2-形式, 称为曲率形式. 求导可得如下 Bianchi 恒等式

$$\mathrm{d}\varOmega_\alpha=[\varOmega_\alpha,\omega_\alpha].$$

当 $U_\alpha\cap U_\beta\neq\varnothing$ 时, 下面的关系式成立

$$\omega_\beta=g_{\alpha\beta}^{-1}\omega_\alpha g_{\alpha\beta}+g_{\alpha\beta}^{-1}\mathrm{d}g_{\alpha\beta},\quad \varOmega_\beta=g_{\alpha\beta}^{-1}\varOmega_\alpha g_{\alpha\beta}.$$

设 $f\in I^k(GL(r,\mathbb{R}))$, 记

$$f(\varOmega_\alpha)=f(\varOmega_\alpha,\cdots,\varOmega_\alpha).$$

当 $U_\alpha\cap U_\beta\neq\varnothing$ 时, 利用 f 的不变性可得

$$f(\varOmega_\beta)=f\left(Ad_{g_{\alpha\beta}^{-1}}\varOmega_\alpha,\cdots,Ad_{g_{\alpha\beta}^{-1}}\varOmega_\alpha\right)=f(\varOmega_\alpha,\cdots,\varOmega_\alpha)=f(\varOmega_\alpha),$$

这说明 $f(\varOmega_\alpha)$ 在 M 上定义了一个整体 $2k$ 次微分形式. 为了计算的简便起见, 下面我们省略下标 α.

引理 3.8.2 设 $f\in I^k(GL(r,\mathbb{R}))$.

(i) 任给 $X,X_i\in\mathfrak{gl}(r,\mathbb{R})$ $(i=1,\cdots,k)$, 成立

$$f([X_1,X],X_2,\cdots,X_k)+\cdots+f(X_1,\cdots,[X_k,X])=0.$$

(ii) 设 η,η_i $(i=1,2,\cdots,k)$ 为 $\mathfrak{gl}(r,\mathbb{R})$–值微分形式. 如果 $\eta_2,\cdots,\eta_k$ 的次数均为偶数, 则

$$f([\eta_1,\eta],\eta_2,\cdots,\eta_k)+\cdots+f(\eta_1,\cdots,[\eta_k,\eta])=0.$$

证明 (i) 利用 f 的不变性, 对任意 $t\in\mathbb{R}$, 有

$$f\big(\exp(-tX)X_1\exp(tX),\cdots,\exp(-tX)X_k\exp(tX)\big)=f(X_1,\cdots,X_k).$$

上式在 $t=0$ 处求导即得欲证等式.

(ii) 欲证等式关于 η,η_i 都是线性的, 因此不妨设 $\eta=\eta^0\cdot X$, $\eta_i=\eta_i^j\cdot X_j$ (这里关于指标 j 不求和), 其中 η^0, η_i^j 为微分形式, $X,X_j\in\mathfrak{gl}(r,\mathbb{R})$. 将这些表达式代入欲证等式, 利用 (i) 即得所需结论. □

命题 3.8.3 设记号如上. 对每一个联络, $f(\varOmega)$ 均为 M 上的 $2k$ 次闭形式, 并且它在 $H_{dR}^{2k}(M)$ 中代表的上同调类与联络的选取无关.

证明 利用 Bianchi 恒等式和引理 3.8.2 可得

$$\begin{aligned}\mathrm{d}f(\Omega) &= f(\mathrm{d}\Omega,\cdots,\Omega)+\cdots+f(\Omega,\cdots,\mathrm{d}\Omega)\\ &= f([\Omega,\omega],\cdots,\Omega)+\cdots+f(\Omega,\cdots,[\Omega,\omega])=0,\end{aligned}$$

即 $f(\Omega)$ 为闭形式.

在 E 上取两个联络 D^0, D^1, 联络形式分别记为 ω_0,ω_1. 令

$$\eta=\omega_1-\omega_0,\quad \omega_t=\omega_0+t\eta,\ t\in[0,1].$$

ω_t 是联络 $\nabla^t=(1-t)\nabla^0+t\nabla^1$ 的联络形式. 令

$$\Omega_t=\mathrm{d}\omega_t+\frac{1}{2}[\omega_t,\omega_t],$$

则有

$$\frac{\mathrm{d}}{\mathrm{d}t}\Omega_t=\mathrm{d}\eta+[\eta,\omega_t].$$

因此

$$\begin{aligned}f(\Omega_1)-f(\Omega_0) &= \int_0^1\frac{\mathrm{d}}{\mathrm{d}t}f(\Omega_t,\cdots,\Omega_t)\,\mathrm{d}t\\ &= k\int_0^1 f(\mathrm{d}\eta+[\eta,\omega_t],\Omega_t,\cdots,\Omega_t)\,\mathrm{d}t.\end{aligned}$$

利用引理 3.8.2 和 Bianchi 恒等式可得

$$\begin{aligned}& f(\mathrm{d}\eta+[\eta,\omega_t],\Omega_t,\cdots,\Omega_t)\\ =\ & f(\mathrm{d}\eta,\Omega_t,\cdots,\Omega_t)+f([\eta,\omega_t],\Omega_t,\cdots,\Omega_t)\\ =\ & f(\mathrm{d}\eta,\Omega_t,\cdots,\Omega_t)-f(\eta,[\Omega_t,\omega_t],\cdots,\Omega_t)-\cdots\\ & -f(\eta,\Omega_t,\cdots,[\Omega_t,\omega_t])\\ =\ & f(\mathrm{d}\eta,\Omega_t,\cdots,\Omega_t)-f(\eta,\mathrm{d}\Omega_t,\cdots,\Omega_t)-\cdots\\ & -f(\eta,\Omega_t,\cdots,\mathrm{d}\Omega_t)\\ =\ & \mathrm{d}\big(f(\eta,\Omega_t,\cdots,\Omega_t)\big),\end{aligned}$$

因此

$$f(\Omega_1)-f(\Omega_0)=\mathrm{d}\Phi,\ \text{其中}\ \Phi=k\int_0^1 f(\eta,\Omega_t,\cdots,\Omega_t)\,\mathrm{d}t.$$

利用 f 的不变性容易看出 Φ 是 M 上整体定义的 $2k-1$ 次微分形式. □

记 $w(E,f)=[f(\Omega)]\in H_{dR}^{2k}(M)$, 映射 $w(E,\cdot):I^*(G)\to H_{dR}^*(M)$ 称为 Chern-Weil 同态.

下面我们讨论几个例子.

例 3.8.3 Pontrjagin 类.

考虑 Lie 群 $GL(n,\mathbb{R})$, 其 Lie 代数 $\mathfrak{gl}(n,\mathbb{R})$ 由 n 阶实方阵的全体组成. 记

$$\det(\lambda I_n - A) = \sum_{i=0}^{n} f_i(A)\lambda^{n-i}, \quad \lambda \in \mathbb{R},\ A \in \mathfrak{gl}(n,\mathbb{R}).$$

显然, $f_i(A)$ 是 $\mathfrak{gl}(n,\mathbb{R})$ 上的 i 次齐次多项式, 并且具有 Ad-不变性:

$$f_i\big(g^{-1}Ag\big) = f_i(A), \quad \forall\ g \in GL(n,\mathbb{R}),\ i = 0,\cdots,n.$$

于是 f_i 经过极化以后成为 i 次不变多项式 (仍用 f_i 表示).

如果 $A \in \mathfrak{o}(n)$, 则 $A^{\mathrm{T}} + A = 0$. 此时

$$\det(\lambda I_n - A) = \det(\lambda I_n - A^{\mathrm{T}}) = \det(\lambda I_n + A) = (-1)^n \det(-\lambda I_n - A).$$

这说明当 i 为奇数时 $f_i(A) = 0$. 记

$$\det\left(\lambda I_n - \frac{1}{2\pi}A\right) = \sum_{k=0}^{\lfloor n/2 \rfloor} p_k(A)\lambda^{n-2k},$$

其中, $\lfloor x \rfloor$ 表示不超过 x 的最大整数, p_k 称为第 k 个 Pontrjagin 多项式.

设 (E,M,π) 为流形 M 上的向量丛, 其结构群为 $Gl(n,\mathbb{R})$. 在 E 上取联络 D, 其曲率形式为 Ω. 当 $0 \leqslant i \leqslant n$ 时, $f_i(\Omega)$ 代表了 $H_{dR}^{2i}(M)$ 中的元素. 如果在 E 上取一个黎曼度量, 则结构群可从 $GL(n,\mathbb{R})$ 约化到 $O(n)$. 根据上面的讨论可知, 当 i 为奇数时, $f_i(\Omega)$ 必为恰当形式. 当 $0 \leqslant k \leqslant \lfloor n/2 \rfloor$ 时, $p_k(\Omega)$ 代表了 $H_{dR}^{4k}(M)$ 中的元素, 称为 E 的第 k 个 Pontrjagin (示性) 类, 记为 $p_k(E)$.

例 3.8.4 Euler 类.

设 $n = 2p$, 考虑 Lie 群 $SO(n)$, 其 Lie 代数 $\mathfrak{so}(n) = \mathfrak{o}(n)$. 当 $A = \big(a_j^i\big)_{n\times n} \in \mathfrak{o}(n)$ 时, 令

$$\mathrm{Pf}(A) = \frac{1}{n!!}\sum_{\sigma\in S_n}(-1)^{\sigma} a_{\sigma(2)}^{\sigma(1)} a_{\sigma(4)}^{\sigma(3)} \cdots a_{\sigma(n)}^{\sigma(n-1)},$$

$\mathrm{Pf}(A)$ 是 p 次齐次多项式, 并且也是 Ad-不变的. 我们称 Pf 为 Pfaff 多项式, 它决定了 $\mathfrak{o}(n)$ 上的不变多项式.

设 (E,M,π) 为流形 M 上的向量丛, 其秩为 $n = 2p$. 当 E 可定向时, 其结构群可以约化到 $SO(n)$. 记

$$e(E) = (2\pi)^{-\frac{n}{2}} w(E,\mathrm{Pf}) \in H_{dR}^{n}(M),$$

$e(E)$ 称为向量丛 E 的 Euler (示性) 类. 当 E, F 均为 M 上秩为偶数的可定向向量丛时, 容易验证 $e(E\oplus F) = e(E)\wedge e(F)$.

当 M 为可定向偶数维闭流形时, Gauss-Bonnet-Chern 公式 (定理) 可改写为

$$\int_M e(TM) = \chi(M).$$

这个公式可以推广到一般的定向向量丛上.

在继续下面的例子之前, 我们先做一点推广. 在前面我们讨论都是实的对象 (实向量空间、实流形、实向量丛等). 其实这些讨论对复的对象也都成立. 在复的研究对象中, 所谓复

值微分形式就是指 $\mathbb{C}$ 值微分形式. 复 de Rham 上同调群定义为

$$H_{dR}^k(M;\mathbb{C}) = \{\mathbb{C}\text{-值 } k \text{ 次闭形式}\}/\{\mathbb{C}\text{-值 } k \text{ 次恰当形式}\}.$$

复流形是指以复欧氏空间为模型定义出来的可微流形, 使得其坐标映射的转换映射为全纯映射. 复 Lie 群是指它既是复流形又是 Lie 群, 且 Lie 群的运算为全纯映射. 复向量丛是指纤维为复向量空间, 且结构群为复一般线性群的向量丛. 设 E 为 (实) 向量丛, 其复化是指丛的张量积 $E\otimes\mathbb{C}$, 这是一个复的向量丛.

例 3.8.5 Chern 类.

考虑 Lie 群 $GL(n,\mathbb{C})$, 其 Lie 代数 $\mathfrak{gl}(n,\mathbb{C})$ 由 n 阶复矩阵构成. 设 $A\in\mathfrak{gl}(n,\mathbb{C})$, 记 (其中 $\mathrm{i}=\sqrt{-1}$)

$$\det\left(\lambda I_n - \frac{1}{2\pi\mathrm{i}}A\right) = \sum_{k=0}^{n} c_k(A)\lambda^{n-k}, \quad \lambda\in\mathbb{C}.$$

c_k 是次数为 k 的齐次多项式, 并且是 Ad-不变的, 因此决定了不变多项式.

考虑 $GL(n,\mathbb{C})$ 的子群 $U(n)=\{g\in GL(n,\mathbb{C}) \mid g\bar{g}^{\mathrm{T}}=I_n\}$, 其 Lie 代数为

$$\mathfrak{u}(n) = \left\{A\in\mathfrak{gl}(n,\mathbb{C}) \mid A+\bar{A}^{\mathrm{T}}=0\right\}.$$

当 $A\in\mathfrak{u}(n)$ 时, 有

$$\det\left(\lambda I_n - \frac{1}{2\pi\mathrm{i}}A\right) = \det\left(\lambda I_n + \frac{1}{2\pi\mathrm{i}}\bar{A}\right) = \overline{\det\left(\bar{\lambda} I_n - \frac{1}{2\pi\mathrm{i}}A\right)}.$$

这说明 c_k 均为 $\mathfrak{u}(n)$ 上的实多项式.

设 (E,M,π) 为复向量丛, 其结构群为 $GL(n,\mathbb{C})$. 记

$$c_k(E) = w(E,c_k)\in H_{dR}^{2k}(M;\mathbb{C}),$$

我们称 $c_k(E)$ 为 E 的第 k 个 Chern (示性) 类. 如果在 E 上选取 Hermite 度量 (即在每一个纤维上均为 Hermite 内积的度量), 则 E 的结构群可约化到 $U(n)$. 于是前一段的讨论表明 E 的 Chern 类 $c_k(E)$ 实际上均在实的 de Rham 上同调群中.

最后, 我们讨论由形式幂级数所定义的示性类. 设 $\{a_0,a_1,\cdots\}$ 为一列复数或实数, 它们生成的形式幂级数记为 $f(x)=\sum\limits_{k=0}^{\infty}a_kx^k$. 常见的形式幂级数有

$$\mathrm{e}^x = \sum_{k=0}^{\infty}\frac{x^k}{k!}, \quad \ln(1+x) = \sum_{k=1}^{\infty}\frac{(-1)^{k-1}x^k}{k}, \quad \sqrt{1+x} = 1+\sum_{k=1}^{\infty}(-1)^{k-1}\frac{(2k-3)!!}{(2k)!!}x^k.$$

当 x 取适当的值时, 上述幂级数之间满足如下关系

$$\exp\ln(1+x) = \mathrm{e}^{\ln(1+x)} = 1+x, \quad \exp\left[\frac{1}{2}\ln(1+x)\right] = \sqrt{1+x}.$$

设 $f(x)$ 为形式幂级数, ω 为流形 M 上的 s $(s\geqslant 1)$ 次微分形式, 记

$$f(\omega) = \sum_{k=0}^{\infty}a_k\omega^k \in \Omega^*(M;\mathbb{C}).$$

注意到当 $k>\dim M$ 时, $\omega^k=0$, 因此上述和实际上是一个有限和.

设 V 为复 (实) 向量空间, V 到自身的线性同态的全体记为 $\mathrm{End}(V)$. 设 ω, η 为

End(V)-值微分形式, 我们可如下定义 $\omega\wedge\eta$: 取 End(V) 的一组基 $\{E_i\}$, 记 $\omega=\omega^i\cdot E_i$, $\eta=\eta^j\cdot E_j$, 令

$$\omega\wedge\eta=\omega^i\wedge\eta^j\cdot E_i\cdot E_j,$$

这个定义与基的选取无关, 且满足等式

$$[\omega,\eta]=\omega\wedge\eta-(-1)^{\deg\omega\cdot\deg\eta}\eta\wedge\omega.$$

当 ω 为 End(V)-值微分形式时, 记

$$f(\omega)=\sum_{k=0}^{\infty}a_k\omega^k\in\Omega^*(M;\mathrm{End}(V)),$$

其中, $\omega^k=\omega\wedge\cdots\wedge\omega$ (k 次).

设 $\omega=\omega^i\cdot E_i$ 为 End(V)-值微分形式, 定义 $\mathrm{tr}\omega=\omega^i\cdot\mathrm{tr}E_i$, 其中 tr 作用在矩阵上等于其对角线元素之和. 注意到 $\mathrm{tr}(A^k)$ 是 End(V) 上 Ad-不变的齐次多项式, 因此当 Ω 为向量丛的曲率形式时, $\mathrm{tr}\Omega^k$ 为闭形式, 它在 de Rham 上同调群中的代表类不依赖于联络的选取. 一般地, 设 $f(x)$ 为形式幂级数, 记

$$\mathrm{tr}f(\Omega)=\sum_{k=0}^{\infty}a_k\mathrm{tr}\Omega^k,$$

$\mathrm{tr}f(\Omega)$ 在 $H^*_{dR}(M;\mathbb{C})$ 中的代表类称为由形式幂级数 $f(x)$ 所定义的示性类.

设 E 是 M 上复向量丛, 其结构群为 $U(n)$. 选定一个联络, 其曲率形式记为 Ω. 根据以上讨论, $\exp\Big(\mathrm{tr}\ln\Big(1-\dfrac{1}{2\pi\mathrm{i}}\Omega\Big)\Big)$ 在 $H^*_{dR}(M;\mathbb{C})$ 中的代表类与联络的选取无关, 这个代表类记为 $c(E)$. 根据等式

$$\det\Big(I_n-\frac{1}{2\pi\mathrm{i}}A\Big)=\exp\Big(\mathrm{tr}\ln\Big(I_n-\frac{1}{2\pi\mathrm{i}}A\Big)\Big)$$

可以看出 $c(E)=c_0(E)+c_1(E)+\cdots+c_n(E)$. $c(E)$ 称为 E 的总 Chern 类. 同理, 记

$$\mathrm{ch}(E)=\Big[\mathrm{tr}\exp\Big(\frac{-1}{2\pi\mathrm{i}}\Omega\Big)\Big]\in H^*_{dR}(M;\mathbb{C}),$$

$\mathrm{ch}(E)$ 称为 E 的 Chern 特征. 当 E, F 均为复向量丛时, 可以验证

$$c(E\oplus F)=c(E)\cdot c(F),\ \mathrm{ch}(E\oplus F)=\mathrm{ch}(E)+\mathrm{ch}(F),\ \mathrm{ch}(E\otimes F)=\mathrm{ch}(E)\cdot\mathrm{ch}(F).$$

设 E 是 M 上实向量丛, 其结构群为 $O(n)$. 选定一个联络, 其曲率形式记为 Ω. 此时 $\exp\Big(\dfrac{1}{2}\mathrm{tr}\ln\Big(1-\dfrac{\Omega^2}{4\pi^2}\Big)\Big)$ 在 $H^*_{dR}(M)$ 中的代表类记为 $p(E)$. 可以验证

$$p(E)=p_0(E)+p_1(E)+\cdots,$$

因此 $p(E)$ 称为 E 的总 Pontrjagin 类. 当 E, F 均为实向量丛时, $p(E\oplus F)=p(E)\cdot p(F)$.

下面几个例子中的示性类均来源于不同的指标公式 (参见本书第 5 章).

例 3.8.6 Todd 类.

考虑函数

$$\mathrm{Td}(x)=\frac{x}{1-\mathrm{e}^{-x}}=1+\frac{1}{2}x+\sum_{k=1}^{\infty}\frac{(-1)^{k-1}B_{2k}}{(2k)!}x^{2k},$$

其中, B_{2k} 为 Bernoulli 数. 设 E 为 M 上的复向量丛, 其结构群为 $U(n)$. 令

$$\mathrm{Td}(E)=\Big[\exp\Big(\mathrm{tr}\ \ln\ \mathrm{Td}\Big(-\frac{1}{2\pi\mathrm{i}}\Omega\Big)\Big)\Big]\in H^*_{dR}(M;\mathbb{C}),$$

称为 E 的 Todd 类. 当 E, F 均为复向量丛时, $\mathrm{Td}(E\oplus F)=\mathrm{Td}(E)\cdot\mathrm{Td}(F)$. 如果按次数的大小将 Td 写成

$$\mathrm{Td}=\mathrm{Td}_0+\mathrm{Td}_1+\mathrm{Td}_2+\cdots,$$

则 $\mathrm{Td}_0=1$, $\mathrm{Td}_1=\dfrac{1}{2}c_1$, $\mathrm{Td}_2=\dfrac{1}{12}(c_1^2+c_2)$, $\mathrm{Td}_3=\dfrac{1}{24}c_1c_2$, 等等.

例 3.8.7 Hirzebruch L-类 和 $\hat{A}$-类.

考虑函数

$$L(x)=\frac{x}{\tanh x}=1+\sum_{k=1}^{\infty}(-1)^{k-1}\frac{2^{2k}B_{2k}}{(2k)!}x^{2k},$$

$$\hat{A}(x)=\frac{x/2}{\sinh(x/2)}=1+\sum_{k=1}^{\infty}(-1)^{k}\frac{(2^{2k}-1)B_{2k}}{2^{2k-1}(2k)!}x^{2k}.$$

设 E 是 M 上实向量丛, 其结构群为 $O(n)$. 令

$$L(E)=\Big[\exp\Big(\frac{1}{2}\mathrm{tr}\ \ln\ L\Big(-\frac{1}{2\pi\mathrm{i}}\Omega\Big)\Big)\Big],\quad \hat{A}(E)=\Big[\exp\Big(\frac{1}{2}\mathrm{tr}\ \ln\ \hat{A}\Big(-\frac{1}{2\pi\mathrm{i}}\Omega\Big)\Big)\Big].$$

由 $L(x)$ 和 $\hat{A}(x)$ 为偶函数可知 $L(E)$ 和 $\hat{A}(E)$ 均在 $H^*_{dR}(M)$ 中, 它们分别称为 L-类和 $\hat{A}$-类. 当 E, F 均为实向量丛时

$$L(E\oplus F)=L(E)\cdot L(F),\quad \hat{A}(E\oplus F)=\hat{A}(E)\cdot\hat{A}(F).$$

如果按照次数的大小对 $L(E)$ 和 $\hat{A}$ 做分解,

$$L=1+L_1+L_2+\cdots,\quad \hat{A}=1+\hat{A}_1+\hat{A}_2+\cdots,$$

则有

$$L_1=\frac{1}{3}p_1,\ L_2=\frac{1}{45}(7p_2-p_1^2),\ \cdots,\ \hat{A}_1=-\frac{1}{24}p_1,\ \hat{A}_2=\frac{1}{2^7\cdot 3^2\cdot 5}(-4p_2+7p_1^2),\ \cdots.$$

习题 3.8

1. 计算 Lie 群 $GL(n,\mathbb{R})$ 的典则 1-形式.
2. 验证 $\varphi: S^k(V^*)\to P^k(V^*)$ 和 $\psi: P^k(V^*)\to S^k(V^*)$ 为互逆同态.
3. 设 $k\geqslant 1$, 定义

$$s_k:\mathfrak{gl}(r,\mathbb{C})\to\mathbb{C},\quad s_k(A)=\mathrm{tr}(A^k).$$

证明: $I^*\big(GL(r,\mathbb{C})\big)$ 由 $\{s_k\}_{k=1}^r$ 生成.

4. 设 (E,M,π) 为向量丛, 其结构群为 $Gl(n,\mathbb{R})$. 复向量丛 $E\otimes\mathbb{C}$ 称为 E 的复化. 证明: $p_k(E)=(-1)^k c_{2k}(E\otimes\mathbb{C})$.
5. 设 (E,M,π) 为定向向量丛, 其秩为偶数. 如果 E 有一个处处非零的光滑截面, 证明: $e(E)=0$.
6. 设 $A\in\mathfrak{u}(n)$, 其特征值为 $\{\lambda_j\}$. 记 $x_j=-\dfrac{1}{2\pi\mathrm{i}}\lambda_j$, 定义

$$c(A)=\prod_{j=1}^{n}(1+x_j),\quad \mathrm{ch}(A)=\sum_{j=1}^{n}e^{x_j},\quad \mathrm{Td}(A)=\prod_{j=1}^{n}\frac{x_j}{1-e^{-x_j}}.$$

$c(A)$、$\mathrm{ch}(A)$ 和 $\mathrm{Td}(A)$ 可以展开为关于 $\{x_j\}$ 的齐次多项式之和, 且每一个齐次多项式项在 $\mathfrak{u}(n)$ 上都是 Ad-不变的. 对于秩为 n 的复向量丛, 试说明由 $c(A)$、$\mathrm{ch}(A)$ 和 $\mathrm{Td}(A)$ 所决定的示性类分别为 $c(E)$、$\mathrm{ch}(E)$ 和 $\mathrm{Td}(E)$.

7. 设 $A\in\mathfrak{o}(n)$, 根据其正交相似标准型, 我们知道 A 的特征值形如 $\pm\mathrm{i}\lambda_j$ (λ_j 为实数) 或零. 记 $x_j=-\dfrac{1}{2\pi}\lambda_j$, 定义

$$p(A)=\prod_{j=1}^{\lfloor n/2\rfloor}(1+x_j^2),\quad L(A)=\prod_{j=1}^{\lfloor n/2\rfloor}\frac{x_j}{\tanh x_j},\quad \hat{A}(A)=\prod_{j=1}^{\lfloor n/2\rfloor}\frac{x_j/2}{\sinh(x_j/2)}.$$

试说明由 $p(A)$、$L(A)$ 和 $\hat{A}(A)$ 所决定的示性类分别为总 Pontrjagin 类、L-类和 $\hat{A}$-类.

8. 设 E 为实向量丛. 证明: $\mathrm{Td}(E\otimes\mathbb{C})=\hat{A}(E)^2$.

§3.9 主 丛 简 介

陈省身先生对 Gauss-Bonnet-Chern 定理的证明没有借助外围空间, 因此他的证明称为内蕴证明. 其中单位球丛在证明过程中起了重要的过渡作用. 同时, 陈先生发现在标架丛上可以做同样的事情. 标架丛是所谓主丛的例子. Chern-Weil 理论也可以做到主丛上. 主丛后来在理论物理学中用于描述电磁相互作用、弱相互作用和强相互作用.

§3.9.1 主丛上的联络和曲率

定义 3.9.1 (主丛) 设 (P,M,π) 为纤维丛, $\pi:P\to M$ 为丛投影. 如果

(i) 丛的纤维和结构群均为 Lie 群 G;

(ii) G 在 P 上有光滑的自由右作用, 使得 $M=P/G$ 且 π 为商投影.

则称 (P,M,π) 为主丛, 或称 P 为 M 上的主丛.

我们先看几个例子.

例 3.9.1 球面上的主丛.

在欧氏空间 $\mathbb{R}^n$ 中, 一组标准正交基 $\{e_1,\cdots,e_n\}$ 称为一个标准正交标架. 因为两组标准正交基之间相差一个正交变换, 因此标准正交标架的全体可等同于正交矩阵 $O(n)$. 定义映射

$$\pi:O(n)\to S^{n-1},\quad \{e_1,\cdots,e_n\}\mapsto e_n,$$

即 π 将一个标准正交标架映射为它的最后一个单位向量. 当 e_n 固定时, $\{e_1,\cdots,e_{n-1}\}$ 是 e_n 的正交补空间中的标准正交标架, 这些标架的全体可等同于 $O(n-1)$. 于是可验证 π 给出了 S^{n-1} 上的纤维丛. 该纤维丛是主丛, 其结构群 $O(n-1)$ 在 $O(n)$ 上的右作用为

$$O(n)\times O(n-1)\to O(n),\quad (A,B)\mapsto A\,\mathrm{diag}(B,1).$$

类似地, 如果考虑 $\mathbb{R}^n$ 中的定向标准正交基, 则可以说明 $SO(n)$ 为 S^{n-1} 上的主丛, 其纤维为 $SO(n-1)$.

例 3.9.2 黎曼流形上的标架丛.

设 (M,g) 为 n 维黎曼流形. 任取 $p\in M$, T_pM 中的一组标准正交基 $\{e_1,\cdots,e_n\}$ 就称为 p 处的一个标准正交标架 (有时简称标架). 令

$$F(M)=\bigcup_{p\in M}\{p\text{ 处的标准正交标架}\},$$

在 $F(M)$ 上可自然地定义微分结构使之成为微分流形. 定义映射 $\pi: F(M) \to M$, 使之将 p 处的标架映射为 p. 于是可验证 $F(M)$ 为 M 上的主丛, 其纤维为 $O(n)$.

如果 M 可定向, 我们考虑与给定定向一致的那些标架 (称为定向标架), 这些标架的全体仍用 $F(M)$ 表示, 则 $F(M)$ 仍为 M 上的主丛, 其纤维为 $SO(n)$. 以下当我们考虑可定向流形时, 标架丛均指由定向标架所组成的主丛.

例 3.9.3 单位球丛上的标架丛.

设 (M,g) 为 n 维黎曼流形. 我们知道, M 的切丛 TM 由所有的切向量组成, 而单位球丛 $S(M)$ 由所有的单位向量组成. 定义

$$\pi: F(M) \to S(M), \quad \{e_1, \cdots, e_n\} \mapsto e_n,$$

与例 3.9.1 类似, 可验证 $F(M)$ 为 $S(M)$ 上的主丛.

设 P 为 M 上的主丛, 其结构群为 G. 任给 $u \in P$, 我们知道 T_uP 的维数等于 M 的维数和 G 的维数之和. 因此总可以选取 T_uP 的子空间 H_u, 使得 $\dim H_u = \dim M$, 且

$$T_uP = H_u \oplus T_u(P_u), \tag{3.96}$$

其中, P_u 为经过 u 的纤维. 对于每一个 u, 我们都可以如此选取 H_u, 这样可以得到 P 上的一个分布. 问题在于能否让 $\{H_u\}$ 关于 u 光滑地变化呢? 准确地说, 任给 P 上的光滑向量场 X, 在每一点 u 处, 按照式 (3.96), $X_u = X(u)$ 都可以分解为

$$X_u = {}_hX_u + {}_vX_u, \quad {}_hX_u \in H_u, \quad {}_vX_u \in T_u(P_u).$$

问题就是, 这样得到的向量场 ${}_hX$ (称为 X 的水平分量) 和 ${}_vX$ (称为 X 的垂直分量) 是否为光滑向量场? 为了解决这一问题, 我们引入主丛上联络的概念. 为了方便起见, 记 $T_u(P_u)$ 为 G_u.

定义 3.9.2 (主丛上的联络) 设 P 为 M 上的主丛, G 为结构群. P 上的一个联络是指满足以下条件的映射 $\{u \mapsto H_u\}$:

(i) $T_uP = H_u + G_u$ (直和);

(ii) $H_{ug} = (R_g)_* H_u, \forall\, u \in P, g \in G$, 其中 R_g 是 g 在 P 上的右作用, $R_g u = ug$;

(iii) $\{H_u\}$ 光滑地随着 u 变化.

初看上去, 主丛上的联络和向量丛上的联络很不一样. 下面我们讨论这二者之间的联系, 先看标架丛的情形.

例 3.9.4 标架丛上的诱导联络.

设 (M,g) 为 n 维黎曼流形, $F(M)$ 是 M 上的标架丛. 切丛 TM 上的联络记为 D. 设 $p \in M$, $u = \{e_1, \cdots, e_n\} \in F(M)$ 是 p 处的标架. 任给 M 上从 p 处出发的光滑曲线 $\gamma(t)$, 利用联络 D 将 $\{e_i\}$ 沿 γ 平移, 记为 $e_i(t)$. 于是 $u(t) = \{e_1(t), \cdots, e_n(t)\}$ 是 $F(M)$ 中从 u 出发的光滑曲线, 其初始切向量 $\dot{u}(0)$ 属于 $T_uF(M)$. 当 γ 取遍所有的光滑曲线时, 这些初始切向量构成的集合记为 H_u. 可以验证 $\{u \mapsto H_u\}$ 为标架丛 $F(M)$ 上的一个联络, 称为由 D 诱导的联络.

为了方便计算, 也可以换一种方式描述主丛上的联络. 为此, 设 $\{u \mapsto H_u\}$ 为主丛 P 上的联络. 因为 $\{H_u\}$ 随 u 光滑地变化, $H = \bigcup\limits_{u \in P} H_u$ 就形成了 TP 的一个子丛, 并且

$$TP = H \oplus \mathrm{Ker}(\pi_*),$$

其中, $\mathrm{Ker}(\pi_*)$ 为 TP 的子丛, 其纤维就是 P 的纤维的切空间, 即 $\mathrm{Ker}(\pi_*)_u = G_u$. 此时, 我们有投影 $TP \to \mathrm{Ker}(\pi_*)$, 这个投影可以用向量值的微分形式来描述. 为此我们再引进一个定义.

定义 3.9.3 (右作用的基本向量场) 设 Lie 群 G 光滑地右作用于微分流形 M. 在 G 的 Lie 代数 $\mathfrak{g}$ 中任取向量 A. 设 $p \in M$, 记 $\sigma_p(t) = p\exp(tA)$, 则 σ_p 是 M 上从 p 出发的光滑曲线, 其初始切向量 $\dot{\sigma}_p(0)$ 为 p 处的切向量. 这样我们得到 M 上的一个向量场 $\{p \mapsto \dot{\sigma}_p(0)\}$, 记为 A^*, 称为由 A 诱导的基本向量场.

根据定义, A^* 实际上是 M 的单参数变换群 $R_{\exp(tA)}$ 的无穷小生成元. 当 G 在 M 上的作用为自由作用时, 只要 $A \neq 0$, 则 A^* 就是 M 上处处非零的向量场. 特别地, 设 P 为主丛, 此时 G 自由地右作用于 P, 每一个向量 $A \in \mathfrak{g}$ 均诱导了 P 上的基本向量场 A^*, 映射 $A \mapsto (A^*)_u$ 是从 $\mathfrak{g}$ 到 G_u 的线性同构.

下面我们用 $\mathfrak{g}$-值 1-形式来描述主丛上的联络. 设主丛 P 上有联络 $\{u \mapsto H_u\}$. 对每一个 $u \in P$, 我们定义线性映射 $\omega_u : T_uP \to \mathfrak{g}$ 如下: 任给 $X \in T_uP$, 指定 $\omega_u(X) = A \in \mathfrak{g}$ 为满足条件 $(A^*)_u = {}_vX$ 的唯一向量 A. 这样我们就得到了 P 上 $\mathfrak{g}$-值 1-形式 ω, 称为给定联络的联络形式.

给定联络 $\{u \mapsto H_u\}$, H_u 中的切向量称为横向量 (水平向量), G_u 中的向量称为纵向量 (垂直向量). 显然, $\omega(X) = 0$ 当且仅当 X 为横向量. 如果一个切向量场的垂直分量总为零, 则称之为横向量场 (水平向量场); 如果一个向量场的水平分量总为零, 则称之为纵向量场 (垂直向量场). 例如, 由 $A \in \mathfrak{g}$ 生成的基本向量场 A^* 就是纵向量场.

命题 3.9.1 联络形式 ω 满足以下条件

(i) $\omega(A^*) = A, \ \forall\, A \in \mathfrak{g}$;

(ii) $(R_g)^*\omega = Ad_{g^{-1}}\omega$, 即

$$\omega\big((R_g)_*X\big) = Ad_{g^{-1}}\omega(X), \quad \forall\, g \in G, \ X \in \Gamma(TP),$$

其中, Ad 是 G 在 $\mathfrak{g}$ 上的伴随表示.

反之, 满足条件 (i) 和 (ii) 的 $\mathfrak{g}$-值 1-形式 ω 唯一地决定了 P 上的一个联络, 使得其联络形式为 ω.

证明 设 ω 为某联络的联络形式. (i) 可由定义立即得到. 至于 (ii), 只需分别对 X 为横向量场或纵向量场的情形加以验证即可. 当 X 为横向量场时, 根据联络定义中的 (ii) 可知 $(R_g)_*X$ 仍为横向量场, 此时欲证等式两边均为零. 当 X 为纵向量场时, 不妨设 X 为某基本向量场 A^*. 此时 $(R_g)_*X$ 是 $Ad_{g^{-1}}A$ 诱导的基本向量场. 于是

$$(R_g^*\omega)_u(X) = \omega_{ug}((R_g)_*X) = Ad_{g^{-1}}A = Ad_{g^{-1}}(\omega_u(X)).$$

反之, 设 ω 是 P 上 $\mathfrak{g}$-值 1-形式, 满足条件 (i) 和 (ii). 任给 $u \in P$, 定义

$$H_u = \mathrm{Ker}\,\omega_u = \{X \in T_uP \mid \omega_u(X) = 0\},$$

则 $\{u \mapsto H_u\}$ 给出了主丛 P 上的一个联络. □

为了方便计算, 我们还可以将 P 上的联络形式 ω 局部地降到 M 上. 为此, 设 $\{U_\alpha\}$ 为 M 的开覆盖, P 关于此开覆盖的局部平凡化为 $\{\psi_\alpha : \pi^{-1}(U_\alpha) \to U_\alpha \times G\}$, 相应的连接函

数为 $\{g_{\alpha\beta}: U_\alpha \cap U_\beta \to G\}$. 记

$$\psi_\alpha(u) = (\pi(u),\ g_\alpha(u)),\quad u \in \pi^{-1}(U_\alpha),$$

则有

$$g_\beta(u) = g_{\beta\alpha}(\pi(u))g_\alpha(u),\quad u \in \pi^{-1}(U_\alpha \cap U_\beta), \tag{3.97}$$

并且

$$\psi_\alpha(ug) = (\pi(u),\ g_\alpha(u)g),\quad u \in \pi^{-1}(U_\alpha),\ g \in G. \tag{3.98}$$

定义局部截面 $\sigma_\alpha: U_\alpha \to P$ 为

$$\sigma_\alpha(x) = \psi_\alpha^{-1}(x, e),\quad x \in U_\alpha,$$

其中, e 为 G 的单位元. 由式 (3.97) 和式 (3.98) 可得

$$\sigma_\beta(x) = \sigma_\alpha(x)g_{\alpha\beta}(x),\quad x \in U_\alpha \cap U_\beta. \tag{3.99}$$

在 U_α 中定义 $\mathfrak{g}$-值 1-形式 $\omega_\alpha = \sigma_\alpha^*\omega$. 当 $U_\alpha \cap U_\beta \neq \varnothing$ 时, 在 $U_\alpha \cap U_\beta$ 中定义 $\mathfrak{g}$-值 1-形式 $\theta_{\alpha\beta} = g_{\alpha\beta}^*\theta$, 其中 θ 是 Lie 群 G 上的典则 1-形式.

命题 3.9.2 $\mathfrak{g}$-值 1-形式 ω_α 和 $\theta_{\alpha\beta}$ 在 $U_\alpha \cap U_\beta$ 中满足如下等式

$$\omega_\beta = Ad_{g_{\alpha\beta}^{-1}}\omega_\alpha + \theta_{\alpha\beta}. \tag{3.100}$$

反之, 满足上式的一族 $\mathfrak{g}$-值 1-形式 $\{\omega_\alpha\}$ 决定了主丛 P 上的一个联络.

证明 任取 $x \in U_\alpha \cap U_\beta$, 设 $X \in T_xM$, 由式 (3.99) 可得

$$(\sigma_\beta)_*(X) = (R_g)_*\big((\sigma_\alpha)_*(X)\big) + (\sigma_\alpha(x))_*\big((g_{\alpha\beta})_*(X)\big), \tag{3.101}$$

其中, $g = g_{\alpha\beta}(x)$, $(\sigma_\alpha(x))_*$ 是如下映射的切映射

$$G \to P,\quad h \mapsto \sigma_\alpha(x)h.$$

在等式 (3.101) 两边关于 ω 取值, 根据 ω_α 和 $\theta_{\alpha\beta}$ 的定义可得

$$\omega_\beta(X) = Ad_{g_{\alpha\beta}^{-1}}\omega_\alpha(X) + \theta_{\alpha\beta}(X).$$

反之, 利用 $\{\omega_\alpha\}$ 可在 $\pi^{-1}(U_\alpha)$ 上构造如下 $\mathfrak{g}$-值 1-形式

$$\tilde{\omega}_\alpha = Ad_{g_\alpha^{-1}}\pi^*\omega_\alpha + g_\alpha^*\theta.$$

利用等式

$$g_\alpha(\sigma_\alpha(x)) = e,\quad \pi(\sigma_\alpha(x)) = x,\quad \forall\, x \in U_\alpha$$

容易看出 $\sigma_\alpha^*\tilde{\omega}_\alpha = \omega_\alpha$. 利用式 (3.97)、式 (3.100) 以及 θ 的左不变性可知, 当 $U_\alpha \cap U_\beta \neq \varnothing$ 时, $\tilde{\omega}_\alpha$ 和 $\tilde{\omega}_\beta$ 在 $U_\alpha \cap U_\beta$ 中相等. 这样我们在 P 上可以得到一个整体的 $\mathfrak{g}$-值 1-形式 $\tilde{\omega}$, 它给出了 P 上的联络. □

例 3.9.5 标架丛上的联络形式.

设 (M, g) 为 n 维黎曼流形, $F(M)$ 为其标架丛. 在 $F(M)$ 上给定一个联络, 其联络形式 ω 为 $F(M)$ 上 $\mathfrak{o}(n)$-值 1-形式. 取 M 的开覆盖 $\{U_\alpha\}$, ω_α 为 U_α 中由 ω 所决定的 $\mathfrak{o}(n)$-值 1-形式.

根据 Lie 群上典则 1-形式的定义, 不难看出 $O(n)$ 上的典则 $\mathfrak{o}(n)$-值 1-形式为

$$\theta = h^{-1}\mathrm{d}h,\quad h \in O(n).$$

此时, 式 (3.100) 可写为

$$\omega_\beta = g_{\alpha\beta}^{-1}\omega_\alpha g_{\alpha\beta} + g_{\alpha\beta}^{-1}\mathrm{d}g_{\alpha\beta}. \tag{3.102}$$

注意到 Lie 代数 $\mathfrak{o}(n)$ 由 n 阶反对称方阵构成, 如果将 ω_α 写成矩阵形式 $\omega_\alpha = \left(\omega_{\alpha j}^i\right)_{n\times n}$, 其中 $\omega_{\alpha j}^i$ 均为 U_α 中的 1-形式, 则有

$$\omega_{\alpha j}^i + \omega_{\alpha i}^j = 0, \quad i, j = 1, 2, \cdots, n. \tag{3.103}$$

我们断言这些 1-形式是切丛 TM 上某个联络的联络形式. 事实上, 当 $x \in U_\alpha$ 时, $\sigma_\alpha(x)$ 是 x 处的一个标准正交标架. 记 $\sigma_\alpha = (e_{\alpha 1}, \cdots, e_{\alpha n})$, 则 $\{e_{\alpha i}\}$ 是 U_α 中一组标准正交基. 我们如下定义协变微分

$$D^\alpha e_{\alpha i} = e_{\alpha j} \otimes \omega_{\alpha i}^j, \quad i = 1, 2, \cdots, n.$$

上式也可以写成矩阵形式

$$D^\alpha \sigma_\alpha = \sigma_\alpha \otimes \omega_\alpha.$$

一般地, 如果 $X = f^i e_{\alpha i}$ 为 U_α 中的切向量场, 则令

$$D^\alpha X = e_{\alpha i} \otimes \mathrm{d}f^i + f^i D^\alpha e_{\alpha i}.$$

利用式 (3.102), 简单的计算表明, 当 $U_\alpha \cap U_\beta \neq \varnothing$ 时, $D^\alpha X = D^\beta X$. 这样我们就在切丛 TM 上定义了一个联络. 由式 (3.103) 可知此联络与黎曼度量 g 相容.

反之, 在 TM 上给定一个与黎曼度量 g 相容的联络, 利用此联络的联络形式, 按照命题 3.9.2 中的方法我们可以在标架丛 $F(M)$ 上构造一个联络.

更一般地, 我们可以讨论主丛上的联络和伴随向量丛上的联络之间的关系. 我们先看伴随向量丛的定义. 设 (P, M, π) 为主丛, V 是一个固定的有限维向量空间, $\rho: G \to \mathrm{Aut}(V)$ 是 Lie 群 G 的一个表示. 在乘积空间 $P \times V$ 上定义 G 的一个右作用如下

$$(u, f)g = \left(ug, \ \rho(g^{-1})f\right), \quad \forall\, u \in P, \ f \in V, \ g \in G.$$

这是一个自由作用, 其商空间记为 $P \times_\rho V$ (有时也记为 $P \times_G V$). 定义投影

$$\pi_\rho : P \times_\rho V \to M, \quad [u, f] \mapsto \pi(u),$$

其中, $[u, f]$ 表示 (u, f) 所代表的等价类. 由 $\pi(ug) = \pi(u)$ 可知 π_ρ 的定义是恰当的. 三元组 $(P \times_\rho V, M, \pi_\rho)$ 是一个向量丛, 称为主丛 P 由群表示 ρ 所决定的伴随向量丛. 对于流形 M 上的标架丛 $F(M)$ 而言, 其结构群 $O(n)$ 在 $\mathbb{R}^n$ 中有自然表示. $O(n)$ 的自然表示所决定的伴随向量丛也就是 M 的切丛 TM.

例 3.9.6 主丛和伴随向量丛上的联络.

设 (P, M, π) 为主丛, 群表示 $\rho: G \to \mathrm{Aut}(V)$ 如上决定了一个伴随向量丛. 设 $\{U_\alpha\}$ 为 M 的开覆盖, $\{\psi_\alpha\}$ 为 P 的局部平凡化, g_α, $g_{\alpha\beta}$ 定义如前. 令

$$\varphi_\alpha : \pi_\rho^{-1}(U_\alpha) \to U_\alpha \times V, \quad ([u, f]) \mapsto \left(\pi(u), \ \rho(g_\alpha(u))f\right).$$

当 $g \in G$ 时, $[u, f] = [ug, \rho(g^{-1})f]$. 由

$$\rho(g_\alpha(ug))\rho(g^{-1})f = \rho(g_\alpha(u)g)\rho(g^{-1})f = \rho(g_\alpha(u))f$$

可知 φ_α 的定义是恰当的, 它给出了伴随向量丛的局部平凡化. 由式 (3.97) 还可得到相应的连接函数 $\{g_{\alpha\beta}^\rho = \rho(g_{\alpha\beta})\}$.

给定主丛 P 上的联络, 其联络形式为 ω. 设 ω_α 定义如前. 注意到 Lie 群同态 ρ 诱导了 Lie 代数之间的同态 $\rho_*:\mathfrak{g}\to\mathfrak{gl}(V)$, 因此 $\rho_*\omega_\alpha$ 成为 $\mathfrak{gl}(V)$-值 1-形式. 让 ρ_* 作用于等式 (3.100) 两端, 得

$$\rho_*\omega_\beta=\rho(g_{\alpha\beta}^{-1})\rho_*\omega_\alpha\rho(g_{\alpha\beta})+\rho(g_{\alpha\beta}^{-1})\mathrm{d}\rho(g_{\alpha\beta}). \tag{3.104}$$

利用 $\{\rho_*\omega_\alpha\}$ 我们可以在伴随向量丛上构造一个联络. 事实上, 固定 V 的一组基 $\{e_1,\cdots,e_r\}$ $(r=\dim V)$, 在 U_α 中定义 $P\times_\rho V$ 的一组局部截面 $\{\tau_{\alpha i}\}$ 为

$$\tau_{\alpha i}(x)=\varphi_\alpha^{-1}(x,e_i),\quad x\in U_\alpha,\ i=1,2,\cdots,r.$$

记 $\tau_\alpha=(\tau_{\alpha 1},\cdots,\tau_{\alpha r})$, 则有

$$\tau_\alpha\rho(g_{\alpha\beta})=\tau_\beta. \tag{3.105}$$

将 $\rho_*\omega_\alpha$ 写为矩阵形式 $\left(\omega_{\alpha j}^i\right)_{r\times r}$, 我们定义协变微分

$$D^\alpha\tau_{\alpha i}=\tau_{\alpha j}\otimes\omega_{\alpha i}^j,\quad i,j=1,2,\cdots,r.$$

上式也可以写为矩阵形式

$$D^\alpha\tau_\alpha=\tau_\alpha\otimes\rho_*\omega_\alpha.$$

如果 $\tau=f^i\tau_{\alpha i}$ 为 U_α 中的截面, 则定义其协变微分为

$$D^\alpha\tau=\tau_{\alpha i}\otimes\mathrm{d}f^i+f^iD^\alpha\tau_{\alpha i}.$$

利用式 (3.104) 和式 (3.105) 可以说明, 当 $U_\alpha\cap U_\beta\neq\varnothing$ 时, $D^\alpha=D^\beta$, 从而在伴随向量丛上给出了一个联络.

我们再来看主丛上的联络所给出的曲率形式. 设 (P,M,π) 为主丛, 给定 P 上的联络, 其联络形式为 ω, 定义

$$\Theta=\mathrm{d}\omega+\frac{1}{2}[\omega,\omega], \tag{3.106}$$

Θ 为 P 上 $\mathfrak{g}$-值 2-形式, 称为给定联络的曲率形式.

引理 3.9.3 设 A^* 是 $A\in\mathfrak{g}$ 生成的基本向量场. 如果 X 为横向量场, 则 $[X,A^*]$ 也是横向量场.

证明 根据定义, A^* 由单参数变换群 $R_{\exp(tA)}$ 所决定. 根据定理 2.1.7 可知

$$[X,A^*]=\lim_{t\to 0}\frac{1}{t}\left[(R_{\exp(tA)})_*(X)-X\right].$$

因为横向量场在右移作用下仍为横向量场, 上式表明 $[X,A^*]$ 是横向量场. □

命题 3.9.4 当 X 或 Y 为纵向量时, $\Theta(X,Y)=0$.

证明 不妨设 X 是纵向量. 因为欲证等式关于 X,Y 都是线性的, 下面只要讨论 Y 是纵向量或横向量的情形即可.

(1) Y 是纵向量. 不妨设 X,Y 分别是基本向量场 A^*,B^* 在 u 处的值, 其中 $A,B\in\mathfrak{g}$. 此时 $\omega(A^*)\equiv A$, $\omega(B^*)\equiv B$. 于是

$$\begin{aligned}\Theta(A^*,B^*)&=\mathrm{d}\omega(A^*,B^*)+\frac{1}{2}[\omega,\omega](A^*,B^*)\\&=A^*\big(\omega(B^*)\big)-B^*\big(\omega(A^*)\big)-\omega([A^*,B^*])+\frac{1}{2}[\omega(A^*),\omega(B^*)]\end{aligned}$$

$$-\frac{1}{2}[\omega(B^*),\omega(A^*)]$$

$$=-\omega([A,B]^*)+\frac{1}{2}[A,B]-\frac{1}{2}[B,A]$$

$$=-[A,B]+[A,B]=0.$$

(2) Y 是横向量. 设 X 是基本向量场 A^* 在 u 处的值, Y 是横向量场 $\tilde{Y}$ 在 u 处的值. 此时 $\omega(A^*)\equiv A$, $\omega(\tilde{Y})\equiv 0$. 与刚才的计算类似, 我们有

$$\Theta(A^*,\tilde{Y})=-\omega([A^*,\tilde{Y}]).$$

由引理 3.9.3, $[A^*,\tilde{Y}]$ 为横向量场, 因此 $\Theta(A^*,\tilde{Y})=0$. □

注　当 X,Y 均为横向量场时, 类似的计算可以得出

$$\Theta(X,Y)=-\omega([X,Y]).$$

命题 3.9.5 (Bianchi 恒等式)　*曲率形式的外微分满足等式*

$$\mathrm{d}\Theta=[\Theta,\omega]. \tag{3.107}$$

证明　根据曲率形式的定义, 我们有

$$\mathrm{d}\Theta=\mathrm{d}^2\omega+\frac{1}{2}[\mathrm{d}\omega,\omega]-\frac{1}{2}[\omega,\mathrm{d}\omega]=[\mathrm{d}\omega,\omega]$$

$$=[\Theta,\omega]-\frac{1}{2}[[\omega,\omega],\omega],$$

剩下我们只要证明 $[[\omega,\omega],\omega]=0$ 即可. 事实上, 设 $\{E_i\}$ 为 $\mathfrak{g}$ 的一组基, 记 $\omega=\omega^i\cdot E_i$, 则

$$[[\omega,\omega],\omega]=\omega^i\wedge\omega^j\wedge\omega^k\cdot[[E_i,E_j],E_k],$$

上式右端的各项中只有 i,j,k 互不相等才可能不为零. 当 i,j,k 互不相等时, 轮换它们的位置, 由 Lie 括号所满足的 Jacobi 恒等式可知求和最终为零. □

正如联络形式可以降到流形 M 上一样, 曲率形式也可以降到 M 上来看. 令 $\Theta_\alpha=\sigma_\alpha^*\Theta$, 由式 (3.106) 可得

$$\Theta_\alpha=\mathrm{d}\omega_\alpha+\frac{1}{2}[\omega_\alpha,\omega_\alpha]. \tag{3.108}$$

在 $U_\alpha\cap U_\beta$ 中, 我们断言下式成立

$$\Theta_\beta=Ad_{g_{\alpha\beta}^{-1}}\Theta_\alpha. \tag{3.109}$$

事实上, 设 $x\in U_\alpha\cap U_\beta$, $X_1,X_2\in T_xM$. 在式 (3.101) 分别中取 $X=X_1,X_2$, 注意到式 (3.101) 右端第二项为纵向量, 因此由命题 3.9.4 可知 (其中 $g=g_{\alpha\beta}(x)$)

$$\Theta_\beta(X_1,X_2)=\Theta\big((\sigma_\beta)_*X_1,(\sigma_\beta)_*X_2\big)$$

$$=\Theta\big((R_g)_*(\sigma_\alpha)_*X_1,(R_g)_*(\sigma_\alpha)_*X_2\big)$$

$$=(R_g)^*\Theta\big((\sigma_\alpha)_*X_1,(\sigma_\alpha)_*X_2\big)$$

$$=Ad_{g^{-1}}\Theta\big((\sigma_\alpha)_*X_1,(\sigma_\alpha)_*X_2\big)$$

$$=Ad_{g_{\alpha\beta}^{-1}}\Theta_\alpha(X_1,X_2),$$

这里我们用到了等式 $(R_g)^*\Theta = Ad_{g^{-1}}\Theta$, 这可由命题 3.9.1 中 (ii) 得出.

§3.9.2 主丛上的 Chern-Weil 理论

下面我们从主丛的角度回顾 Chern-Weil 理论. 设 (P, M, π) 为主丛, 其结构群为 G. 在 P 上选取一个联络, 联络形式和曲率形式分别为 ω, Θ. 对每一个 $f \in I^k(G)$, 记

$$f(\Theta) = f(\Theta, \cdots, \Theta),$$

$f(\Theta)$ 为 P 上的 $2k$ 次微分形式, 它具有几个重要的性质, 比如它可以下降到 M 上成为 M 上的闭形式.

引理 3.9.6 *设 η 为 P 上的向量值 s 次微分形式. 能在 M 上找到微分形式 $\bar{\eta}$ 使得 $\eta = \pi^*\bar{\eta}$ 成立的充分必要条件为*

(i) η 是横微分形式, 即只要某个 X_i 为纵向量, 就有 $\eta(X_1, \cdots, X_s) = 0$;

(ii) η 在右移作用下不变, 即 $(R_g)^*\eta = \eta$ 对任意 $g \in G$ 均成立.

证明 必要条件是显然的. 充分性: 设 $x \in M$, $Y_1, \cdots, Y_s \in T_xM$. 取 $u \in \pi^{-1}(x)$ 以及 $X_1, \cdots, X_s \in T_uP$, 使得 $\pi_* X_i = Y_i$. 令

$$\bar{\eta}(Y_1, \cdots, Y_s) = \eta(X_1, \cdots, X_s).$$

利用条件 (i) 和 (ii) 不难验证 $\bar{\eta}$ 的定义与 u 和 $\{X_i\}$ 的选取无关, 并且 $\eta = \pi^*\bar{\eta}$. □

推论 3.9.7 *设 $f \in I^k(G)$, 则存在 M 上的 $2k$ 次微分形式 $\bar{f}(\Theta)$, 使得 $f(\Theta) = \pi^*\bar{f}(\Theta)$.*

证明 根据命题 3.9.4 可知 Θ 是横微分形式, 于是由定义可见 $f(\Theta)$ 满足引理 3.9.6 的条件 (i). 任给 $g \in G$, 我们知道 $(R_g)^*\Theta = Ad_{g^{-1}}\Theta$. 由 f 为不变多项式可得

$$\begin{aligned}(R_g)^*f(\Theta) &= f((R_g)^*\Theta, \cdots, (R_g)^*\Theta) = f\big(Ad_{g^{-1}}\Theta, \cdots, Ad_{g^{-1}}\Theta\big) \\ &= f(\Theta, \cdots, \Theta) = f(\Theta),\end{aligned}$$

这说明 $f(\Theta)$ 也满足条件 (ii). □

下面我们将进一步说明 $\bar{f}(\Theta)$ 为闭形式. 因为 π_* 为满射, 只要说明 $f(\Theta)$ 在 P 上是闭形式即可. 为此我们再引进一个新概念: 设 η 为 P 上的 (向量值) s 次微分形式, 定义 $s+1$ 次横微分形式 $D\eta$ 如下

$$D\eta(X_1, \cdots, X_{s+1}) = \mathrm{d}\eta({}_hX_1, \cdots, {}_hX_{s+1}),$$

其中, ${}_hX_i$ 是 X_i 的水平分量. D 称为外协变微分.

引理 3.9.8 (i) $D\omega = \Theta$, $D\Theta = 0$;

(ii) 设 η 为右不变横微分形式, 则 $D\eta = \mathrm{d}\eta$.

证明 (i) 注意到联络形式 ω 在横向量上取值为零, 曲率形式 Θ 为横微分形式, 因此

$$\begin{aligned}D\omega(X, Y) &= \mathrm{d}\omega({}_hX, {}_hY) = \mathrm{d}\omega({}_hX, {}_hY) + \frac{1}{2}[\omega, \omega]({}_hX, {}_hY) \\ &= \Theta({}_hX, {}_hY) = \Theta(X, Y).\end{aligned}$$

类似地, 由 Bianchi 恒等式 $\mathrm{d}\Theta = [\Theta, \omega]$ 可得

$$D\Theta(X, Y, Z) = \mathrm{d}\Theta({}_hX, {}_hY, {}_hZ) = [\Theta, \omega]({}_hX, {}_hY, {}_hZ) = 0.$$

(ii) 根据引理 3.9.6, 存在 M 上的微分形式 $\bar{\eta}$, 使得 $\eta=\pi^*\bar{\eta}$. 此时

$$\begin{aligned}D\eta(X_1,\cdots,X_{s+1})&=\mathrm{d}\pi^*\bar{\eta}({}_hX_1,\cdots,{}_hX_{s+1})=\pi^*\mathrm{d}\bar{\eta}({}_hX_1,\cdots,{}_hX_{s+1})\\&=\mathrm{d}\bar{\eta}(\pi_{*h}X_1,\cdots,\pi_{*h}X_{s+1})=\mathrm{d}\bar{\eta}(\pi_*X_1,\cdots,\pi_*X_{s+1})\\&=\mathrm{d}\eta(X_1,\cdots,X_{s+1}),\end{aligned}$$

引理得证. □

设 $f\in S^k(V^*)$, η_i 的次数为 s_i. 与外微分类似, 下式成立

$$\begin{aligned}Df(\eta_1,\cdots,\eta_k)=&f(D\eta_1,\cdots,\eta_k)+(-1)^{s_1}f(\eta_1,D\eta_2,\cdots,\eta_k)\\&+\cdots+(-1)^{s_1+\cdots+s_{k-1}}f(\eta_1,\cdots,D\eta_k).\end{aligned}$$

推论 3.9.9 设 $f\in I^k(G)$, 则 $f(\Theta)$ 为 P 上的闭形式.

证明 根据推论 3.9.7 和引理 3.9.8, 我们有

$$\mathrm{d}f(\Theta)=Df(\Theta)=f(D\Theta,\cdots,\Theta)+\cdots+f(\Theta,\cdots,D\Theta)=0,$$

其中, 我们用到了 $D\Theta=0$. □

最后, 我们说明在 M 上, 闭形式 $\bar{f}(\Theta)$ 所代表的 de Rham 上同调类与联络 ω 的选取无关. 设 ω_1,ω_0 均为 P 上的联络形式, 令

$$\alpha=\omega_1-\omega_0,\quad \omega_t=\omega_0+t\alpha,\ t\in[0,1].$$

根据联络形式的性质可知 α 具有如下性质: α 在纵向量上取值为零; $(R_g)^*\alpha=Ad_{g^{-1}}\alpha$ 对任意 $g\in G$ 均成立.

注意到每一个 ω_t 均为联络形式, 相应地记曲率形式为 Θ_t, 外协变微分记为 D_t.

引理 3.9.10 设记号如上, 则

$$\frac{\mathrm{d}}{\mathrm{d}t}\Theta_t=\mathrm{d}\alpha+[\alpha,\omega_t]=D_t\alpha.$$

证明 根据曲率形式的定义, 有

$$\Theta_t=\mathrm{d}\omega_t+\frac{1}{2}[\omega_t,\omega_t]=\mathrm{d}\omega_0+t\mathrm{d}\alpha+\frac{1}{2}[\omega_t,\omega_t],$$

上式关于 t 求导, 得

$$\begin{aligned}\frac{\mathrm{d}}{\mathrm{d}t}\Theta_t&=\mathrm{d}\alpha+\frac{1}{2}[\alpha,\omega_t]+\frac{1}{2}[\omega_t,\alpha]\\&=\mathrm{d}\alpha+[\alpha,\omega_t].\end{aligned}$$

设 $X,Y\in T_uP$, 我们要验证下式成立

$$D_t\alpha(X,Y)=\mathrm{d}\alpha(X,Y)+[\alpha,\omega_t](X,Y).$$

注意到 ω_t 在横向量上取值为零, 因此当 X,Y 均为横向量时上式成立. 当 X,Y 均为纵向量时, 由 α 在纵向量上取值为零可知欲证等式两边都等于零. 根据微分形式的线性性, 最后只要考虑 X 为纵向量, Y 为横向量的情形即可.

不失一般性, 不妨设 $X=A^*_u$, 其中 A^* 是由 $A\in\mathfrak{g}$ 生成的基本向量场, Y 可延拓为 P

上右不变横向量场 (仍记为 Y). 记 $g_t=\exp(tA)$, 则

$$[A^*,Y]=\lim_{t\to 0}\frac{1}{t}[Y-(R_{g_t})_*Y]=0.$$

类似地, 我们有

$$\begin{aligned}A_u^*(\alpha(Y))&=\lim_{t\to 0}\frac{1}{t}\big[\alpha_{ug_t}(Y)-\alpha_u(Y)\big]=\lim_{t\to 0}\frac{1}{t}\big[\alpha_{ug_t}((R_{g_t})_*Y)-\alpha_u(Y)\big]\\&=\lim_{t\to 0}\frac{1}{t}\big[(R_{g_t}^*\alpha)_u(Y)-\alpha_u(Y)\big]=\lim_{t\to 0}\frac{1}{t}\big[Ad(g_t^{-1})\alpha_u(Y)-\alpha_u(Y)\big]\\&=-[A,\alpha_u(Y)].\end{aligned}$$

于是

$$\begin{aligned}\mathrm{d}\alpha(A^*,Y)+[\alpha,\omega_t](A^*,Y)&=A^*(\alpha(Y))-Y(\alpha(A^*))-\alpha([A^*,Y])\\&\quad+[\alpha(A^*),\omega_t(Y)]-[\alpha(Y),\omega_t(A^*)]\\&=A^*(\alpha(Y))-[\alpha(Y),A]=0,\end{aligned}$$

因为 A^* 为纵向量, 此时 $D_t\alpha(A^*,Y)$ 也等于零. □

命题 3.9.11 (Weil) 设 $f\in I^k(G)$, 则 $\bar{f}(\Theta)$ 在 $H_{dR}^{2k}(M)$ 中所定义的上同调类与主丛上联络的选取无关.

证明 设 ω_0,ω_1 为两个联络, 沿用上面的记号, 令

$$\varPhi=k\int_0^1 f(\alpha,\Theta_t,\cdots,\Theta_t)\,\mathrm{d}t,$$

由引理 3.9.6 可知 $\varPhi$ 可以下降到 M 上成为 $2k-1$ 次微分形式. 由引理 3.9.8 和引理 3.9.10 以及 $D_t\Theta_t=0$ 可得

$$\begin{aligned}k\mathrm{d}f(\alpha,\Theta_t,\cdots,\Theta_t)&=kD_tf(\alpha,\Theta_t,\cdots,\Theta_t)=kf(D_t\alpha,\Theta_t,\cdots,\Theta_t)\\&=kf\Big(\frac{\mathrm{d}}{\mathrm{d}t}\Theta_t,\Theta_t,\cdots,\Theta_t\Big)=\frac{\mathrm{d}}{\mathrm{d}t}f(\Theta_t,\cdots,\Theta_t).\end{aligned}$$

关于 t 积分可得

$$\begin{aligned}\mathrm{d}\varPhi&=k\int_0^1\mathrm{d}f(\alpha,\Theta_t,\cdots,\Theta_t)\,\mathrm{d}t=\int_0^1\frac{\mathrm{d}}{\mathrm{d}t}f(\Theta_t,\cdots,\Theta_t)\,\mathrm{d}t\\&=f(\Theta_1,\cdots,\Theta_1)-f(\Theta_0,\cdots,\Theta_0),\end{aligned}$$

这说明 $\bar{f}(\Theta_1)$ 和 $\bar{f}(\Theta_0)$ 之间相差一个恰当形式. □

利用上述讨论, 我们定义 Chern-Weil 同态为

$$w(P,\cdot):I^*(G)\to H_{dR}^*(M),\quad f\in I^k(G)\mapsto[\bar{f}(\Theta)]\in H_{dR}^{2k}(M),$$

它是代数同态: 如果 $f\in I^k(G)$, $g\in I^l(G)$, 则不难验证 $(fg)(\Theta)=f(\Theta)\wedge g(\Theta)$.

当 $f\in I^k(G)$ 时, $w(P,f)$ 是 $H_{dR}^{2k}(M)$ 中的一个元素, 称为主丛 P 的一个示性类. 示性类还满足一条重要的性质, 叫做自然性. 为此我们先回顾一下丛映射的概念. 对于主丛的情形, 丛映射可以描述如下: 设 (P,M,π) 和 (P',N,π') 均为以 G 为结构群的主丛, $\tilde{\phi}:P'\to P$

和 $\phi: N \to M$ 均为光滑映射. 满足以下条件的映射对 $(\tilde{\phi}, \phi)$ 称为主丛 P' 和 P 之间的丛映射:

(1) (交换图表性质) $\phi \circ \pi' = \pi \circ \tilde{\phi}$;

(2) (等变性质) $\tilde{\phi}(u'g) = \tilde{\phi}(u')g, \forall\, u' \in P', g \in G$.

设 $(\tilde{\phi}, \phi)$ 为丛映射, ω 为 P 上的联络形式, 则 $\omega' = \tilde{\phi}^*\omega$ 为 P' 上一个联络的联络形式. ω' 的曲率形式记为 Θ', 则

$$\Theta' = \mathrm{d}\omega' + \frac{1}{2}[\omega', \omega'] = \tilde{\phi}^*\Theta.$$

这说明

$$f(\Theta') = \tilde{\phi}^* f(\Theta) = \tilde{\phi}^*\pi^*\bar{f}(\Theta) = (\pi')^*\phi^*\bar{f}(\Theta).$$

从而有

$$w(P', f) = [\bar{f}(\Theta')] = [\phi^*\bar{f}(\Theta)] = \phi^* w(P, f),$$

这称为 Chern-Weil 同态的自然性.

例 3.9.7 复投影空间上 tautological 线丛的 Chern 类.

我们知道, 复投影空间 $\mathbb{C}P^n$ 可定义为 $\mathbb{C}P^n = \big(\mathbb{C}^{n+1} \setminus \{0\}\big)/\sim$, 其中 $z \sim w$ 当且仅当存在 $\lambda \in \mathbb{C}^* = \mathbb{C} \setminus \{0\}$ 使得 $z = \lambda w$. 记 $\pi: \mathbb{C}^{n+1} \setminus \{0\} \to \mathbb{C}P^n$ 为商投影, 它在 $S^{2n+1} = \{z \in \mathbb{C}^{n+1} \mid \bar{z} \cdot z = 1\}$ 上的限制也记为 π. $(S^{2n+1}, \mathbb{C}P^n, \pi)$ 是主丛, 其纤维和结构群均为 $U(1) = S^1$.

$U(1)$ 在 $\mathbb{C}$ 中有自然表示, 该表示诱导了伴随向量丛 $E = S^{2n+1} \times_{U(1)} \mathbb{C}$. 具体来说, $U(1)$ 在 $S^{2n+1} \times \mathbb{C}$ 上有如下自由的右作用

$$(z, \mu)\lambda = \big(z\lambda,\ \lambda^{-1}\mu\big), \quad z \in S^{2n+1},\ \mu \in \mathbb{C},\ \lambda \in U(1).$$

E 是该自由作用的商空间.

E 是秩为 1 的复向量丛 (复线丛). E 还有一个等价的描述. 事实上, 令

$$\hat{E} = \{(z, [w]) \in \mathbb{C}^{n+1} \times \mathbb{C}P^n \mid z = \mu w,\ \mu \in \mathbb{C}\}.$$

定义 $\hat{\pi}: \hat{E} \to \mathbb{C}P^n$ 为 $\hat{\pi}(z, [w]) = [w]$, 则 $(\hat{E}, \mathbb{C}P^n, \hat{\pi})$ 也是复线丛, 它在 $[w] \in \mathbb{C}P^n$ 处的纤维正好就是 $\mathbb{C}^{n+1}$ 中经过原点和 w 的复线. 因此 $\hat{E}$ 常称为 $\mathbb{C}P^n$ 上的 tautological 线丛. E 和 $\hat{E}$ 是同构的复线丛, 这可从如下映射看出

$$E \to \hat{E}, \quad [z, \mu] \in E \mapsto (z\mu, [z]) \in \hat{E}.$$

为了计算 E 或 $\hat{E}$ 的 Chern 类, 我们先在主丛中选取一个联络. 记 $\{z_0, z_1, \cdots, z_n\}$ 为 $\mathbb{C}^{n+1}$ 中的复坐标, 令

$$\omega = \bar{z} \cdot \mathrm{d}z = \sum_{k=0}^{n} \bar{z}_k \mathrm{d}z_k,$$

ω 是 S^{2n+1} 上的复值 1-形式, 容易验证它满足联络形式的两个条件. 此时, 曲率形式为

$$\Omega = \mathrm{d}\omega + \omega \wedge \omega = \sum_{k=0}^{n} \mathrm{d}\bar{z}_k \wedge \mathrm{d}z_k.$$

闭形式 Ω 可以下降到 $\mathbb{C}P^n$ 上 (仍记为 Ω). 根据 Chern 类的定义, 我们有

$$c_1(E) = -\frac{1}{2\pi\mathrm{i}}[\Omega] \in H^2_{dR}(\mathbb{C}P^n).$$

当 $n=1$ 时, 我们可以计算 $c_1(E)$ 在 $\mathbb{C}P^1$ 上的积分. 为此, 记

$$U_0 = \{[z_0, z_1] \in \mathbb{C}P^1 \mid z^0 \neq 0\}.$$

因为 $\mathbb{C}P^1$ 只比 U_0 多出一个点, 我们只要在 U_0 上计算积分即可. 在 U_0 中, 我们选取坐标 $\xi = z_1/z_0$. 在 $\pi^{-1}U_0$ 上, 利用 $z_1 = z_0\xi$, $|z_0|^2 + |z_1|^2 = 1$ 可算出

$$\Omega = \mathrm{d}\bar{z}_0 \wedge \mathrm{d}z_0 + \mathrm{d}\bar{z}_1 \wedge \mathrm{d}z_1 = \frac{\mathrm{d}\bar{\xi} \wedge \mathrm{d}\xi}{(1+|\xi|^2)^2}.$$

于是

$$\int_{\mathbb{C}P^1} c_1(E) = \int_{U_0} c_1(E) = -\frac{1}{2\pi\mathrm{i}}\int_{\mathbb{C}} \frac{\mathrm{d}\bar{\xi} \wedge \mathrm{d}\xi}{(1+|\xi|^2)^2}.$$

利用极坐标 $\xi = r\mathrm{e}^{\mathrm{i}\theta}$ 可得

$$\int_{\mathbb{C}P^1} c_1(E) = -\frac{1}{2\pi\mathrm{i}}\int_0^{\infty}\int_0^{2\pi} \frac{2\mathrm{i}r\,\mathrm{d}r\mathrm{d}\theta}{(1+r^2)^2} = -1.$$

习题 3.9

1. 设 P 为流形 M 上的主丛, 证明: P 上总存在着联络.
2. $(\mathbb{C}^{n+1} \setminus \{0\}, \mathbb{C}P^n, \pi)$ 是 $\mathbb{C}P^n$ 上的主丛, 其结构群为 $\mathbb{C}^* = GL(1, \mathbb{C})$. 验证 $\omega = \dfrac{\bar{z} \cdot \mathrm{d}z}{\bar{z} \cdot z}$ 为此主丛上的一个联络形式.
3. 设 (P, M, π) 为主丛, $u \in P$, $Y \in H_u$ 为横向量. 证明: 存在 P 上右不变横向量场, 使得它在 u 处的值为 Y.
4. 设 (P, M, π) 为主丛, 在 P 上给定联络 $\{u \mapsto H_u\}$. 证明: 任给 M 上的切向量场 X, 总存在 P 上唯一的横向量场 X^*, 使得 $\pi_* X^* = X$. X^* 称为 X 在 P 上的水平提升.
5. 设 (P, M, π) 为主丛, $\{u \mapsto H_u\}$ 为 P 的一个联络. 设 γ 是 M 上从 x 出发的光滑曲线. 证明: 任给 $u \in \pi^{-1}(x)$, 存在 P 上唯一的从 u 出发的光滑曲线 γ^*, 使得
$$\pi \circ \gamma^* = \gamma, \quad \dot{\gamma}^* \in H_{\gamma^*}.$$
γ^* 称为 γ 在 P 上的水平提升.
6. 设 (P, M, π) 为主丛, $E = P \times_\rho V$ 是群表示 $\rho: G \to \mathrm{Aut}(V)$ 所决定的伴随向量丛. 设 $\gamma: [0,1] \to M$ 为光滑曲线. 给定 $e_0 = [u, f] \in E_{\gamma(0)}$, 设 γ^* 是从 u 出发的 γ 的水平提升. 记 $P^\gamma(e_0) = [\gamma^*(1), f] \in E_{\gamma(1)}$, 证明: $P^\gamma(e_0)$ 的定义与 e_0 的代表元的选取无关. $P^\gamma: E_{\gamma(0)} \to E_{\gamma(1)}$ 称为沿 γ 的平行移动, 它是线性同构.
7. 利用上题中的平行移动, 我们可重新定义伴随向量丛的联络. 设 $\xi \in T_x M$, X 为伴随向量丛 E 的一个截面. 取 M 上的光滑曲线 γ, 使得 $\gamma(0) = x$, $\dot{\gamma}(0) = \xi$. 记 $P_t: E_{\gamma(0)} \to E_{\gamma(t)}$ 为沿 γ 的平行移动所诱导的线性同构. 定义
$$D_\xi X = \frac{\mathrm{d}}{\mathrm{d}t}\Big|_{t=0} P_t^{-1} X(\gamma(t)),$$
验证上述定义与 γ 的选取无关, 且它给出了 E 上的一个联络.
8. 在标架丛 $F(M)$ 上, 验证由平行移动和联络形式给出的联络是一致的.
9. 设 (M, g) 为 n 维黎曼流形, 在标架丛 $F(M)$ 上可如下定义 $\mathbb{R}^n$ 值 1-形式 θ: 设 $u = (e_1, \cdots, e_n) \in F(M)$, $X \in T_u F(M)$, 令 $\theta(X) = (g(\pi_* X, e_1), \cdots, g(\pi_* X, e_n))$. 设主丛 $F(M)$ 的联络是由切丛 TM 上的 Levi-Civita 联络诱导而来. 证明: $\mathrm{d}\theta + \theta \wedge \omega = 0$, 其中 ω 为 $F(M)$ 的联络形式.

10. 设 ω 为主丛 P 上的联络形式, η 为 $\mathfrak{g}$-值 1-形式, 满足条件 (1) η 在纵向量上取值为零; (2) $(R_g)^*\eta = Ad_{g^{-1}}\eta, \forall\, g \in G$. 证明:
$$D\eta = \mathrm{d}\eta + [\eta, \omega].$$
11. 设 $f \in I^k(G)$, $g \in I^l(G)$, 证明: $(fg)(\Theta) = f(\Theta) \wedge g(\Theta)$.
12. 设 (P, M, π) 为主丛, 其结构群为 G. 设 $\phi : N \to M$ 为从流形 N 到 M 的光滑映射, 令
$$\phi^*P = \{(n, u) \in N \times P \mid \phi(n) = \pi(u)\}.$$
则 ϕ^*P 为 $N \times P$ 中的正则子流形. 令
$$\pi' : \phi^*P \to N, \quad (n, u) \mapsto n,$$
则 (ϕ^*P, N, π') 为主丛, 称为 ϕ 的拉回丛. 设 $f \in I^k(G)$, 证明: $w(\phi^*P, f) = \phi^*w(P, f)$.

第 4 章　流形的上同调

本章主要利用微分形式来对流形的拓扑做初步的研究. 我们讨论 de Rham 上同调的基本性质, 利用 de Rham 上同调群研究映射度、相交数以及向量场的指标公式. 我们还介绍了重要的 Hodge 理论和 Bochner 技巧. 最后我们引入 Clifford 丛和 Dirac 算子的概念.

§4.1　de Rham 上同调回顾

设 M 为 n 维微分流形. 我们回顾 de Rham 上同调群的定义

$$H^q_{dR}(M) = \{\omega \in \Omega^q(M) \mid \mathrm{d}\omega = 0\}/\{\mathrm{d}\eta \mid \eta \in \Omega^{q-1}(M)\}.$$

de Rham 上同调群刻画了闭形式和恰当形式之间的差异. 下面的引理表明闭形式在局部上总是恰当的, 这意味着 de Rham 上同调群反映的应该是流形的某种整体性质.

引理 4.1.1 (Poincaré)　$H^0_{dR}(\mathbb{R}^n) = \mathbb{R}$; 当 $1 \leqslant q \leqslant n$ 时, $H^q_{dR}(\mathbb{R}^n) = \{0\}$.

证明　按照定义, $H^0_{dR}(\mathbb{R}^n) = \{f \in C^\infty(\mathbb{R}^n) \mid \mathrm{d}f = 0\}$. 注意 $\mathrm{d}f = 0$ 等价于说 f 为局部常值函数. 因为 $\mathbb{R}^n$ 是连通的, 其上的局部常值函数必为常值函数. 这说明 $H^0_{dR}(\mathbb{R}^n) = \mathbb{R}$.

我们再看 $q = n$ 的情形. n 次微分形式 ω 可写为 $\omega = a(x)\mathrm{d}x^1 \wedge \cdots \wedge \mathrm{d}x^n$, 其中 $\{x^i\}_{i=1}^n$ 为 $\mathbb{R}^n$ 上的标准直角坐标. 记

$$b(x) = \int_0^{x^n} a(x^1, \cdots, x^{n-1}, t)\,\mathrm{d}t.$$

显然, $\eta = (-1)^{n-1}b(x)\mathrm{d}x^1 \wedge \cdots \wedge \mathrm{d}x^{n-1}$ 满足等式 $\mathrm{d}\eta = \omega$. 这说明 $H^n_{dR}(\mathbb{R}^n) = \{0\}$.

特别地, 以上论证表明当 $n = 1$ 时引理的结论成立. 一般地, 我们可以将 $\mathbb{R}^n$ 的情形约化为 $\mathbb{R}^{n-1}$ 的情形. 设 $q \geqslant 1$, ω 为 $\mathbb{R}^n$ 上的 q 次闭形式. ω 可以写为

$$\omega = \omega_1 + \omega_2 \wedge \mathrm{d}x^n,$$

其中, ω_1 为不含 $\mathrm{d}x^n$ 的 q 次形式, ω_2 为不含 $\mathrm{d}x^n$ 的 $q-1$ 次形式. 我们用记号 I 表示指标集 $\{i_1, \cdots, i_{q-1}\}$, 其中 $i_1 < \cdots < i_{q-1}$. 记

$$\mathrm{d}x^I = \mathrm{d}x^{i_1} \wedge \cdots \wedge \mathrm{d}x^{i_{q-1}}.$$

此时 ω_2 可以写为

$$\omega_2 = \sum_{n \notin I} a_I(x)\mathrm{d}x^I.$$

令

$$\eta_2 = (-1)^{q-1}\sum_{n \notin I} b_I(x)\mathrm{d}x^I,\quad \text{其中 } b_I(x) = \int_0^{x^n} a_I(x^1, \cdots, x^{n-1}, t)\,\mathrm{d}t,$$

则 $\omega - \mathrm{d}\eta_2$ 仍为 q 次闭形式, 且不含 $\mathrm{d}x^n$. 此时 $\omega - \mathrm{d}\eta_2$ 的系数与 x^n 无关, 也就是说它成了 $\mathbb{R}^{n-1}$ 上的闭形式. 由归纳法可知引理得证. □

上述引理可以推广. 首先有

引理 4.1.2 设 M 为微分流形, 切向量场 X 生成了单参数变换群 $\{\phi_t\}$, 则存在线性算子 $Q:\Omega^*(M)\to\Omega^{*-1}(M)$, 使得

$$\phi_1^*\omega-\omega=\mathrm{d}Q(\omega)+Q(\mathrm{d}\omega),\quad \forall\,\omega\in\Omega^*(M).$$

证明 根据单参数变换群的性质和 Lie 导数的定义, 我们有

$$\frac{\mathrm{d}}{\mathrm{d}t}\phi_t^*\omega=\frac{\mathrm{d}}{\mathrm{d}s}\Big|_{s=0}\phi_{t+s}^*\omega=\frac{\mathrm{d}}{\mathrm{d}s}\Big|_{s=0}\phi_s^*\phi_t^*\omega=L_X(\phi_t^*\omega).$$

由 Cartan 公式可得

$$\begin{aligned}\phi_1^*\omega-\omega&=\int_0^1\Big(\frac{\mathrm{d}}{\mathrm{d}t}\phi_t^*\omega\Big)\mathrm{d}t=\int_0^1 L_X(\phi_t^*\omega)\,\mathrm{d}t\\&=\int_0^1\big[\mathrm{d}\circ i_X(\phi_t^*\omega)\big]\,\mathrm{d}t+\int_0^1\big[i_X\circ\mathrm{d}(\phi_t^*\omega)\big]\,\mathrm{d}t\\&=\mathrm{d}Q(\omega)+Q(\mathrm{d}\omega),\end{aligned}$$

其中

$$Q(\eta)=\int_0^1 i_X(\phi_t^*\eta)\,\mathrm{d}t,\quad \forall\,\eta\in\Omega^*(M).$$

我们还用到了 $\mathrm{d}\phi_t^*=\phi_t^*\mathrm{d}$. □

注 若 ω 为 q 次微分形式, 则 $\{\phi_t^*\omega\}$ 关于参数 t 的积分仍为 q 次微分形式, 见本节习题 1.

命题 4.1.3 (同伦不变性) 设 f,g 是从流形 M 到 N 的光滑映射, 如果 f 同伦于 g, 则 f 和 g 诱导了从 $H_{dR}^*(N)$ 到 $H_{dR}^*(M)$ 的相同同态.

证明 由命题 1.3.10 可知, 存在光滑映射 $F:\mathbb{R}\times M\to N$, 使得

$$F(t,x)=f(x),\quad \forall\,t\leqslant 0,\ x\in M;\quad F(t,x)=g(x),\quad \forall\,t\geqslant 1,\ x\in M.$$

$\mathbb{R}\times M$ 上的向量场 $\partial_t=\dfrac{\partial}{\partial t}$ 生成了单参数变换群 $\{\phi_t\}$, 易见

$$\phi_t(s,x)=(s+t,x),\quad \forall\,(s,x)\in\mathbb{R}\times M.$$

考虑包含映射 $i:M\to\mathbb{R}\times M$, $i(x)=(x,0)$, 则 f,g 可以表示为

$$f=F\circ\phi_0\circ i,\quad g=F\circ\phi_1\circ i.$$

设 $\omega\in\mathbb{Z}^q(N;\mathbb{R})$, 由引理 4.1.2 可得

$$\begin{aligned}g^*\omega-f^*\omega&=i^*\phi_1^*F^*\omega-i^*\phi_0^*F^*\omega=i^*\big(\phi_1^*F^*\omega-F^*\omega\big)\\&=i^*\big(\mathrm{d}Q(F^*\omega)\big)=\mathrm{d}\big(i^*Q(F^*\omega)\big)\in B^q(M;\mathbb{R}),\end{aligned}$$

这说明 $[g^*\omega]=[f^*\omega]$. □

由于 $\mathbb{R}^n$ 是可缩空间, 由此命题也可以立即得出 Poincaré 引理的结论.

对于非紧流形, 我们可以考虑具有紧支集的 de Rham 上同调. 流形 M 上具有紧支集的 q 次微分形式的全体记为 $\Omega_c^q(M)$. 外微分算子将具有紧支集的微分形式映射为具有紧支

集的微分形式, 因此可以定义

$$H_c^q(M) = \{\omega \in \Omega_c^q(M) \mid \mathrm{d}\omega = 0\}/\{\mathrm{d}\eta \mid \eta \in \Omega_c^{q-1}(M)\}.$$

$H_c^q(M)$ 称为 q 次 (阶) 紧支集 de Rham 上同调群. 当 M 为紧致流形时, 紧支集 de Rham 上同调群也就是 de Rham 上同调群.

在非紧连通流形上, 具有紧支集的局部常值函数恒等于零, 此时总有 $H_c^0(M) = \{0\}$.

例 4.1.1 $\mathbb{R}^1$ 的紧支集 de Rham 上同调.

考虑线性同态

$$S : \Omega_c^1(\mathbb{R}^1) \to \mathbb{R}, \quad \omega \mapsto \int_{\mathbb{R}^1} \omega.$$

在 $\mathbb{R}^1$ 上取鼓包函数 ϕ, 使得 ϕ 的积分为 1. 此时 $S(\phi(t)\mathrm{d}t) = 1$, 这说明 S 为满同态, 我们来计算它的核.

如果 $\omega = \mathrm{d}f$, 其中 f 是具有紧支集的光滑函数, 则

$$S(\omega) = \int_{\mathbb{R}^1} \mathrm{d}f = f\Big|_{-\infty}^{+\infty} = 0.$$

反之, 设 $\omega = g(t)\mathrm{d}t$ 是具有紧支集的 1-形式, 且 $S(\omega) = 0$, 则有

$$\omega = \mathrm{d}f, \quad \text{其中 } f(t) = \int_{-\infty}^{t} g(x)\,\mathrm{d}x.$$

注意 f 仍具有紧支集. 这说明 $\mathrm{Ker}S = \mathrm{d}\Omega_c^0(\mathbb{R}^1)$, 因此 S 诱导了 $H_c^1(\mathbb{R}^1)$ 与 $\mathbb{R}$ 之间的同构.

类似的方法可以得出

引理 4.1.4 *设 ϕ 是 $\mathbb{R}^n$ 上具有紧支集的光滑函数, 则 ϕ 在 $\mathbb{R}^n$ 中的积分为零当且仅当存在具有紧支集的光滑向量场 X, 使得 $\mathrm{div}(X) = \phi$.*

证明 由散度定理可知, 只要证明必要性就可以了. 我们对 n 使用归纳法. $n = 1$ 的情形见上例. 设 $n = m$ 时欲证结论成立, 当 $n = m+1$ 时, 设 ϕ 在 $\mathbb{R}^{m+1}$ 中的积分为零. 先令

$$f(x^1, \cdots, x^{m+1}) = \int_{-\infty}^{x^{m+1}} \phi(x^1, \cdots, x^m, t)\,\mathrm{d}t,$$

则 $\partial_{m+1} f = \phi$. 注意 f 不一定具有紧支集, 我们要适当地改造它. 为此, 取一元光滑函数 $\rho(t)$, 使得

$$\rho(t) = 0, \ \forall\, t \leqslant -1; \quad \rho(t) = 1, \ \forall\, t \geqslant 1.$$

记

$$g(x^1, \cdots, x^{m+1}) = f(x^1, \cdots, x^{m+1}) - \rho(x^{m+1})\psi(x^1, \cdots, x^m),$$

其中

$$\psi(x^1, \cdots, x^m) = \int_{-\infty}^{+\infty} \phi(x^1, \cdots, x^m, t)\,\mathrm{d}t,$$

则 g 具有紧支集, 且

$$\partial_{m+1} g(x^1, \cdots, x^{m+1}) = \phi(x^1, \cdots, x^{m+1}) - \rho'(x^{m+1})\psi(x^1, \cdots, x^m).$$

注意 ψ 为 $\mathbb{R}^m$ 上具有紧支集的光滑函数, 且它在 $\mathbb{R}^m$ 中积分为零. 根据归纳假设, 存在 $\mathbb{R}^m$ 中具有紧支集的光滑向量场 Y, 使得 $\operatorname{div}_{\mathbb{R}^m}(Y)=\psi$. 令 $X=\big(\rho'(x^{m+1})Y,g\big)$, 则 X 是 $\mathbb{R}^{m+1}$ 中具有紧支集的光滑向量场, 且 $\operatorname{div}(X)=\phi$. □

命题 4.1.5 $H_c^n(\mathbb{R}^n)=\mathbb{R}$.

证明 考虑线性同态

$$S:\Omega_c^n(\mathbb{R}^n)\to\mathbb{R},\quad \omega\mapsto\int_{\mathbb{R}^n}\omega.$$

易见 S 为满同态, 我们来计算它的核. 若 $\omega=\mathrm{d}\eta$, 其中 $\eta\in\Omega_c^{n-1}(\mathbb{R}^n)$, 则由 Stokes 公式可知 $S(\omega)=0$. 反之, 设 $S(\omega)=0$, 记 $\omega=\phi\,\mathrm{d}x^1\wedge\cdots\wedge\mathrm{d}x^n$, 则由引理 4.1.4 可知, 存在具有紧支集的向量场 $X=(f^1,\cdots,f^n)$, 使得 $\operatorname{div}(X)=\phi$. 令

$$\eta=\sum_{i=1}^n(-1)^{i-1}f^i\mathrm{d}x^1\wedge\cdots\widehat{\mathrm{d}x^i}\wedge\cdots\wedge\mathrm{d}x^n,$$

则 η 具有紧支集, 且 $\mathrm{d}\eta=\omega$. 总之, S 诱导了 $H_c^n(\mathbb{R}^n)$ 和 $\mathbb{R}$ 之间的线性同构. □

一般地, 我们还有

命题 4.1.6 设 M 为微分流形, 则 $H_c^*(\mathbb{R}\times M)=H_c^{*-1}(M)$.

证明 设 $q\geqslant 1$, 定义映射

$$\pi_*:\Omega_c^q(\mathbb{R}\times M)\to\Omega_c^{q-1}(M),\quad \omega\mapsto\int_{-\infty}^{\infty}i_{\partial_t}\omega\,\mathrm{d}t,$$

其中, 积分沿 $\mathbb{R}$ 进行. 我们首先验证 $\pi_*\mathrm{d}=-\mathrm{d}'\pi_*$, 其中 d' 表示 M 上的外微分算子. 记 $\omega^1=i_{\partial_t}\omega$, $\omega^2=\omega-\mathrm{d}t\wedge\omega^1$, 则 $i_{\partial_t}\omega^2=0$, 且

$$\mathrm{d}\omega=\mathrm{d}\big(\mathrm{d}t\wedge\omega^1+\omega^2\big)=-\mathrm{d}t\wedge\mathrm{d}'\omega^1+\mathrm{d}\omega^2,$$

由 Cartan 公式可得

$$i_{\partial_t}\mathrm{d}\omega=-\mathrm{d}'\omega^1+L_{\partial_t}\omega^2=-\mathrm{d}'\omega^1+\partial_t\omega^2. \tag{4.1}$$

关于 t 积分, 由 ω^2 具有紧支集可得

$$\pi_*\mathrm{d}\omega=-\int_{-\infty}^{+\infty}\mathrm{d}'\omega^1\,\mathrm{d}t=-\mathrm{d}'\int_{-\infty}^{+\infty}\omega^1\,\mathrm{d}t=-\mathrm{d}'\pi_*\omega.$$

这说明 π_* 诱导了紧支集 de Rham 上同调群之间的同态. 我们要说明此同态实际上还是同构.

设 ρ 是引理 4.1.4 中的一元光滑函数, 则 ρ' 具有紧支集, 且积分为 1. 考虑映射

$$e_*:\Omega_c^{q-1}(M)\to\Omega_c^q(\mathbb{R}\times M),\quad \eta\mapsto\rho'(t)\mathrm{d}t\wedge\eta.$$

显然有 $\pi_*\circ e_*=\mathrm{id}$. 在微分形式的层面上, $e_*\circ\pi_*$ 一般不等于恒同映射, 但我们能说明在上同调的层面上 π_* 和 e_* 互逆.

为此, 设 ω 是 $\mathbb{R}\times M$ 上具有紧支集的 q 次闭形式, 令

$$\eta=\int_{-\infty}^{t}i_{\partial_s}\omega\,\mathrm{d}s-\rho(t)\pi_*\omega,$$

则 $\eta \in \Omega_c^{q-1}(\mathbb{R}\times M)$, 且

$$\mathrm{d}\eta = \mathrm{d}t\wedge\omega^1 + \int_{-\infty}^{t} \mathrm{d}'\omega^1\,\mathrm{d}s - e_*\circ\pi_*\omega - \rho(t)\mathrm{d}'\pi_*\omega.$$

由 $\mathrm{d}\omega = 0$, $\pi_*\mathrm{d} = -\mathrm{d}'\pi_*$ 以及式 (4.1) 可得

$$\mathrm{d}\eta = \mathrm{d}t\wedge\omega^1 + \omega^2 - e_*\circ\pi_*\omega = \omega - e_*\circ\pi_*\omega.$$

这说明 $[\omega] = e_*\circ\pi_*[\omega]$. □

推论 4.1.7 当 $q\neq n$ 时, $H_c^q(\mathbb{R}^n) = \{0\}$; $H_c^n(\mathbb{R}^n) = \mathbb{R}$.

证明 我们已经算出 $H_c^0(\mathbb{R}^1) = \{0\}$, $H_c^1(\mathbb{R}^1) = \mathbb{R}$. 由命题 4.1.6 可知 $H_c^q(\mathbb{R}^n) = H_c^{q-1}(\mathbb{R}^{n-1})$, 于是欲证结论可以递归地得到. □

命题 4.1.8 当 $q\neq 0,n$ 时 $H_{dR}^q(S^n) = \{0\}$; 当 $q = 0,n$ 时 $H_{dR}^q(S^n) = \mathbb{R}$.

证明 因为 S^n 为连通流形, 易见 $H_{dR}^0(S^n) = \mathbb{R}$. 设 $1\leqslant q\leqslant n$, ω 为 q 次闭形式. 记 $N = (0,\cdots,0,1)$ 为北极点. 根据 Poincaré 引理, 存在 N 附近定义的 $q-1$ 次微分形式 η, 使得在 N 附近 $\omega = \mathrm{d}\eta$. 取 S^n 上的光滑鼓包函数 ϕ, 使得 ϕ 在 N 附近为 1, 则 $\omega' = \omega - \mathrm{d}(\phi\eta)$ 仍为 S^n 上的闭形式, 且它在 N 附近恒为零. 利用球极投影可将 ω' 视为 $\mathbb{R}^n$ 上具有紧支集的 $q-1$ 次闭形式. 根据推论 4.1.7 我们立即知道当 $1\leqslant q\leqslant n-1$ 时, $H_{dR}^q(S^n) = \{0\}$.

当 $q = n$ 时, 考虑线性同态

$$S: H_{dR}^n(S^n)\to\mathbb{R},\quad [\omega]\mapsto\int_{S^n}\omega.$$

因为体积形式在 S 下的像不为零, 故 S 为满同态. 为了说明 S 为单同态, 设 ω 为 n-形式, 且其积分为零. 根据以上讨论, ω' 的积分为零. 将 ω' 视为 $\mathbb{R}^n$ 上具有紧支集的 n-形式, 其积分为零意味着它是 (紧支集) 恰当形式. 这说明 S 为线性同构. □

一般地, 我们有

命题 4.1.9 设 M 为 n 维连通流形, 则 M 可定向当且仅当 $H_c^n(M) = \mathbb{R}$.

证明 设 M 可定向, 我们取定它的一个定向. 考虑线性同态

$$S: H_c^n(M)\to\mathbb{R},\quad [\omega]\mapsto\int_M\omega,$$

根据 Stokes 公式可知 S 的定义是恰当的. 显然 S 为满同态. 我们要证明 S 也是单同态.

设 ω 是具有紧支集的 n-形式. 利用单位分解, 可设

$$\omega = \sum_{i=1}^{k}\omega_i,\quad \mathrm{supp}\omega_i\subset U_i,$$

其中, U_i 为点 p_i 附近的局部坐标邻域. 固定 $p\in M$, 在 M 上取连接 p_i 和 p 的连续曲线 γ_i. 在 γ_i 上依次取有限个点 $\{p_i^j\}_{j=0}^{l_i}$, 使得 $p_i^0 = p_i$, $p_i^{l_i} = p$, 并且任意相邻的两点 $\{p_i^j, p_i^{j+1}\}$ 位于同一局部坐标邻域中.

取 p_i 附近的局部坐标邻域 $V_i\subset U_i$, 在 V_i 内取具有紧支集的 n-形式 ω_i', 使得

$$\int_{U_i}\omega_i' = \int_{V_i}\omega_i' = \int_{U_i}\omega_i,$$

则 ω_i 在 $H_c^n(M)$ 中等价于 ω_i'. 同理, 因为 $p_i^0 = p_i$ 和 p_i^1 位于同一局部坐标邻域中, 我们可以取只在 p_i^1 附近非零的 n-形式 ω_i'', 使得 ω_i' 等价于 ω_i''. 继续这一过程, 最后我们可取 n-形式 η_i, 使得 ω_i 等价于 η_i, 且 η_i 的支集含于 p 的局部坐标邻域 U 中. 令 $\eta = \eta_1 + \cdots + \eta_k$, 则 ω 等价于 η.

如果 ω 在 M 上积分为零, 则 η 在 U 中积分为零. 此时 $\eta = \mathrm{d}\eta'$, 其中 $\mathrm{supp}\eta' \subset U$. η' 可视为 M 上具有紧支集的 $(n-1)$-形式, 而 ω 等价于 $\mathrm{d}\eta'$. 至此我们证明了 S 的确为单同态.

如果 M 不可定向, 则它有一个双叶的定向复迭空间 $\hat{M}$(见本节习题 5). 记 $\pi : \hat{M} \to M$ 为 M 的双叶复迭映射, $\sigma : \hat{M} \to \hat{M}$ 为复迭变换. 设 ω 为 M 上具有紧支集的 n-形式, 容易看出 $\pi^*\omega$ 在 $\hat{M}$ 上积分为零, 因此存在 $\hat{M}$ 上具有紧支集的 $(n-1)$-形式 η, 使得 $\pi^*\omega = \mathrm{d}\eta$. 由 $\pi \circ \sigma = \pi$ 可得

$$\pi^*\omega = \sigma^*\pi^*\omega = \sigma^*\mathrm{d}\eta = \mathrm{d}\sigma^*\eta,$$

因此有

$$\pi^*\omega = \mathrm{d}\tilde{\eta}, \quad 其中\ \tilde{\eta} = \frac{1}{2}(\eta + \sigma^*\eta).$$

由 $\sigma \circ \sigma = \mathrm{id}$ 可知 $\sigma^*\tilde{\eta} = \tilde{\eta}$. 这说明存在 M 上的 $(n-1)$-形式 η', 使得 $\pi^*\eta' = \tilde{\eta}$. 此时

$$\pi^*\omega = \mathrm{d}\pi^*\eta' = \pi^*\mathrm{d}\eta',$$

再由 π_* 为满射可知 $\omega = \mathrm{d}\eta'$. 显然, η' 具有紧支集. 这说明 $H_c^n(M) = \{0\}$. □

命题 4.1.10 (Moser Isotopy) *设 M 为闭的可定向连通 n 维流形. 设 ω_0, ω_1 是 M 上两个处处非零的 n-形式. 如果*

$$\int_M \omega_0 = \int_M \omega_1,$$

则存在微分同胚 $\varphi : M \to M$, 使得 $\varphi^*\omega_1 = \omega_0$.

证明 根据题设可知 (1) ω_0 和 ω_1 同向; (2) 存在 M 上的 $(n-1)$-形式 η, 使得 $\omega_1 - \omega_0 = \mathrm{d}\eta$. 记

$$\omega_t = (1-t)\omega_0 + t\omega_1 = \omega_0 + t\mathrm{d}\eta.$$

由 (1) 可知 ω_t 也处处非零, 因此存在一族光滑向量场 $\{X_t\}$, 使得 $i_{X_t}\omega_t = -\eta$. 此时由 Cartan 公式可得

$$L_{X_t}\omega_t = \mathrm{d} \circ i_{X_t}\omega_t + i_{X_t} \circ \mathrm{d}\omega_t = -\mathrm{d}\eta.$$

考虑如下方程

$$\frac{\mathrm{d}}{\mathrm{d}t}\varphi_t = X_t \circ \varphi_t, \quad \varphi_0 = \mathrm{id}.$$

它的解 $\{\varphi_t\}$ 是 $\{X_t\}$ 所生成的微分同胚. 求导可得

$$\frac{\mathrm{d}}{\mathrm{d}t}\varphi_t^*\omega_t = \varphi_t^*(L_{X_t}\omega_t + \partial_t\omega_t) = \varphi_t^*(-\mathrm{d}\eta + \mathrm{d}\eta) = 0,$$

这说明

$$\varphi_t^*\omega_t = \omega_0, \quad \forall\, t \in [0,1].$$

特别地, $\varphi_1^*\omega_1 = \omega_0$. □

习题 4.1

1. 设 $\{\omega_t\}_{t\in[a,b]}$ 是流形 M 上一族连续依赖于参数 t 的 q 次微分形式. 在局部坐标系中, ω_t 形如

$$\omega_t = \sum_{i_1<\cdots<i_q} a_{i_1\cdots i_q}(t,x)\mathrm{d}x^{i_1}\wedge\cdots\wedge\mathrm{d}x^{i_q}.$$

定义

$$\omega = \int_a^b \omega_t\,\mathrm{d}t = \sum_{i_1<\cdots<i_q}\left(\int_a^b a_{i_1\cdots i_q}(t,x)\,\mathrm{d}t\right)\mathrm{d}x^{i_1}\wedge\cdots\wedge\mathrm{d}x^{i_q},$$

验证此定义是恰当的, 且 $\mathrm{d}\omega = \int_a^b (\mathrm{d}\omega)\,\mathrm{d}t$.

2. 请说明两个同胚的微分流形一定具有同构的 de Rham 上同调群.
3. 设 U 为 $\mathbb{R}^n$ 中的凸开集, 证明: 当 $q=0$ 时, $H_{dR}^q(U)=\mathbb{R}$; 当 $q>0$ 时, $H_{dR}^q(U)=\{0\}$.
4. 设 M 为闭流形, $p\in M$. 研究 $H_c^*(M\setminus\{p\})$ 和 $H_{dR}^*(M)$ 之间的关系.
5. 设 M 为 n 维连通不可定向流形, 在 M 上给定黎曼度量 g. 此时线丛 $\wedge^n T^*M$ 上有诱导度量, 其单位球丛 (单位向量的全体) 记为 $\hat{M}$. 证明: $\hat{M}$ 为连通的定向流形, 且丛投影 π 在 $\hat{M}$ 上的限制是一个双叶复迭映射. 设 $p\in\hat{M}$, 则 $\pi^{-1}(\pi(p))=\{p,q\}$. 记 $\sigma(p)=q$, 则 $\sigma:\hat{M}\to\hat{M}$ 为反定向光滑映射. σ 称为定向复迭的复迭变换.
6. 设 M 为不可定向流形, $\pi:\hat{M}\to M$ 为其定向双叶复迭. 研究 $\hat{M}$ 的 de Rham 上同调和 M 的 de Rham 上同调之间的关系.
7. 利用复迭映射证明: 当 $q=0$ 或 n 且 n 为奇数时 $H_{dR}^q(\mathbb{R}P^n)=\mathbb{R}$, 其他情形下 $H_{dR}^q(\mathbb{R}P^n)=\{0\}$.
8. 研究 Klein 瓶的 de Rham 上同调群.

§4.2 映射度回顾

数学中的许多应用问题可以归结为寻找某个映射 f 的零点, 或更一般地, 在给定 y 的情形下求解方程 $f(x)=y$. 最基本的问题就是问: 这种方程是否有解, 解的个数有多少? 下面我们利用映射度来探讨这类问题.

设 M,N 为 n 维定向流形, $f:M\to N$ 为逆紧的连续映射. 当 $y\in N$ 时, 我们考虑方程 $f(x)=y$ 解的 “代数” 个数. 先设 f 是光滑映射. 设 $y\in V$, V 是 N 连通分支. 在 $H_c^n(V)=\mathbb{R}$ 中取生成元 $[\eta]$, 即 η 是 N 上具有紧支集的 n-形式, 且

$$\mathrm{supp}\eta\subset V,\quad \int_V \eta = 1.$$

定义

$$\deg(f,y) = \int_M f^*\eta,$$

称为 f 关于 y 的 Brouwer 度或映射度.

引理 4.2.1 $\deg(f,y)$ 具有下列性质:

(i) $\deg(f,y)$ 的定义与 η 的选取无关.

(ii) 当 $y_0,y_1\in N$ 属于同一个连通分支时, $\deg(f,y_0)=\deg(f,y_1)$. 因此, 当 N 连通时, $\deg(f,y)$ 可简记为 $\deg(f)$.

(iii) $\deg(f,y)$ 是整数.

(iv) 设 f_0,f_1 均为逆紧光滑映射, 且它们之间存在逆紧的同伦, 则 $\deg(f_0,y)=\deg(f_1,y)$.

证明 (i) 若 $[\eta'] = [\eta] \in H_c^n(V)$, 根据命题 4.1.9, 存在 $\omega \in \Omega_c^{n-1}(V)$, 使得 $\eta' - \eta = \mathrm{d}\omega$. 由 f 为逆紧映射可知 $f^*\omega \in \Omega_c^{n-1}(M)$. 根据 Stokes 公式可得

$$\int_M f^*\eta' = \int_M f^*\eta + \int_M \mathrm{d}(f^*\omega) = \int_M f^*\eta.$$

(ii) 这可由 (i) 得出.

(iii) 根据 Sard 定理, 可取 $y' \in V$, 使得 y' 是 f 的正则值. 由 (ii) 可知 $\deg(f, y) = \deg(f, y')$. 由 f 逆紧可知 $f^{-1}(y')$ 为紧集. 再由逆映射定理可知 $f^{-1}(y')$ 是 M 的离散子集, 从而是有限集. 记

$$f^{-1}(y') = \{x_1, x_2, \cdots, x_k\}.$$

取 y' 的坐标邻域 $V' \subset V$, 使得

$$f^{-1}(V') = U_1 \cup U_2 \cup \cdots \cup U_k,$$

其中, $x_i \in U_i$, $\{U_i\}$ 互不相交, 且 $f|_{U_i}$ 是从 U_i 到 V' 的微分同胚, $1 \leqslant i \leqslant k$. 根据 (i), 不妨设 η 是支集含于 V' 的 n-形式. 此时 $f^*\eta$ 的支集含于 U_i 之并, 且

$$\deg(f, y) = \deg(f, y') = \sum_{i=1}^{k} \int_{U_i} f^*\eta = \sum_{i=1}^{k} \mathrm{sgn} f_{*x_i},$$

其中, 当 $f|_{U_i}$ 保持定向时, $\mathrm{sgn} f_{*x_i} = +1$, 否则 $\mathrm{sgn} f_{*x_i} = -1$.

(iv) 这可以由命题 4.1.3 的证明得到. □

有了引理 4.2.1, 我们就可以对连续映射定义映射度. 设 $f: M \to N$ 是连续的逆紧映射, $y \in N$. 根据命题 1.3.9 和命题 1.3.10 的证明, 我们可以找到逆紧的光滑映射 $f': M \to N$, 使得 f 和 f' 之间存在逆紧的同伦. 此时定义 $\deg(f, y) = \deg(f', y)$. 根据引理 4.2.1 可知, 此定义不依赖于 f' 的选取, 且该引理中的诸结论仍然成立, 进一步还有

命题 4.2.2 *设 $f: M \to N$ 是连续的逆紧映射, $y \in N$. 若 $y \notin f(M)$, 则 $\deg(f, y) = 0$; 若 $\deg(f, y) \neq 0$, 则 y 是 $f(M)$ 的内点.*

证明 由 f 逆紧可知 $f(M)$ 为 N 中的闭子集. 若 $y \notin f(M)$, 则选取 f 的光滑逼近 f' 时, 仍可使 $y \notin f'(M)$. 进而在选取 η 时, 可使 $\mathrm{supp}\eta \cap f'(M) = \varnothing$. 此时 $f'^*\eta = 0$, 于是 $\deg(f, y) = \deg(f', y) = 0$.

设 V 是包含 y 的连通分支, 若 $\deg(f, y) \neq 0$, 则当 $y' \in V$ 时, 也有 $\deg(f, y') = \deg(f, y) \neq 0$, 于是 $y' \in f(M)$. 这说明 $V \subset f(M)$, 因此 y 是 $f(M)$ 的内点. □

我们知道, 在奇数维球面上存在处处非零的光滑切向量场. 下面的结果表明同样的事实在偶数维球面上不再成立.

定理 4.2.3 (毛球定理) *在偶数维球面上不存在处处非零的连续切向量场.*

证明 设 $X: S^n \to \mathbb{R}^{n+1}$ 为处处非零的切向量场, 则 $x \cdot X(x) = 0\ \forall\, x \in S^n$. 因为 X 处处非零, 不妨设 X 为单位长度的切向量场. 考虑连续映射

$$F: [0, \pi] \times S^n \to S^n, \quad (t, x) \mapsto (\cos t)x + (\sin t)X(x).$$

因为 $F(0, x) \equiv x$, $F(\pi, x) \equiv -x$, 根据映射度的同伦不变性可得

$$1 = \deg(x) = \deg(-x) = (-1)^{n+1},$$

这说明 n 必为奇数. □

利用映射度还可以定义映射的卷绕数 (winding number), 它与向量场在孤立零点处的指标密切相关.

定义 4.2.1 (卷绕数) 设 M 为 $n-1$ 维定向闭流形, $f: M \to \mathbb{R}^n$ 为光滑映射. 设 $z \in \mathbb{R}^n \setminus f(M)$, 定义映射

$$\tau_f : M \to S^{n-1}, \quad x \mapsto \frac{f(x)-z}{\|f(x)-z\|},$$

τ_f 的映射度称为 f 围绕 z 的卷绕数, 记为 $w(f,z)$.

当 $z \in \mathbb{R}^n \setminus f(M)$ 时, 存在 $\delta > 0$, 使得以 z 为中心, 以 δ 为半径的开球 $B_\delta(z)$ 也含于 $\mathbb{R}^n \setminus f(M)$. 当 $z' \in B_\delta(z)$ 时, 如下映射

$$(t,x) \mapsto \frac{f(x)-(1-t)z-tz'}{\|f(x)-(1-t)z-tz'\|}, \quad t \in [0,1], \ x \in M$$

为同伦. 这说明 $w(f,z) = w(f,z')$, 即卷绕数关于 z 是局部常值函数.

引理 4.2.4 设 $\bar{M}$ 是紧致定向带边流形, $f: \bar{M} \to N$ 为光滑映射, 其中 $\dim N = \dim \bar{M} - 1$. 记 f 在 $\partial \bar{M}$ 上的限制为 ∂f, 则 $\deg(\partial f, y) = 0, \forall\, y \in N$.

证明 设 $y \in V$, 其中 V 是 N 连通分支. 在 $H_c^n(V) = \mathbb{R}$ $(n = \dim N)$ 中取生成元 $[\eta]$, 利用 Stokes 公式可得

$$\deg(\partial f, y) = \int_{\partial \bar{M}} (\partial f)^* \eta = \int_{\bar{M}} \mathrm{d} f^* \eta = \int_{\bar{M}} f^* \mathrm{d}\eta = 0,$$

其中, $\mathrm{d}\eta = 0$ 是因为 N 的维数为 n. □

注 利用映射的光滑化可以说明, 引理中的结论对于连续映射也成立.

命题 4.2.5 设 $\bar{M}$ 为 n 维紧致定向带边流形, 其边界为 M. 设 $\bar{f}: \bar{M} \to \mathbb{R}^n$ 为光滑映射, 记 $f = \partial \bar{f}$. 设 $z \in \mathbb{R}^n \setminus f(M)$ 为 $\bar{f}$ 的正则值, 则有

$$w(f,z) = \sum_{x \in \bar{f}^{-1}(z)} \mathrm{sgn} \bar{f}_{*x}.$$

证明 不妨设 $z = 0$ 为 $\mathbb{R}^n$ 的坐标原点. 记 $\bar{f}^{-1}(z) = \{x_1, \cdots x_k\}$. 因为 z 为正则值, 我们可以取以 z 为中心的开球 B, 以及 x_i 附近的局部坐标邻域 B_i, 使得 $\bar{f}|_{B_i}$ 为从 B_i 到 B 的微分同胚, 并且 $\{B_i\}$ 的闭包互不相交. 记 $g_i = \bar{f}|_{\partial B_i}$. 考虑映射

$$h : \bar{M} \Big\backslash \bigcup_{i=1}^{k} B_i \to S^{n-1}, \quad x \mapsto \bar{f}(x)\|\bar{f}(x)\|^{-1},$$

由引理 4.2.4 可得

$$0 = \deg(\partial h) = \deg\left(f\|f\|^{-1}\right) - \sum_{i=1}^{k} \deg\left(g_i\|g_i\|^{-1}\right) = \deg\left(f\|f\|^{-1}\right) - \sum_{i=1}^{k} \mathrm{sgn} \bar{f}_{*x_i},$$

命题得证. □

例 4.2.1 设 $n \geqslant 1$, 考虑映射 $f: \mathbb{C} \to \mathbb{C}$, 其中 $f(z) = z^n$, 则 $\deg(f,0) = n$.

证明 显然 f 是逆紧的光滑映射. 根据引理 4.2.1 的 (ii), $\deg(f,0) = \deg(f,1)$. 注意

到 f 保持定向, 而 $z^n=1$ 有 n 个不同的解, 根据引理 4.2.1 中 (iii) 的证明即知 $\deg(f,0)=\deg(f,1)=n$. □

作为应用, 我们得到

推论 4.2.6 (代数基本定理)　设 $n\geqslant 1$, $P(z)$ 是复系数的 n 次多项式, 则在计算重数的情况下 $P(z)$ 有 n 个复根.

证明　不妨设 $P(z)=z^n+Q(z)$, 其中 $Q(z)$ 是次数小于 n 的多项式. 当 $t\in[0,1]$ 时, 记 $P_t(z)=z^n+tQ(z)$, 则 $\{P_t\}$ 构成 z^n 和 $P(z)$ 之间的同伦, 且此同伦是逆紧的. 于是

$$\deg(P(z),0)=\deg(z^n,0)=n,$$

这说明方程 $P(z)=0$ 有 n 个解 (含重数). □

在上面定义映射度时, 我们要求映射是逆紧的, 这主要是希望具有紧支集的微分形式经映射拉回后仍具有紧支集. 为了应用的方便起见, 我们可以将映射的逆紧性要求略微放松一点. 以欧氏空间为例, 设 U 为 $\mathbb{R}^n$ 中的有界开集, $f:\bar{U}\to\mathbb{R}^n$ 为连续映射. 当 $y\notin f(\partial U)$ 时, 我们要定义映射度 $\deg(f,U,y)$, 它代表方程 $f(x)=y$ 在 U 中解的代数个数.

先设 f 在 U 中是光滑的. 设 $y\in V$, V 是 $\mathbb{R}^n\setminus f(\partial U)$ 的连通分支. 取 $H_c^n(V)$ 的生成元 $[\eta]$, 则 $f|_U^*\eta$ 在 U 中具有紧支集, 定义

$$\deg(f,U,y)=\int_U f|_U^*\eta,$$

称为 f 在 U 中关于 y 的 Brouwer 度或映射度. 与之前一样, 这个定义不依赖于 η 的选取. 若 y 是 $f|_U$ 的正则值, 则

$$\deg(f,U,y)=\sum_{x\in f^{-1}(y)}\operatorname{sgn}J_f(x),$$

其中, $J_f(x)$ 表示 f 在 x 处的 Jacobi 行列式.

一般地, 当 f 仅为连续映射时, 利用命题 1.3.6 可将 f 连续地延拓到整个 $\mathbb{R}^n$ 上, 再利用光滑逼近就可选取光滑映射 $g:\mathbb{R}^n\to\mathbb{R}^n$, 使得

$$\|g(x)-f(x)\|<d\big(y,f(\partial U)\big),\quad \forall\, x\in\bar{U}.$$

此时 $y\notin g(\partial U)$. 定义

$$\deg(f,U,y)=\deg(g,U,y).$$

这个定义不依赖于 g 的选取: 如果 g' 是满足上述条件的另一光滑逼近, 则 $\{g_t=tg+(1-t)g'\}$ 构成 g' 与 g 之间的同伦, 且 $y\notin g_t(\partial U)$, $\forall\, t\in[0,1]$. 由此容易看出 $\deg(g_t,U,y)$ 是与 t 无关的常数, 特别地就有

$$\deg(g',U,y)=\deg(g,U,y).$$

我们还有

命题 4.2.7　$\deg(f,U,y)$ 具有以下性质:

(i) 当 y,y' 属于 $\mathbb{R}^n\setminus f(\partial U)$ 的同一连通分支时, $\deg(f,U,y)=\deg(f,U,y')$;

(ii) 设 $H_t:\bar{U}\to\mathbb{R}^n$ 为同伦, $\sigma:[0,1]\to\mathbb{R}^n$ 为一条道路, 若 $\sigma(t)\notin H_t(\partial U)$, $\forall\, t\in[0,1]$, 则 $\deg(H_t,U,\sigma(t))$ 是与 t 无关的常数.

证明 (i) 设 V 是包含 y, y' 的连通分支, $\tau: [0,1] \to V$ 是连接 y, y' 的道路. 选取 f 的光滑逼近 g, 使得

$$\|g(x) - f(x)\| < d\big(\tau([0,1]),\ f(\partial U)\big), \quad \forall\, x \in \bar{U}.$$

此时 $\tau([0,1]) \cap g(\partial U) = \varnothing$, 这说明 y, y' 落在 $\mathbb{R}^n \setminus g(\partial U)$ 的同一连通分支中, 于是

$$\deg(f, U, y) = \deg(g, U, y) = \deg(g, U, y') = \deg(f, U, y').$$

(ii) 考虑定义在正方形 $[0,1] \times [0,1]$ 上的连续函数

$$\phi(s,t) = d\big(\sigma(s),\ H_t(\partial U)\big),$$

在对角线上此函数为正, 因此在对角线的某邻域中也是正的. 这说明存在 $\delta > 0$, 使得当 $0 \leqslant t_2 - t_1 \leqslant \delta$ 时

$$\sigma([t_1, t_2]) \cap H_t(\partial U) = \varnothing, \quad \forall\, t \in [t_1, t_2].$$

此时

$$\deg(H_t, U, \sigma(t_1)) = \deg(H_t, \sigma(t_2)), \qquad \forall\, t \in [t_1, t_2].$$

特别地,

$$\deg(H_{t_1}, U, \sigma(t_1)) = \deg(H_{t_1}, U, \sigma(t_2)) = \deg(H_{t_2}, U, \sigma(t_2)).$$

这说明 $\deg(H_t, U, \sigma(t))$ 是局部常值函数, 从而是常值函数. □

推论 4.2.8 设 $f, f': \bar{U} \to \mathbb{R}^n$ 为连续映射, $y \notin f(\partial U)$, 则

(i) 当 $y \notin f(\bar{U})$ 时, $\deg(f, U, y) = 0$; 当 $\deg(f, U, y) \neq 0$ 时, y 必为 $f(U)$ 的内点.

(ii) 若 $\|f'(x) - f(x)\| < \|f(x) - y\|, \forall\, x \in \partial U$, 则 $\deg(f', U, y) = \deg(f, U, y)$.

证明 (i) 当 $y \notin f(\bar{U})$ 时我们可以选取 f 的光滑逼近 g, 使得 $y \notin g(\bar{U})$, 此时显然有 $\deg(g, U, y) = 0$, 因此 $\deg(f, U, y) = \deg(g, U, y) = 0$. 于是, 当 $\deg(f, U, y) \neq 0$ 时 $y \in f(U)$. 再由命题 4.2.7 中的 (i) 即知 $\mathbb{R}^n \setminus f(\partial U)$ 中包含 y 的连通分支也要包含于 $f(U)$, 这说明 y 是 $f(U)$ 的内点.

(ii) 考虑同伦 $H_t(x) = tf(x) + (1-t)f'(x)$ 并利用命题 4.2.7 中的 (ii) 即可. □

例 4.2.2 设 U 是 $\mathbb{R}^n$ 中包含原点的有界开集, $f: \partial U \to \mathbb{R}^n \setminus \{0\}$ 为连续映射. 如果 n 为奇数, 则存在 $x_0 \in \partial U$ 以及 $\lambda \in \mathbb{R} \setminus \{0\}$, 使得 $f(x_0) = \lambda x_0$.

证明 利用连续延拓不妨设 f 在 $\bar{U}$ 中连续. 由 n 为奇数可知 $\deg(-x, U, 0) = -1$. 若 $\deg(f, U, 0) \neq -1$, 则由命题 4.2.7 可知, 同伦 $H_t(x) = (1-t)f(x) - tx$ 必有零点 $(t_0, x_0) \in (0,1) \times \partial U$. 此时 $f(x_0) = \dfrac{t_0}{1-t_0} x_0$. 若 $\deg(f, U, 0) = -1$, 则对同伦 $H_t(x) = (1-t)f(x) + tx$ 运用同样的论证即可. □

解方程时, 如果方程本身具有某种对称性, 则我们期望它的解也具有一定的对称性. 下面的有用结果就是这一想法的某种体现.

定理 4.2.9 (Borsuk) 设 U 是 $\mathbb{R}^n$ 中包含原点的有界开集, 且 U 关于原点对称, 即当 $x \in U$ 时, $-x \in U$. 如果 $f: \bar{U} \to \mathbb{R}^n$ 为连续的奇映射, 即 $f(-x) = -f(x)$, 且 $0 \notin f(\partial U)$, 则 $\deg(f, U, 0)$ 必为奇数.

证明 若 f 在 U 中是光滑的, 且 0 是其正则值, 则由 $f(0) = 0$ 且当 $f(x_0) = 0$ 时 $f(-x_0) = 0$ 可知 $f(x) = 0$ 在 U 中有奇数个解. 因为 $\deg(f, U, 0)$ 是解的个数的代数和, 故它也是奇数.

一般地, 利用光滑逼近可取光滑映射 g, 使得

$$\|g(x)-f(x)\|<d\big(0,f(\partial U)\big),\quad \forall x\in\bar{U}.$$

令 $h(x)=\dfrac{1}{2}[g(x)-g(-x)]$, 则 $h(-x)=-h(x)$, 且

$$\begin{aligned}\|h(x)-f(x)\|&\leqslant\frac{1}{2}\big[\|g(x)-f(x)\|+\|g(-x)-f(-x)\|\big]\\&<d\big(0,f(\partial U)\big),\quad \forall x\in\bar{U}.\end{aligned}$$

因此 $\deg(f,U,0)=\deg(h,U,0)$.

如果 0 是 h 的正则值, 则证明可以结束; 否则我们要继续调整 h, 使其奇性和映射度得以保持, 而且 0 成为其正则值. 首先, 取充分小的 $\delta>0$, 使得 $h_0(x)=h(x)+\delta x$ 在原点处非退化. 其次, 设 $y^1\in\mathbb{R}^n$ 待定, 我们要使 $h_1(x)=h_0(x)-x_1^3y^1$ 在 $U_1=\{x\in U\mid x_1\neq 0\}$ 和 $h_1^{-1}(0)$ 的交集上非退化. 当 $x_1\neq 0$ 且 $h_1(x)=0$ 时, 我们在 x 处计算 h_1 的切映射

$$\mathrm{d}h_1(x)=\mathrm{d}h_0(x)-3x_1^2y^1\mathrm{d}x_1=\mathrm{d}h_0(x)-3\frac{h_0(x)}{x_1}\mathrm{d}x_1=x_1^3\,\mathrm{d}\frac{h_0(x)}{x_1^3}.$$

在原点附近选取 y^1, 使得它是 $x_1^{-3}h_0:U_1\to\mathbb{R}^n$ 的正则值, 则 h_1 满足以下条件:

(1) $h_1(-x)=-h_1(x)$, $\deg(h_1,U,0)=\deg(f,U,0)$;

(2) h_1 在原点处非退化, 且当 h_1 限制在 U_1 上时, 0 是其正则值.

然后我们可以重复这一过程: 适当地选取 $x_2^{-3}h_1$ 的正则值 $y^2\in\mathbb{R}^2$, 记 $h_2(x)=h_1(x)-x_2^3y^2$, 则当 $x_2\neq 0$ 且 $h_2(x)=0$ 时, h_2 在 x 处非退化. 注意当 $x_2=0$, $x_1\neq 0$ 且 $h_2(x)=0$ 时, $h_1(x)=0$ 且 $\mathrm{d}h_2(x)=\mathrm{d}h_1(x)$ 也是非退化的. 这说明 h_2 限制在 $U_1\cup U_2$ 上时, 0 是其正则值, 其中 $U_2=\{x\in U\mid x_2\neq 0\}$. 如此继续, 到第 n 步以后我们可得到光滑的奇映射 h_n, 它以 0 为正则值. 于是证明得以完成. □

利用推论 4.2.8 可知, $\deg(f,U,0)$ 为奇数意味着 0 是 $f(U)$ 的内点. 利用这一观察我们给出如下应用.

定理 4.2.10 (Borsuk-Ulam) 设 U 是 $\mathbb{R}^m$ 中包含原点的有界开集, 且 U 关于原点对称. 如果 $f:\partial U\to\mathbb{R}^n$ 为连续映射, 则当 $n<m$ 时必存在 $x_0\in\partial U$, 使得 $f(x_0)=f(-x_0)$.

证明 (反证法) 若结论不成立, 令 $g(x)=f(x)-f(-x)$ 并将 g 延拓为 $\mathbb{R}^m$ 中的连续映射, 则 $0\notin g(\partial U)$. 记 $h(x)=\dfrac{1}{2}[g(x)-g(-x)]$, 则 h 是奇映射且它和 g 在 ∂U 上相同, 于是 $0\notin h(\partial U)$. 考虑包含映射 $\iota:\mathbb{R}^n\to\mathbb{R}^m$, $x\mapsto(x,0)$, 对 $\iota\circ h$ 应用上述定理可知 $\deg(\iota\circ h,U,0)\neq 0$, 这说明 0 是 $\iota\circ h(U)$ 的内点, 但这与 $n<m$ 相矛盾. □

注 若取 U 为 $\mathbb{R}^{n+1}$ 中以原点为中心的单位开球, 则可得出此定理的一种常用表现形式: 从 S^n 到 $\mathbb{R}^n$ 的连续映射必将某一对对径点映射为同一点.

类似的技巧可以给出如下重要的结果, 常称为区域不变性定理.

定理 4.2.11 (Brouwer) 设 U 是 $\mathbb{R}^n$ 中的开集, $f:U\to\mathbb{R}^n$ 为连续单射, 则 $f(U)$ 必为开集.

证明 只要说明任给 $x_0\in U$, $f(x_0)$ 均为 $f(U)$ 的内点即可. 不妨设 $x_0=0$, $f(x_0)=0$.

取 $r>0$, 使得 $\overline{B_r(0)}\subset U$. 考虑同伦

$$H_t(x)=f\Big(\frac{1}{1+t}x\Big)-f\Big(-\frac{t}{1+t}x\Big),\quad \forall\, x\in\overline{B_r(0)},\ t\in[0,1].$$

由 f 为单射容易看出 $H_t(x)=0$ 当且仅当 $x=0$. 因为 H_1 是奇映射, 故

$$\deg(f,B_r(0),0)=\deg(H_0,B_r(0),0)=\deg(H_1,B_r(0),0)\neq 0,$$

这说明 0 是 $f\big(B_r(0)\big)$ 的内点. □

20 世纪 30 年代初, Steinhaus 提出一个问题: 能否用平面将 3 维空间中任意给定的三个物体都分为体积相等的两部分? 后来 Banach 利用 Ulam-Borsuk 定理给出了肯定的回答.

定理 4.2.12 (三明治定理) 设 $\{F_i\}_{i=1}^n$ 为 $\mathbb{R}^n$ 中 n 个测度有限的集合, 则存在某个仿射超平面, 使得它将每一个 F_i 都分为测度相等的两部分.

证明 我们来定义一个连续映射 $f:S^n\to\mathbb{R}^n$, 其中 f 的第 i 个分量 f_i 形如

$$f_i(v)=\big|F_i\cap\{\ell_v<0\}\big|-\big|F_i\cap\{\ell_v>0\}\big|,$$

这里, $|\cdot|$ 表示 Lebesgue 测度, $v=(v_0,v_1,\cdots,v_n)\in S^n$, ℓ_v 为如下仿射线性函数

$$\ell_v(x^1,x^2,\cdots,x^n)=v_1x^1+v_2x^2+\cdots+v_nx^n+v_0.$$

不难看出 f 为连续映射, 且 $f(-v)=-f(v)$. 另一方面, 根据 Borsuk-Ulam 定理, 存在 $a=(a_0,a_1,\cdots,a_n)\in S^n$, 使得 $f(-a)=f(a)$. 此时 $f(a)=0$. 若 $\{a_i\}_{i=1}^n$ 不全为零, 则超平面 $\{\ell_a=0\}$ 就将每一 F_i 都分成了测度相等的两部分. 若 $\{a_i\}_{i=1}^n$ 全为零, 则 $a_0=\pm1$. 此时每一个 F_i 都是零测集, 任何超平面都将 F_i 分为了测度为零的两部分. □

设 U 为 $\mathbb{R}^n$ 中的有界开集, $f:\bar U\to\mathbb{R}^n$ 为连续映射. 设 G 为 $\mathbb{R}^n\setminus f(\partial U)$ 连通分支, 任取 $y\in G$, 记 $\deg(f,U,G)=\deg(f,U,y)$. 根据之前的讨论, 这个记号不会产生歧义. 由于当 $y\notin f(\bar U)$ 时, $\deg(f,U,y)=0$, 我们只关注 $\mathbb{R}^n\setminus f(\partial U)$ 的那些包含于 $f(U)$ 的连通分支 $\{G_j\}$.

定理 4.2.13 (乘积公式) 设 U 为 $\mathbb{R}^n$ 中的有界开集, $f:\bar U\to\mathbb{R}^n$ 和 $g:f(\bar U)\to\mathbb{R}^n$ 均为连续映射. 当 $z\notin g\circ f(\partial U)$ 时, 有

$$\deg(g\circ f,U,z)=\sum_j\deg(f,U,G_j)\deg(g,G_j,z),\tag{4.2}$$

其中, 上式右边只有有限项不为零.

证明 由已知条件可知 $g^{-1}(z)$ 是与 $f(\partial U)$ 不相交的有界闭集, 于是它包含于有限个 G_j 的并集之中. 设 $g^{-1}(z)\subset\bigcup_{j=1}^m G_j$. 对于其他的 G_j, $\deg(g,G_j,z)$ 必为零, 因此式 (4.2) 右边只有有限项不为零.

为了证明等式成立, 先设 f,g 为光滑映射且 z 为 $g\circ f$ 的正则值. 此时

$$\begin{aligned}\deg(g\circ f,U,z)&=\sum_{x\in(g\circ f)^{-1}(z)}\operatorname{sgn}(g\circ f)_{*x}=\sum_{x\in(g\circ f)^{-1}(z)}\operatorname{sgn}g_{*f(x)}\operatorname{sgn}f_{*x}\\&=\sum_{y\in g^{-1}(z)}\operatorname{sgn}g_{*y}\sum_{x\in f^{-1}(y)}\operatorname{sgn}f_{*x}\end{aligned}$$

$$= \sum_{y\in g^{-1}(z)} \mathrm{sgn} g_{*y} \deg(f,U,y).$$

根据 G_j 的选取, 我们有

$$\begin{aligned}\deg(g\circ f,U,z) &= \sum_{j=1}^{m} \sum_{y\in g^{-1}(z)\cap G_j} \mathrm{sgn} g_{*y} \deg(f,U,y)\\ &= \sum_{j=1}^{m} \deg(f,U,G_j) \sum_{y\in g^{-1}(z)\cap G_j} \mathrm{sgn} g_{*y}\\ &= \sum_{j=1}^{m} \deg(f,U,G_j)\deg(g,G_j,z).\end{aligned}$$

根据映射度的构造过程, 我们知道上式对所有的 $z\notin g\circ f(\partial U)$ 都成立, 而且当 g 连续, f 光滑时结论仍然成立.

需要注意的是, 因为 G_j 的选取与 f 有关, 当 f 仅仅连续时还要再做一些工作. 令

$$G^l = \bigcup\{G_j \mid \deg(f,U,G_j)=l\}.$$

取光滑映射 $\tilde f$, 使得

$$\|\tilde f(x)-f(x)\| < d\big(g^{-1}(z),\ f(\partial U)\big),\quad \forall\, x\in \bar U.$$

对 $\tilde f$ 相应地定义 $\tilde G_j$ 和 $\tilde G^l$ 如上. 由推论 4.2.8 可知 $G^l\cap g^{-1}(z) = \tilde G^l\cap g^{-1}(z)$, 因此 $\deg(g,\tilde G^l,z)=\deg(g,G^l,z)$. 于是有

$$\begin{aligned}\deg(g\circ f,U,z) = \deg(g\circ \tilde f,U,z) &= \sum_j \deg(\tilde f,U,\tilde G_j)\deg(g,\tilde G_j,z)\\ &= \sum_l l\ \deg(g,\tilde G^l,z) = \sum_l l\ \deg(g,G^l,z)\\ &= \sum_j \deg(f,U,G_j)\deg(g,G_j,z),\end{aligned}$$

等式得证. □

最后我们给出乘积公式的两个应用, 首先用它重新证明区域不变性定理: 设 f 是从欧氏空间 $\mathbb{R}^n$ 的闭球 $\overline{B_r(x_0)}$ 到 $\mathbb{R}^n$ 的连续单射, 则 $f(x_0)$ 必为 $f\big(B_r(x_0)\big)$ 的内点. 事实上, 利用命题 1.3.5 我们可以将 $f^{-1}: f\big(\overline{B_r(x_0)}\big)\to\overline{B_r(x_0)}$ 连续地延拓为 $g:\mathbb{R}^n\to\overline{B_r(x_0)}$, 使得 $g\circ f(x)=x, \forall\, x\in\overline{B_r(x_0)}$. 由乘积公式可得

$$1=\deg\big(g\circ f,B_r(x_0),f(x_0)\big)=\sum_j \deg\big(f,B_r(x_0),G_j\big)\deg\big(g,G_j,f(x_0)\big).$$

因为 $f\big(B_r(x_0)\big)$ 本身就是道路连通的, 它必包含在某一个 G_j 中, 对其余的 G_j 来说 $\deg\big(f,B_r(x_0),G_j\big)=0$. 于是上式表明

$$\deg\big(f,B_r(x_0),f(x_0)\big)=\pm 1,$$

由推论 4.2.8 即知 $f(x_0)$ 是 $f\big(B_r(x_0)\big)$ 的内点.

其次我们给出 Jordan 闭曲线定理的如下推广:

定理 4.2.14 设 $C_1, C_2 \subset \mathbb{R}^n$ 为同胚紧集, 则 $\mathbb{R}^n \setminus C_1$ 与 $\mathbb{R}^n \setminus C_2$ 具有相同的连通分支个数.

证明 设 $f: C_1 \to C_2$ 为同胚, 其逆记为 g. 由命题 1.3.6, f, g 均可连续地延拓到整个 $\mathbb{R}^n$ 中. $\mathbb{R}^n \setminus C_1$ 的连通分支记为 $\{H_j\}$, 显然有 $\partial H_j \subset C_1$. 任给 $x \in H_j$, 由推论 4.2.8 和乘积公式可得

$$1 = \deg(g \circ f, H_j, x) = \sum_l \deg(f, H_j, G_l) \deg(g, G_l, x),$$

其中, $\{G_l\}$ 表示 $\mathbb{R}^n \setminus f(\partial H_j)$ 的连通分支. 若用 $\{K_i\}$ 表示 $\mathbb{R}^n \setminus C_2$ 的连通分支, 则

$$\bigcup_i K_i = \mathbb{R}^n \setminus C_2 \subset \mathbb{R}^n \setminus f(\partial H_j) = \bigcup_l G_l,$$

这说明每一个 K_i 均完整地包含于某个 G_l 中. 记 $I_l = \{i \mid K_i \subset G_l\}$, 则当 $i \in I_l$ 时 $\deg(f, H_j, K_i) = \deg(f, H_j, G_l)$. 由 $g^{-1}(x) \subset \mathbb{R}^n \setminus C_2$ 可知

$$\deg(g, G_l, x) = \sum_i \deg(g, K_i, x) = \sum_{i \in I_l} \deg(g, K_i, x).$$

于是有

$$1 = \sum_l \sum_{i \in I_l} \deg(f, H_j, K_i) \deg(g, K_i, x) = \sum_i \deg(f, H_j, K_i) \deg(g, K_i, H_j).$$

交换 C_1, C_2 的位置可知, H_j 和 K_i 交换位置上式时仍成立. 这说明

$$\sum_i 1 = \sum_i \sum_j \deg(f, H_j, K_i) \deg(g, K_i, H_j) = \sum_j 1,$$

因此当 $\mathbb{R}^n \setminus C_1$, $\mathbb{R}^n \setminus C_2$ 中一个的连通分支个数有限时, 另一个亦然, 且这时二者的连通分支个数相等. □

习题 4.2

1. 设 U 为 $\mathbb{R}^n$ 中的有界开集, $f: \bar{U} \to \mathbb{R}^n$ 为连续映射. 证明: 如果 $\{U_i\}_{i=1}^m$ 为 U 中互不相交的开子集, 则当 $y \notin f(\bar{U} \setminus \bigcup_{i=1}^m U_i)$ 时

$$\deg(f, U, y) = \sum_{i=1}^m \deg(f, U_i, y).$$

2. 设 U 为 $\mathbb{R}^n$ 中的有界开集, $f: \bar{U} \to \mathbb{R}^m$ 为连续映射, 其中 $m < n$. 记

$$i: \mathbb{R}^m \to \mathbb{R}^n, \quad (x_1, \cdots, x_m) \mapsto (x_1, \cdots, x_m, 0, \cdots, 0).$$

证明: 当 $y \in \mathbb{R}^m \setminus (\mathrm{id} + f)(\partial U)$ 时, 有

$$\deg(\mathrm{id} + i \circ f, U, i(y)) = \deg(\mathrm{id} + f_m, U_m, y),$$

其中

$$f_m(x) = f(x, 0, \cdots, 0), \quad U_m = \{x = (x_1, \cdots, x_m) \mid (x_1, \ldots, x_n) \in U\}.$$

3. 设 B^n 为 $\mathbb{R}^n$ 中以原点为中心的单位开球, $f: \overline{B^n} \to \mathbb{R}^n$ 为连续映射, 且 $f^{-1}(0) = 0$. 证明: $\deg(f, B^n, 0) = \deg \bar{f}$, 其中

$$\bar{f}: S^{n-1} \to S^{n-1}, \quad \bar{f}(x) = \frac{f(x)}{\|f(x)\|}.$$

4. 利用引理 4.2.4 重新证明 Brouwer 不动点定理.

5. 设连续映射 $f: S^n \to S^n$ 为偶映射, 即 $f(x)=f(-x), \forall\, x\in S^n$. 证明: $\deg f$ 为偶数.
6. 设 $f: S^n \to S^n$ 是奇数维球面之间的连续映射, 如果 f 是奇映射, 即 $f(-x)=-f(x), \forall\, x \in S^n$, 证明: $\deg f$ 为奇数.
7. 设 S^n 被 $n+1$ 个闭集 $\{A_i\}_{i=0}^n$ 所覆盖. 证明: 一定有某个闭集 A_i 含有一对对径点.
8. 设 $f: M\to N$, $g: N\to Q$ 均为微分流形之间的逆紧连续映射. 证明: 当 $z\in Q$ 时

$$\deg(g\circ f, M, z)=\sum_j \deg(f, M, G_j)\deg(g, G_j, z),$$

其中, $\{G_j\}$ 表示 N 的连通分支.

§4.3 de Rham 上同调群的计算

从前面两节可以出, 即使是 $\mathbb{R}^n$ 和 S^n 这些简单流形的 (紧支集) de Rham 上同调在实际问题中也很有用. 下面我们再提供一些进一步的例子, 同时介绍上同调群的一般计算方法.

§4.3.1 群作用与上同调

设紧致 Lie 群 G 光滑地右作用于微分流形 M, 记 $R: M\times G\to M$ 为右作用. 任给 $g\in G$, 记

$$R_g: M\to M,\quad x\mapsto R(x,g)=xg.$$

在 G 上取右不变体积形式 α, 使得它在 G 上的积分为 1.

设 ω 为 M 上的微分形式, 如果 $(R_g)^*\omega=\omega$ 对任意 $g\in G$ 均成立, 则称 ω 为右不变微分形式. 右不变微分形式的全体记为 $\Omega_R^*(M)$. 显然, 当 ω 为右不变微分形式时, $\mathrm{d}\omega$ 也为右不变微分形式. 定义

$$H_R^q(M)=\{\omega\in\Omega_R^q(M)\mid \mathrm{d}\omega=0\}/\{\mathrm{d}\eta\mid \eta\in\Omega_R^{q-1}(M)\},$$

下面我们来研究 $H_R^*(M)$ 和 $H_{dR}^*(M)$ 之间的关系.

记 $i:\Omega_R^*(M)\to\Omega^*(M)$ 为包含映射. 利用右作用和右不变体积形式, 我们定义线性映射 $\rho:\Omega^*(M)\to\Omega_R^*(M)$ 如下

$$\rho(\omega)=\int_G (R_g)^*\omega\,\alpha,\quad \omega\in\Omega^q(M). \tag{4.3}$$

它可以看成对 ω 关于 G 取平均. 记 $\pi: M\times G\to G$ 为向第二个分量所做的投影, 则上式也可改写为

$$\rho(\omega)=\int_G R^*\omega\wedge\pi^*\alpha,$$

其中积分沿着 $M\times G$ 的第二个分量 G 进行 (M 上的变量视为参数). 利用体积形式的右不变性容易看出 $\rho(\omega)$ 总是右不变的, 且当 ω 本身就是右不变微分形式时, $\rho(\omega)=\omega$. 又因为 $\rho(\mathrm{d}\omega)=\mathrm{d}\rho(\omega)$, 所以我们有上同调群之间的同态

$$i_*: H_R^*(M)\to H_{dR}^*(M),\quad \rho_*: H_{dR}^*(M)\to H_R^*(M).$$

定理 4.3.1 设 $R: M\times G\to M$ 为紧致 Lie 群在微分流形 M 上的光滑右作用, 则 i_* 为单同态. 当 G 为紧致连通 Lie 群时, i_* 为同构.

证明 由 $\rho\circ\iota=\mathrm{Id}$ 可知 $\rho_* i_*=\mathrm{id}$, 因此 i^* 为单同态.

下面我们假定 G 为紧致连通 Lie 群. 设 ω 为闭形式, 我们要证明 $\rho(\omega)$ 和 ω 只相差一个恰当形式, 这样的话 i_* 也是满同态, 从而为同构.

选取 G 的单位元 e 附近的局部坐标邻域 U, 使得 U 与 T_eG 微分同胚 (利用指数映射很容易做到这一点). 取 G 上的最高次微分形式 β, 使得 β 的积分为 1 且 $\mathrm{supp}\beta\subset U$. 我们知道作为微分流形, G 可定向. 由命题 4.1.9 可知, 存在微分形式 γ, 使得 $\alpha-\beta=\mathrm{d}\gamma$. 此时

$$\rho(\omega)=\int_G R^*\omega\wedge\pi^*\beta+(-1)^{\deg\omega}\mathrm{d}\int_G R^*\omega\wedge\pi^*\gamma.$$

因为 $\mathrm{supp}\beta\subset U$, 在上式右边第一项中, 我们只要在 $M\times U$ 中考虑 $R^*\omega$ 即可. 考虑包含映射

$$j:M\to M\times U,\ \ j(x)=(x,e),\ x\in M.$$

j 诱导了 de Rham 上同调群之间的同构. 因此, 在 $M\times U$ 中存在微分形式 η, 使得

$$R^*\omega=\omega+\mathrm{d}\eta.$$

此时

$$\rho(\omega)=\int_G\omega\wedge\pi^*\beta+\eta'=\omega+\eta',$$

其中, η' 为恰当形式. □

注 (1) 当 G 为连通 Lie 群时, 以连续曲线连接 g 和 e, 可以发现 R_g 和恒同映射同伦. 于是每一个 $(R_g)^*\omega$ 都只与 ω 相差恰当形式, 它们的平均值 $\rho(\omega)$ 也应该只与 ω 相差恰当形式. 这是 i_* 为同构的直观解释.

(2) 对于紧致 Lie 群的左作用有完全类似的结果.

上述定理可用来研究紧致 Lie 群的 de Rham 上同调. 设 G 为紧致连通 Lie 群, 乘积群 $G\times G$ 在 G 上有如下右作用

$$g(g_1,g_2)=g_1^{-1}gg_2,\ \ g\in G,\ (g_1,g_2)\in G\times G.$$

对于这个右作用而言, G 上的右不变微分形式其实就是双不变形式 (即在左移和右移下均不变的微分形式). 双不变微分形式的全体记为 $\Omega_I^*(G)$.

命题 4.3.2 *设 G 为紧致连通 Lie 群, 则双不变形式均为闭形式. 特别地, $H_{dR}^*(G)=\Omega_I^*(G)$.*

证明 记 $\mu:G\times G\to G$ 为 Lie 群的乘法运算, $\nu:G\to G$ 为群的求逆运算. 首先, 当 $X\in T_gG$, $Y\in T_hG$ 时, 有

$$\mu_{*(g,h)}(X,Y)=\mu_{*(g,h)}(0,Y)+\mu_{*(g,h)}(X,0)=(L_g)_*Y+(R_h)_*X.$$

其次, 由 $\mu(g,\nu(g))\equiv e$ 可得

$$0=\mu_{*(g,g^{-1})}(X,\nu_{*g}X)=(L_g)_*(\nu_{*g}X)+(R_{g^{-1}})_*X,$$

这说明

$$\nu_{*g}=-\big((L_g)_*\big)^{-1}\circ(R_{g^{-1}})_*.$$

如果 ω 为 q 次双不变微分形式, 则由上式立即得到

$$\nu^*\omega = (-1)^q\omega.$$

这说明

$$\nu^*\mathrm{d}\omega = \mathrm{d}\nu^*\omega = (-1)^q\mathrm{d}\omega.$$

又因为 $\mathrm{d}\omega$ 为 $q+1$ 次双不变微分形式, $\nu^*\mathrm{d}\omega = (-1)^{q+1}\mathrm{d}\omega$ 也成立. 比较以上两式即知 $\mathrm{d}\omega = 0$. □

例 4.3.1 环面的 de Rham 上同调.

考虑 n 维环面 $T^n = S^1 \times \cdots \times S^1$ (n 个 S^1 相乘). 记 $\{x^i\}_{i=1}^n$ 为 $\mathbb{R}^n$ 上的标准直角坐标. 因为 $\mathrm{d}x^i$ 在 $\mathbb{R}^n$ 的平移作用下不变, 因此可视为 T^n 上的 1-形式, 且它们均为双不变的微分形式. 如果 ω 为 T^n 上的双不变 q-形式, 则它可以写为

$$\omega = \sum_{i_1<\cdots<i_q} a_{i_1\cdots i_q}(x)\mathrm{d}x^{i_1}\wedge\cdots\wedge\mathrm{d}x^{i_q}.$$

双不变性意味着 $a_{i_1\cdots i_q}(x+y) = a_{i_1\cdots i_q}(x)$ 对任意 y 成立. 即系数 $a_{i_1\cdots i_q}$ 都是常数. 根据命题 4.3.2, 我们就有

$$H^q_{dR}(T^n) = \mathrm{span}\{\mathrm{d}x^{i_1}\wedge\cdots\wedge\mathrm{d}x^{i_q} \mid 1 \leqslant i_1 < \cdots < i_q \leqslant n\},$$

特别地, $\dim H^q_{dR}(T^n) = C^q_n$, $q = 0, 1, \cdots, n$.

设 G 为紧致连通 Lie 群, 我们也可以考虑 G 在它自身上的左乘作用或右乘作用. 以左乘作用为例, 记 $\Omega^*_L(G)$ 为 G 上左不变 (左移不变) 微分形式的全体. 取 T_eG 的一组基 $\{e_i\}$, 将它们左移为左不变向量场 $\{X_i\}$. 记 $\{\theta^i\}$ 为 $\{X_i\}$ 的对偶 1-形式, 则 $\{\theta^i\}$ 都是左不变的. 与例 4.3.1 中的讨论类似, G 上任意一个 q 次左不变微分形式 ω 必定形如

$$\omega = \sum_{i_1<\cdots<i_q} a_{i_1\cdots i_q}\theta^{i_1}\wedge\cdots\wedge\theta^{i_q},$$

其中, 系数 $a_{i_1\cdots i_q}$ 均为常数. 这说明我们有如下线性同构

$$\tau_L : \Omega^*_L(G) \to \wedge^*\mathfrak{g}^*, \quad \omega \mapsto \omega|_e = \sum_{i_1<\cdots<i_q} a_{i_1\cdots i_q}\omega^{i_1}\wedge\cdots\wedge\omega^{i_q},$$

其中, $\mathfrak{g}$ 为 G 的 Lie 代数, $\{\omega^i\} \subset \mathfrak{g}^*$ 为 $\{e_i\}$ 的对偶基.

利用 τ_L 我们可以将 $\Omega^*_L(G)$ 中的外微分算子 d 转移到 $\wedge^*\mathfrak{g}^*$ 中. 设 $\omega \in \Omega^q_L(G)$, $\{Y_i\}_{i=1}^{q+1}$ 为左不变向量场. 因为 ω 沿左不变向量场的取值为常数, 我们就有

$$\begin{aligned}
\mathrm{d}\omega(Y_1,\cdots,Y_{q+1}) &= \sum_{i=1}^{q+1}(-1)^{i-1}Y_i\big(\omega(Y_1,\cdots,\hat{Y}_i,\cdots,Y_{q+1})\big)\\
&\quad+\sum_{i<j}(-1)^{i+j}\omega([Y_i,Y_j],Y_1,\cdots,\hat{Y}_i,\cdots,\hat{Y}_j,\cdots,Y_{q+1})\\
&= \sum_{i<j}(-1)^{i+j}\omega([Y_i,Y_j],Y_1,\cdots,\hat{Y}_i,\cdots,\hat{Y}_j,\cdots,Y_{q+1}).
\end{aligned}$$

这说明, $\wedge^*\mathfrak{g}^*$ 中的外微分算子 d 应该以如下方式定义

$$\mathrm{d}\varphi(v_1,\cdots,v_{q+1})=\sum_{i<j}(-1)^{i+j}\varphi([v_i,v_j],v_1,\cdots,\hat{v}_i,\cdots,\hat{v}_j,\cdots,v_{q+1}),$$

其中, $\varphi\in\wedge^q\mathfrak{g}^*$, $\{v_i\}_{i=1}^{q+1}\subset\mathfrak{g}$. 定义

$$H^q(\mathfrak{g})=\{\varphi\in\wedge^q\mathfrak{g}^*\mid\mathrm{d}\varphi=0\}/\{\mathrm{d}\psi\mid\psi\in\wedge^{q-1}\mathfrak{g}^*\},$$

称为 Lie 代数 $\mathfrak{g}$ 的 q 次上同调. Lie 群 G 的 de Rham 上同调与其 Lie 代数上同调同构.

作为简单应用, 我们有

命题 4.3.3 设 G 为紧致连通 Lie 群, 其 Lie 代数为 $\mathfrak{g}$, 则

$$H^1_{dR}(G)\cong\mathcal{Z}(\mathfrak{g})^*,$$

其中, $\mathcal{Z}(\mathfrak{g})$ 表示 Lie 代数 $\mathfrak{g}$ 的中心, 即

$$\mathcal{Z}(\mathfrak{g})=\{X\in\mathfrak{g}\mid[X,Y]=0,\ \ \forall\,Y\in\mathfrak{g}\}.$$

证明 我们已经知道

$$H^1_{dR}(G)\cong H^1(\mathfrak{g})=\{\varphi\in\mathfrak{g}^*\mid\mathrm{d}\varphi=0\}.$$

根据定义, $\mathrm{d}\varphi(X,Y)=-\varphi([X,Y])$. 因此 $\mathrm{d}\varphi=0$ 当且仅当它在 $[\mathfrak{g},\mathfrak{g}]$ 上取值为零.

在 G 上取双不变度量 $\langle,\rangle$. 在此度量下, 前一段的讨论表明

$$H^1_{dR}(G)\cong([\mathfrak{g},\mathfrak{g}]^{\perp})^*.$$

又由 $\langle X,[Y,Z]\rangle=\langle[X,Y],Z\rangle$ 可知, $X\in[\mathfrak{g},\mathfrak{g}]^{\perp}$ 当且仅当 $X\in\mathcal{Z}(\mathfrak{g})$. 命题得证. □

注 从命题的证明可见, 对于紧致 Lie 群, 如果其 Lie 代数的中心为零, 则 $[\mathfrak{g},\mathfrak{g}]=\mathfrak{g}$.

命题 4.3.4 设 G 为紧致连通 Lie 群, 则 G 为半单 Lie 群当且仅当 $H^1_{dR}(G)=\{0\}$.

证明 设 G 为紧致连通 Lie 群, 我们取双不变度量 $\langle,\rangle$. 此时 ad_X 都是斜对称的, 其中 $ad_X(Y)=[X,Y]$. 回忆 Killing 形式 B 的定义

$$B(X,Y)=\mathrm{tr}(ad_Xad_Y),\quad X,Y\in\mathfrak{g}.$$

根据定义, G 为半单 Lie 群当且仅当 B 为非退化双线性型. 由 ad_X 的斜对称性可得 B 非退化当且仅当 $ad_X=0$ 能推出 $X=0$, 即当且仅当 $\mathcal{Z}(\mathfrak{g})=\{0\}$. 于是欲证结论由命题 4.3.3 立即得到. □

在前述讨论中, 我们将 $\Omega^*_L(G)$ 等同于 $\wedge^*\mathfrak{g}^*$, 从而将 Lie 群的 de Rham 上同调化为了 Lie 代数的上同调. 我们也可以看看双不变微分形式所满足的条件.

引理 4.3.5 设 G 为紧致连通 Lie 群, ω 为左不变微分形式, 记 $\varphi=\tau_L(\omega)$, 则 ω 为双不变形式当且仅当下列三个条件之一成立:

(i) $L_X\omega=0$ 对任意左不变向量场 X 成立;

(ii) $\varphi(Ad_gX_1,\cdots,Ad_gX_q)=\varphi(X_1,\cdots,X_q)$, $\forall\,g\in G$, $X_i\in\mathfrak{g}$;

(iii) $\sum_i\varphi(X_1,\cdots,[X,X_i],\cdots,X_q)=0$, $\forall\,X,X_i\in\mathfrak{g}$.

证明 (i) 设 ω 为双不变形式, 左不变向量场 X 生成的单参数变换群为 $\{\phi_t\}$, 则 $\phi_t=R_{\exp(tX_e)}$. 如果 ω 是右不变的, 则 $\phi_t^*\omega=\omega$. 由

$$\frac{\mathrm{d}}{\mathrm{d}t}\phi_t^*\omega=\phi_t^*(L_X\omega)$$

可知 $L_X\omega = 0$. 反之, 如果 $L_X\omega = 0$ 均成立, 则上式表明存在单位元 e 的开邻域 U, 当 $h \in U$ 时 $(R_h)^*\omega = \omega$. 由于 G 连通, U 中元素可以生成整个 G. 这说明 ω 是右不变的.

(ii) 设 ω 为双不变形式. 任给 $g \in G$, 自同构 $h \mapsto ghg^{-1}$ 是左移和右移的复合, 因此保持 ω 不变. 这说明 $\varphi = \tau_L(\omega)$ 是 Ad-不变的.

反之, 设 ω 是左不变的. 如果 $\varphi = \tau_L(\omega)$ 是 Ad-不变的, 则任给 $g \in G$, 有

$$\begin{aligned}\omega\big((R_g)^*X_1, \cdots, (R_g)^*X_q\big) &= \varphi\big((L_{g^{-1}})^*(R_g)^*X_1, \cdots, (L_{g^{-1}})^*(R_g)^*X_q\big)\\ &= \varphi(Ad_{g^{-1}}X_1, \cdots, Ad_{g^{-1}}X_q)\\ &= \varphi(X_1, \cdots, X_q),\end{aligned}$$

这说明 ω 是 φ 经过右移得到, 因此它是右不变的微分形式.

(iii) 设 ω 为双不变形式. 在 (ii) 中关于 g 求导就得到了欲证等式. 反之, 设 ω 是左不变形式, 由已知等式不难看出 $L_X\omega = 0$ 对左不变向量场 X 均成立. 由 (i) 可知 ω 是双不变形式. □

命题 4.3.6 设 G 为紧致连通半单 Lie 群, 则 $H^2_{dR}(G) = \{0\}$, $\dim H^3_{dR}(G) \geqslant 1$.

证明 设 ω 为双不变 2-形式, 我们要证明 $\omega = 0$. 任给左不变向量场 X, 由引理 4.3.5 和 Cartan 公式可得

$$0 = L_X\omega = i_X \circ \mathrm{d}\omega + \mathrm{d} \circ i_X\omega = \mathrm{d} \circ i_X\omega,$$

这说明 $i_X\omega$ 为 (左不变) 闭形式. 由命题 4.3.4 可知 $i_X\omega = 0$. 由此易见 $\omega = 0$, 因此 $H^2_{dR}(G) = \{0\}$.

设 F 为 $\mathfrak{g}$ 上双线性型, 如果

$$F([X,Y],Z) + F(Y,[X,Z]) = 0, \quad \forall\, X, Y, Z \in \mathfrak{g},$$

则称 F 是不变双线性型. 对称不变双线性型的全体记为 $\mathcal{B}(\mathfrak{g})$. 我们将要证明 $H^3_{dR}(G) \cong \mathcal{B}(\mathfrak{g})$.

设 F 为不变双线性型, 定义 $\omega_F \in \wedge^3\mathfrak{g}^*$ 为

$$\omega_F(X,Y,Z) = F([X,Y],Z), \quad X, Y, Z \in \mathfrak{g}.$$

设 $X_0 \in \mathfrak{g}$, 由 Jacobi 恒等式可得

$$\begin{aligned}&\omega_F([X_0,X],Y,Z) + \omega_F(X,[X_0,Y],Z) + \omega_F(X,Y,[X_0,Z])\\ &= F([[X_0,X],Y],Z) + F([X,[X_0,Y]],Z) + F([X,Y],[X_0,Z])\\ &= F([X_0,[X,Y]],Z) + F([X,Y],[X_0,Z]) = 0,\end{aligned}$$

由引理 4.3.5 可见 ω_F 定义了一个双不变形式 (仍记为 ω_F). 考虑线性映射

$$\chi : \mathcal{B}(\mathfrak{g}) \to \Omega^3_I(G), \quad F \mapsto \omega_F.$$

因为 G 为半单 Lie 群, 由命题 4.3.3 的证明和注记可知 $[\mathfrak{g},\mathfrak{g}] = \mathfrak{g}$, 由 ω_F 定义可见 χ 为单射.

为了证明 χ 为满射, 取 $\omega \in \Omega^3_I(G)$, $X \in \mathfrak{g}$. X 生成的左不变向量场仍记为 X, 则 $i_X\omega$ 为闭的左不变 2-形式. 由 $H^2_{dR}(G) = \{0\}$ 可知, 存在左不变 1-形式 η_X, 使得 $i_X\omega = \mathrm{d}\eta_X$.

此时

$$d\eta_X(Y,Z) = i_X\omega(Y,Z) = \omega(X,Y,Z).$$

定义 $F(X,Y) = -\eta_X(Y)$, 则

$$F(X,[Y,Z]) = -\eta_X([Y,Z]) = d\eta_X(Y,Z) = \omega(X,Y,Z).$$

由 $[\mathfrak{g},\mathfrak{g}] = \mathfrak{g}$ 以及 ω 的 Ad-不变性可得 F 的 Ad-不变性, 即

$$F(Ad_gX, Ad_gY) = F(X,Y), \quad g \in G.$$

上式关于 g 求导可知 F 为不变双线性型. 为了看出 F 是对称的, 我们将其分解为 $F_1 + F_2$, 其中 F_1 是对称的, F_2 是斜对称的. F_2 给出了 $\wedge^2\mathfrak{g}^*$ 中的 Ad-不变元素, 由引理 4.3.5 和 $H^2_{dR}(G) = \{0\}$ 可知 $F_2 = 0$, 即 F 是对称的.

以上我们证明了 $H^3_{dR}(G) = \Omega^3_I(G) \cong \mathcal{B}(\mathfrak{g})$. 对于半单 Lie 群来说, 其 Killing 形式为对称不变双线性型, 因此 $\dim H^3_{dR}(G) \geqslant 1$. □

推论 4.3.7 *在球面中, 只有 S^1, S^3 上容许 Lie 群结构.*

证明 我们知道 S^1, S^3 上具有相容的 Lie 群结构. 设 $n \geqslant 2$, 因为 $H^1_{dR}(S^n) = \{0\}$, 如果 S^n 为 Lie 群, 由命题 4.3.4 可知它必为半单 Lie 群. 再由命题 4.3.6 可知此时 $n = 3$ 是唯一可能的情形. □

设 G 为 Lie 群, H 为 G 的闭 Lie 子群. 下面我们考虑齐性空间 $M = G/H$ 的 de Rham 上同调群. 记 $\pi: G \to M$ 为商投影. G 自然地左作用于 M 如下

$$g(xH) = (gx)H, \quad g \in G, \ xH \in M.$$

G 和 H 的 Lie 代数分别记为 $\mathfrak{g}$ 和 $\mathfrak{h}$.

我们用 $\wedge^q_H(\mathfrak{g}/\mathfrak{h})^*$ 表示 $\wedge^q\mathfrak{g}^*$ 中满足下列条件的 φ 所组成的子空间:

(i) 当 v_i 中至少有一个属于 $\mathfrak{h}$ 中时 $\varphi(v_1,\cdots,v_q) = 0$;

(ii) $\varphi(Ad_hv_1,\cdots,Ad_hv_q) = 0$ 对任意 $h \in H$ 成立.

当 φ 满足上述条件时, 不难验证 $d\varphi$ 也满足这些条件. 因此可以定义

$$H^q(\mathfrak{g}/\mathfrak{h}) = \{\varphi \in \wedge^q_H(\mathfrak{g}/\mathfrak{h})^* \mid d\varphi = 0\}/\{d\psi \mid \psi \in \wedge^{q-1}_H(\mathfrak{g}/\mathfrak{h})^*\}.$$

我们想要将 $H^q_{dR}(M)$ 和 $H^q(\mathfrak{g}/\mathfrak{h})$ 联系起来.

设 ω 为 M 上左不变 q-形式, 记

$$\iota(\omega) = (\pi^*\omega)_e \in \wedge^q\mathfrak{g}^*.$$

设 $v_i \in \mathfrak{g}$ $(1 \leqslant i \leqslant q)$. 显然, 当 v_i 中至少有一个属于 $\mathfrak{h}$ 时, 必有

$$\iota(\omega)(v_1,\cdots,v_q) = 0.$$

任给 $h \in H$, 由 $h(xH) = (hxh^{-1})H$ 和 ω 的左不变性可得

$$\iota(\omega)(Ad_hv_1,\cdots,Ad_hv_q) = \iota(\omega)(v_1,\cdots,v_q).$$

于是我们得到了映射 $\iota: \Omega^*_L(M) \to \wedge^*(\mathfrak{g}/\mathfrak{h})^*$, 这是一个线性同构, 并且 $d \circ \iota = \iota \circ d$.

命题 4.3.8 *设 H 为紧致连通 Lie 子群, 则 $M = G/H$ 可定向.*

证明 记 $n = \dim M$. 我们要在 M 上找一个处处非零的左不变的 n-形式. 注意到 $\dim \wedge^n(\mathfrak{g}/\mathfrak{h})^* = 1$, 因此 $\dim \wedge^n_H(\mathfrak{g}/\mathfrak{h})^* \leqslant 1$, 且等号成立当且仅当 $\det Ad_h = 1$ 对任

意 $h \in H$ 均成立. 考虑群同态

$$\lambda : H \to \mathbb{R} \setminus \{0\}, \quad h \mapsto \det Ad_h,$$

由 H 紧致连通可知 $\lambda \equiv 1$. □

命题 4.3.9 设 G 为紧致连通 Lie 群, H 为 G 的闭子群, 则 $H^*_{dR}(G/H) \cong H^*(\mathfrak{g}/\mathfrak{h})$.

证明 当 G 为紧致连通 Lie 群时, $H^*_{dR}(G/H) = H^*_L(G/H)$. 再由前述讨论可知 $H^*_L(G/H) \cong H^*(\mathfrak{g}/\mathfrak{h})$. □

例 4.3.2 S^n 的 de Rham 上同调.

S^n 可视为齐性空间 $SO(n+1)/SO(n)$. S^n 上 $SO(n+1)$-不变的微分形式 ω 完全由它在 $T_N S^n = \mathbb{R}^n$ 处的值确定, 其中 $N = (0, \cdots, 0, 1)$. 设 $\{e_1, \cdots e_n\}$ 为 $\mathbb{R}^n$ 中的标准基. 设 ω 为左不变 q-形式. $q = 0$ 时, ω 为常值函数, 因此 $H^0_{dR}(S^n) = \mathbb{R}$. 当 $1 \leqslant q \leqslant n-1$ 时, 我们说明 ω 只能为零. 事实上, 任取 $1 \leqslant i_1 < \cdots < i_q \leqslant n$, 总可选取 $h, h' \in SO(n+1)$, 使得

$$h(e_1) = e_{i_1}, \cdots, h(e_q) = e_{i_q}, \ h(N) = N$$

和

$$h'(e_1) = -e_{i_1}, \cdots, h'(e_q) = e_{i_q}, \ h'(N) = N$$

成立. 此时

$$\omega(e_{i_1}, \cdots, e_{i_q}) = \omega(e_1, \cdots, e_q) = -\omega(e_{i_1}, \cdots, e_{i_q}),$$

这说明 $\omega = 0$.

当 $q = n$ 时, S^n 上存在左不变体积形式, 因此 $H^n_{dR}(S^n) = \mathbb{R}$.

例 4.3.3 对称空间的 de Rham 上同调.

设 G 为紧致连通 Lie 群, H 为闭的 Lie 子群. 如果 $M = G/H$ 是对称空间, 则有 Lie 代数的分解

$$\mathfrak{g} = \mathfrak{m} \oplus \mathfrak{h},$$

并且此分解满足下列条件:

(i) $Ad_h X \in \mathfrak{m}, \forall\, h \in H, X \in \mathfrak{m}$;

(ii) $[X, Y] \in \mathfrak{h}, \forall\, X, Y \in \mathfrak{m}$.

在这些条件下, 容易看出

$$H^q_{dR}(M) \cong \wedge^q_H \mathfrak{m}^*, \quad q \geqslant 0,$$

其中, $\wedge^q_H \mathfrak{m}^*$ 由 $\wedge^q \mathfrak{m}^*$ 中 Ad_H-不变的元素组成.

§4.3.2 Mayer-Vietoris 正合序列

下面我们用组合的办法研究上同调, 其出发点是将流形分解为若干部分, 使得每一部分的 de Rham 上同调都比较简单, 通过研究这些局部 de Rham 上同调群之间的关系得到流形的整体信息.

设 M 为 n 维微分流形, $U, V \subset M$ 为开集且 $M = U \cup V$. 考虑如下一列同态

$$0 \to \Omega^q(M) \xrightarrow{i^*} \Omega^q(U) \oplus \Omega^q(V) \xrightarrow{j^*} \Omega^q(U \cap V) \to 0, \tag{4.4}$$

其中, i^*, j^* 定义为

$$i^*\omega = (\omega|_U, \omega|_V), \quad j^*(\eta, \tau) = \tau|_{U\cap V} - \eta|_{U\cap V}.$$

为了简单起见, 在不引起混淆时下面我们常省略限制同态. 式(4.4) 称为 Mayer-Vietoris 序列.

引理 4.3.10 Mayer-Vietoris 序列是正合的.

证明 显然 i^* 为单射. $\mathrm{Im}i^* = \mathrm{Ker}j^*$ 也很容易看出来: 显然 $\mathrm{Im}i^* \subset \mathrm{Ker}j^*$; 另一方面, 设 $\eta \in \Omega^q(U)$, $\tau \in \Omega^q(V)$, 如果 $\tau - \eta$ 在 $U \cap V$ 上为零, 则它们在 $M = U \cup V$ 上定义了一个整体 q-形式, 即 $\mathrm{Ker}j^* \subset \mathrm{Im}i^*$.

最后我们说明 j^* 为满射. 取从属于 $\{U, V\}$ 的单位分解 $\{\rho_U, \rho_V\}$. 当 $\omega \in \Omega^q(U \cap V)$ 时, $-\rho_V\omega$ 可零延拓为 U 中 q-形式, 记为 η. 同理, $\rho_U\omega$ 可零延拓为 V 中 q-形式, 记为 τ. 在 $U \cap V$ 上, 显然有 $\tau - \eta = \omega$. □

式(4.4) 是所谓的短正合序列. 在同调代数中, 我们熟知由短正合序列可诱导上同调群的长正合序列

$$\cdots H^q_{dR}(M) \xrightarrow{i^*} H^q_{dR}(U) \oplus H^q_{dR}(V) \xrightarrow{j^*} H^q_{dR}(U \cap V) \xrightarrow{d^*} H^{q+1}_{dR}(M) \cdots, \tag{4.5}$$

其中, d^* 称为连接同态, 其定义如下: 设 $\omega \in \Omega^q(U \cap V)$ 为闭形式, 选择 $(\eta, \tau) \in \Omega^q(U) \oplus \Omega^q(V)$ 使得 $j^*(\eta, \tau) = \omega$. 此时 $\mathrm{d}\tau - \mathrm{d}\eta = \mathrm{d}\omega$ 在 $U \cap V$ 中为零, 从而在 M 上存在唯一的 $(q+1)$-形式 $d^*\omega$, 使得 $i^*d^*\omega = (\mathrm{d}\eta, \mathrm{d}\tau)$. 显然 $d^*\omega$ 为 M 上的闭形式, 并且可验证它所代表的上同调类不依赖于 (η, τ) 的选取. 如果利用单位分解 $\{\rho_U, \rho_V\}$, 则 $d^*\omega$ 可取为 $\mathrm{d}\rho_U \wedge \omega$ 在 M 上的零延拓.

式(4.5) 仍称为 Mayer-Vietoris 序列.

定理 4.3.11 Mayer-Vietoris 序列 (4.5) 为正合序列.

证明 从同态 i^*, j^*, d^* 的定义容易看出任意相邻的两个同态复合以后等于零.

(1) $\mathrm{Ker}d^* \subset \mathrm{Im}j^*$. 设 ω 为 $U \cap V$ 中的闭形式, 使得 $d^*\omega = \mathrm{d}\sigma$ 为 M 中的恰当形式. 此时 $\mathrm{d}\sigma = \mathrm{d}\rho_U \wedge \omega$. 令

$$\eta = -\rho_V\omega - \sigma, \quad \tau = \rho_U\omega - \sigma,$$

η 和 τ 分别为 U, V 中的闭形式, 且 $j^*(\eta, \tau) = \omega$.

(2) $\mathrm{Ker}j^* \subset \mathrm{Im}i^*$. 设 η, τ 分别为 U, V 中的闭形式, 使得 $j^*(\eta, \tau)$ 为 $U \cap V$ 中的恰当形式. 于是存在 $U \cap V$ 中微分形式 ϕ, 使得 $\tau - \eta = \mathrm{d}\phi$. 此时

$$\eta - \mathrm{d}(-\rho_V\phi) = \tau - \mathrm{d}(\rho_U\phi),$$

这说明在 M 上存在整体微分形式 ω, 使得

$$\omega|_U = \eta - \mathrm{d}(-\rho_V\phi), \quad \omega|_V = \tau - \mathrm{d}(\rho_U\phi).$$

显然, ω 为闭形式, 且 $i^*[\omega] = ([\eta], [\tau])$.

(3) $\mathrm{Ker}i^* \subset \mathrm{Im}d^*$. 设 ω 为 M 中的闭形式, 使得它在 U, V 中都是恰当形式. 即存在 U 中微分形式 η 和 V 中微分形式 τ, 使得

$$\omega|_U = \mathrm{d}\eta, \quad \omega|_V = \mathrm{d}\tau.$$

此时 $\psi = \tau - \eta$ 为 $U \cap V$ 中的闭形式, 不难说明 $d^*[\psi] = [\omega]$. □

推论 4.3.12 如果 $U, V, U\cap V$ 的 de Rham 上同调群都是有限维的, 则 $M = U\cup V$ 的 de Rham 上同调群也是有限维的.

证明 由式 (4.5) 的正合性可知, 作为向量空间, $H^q_{dR}(M)$ 同构于以下同态的像的直和

$$d^*: H^{q-1}(U\cap V)\to H^q_{dR}(M),\quad i^*: H^q_{dR}(M)\to H^q_{dR}(U)\oplus H^q_{dR}(V).$$

根据已知条件, 它们都是有限维的. □

设 $\{U_i\}_{i\in I}$ 为微分流形 M 的一个开覆盖. 如果每一个非空交集 $U_{i_0}\cap\cdots\cap U_{i_k}$ 均与 $\mathbb{R}^n$ 微分同胚, 则称此开覆盖为 M 的**好覆盖**. 指标集 I 为有限集的好覆盖称为有限好覆盖.

推论 4.3.13 如果 M 存在有限好覆盖, 则其 de Rham 上同调群是有限维的. 特别地, 闭流形的 de Rham 上同调群是有限维的.

证明 由 Poincaré 引理我们知道 $\mathbb{R}^n$ 的 de Rham 上同调群是有限维的. 于是利用 Mayer-Vietoris 正合序列和归纳法容易看出, 具有有限好覆盖的流形的 de Rham 上同调群是有限维的.

对于闭流形来说, 我们选取一个黎曼度量. 根据黎曼几何的经典结论, 存在 $r>0$, 使得以 r 为半径的测地球都是 (严格) 凸的. 有限个这样的测地球就形成了一个好覆盖. □

例 4.3.4 S^n 的 de Rham 上同调群.

我们可以用 Mayer-Vietoris 正合序列再来计算球面 S^n 的 de Rham 上同调群. 令

$$U = S^n\setminus\{(0,\cdots,0,1)\},\quad V = S^n\setminus\{(0,\cdots,0,-1)\},$$

则 $S^n = U\cup V$, U, V 微分同胚于 $\mathbb{R}^n$, $U\cap V$ 微分同胚于 $\mathbb{R}\times S^{n-1}$.

当 $q=0$, $n=1$ 时, 同态 $j^*: H^0_{dR}(U)\oplus H^0_{dR}(V)\to H^0_{dR}(U\cap V)$ 形如

$$j^*(a,b) = (b-a, b-a).$$

利用 Poincaré 引理, 在序列 (4.5) 中我们可以看出

$$H^1_{dR}(S^1) = \mathrm{Im}d^* = \mathrm{Ker}j^* = \mathbb{R}.$$

当 $q=0$, $n\geqslant 2$ 时, $j^*: H^0_{dR}(U)\oplus H^0_{dR}(V)\to H^0_{dR}(U\cap V)$ 为满同态. 利用 Poincaré 引理, 在序列 (4.5) 中我们可以看出 $H^1_{dR}(S^n)=\{0\}$.

当 $q\geqslant 1$ 时, 利用 Poincaré 引理, 在序列 (4.5) 中我们可以看出

$$H^{q+1}_{dR}(S^n) = H^q_{dR}(\mathbb{R}\times S^{n-1}) = H^q_{dR}(S^{n-1}).$$

由此可以递归地算出 $H^q_{dR}(S^n)=\{0\}$ $(1\leqslant q\leqslant n-1)$, $H^n_{dR}(S^n)=\mathbb{R}$.

例 4.3.5 $\mathbb{C}P^n$ 的 de Rham 上同调群.

熟知 $\mathbb{C}P^1$ 与 S^2 微分同胚. 下面设 $n\geqslant 2$, 令

$$U = \mathbb{C}P^n\setminus\{[0,\cdots,0,1]\},\quad V = \mathbb{C}P^n\setminus\mathbb{C}P^{n-1} = \{[z_0,\cdots,z_n]\in\mathbb{C}P^n \mid z_n\neq 0\}.$$

显然 $\mathbb{C}P^n = U\cup V$. 定义 $\iota:\mathbb{C}P^{n-1}\to U$ 为包含映射. 定义 $\pi: U\to\mathbb{C}P^{n-1}$ 为

$$\pi([z_0,\cdots,z_{n-1},z_n]) = [z_0,\cdots,z_{n-1}].$$

显然 $\pi\circ\iota = \mathrm{id}$. 由如下同伦

$$[0,1]\times U\to U,\quad (t,[z_0,\cdots,z_n])\mapsto (z_0,\cdots,z_{n-1},tz_n)$$

可知 $\iota\circ\pi$ 同伦于恒同映射. 这说明 ι^* 和 π^* 诱导了 de Rham 上同调群之间的同构.

我们还容易看出 V 微分同胚于 $\mathbb{C}^n$, $U\cap V$ 微分同胚于 $\mathbb{C}^n\setminus\{0\}$, 因此

$$H^q_{dR}(U\cap V)=H^q_{dR}(\mathbb{C}^n\setminus\{0\})=H^q_{dR}(S^{2n-1}).$$

综合以上这些信息, 从序列 (4.5) 中我们可以看出,

$$H^q_{dR}(\mathbb{C}P^n)=H^q_{dR}(\mathbb{C}P^{n-1}),\quad 1\leqslant q\leqslant 2n-2;\quad H^{2n-1}_{dR}(\mathbb{C}P^n)=\{0\},$$

$$H^n_{dR}(\mathbb{C}P^n)=H^{2n-1}_{dR}(S^{2n-1})=\mathbb{R}.$$

最终可以递归地得到

$$H^{2k}_{dR}(\mathbb{C}P^n)=\mathbb{R},\quad k=0,1,\cdots,n;\quad H^{2k-1}_{dR}(\mathbb{C}P^n)=\{0\},\quad k=1,2,\cdots,n.$$

注 在例 3.9.7 中, 我们已经得到了 $H^2_{dR}(\mathbb{C}P^n)$ 中一个元素 $c_1(E)$, 其中 E 是 $\mathbb{C}P^n$ 上的 tautological 线丛. 注意到 $c_1(E)^n\neq 0$, 因此结合刚才的计算就知道 $H^*_{dR}(\mathbb{C}P^n)$ 由 $c_1(E)$ 所生成.

设 M, N 为微分流形, 考虑投影

$$\pi_M: M\times N\to M,\ (x,y)\mapsto x;\quad \pi_N: M\times N\to N,\ (x,y)\mapsto y.$$

这些投影诱导了线性映射

$$\Omega^k(M)\otimes\Omega^l(N)\to\Omega^{k+l}(M\times N),\quad \omega\otimes\tau\mapsto\pi_M^*\omega\wedge\pi_N^*\tau.$$

当 ω, τ 为闭形式时, $\pi_M^*\omega\wedge\pi_N^*\tau$ 也是闭形式. 如果 ω 或 τ 还是恰当形式, 则 $\pi_M^*\omega\wedge\pi_N^*\tau$ 也是恰当形式. 因此上述线性映射诱导了 de Rham 上同调群之间的同态

$$\kappa: H^*_{dR}(M)\otimes H^*_{dR}(N)\to H^*_{dR}(M\times N),\quad [\omega]\otimes[\tau]\mapsto[\pi_M^*\omega\wedge\pi_N^*\tau].$$

定理 4.3.14 (Künneth 公式) *设 M 具有有限好覆盖, 则 κ 为同构, 即*

$$H^q_{dR}(M\times N)\cong\oplus_{l=0}^q H^l_{dR}(M)\otimes H^{q-l}_{dR}(N),\quad\forall\, q\geqslant 0.$$

证明 设 M 的好覆盖由 m 个开集组成, 我们对 m 应用归纳法. 当 $m=1$ 时, 由 Poincaré 引理可知欲证结论成立. 假定结论对 $m-1$ 个开集成立, 我们要证明对于 m 个开集的情形也成立. 设 $\{U_i\}_{i=1}^m$ 为 M 的好覆盖. 记

$$U=U_1\bigcup\cdots\bigcup U_{m-1},\quad V=U_m.$$

根据归纳假设, Künneth 公式对 $U\times N$, $V\times N$ 和 $(U\cap V)\times N$ 均成立. 我们想要用 Mayer-Vietoris 正合序列证明 Künneth 公式对 $(U\cup V)\times N$ 也成立. 为了简单起见, 记

$$\tilde{H}^q(P)=\oplus_{l=0}^q H^l_{dR}(P)\otimes H^{q-l}_{dR}(N),\quad \hat{H}^q(P)=H^q_{dR}(P\times N),$$

其中, P 表示 $U, V, U\cap V, M=U\cup V$ 等.

根据 Mayer-Vietoris 正合序列, 我们有如下交换图表

$$\begin{array}{ccccccc}
\tilde{H}^q(M) & \xrightarrow{i^*} & \tilde{H}^q(U)\oplus\tilde{H}^q(V) & \xrightarrow{j^*} & \tilde{H}^q(U\cap V) & \xrightarrow{d^*} & \tilde{H}^{q+1}(M)\\
\kappa\downarrow & & \kappa\downarrow & & \kappa\downarrow & & \kappa\downarrow\\
\hat{H}^q(M) & \xrightarrow{i^*} & \hat{H}^q(U)\oplus\hat{H}^q(V) & \xrightarrow{j^*} & \hat{H}^q(U\cap V) & \xrightarrow{d^*} & \hat{H}^{q+1}(M)
\end{array}\tag{4.6}$$

在上式中, 前两块图表的交换性由各映射的定义可直接得出. 第三块图表形如

$$\begin{array}{ccc} \oplus_{l=0}^{q} H_{dR}^{l}(U\cap V)\otimes H_{dR}^{q-l}(N) & \xrightarrow{d^*} & \oplus_{l=0}^{q} H_{dR}^{l+1}(M)\otimes H_{dR}^{q-l}(N) \\ {\scriptstyle\kappa}\downarrow & & {\scriptstyle\kappa}\downarrow \\ H_{dR}^{q}\big((U\cap V)\times N\big) & \xrightarrow{d^*} & H_{dR}^{q+1}(M\times N) \end{array}$$

为了说明上述图表的交换性, 设 $\omega\in\Omega^{l}(U\cap V)$, $\tau\in\Omega^{q-l}(N)$ 为闭形式, 则

$$\kappa d^*(\omega\otimes\tau)=\pi_M^* d^*\omega\wedge\pi_N^*\tau,\quad d^*\kappa(\omega\otimes\tau)=d^*(\pi_M^*\omega\wedge\pi_N^*\tau).$$

取从属于 $\{U,V\}$ 的单位分解 $\{\rho_U,\rho_V\}$, 则 $\{\pi_M^*\rho_U,\ \pi_M^*\rho_V\}$ 是从属于 $\{U\times N,V\times N\}$ 的单位分解. 根据连接同态 d^* 的定义, 我们有

$$\begin{aligned} d^*\kappa(\omega\otimes\tau) &= d^*(\pi_M^*\omega\wedge\pi_N^*\tau)=\mathrm{d}(\pi_M^*\rho_U)\wedge\pi_M^*\omega\wedge\pi_N^*\tau \\ &= \pi_M^*(\mathrm{d}\rho_U\wedge\omega)\wedge\pi_N^*\tau \\ &= \pi_M^* d^*\omega\wedge\pi_N^*\tau=\kappa d^*(\omega\otimes\tau), \end{aligned}$$

这说明 $d^*\circ\kappa=\kappa\circ d^*$. 根据归纳假设, 在式 (4.6) 中关于 U, V 和 $U\cap V$ 的 κ 同态均为同构. 由同调代数中的五项引理可见关于 $M=U\cup V$ 的 κ 同态也是同构. □

引理 4.3.15 (五项引理) 设如下 Abel 群之间的群同态构成交换图表

$$\begin{array}{ccccccccc} A & \xrightarrow{f_1} & B & \xrightarrow{f_2} & C & \xrightarrow{f_3} & D & \xrightarrow{f_4} & E \\ {\scriptstyle\alpha}\downarrow & & {\scriptstyle\beta}\downarrow & & {\scriptstyle\gamma}\downarrow & & {\scriptstyle\delta}\downarrow & & {\scriptstyle\varepsilon}\downarrow \\ A' & \xrightarrow{f_1'} & B' & \xrightarrow{f_2'} & C' & \xrightarrow{f_3'} & D' & \xrightarrow{f_4'} & E' \end{array}$$

如果两行均为正合列, 且 α, β, δ, ε 均为群同构, 则 γ 也是群同构.

证明 留作练习. □

以上我们讨论了 de Rham 上同调群的 Mayer-Vietoris 正合序列. 对于紧支集 de Rham 上同调群, 也有类似的正合序列. 首先注意到, 如果 $\iota: U\to M$ 为开集的包含同态, 则有如下同态 (注意同态的方向)

$$\iota_*:\Omega_c^*(U)\to\Omega_c^*(M),\quad \omega\mapsto\iota_*\omega,$$

其中, $\iota_*\omega$ 是将支集含于 U 的微分形式 ω 在 M 中经过零延拓得到的微分形式. 为了简单起见, 下面我们不区分 $\iota_*\omega$ 和 ω.

与前类似, 仍设 U, V 为开集, $M=U\cup V$. 我们有如下 Mayer-Vietoris 序列

$$0\leftarrow\Omega_c^q(M)\xleftarrow{i_*}\Omega_c^q(U)\oplus\Omega_c^q(V)\xleftarrow{j_*}\Omega_c^q(U\cap V)\leftarrow 0, \tag{4.7}$$

其中, 同态 i_* 和 j_* 定义为

$$i_*(\eta,\tau)=\eta+\tau,\quad j_*\omega=(-\omega,\omega).$$

引理 4.3.16 Mayer-Vietoris 序列 (4.7) 为正合列.

证明 显然, j_* 为单射, $i_*j_*=0$. 设 $(\eta,\tau)\in\mathrm{Ker}i_*$, 则 $\mathrm{supp}\eta=\mathrm{supp}\tau$, 从而 η, τ 的支集均含于 $U\cap V$ 中. 这说明 $\mathrm{Ker}i_*\subset\mathrm{Im}j_*$.

最后我们说明 i_* 为满射. 设 $\omega\in\Omega_c^q(M)$. 取从属于 $\{U,V\}$ 的单位分解 $\{\rho_U,\rho_V\}$,

则 $\rho_U\omega$ 的支集含于 U, $\rho_V\omega$ 的支集含于 V, 而 $i_*(\rho_U\omega, \rho_V\omega) = \omega$. □

有了短正合序列 (4.7), 自然就有紧支集 de Rham 上同调的长正合序列 (仍称为 Mayer-Vietoris 序列)

$$\cdots H_c^{q+1}(U\cap V) \xleftarrow{d_*} H_c^q(M) \xleftarrow{i_*} H_c^q(U)\oplus H_c^q(V) \xleftarrow{j_*} H_c^q(U\cap V)\cdots \tag{4.8}$$

其中, 连接同态 $d_* : H_c^q(M) \to H_c^{q+1}(U\cap V)$ 定义如下: 设 ω 为 M 上具有紧支集的 q 次闭形式, 选择 $(\eta,\tau) \in \Omega_c^q(U)\oplus\Omega_c^q(V)$, 使得 $i_*(\eta,\tau) = \omega$. 此时 $(\mathrm{d}\eta, \mathrm{d}\tau) \in \mathrm{Ker}i_*$. 由 $\mathrm{Ker}i_* = \mathrm{Im}j_*$ 可知存在唯一的 $(q+1)$-形式 $d_*\omega \in \Omega_c^{q+1}(U\cap V)$, 使得 $j_*d_*\omega = (\mathrm{d}\eta, \mathrm{d}\tau)$. $d_*\omega$ 为 $U\cap V$ 中的闭形式, 且它代表的紧支集 de Rham 上同调类与 (η,τ) 的选择无关.

如果选取 $(\eta,\tau) = (\rho_U\omega, \rho_V\omega)$, 则 $d_*\omega$ 可以表示为

$$d_*\omega = \mathrm{d}(\rho_V\omega) = \mathrm{d}\rho_V\wedge\omega \in \Omega_c^{q+1}(U\cap V).$$

注意到 $\mathrm{d}\circ d_* + d_*\circ\mathrm{d} = 0$, 因此 d_* 诱导了上同调群之间的同态.

引理 4.3.17 Mayer-Vietoris 序列 (4.8) 是正合序列.

证明 从各映射的定义易见相邻两个同态的复合均为零.

(1) $\mathrm{Ker}d_* \subset \mathrm{Im}i_*$. 设 $[\omega] \in \mathrm{Ker}d_*$, 则存在 $U\cap V$ 中具有紧支集的微分形式 σ, 使得

$$\mathrm{d}\sigma = \mathrm{d}(\rho_V\omega) = -\mathrm{d}(\rho_U\omega).$$

令 $\eta = \rho_U\omega + \sigma$, $\tau = \rho_V\omega - \sigma$, 则 η, τ 分别为 U, V 中具有紧支集的闭形式, 且 $i_*([\eta],[\tau]) = [\omega]$.

(2) $\ker i_* \subset \mathrm{Im}j_*$. 设 η, τ 分别为 U, V 中具有紧支集的闭形式, 且 $i_*([\eta],[\tau]) = 0$. 此时存在 M 中具有紧支集的微分形式 ω, 使得

$$\eta + \tau = \mathrm{d}\omega.$$

因此

$$\eta - \mathrm{d}(\rho_U\omega) = -\tau + \mathrm{d}(\rho_V\omega),$$

于是 $\sigma = \tau - \mathrm{d}(\rho_V\omega)$ 是 $U\cap V$ 中具有紧支集的闭形式, 且 $j_*[\sigma] = ([\eta],[\tau])$.

(3) $\mathrm{Ker}j_* \subset \mathrm{Im}d_*$. 设 $\sigma \in \mathrm{Ker}j_*$, 则存在 U 中具有紧支集的微分形式 η 和 V 中具有紧支集的微分形式 τ, 使得 $\mathrm{d}\eta = -\sigma$, $\mathrm{d}\tau = \sigma$. 记 $\omega = \eta + \tau$, 则 ω 为 M 上具有紧支集的闭形式. 不难验证 $d_*[\omega] = [\sigma]$. □

有了紧支集 de Rham 上同调的 Mayer-Vietoris 正合序列, 以下三个推论的证明就和前面相应结论的证明完全类似, 我们留给读者完成.

推论 4.3.18 设 $U, V, U\cap V$ 的紧支集 de Rham 上同调群都是有限维的, 则 $M = U\cup V$ 的紧支集 de Rham 上同调群也是有限维的.

推论 4.3.19 设 M 具有有限好覆盖, 则其紧支集 de Rham 上同调群是有限维的.

推论 4.3.20 (Künneth 公式) 设 M 具有有限好覆盖, 则有紧支集 de Rham 上同调群的如下同构

$$\oplus_{l=0}^q H_c^l(M)\otimes H_c^{q-l}(N) \cong H_c^q(M\times N), \quad \forall\, q \geqslant 0.$$

最后我们再考虑 Mayer-Vietoris 正合序列的一个重要应用. 设 M 为 n 维定向微分流形 (没有边界). 当 $0 \leqslant q \leqslant n$ 时, 我们有如下双线性映射

$$\Omega^q(M) \times \Omega_c^{n-q}(M) \to \mathbb{R}, \quad (\omega, \tau) \mapsto \int_M \omega \wedge \tau.$$

由 Stokes 公式可见这些双线性映射诱导了上同调群上的双线性映射

$$H_{dR}^q(M) \times H_c^{n-q}(M) \to \mathbb{R}, \quad ([\omega], [\tau]) \mapsto \int_M \omega \wedge \tau,$$

称此映射为 Poincaré 配对. 由此可定义如下同态

$$\mathrm{PD}: H_{dR}^q(M) \to \left(H_c^{n-q}(M)\right)^*, \quad \mathrm{PD}([\omega])([\tau]) = \int_M \omega \wedge \tau.$$

定理 4.3.21 (Poincaré 对偶) 设 M 为 n 维定向微分流形. 如果 M 具有有限好覆盖, 则 Poincaré 配对都是非退化的双线性映射, 即

(i) 设 ω 为 q 次闭形式. 如果对每一个具有紧支集的 $n-q$ 次闭形式 τ, $\omega \wedge \tau$ 的积分均为零, 则 ω 必为恰当形式;

(ii) 设 τ 为具有紧支集的 $n-q$ 次闭形式. 如果对每一个 q 次闭形式 ω, $\omega \wedge \tau$ 的积分均为零, 则存在具有紧支集的 $n-q-1$ 次形式 σ, 使得 $\tau = \mathrm{d}\sigma$.

证明 根据本章第一节中的讨论可知欲证结论对于 $\mathbb{R}^n$ 成立. 下面我们对好覆盖中开集的个数进行归纳证明. 设 $\{U_i\}_{i=1}^m$ 为 M 的好覆盖. 假定结论对 $m-1$ 个开集的情形成立. 记

$$U = U_1 \bigcup \cdots \bigcup U_{m-1}, \quad V = U_m.$$

由归纳假设, 欲证结论对 U, V 和 $U \cap V$ 均成立, 我们要证明结论对 $M = U \cup V$ 也成立.

Mayer-Vietoris 正合序列 (4.5) 和 (4.8) 可以合在一起, 成为如下图表

$$\begin{array}{ccccccc}
H_{dR}^q(M) & \xrightarrow{i^*} & H_{dR}^q(U) \oplus H_{dR}^q(V) & \xrightarrow{j^*} & H_{dR}^q(U \cap V) & \xrightarrow{d^*} & H_{dR}^{q+1}(M) \\
\times & & \times & & \times & & \times \\
H_c^{n-q}(M) & \xleftarrow{i_*} & H_c^{n-q}(U) \oplus H_c^{n-q}(V) & \xleftarrow{j_*} & H_c^{n-q}(U \cap V) & \xleftarrow{d_*} & H_c^{n-q-1}(M) \\
\downarrow & & \downarrow & & \downarrow & & \downarrow \\
\mathbb{R} & & \mathbb{R} & & \mathbb{R} & & \mathbb{R}
\end{array}$$

上述图表中前两块具有交换性, 这可以从诸映射的定义直接得出. 第三块具有带符号交换性, 即对闭形式 $\omega \in \Omega^q(U \cap V)$ 和 $\tau \in \Omega_c^{n-q-1}(M)$, 有

$$\pm \int_{U \cap V} \omega \wedge d_* \tau = \int_M d^* \omega \wedge \tau.$$

事实上, 根据连接同态 d^* 和 d_* 的定义, 我们有

$$d^* \omega = \mathrm{d}\rho_V \wedge \omega, \quad d_* \tau = \mathrm{d}\rho_U \wedge \tau,$$

其中, $\{\rho_U, \rho_V\}$ 是从属于 $\{U, V\}$ 的单位分解. 利用 $\mathrm{d}\rho_U + \mathrm{d}\rho_V = 0$ 可得

$$\begin{aligned}\int_M d^*\omega \wedge \tau &= \int_{U\cap V} \mathrm{d}\rho_V \wedge \omega \wedge \tau = (-1)^q \int_{U\cap V} \omega \wedge \mathrm{d}\rho_V \wedge \tau \\ &= (-1)^{q+1} \int_{U\cap V} \omega \wedge \mathrm{d}\rho_U \wedge \tau = (-1)^{q+1} \int_{U\cap V} \omega \wedge d_*\tau.\end{aligned}$$

现在我们将上述图表改写为

$$\begin{array}{ccccccc} H^q_{dR}(M) & \xrightarrow{i^*} & H^q_{dR}(U) \oplus H^q_{dR}(V) & \xrightarrow{j^*} & H^q_{dR}(U\cap V) & \xrightarrow{d^*} & H^{q+1}_{dR}(M) \\ {\scriptstyle PD}\downarrow & & {\scriptstyle PD}\downarrow & & {\scriptstyle PD}\downarrow & & {\scriptstyle PD}\downarrow \\ H^{n-q}_c(M)^* & \xleftarrow{i_*} & H^{n-q}_c(U)^* \oplus H^{n-q}_c(V)^* & \xleftarrow{j_*} & H^{n-q}_c(U\cap V)^* & \xleftarrow{d_*} & H^{n-q-1}_c(M)^* \end{array}$$

由于 U, V, $U\cap V$ 的 de Rham 上同调群和紧支集 de Rham 上同调群都是有限维的, 相应的 Poincaré 配对映射的非退化性可推出相应的同态 PD 均为同构. 根据五项引理, $M = U\cup V$ 上相应的 PD 同态也是同构, 即 Poincaré 配对非退化. □

注 可以证明, 只要 M 可定向, 其 PD 同态就一定是同构.

当 M 为 n 维定向闭流形时, 其紧支集 de Rham 上同调与 de Rham 上同调相同. 此时, Poincaré 对偶成为

$$H^q_{dR}(M) \cong \left(H^{n-q}_{dR}(M)\right)^* \cong H^{n-q}_{dR}(M),$$

特别地, $b_q(M) = \dim H^q_{dR}(M) = \dim H^{n-q}_{dR}(M) = b_{n-q}(M)$. 当 n 为奇数时, 这再次表明 $\chi(M) = 0$.

习题 4.3

1. 计算交换 Lie 群的 de Rham 上同调.
2. 设 G 为 Lie 群, ω 为左不变 q-形式, X, X_i 为左不变向量场. 证明:

$$L_X\omega(X_1, \cdots, X_q) = -\sum_{i=1}^q \omega(X_1, \cdots, [X, X_i], \cdots, X_q).$$

3. 设 G 为连通 Lie 群, F 为 $\mathfrak{g}$ 上的对称双线性型. 证明: F 是不变的当且仅当它是 Ad-不变的.
4. 计算 $SO(3)$ 的 de Rham 上同调群, 并与 $\mathbb{R}P^3$ 的 de Rham 上同调群比较.
5. 计算 $U(n)$ 和 $SU(n)$ 的 de Rham 上同调群.
6. 计算齐性空间 $\mathbb{C}P^n = U(n+1)/(U(1)\times U(n))$ 的 de Rham 上同调群.
7. 设 M 为单连通微分流形, 证明: $H^1_{dR}(M) = \{0\}$.
8. 用 Mayer-Vietoris 正合序列计算 $\mathbb{R}P^n$ 的 de Rham 上同调群.

§4.4 Thom 类和相交数

利用 Poincaré 对偶, 我们可以统一地描述映射度和向量场的指标, 它们均可视为所谓的相交数.

§4.4.1 Thom 类

我们先讨论定向向量丛的 Thom 类, 它其实是一种特殊的 Poincaré 对偶. 设 M 为 m 维定向闭流形, E 为 M 上秩为 n 的定向向量丛, $\pi: E \to M$ 为丛投影. 作为微分流形, E

也是可定向的, 并且具有有限好覆盖. 记 $\iota: M \to E$ 为零截面, 定义线性映射

$$\Omega^m(E) \to \mathbb{R}, \quad \sigma \mapsto \int_M \iota^*\sigma.$$

根据 Poincaré 对偶可知, 存在 $\tau \in \Omega_c^n(E)$, 使得

$$\int_E \sigma \wedge \tau = \int_M \iota^*\sigma, \quad \forall\, \sigma \in Z^m(E;\mathbb{R}). \tag{4.9}$$

τ 称为 E 的 **Thom 形式**, $\tau(E) = [\tau] \in H_c^n(E)$ 则称为 E 的 **Thom 类**.

命题 4.4.1 设 τ 为 E 的 Thom 形式, 则

$$\int_E \pi^*\omega \wedge \tau = \int_M \omega, \quad \forall\, \omega \in \Omega^m(M). \tag{4.10}$$

反之, 如果上式中 τ 换成另一 $\tau' \in \Omega_c^n(E)$ 以后仍成立, 则 $[\tau'] = [\tau] \in H_c^n(E)$.

证明 由 $\pi \circ \iota = \mathrm{id}$ 可知 $\iota^*\pi^* = \mathrm{id}$. 因此

$$\int_M \omega = \int_M \iota^*\pi^*\omega.$$

在式 (4.9) 中代入 $\sigma = \pi^*\omega$ 就得到了式 (4.10).

反之, 设式 (4.10) 中 τ 换成 τ' 以后仍成立. 任取 E 上的 m 次闭形式 σ. 注意到 $\iota \circ \pi: E \to E$ 同伦于恒同映射, 其中同伦可取为

$$[0,1] \times E \to E, \quad (t,e) \mapsto te.$$

由命题 4.1.3 可知 $\sigma - \pi^*\iota^*\sigma$ 为 E 中恰当形式. 此时

$$\int_E \sigma \wedge \tau' = \int_E \pi^*\iota^*\sigma \wedge \tau' = \int_M \iota^*\sigma.$$

对比式 (4.9), 由 Poincaré 对偶可知 $[\tau'] = [\tau]$. □

为了进一步刻画 Thom 形式和 Thom 类, 我们在 E 中考虑微分形式沿纤维的积分, 它和在 $\mathbb{R} \times M$ 中将微分形式沿 $\mathbb{R}$ 积分完全类似.

定义 4.4.1 设 σ 为 E 中具有紧支集的微分形式, 定义

$$(\pi_*\sigma)_p = \int_{E_p} \sigma, \quad p \in M,$$

其中, $E_p = \pi^{-1}(p)$ 为 p 处的纤维. 这样得到了 M 上的微分形式 $\pi_*\sigma$ 以及相应的线性映射

$$\pi_*: \Omega_c^{n+q}(E) \to \Omega^q(M).$$

π_* 称为沿纤维的积分.

具体来说, 沿纤维的积分可用如下方法计算: 设 U 为 M 的局部坐标邻域, $\{x^i\}_{i=1}^m$ 为局部坐标系. 在 $\pi^{-1}(U)$ 上 E 的局部平凡化为 $\Psi: \pi^{-1}(U) \to U \times \mathbb{R}^n$. 我们用 $\{t^j\}_{j=1}^n$ 表示 $\mathbb{R}^n$ 中的直角坐标. 此时, $\pi^{-1}(U)$ 中的微分形式可表示为

$$\sigma = \sigma' + \pi^*\omega \wedge f(x,t)\mathrm{d}t^1 \wedge \cdots \wedge \mathrm{d}t^n,$$

其中, σ' 是不含 $\mathrm{d}t^1 \wedge \cdots \wedge \mathrm{d}t^n$ 的项, ω 是 U 中的微分形式, $f(x,t)$ 是关于 $\{x^i\}$ 和 $\{t^j\}$ 的

函数. 在 $\pi^{-1}(U)$ 中, σ 沿纤维的积分可写为

$$\pi_*\sigma=\omega\int_{\mathbb{R}^n}f(x,t)\,\mathrm{d}t^1\cdots\mathrm{d}t^n. \tag{4.11}$$

因为不同的局部平凡化在同一个纤维上相差保定向的线性变换 (它由 E 的连接函数给出), 因此上述积分与局部平凡化的选取无关, 不难看出积分也与 M 中局部坐标系的选取无关.

命题 4.4.2 沿纤维的积分满足以下性质:

(i) 设 ω 为 M 中的微分形式, σ 为 E 中具有紧支集的微分形式, 则

$$\pi_*(\pi^*\omega\wedge\sigma)=\omega\wedge\pi_*\sigma;$$

(ii) π_* 与外微分算子可交换次序, 即 $\pi_*\circ\mathrm{d}=\mathrm{d}\circ\pi_*$;

(iii) 设 $\omega\in\Omega^{m-q}(M)$, $\sigma\in\Omega_c^{n+q}(E)$, 则有

$$\int_M\omega\wedge\pi_*\sigma=\int_E\pi^*\omega\wedge\sigma. \tag{4.12}$$

证明 (i) 这从式 (4.11) 可以立即得出.

(ii) 因为 π_* 和 d 均为线性算子, 利用单位分解我们只需局部地验证等式即可. 设 σ 为 $\pi^{-1}(U)$ 中具有紧支集的微分形式, 将它写为

$$\sigma=\sigma''+\sigma'+\pi^*\omega\wedge f(x,t)\mathrm{d}t^1\wedge\cdots\wedge\mathrm{d}t^n,$$

其中

$$\sigma'=\sum_j\pi^*\omega_j\wedge(-1)^{j-1}f_j(x,t)\mathrm{d}t^1\wedge\cdots\wedge\widehat{\mathrm{d}t^j}\wedge\cdots\wedge\mathrm{d}t^n,$$

σ'' 是 σ 中含 $\{\mathrm{d}t^j\}$ 的次数小于 $n-1$ 的项. 由式 (4.11) 可得

$$\begin{aligned}\mathrm{d}\pi_*\sigma&=\mathrm{d}\left(\omega\int_{\mathbb{R}^n}f(x,t)\,\mathrm{d}t^1\cdots\mathrm{d}t^n\right)\\&=(\mathrm{d}\omega)\int_{\mathbb{R}^n}f(x,t)\,\mathrm{d}t^1\cdots\mathrm{d}t^n+(-1)^{\deg\omega}\omega\wedge\sum_i\mathrm{d}x^i\int_{\mathbb{R}^n}\frac{\partial f}{\partial x^i}\mathrm{d}t^1\cdots\mathrm{d}t^n.\end{aligned}$$

计算 σ 的外微分, 得

$$\begin{aligned}\mathrm{d}\sigma=\sigma'''&+\sum_j(-1)^{\deg\omega_j}\pi^*\omega_j\wedge\frac{\partial f_j}{\partial t^j}\mathrm{d}t^1\wedge\cdots\wedge\mathrm{d}t^n\\&+\pi^*\mathrm{d}\omega\wedge f(x,t)\mathrm{d}t^1\wedge\cdots\wedge\mathrm{d}t^n+(-1)^{\deg\omega}\pi^*\omega\sum_i\frac{\partial f}{\partial x^i}\mathrm{d}x^i\wedge\mathrm{d}t^1\wedge\cdots\wedge\mathrm{d}t^n,\end{aligned}$$

其中, σ''' 是不含 $\mathrm{d}t^1\wedge\cdots\wedge\mathrm{d}t^n$ 的项. 由式 (4.11) 可得

$$\begin{aligned}\pi_*\mathrm{d}\sigma=&\sum_j(-1)^{\deg\omega_j}\pi^*\omega_j\int_{\mathbb{R}^n}\frac{\partial f_j}{\partial t^j}\mathrm{d}t^1\cdots\mathrm{d}t^n\\&+(\mathrm{d}\omega)\int_{\mathbb{R}^n}f(x,t)\,\mathrm{d}t^1\cdots\mathrm{d}t^n+(-1)^{\deg\omega}\omega\wedge\sum_i\mathrm{d}x^i\int_{\mathbb{R}^n}\frac{\partial f}{\partial x^i}\mathrm{d}t^1\cdots\mathrm{d}t^n.\end{aligned}$$

注意到 f_j 具有紧支集, 因此

$$\int_{\mathbb{R}^n} \frac{\partial f_j}{\partial t^j}\,\mathrm{d}t^1\cdots\mathrm{d}t^n = \int_{\mathbb{R}^{n-1}} f_j\Big|_{t^j=-\infty}^{t^j=+\infty}\mathrm{d}t^1\cdots\widehat{\mathrm{d}t^j}\cdots\mathrm{d}t^n = 0,$$

这说明 $\pi_*\mathrm{d}\sigma = \mathrm{d}\pi_*\sigma$.

(iii) 利用单位分解我们只需局部地验证等式即可. 在 $\pi^{-1}(U)$ 中, σ 可表示为

$$\sigma = \sigma' + \pi^*\eta \wedge f(x,t)\mathrm{d}t^1 \wedge\cdots\wedge \mathrm{d}t^n,$$

其中, σ' 是不含 $\mathrm{d}t^1 \wedge\cdots\wedge \mathrm{d}t^n$ 的项. 此时 $\pi^* \wedge \sigma'$ 在 $U\times\mathbb{R}^n$ 上的积分为零, 因此

$$\int_{U\times\mathbb{R}^n} \pi^*\omega\wedge\sigma = \int_{U\times\mathbb{R}^n} \pi^*\omega\wedge\pi^*\eta\wedge f(x,t)\,\mathrm{d}t^1\wedge\cdots\wedge\mathrm{d}t^n.$$

由式 (4.11) 可得

$$\int_U \omega\wedge\pi_*\sigma = \int_U \omega\wedge\eta\int_{\mathbb{R}^n} f(x,t)\,\mathrm{d}t^1\cdots\mathrm{d}t^n.$$

对比以上两式, 利用 Fubini 定理可知欲证等式成立. □

推论 4.4.3 设 τ 为 E 的 Thom 形式, 则 $\pi_*\tau = 1$. 反之, 如果 $\pi_*\tau' = 1$, 则 $[\tau'] = \tau(E)$.

证明 由式 (4.10) 和式 (4.12), 任给 $\omega\in\Omega^m(M)$, 均有

$$\int_M \omega = \int_E \pi^*\omega\wedge\tau = \int_M (\pi_*\tau)\omega,$$

在上式中代入 $\omega = [1-\pi_*\tau]\alpha$, 其中 α 为 M 上的体积形式, 得

$$\int_M [1-\pi_*\tau]^2\alpha = 0,$$

这说明 $\pi_*\tau = 1$.

反之, 如果 $\pi_*\tau' = 1$, 则由式 (4.12) 可得

$$\int_E \pi^*\omega\wedge\tau' = \int_M \omega,$$

由命题 4.4.1 可知 $[\tau'] = [\tau] = \tau(E)$. □

定理 4.4.4 (Thom 同构) 设 M 为 m 维定向闭流形, E 为 M 上秩为 n 的定向向量丛, 则 π_* 诱导了上同调群的同构

$$\pi_*: H_c^{n+q}(E)\to H_{dR}^q(M),\quad [\sigma]\mapsto[\pi_*\sigma],\quad q=0,1,\cdots,m. \tag{4.13}$$

其逆同构为

$$T: H_{dR}^q(M)\to H_c^{n+q}(E),\quad [\omega]\mapsto[\pi^*\omega\wedge\tau],$$

其中, τ 为 E 的 Thom 形式. 进一步有 $H_c^q(E)=0,\ \forall\, q<n$.

证明 设 ω 为 M 中的闭形式, 由命题 4.4.2 的 (i) 和推论 4.4.3 可得

$$\pi_*T[\omega] = [\pi_*(\pi^*\omega\wedge\tau)] = [\omega\wedge\pi_*\tau] = [\omega],$$

这说明 $\pi_*\circ T = \mathrm{id}: H_{dR}^q(M)\to H_{dR}^q(M)$. 特别地, T 为单射. 因为 E 和 M 的上同调群都是有限维的, 为了说明 T 和 π_* 为同构, 只要说明 $H_{dR}^q(M)$ 的维数与 $H_c^{n+q}(E)$ 的维数相等即可.

注意到零截面 $\iota : M \to E$ 诱导了 E 和 M 的 de Rham 上同调群之间的同构, 在 E 和 M 上分别运用 Poincaré 对偶可得

$$\dim H_c^{n+q}(E) = \dim H_{dR}^{m-q}(E) = \dim H_{dR}^{m-q}(M) = \dim H_{dR}^q(M),$$

这说明 π_* 和 T 的确为互逆同构.

当 $q < n$ 时, 同理可得

$$H_c^q(E) \cong H_{dR}^{m+n-q}(E) \cong H_{dR}^{m+n-q}(M) = \{0\},$$

定理得证. □

注 上述定理也可以用 Mayer-Vietoris 正合序列证明, 正如我们证明 Künneth 公式那样.

最后我们简要地讨论 Thom 类和 Euler 类之间的关系. 设 E 为闭流形 M 上秩为 n 的定向向量丛. 取 E 的 Thom 形式 τ 以及截面 s, 则 $s^*\tau$ 为 M 中的 n 次闭形式. 因为任意两个截面之间都是同伦的, 两个 Thom 形式之间只相差恰当形式, 因此 $[s^*\tau]$ 不依赖于 τ 或 s 的选取. 我们要说明

$$[s^*\tau] = e(E) \in H_{dR}^n(M).$$

其中, $e(E)$ 为 E 的 Euler 类. 当 n 为奇数时, 由

$$(-s)^*\tau = (-1)^n s^*\tau = -s^*\tau$$

可知 $[s^*\tau] = 0$.

以下我们假设 $n = 2p$ 为偶数. 在 E 上选取度量, 记 $S(E) = \{v \in E \mid |v| = 1\}$, $E_0 = \{v \in E \mid v \neq 0\}$. 考虑映射 $\pi' : S(E) \to M$ 和 $\phi : E_0 \to S(E)$, 其中 π' 为投影, ϕ 定义为 $\phi(v) = v|v|^{-1}$. ϕ 为同伦等价, 它诱导了 de Rham 上同调群之间的同构. 仿照 Gauss-Bonnet-Chern 定理的证明, 我们可在 $S(E)$ 上找到 $(n-1)$-形式 ψ (超渡), 使得

$$(\pi')^* e = -\mathrm{d}\psi,$$

其中, e 是 Euler 类 $e(E)$ 的一个代表元, 且 ψ 在每一个纤维 $S_p(E)$ 上的积分均为 1. 在 $\mathbb{R}$ 上取光滑函数 ρ, 使得 ρ 在原点附近恒为 -1, 且当 $t \geqslant 1$ 时 $\phi(t) = 0$. 令

$$\tau' = \mathrm{d}(\rho(r)\phi^*\psi),$$

其中, $r(v) = |v|$ 是 E 上向量的长度函数. 显然, τ' 是 E_0 上的 n-形式, 它可改写为

$$\tau' = \mathrm{d}\rho \wedge \phi^*\psi - \rho(r)\pi^* e,$$

其中, $\pi : E \to M$ 为投影. 注意到 $\mathrm{d}\rho$ 在零截面附近为零, 利用上式我们可将 τ' 视为 E 上的 n-形式. 显然, τ' 为具有紧支集的闭形式, 且在每一个纤维 E_p 上都有

$$\int_{E_p} \tau' = \int_0^\infty \mathrm{d}\rho(r) \int_{S_p(E)} \psi = [\rho(\infty) - \rho(0)] \cdot 1 = 1,$$

这说明 τ' 也为 E 的 Thom 形式. 记 $\iota : M \to E$ 为 E 的零截面, 则

$$\iota^*\tau' = -\rho(0)\iota^*\pi^* e = e,$$

于是就有 $e(E) = [e] = [\iota^*\tau'] = [s^*\tau]$.

§4.4.2 相交数

我们假定本小节涉及的流形都是可定向的. 设 S 是微分流形 P 的闭 (紧致无边) 正则子流形, P 具有有限好覆盖. 我们定义线性映射

$$\Omega^q(P) \to \mathbb{R}, \quad \sigma \mapsto \int_S \sigma,$$

其中, $q = \dim S$. 由 Poincaré 对偶可知, 存在 $r = \dim P - \dim S$ 次闭形式 η_S, 使得

$$\int_S \sigma = \int_P \sigma \wedge \eta_S, \quad \forall\, \omega \in Z^q(P;\mathbb{R}).$$

$[\eta_S] \in H_c^r(P)$ 称为 S 的 Poincaré 对偶.

如果 E 为 M 上的定向向量丛, 则零截面的 Poincaré 对偶为 E 的 Thom 类. 下面我们将子流形的 Poincaré 对偶和其法丛的 Thom 类联系起来.

子流形的法丛可以借助黎曼度量来描述. 在 P 上取一个黎曼度量 $\langle,\rangle$. S 在 P 中的法丛 NS 可表示为

$$NS = \{v \in TP|_S \mid \langle v, w\rangle = 0, \quad \forall\, w \in TS\}.$$

我们在 NS 上选取定向, 使得等式

$$TS \oplus NS = TP|_S$$

两边具有相同定向. 因为法丛是切丛 TS 在 $TP|_S$ 中的商丛, 因此其丛结构并不依赖于黎曼度量的选取. 选定黎曼度量的好处是可以利用其指数映射

$$\exp : NS \to P, \quad v \mapsto \exp(v).$$

在法丛 NS 的零截面上, 指数映射是非退化的. 根据逆映射定理, 存在 $\varepsilon > 0$, 使得

$$\exp : N_\varepsilon S = \{v \in NS \mid |v| < \varepsilon\} \to V$$

为微分同胚, 其中 V 是 S 在 P 中的开邻域 (称为 S 的一个管状邻域).

法丛 NS 的 Thom 形式记为 τ. 因为 τ 具有紧支集, 故存在 $\lambda > 0$, 使得

$$\mathrm{supp}\tau \subset N_{\lambda\varepsilon} S = \{v \in NS \mid |v| < \lambda\varepsilon\}.$$

考虑映射

$$\phi : NS \to NS, \quad v \mapsto \lambda v.$$

ϕ 同伦于恒同映射, 其中同伦可以取为

$$[0,1] \times NS \to NS, \quad (t, v) \mapsto [(1-t)\lambda + t]v, \quad t \in [0,1], \ v \in NS.$$

于是 $[\phi^*\tau] = [\tau] \in H_c^r(NS)$. 注意到 $\mathrm{supp}\phi^*\tau \subset N_\varepsilon S$. 因为 exp 是 $N_\varepsilon S$ 到 V 的微分同胚, 故存在支集含于 V 的 r 次闭形式 η, 使得

$$\exp^*\eta = \phi^*\tau.$$

记 $j : V \to P$ 为包含映射, $j_*\eta$ 为 η 在 P 中经过零延拓以后得到的微分形式.

引理 4.4.5 设记号如上, 则 $[j_*\eta] = [\eta_S] \in H_c^r(P)$.

证明 设 $\sigma \in Z^q(P;\mathbb{R})$. 记 $\iota : S \to NS$ 为零截面. 我们计算如下

$$\begin{aligned}\int_P \sigma \wedge j_*\eta &= \int_V \sigma \wedge \eta = \int_{N_\varepsilon S} \exp^*\sigma \wedge \exp^*\eta \\ &= \int_{N_\varepsilon S} \exp^*\sigma \wedge \phi^*\tau = \int_{NS} \exp^*\sigma \wedge \phi^*\tau \\ &= \int_{NS} \exp^*\sigma \wedge \tau = \int_S \iota^*\exp^*\sigma \\ &= \int_S (\exp \circ \iota)^*\sigma = \int_S \sigma.\end{aligned}$$

这说明 $[j_*\eta] = [\eta_S]$. □

定义 4.4.2 (相交数) 设 S 为 P 的闭正则子流形. 设 T 为闭流形, $f : T \to P$ 为光滑映射. 如果 $\dim T + \dim S = \dim P$, 则记

$$I_f(S,T) = \int_T f^*\eta_S,$$

称为 S, T 在映射 f 下的相交数.

当 S, T 均为 P 的闭正则子流形, f 为包含映射时, $I_f(S,T)$ 就简记为 $I(S,T)$, 称为 S, T 在 P 中的相交数. 我们将看到, 相交数必为整数.

例 4.4.1 映射度.

设 M, N 均为 n 维闭流形, $f : M \to N$ 为光滑映射. 在 N 中任取一点 q. q 的 Poincaré 对偶记为 η_q, 则 η_q 在 N 上积分为 1. 按照定义, M 和 q 关于 f 的相交数为

$$I_f(M,q) = \int_M f^*\eta_q,$$

显然, $I_f(M,q) = \deg(f,q)$ 也就是 f 的映射度.

当 N 连通时, 注意映射度与 q 的选取无关. 在证明映射度为整数时, 我们选取的 q 是 f 的正则值, 然后证明 $\deg(f)$ 等于 $f^{-1}(q)$ 中点的个数的代数和. 类似地, 在计算相交数时, 因为同伦映射诱导了相同的 de Rham 上同调群同构, 经过适当的微扰我们总可以假设 f 与 S 横截相交, 即任给 $p \in f^{-1}(S)$, 均成立

$$T_{f(p)}S \oplus f_{*p}T_pT = T_{f(p)}P.$$

如果上式左边的直和定向与右边定向一致, 则记 $i_p(f,S,T) = 1$, 否则记 $i_p(f,S,T) = -1$. 我们有

命题 4.4.6 设记号如上. 如果 f 与 S 横截相交, 则

$$I_f(S,T) = \sum_{p \in f^{-1}(S)} i_p(f,S,T).$$

证明 当 f 与 S 横截相交时, 由 $\dim T + \dim S = \dim P$ 可知 $f^{-1}(S)$ 为有限点集. 记 $f^{-1}(S) = \{p_1, \cdots, p_k\}$. 选取充分小的正数 ε, 使得

$$f^{-1}(N_\varepsilon S) = U_1 \bigcup \cdots \bigcup U_k,$$

其中, U_i 分别为 p_i 附近的局部坐标邻域, 且它们的闭包互不相交. 根据引理 4.4.5 中的讨

论, 我们可设 supp$\eta_S \subset N_\varepsilon S$. 此时

$$I_f(S,T) = \int_T f^*\eta_S = \sum_{l=1}^k \int_{U_l} f^*\eta_S.$$

现在只需要进行局部的计算, 因此通过选取 S 的法丛的适当平凡化, 可设 f 在 U_l 上形如

$$f_l : U_l \to W_l \times B_\varepsilon,$$

其中, W_l 是 S 在 $f(p_l)$ 附近的局部坐标邻域 (微分同胚于 $\mathbb{R}^{\dim S}$), B_ε 是 $\mathbb{R}^{\dim T}$ 中以原点为中心, 以 ε 为半径的开球. 此时

$$I_f(S,T) = \sum_{l=1}^k \int_{U_l} f_l^*\tau_l,$$

其中, τ_l 为 Thom 形式. 考虑如下复合映射

$$g_l : U_l \xrightarrow{f_l} W_l \times B_\varepsilon \xrightarrow{j} W_l \times B_\varepsilon,$$

其中, $j(x,y) = \big(f(p_l), y\big), \forall\, x \in W_l, y \in B_\varepsilon$. 因为 g_l 与 f_l 同伦, 我们就有

$$I_f(S,T) = \sum_{l=1}^k \int_{U_l} g_l^*\tau_l = \sum_{l=1}^k i_{p_l}(f,S,T) \int_{\{f(p_l)\}\times B_\varepsilon} \tau_l = \sum_{l=1}^k i_{p_l}(f,S,T).$$

命题得证. □

例 4.4.2 向量场的指标.

设 M 为 n 维闭流形, X 为 M 上的光滑切向量场. M 可视为 TM 的零截面 (的像). 我们可以将 $I_X(M,M)$ 与向量场的指标联系起来. 为此, 设 X 的零点都是孤立的, 记

$$Z = \{p \in M \mid X(p) = 0\} = \{p_1, \cdots, p_k\}.$$

选取 p_l 附近的局部坐标邻域 U_l, 使得 $\{U_l\}$ 的闭包互不相交. 在 $M \setminus \bigcup_{l=1}^k U_l$ 上 X 处处非零, 因此存在 $\varepsilon > 0$, 使得

$$|X(p)| \geqslant \varepsilon, \quad \forall\, p \in M \Big\backslash \bigcup_{l=1}^k U_l.$$

记 $T_\varepsilon M = \{v \in TM \mid |v| < \varepsilon\}$, 取 TM 的 Thom 形式 τ, 使得 τ 的支集含于 $T_\varepsilon M$. 此时

$$I_X(M,M) = \int_M X^*\tau = \sum_{l=1}^k \int_{U_l} X^*\tau.$$

现在问题又变成了局部的计算. 利用 TM 在 U_l 上的局部平凡化, X 可视为

$$X_l : U_l \to U_l \times B_\varepsilon.$$

同命题 4.4.6 完全类似, 考虑复合映射

$$Y_l : U_l \xrightarrow{X_l} U_l \times B_\varepsilon \xrightarrow{\pi} B_\varepsilon \xrightarrow{i} U_l \times B_\varepsilon,$$

其中, $\pi(x,y) = y$, $i(y) = (p_l, y)$. 则有

$$I_X(M,M) = \sum_{l=1}^k \int_{U_l} Y_l^*\tau_l,$$

其中, τ_l 为 Thom 形式. 在 $0 \in B_\varepsilon$ 附近选取 y, 使得 (p_l, y) 为映射 $\pi \circ X_l$ 的正则值. 我们可以让 τ_l 只在 (p_l, y) 附近不为零. 此时

$$\int_{U_l} Y_l^* \tau_l = \sum_{x \in Y_l^{-1}(p_l, y)} \operatorname{sgn}(\pi \circ X_l)_{*x},$$

由命题 4.2.5 可得

$$\int_{U_l} Y_l^* \tau_l = W(\pi \circ X_l, 0) = \operatorname{ind}_{p_l}(X).$$

这说明

$$I_X(M, M) = \sum_{l=1}^{k} \operatorname{ind}_{p_l}(X) = \sum_{p \in Z} \operatorname{ind}_p(X).$$

注意到作为映射, X 和零截面同伦, 因此上式可改写为

$$I(M, M) = \sum_{p \in Z} \operatorname{ind}_p(X), \tag{4.14}$$

特别地, 只有孤立零点的向量场的指标总等于零截面的自相交数.

例 4.4.3 Lefschetz 数.

设 M 为 n 维闭流形, $f: M \to M$ 为光滑映射. 令

$$\hat{f}: M \to M \times M, \quad x \mapsto (x, f(x)), \ x \in M.$$

记 $\Delta = \{(x, x) \in M \times M \mid x \in M\}$, 则 Δ 为 $M \times M$ 的正则子流形, 它与 M 微分同胚. 定义 $L(f) = I_{\hat{f}}(\Delta, M)$, 称为 f 的 Lefschetz 数. Lefschetz 数可以用来研究 f 的不动点集, 当 f 没有不动点时 $L(f) = 0$. 下面我们利用 Poincaré 对偶来计算 $L(f)$.

根据 Poincaré 对偶, 我们可以选择 $H_{dR}^*(M)$ 的两组基 $\{[\omega_i]\}$ 和 $\{[\eta_j]\}$, 使得

$$\int_M \omega_i \wedge \eta_j = \delta_{ij} = \begin{cases} 1, & i = j, \\ 0, & i \neq j. \end{cases}$$

记 $\pi_1 : M \times M \to M$ 和 $\pi_2 : M \times M \to M$ 分别为向第一个分量和向第二个分量的投影. 根据 Künneth 公式, $M \times M$ 的 de Rham 上同调群由 $\{\pi_1^* \omega_i \wedge \pi_2^* \eta_j\}$ 生成. 对角线 Δ 的 Poincaré 对偶可以表示为

$$\eta_\Delta = \sum_{i,j} c_{ij} \pi_1^* \omega_i \wedge \pi_2^* \eta_j.$$

按照定义, η_Δ 满足如下等式

$$\int_\Delta \omega = \int_{M \times M} \omega \wedge \eta_\Delta,$$

利用上式我们可以计算系数 $\{c_{ij}\}$. 事实上, 在上式中代入 $\omega = \pi_1^* \eta_l \wedge \pi_2^* \omega_k$ 可得

$$\int_\Delta \omega = \int_{M \times M} \pi_1^* \eta_l \wedge \pi_2^* \omega_k \wedge \eta_\Delta$$

$$
\begin{aligned}
&= \sum_{i,j} c_{ij} \int_{M\times M} \pi_1^*\eta_l \wedge \pi_2^*\omega_k \wedge \pi_1^*\omega_i \wedge \pi_2^*\eta_j \\
&= \sum_{i,j} c_{ij} (-1)^{\deg\omega_i \deg\omega_k} \int_M \eta_l \wedge \omega_i \int_M \omega_k \wedge \eta_j \\
&= \sum_{i,j} c_{ij} (-1)^{\deg\omega_i \deg\omega_k} (-1)^{\deg\omega_i \deg\eta_l} \delta_{il}\delta_{kj} \\
&= c_{lk} (-1)^{\deg\omega_l \deg\omega_k} (-1)^{\deg\omega_l \deg\eta_l}.
\end{aligned}
$$

另一方面, 记 $\iota: M \to M\times M$, $\iota(x) = (x, x)$ 为对角线映射. 由 $\pi_1 \circ \iota = \pi_2 \circ \iota = \mathrm{id}$ 可得

$$
\int_\Delta \omega = \int_M \iota^*\omega = \int_M \eta_l \wedge \omega_k = (-1)^{\deg\omega_k \deg\eta_l} \delta_{kl},
$$

由此解出

$$
c_{ij} = (-1)^{\deg\omega_i} \delta_{ij}.
$$

因此 η_Δ 可写为

$$
\eta_\Delta = \sum_i (-1)^{\deg\omega_i} \pi_1^*\omega_i \wedge \pi_2^*\eta_i.
$$

利用 $\pi_1 \circ \hat{f} = \mathrm{id}$, $\pi_2 \circ \hat{f} = f$ 可得

$$
\begin{aligned}
L(f) &= \int_M \hat{f}^*\eta_\Delta = \sum_i (-1)^{\deg\omega_i} \int_M \omega_i \wedge f^*\eta_i \\
&= \sum_{q=0}^n (-1)^q \sum_{\deg\omega_i = q} \int_M \omega_i \wedge f^*\eta_i.
\end{aligned}
$$

当 $f = \mathrm{id}$ 为恒同映射时, 就有

$$
I(\Delta, \Delta) = \sum_{q=0}^n (-1)^q \sum_{\deg\omega_i = q} = \sum_{q=0}^n (-1)^q \dim H_{dR}^q(M) = \chi(M). \tag{4.15}
$$

一般地, 记 $f^*\eta_i = f_i^j \eta_j$, 则

$$
L(f) = \sum_{q=0}^n (-1)^q \sum_{\deg\omega_i = q} f_i^i = \sum_{q=0}^n (-1)^q \mathrm{tr}\big(f^*: H_{dR}^{n-q}(M) \to H_{dR}^{n-q}(M)\big). \tag{4.16}
$$

有了以上这些准备工作, 我们现在可以给出 Poincaré-Hopf 定理 (指标公式) 的证明了.

定理 4.4.7 (Poincaré-Hopf) *设 M 为定向闭流形, X 为 M 上的光滑切向量场. 设 X 只有孤立零点, 其零点集记为 Z. 则*

$$
\sum_{p\in Z} \mathrm{ind}_p(X) = \chi(M). \tag{4.17}
$$

证明 记 Δ 如上, 由式 (4.15) 可知 M 的 Euler 数等于 Δ 在 $M\times M$ 中的自相交数, 也就是 Δ 作为其法丛零截面的自相交数. 我们断言: Δ 在 $M\times M$ 中的法丛和其切丛同构.

事实上, 所需同构由下式即可给出

$$T\Delta \to N\Delta,\ \ (X, X) \mapsto (-X, X),\ X \in T\Delta,$$

其中, 我们利用了 $T(M \times M) = TM \oplus TM$. 这说明 $\chi(M)$ 也等于 Δ 作为其切丛零截面的自相交数. 由于 Δ 与 M 微分同胚, $\chi(M)$ 就等于 M 作为零截面在其切丛中的自相交数. 由式 (4.14) 我们最后可得

$$\chi(M) = I(M, M) = \sum_{p \in Z} \mathrm{ind}_p(X).$$

定理得证. □

习题 4.4

1. 设 M 存在有限好覆盖, E 为 M 上的向量丛. 证明: E 也存在有限好覆盖.
2. 设 E, F 均为 M 上的定向向量丛. 证明: 如果 $\varphi : E \to F$ 为向量丛的保定向同构, 则 $\tau(E) = \varphi^*\tau(F)$.
3. 设 M 为具有有限好覆盖的定向流形, E 为 M 上秩为 n 的定向向量丛. 试在 E 上定义 Thom 类, 并证明相应的 Thom 同构定理.
4. 求 $\mathbb{C}P^{n-1}$ 在 $\mathbb{C}P^n$ 中的 Poincaré 对偶.
5. 设 S, T 为 P 的紧致正则子流形. 证明: 如果 S 与 T 横截相交, 则 $S \cap T$ 也是正则子流形, 且
$$\eta_{S\cap T} = \eta_S \wedge \eta_T.$$
6. 设 S 为 P 的紧致正则子流形, $f : T \to P$ 与 S 横截相交, 证明: $f^{-1}(S)$ 也是 T 的正则子流形, 且
$$\eta_{f^{-1}(S)} = f^*\eta_S.$$
7. 设 E 为 M 上的定向向量丛, s 为 E 的一个截面. 如果 s 与零截面横截相交, 利用前一题说明 $s^{-1}(0)$ 的 Poincaré 对偶是 E 的 Euler 类.
8. 考虑映射 $\phi : S^1 \to S^1$, $\phi(z) = z^k$. 计算 ϕ 的 Lefschetz 数.
9. 设 M 为 n 维定向闭流形, $f : M \to M$ 为光滑映射. 当 $\hat{f}$ 与 Δ 横截相交时, f 只有孤立的不动点. 记 f 的不动点全体为 $\{p_1, \cdots, p_k\}$. 证明:
$$L(f) = \sum_{i=1}^{k} \mathrm{sgn}(f_{*p_i} - I_n).$$
10. 设 M 为 $2n$ 维定向闭流形, E 是 M 上秩为 $2n$ 的定向向量丛. 设 X 为 E 的截面. 如果 p 为 M 的孤立零点, 试给出 X 在 p 的指标的定义. 当 X 只有孤立零点时, 证明: X 的指标之和等于 E 的 Euler 类 $e(E)$ 在 M 上的积分.

§4.5 Hodge 理论

本节我们用分析方法来进一步研究 de Rham 上同调群. 这种方法来源于 Hodge, 他的工作对于流形上拓扑和整体分析的发展产生了非常深远的影响. Hodge 的基本想法是在流形上引入度量, 利用度量在每一个上同调类中挑选出特别的代表元. 这些代表元都属于一个椭圆算子的核, 因而 de Rham 上同调群维数的有限性可以从椭圆算子核的性质得出. Poincaré 对偶性质则直接从 Hodge 星算子的同构性质得出.

§4.5.1 Hodge 星算子

设 M 为 n 维定向闭流形, 在 M 上取黎曼度量 $g=\langle,\rangle$. g 本来只定义在 M 的切丛上, 我们回顾一下它是如何推广到一般张量丛上的. 比如, 设 $\{e_i\}_{i=1}^n$ 为切丛的局部标准正交标架场, $\{\omega^i\}_{i=1}^n$ 为其对偶余切标架场. 设 α, β 均为 (r,s) 型张量, 它们可局部表示为

$$\alpha=\alpha_{j_1\cdots j_r}^{i_1\cdots i_r}e_{i_1}\otimes\cdots\otimes e_{i_r}\otimes\omega^{j_1}\otimes\cdots\otimes\omega^{j_r},$$

$$\beta=\beta_{j_1\cdots j_r}^{i_1\cdots i_r}e_{i_1}\otimes\cdots\otimes e_{i_r}\otimes\omega^{j_1}\otimes\cdots\otimes\omega^{j_r},$$

则它们之间的逐点内积定义为

$$\langle\alpha,\beta\rangle=\frac{1}{(r+s)!}\alpha_{j_1\cdots j_r}^{i_1\cdots i_r}\beta_{j_1\cdots j_r}^{i_1\cdots i_r}.$$

容易验证逐点内积与正交标架的选取无关. 特别地, 如果 ω, η 为 q 次微分形式, 它们的局部表示分别为

$$\omega=\sum_{i_1<\cdots<i_q}\omega_{i_1\cdots i_q}\omega^{i_1}\wedge\cdots\wedge\omega^{i_q},\quad \eta=\sum_{i_1<\cdots<i_q}\eta_{i_1\cdots i_q}\omega^{i_1}\wedge\cdots\wedge\omega^{i_q}, \tag{4.18}$$

则它们的之间的逐点内积为

$$\langle\omega,\eta\rangle=\sum_{i_1<\cdots<i_q}\omega_{i_1\cdots i_q}\eta_{i_1\cdots i_q}.$$

记 $\Omega=\omega^1\wedge\cdots\wedge\omega^n$, 这是 (M,g) 的体积形式. 利用体积形式, 我们可以在微分形式空间 (或一般的张量场空间) 中定义整体内积 $(,)$. 设 ω, η 为如上 q-形式, 令

$$(\omega,\eta)=\int_M\langle\omega,\eta\rangle\Omega.$$

我们规定, 不同次数的微分形式之间的内积为零, 这样 $(,)$ 就可以扩充为微分形式空间 $\Omega^*(M)$ 中的内积.

有了这些准备工作, 我们可以定义重要的 **Hodge 星算子**(或称 $*$ 算子). $*$ 算子是一个函数线性的算子, 它将 q-形式映射为 $(n-q)$-形式. 在 q-形式空间的一组基 $\{\omega^{i_1}\wedge\cdots\wedge\omega^{i_q}\}$ 上, $*$ 算子的值定义为

$$*(\omega^{i_1}\wedge\cdots\wedge\omega^{i_q})=\varepsilon_{i_1\cdots i_q}\,\omega^1\wedge\cdots\wedge\widehat{\omega^{i_1}}\wedge\cdots\wedge\widehat{\omega^{i_q}}\wedge\cdots\wedge\omega^n, \tag{4.19}$$

其中, $\varepsilon_{i_1\cdots i_q}=\pm1$, 使得

$$\omega^{i_1}\wedge\cdots\wedge\omega^{i_q}\wedge*(\omega^{i_1}\wedge\cdots\wedge\omega^{i_q})=\Omega.$$

简单的计算表明

$$\varepsilon_{i_1\cdots i_q}=(-1)^{i_1+\cdots+i_q+1+\cdots+q}. \tag{4.20}$$

一般地, 如果 ω 如式 (4.18) 所示, 则

$$*\omega=\sum_{i_1<\cdots<i_q}\varepsilon_{i_1\cdots i_q}\omega_{i_1\cdots i_q}\omega^1\wedge\cdots\wedge\widehat{\omega^{i_1}}\wedge\cdots\wedge\widehat{\omega^{i_q}}\wedge\cdots\wedge\omega^n. \tag{4.21}$$

$*$ 算子具有以下性质:

命题 4.5.1 设 ω,η 如式 (4.18) 所示, 则

(i) $*1=\Omega,\ *\Omega=1,\ **\omega=(-1)^{q(n-q)}\omega;$

(ii) $\omega\wedge*\eta=\langle\omega,\eta\rangle\Omega,\ \langle*\omega,*\eta\rangle=\langle\omega,\eta\rangle.$

证明 (i) 前两式由定义可立即得到. 由式 (4.21) 和式 (4.20) 可得

$$**\omega=\varepsilon_{i_1\cdots i_q}\varepsilon_{1\cdots\widehat{i_1}\cdots\widehat{i_q}\cdots n}\omega=(-1)^{q(n-q)}\omega.$$

(ii) 由 $*$ 算子的定义可得

$$\begin{aligned}\omega\wedge*\eta&=\sum_{\substack{i_1<\cdots<i_q\\ j_1<\cdots<j_q}}\omega_{i_1\cdots i_q}\eta_{j_1\cdots,j_q}\omega^{i_1}\wedge\cdots\wedge\omega^{i_q}\wedge*(\omega^{j_1}\wedge\cdots\wedge\omega^{j_q})\\&=\sum_{i_1<\cdots<i_q}\omega_{i_1\cdots i_q}\eta_{i_1\cdots i_q}\Omega=\langle\omega,\eta\rangle\Omega.\end{aligned}$$

于是我们也有

$$\langle*\omega,*\eta\rangle\Omega=(*\omega)\wedge*(*\eta)=(-1)^{q(n-q)}(*\omega)\wedge\eta=\eta\wedge*\omega=\langle\eta,\omega\rangle\Omega,$$

这说明 $\langle*\omega,*\eta\rangle=\langle\eta,\omega\rangle=\langle\omega,\eta\rangle$. □

注 利用 (ii) 中第一式可说明 $*$ 算子的定义是恰当的.

我们知道, 外微分算子 d 将 $(q-1)$-形式映射为 q-形式. 在内积空间 $(\Omega^*(M),(,))$ 中, d 有一个伴随算子 δ, 它将 q-形式映射为 $(q-1)$-形式. 利用 $*$ 算子我们可以求出 δ 的表达式. 事实上, 设 ω 为 $(q-1)$-形式, η 为 q-形式, 则

$$\begin{aligned}\mathrm{d}(\omega\wedge*\eta)&=\mathrm{d}\omega\wedge*\eta+(-1)^{q-1}\omega\wedge\mathrm{d}*\eta\\&=\mathrm{d}\omega\wedge*\eta+(-1)^{n(q-1)}\omega\wedge*(*\mathrm{d}*\eta),\end{aligned}$$

如果记 $\delta=(-1)^{n(q-1)+1}*\mathrm{d}*:\Omega^q(M)\to\Omega^{q-1}(M)$, 则上式可写为

$$\mathrm{d}(\omega\wedge*\eta)=\mathrm{d}\omega\wedge*\eta-\omega\wedge*\delta\eta.$$

由 Stokes 公式可得

$$\int_M\mathrm{d}\omega\wedge*\eta=\int_M\omega\wedge*\delta\eta,$$

即

$$(\mathrm{d}\omega,\eta)=(\omega,\delta\eta),$$

也就是说 δ 的确是 d 在内积 $(,)$ 下的伴随算子.

外微分算子 d 和它的伴随算子 δ 都可以用联络来表示.

引理 4.5.2 设 D 为 Levi-Civita 联络, 则

$$\mathrm{d}=\omega^i\wedge D_{e_i},\quad \delta=-i(e_j)D_{e_j}. \tag{4.22}$$

证明 注意到式 (4.22) 中两式右端与正交标架的选取无关, 因此我们可以在正规标架下计算. 在 $x\in M$ 处, 我们选取正规标架 $\{e_i\}$. 此时联络形式在 x 处为零, 因此

$$\mathrm{d}\omega^i(x)=0,\quad D_{e_i}\omega^j(x)=0.$$

设 ω 为 q-形式, 为了验证式 (4.22), 不妨设 $\omega=f\omega^{i_1}\wedge\cdots\wedge\omega^{i_q}$. 在 x 处我们有

$$\mathrm{d}\omega=\mathrm{d}f\wedge\omega^{i_1}\wedge\cdots\wedge\omega^{i_q}=f_i\omega^i\wedge\omega^{i_1}\wedge\cdots\wedge\omega^{i_q},$$

其中, $f_i = e_i(f)$. 同时我们也有

$$\omega^i \wedge D_{e_i}\omega = \omega^i \wedge e_i(f)\omega^{i_1} \wedge \cdots \wedge \omega^{i_q},$$

这说明 $\mathrm{d}\omega = \omega^i \wedge D_{e_i}\omega$.

根据 $*$ 算子的定义, 在 x 处我们有

$$\begin{aligned} \mathrm{d} * \omega &= \mathrm{d}(f\varepsilon_{i_1\cdots i_q}\omega^1 \wedge \cdots \wedge \widehat{\omega^{i_1}} \wedge \cdots \wedge \widehat{\omega^{i_q}} \wedge \cdots \wedge \omega^n) \\ &= f_i\omega^i \wedge \varepsilon_{i_1\cdots i_q}\omega^1 \wedge \cdots \wedge \widehat{\omega^{i_1}} \wedge \cdots \wedge \widehat{\omega^{i_q}} \wedge \cdots \wedge \omega^n \\ &= \sum_{j=1}^{q} f_{i_j}\varepsilon_{i_1\cdots i_q}\omega^{i_j} \wedge \omega^1 \wedge \cdots \wedge \widehat{\omega^{i_1}} \wedge \cdots \wedge \widehat{\omega^{i_q}} \wedge \cdots \wedge \omega^n, \end{aligned}$$

于是

$$*\mathrm{d} * \omega = \sum_{j=1}^{q}(-1)^{(q-1)(n-q)+j-1} f_{i_j}\omega^{i_1} \wedge \cdots \wedge \widehat{\omega^{i_j}} \wedge \cdots \wedge \omega^{i_q},$$

最后可得

$$\delta\omega = (-1)^{n(q-1)+1} * \mathrm{d} * \omega = \sum_{j=1}^{q}(-1)^j f_{i_j}\omega^{i_1} \wedge \cdots \wedge \widehat{\omega^{i_j}} \wedge \cdots \wedge \omega^{i_q}.$$

如果记 $\tilde{\delta} = -i(e_j)D_{e_j}$, 则

$$\begin{aligned} \tilde{\delta}\omega &= -i(e_j)\big(e_j(f)\omega^{i_1} \wedge \cdots \wedge \omega^{i_q}\big) \\ &= -\sum_{j=1}^{q} e_{i_j}(f)(-1)^{j-1}\omega^{i_1} \wedge \cdots \wedge \widehat{\omega^{i_j}} \wedge \cdots \wedge \omega^{i_q}. \end{aligned}$$

这说明 $\delta = \tilde{\delta}$. □

外微分算子 d 将微分形式的次数升高一次, 它的伴随算子 δ 将微分形式的次数降低一次. 令

$$\Delta = \delta\mathrm{d} + \mathrm{d}\delta, \tag{4.23}$$

则 Δ 是保型算子 (即保持微分形式的次数不变), 称为 **Hodge-Laplace 算子**.

命题 4.5.3　Hodge-Laplace 算子具有以下性质:

(i) 如果 f 为 M 上的光滑函数, 则 $\Delta f = -\mathrm{tr}D^2 f$;

(ii) Δ 为自伴随算子, 即 $(\Delta\omega, \eta) = (\omega, \Delta\eta)$ 对任意微分形式 ω, η 均成立;

(iii) Δ 为正算子, 即 $(\Delta\omega, \omega) \geqslant 0$, 且等号成立时 $\Delta\omega = 0$;

(iv) $*\Delta = \Delta*$.

证明　(i) 当 f 为函数时 $\delta f = 0$. 由式 (4.22) 可得

$$\Delta f = \delta\mathrm{d}f + \mathrm{d}\delta f = \delta\mathrm{d}f = -i(e_j)D_{e_j}\mathrm{d}f = -\mathrm{tr}D^2 f.$$

(ii) 因为 Δ 是保型算子, 而不同次数的微分形式相互正交, 因此只要考虑 ω 和 η 次数相等的情形即可. 此时由 δ 为 d 的伴随算子可得

$$(\Delta\omega, \eta) = (\delta\mathrm{d}\omega, \eta) + (\mathrm{d}\delta\omega, \eta) = (\mathrm{d}\omega, \mathrm{d}\eta) + (\delta\omega, \delta\eta). \tag{4.24}$$

在上式中交换 ω 和 η 的位置即得欲证等式.

(iii) 在式 (4.24) 中令 $\eta=\omega$ 可得

$$(\Delta\omega,\omega)=(\mathrm{d}\omega,\mathrm{d}\omega)+(\delta\omega,\delta\omega)\geqslant 0,$$

等号成立当且仅当 $\mathrm{d}\omega=0$, $\delta\omega=0$, 即 $\Delta\omega=0$.

(iv) 设 ω 为 q-形式, 我们知道

$$\delta\omega=(-1)^{n(q-1)+1}*\mathrm{d}*\omega,\quad **\omega=(-1)^{q(n-q)}\omega.$$

此时

$$*\delta\omega=(-1)^{n(q-1)+1}(-1)^{(n-q+1)(q-1)}\mathrm{d}*\omega=(-1)^{q}\mathrm{d}*\omega.$$

同理可得 $\delta*\omega=(-1)^{q+1}*\mathrm{d}\omega$. 于是有

$$*\mathrm{d}\delta\omega=(-1)^{q}\delta*\delta\omega=\delta\mathrm{d}*\omega.$$

同理可得 $*\delta\mathrm{d}=\mathrm{d}\delta*$. 这说明

$$*\Delta=*\mathrm{d}\delta+*\delta\mathrm{d}=\delta\mathrm{d}*+\mathrm{d}\delta*=\Delta*.$$

命题得证. □

注 我们在之前已经对函数定义了一个 Laplace 算子 $\Delta=\mathrm{div}\circ\mathrm{grad}$, 从 (i) 可知, 现在定义的 Hodge-Laplace 算子 Δ 与以前的 Laplace 算子正好相差一个符号. 这种记号上的混乱在微分几何中有时无法完全避免, 请读者留意.

如果 $\Delta\omega=0$, 则称 ω 为**调和形式**. 由命题的证明可见, ω 为调和形式当且仅当 $\mathrm{d}\omega=0$, $\delta\omega=0$ 同时成立.

推论 4.5.4 设 f 为连通闭流形 M 上的光滑函数, 则 $\Delta f=0$ 或 $\Delta(f\Omega)=0$ 当且仅当 f 为常值函数.

证明 由 $*\Delta=\Delta*$ 可知

$$\Delta(f\Omega)=\Delta*f=*\Delta f=(\Delta f)\Omega,$$

因此 $\Delta(f\Omega)=0$ 当且仅当 $\Delta f=0$. 因为 $\delta f=0$, 故 $\Delta f=0$ 当且仅当 $\mathrm{d}f=0$, 即 f 为常值函数. □

调和形式有一个重要的特点: 它在 de Rham 上同调类中具有最小范数.

引理 4.5.5 设 ω 为 q 次调和形式, 则

(i) 对任意 $q-1$ 次形式 η, 均有

$$(\omega+\mathrm{d}\eta,\omega+\mathrm{d}\eta)\geqslant(\omega,\omega),$$

且等号成立时 $\mathrm{d}\eta=0$.

(ii) $*\omega$ 为 $n-q$ 次调和形式.

证明 (i) 当 ω 为 q 次调和形式时 $\mathrm{d}\omega=0$, $\delta\omega=0$. 由 δ 为 d 的伴随算子可得

$$\begin{aligned}(\omega+\mathrm{d}\eta,\omega+\mathrm{d}\eta)&=(\omega,\omega)+2(\omega,\mathrm{d}\eta)+(\mathrm{d}\eta,\mathrm{d}\eta)\\&=(\omega,\omega)+2(\delta\omega,\eta)+(\mathrm{d}\eta,\mathrm{d}\eta)\\&=(\omega,\omega)+(\mathrm{d}\eta,\mathrm{d}\eta)\geqslant(\omega,\omega),\end{aligned}$$

等号成立当且仅当 $\mathrm{d}\eta = 0$.

(ii) 当 $\Delta\omega = 0$ 时, 由命题 4.5.3 中的 (iv) 可知 $\Delta * \omega = *\Delta\omega = 0$, 即 $*\omega$ 也是调和形式. □

从上述引理出发, Hodge 研究 de Rham 上同调群的基本想法就是在每一个 de Rham 上同调类中寻找调和形式作为代表元. 这种调和形式的代表元如果存在, 则必定是唯一的. Hodge 的划时代定理断言这种调和形式的代表元的确是存在的. 更一般地, 任何 q-形式 ω 都可以 (唯一地) 分解为

$$\omega = \omega_h + \mathrm{d}\sigma + \delta\tau, \tag{4.25}$$

其中, ω_h 为调和 q-形式, σ 为 $(q-1)$-形式, τ 为 $(q+1)$-形式. Hodge 定理的详细表述和证明将在下一章中讨论, 我们先看一些简单的应用.

推论 4.5.6 (Poincaré 对偶)　*设 M 为 n 维定向闭流形, M 上 q 次调和形式的全体记为 $\mathcal{H}^q(M)$, 则*

$$H^q_{dR}(M) \cong \mathcal{H}^q(M), \quad \mathcal{H}^q(M) \cong \mathcal{H}^{n-q}(M).$$

证明　考虑线性映射

$$\iota : \mathcal{H}^q(M) \to H^q_{dR}(M), \quad \omega \mapsto [\omega].$$

由引理 4.5.5 的 (i) 可知 ι 为单射. 由 Hodge 定理的结论可知 ι 为满射, 因此 ι 为线性同构.

由引理 4.5.5 的 (ii) 以及 $** = (-1)^{q(n-q)}$ 可知 $* : \mathcal{H}^q(M) \to \mathcal{H}^{n-q}(M)$ 为线性同构. 特别地, 这就得到了 Poincaré 对偶 $H^q_{dR}(M) \cong H^{n-q}_{dR}(M)$. □

推论 4.5.7　*设 f 为连通闭流形 M 上的光滑函数, 则 f 在 M 上的积分为零当且仅当存在光滑函数 ϕ, 使得 $\Delta\phi = f$.*

证明　如果 $f = \Delta\phi$, 则

$$\int_M f\Omega = (f, 1) = (\Delta\phi, 1) = (\phi, \Delta 1) = 0.$$

反之, 设 f 的积分为零. 根据命题 4.1.9 的证明, 存在 $(n-1)$-形式 η, 使得 $f\Omega = \mathrm{d}\eta$. 根据式 (4.25), η 可写分解为一个闭形式再加上 $\delta\tau$, 其中 $\tau = \phi\Omega$ 为 n-形式. 此时

$$f\Omega = \mathrm{d}\eta = \mathrm{d}\delta\tau = \Delta\tau = (\Delta\phi)\Omega,$$

即 $f = \Delta\phi$. □

下面我们简要地讨论一下 Hodge 定理的另一个来源. 设 G 为紧致连通 Lie 群, G 光滑地左作用于 M. 在 M 上我们可以选取一个左不变的黎曼度量. 事实上, 首先任取一个黎曼度量 $\langle , \rangle_0$, 再令

$$\langle X, Y \rangle = \int_G \langle (L_g)_* X, (L_g)_* Y \rangle_0 \mathrm{d}g, \quad X, Y \in TM,$$

其中, $\mathrm{d}g$ 表示 G 上双不变度量的体积形式. 现在 $\langle , \rangle$ 就是 M 上左不变的黎曼度量. 因为 G 为连通 Lie 群, 左移作用均为 M 的保定向等距同构.

引理 4.5.8　*设 $g \in G$, L_g 为左移作用. 在左不变度量下, $(L_g)^*$ 和 $*$, d, δ 以及 Δ 都可以交换次序.*

证明 设 $\{e_i\}$ 为局部标准正交标架, $\{\omega^i\}$ 为对偶余切标架. 因为左移作用均为等距同构, $\{(L_g)_*e_i\}$ 也是局部标准正交标架, $\{(L_g)^*\omega^i\}$ 为其对偶余切标架. 于是有

$$\begin{aligned}*(L_g^*\omega^{i_1}\wedge\cdots\wedge L_g^*\omega^{i_q}) &= \varepsilon_{i_1\cdots i_q}L_g^*\omega^1\wedge\cdots\wedge\widehat{L_g^*\omega^{i_1}}\wedge\cdots\wedge\widehat{L_g^*\omega^{i_q}}\wedge\cdots\wedge L_g^*\omega^n,\\ &= L_g^* * (\omega^{i_1}\wedge\cdots\wedge\omega^{i_q}),\end{aligned}$$

这说明 $*L_g^* = L_g^**$. 有了 $*$ 算子和 L_g^* 之间的可交换性, 其他算子和 L_g^* 之间的可交换性就是显然的. □

推论 4.5.9 设 ω 为 M 上在左不变度量下的调和形式, 则 ω 为左不变调和微分形式.

证明 任取 $g\in G$, 则 $\Delta L_g^*\omega = L_g^*\Delta\omega = 0$, 这说明 $L_g^*\omega$ 也是调和形式. 因为 G 为连通 Lie 群, 左移作用 L_g 同伦于恒同映射. 此 $L_g^*\omega-\omega$ 为恰当形式. 再由引理 4.5.5 可知 $L_g^*\omega-\omega=0$. □

例 4.5.1 紧致连通 Lie 群上的调和形式.

设 G 为紧致连通 Lie 群, G 在自身上有如下左作用

$$G\times G\to G,\quad (g,h)\mapsto ghg^{-1},\quad g,h\in G.$$

在这个左作用下, G 上的左不变形式实际上就是双不变形式. 由命题 4.3.2 可知 $H_{dR}^*(G)=\Omega_I^*(G)$, 其中 $\Omega_I^*(G)$ 为 G 上双不变形式的全体. 此时 $\Omega_I^*(G)=H_I(G)$, 其中 $H_I(G)$ 是调和形式的全体. 事实上, 根据推论 4.5.9, 调和形式都是双不变形式. 反之, 设 ω 是双不变形式, 由命题 4.3.2 可知 ω 为闭形式. 又由 $*$ 算子和左移作用可交换可知 $*\omega$ 也是双不变形式, 从而 $*\omega$ 也是闭形式. 这说明 $\delta\omega=0$, 从而 ω 为调和形式.

例 4.5.2 对称空间上的调和形式.

设 G 为紧致连通 Lie 群, H 为其闭 Lie 子群. 如果 $M=G/H$ 为对称空间, 则同紧致连通 Lie 群的情形类似, 可以证明 M 上的左不变微分形式就是调和形式.

以球面 S^n 为例. 在 S^n 上取从 $\mathbb{R}^{n+1}$ 上诱导而来的标准度量. 我们已经知道, 0 次调和形式就是常值函数, n 次调和形式必为体积形式的常数倍. 设 $1\leqslant q\leqslant n-1$, 我们要说明调和 q-形式恒为零. 设 ω 为调和 q-形式, 则 ω 是左不变的. 因此

$$A^*\omega=\omega,\quad \forall\ A\in SO(n+1).$$

和例 4.3.2 中的讨论完全类似, 我们可以看出此时 ω 一定恒为零.

§4.5.2 Bochner 技巧

在前一小节中, 通过选定黎曼度量我们将 de Rham 上同调与调和形式联系在一起. 下面我们将会看到, Hodge-Laplace 算子中很自然地出现了曲率项. 这表明曲率一定能影响流形的拓扑.

设 (M,g) 为黎曼流形, X 为光滑切向量场. 我们回顾一下 Killing 向量场的概念. 按照定义, X 为 (M,g) 的 Killing 向量场是指 X 生成的单参数变换群均为等距同构. 等价地说就是 $L_Xg=0$. 此时, 对任意切向量场 Y,Z, 成立

$$X\langle Y,Z\rangle=\langle[X,Y],Z\rangle+\langle Y,[X,Z]\rangle,$$

其中, $\langle,\rangle = g$. 利用 Levi-Civita 联络与度量的相容性和对称性, 上式可以改写为

$$\langle D_Y X, Z\rangle + \langle Y, D_Z X\rangle = 0. \tag{4.26}$$

特别地, 当 $Z = Y$ 时 $\langle D_Y X, Y\rangle = 0$.

定理 4.5.10 (Bochner, 1946)　设 (M, g) 为闭的定向黎曼流形. 如果 Ricci 曲率非正, 则 (M, g) 的 Killing 向量场必为平行向量场; 当 Ricci 曲率为负时, 不存在非平凡的 Killing 向量场.

证明　设 X 为 Killing 向量场, 我们先证明下面的公式

$$\frac{1}{2}\Delta\langle X, X\rangle = -|DX|^2 + \mathrm{Ric}(X, X). \tag{4.27}$$

为了简单起见, 我们在局部正规坐标系下进行计算. 设 $\{e_i\}$ 为局部正规标架. 在坐标原点处, 我们有

$$\begin{aligned}
\frac{1}{2}\Delta\langle X, X\rangle &= -\frac{1}{2}D_{e_i}D_{e_i}\langle X, X\rangle = -D_{e_i}\langle D_{e_i}X, X\rangle \\
&= D_{e_i}\langle D_X X, e_i\rangle = \langle D_{e_i}D_X X, e_i\rangle \\
&= R(X, e_i, X, e_i) + \langle D_X D_{e_i}X, e_i\rangle - \langle D_{[X,e_i]}X, e_i\rangle \\
&= \mathrm{Ric}(X, X) + X\langle D_{e_i}X, e_i\rangle - \langle D_{e_i}X, D_X e_i\rangle + \langle D_{e_i}X, [X, e_i]\rangle \\
&= \mathrm{Ric}(X, X) - \langle D_{e_i}X, D_{e_i}X\rangle \\
&= \mathrm{Ric}(X, X) - |DX|^2.
\end{aligned}$$

在上述计算中我们反复用到了式 (4.26).

当 Ricci 曲率非正时, 将式 (4.27) 在 M 上积分, 由 Stokes 公式可得

$$0 = -\int_M |DX|^2\varOmega + \int_M \mathrm{Ric}(X, X)\varOmega \leqslant 0,$$

这说明 $|DX| \equiv 0$, 即 X 为平行向量场. 如果 Ricci 曲率为负, 则上式表明 X 恒为零.　□

注　如果 Ricci 曲率非正, 且在某一点处 Ricci 曲率为负, 则称 Ricci 曲率是拟负的. 如果 Ricci 曲率是拟负的, 则同样的证明表明 Killing 场只能为零. 特别地, 此时 (M, g) 的等距同构群一定为有限群.

在上述定理证明的中, 一个简单而重要的计算技巧就是通过交换求导次序让曲率项出现在最后的式子中. 这种技巧在微分几何中十分有用, 称为 **Bochner 技巧**. 下面我们再看几个类似的应用.

定理 4.5.11 (Bochner, 1948)　设 (M, g) 为闭的定向黎曼流形. 如果 Ricci 曲率非负, 则 M 上的调和 1-形式一定是平行的; 如果 Ricci 曲率为正, 则不存在非平凡的调和 1-形式.

证明　设 ω 为调和 1-形式, 我们先来我们先证明下面的公式

$$-\frac{1}{2}\Delta\langle\omega, \omega\rangle = |D\omega|^2 + \mathrm{Ric}(\omega^\#, \omega^\#), \tag{4.28}$$

其中, $\omega^\#$ 表示 ω 的对偶切向量场, 它由下式决定

$$\langle\omega^\#, Y\rangle = \omega(Y),\quad \forall\, Y \in \varGamma(TM).$$

为了方便起见, 记 $X=\omega^{\#}$. 设 Y,Z 为切向量场, 由 $\mathrm{d}\omega=0$ 可得

$$
\begin{aligned}
0=\mathrm{d}\omega(Y,Z)&=Y\big(\omega(Z)\big)-Z\big(\omega(Y)\big)-\omega([Y,Z])\\
&=Y\langle X,Z\rangle-Z\langle X,Y\rangle-\langle X,[Y,Z]\rangle\\
&=\langle D_YX,Z\rangle-\langle D_ZX,Y\rangle,
\end{aligned}
$$

其中, D 为 Levi-Civita 联络. 类似地, 由 $\delta\omega=0$ 可得

$$
\begin{aligned}
0=\delta\omega&=-i(e_j)D_{e_j}\omega=-(D_{e_j}\omega)(e_j)\\
&=-e_j\big(\omega(e_j)\big)+\omega(D_{e_j}e_j)\\
&=-e_j\langle X,e_j\rangle+\langle X,D_{e_j}e_j\rangle\\
&=-\langle D_{e_j}X,e_j\rangle,
\end{aligned}
$$

其中, $\{e_j\}$ 为一组局部标准正交标架. 利用这些准备工作, 我们在正规标架下做如下计算

$$
\begin{aligned}
-\frac{1}{2}\Delta\langle\omega,\omega\rangle&=-\frac{1}{2}\Delta\langle X,X\rangle=D_{e_i}\langle D_{e_i}X,X\rangle\\
&=D_{e_i}\langle D_XX,e_i\rangle=\langle D_{e_i}D_XX,e_i\rangle\\
&=R(X,e_i,X,e_i)+\langle D_XD_{e_i}X,e_i\rangle-\langle D_{[X,e_i]}X,e_i\rangle\\
&=\mathrm{Ric}(X,X)+X\langle D_{e_i}X,e_i\rangle-\langle D_{e_i}X,D_Xe_i\rangle-\langle D_{e_i}X,[X,e_i]\rangle\\
&=\mathrm{Ric}(X,X)+\langle D_{e_i}X,D_{e_i}X\rangle\\
&=\mathrm{Ric}(X,X)+|DX|^2=\mathrm{Ric}(\omega^{\#},\omega^{\#})+|D\omega|^2.
\end{aligned}
$$

如果 Ricci 曲率非负, 将式 (4.28) 在 M 上积分可得

$$
0=\int_M|D\omega|^2\Omega+\int_M\mathrm{Ric}(\omega^{\#},\omega^{\#})\Omega\geqslant 0,
$$

这说明 $|D\omega|=0$, 即 ω 为平行形式. 如果 Ricci 曲率为正, 则上式表明 $\omega=0$. □

推论 4.5.12 设 (M,g) 为闭的定向黎曼流形. 如果 Ricci 曲率非负, 则 $b_1(M)\leqslant\dim M$; 如果 Ricci 曲率为正, 则 $b_1(M)=0$.

证明 根据推论 4.5.6, $b_1(M)=\dim H^1_{dR}(M)=\dim\mathcal{H}^1(M)$. 当 Ricci 曲率非负时, $\mathcal{H}^1(M)$ 由平行 1-形式组成. 因为平行 1-形式由它在一个固定点 p 处的值唯一确定, 因此我们有如下线性单射

$$
\mathcal{H}^1(M)\to T_p^*M,\quad \omega\mapsto\omega(p).
$$

这说明 $b_1(M)=\dim\mathcal{H}^1(M)\leqslant\dim T_p^*M=\dim M$.

当 Ricci 曲率为正时, $\mathcal{H}^1(M)=\{0\}$. 此时 $b_1(M)=\dim\mathcal{H}^1(M)=0$. □

注 (1) 如果 Ricci 曲率非负且 $b_1(M)=\dim M$, 则 M 上存在 $\dim M$ 个线性无关的平行向量场, 这说明 (M,g) 是平坦流形 (曲率恒为零). 进一步还可以证明 M 必为平坦环面.

(2) 如果 (M,g) 的 Ricci 曲率非负, 且在某一点 p 处 Ricci 曲率为正, 则称 (M,g)

的 Ricci 曲率是拟正的. 对于 Ricci 曲率拟正的闭流形, 上述论证同样表明 $b_1(M)=0$. 事实上, 在黎曼几何中, 还可证明更强的结论: 如果 (M,g) 是 Ricci 曲率拟正的闭流形, 则 M 的基本群必为有限群.

式(4.27) 和式 (4.28) 称为 Bochner 公式. 这些公式对一般的调和 q-形式也有相应的推广形式.

设 ω 为 q-形式, 定义

$$\mathrm{tr}D^2\omega = D^2\omega(\cdot, e_i, e_i),$$

其中, $\{e_i\}$ 为局部标准正交标架. 显然, 上式与标架的选取无关. 直接的计算表明,

$$\mathrm{tr}D^2\omega = D_{e_i}D_{e_i}\omega - D_{D_{e_i}e_i}\omega. \tag{4.29}$$

引理 4.5.13 (Weitzenböck 公式)　*设 ω 为 q-形式, 则*

$$\Delta\omega = -\mathrm{tr}D^2\omega + \omega^i \wedge i(e_j)R(e_i,e_j)\omega, \tag{4.30}$$

其中, R 为曲率张量.

证明　利用引理 4.22, 我们在局部正规标架下计算如下

$$\begin{aligned}
\Delta\omega &= \mathrm{d}\delta\omega + \delta\mathrm{d}\omega \\
&= \omega^i \wedge D_{e_i}\big(-i(e_j)D_{e_j}\omega\big) - i(e_j)D_{e_j}\big(\omega^i\wedge D_{e_i}\omega\big) \\
&= \omega^i \wedge \big(-i(D_{e_i}e_j)D_{e_j}\omega - i(e_j)D_{e_i}D_{e_j}\omega\big) \\
&\quad - i(e_j)(D_{e_j}\omega^i)\wedge D_{e_i}\omega - i(e_j)\omega^i\wedge D_{e_j}D_{e_i}\omega \\
&= -\omega^i\wedge i(e_j)D_{e_i}D_{e_j}\omega - D_{e_i}D_{e_i}\omega + \omega^i\wedge i(e_j)D_{e_j}D_{e_i}\omega \\
&= -\mathrm{tr}D^2\omega + \omega^i\wedge i(e_j)R(e_i,e_j)\omega,
\end{aligned}$$

其中

$$R(e_i,e_j)\omega = D_{e_j}D_{e_i}\omega - D_{e_i}D_{e_j}\omega + D_{[e_i,e_j]}\omega.$$

引理得证. □

推论 4.5.14 (Bochner 公式)　*设 ω 为 q-形式, 则*

$$-\frac{1}{2}\Delta\langle\omega,\omega\rangle = -\langle\Delta\omega,\omega\rangle + |D\omega|^2 + F(\omega), \tag{4.31}$$

其中

$$F(\omega) = \langle\omega^i\wedge i(e_j)R(e_i,e_j)\omega,\ \omega\rangle.$$

证明　我们有

$$\begin{aligned}
\langle\mathrm{tr}D^2\omega,\omega\rangle &= \langle D_{e_i}D_{e_i}\omega - D_{D_{e_i}e_i}\omega,\ \omega\rangle \\
&= D_{e_i}\langle D_{e_i}\omega,\omega\rangle - \langle D_{e_i}\omega, D_{e_i}\omega\rangle - \frac{1}{2}D_{e_i}e_i\langle\omega,\omega\rangle \\
&= \frac{1}{2}D_{e_i}D_{e_i}\langle\omega,\omega\rangle - \frac{1}{2}D_{e_i}e_i\langle\omega,\omega\rangle - |D\omega|^2 \\
&= -\frac{1}{2}\Delta\langle\omega,\omega\rangle - |D\omega|^2.
\end{aligned}$$

利用上式和式 (4.30) 就得到了式 (4.31) . □

当 ω 为 1-形式, X, Y, Z 为切向量场时, 直接的计算表明

$$\big(R(X,Y)\omega\big)(Z) = -\omega\big(R(X,Y)Z\big).$$

此时

$$\begin{aligned} F(\omega) &= \langle \omega^i \wedge i(e_j)R(e_i,e_j)\omega,\ \omega\rangle = \big(R(e_i,e_j)\omega\big)(e_j)\langle \omega^i,\omega\rangle \\ &= -\omega\big(R(e_i,e_j)e_j\big)\langle \omega^i,\omega\rangle = -\langle \omega^\#, R(e_i,e_j)e_j\rangle\langle \omega^i,\omega\rangle \\ &= -\langle \omega^\#, R(\omega^\#,e_j)e_j\rangle = \mathrm{Ric}(\omega^\#,\omega^\#), \end{aligned}$$

即 ω 为 1-形式时, 式(4.31) 回到了式 (4.28) .

对于一般的 q-形式 ω, $F(\omega)$ 的表达式比较复杂. 为了能够化简, 我们引入一些新的概念. 首先, 我们将 $\wedge^2 T_pM$ 等同于 T_pM 的斜对称自同态的全体. 事实上, 设 $X\wedge Y \in \wedge^2 T_pM$, $X\wedge Y$ 可以以如下方式视为 T_pM 的自同态

$$(X\wedge Y)\cdot Z = \langle Z,X\rangle Y - \langle Z,Y\rangle X,\quad \forall\, Z\in T_pM.$$

任给 $Z, W\in T_pM$, 由

$$\langle (X\wedge Y)\cdot Z, W\rangle = \langle Z,X\rangle\langle Y,W\rangle - \langle Z,Y\rangle\langle X,W\rangle$$

可知 $\langle (X\wedge Y)\cdot Z, W\rangle = -\langle Z, (X\wedge Y)\cdot W\rangle$, 这说明 $X\wedge Y$ 是斜对称同态.

作为 T_pM 上的同态, $X\wedge Y$ 也可作用在任何张量上. 例如, 如果 θ 为 1-形式, 则 $(X\wedge Y)\cdot\theta$ 为如下定义的 1-形式:

$$\big((X\wedge Y)\cdot\theta\big)(Z) = -\theta\big((X\wedge Y)\cdot Z\big),\quad \forall\, Z\in T_pM.$$

一般的, 设 θ 为 q 次协变张量, 则

$$\big((X\wedge Y)\cdot\theta\big)(Z_1,\cdots,Z_q) = -\sum_{j=1}^{q}\theta(Z_1,\cdots,(X\wedge Y)\cdot Z_j,\cdots,Z_q),\quad \forall\, Z_j\in T_pM.$$

容易看出, 当 θ_1, θ_2 均为协变张量时, 有

$$(X\wedge Y)\cdot(\theta_1\otimes\theta_2) = \big((X\wedge Y)\cdot\theta_1\big)\otimes\theta_2 + \theta_1\otimes\big((X\wedge Y)\cdot\theta_2\big),$$

并且 $X\wedge Y$ 关于诱导内积仍为斜对称同态. 特别地, 当 η_1, η_2 为外 (微分) 形式时, 有

$$(X\wedge Y)\cdot(\eta_1\wedge\eta_2) = \big((X\wedge Y)\cdot\eta_1\big)\wedge\eta_2 + \eta_1\wedge\big((X\wedge Y)\cdot\eta_2\big)$$

以及

$$\langle (X\wedge Y)\cdot\eta_1, \eta_2\rangle = -\langle \eta_1, (X\wedge Y)\cdot\eta_2\rangle.$$

引理 4.5.15 设 $\{e_i\}$ 为局部标准正交标架, $\{\omega^i\}$ 为对偶余切标架.

(i) 曲率张量 R 在外形式上的作用可以表示为

$$R(X,Y) = \frac{1}{2}R(X,Y,e_k,e_l)e_k\wedge e_l.$$

(ii) 设 $\Theta\in\wedge^2 TM$, 则

$$\Theta = -\langle e_i\wedge e_j, \Theta\rangle\omega^i\wedge i(e_j).$$

证明 (i) 由于

$$R(X,Y)(\theta_1\otimes\theta_2)=\big(R(X,Y)\theta_1\big)\otimes\theta_2+\theta_1\otimes\big(R(X,Y)\theta_2\big)$$

对任意张量 θ_1, θ_2 均成立, 我们只需要在 T_pM 上验证 $R(X,Y)$ 的作用即可. 设 $Z\in T_pM$, 则

$$R(X,Y)Z=\langle R(X,Y)Z,e_l\rangle e_l=R(X,Y,Z,e_l)e_l.$$

另一方面, 有

$$\begin{aligned}\frac{1}{2}R(X,Y,e_k,e_l)(e_k\wedge e_l)\cdot Z&=\frac{1}{2}R(X,Y,e_k,e_l)(\langle e_k,Z\rangle e_l-\langle e_l,Z\rangle e_k)\\&=\frac{1}{2}R(X,Y,Z,e_l)e_l-\frac{1}{2}R(X,Y,e_k,Z)e_k\\&=R(X,Y,Z,e_l)e_l,\end{aligned}$$

这说明

$$R(X,Y)=\frac{1}{2}R(X,Y,e_k,e_l)e_k\wedge e_l.$$

(ii) 不妨设 $\Theta=X\wedge Y$. 由于

$$\omega^i\wedge i(e_j)(\eta_1\wedge\eta_2)=(\omega^i\wedge i(e_j)\eta_1)\wedge\eta_2+\eta_1\wedge(\omega^i\wedge i(e_j)\eta_2),$$

我们只需要在 1-形式上验证等式即可. 设 η 为 1-形式, $Z\in T_pM$, 则

$$\begin{aligned}\big((X\wedge Y)\cdot\eta\big)(Z)=-\eta\big((X\wedge Y)\cdot Z\big)&=-\eta(\langle Z,X\rangle Y-\langle Z,Y\rangle X)\\&=\langle Z,Y\rangle\eta(X)-\langle Z,X\rangle\eta(Y).\end{aligned}$$

另一方面, 有

$$\begin{aligned}\langle e_i\wedge e_j,X\wedge Y\rangle\big(\omega^i\wedge i(e_j)\eta\big)(Z)&=\langle e_i\wedge e_j,X\wedge Y\rangle\omega^i(Z)\eta(e_j)\\&=(\langle e_i,X\rangle\langle e_j,Y\rangle-\langle e_i,Y\rangle\langle e_j,X\rangle)\omega^i(Z)\eta(e_j)\\&=\langle Z,X\rangle\eta(Y)+\langle Z,Y\rangle\eta(X),\end{aligned}$$

这说明

$$X\wedge Y=-\langle e_i\wedge e_j,X\wedge Y\rangle\omega^i\wedge i(e_j).$$

引理得证. □

定义 4.5.1 (曲率算子) 设 $\{e_i\}$ 为局部标准正交标架, 定义线性算子

$$\mathcal{R}:\wedge^2T_pM\to\wedge^2T_pM,\quad X\wedge Y\mapsto\frac{1}{2}R(X,Y,e_k,e_l)e_k\wedge e_l,$$

$\mathcal{R}$ 称为曲率算子.

容易看出曲率算子的定义与局部标架的选取无关. 曲率算子是对称线性算子: 设 $X\wedge$

$Y,\ Z\wedge W\in\wedge^2T_pM$, 则

$$\begin{aligned}\langle\mathcal{R}(X\wedge Y),Z\wedge W\rangle&=\frac{1}{2}R(X,Y,e_k,e_l)\langle e_k\wedge e_l,Z\wedge W\rangle\\&=\frac{1}{2}R(X,Y,e_k,e_l)\big(\langle e_k,Z\rangle\langle e_l,W\rangle-\langle e_k,W\rangle\langle e_l,Z\rangle\big)\\&=\frac{1}{2}R(X,Y,Z,W)-\frac{1}{2}R(X,Y,W,Z)\\&=R(X,Y,Z,W)=R(Z,W,X,Y)\\&=\langle X\wedge Y,\mathcal{R}(Z\wedge W)\rangle.\end{aligned}$$

如果 $\mathcal{R}$ 的特征值都是非负的, 则称曲率算子是非负的; 如果 $\mathcal{R}$ 的特征值都是正的, 则称曲率算子是正的.

定理 4.5.16 (Singer-Meyer) 设 (M,g) 为闭的定向黎曼流形. 如果曲率算子是非负的, 则调和形式都是平行的; 如果曲率算子是正的, 则当 $0<q<\dim M$ 时, 不存在非平凡的调和 q-形式.

证明 由于曲率算子是对称的, 我们可以选择 $\wedge^2T_pM$ 的一组标准正交基 $\{\Theta_\alpha\}$, 使得

$$\mathcal{R}(\Theta_\alpha)=\lambda_\alpha\Theta_\alpha,$$

其中, $\{\lambda_\alpha\}$ 为曲率算子的特征值. 设 ω 为 q-形式, 利用引理 4.5.15 可得

$$\begin{aligned}F(\omega)=\langle\omega^i\wedge i(e_j)R(e_i,e_j)\omega,\ \omega\rangle&=\langle\omega^i\wedge i(e_j)\mathcal{R}(e_i\wedge e_j)\cdot\omega,\ \omega\rangle\\&=\sum_\alpha\langle\omega^i\wedge i(e_j)\langle e_i\wedge e_j,\Theta_\alpha\rangle\mathcal{R}(\Theta_\alpha)\cdot\omega,\ \omega\rangle\\&=\sum_\alpha\langle-\Theta_\alpha\cdot\mathcal{R}(\Theta_\alpha)\cdot\omega,\ \omega\rangle\\&=\sum_\alpha\langle\mathcal{R}(\Theta_\alpha)\cdot\omega,\ \Theta_\alpha\cdot\omega\rangle\\&=\sum_\alpha\lambda_\alpha|\Theta_\alpha\cdot\omega|^2.\end{aligned}$$

当曲率算子非负, ω 为 q 次调和形式时, 有

$$0=\int_M|D\omega|^2\Omega+\int_M F(\omega)\Omega\geqslant 0,$$

这说明 $|D\omega|=0$, 即 ω 为平行形式. 进一步, 当曲率算子为正时, $\Theta_\alpha\cdot\omega=0$ 处处成立. 这说明 $(e_k\wedge e_l)\cdot\omega=0$ 总成立. 当 $0<q<\dim M$ 时, 由此容易看出 $\omega=0$. □

推论 4.5.17 如果 (M,g) 的曲率算子为正, 则当 $0<q<\dim M$ 时, $H^q_{dR}(M)=\{0\}$.

注 曲率算子为正 (非负) 时, 流形的截面为正 (非负). 反之则不然.

习题 4.5

1. 试说明 Hodge 星算子的定义与局部标架的选取无关.
2. 设 f 为 $\mathbb{R}^n$ 中的光滑函数, $\omega=f\,\mathrm{d}x^{i_1}\wedge\cdots\wedge\mathrm{d}x^{i_q}$ 为 q-形式, 证明:

$$\Delta\omega = -\sum_{j=1}^{n} \frac{\partial^2 f}{\partial (x^j)^2} \mathrm{d}x^{i_1} \wedge \cdots \wedge \mathrm{d}x^{i_q}.$$

3. 设 f 为 (M,g) 上的调和函数, 证明: $\mathrm{d}f$ 为调和 1-形式.
4. 设 ω 为 1-形式, 其对偶切向量场为 X. 证明: $\mathrm{div}X = -\delta\omega$.
5. 设 M 为完备黎曼流形. 证明: 如果其 Ricci 曲率为正, 则 M 上不存在非平凡的平方可积调和 1-形式.
6. 设 (M,g) 为闭的定向黎曼流形, $\dim M \geqslant 4$. 如果任给互相正交的单位向量 $\{e_1, e_2, e_3, e_4\}$, 均有 (K 表示截面曲率)

$$K(e_1,e_3) + K(e_1,e_4) + K(e_2,e_3) + K(e_2,e_4) - 2R(e_1,e_2,e_3,e_4) > 0,$$

则称 (M,g) 的迷向曲率为正. 证明: 如果 M 的维数为偶数且迷向曲率为正, 则 $H^2_{dR}(M) = \{0\}$.

§4.6 Dirac 算子

在前一节, 利用 Hodge 理论我们看到流形的曲率 (如正 Ricci 曲率, 正曲率算子) 有时能对流形的拓扑施加很强的限制. 本节我们讨论数量曲率与流形拓扑之间的关系, 这跟所谓的 Dirac 算子有关.

§4.6.1 Clifford 代数

我们先从代数的构造开始. 设 V 为有限维实向量空间, $q: V \times V \to \mathbb{R}$ 为 V 上的一个对称双线性型, 记 $q(v) = q(v,v)$, $v \in V$.

定义 4.6.1 (Clifford 代数) (V,q) 的 Clifford 代数是指满足如下条件的配对 $(Cl(V,q), j)$:

(i) $Cl(V,q)$ 是具有单位元 1 的结合代数;

(ii) $j: V \to Cl(V,q)$ 为线性映射, 满足条件

$$j(v)^2 = -q(v) \cdot 1, \quad \forall\, v \in V; \tag{4.32}$$

(iii) 如果 A 为另一具有单位元 1 的结合代数, 且 $j': V \to A$ 为满足条件 $j'(v)^2 = -q(v) \cdot 1$ 的线性映射, 则存在唯一的代数同态 $\phi: Cl(V,q) \to A$, 使得 $j' = \phi \circ j$.

注 (1) Clifford 代数的唯一性由定义中的 (iii) 直接得到. 它的存在性可如下描述: 记 V 生成的张量代数为

$$T(V) = \mathbb{R} \oplus V \oplus (V \otimes V) \oplus \cdots .$$

记 $I(q)$ 为由如下元素

$$\{v \otimes v + q(v) \mid v \in V\}$$

在 $T(V)$ 中生成的理想. 令 $Cl(V,q) = T(V)/I(q)$. 如果 $\pi: T(V) \to Cl(V,q)$ 表示商投影, $i: V \to T(V)$ 为自然的包含映射, 则 $j = \pi \circ i: V \to Cl(V,q)$ 为满足式 (4.32) 的线性映射. $(Cl(V,q), j)$ 即为所求 Clifford 代数. j 为单射, $j(V)$ 中的代数乘积生成了整个 Clifford 代数. 为了方便起见, 我们经常不区分 $j(v)$ 和 v, 即将 V 视为 $Cl(V,q)$ 的线性子空间.

(2) 在式 (4.32) 中分别以 $u+v$, $u-v$ 代替 v, 相减可得

$$j(u)j(v) + j(v)j(u) = -2q(u,v) \cdot 1, \quad \forall\, u, v \in V. \tag{4.33}$$

显然, 在定义中可以用上式代替式 (4.32) .

例 4.6.1 外代数.

在向量空间 V 中取对称双线性型 $q=0$, 根据注记中的 (1) 容易看出 $Cl(V,0)=\wedge^*V$. 即在这种情况下 Clifford 代数就是 V 的外代数.

例 4.6.2 $\mathbb{R}^n$ 生成的 Clifford 代数.

在 $\mathbb{R}^n$ 中将对称双线性型 q 取为欧氏内积 $\langle,\rangle$. $(\mathbb{R}^n,\langle,\rangle)$ 的 Clifford 代数记为 Cl_n. 在 $\mathbb{R}^n$ 中取标准正交基 $\{e_i\}_{i=1}^n$, 则 Cl_n 由 $e_1,\cdots,e_n$ 生成. $\{e_i\}$ 之间满足的关系为

$$e_i^2=-1,\ \ \forall\, i;\ \ e_je_k=-e_ke_j,\ \ \forall\, j\neq k. \tag{4.34}$$

作为向量空间, Cl_n 由如下的一组基生成

$$1,\ \ e_{i_1}\cdots e_{i_k},\ i_1<\cdots<i_k,\ 1\leqslant k\leqslant n. \tag{4.35}$$

特别地, $\dim Cl_n=2^n$.

例 4.6.3 Cl_1 和 Cl_2.

由前例, Cl_1 由 1 和另一向量 e 生成, 其中 $e^2=-1$. 由此可见 Cl_1 为复数域 $\mathbb{C}$. Cl_2 由 $\{1,e_1,e_2\}$ 生成, 它们之间满足关系

$$e_1^2=e_2^2=-1,\ \ e_1e_2=-e_2e_1.$$

记 $i=e_1$, $j=e_2$, $k=e_1e_2$, 则

$$i^2=j^2=k^2=-1,\ \ i\cdot j=k,\ j\cdot k=i,\ k\cdot i=j.$$

这说明 Cl_2 为四元数体 $\mathbb{H}$.

下面我们主要关注 Cl_n 的性质. 首先, 记 $\iota:\mathbb{R}^n\to\mathbb{R}^n$, 其中 $\iota(v)=-v$. ι 诱导了 Cl_n 的自同构 (仍记为 ι), 它在式 (4.35) 中一组基上作用如下

$$\iota(1)=1,\ \ \iota(e_{i_1}\cdots e_{i_k})=(-1)^ke_{i_1}\cdots e_{i_k}.$$

显然, $\iota^2=\mathrm{id}$. 记

$$Cl_n^+=\{x\in Cl_n\mid \iota(x)=x\},\ \ Cl_n^-=\{x\in Cl_n\mid \iota(x)=-x\},$$

则有向量空间的直和分解 $Cl_n=Cl_n^+\oplus Cl_n^-$. 容易看出, Cl_n^+ 是由 k 为偶数的单项式 $e_{i_1}\cdots e_{i_k}$($k=0$ 时约定该单项式为 1) 张成的子空间, Cl_n^- 是由 k 为奇数的单项式 $e_{i_1}\cdots e_{i_k}$ 张成的子空间. 由此易见

$$Cl_n^+\cdot Cl_n^+\subset Cl_n^+,\ \ Cl_n^-\cdot Cl_n^-\subset Cl_n^+,\ \ Cl_n^+\cdot Cl_n^-\subset Cl_n^-.$$

特别地, Cl_n^+ 为 Cl_n 的子代数, 且 $\dim Cl_n^-=2^{n-1}$.

其次, Cl_n 中还有一个反自同构 $x\mapsto x^t$, 它在基上定义为

$$(e_{i_1}\cdots e_{i_k})^t=e_{i_k}\cdots e_{i_1}.$$

当 $x,y\in Cl_n$ 时, $(xy)^t=y^tx^t$.

$\mathbb{R}^n$ 中的内积可以自然地扩展到 Cl_n 中, 这只要令式 (4.35) 中的基为 Cl_n 的标准正交基即可.

引理 4.6.1 (i) 设 $v\in\mathbb{R}^n$ 为单位向量, 则如下线性映射

$$v:Cl_n\to Cl_n,\ \ x\mapsto v\cdot x,\ \ x\in Cl_n$$

保持 Cl_n 的内积;

(ii) $Cl_n^+ \cap \mathcal{Z}(Cl_n) = \mathbb{R}$, 其中

$$Cl_n^+ \cap \mathcal{Z}(Cl_n) = \{a \in Cl_n^+ \mid x \cdot a = a \cdot x, \quad \forall\, x \in Cl_n\}.$$

证明 (i) 通过将 $\{v\}$ 扩充为 $\mathbb{R}^n$ 的一组标准正交基, 不妨设 $v = e_1$. 此时, 利用式 (4.34) 易见, e_1 左乘式 (4.35) 中的基以后仍变为 Cl_n 的一组标准正交基. 这说明单位向量的左乘运算保持 Cl_n 的内积.

(ii) 设 $a \in Cl_n^+ \cap \mathcal{Z}(Cl_n)$, a 可表示为

$$a = \sum_I a_I e_I, \quad a_I \in \mathbb{R},$$

其中, e_I 定义为

$$e_I = \begin{cases} e_{i_1 i_2 \cdots i_{2k}}, & I = \{i_1 < i_2 < \cdots < i_{2k}\}, \\ 1, & I = \varnothing. \end{cases}$$

对每一个 e_i $(1 \leqslant i \leqslant n)$, 由式 (4.34) 易见

$$e_i e_I e_i^{-1} = -e_i e_I e_i = \begin{cases} -e_I, & i \in I, \\ e_I, & i \notin I. \end{cases}$$

由 $e_i a e_i^{-1} = a$ 可得

$$\sum_I a_I e_I = \sum_I \varepsilon(i, I) a_I e_I,$$

其中, 当 $i \in I$ 时 $\varepsilon(i, I) = 1$, 当 $i \notin I$ 时 $\varepsilon(i, I) = -1$. 因为上式对任意 i 都成立, 从而只能有 $a_I = 0, \forall\, I \neq \varnothing$. 这说明 $a = a_\varnothing \in \mathbb{R}$. □

Cl_n 中可逆元素的全体组成了乘法群 Cl_n^*. 我们关注的是 Cl_n^* 的特殊子群.

定义 4.6.2 (自旋群) 由 $\mathbb{R}^n$ 中的单位向量经乘法运算生成的群记为 $\mathrm{Pin}(n)$, 称为旋群. 它可写为

$$\mathrm{Pin}(n) = \left\{u_1 \cdots u_k \in Cl_n^* \mid u_i \in S^{n-1}\right\}.$$

记 $\mathrm{Spin}(n) = \mathrm{Pin}(n) \cap Cl_n^+$, 称为自旋群. 它可写为

$$\mathrm{Spin}(n) = \left\{u_1 u_2 \cdots u_{2k} \in Cl_n^* \mid u_i \in S^{n-1}\right\} = \left\{a \in \mathrm{Pin}(n) \mid a a^t = 1\right\}.$$

自旋群 $\mathrm{Spin}(n)$ 之所以重要是因为它是 $SO(n)$ 的复迭群. 为了在这两个群之间建立联系, 设 $u \in S^{n-1}$ 为单位向量, 令

$$\rho(u)(v) = uvu, \quad v \in \mathbb{R}^n.$$

我们断言 $\rho(u)(v) \in \mathbb{R}^n$. 事实上, 记 $v' = v - \langle v, u\rangle u$, 则 $v' \in u^\perp = \{w \in \mathbb{R}^n \mid \langle w, u\rangle = 0\}$, 且

$$uvu = u(\langle v, u\rangle u + v')u = -\langle v, u\rangle u + v',$$

这说明 $\rho(u)$ 在 v 上的作用相当于 $\mathbb{R}^n$ 中关于超平面 $u^\perp$ 的反射. 于是当 $u \in S^{n-1}$ 时 $\rho(u) \in O(n)$. 映射 ρ 可以自然地扩展到 $\mathrm{Pin}(n)$ 上: 设 $a = u_1 \cdots u_k \in \mathrm{Pin}(n)$, 令

$$\rho(a) : \mathbb{R}^n \to \mathbb{R}^n, \quad v \mapsto a v a^t.$$

显然 $\rho(a)=\rho(u_1)\cdots\rho(u_k)$ 为 $\mathbb{R}^n$ 中反射的复合, 且 $\rho:\mathrm{Pin}(n)\to O(n)$ 为群同态. 又因为 $\mathbb{R}^n$ 中的每一个正交变换都是反射的乘积, 所以 ρ 为满同态.

引理 4.6.2 $\rho:\mathrm{Spin}(n)\to SO(n)$ 为满同态, 且 $\mathrm{Ker}\rho=\{\pm1\}$.

证明 设 $a=u_1u_2\cdots u_{2k}\in\mathrm{Spin}(n)$, 则 $\rho(a)=\rho(u_1)\rho(u_2)\cdots\rho(u_{2k})$ 为 $\mathbb{R}^n$ 中偶数个反射的复合, 因此 $\rho(a)\in SO(n)$. 反之, $SO(n)$ 中的每一个元素均可表示为偶数个反射的乘积, 从而 $\rho\big(\mathrm{Spin}(n)\big)=SO(n)$.

设 $a\in\mathrm{Ker}\rho$, 则

$$ava^t=v,\quad \forall\, v\in\mathbb{R}^n.$$

由 $a^ta=1$ 可得

$$av=va,\quad \forall\, v\in\mathbb{R}^n.$$

由引理 4.6.1 可知 $a\in\mathbb{R}$, 这说明 $a=\pm1$. □

引理 4.6.3 当 $n\geqslant2$ 时, 自旋群 $\mathrm{Spin}(n)$ 为紧致连通 Lie 群.

证明 在 Cl_n 中我们已经定义了内积, 作为向量空间它就是 2^n 维的欧氏空间. 由引理 4.6.1 可知 $\mathrm{Pin}(n)$ 含于 Cl_n 中的单位球面之中, 因而是有界的. 我们来说明 $\mathrm{Pin}(n)$ 为闭集, 注意到

$$\mathrm{Pin}(n)=\mathrm{Spin}(n)\bigcup e_n\cdot\mathrm{Spin}(n),$$

因此只要说明 $\mathrm{Spin}(n)$ 为闭集即可.

设 $\{a_i\}\subset\mathrm{Spin}(n)$, 如果 a_i 在 Cl_n 中收敛于 a_0, 我们要说明 $a_0\in\mathrm{Spin}(n)$. 令

$$\rho(a_0)(v)=a_0va_0^t,\quad v\in\mathbb{R}^n.$$

由 $\rho(a_i)\in SO(n)$ 可见 $\rho(a_0)\in SO(n)$. 由引理 4.6.2 可知, 存在 $a\in\mathrm{Spin}(n)$, 使得

$$\rho(a_0a^{-1})=\rho(a_0)\rho(a)^{-1}=1.$$

又由 $a_i\in Cl_n^+$ 可知 $a_0\in Cl_n^+$. 于是由上式和引理 4.6.1 可得 $a_0a^{-1}=\pm1$, 这说明 $a_0=\pm a\in\mathrm{Spin}(n)$.

至此, 我们已经说明了 $\mathrm{Spin}(n)$ 为 Cl_n^* 的紧致子群. 因为 $\mathrm{Spin}(n)$ 中群的运算显然是光滑的, 故 $\mathrm{Spin}(n)$ 为光滑 Lie 群.

设 $a=u_1u_2\cdots u_{2k}\in\mathrm{Spin}(n)$, $\{u_i\}_{i=1}^{2k}\subset S^{n-1}$. 当 $n\geqslant2$ 时, S^{n-1} 是连通的, 每一个 u_i 都可由 S^{n-1} 中的一条道路与 $e_1\in S^{n-1}$ 相连. 于是 a 本身可用 $\mathrm{Spin}(n)$ 中的路径与 $e_1\cdots e_1=\pm1$ 相连. 另一方面, 考虑 $\mathrm{Spin}(n)$ 中的路径

$$\sigma(t)=\big[(\cos t)e_1+(\sin t)e_2\big]\big[(\cos t)e_1-(\sin t)e_2\big],$$

它可以将 $-1=\sigma(0)$ 和 $+1=\sigma(\pi/2)$ 相连. 这说明 $\mathrm{Spin}(n)$ 为连通 Lie 群. □

推论 4.6.4 当 $n\geqslant2$ 时, $\rho:\mathrm{Spin}(n)\to SO(n)$ 为双叶复迭映射; 当 $n\geqslant3$ 时, $\rho:\mathrm{Spin}(n)\to SO(n)$ 为万有复迭映射.

证明 结合前面的两个引理可知 ρ 为 Lie 群 $\mathrm{Spin}(n)$ 到 $SO(n)$ 的满同态, 其核由 ±1 组成. 由命题 1.6.9 可知 ρ 为双叶复迭映射.

当 $n\geqslant3$ 时, 利用 $SO(n+1)/SO(n)=S^n$ 和同伦正合序列可知 $SO(n)$ 的基本群为 $\mathbb{Z}_2$. 于是由 $\mathrm{Spin}(n)$ 的连通性不难得知 $\mathrm{Spin}(n)$ 是单连通的, ρ 为万有复迭映射. □

例 4.6.4 Spin(2).

在 $\mathbb{R}^2$ 中标准正交基 $\{e_1, e_2\}$, 我们断言

$$\mathrm{Spin}(2) = \{a + be_1e_2 \mid a, b \in \mathbb{R},\ a^2 + b^2 = 1\}. \tag{4.36}$$

事实上, 由 $\mathrm{Spin}(2) \subset Cl_2^+$ 以及 Spin(2) 中元素长度为 1 可见上式左边包含于右边. 反之, 由

$$a + be_1e_2 = e_1(-ae_1 + be_2)$$

可知式 (4.36) 右边也包含于左边. 于是 $\mathrm{Spin}(2) \cong S^1$. 设

$$\cos\theta + \sin\theta e_1e_2 \in \mathrm{Spin}(2), \quad xe_1 + ye_2 \in \mathbb{R}^2,$$

简单的计算表明

$$\rho(\cos\theta + \sin\theta e_1e_2)(xe_1 + ye_2) = (x\cos 2\theta - y\sin 2\theta)e_1 + (x\sin 2\theta + y\cos 2\theta)e_2,$$

因此同态 $\rho : \mathrm{Spin}(2) \cong S^1 \to SO(2) \cong S^1$ 由映射 $z \mapsto z^2$ 给出, 其中 $z \in S^1$ 是复数.

例 4.6.5 Spin(3).

在 $\mathbb{R}^3$ 中取标准正交基 $\{e_1, e_2, e_3\}$, 记 $i = e_1e_2$, $j = e_2e_3$, $k = e_3e_1$, 则

$$i^2 = j^2 = k^2 = -1, \quad i \cdot j = k, \ j \cdot k = i, \ k \cdot i = j.$$

我们断言

$$\mathrm{Spin}(3) = \{a + bi + cj + dk \mid a, b, c, d \in \mathbb{R},\ a^2 + b^2 + c^2 + d^2 = 1\}. \tag{4.37}$$

因为 $\{1, i, j, k\}$ 张成 Cl_3^+, 上式左边包含于右边是显然的. 反之, 设 $u = a + bi + cj + dk$, 其中 a, b, c, d 是平方和为 1 的实数. 设 $v = xe_1 + ye_2 + ze_3 \in \mathbb{R}^3$, 直接的计算表明

$$\begin{aligned} uvu^t = {} & [(a^2 - b^2 + c^2 - d^2)x + 2(cd - ab)y + 2(ad + bc)z]e_1 \\ & + [2(ab + cd)x + (a^2 - b^2 - c^2 + d^2)y + 2(bd - ac)z]e_2 \\ & + [2(bc - ad)x + 2(ac + bd)y + (a^2 + b^2 - c^2 - d^2)z]e_3 \in \mathbb{R}^3, \end{aligned}$$

同态 ρ 形如

$$(a, b, c, d) \mapsto \begin{pmatrix} a^2 - b^2 + c^2 - d^2 & 2(cd - ab) & 2(ad + bc) \\ 2(ab + cd) & a^2 - b^2 - c^2 + d^2 & 2(bd - ac) \\ 2(bc - ad) & 2(ac + bd) & a^2 + b^2 - c^2 - d^2 \end{pmatrix} \in SO(3).$$

根据引理 4.6.3 的证明可知 $u \in \mathrm{Spin}(3) \cong S^3$. 特别地, 由此可直接知道 Spin(3) 是单连通的, $SO(3)$ 的基本群为 $\mathbb{Z}_2$.

下面我们来描述 $\mathrm{Spin}(n)$ 的 Lie 代数. 注意到 Cl_n^* 为 Cl_n 的开集, 因此 Cl_n^* 的 Lie 代数可等同于 Cl_n. 当 $x, y \in Cl_n$ 时, Lie 括号积运算为 $[x, y] = xy - yx$. 指数映射为

$$\exp : Cl_n \to Cl_n^*, \quad x \mapsto \sum_{k=0}^{\infty} \frac{x^k}{k!}.$$

作为 Cl_n^* 的子群, $\mathrm{Spin}(n)$ 的 Lie 代数 $\mathfrak{spin}(n)$ 可视为 Cl_n 的子空间.

命题 4.6.5 $\mathfrak{spin}(n)=\operatorname{span}\{e_ie_j \mid 1\leqslant i<j\leqslant n\}$, 其中 Lie 括号积运算为

$$[x,y]=xy-yx,\quad x,y\in\mathfrak{spin}(n).$$

证明 只要计算 Spin(n) 在 1 处的切空间即可. 设 $1\leqslant i<j\leqslant n$, 记

$$\gamma(t)=\exp(te_ie_j)=\cos t+(\sin t)e_ie_j,\quad t\in\mathbb{R}.$$

从下式可见 $\gamma(t)$ 是 Spin(n) 中从 1 出发的光滑曲线

$$\gamma(t)=-[\cos(t/2)e_i+\sin(t/2)e_j][\cos(t/2)e_i-\sin(t/2)e_j].$$

显然 $e_ie_j=\dot\gamma(0)\in\mathfrak{spin}(n)$. 这说明

$$\mathfrak{spin}(n)\supset\operatorname{span}\{e_ie_j\mid 1\leqslant i<j\leqslant n\}.$$

又因为 $\dim\operatorname{Spin}(n)=\dim SO(n)=\dfrac{1}{2}n(n-1)$, 因此上式为等式. □

我们还可以确定 Lie 代数之间的同构 $\rho_*:\mathfrak{spin}(n)\to\mathfrak{so}(n)$. 我们知道, $\mathfrak{so}(n)$ 由 $\mathbb{R}^n$ 到自身的斜对称变换组成, 它可写成

$$\mathfrak{so}(n)=\operatorname{span}\{E_{ij}\mid 1\leqslant i<j\leqslant n\},$$

其中, E_{ij} 是在 (i,j) 位置为 -1, (j,i) 位置为 1, 其他位置为 0 的 n 阶方阵.

命题 4.6.6 同构 $\rho_*:\mathfrak{spin}(n)\to\mathfrak{so}(n)$ 由下式给出

$$\rho_*(e_ie_j)=2E_{ij},\quad 1\leqslant i<j\leqslant n.$$

也可写成如下不变形式

$$\rho_*(z)x=zx-xz,\quad x\in\mathbb{R}^n.$$

证明 设 $1\leqslant i<j\leqslant n$, $\gamma(t)$ 如命题 4.6.5. 当 $1\leqslant k\leqslant n$ 时, 有

$$\rho\big(\gamma(t)\big)e_k=[\cos t+(\sin t)e_ie_j]e_k[\cos t+(\sin t)e_je_i].$$

当 $k\neq i,j$ 时, $\rho\big(\gamma(t)\big)e_k=e_k$. 因此

$$\rho_*(e_ie_j)e_k=\frac{\mathrm{d}}{\mathrm{d}t}\Big|_{t=0}\rho\big(\gamma(t)\big)e_k=0,\quad k\neq i,j.$$

当 $k=i,j$ 时

$$\rho\big(\gamma(t)\big)e_i=\cos(2t)e_i+\sin(2t)e_j,\quad \rho\big(\gamma(t)\big)e_j=\cos(2t)e_j-\sin(2t)e_i.$$

这说明

$$\rho_*(e_ie_j)e_i=2e_j,\quad \rho_*(e_ie_j)e_j=-2e_i.$$

我们也可以用指数映射来计算 ρ_*. 设 $z\in\mathfrak{spin}(n)$, 记 $\gamma_z(t)=\exp(tz)$. 当 $x\in\mathbb{R}^n$ 时, 我们有

$$\rho_*(z)x=\frac{\mathrm{d}}{\mathrm{d}t}\Big|_{t=0}\rho\big(\gamma_z(t)\big)x=\frac{\mathrm{d}}{\mathrm{d}t}\Big|_{t=0}\exp(tz)\,x\exp(-tz)=zx-xz.$$

命题得证. □

最后我们简要地介绍 Spin(n) 的表示理论. 讨论表示论的时候, 将 Clifford 代数复化以后比较方便一些. 记

$$\mathbb{C}l_n=Cl_n\otimes\mathbb{C},\quad \mathbb{C}l_n^+=Cl_n^+\otimes\mathbb{C},\quad \mathbb{C}l_n^-=Cl_n^-\otimes\mathbb{C}.$$

Cl_n 上的内积可以自然地扩展为 $\mathbb{C}l_n$ 上的 Hermite 内积. 因为 $\mathrm{Spin}(n) \subset Cl_n^+ \subset \mathbb{C}l_n^+$, 自旋群在 $\mathbb{C}l_n$ 上的左乘运算给出了一个复表示. 根据引理 4.6.1 可知这个表示为酉表示 (保持 Hermite 内积).

一般地, 设 C 为 $\mathbb{C}l_n^+$-模 (左模), $\mathrm{Spin}(n)$ 通过左乘作用就给出了一个复表示

$$\alpha : \mathrm{Spin}(n) \to \mathrm{End}(C), \quad \alpha(u)(v) = u \cdot v, \quad v \in C,$$

其中, $\mathrm{End}(C)$ 表示 C 到自身的复线性映射的全体. α 称为由 C 所诱导的自旋群表示.

引理 4.6.7　设 $\alpha : \mathrm{Spin}(n) \to \mathrm{End}(C)$ 是由 $\mathbb{C}l_n^+$-模所诱导的自旋群表示, 则 α 为不可约表示当且仅当 C 是不可约 $\mathbb{C}l_n^+$-模.

证明　如果 α 为不可约表示, 由 $\mathrm{Spin}(n) \subset \mathbb{C}l_n^+$ 可知 C 是不可约 $\mathbb{C}l_n^+$-模.

反之, 设 C 是不可约 $\mathbb{C}l_n^+$-模. 如果 α 是可约表示, 则由紧群的表示理论可知 α 可分解为两个非平凡的子表示 α_1, α_2 的直和

$$\alpha_i : \mathrm{Spin}(n) \to \mathrm{End}(C_i), \quad i = 1, 2, \quad C = C_1 \oplus C_2,$$

其中, C_1, C_2 是 C 的两个子向量空间. 注意 $\mathbb{C}l_n^+$ 中的每个元素均可表示为 $a_I e_I$ 之和, 其中

$$a_I \in \mathbb{C}, \quad e_I = e_{i_1} e_{i_2} \cdots e_{i_{2k}} \in \mathrm{Spin}(n).$$

C_i 在 e_I 的左乘作用下不变, 因此 C_i 也是 $\mathbb{C}l_n^+$-模. 这与 C 为不可约模相矛盾. □

根据这个引理, 要得到由 $\mathbb{C}l_n^+$-模所诱导的自旋群的不可约表示, 只要考虑那些不可约 $\mathbb{C}l_n^+$-模即可. 下面的引理表明, 只要考虑不可约 $\mathbb{C}l_{n-1}$-模就行了.

引理 4.6.8　作为代数, Cl_n^+ 同构于 Cl_{n-1}, $\mathbb{C}l_n^+$ 复同构于 $\mathbb{C}l_{n-1}$.

证明　任取 $a \in Cl_{n-1}$, a 可唯一地分解为

$$a = a^+ + a^-, \quad a^+ \in Cl_{n-1}^+, \ a^- \in Cl_{n-1}^-.$$

定义 $\phi : Cl_{n-1} \to Cl_n^+$ 为

$$\phi(a) = a^+ + a^- \cdot e_n,$$

ϕ 为所求同构. 复的情形完全类似. □

根据以上两个引理, 利用归纳法可以证明: 当 $n = 2k$ 时, 在同构意义下只存在一个不可约 $\mathbb{C}l_n$-模, 其维数为 2^k; 当 $n = 2k+1$ 时, 存在两个不同构的不可约 $\mathbb{C}l_n$-模, 它们的复维数均为 2^k.

现在我们回到自旋群的表示. 当 $n = 2k$ 时, 根据以上结论, 作为 $\mathbb{C}l_n$-模, $\mathbb{C}l_n$ 自身必定可分解为不可约 $\mathbb{C}l_n$-模的直和, 这些不可约模彼此同构, 它们的维数均为 2^k. 记 Ψ 为这些不可约模中的一个, 它诱导了一个复表示 $\tau : \mathrm{Spin}(n) \to \mathrm{End}(\Psi)$, 称为 $\mathrm{Spin}(n)$ 的旋表示, Ψ 则称为旋量空间.

为了描述 Ψ, 我们如下定义 $\mathbb{C}l_n$ 的一组基: 设 $\{e_i\}$ 为 $\mathbb{R}^n$ 的标准正交基, 令

$$f_i = \frac{1}{\sqrt{2}}(e_i - \sqrt{-1}e_{k+i}), \quad \bar{f}_i = \frac{1}{\sqrt{2}}(e_i + \sqrt{-1}e_{k+i}), \quad i = 1, 2, \cdots, k.$$

$\{f_i, \bar{f}_i\}$ 组成了 $\mathbb{C}^n = \mathbb{R}^n \otimes \mathbb{C}$ 中在 Hermite 内积下的标准正交基. 在 $\mathbb{C}l_n$ 中, 它们满足如下关系

$$f_i f_i = \bar{f}_i \bar{f}_i = 0, \ \forall\, i; \quad f_i f_j = -f_j f_i, \ f_i \bar{f}_j = -\bar{f}_j f_i, \ \bar{f}_i \bar{f}_j = -\bar{f}_j \bar{f}_i, \ \forall\, i \neq j. \tag{4.38}$$

由此可见, 如下单项式

$$f_{i_1}\cdots f_{i_p}\bar{f}_{j_1}\cdots\bar{f}_{j_q},\ \ i_1<\cdots<i_p,\ j_1<\cdots<j_q,\ 0\leqslant p,q\leqslant k$$

构成了 $\mathbb{C}l_n$ 的一组基. 记 $g=\bar{f}_1\cdots\bar{f}_k$, 由式 (4.38) 可知

$$\bar{f}_j(f_{i_1}\cdots f_{i_p}g)=0,\ \ \forall\, j\neq i_1,\cdots,i_p.$$

考虑 g 在 $\mathbb{C}l_n$ 中生成的左理想 $\langle g\rangle$. 由上式可知, 作为向量空间, 此理想的一组基为

$$f_{i_1}f_{i_2}\cdots f_{i_p}g,\ \ i_1<\cdots<i_p,\ 1\leqslant p\leqslant k.$$

特别地, $\dim\langle g\rangle=2^k$. 作为理想, $\langle g\rangle$ 当然是 $\mathbb{C}l_n$-模. 由于维数的关系, 可知此模必定是不可约的, 因此可以取为 Ψ.

注意, 虽然 Ψ 是不可约 $\mathbb{C}l_n$-模, 但它诱导的自旋群表示 τ 不是不可约的. 这是因为 Ψ 不是 $\mathbb{C}l_n^+$ 不可约模. 事实上, $\mathbb{C}l_n^+$ 同构于 $\mathbb{C}l_{n-1}$, 而 $\mathbb{C}l_{n-1}$ 的不可约模具有维数 2^{k-1}, 因此 Ψ 是两个不可约 $\mathbb{C}l_n^+$-模 Ψ^+ 和 Ψ^- 的直和. $\Psi^\pm$ 可描述如下: 记

$$\Gamma=(\sqrt{-1})^k e_1e_2\cdots e_{2k}\in\mathbb{C}l_n,$$

我们有

$$\Gamma^2=1,\ \ \Gamma x=(-1)^{\pm1}x\Gamma,\ \ x\in\mathbb{C}l_n^\pm.$$

Γ 的乘积在 Ψ 上诱导了一个自同构, 令

$$\Psi^+=\{x\in\Psi\mid\Gamma x=x\},\ \ \Psi^-=\{x\in\Psi\mid\Gamma x=-x\},$$

则 $\Psi^\pm$ 为 $\mathrm{Spin}(n)$ 的不可约表示空间 (称为半旋量空间), 两个不可约表示 (称为半旋表示) 分别记为

$$\tau^+:\mathrm{Spin}(n)\to\mathrm{End}(\Psi^+),\ \ \tau^-:\mathrm{Spin}(n)\to\mathrm{End}(\Psi^-).$$

τ 是 τ^+ 和 τ^- 的直和. τ^+ 和 τ^- 分别称为 $+\dfrac{1}{2}$ 旋表示和 $-\dfrac{1}{2}$ 旋表示.

当 $n=2k+1$ 时, $\mathbb{C}l_n$ 分解为不可约 $\mathbb{C}l_n$-模的直和, 其中 Ψ_+ 和 Ψ_- 是两个不同构的不可约模, 其维数均为 2^k. Ψ_+ 和 Ψ_- 分别诱导了 $\mathrm{Spin}(n)$ 的复表示 τ_+ 和 τ_-. 注意不可约 $\mathbb{C}l_{n-1}$-模的维数为 2^k, 因此作为 $\mathbb{C}l_n^+$-模, Ψ_+ 和 Ψ_- 是同构的. 这说明 τ_+ 和 τ_- 是同构的不可约复表示. 令 $\tau=\tau_+=\tau_-$, $\Psi=\Psi_+=\Psi_-$, 则得到 $\mathrm{Spin}(n)$ 的复不可约表示

$$\tau:\mathrm{Spin}(n)\to\mathrm{End}(\Psi),$$

称为 $\mathrm{Spin}(n)$ 的旋量表示, Ψ 称为旋量空间.

例 4.6.6 Spin(3) 的旋量表示.

根据刚才的讨论, Spin(3) 的旋量空间的复维数为 2. 我们只要找到一个表示 $\mathrm{Spin}(3)\to\mathrm{End}(\mathbb{C}^2)=\mathfrak{gl}(2,\mathbb{C})$ 即可. 取 $\mathbb{R}^3$ 的标准正交基 $\{e_1,e_2,e_3\}$, 则

$$\mathrm{Spin}(3)=\{a+be_1e_2+ce_2e_3+de_3e_1\mid a,b,c,d\in\mathbb{R},\ a^2+b^2+c^2+d^2=1\}.$$

考虑 Pauli 矩阵

$$\sigma_x=\begin{pmatrix}0&\sqrt{-1}\\ \sqrt{-1}&0\end{pmatrix},\ \ \sigma_y=\begin{pmatrix}0&1\\ -1&0\end{pmatrix},\ \ \sigma_z=\begin{pmatrix}-\sqrt{-1}&0\\ 0&\sqrt{-1}\end{pmatrix}. \tag{4.39}$$

这些矩阵之间满足如下关系 (其中 I_2 是二阶单位方阵)

$$\sigma_x^2 = \sigma_y^2 = \sigma_z^2 = -I_2, \quad \sigma_x\sigma_y = \sigma_z, \quad \sigma_y\sigma_z = \sigma_x, \quad \sigma_z\sigma_x = \sigma_y.$$

做同构 $\tau : \mathbb{C}l_3^+ \to \mathfrak{gl}(2,\mathbb{C})$, 使得

$$\tau(1) = I_2, \quad \tau(e_1e_3) = \sigma_x, \quad \tau(e_2e_3) = \sigma_y, \quad \tau(e_1e_2) = \sigma_z,$$

则 τ 在 Spin(3) 上的限制即为旋表示. 旋表示也可写为

$$\tau : \mathrm{Spin}(3) \cong S^3 \to SU(2), \quad (a,b,c,d) \mapsto \begin{pmatrix} a - b\sqrt{-1} & c - d\sqrt{-1} \\ -c - d\sqrt{-1} & a + b\sqrt{-1} \end{pmatrix},$$

这实际上给出了群同构.

注 Pauli 矩阵最初是由 Cartan 在研究 Lie 代数表示的时候发现的, 后来 Pauli 在研究电子自旋时也发现了这些矩阵. 这是为什么后来人们将 Spin(n) 称为自旋群和将 Ψ 称为旋量空间的原因.

例 4.6.7 作为 Clifford 模的外代数.

设 V 为 n 维实向量空间, $\langle,\rangle$ 为 V 中的内积. 记 $Cl(V)$ 为 $(V,\langle,\rangle)$ 生成的 Clifford 代数. $\langle,\rangle$ 可自然地扩展到 $V\otimes\mathbb{C}$ 上成为 Hermite 内积. 记 $\mathbb{C}l(V) = Cl(V)\otimes\mathbb{C}$ 为复化的 Clifford 代数.

在 V 中取标准正交基 $\{e_i\}$, 则 $\mathbb{C}l(V)$ 的一组基为

$$1, \quad e_{i_1}\cdots e_{i_k}, \quad i_1 < \cdots < i_k, \ 1 \leqslant k \leqslant n.$$

作为向量空间, $\mathbb{C}l(V)$ 与外代数 $\wedge^*V^*\otimes\mathbb{C}$ 同构, 这只要考虑两组基之间的如下对应即可

$$e_{i_1}\cdots e_{i_k} \mapsto \omega^{i_1}\wedge\cdots\wedge\omega^{i_k},$$

其中, $\{\omega^i\}$ 是 $\{e_i\}$ 的对偶基. 于是, 我们可以将 $\mathbb{C}l(V)$ 的模结构转移到 $\wedge^*V^*\otimes\mathbb{C}$ 上. 我们要把 Clifford 左乘运算做到 $\wedge^*V^*\otimes\mathbb{C}$ 上. 注意到

$$e_l\cdot(e_{i_1}\cdots e_{i_k}) = \begin{cases} e_le_{i_1}\cdots e_{i_k}, & l \notin \{i_1,\cdots,i_k\}, \\ (-1)^j e_{i_1}\cdots\widehat{e_{i_j}}\cdots e_{i_k}, & l = i_j, \end{cases}$$

因此 e_l 在 $\wedge^*V^*\otimes\mathbb{C}$ 上的左乘应定义为

$$e_l\cdot(\omega^{i_1}\wedge\cdots\wedge\omega^{i_k}) = \begin{cases} \omega^l\wedge\omega^{i_1}\wedge\cdots\wedge\omega^{i_k}, & l \notin \{i_1,\cdots,i_k\}, \\ (-1)^j\omega^{i_1}\wedge\cdots\wedge\widehat{\omega^{i_j}}\wedge\cdots\wedge\omega^{i_k}, & l = i_j. \end{cases}$$

上式可用外积和内乘运算统一写为

$$e_l\cdot(\omega^{i_1}\wedge\cdots\wedge\omega^{i_k}) = \omega^l\wedge\omega^{i_1}\wedge\cdots\omega^{i_k} - i(e_l)\omega^{i_1}\wedge\cdots\omega^{i_k}.$$

一般地, V 在 $\wedge^*V^*\otimes\mathbb{C}$ 上的左乘作用为

$$v\cdot\omega = v^\flat\wedge\omega - i(v)\omega, \quad v\in V, \ \omega\in\wedge^*V^*. \tag{4.40}$$

其中, $v^\flat\in V^*$ 是 v 的对偶. 这个左乘作用当然可以扩展为 $\mathbb{C}l(V)$ 的左乘作用.

§4.6.2 Clifford 丛

在前一小节我们讨论了 Clifford 代数和相关的代数构造. 下面我们研究相关的几何构造.

定义4.6.3(Clifford 丛) 设 (M,g) 为黎曼流形, S 为 M 上的复向量丛, S 具有 Hermite 度量 $\langle,\rangle$ 和一个相容的联络. 如果存在光滑的丛同态 $c: TM\otimes S\to S$, 使得

(i) c 为 Clifford 乘积, 即

$$c\big(v,c(v,u)\big)=-g(v,v)u,\quad \forall\, v\in TM,\ u\in S; \tag{4.41}$$

(ii) c 在 S 上的乘积作用是斜伴随的, 即

$$\langle c(v,s_1),s_2\rangle+\langle s_1,c(v,s_2)\rangle=0,\quad \forall\, v\in TM,\ s_1,s_2\in S; \tag{4.42}$$

(iii) Clifford 乘积和 S 上的联络以及 TM 上的 Levi-Civita 联络相容, 即

$$D_X\big(c(Y,s)\big)=c(D_XY,s)+c(Y,D_Xs),\quad \forall\, X,Y\in \Gamma(TM),\ s\in\Gamma(S),$$

则称 S 为 M 上的 Clifford 丛.

注 TM 上的 Levi-Civita 联络和 S 上的联络都用 D 表示. 设 $v\in T_xM$, 记

$$c(v): S_x\to S_x,\quad u\mapsto c(v,u),$$

此时式 (4.41) 可改写为

$$c(v)^2u=-|v|^2u,$$

其中, $|v|^2=g(v,v)$. 进一步, 我们经常将 $c(v)u$ 写为 $v\cdot u$, 这表示 Clifford 乘积运算. 在 Clifford 乘积运算下, S_x 都是 $\mathbb{C}l(T_xM)$-模. Clifford 丛可以看成是满足一定相容性条件的一族 Clifford 模.

定义 4.6.4 (Dirac 算子) 设 S 是 M 上的 Clifford 丛. 定义映射 $\not{D}:\Gamma(S)\to\Gamma(S)$ 如下: 设 s 为 S 的光滑截面, 取 TM 的一组局部标准正交标架 $\{e_i\}$, 令

$$\not{D}s=e_i\cdot D_{e_i}s, \tag{4.43}$$

其中, “·” 表示 Clifford 乘积. 容易验证上式与标准正交基的选取无关. $\not{D}$ 称为 S 的 Dirac 算子.

例 4.6.8 Hodge-de Rham 算子.

设 (M,g) 为黎曼流形. 考虑复化的外形式丛 $\wedge^*T^*M\otimes\mathbb{C}$, 它有诱导的度量和联络. 设 $e\in TM$, e 在 $\wedge^*T^*M\otimes\mathbb{C}$ 上的 Clifford 乘积定义为

$$e\cdot\omega=e^\flat\wedge\omega-i(e)\omega,\quad \omega\in\wedge^*T^*M\otimes\mathbb{C},$$

其中, $e^\flat\in T^*M$ 为 e 的对偶余切向量. 根据例 4.6.7 中的讨论不难看出上述乘积的确是 Clifford 乘积.

为了方便起见, 统一用 $\langle,\rangle$ 表示度量. 当 e 为单位向量时, 左乘保持内积, 因此有

$$\langle e\cdot\omega,\ \eta\rangle=\langle e\cdot\omega,\ -e\cdot e\cdot\eta\rangle=-\langle\omega,\ e\cdot\eta\rangle,\quad \forall\,\omega,\eta\in\wedge^*T^*M\otimes\mathbb{C}.$$

这说明 Clifford 乘积是斜伴随运算.

设 X,Y 为 M 的切向量场, ω 为微分形式. 记 $Y^\flat$ 为 Y 的对偶余切向量场, 对任意切

向量场 Z, 我们有

$$\langle D_XY,Z\rangle = X\langle Y,Z\rangle - \langle Y,D_XZ\rangle = X\big(Y^\flat(Z)\big) - Y^\flat(D_XZ) = \big(D_XY^\flat\big)(Z),$$

这说明

$$\big(D_XY\big)^\flat = D_XY^\flat. \tag{4.44}$$

现在我们计算如下

$$\begin{aligned} D_X\big(Y\cdot\omega\big) &= D_X\big(Y^\flat\wedge\omega - i(Y)\omega\big)\\ &= \big(D_XY^\flat\big)\wedge\omega + Y^\flat\wedge D_X\omega - i(D_XY)\omega - i(Y)D_X\omega\\ &= \big(D_XY\big)^\flat\wedge\omega - i(D_XY)\omega + Y^\flat\wedge D_X\omega - i(Y)D_X\omega\\ &= \big(D_XY\big)\cdot\omega + Y\cdot D_X\omega, \end{aligned}$$

这说明 Clifford 乘积和联络相容.

以上我们说明了 M 上的 (复化) 外形式丛是一个自然的 Clifford 丛. 根据定义, 它的 Dirac 算子定义为

$$\not{D}\omega = e_j\cdot D_{e_j}\omega = e_j\wedge D_{e_j}\omega - i(e_j)D_{e_j}\omega = \mathrm{d}\omega + \delta\omega,$$

即 $\not{D} = \mathrm{d}+\delta$. 这个算子也称为 Hodge-de Rham 算子. $\not{D}^2 = \mathrm{d}\delta+\delta\mathrm{d}$ 也就是 Hodge-Laplace 算子.

为了讨论其他的 Clifford 丛, 我们需要考虑流形上一些额外的结构. 这里我们仅讨论所谓的自旋结构 (Spin structure).

定义 4.6.5 (自旋结构)　设 (M,g) 为定向黎曼流形, 其定向标架丛记为 $F(M)$. M 上的一个自旋结构是指满足以下条件的配对 $(Sp(M),\phi)$:

(i) $Sp(M)$ 为 M 上的主丛, 其结构群为 $\mathrm{Spin}(n)$;

(ii) $\phi: Sp(M)\to F(M)$ 为丛同态, 满足条件

$$\phi(\xi\cdot u) = \phi(\xi)\cdot\rho(u),\ \ \forall\,\xi\in Sp(M),\ u\in\mathrm{Spin}(n),$$

其中, $\rho:\mathrm{Spin}(n)\to SO(n)$ 是前述双叶复迭同态.

用主丛的语言来说, 主丛 $Sp(M)$ 是标架丛 $F(M)$ 关于同态 $\rho:\mathrm{Spin}(n)\to SO(n)$ 的一个约化. 这种约化并非总是存在的, 这可以与流形的定向相对比. 我们知道, M 可定向当且仅当其标架丛的结构群可约化为 $SO(n)$. 进行约化时会遇到于拓扑上的障碍 (obstruction), 它是位于 $H_1(M,\mathbb{Z}_2)$ 中的第一 Stiefel-Whitney 示性类 $w_1(M)$. 将结构群从 $SO(n)$ 进一步约化到 $\mathrm{Spin}(n)$ 也存在拓扑上的障碍, 能否约化取决于第二 Stiefel-Whitney 示性 $w_2(M)$ 是否为零.

我们可以用丛的连接函数来解释结构群如何约化. 设 $\{g_{\alpha\beta}\}$ 为 $F(M)$ 的连接函数, 其中 $\{U_\alpha\}$ 为 $F(M)$ 的局部平凡化开覆盖, $g_{\alpha\beta}:U_\alpha\cap U_\beta\to SO(n)$ 为光滑函数, 满足条件

$$g_{\alpha\beta}g_{\beta\gamma}g_{\gamma\alpha} = 1,\ \ \forall\,U_\alpha\cap U_\beta\cap U_\gamma\neq\varnothing.$$

经过适当地选取开覆盖 $\{U_\alpha\}$, 我们可假设 $U_\alpha\cap U_\beta$ 非空时都是单连通的. 这时每一个连接函数都可以提升为

$$\hat{g}_{\alpha\beta}: U_\alpha\cap U_\beta\to\mathrm{Spin}(n),$$

使得 $\rho(\hat{g}_{\alpha\beta})=g_{\alpha\beta}$. 如果 $\{\hat{g}_{\alpha\beta}\}$ 仍满足条件

$$\hat{g}_{\alpha\beta}\hat{g}_{\beta\gamma}\hat{g}_{\gamma\alpha}=1,\ \ \forall\, U_\alpha\cap U_\beta\cap U_\gamma\neq\varnothing,$$

则以 $\{\hat{g}_{\alpha\beta}\}$ 为连接函数的主丛 $Sp(M)$ 就是 $F(M)$ 的约化. 问题在于满足上述条件时需要对流形的拓扑施加一定的限制 (就是前一段提到过的示性类).

下面我们假设 M 上具有自旋结构 $(Sp(M),\phi)$. 设 Ψ 为 Spin(n) 的旋量空间, 旋量表示 $\tau:\mathrm{Spin}(n)\to\mathrm{End}(\Psi)$ 为酉表示, 因此它诱导了伴随向量丛 $\mathcal{S}(M)=Sp(M)\times_\tau\Psi$. $\mathcal{S}(M)$ 称为 M 的**旋量丛**, 其 (光滑) 截面称为旋量场.

我们来说明旋量丛是 M 上的 Clifford 丛. 首先, 由于 τ 为酉表示, 伴随向量丛 $\mathcal{S}(M)$ 上就有自然诱导的 Hermite 度量. 至于联络, 我们知道定向标架丛 $F(M)$ 上有从切丛的 Levi-Civita 联络诱导而来的联络, 其联络形式 ω 为 $\mathfrak{so}(n)$-值 1-形式. 于是 $(\rho_*)^{-1}\omega$ 是 $Sp(M)$ 上诱导联络的联络形式, 进而在伴随向量丛 $\mathcal{S}(M)$ 上也有了诱导联络.

为了在 $\mathcal{S}(M)$ 上定义 Clifford 乘积, 我们考虑切丛 TM 的局部平凡化. 设 $\{U_\alpha\}$ 为 M 的开覆盖, 在每一个 U_α 中均有标准正交标架 $\{e_{\alpha i}\}$, 它们给出了 TM 的局部平凡化

$$\varphi_\alpha: TM|_{U_\alpha}\to U_\alpha\times\mathbb{R}^n,$$

使得 $e_{\alpha i}(x)=\varphi_\alpha^{-1}(x,e_i)$ $(x\in U_\alpha)$, 其中 $\{e_i\}$ 为 $\mathbb{R}^n$ 中的标准正交基.

切丛的局部平凡化 $\{\varphi_\alpha\}$ 诱导了 $\mathcal{S}(M)$ 的局部平凡化

$$\hat{\varphi}_\alpha:\mathcal{S}(M)|_{U_\alpha}\to U_\alpha\times\Psi.$$

设 X 为切向量场, s 为旋量场. 记

$$\varphi_\alpha(X(x))=(x,X_\alpha(x)),\ \ \hat{\varphi}_\alpha(s(x))=(x,s_\alpha(x)),\ \ x\in U_\alpha.$$

定义 Clifford 乘积为

$$X(x)\cdot s(x)=\hat{\varphi}_\alpha^{-1}\big(x,X_\alpha(x)\cdot s_\alpha(x)\big),$$

为了说明上述定义的恰当性, 我们来证明当 $U_\alpha\cap U_\beta\neq\varnothing$ 时

$$\hat{\varphi}_\alpha^{-1}\big(x,X_\alpha(x)\cdot s_\alpha(x)\big)=\hat{\varphi}_\beta^{-1}\big(x,X_\beta(x)\cdot s_\beta(x)\big).\tag{4.45}$$

记切丛在上述平凡化下的连接函数为 $\{g_{\alpha\beta}\}$, 旋量丛的连接函数为 $\{\hat{g}_{\alpha\beta}\}$, 则

$$g_{\beta\alpha}=\rho(\hat{g}_{\beta\alpha}),\ \ X_\beta=g_{\beta\alpha}X_\alpha,\ \ s_\beta=\hat{g}_{\beta\alpha}\cdot s_\alpha.$$

于是我们有

$$X_\beta\cdot s_\beta=g_{\beta\alpha}X_\alpha\cdot s_\beta=\rho(\hat{g}_{\beta\alpha})X_\alpha\hat{g}_{\beta\alpha}\cdot s_\alpha=\hat{g}_{\beta\alpha}X_\alpha\hat{g}^t_{\beta\alpha}\hat{g}_{\beta\alpha}\cdot s_\alpha=\hat{g}_{\beta\alpha}X_\alpha\cdot s_\alpha,$$

这说明式 (4.45) 的确成立.

如果 D 为 TM 上的 Levi-Civita 联络, 则

$$De_{\alpha i}=e_{\alpha j}\otimes\omega^j_{\alpha i},$$

其中, $\{\omega^j_{\alpha i}\}$ 为局部联络 1-形式. 此时, 标架丛 $F(M)$ 的联络形式可局部表示为

$$\omega_\alpha=\sum_{i<j}\omega^j_{\alpha i}E_{ij}.$$

根据命题 4.6.6, $Sp(M)$ 上诱导联络的联络形式可局部表示为

$$\hat{\omega}_\alpha = \frac{1}{2}\sum_{i<j}\omega_{\alpha i}^j e_i e_j.$$

令

$$(Ds)_\alpha = \mathrm{d}s_\alpha + \frac{1}{2}\sum_{i<j}\omega_{\alpha i}^j e_i \cdot e_j \cdot s_\alpha. \tag{4.46}$$

当 $U_\alpha \cap U_\beta \neq \varnothing$ 时, 利用

$$\hat{g}_{\alpha\beta}\hat{\omega}_\beta = \mathrm{d}\hat{g}_{\alpha\beta} + \hat{\omega}_\alpha \hat{g}_{\alpha\beta}$$

可算出 $(Ds)_\beta = \hat{g}_{\beta\alpha}(Ds)_\alpha$, 这说明 $\{(Ds)_\alpha\}$ 定义了整体的协变微分 Ds, 即我们在旋量丛上定义了联络.

为了说明 Clifford 乘积与联络相容, 只要验证如下特殊情形成立即可

$$\big(D(e_k \cdot s)\big)_\alpha = (De_k)\cdot s_\alpha + e_k \cdot (Ds)_\alpha. \tag{4.47}$$

由式 (4.46) 我们计算如下

$$\begin{aligned}
\big(D(e_k \cdot s)\big)_\alpha &= \mathrm{d}(e_k \cdot s_\alpha) + \frac{1}{2}\sum_{i<j}\omega_{\alpha i}^j e_i \cdot e_j \cdot e_k \cdot s_\alpha \\
&= e_k \cdot \mathrm{d}s_\alpha + \frac{1}{4}\sum_{i,j}\omega_{\alpha i}^j e_i \cdot e_j \cdot e_k \cdot s_\alpha \\
&= e_k \cdot \mathrm{d}s_\alpha + \frac{1}{4}\sum_{j}\omega_{\alpha k}^j e_k \cdot e_j \cdot e_k \cdot s_\alpha \\
&\quad + \frac{1}{4}\sum_{i}\omega_{\alpha i}^k e_i \cdot e_k \cdot e_k \cdot s_\alpha + \frac{1}{4}\sum_{i\neq j\neq k}\omega_{\alpha i}^j e_i \cdot e_j \cdot e_k \cdot s_\alpha \\
&= e_k \cdot \mathrm{d}s_\alpha + \frac{1}{4}\sum_{j}\omega_{\alpha k}^j e_j \cdot s_\alpha - \frac{1}{4}\sum_{i}\omega_{\alpha i}^k e_i \cdot s_\alpha \\
&\quad + \frac{1}{4}\sum_{i\neq j\neq k}\omega_{\alpha i}^j e_k \cdot e_i \cdot e_j \cdot s_\alpha \\
&= e_k \cdot \mathrm{d}s_\alpha + \frac{1}{2}\sum_{j}\omega_{\alpha k}^j e_j \cdot s_\alpha + \frac{1}{4}\sum_{i\neq j\neq k}\omega_{\alpha i}^j e_k \cdot e_i \cdot e_j \cdot s_\alpha \\
&= e_k \cdot \mathrm{d}s_\alpha + \sum_{j}\omega_{\alpha k}^j e_j \cdot s_\alpha + \frac{1}{4}\sum_{i,j}\omega_{\alpha i}^j e_k \cdot e_i \cdot e_j \cdot s_\alpha \\
&= e_k \cdot (Ds)_\alpha + (De_k)\cdot s_\alpha,
\end{aligned}$$

这说明式 (4.47) 成立. Clifford 乘积和联络与 Hermite 度量的相容性留给读者完成.

由式 (4.46) 还可算出旋量丛的曲率为

$$\hat{R}(X,Y)s = D^2 s(X,Y) - D^2 s(Y,X) = \frac{1}{4}R(X,Y,e_k,e_l)e_k \cdot e_l \cdot s. \tag{4.48}$$

其中, R 为 (M,g) 的曲率张量. 下面我们会发现 Dirac 算子平方以后会出现曲率项.

定理 4.6.9 (Lichnerowicz) 设 (M,g) 为定向黎曼流形, 具有自旋结构. 旋量丛 $\mathcal{S}(M)$ 的 Dirac 算子记为 $\not{D}$, 则

$$\not{D}^2 = -\mathrm{tr}D^2 + \frac{1}{4}\sigma, \tag{4.49}$$

其中, σ 为 (M,g) 的数量曲率.

证明 设 $\{e_i\}$ 为 M 的局部标准正交基, s 为旋量场, 则

$$\begin{aligned}
\not{D}^2 s &= e_i \cdot D_{e_i}(e_j \cdot D_{e_j} s) \\
&= e_i \cdot (D_{e_i} e_j) \cdot D_{e_j} s + e_i \cdot e_j \cdot D_{e_i} D_{e_j} s \\
&= e_i \cdot e_k \cdot \langle D_{e_i} e_j, e_k \rangle D_{e_j} s + e_i \cdot e_j \cdot D_{e_i} D_{e_j} s \\
&= -\langle D_{e_i} e_j, e_i \rangle D_{e_j} s + \sum_{k \neq i} e_i \cdot e_k \cdot \langle D_{e_i} e_j, e_k \rangle D_{e_j} s \\
&\quad - D_{e_i} D_{e_i} s + \sum_{i \neq j} e_i \cdot e_j \cdot D_{e_i} D_{e_j} s \\
&= \langle e_j, D_{e_i} e_i \rangle D_{e_j} s - \sum_{j \neq i} e_i \cdot e_j \cdot \langle e_k, D_{e_i} e_j \rangle D_{e_k} s \\
&\quad - D_{e_i} D_{e_i} s + \sum_{i \neq j} e_i \cdot e_j \cdot D_{e_i} D_{e_j} s \\
&= D_{D_{e_i} e_i} s - D_{e_i} D_{e_i} s - \sum_{i \neq j} e_i \cdot e_j \cdot D_{D_{e_i} e_j} s \\
&\quad + \sum_{i \neq j} e_i \cdot e_j \cdot D_{e_i} D_{e_j} s \\
&= -\mathrm{tr}D^2 s + \sum_{i<j} e_i \cdot e_j \cdot R(e_j, e_i) s \\
&= -\mathrm{tr}D^2 s - \frac{1}{8} \sum_{i,j,k,l} R(e_i, e_j, e_k, e_l) e_i \cdot e_j \cdot e_k \cdot e_l \cdot s.
\end{aligned}$$

记 $R_{ijkl} = R(e_i, e_j, e_k, e_l)$. 当指标 i, j, k 互不相同时, 利用

$$e_i \cdot e_j \cdot e_k = e_j \cdot e_k \cdot e_i = e_k \cdot e_i \cdot e_j$$

以及 Bianchi 恒等式 $R_{ijkl} + R_{jkil} + R_{kijl} = 0$ 可得

$$\sum_{i \neq j \neq k} R_{ijkl} e_i \cdot e_j \cdot e_k \cdot e_l \cdot s = 0.$$

因此

$$\not{D}^2 s = -\mathrm{tr}D^2 s - \frac{1}{8} \sum_{i,j,l} R_{ijil} e_i \cdot e_j \cdot e_i \cdot e_l \cdot s - \frac{1}{8} \sum_{i,j,l} R_{ijjl} e_i \cdot e_j \cdot e_j \cdot e_l \cdot s$$

$$
\begin{aligned}
&= -\mathrm{tr}D^2 s - \frac{1}{8}\sum_{i,j,l} R_{ijil} e_j \cdot e_l \cdot s + \frac{1}{8}\sum_{i,j,l} R_{ijjl} e_i \cdot e_l \cdot s \\
&= -\mathrm{tr}D^2 s - \frac{1}{8}\sum_{j,l} \mathrm{Ric}(e_j, e_l) e_j \cdot e_l \cdot s - \frac{1}{8}\sum_{i,l} \mathrm{Ric}(e_i, e_l) e_i \cdot e_l \cdot s \\
&= -\mathrm{tr}D^2 s + \frac{1}{4}\sigma.
\end{aligned}
$$

最后我们用到 Ricci 曲率的对称性. □

引理 4.6.10 设 (M,g) 为闭的定向黎曼流形, S 为 M 上的 Clifford 丛, 则 Dirac 算子为自伴随算子.

证明 首先, $\Gamma(S)$ 中的内积 $(,)$ 可如下定义

$$
(s_1, s_2) = \int_M \langle s_1, s_2 \rangle\, \Omega, \quad s_1, s_2 \in \Gamma(S),
$$

其中, Ω 是 (M,g) 的体积元. 我们要说明 Dirac 算子关于此内积是自伴随算子. 设 $\{e_i\}$ 为 M 的局部标准正交标架, 我们有

$$
\begin{aligned}
\langle \not{D} s_1, s_2 \rangle &= \langle e_i \cdot D_{e_i} s_1, s_2 \rangle = -\langle D_{e_i} s_1, e_i \cdot s_2 \rangle \\
&= -e_i \langle s_1, e_i \cdot s_2 \rangle + \langle s_1, D_{e_i}(e_i \cdot s_2) \rangle \\
&= -e_i \langle s_1, e_i \cdot s_2 \rangle + \langle s_1, \big(D_{e_i} e_i\big) \cdot s_2 \rangle + \langle s_1, \not{D} s_2 \rangle.
\end{aligned}
$$

我们用下式在 M 上定义一个切向量场 X

$$
\langle X, Y \rangle = \langle s_1,\ Y \cdot s_2 \rangle, \quad \forall\, Y \in \Gamma(TM),
$$

则有

$$
\langle \not{D} s_1, s_2 \rangle - \langle s_1, \not{D} s_2 \rangle = -e_i \langle X, e_i \rangle + \langle X, D_{e_i} e_i \rangle = -\langle D_{e_i} X, e_i \rangle = -\mathrm{div}(X),
$$

根据散度定理 (Stokes 公式) 可知

$$
\int_M \langle \not{D} s_1, s_2 \rangle\, \Omega = \int_M \langle s_1, \not{D} s_2 \rangle\, \Omega.
$$

引理得证. □

根据以上引理我们知道, 在闭流形上 $\mathrm{Ker}\not{D}^2 = \mathrm{Ker}\not{D}$. 如果 $s \in \ker \not{D}$ 为旋量场, 则称 s 为调和旋量场.

推论 4.6.11 设 (M,g) 是具有自旋结构的闭定向黎曼流形. 如果 M 的数量曲率非负, 则它的调和旋量场都是平行的; 如果数量曲率为正, 则不存在非平凡的调和旋量场.

证明 设 s 为调和旋量场, 则由式 (4.49) 可得

$$
0 = \langle \not{D}^2 s, s \rangle = -\langle \mathrm{tr}D^2 s, s \rangle + \frac{1}{4}\sigma |s|^2 = \frac{1}{2}\Delta |s|^2 + |Ds|^2 + \frac{1}{4}\sigma |s|^2,
$$

将上式在 M 上积分即得欲证结论. □

注 如果 $\dim M = 2k$ 为偶数, 则 $\mathrm{Spin}(2k)$ 的旋量表示可分解为两个不可约表示的直

和, 旋量空间 Ψ 分解为两个半旋量空间 Ψ^+ 和 Ψ^- 的直和, 相应地, 旋量丛 $\mathcal{S}(M)$ 分解为

$$\mathcal{S}(M) = \mathcal{S}^+(M) \oplus \mathcal{S}^-(M).$$

由 $e_i\Psi^+ = \Psi^-$, $e_i\Psi^- = \Psi^+$ 可知 Dirac 算子可分解为 $\not{D} = \not{D}^+ \oplus \not{D}^-$, 其中

$$\not{D}^+ : \Gamma\big(\mathcal{S}^+(M)\big) \to \Gamma\big(\mathcal{S}^-(M)\big), \quad \not{D}^- : \Gamma\big(\mathcal{S}^-(M)\big) \to \Gamma\big(\mathcal{S}^+(M)\big).$$

$\not{D}^+$ 和 $\not{D}^-$ 互为伴随算子. 如果 M 的数量曲率为正, 则 $\mathrm{Ker}\not{D}^+ = \{0\}$, $\mathrm{Ker}\not{D}^- = \{0\}$. 根据 Dirac 算子的指标公式 (参见下一章), 这时 $\hat{A}(M) = 0$, 其中

$$\hat{A}(M) = \int_M \hat{A}(TM).$$

这说明正数量曲率对 (具有自旋结构的) 流形的拓扑有所限制.

习题 4.6

1. 研究 Cl_3, 说明 $Cl_3 \cong \mathbb{H} \oplus \mathbb{H}$.
2. 研究 $\mathrm{Spin}(4)$, 说明 $\mathrm{Spin}(4) \cong SU(2) \times SU(2)$.
3. 利用正交矩阵的相似标准型说明 $\mathbb{R}^n$ 中的每一个都可以表示为不超过 n 个反射的乘积.
4. 证明: $\mathrm{Spin}(n) = \{u \in Cl_n^+ \mid uu^t = 1, \quad uvu^t \in \mathbb{R}^n, \ \forall\, v \in \mathbb{R}^n\}$.
5. 设 Ψ 是 $\mathbb{C}l_{2k}$ 的不可约分解中的旋量空间. 证明: $\mathbb{C}l_{2k}$ 代数同构于 $\mathrm{End}(\Psi)$.
6. 当 M 的自旋结构存在时, 说明 $\phi : Sp(M) \to F(M)$ 为双叶复迭映射.
7. 验证旋量丛上的 Clifford 乘积和联络均与 Hermite 度量相容.
8. 验证式 (4.48) 成立.

第 5 章　流形上的椭圆算子

本章继续用分析方法研究流形上的拓扑. 我们首先介绍一类微分算子及其解析性质, 主要围绕 Dirac 算子的基本性质展开讨论, 接着利用 Dirac 算子的椭圆性质给出 Hodge 定理的证明. 最后利用热方程和 Getzler 的放缩技巧讨论重要的指标公式.

§5.1　Sobolev 空间

在本节和下一节我们的主要目的之一是给出 Hodge (分解) 定理的证明. 设 (M,g) 为闭的定向黎曼流形, $f\in C^\infty(M)$. 考虑如下方程

$$\Delta\phi=f, \tag{5.1}$$

其中, Δ 为 Hodge-Laplace 算子, ϕ 为未知函数. 我们曾利用 Hodge 分解研究过此方程. 我们知道, 式(5.1) 有光滑解的必要条件是 f 在 M 上的积分为零. 在此条件下, 假定 ϕ 已经是光滑解, 则对任意光滑函数 h, 均有

$$(\Delta h,\phi)=(h,\Delta\phi)=(h,f).$$

上式启发我们, 可以先在 $C^\infty(M)$ 中寻找线性泛函 $\ell: C^\infty(M)\to\mathbb{R}$, 使得

$$\ell(\Delta h)=(h,f),\quad \forall\ h\in C^\infty(M).$$

满足上式的有界线性泛函 ℓ 常称为方程 (5.1) 的弱解. 解方程时, 往往先用泛函分析的方法寻找弱解, 然后研究弱解的光滑性. 由于光滑函数空间缺乏泛函分析所需要的完备性, 我们先要将其完备化, 得到所谓的 Sobolev 空间. 在 Sobolev 空间中解决了弱解的存在性以后, 我们再利用 Hodge-Laplace 算子的椭圆性质得到弱解的正则性, 最后获得光滑解.

为了方便起见, 我们先讨论环面上的 Sobolev 空间. 记

$$2\pi\mathbb{Z}^n=\{2\pi\xi\mid\xi\in\mathbb{Z}^n\},$$

$2\pi\mathbb{Z}^n$ 是一个加群, 它在 $\mathbb{R}^n$ 上的作用均为平移. 在此作用下的商空间为环面, 记为

$$\mathbb{T}^n=\mathbb{R}^n/2\pi\mathbb{Z}^n.$$

因为平移为欧氏空间中的等距变换, 因此 $\mathbb{R}^n$ 上的标准黎曼度量可以下降到 $\mathbb{T}^n$ 上. 例如, $\mathbb{T}^1$ 就是周长为 2π 的单位圆周. 需要注意的是 $\mathbb{T}^2$ 不是 $\mathbb{R}^3$ 中的轮胎面 (虽然二者的拓扑是一致的).

我们熟知, 单位圆周上的函数可以看成直线上以 2π 为周期的周期函数. 类似地, $\mathbb{T}^n$ 上的函数也可视为 $\mathbb{R}^n$ 中的多周期函数 (即关于每一个变量都是以 2π 为周期的周期函数). 我们从 $\mathbb{T}^n$ 中的 Lebesgue 可积函数 (以下简称可积函数) 出发研究函数空间的完备化.

定义 5.1.1 (Fourier 级数)　*设 $f:\mathbb{T}^n\to\mathbb{R}$ 为可积函数. 形式级数*

$$\sum_{\xi\in\mathbb{Z}^n}c_\xi\exp(\mathrm{i}\xi\cdot x) \tag{5.2}$$

称为 f 的 Fourier 级数, 其中 $\mathrm{i}=\sqrt{-1}$, $\xi\cdot x=\sum\limits_{j=1}^{n}\xi_j x_j$,

$$c_\xi=\hat{f}(\xi)=\frac{1}{(2\pi)^n}\int_{\mathbb{T}^n} f(x)\exp(-\mathrm{i}\xi\cdot x)\,\mathrm{d}x, \tag{5.3}$$

c_ξ 称为 f 的 Fourier 系数.

下面我们说明当 f 的可微性足够好时, 其 Fourier 级数一致收敛到 f 自己. 事实上, 将 f 视为 $\mathbb{R}^n$ 上的多周期函数, 则式 (5.3) 可写为

$$\hat{f}(\xi)=\frac{1}{(2\pi)^n}\int_{[-\pi,\pi]^n} f(x)\exp(-\mathrm{i}\xi\cdot x)\,\mathrm{d}x.$$

当 f 连续可微时, 上式可以分部积分. 为了方便起见, 考虑多重指标 $I=(i_1,\cdots,i_n)$, 其中 i_j 均为非负整数, 记 $|I|=\sum\limits_{j=1}^{n}i_j$, $I!=\prod\limits_{j=1}^{n}i_j!$. 当 $z=(z_1,\cdots,z_n)\in\mathbb{C}^n$ 时, 记

$$z^I=z_1^{i_1}\cdots z_n^{i_n}.$$

记 f 的多重偏导数为

$$\partial_I f=\frac{\partial^{|I|}f}{(\partial x)^I},\quad \text{其中 } (\partial x)^I=(\partial x_1)^{i_1}\cdots(\partial x_n)^{i_n}.$$

在这些记号之下, 利用分部积分可得

$$\widehat{\partial_I f}(\xi)=(\mathrm{i}\xi)^I\hat{f}(\xi),\quad \xi\in\mathbb{Z}^n. \tag{5.4}$$

设 $\xi\in\mathbb{Z}^n$, 用如下方式选取多重指标 I: 当 $\xi_j=0$ 时令 $i_j=0$; 否则令 $i_j=2$. 此时易见

$$\frac{1}{\xi^I}\leqslant\frac{2}{1+\xi_1^2}\cdots\frac{2}{1+\xi_n^2}.$$

于是由式 (5.4) 可得如下估计

$$|\hat{f}(\xi)|\leqslant C\cdot\frac{1}{1+\xi_1^2}\cdots\frac{1}{1+\xi_n^2},$$

其中, C 为仅依赖于 n 和 f 的偏导数 (不超过 $2n$ 次) 的常数. 由上式可知

$$\sum_{\xi\in\mathbb{Z}^n}|\hat{f}(\xi)|\leqslant C\sum_{\xi\in\mathbb{Z}^n}\frac{1}{1+\xi_1^2}\cdots\frac{1}{1+\xi_n^2}<\infty,$$

这说明此时 f 的 Fourier 级数一致收敛, 和函数为连续周期函数, 且其 Fourier 系数与 f 的 Fourier 系数相等. Fourier 分析中 Plancherel 定理说明 f 的 Fourier 级数一致收敛于 f 自己.

定理 5.1.1 (Plancherel) $\mathbb{T}^n$ 中平方可积函数的全体记为 $L^2(\mathbb{T}^n)$, 这是一个 Hilbert 空间. 当 $f\in L^2(\mathbb{T}^n)$ 时, 有

$$\frac{1}{(2\pi)^n}\int_{\mathbb{T}^n}|f|^2\,\mathrm{d}x=\sum_{\xi\in\mathbb{Z}^n}|\hat{f}(\xi)|^2. \tag{5.5}$$

利用式 (5.4) 我们可以将 f 的可微性质和其 Fourier 系数的增长 (或衰减) 性质联系起来. 受此启发, 我们如下定义 Sobolev 空间.

定义 5.1.2 (Sobolev 空间) 设 k 为非负整数. 在 $C^\infty(\mathbb{T}^n)$ 中如下定义 Sobolev k-内积

$$\langle f_1, f_2\rangle_k = (2\pi)^n \sum_{\xi\in\mathbb{Z}^n} \hat{f}_1(\xi)\overline{\hat{f}_2(\xi)}(1+|\xi|^2)^k,$$

其中, $f_1, f_2 \in C^\infty(\mathbb{T}^n)$, $|\xi|^2 = \sum\limits_{j=1}^n \xi_j^2$. Sobolev k-内积在 $C^\infty(\mathbb{T}^n)$ 中诱导了 Sobolev k-范数. $C^\infty(\mathbb{T}^n)$ 在此范数下的完备化记为 $W^k(\mathbb{T}^n)$, 称为 k 次 Sobolev 空间.

由 Plancherel 定理可知 $W^0(\mathbb{T}^n)$ 等距同构于 $L^2(\mathbb{T}^n)$. 粗略地说, $W^k(\mathbb{T}^n)$ 可以认为是那些直到 k 阶的偏导数均属于 $L^2(\mathbb{T}^n)$ 的函数所组成的空间.

用 $C^k(\mathbb{T}^n)$ 表示所有 k 阶偏导数均连续的函数所组成的空间. 在 $C^k(\mathbb{T}^n)$ 中定义最大 k-模 (范数) 如下

$$\|f\|_{C^k} = \sum_{|I|\leqslant k} \max_{\mathbb{T}^n} |\partial_I f|, \quad f\in C^k(\mathbb{T}^n).$$

$C^k(\mathbb{T}^n)$ 可以视为 $C^\infty(\mathbb{T}^n)$ 在最大 k-模下的完备化.

命题 5.1.2 $C^k(\mathbb{T}^n)$ 包含于 $W^k(\mathbb{T}^n)$, 且包含映射是连续的.

证明 设 $f\in C^\infty(\mathbb{T}^n)$, 由式 (5.4) 可得

$$|\xi^I \hat{f}(\xi)| \leqslant |\widehat{\partial_I f}(\xi)|, \quad \forall\, |I|\leqslant k.$$

利用上式和 Plancherel 定理可得

$$\begin{aligned}(2\pi)^n \sum_{\xi\in\mathbb{Z}^n} |\hat{f}(\xi)|^2(1+|\xi|^2)^k &= (2\pi)^n \sum_{\xi\in\mathbb{Z}^n}\sum_{|I|\leqslant k} \frac{k!}{(k-|I|)!I!}|\xi^I\hat{f}(\xi)|^2\\ &\leqslant (2\pi)^n k! \sum_{\xi\in\mathbb{Z}^n}\sum_{|I|\leqslant k} |\widehat{\partial_I f}(\xi)|^2\\ &= k!\sum_{|I|\leqslant k}\langle \partial_I f, \partial_I f\rangle_0 = k!\sum_{|I|\leqslant k}\int_{\mathbb{T}^n} |\partial_I f|^2\,\mathrm{d}x\\ &\leqslant (2\pi)^n k! \sum_{|I|\leqslant k}\max_{\mathbb{T}^n}|\partial_I f|^2,\end{aligned}$$

这说明

$$\|f\|_{W^k} = \left(\langle f, f\rangle_k\right)^{1/2} \leqslant C(n,k)\|f\|_{C^k},$$

其中, $C(n,k)$ 是只与 n, k 有关的常数. 因此 $C^k(\mathbb{T}^n)$ 连续地包含于 $W^k(\mathbb{T}^n)$. □

反之我们有

命题 5.1.3 (Sobolev 嵌入定理) 当 $p > \frac{1}{2}n$ 时, $W^{k+p}(\mathbb{T}^n)$ 连续地包含于 $C^k(\mathbb{T}^n)$.

证明 当 $\xi\in\mathbb{Z}^n$ 时, 显然有

$$\frac{1}{1+|\xi|^2} \leqslant \frac{1}{1+\xi_j^2}, \quad \forall\, j = 1, 2, \cdots, n.$$

记 $p = n\alpha$. 当 $p > \frac{1}{2}n$ 时, $\alpha > \frac{1}{2}$. 此时我们有如下估计

$$\sum_{\xi\in\mathbb{Z}^n}(1+|\xi|^2)^{-p} = \sum_{\xi\in\mathbb{Z}^n}\left[\frac{1}{(1+|\xi|^2)^n}\right]^\alpha \leqslant \sum_{\xi\in\mathbb{Z}^n}\frac{1}{(1+\xi_1^2)^\alpha}\cdots\frac{1}{(1+\xi_n^2)^\alpha} < \infty.$$

设 $f \in C^\infty(\mathbb{T}^n)$. 当 $p > \frac{1}{2}n$ 时, 由上述估计和 Cauchy-Schwarz 不等式可得

$$\left(\sum_{\xi\in\mathbb{Z}^n}|\hat{f}(\xi)|(1+|\xi|^2)^{\frac{k}{2}}\right)^2 = \left(\sum_{\xi\in\mathbb{Z}^n}\left|\hat{f}(\xi)(1+|\xi|^2)^{\frac{k+p}{2}}\right|\cdot(1+|\xi|^2)^{-\frac{p}{2}}\right)^2 \leqslant \sum_{\xi\in\mathbb{Z}^n}|\hat{f}(\xi)|^2(1+|\xi|^2)^{k+p}\sum_{\xi\in\mathbb{Z}^n}(1+|\xi|^2)^{-p},$$

这说明

$$\sum_{\xi\in\mathbb{Z}^n}|\xi^I\hat{f}(\xi)| \leqslant C_p\|f\|_{W^{k+p}},\quad \forall\ |I| \leqslant k,$$

其中, C_p 是只依赖于 p 和 n 的常数. 由于 $\partial_I f$ 的 Fourier 级数收敛于它自身, 由式 (5.4) 可得

$$\max_{\mathbb{T}^n}|\partial_I f| \leqslant C_p\|f\|_{W^{k+p}},\quad \forall\ |I| \leqslant k.$$

于是

$$\|f\|_{C^k} \leqslant C_p\|f\|_{W^{k+p}},$$

这说明 $W^{k+p}(\mathbb{T}^n)$ 连续地包含于 $C^k(\mathbb{T}^n)$. □

命题 5.1.4 (Rellich 引理) 设 $0 \leqslant k_0 < k_1$, 则包含映射 $\iota: W^{k_1}(\mathbb{T}^n) \to W^{k_0}(\mathbb{T}^n)$ 为紧算子.

证明 所谓紧算子是指该算子将有界集映射为准紧集 (闭包紧致的集合). 在 Sobolev 空间中, 要说明一个子集是准紧的, 只要说明对任给的 $\varepsilon > 0$, 存在有限个半径为 ε 的度量球覆盖该子集即可.

不妨设 B 为 $W^{k_1}(\mathbb{T}^n)$ 中的单位球. 任给 $\varepsilon > 0$, 我们要在 $W^{k_0}(\mathbb{T}^n)$ 中找到有限个半径为 ε 的球将 B 覆盖. 记 $l = k_1 - k_0 > 0$, 取充分大的 N, 使得

$$(1+N^2)^{-l} \leqslant \left(\varepsilon/4\right)^2.$$

当 $f \in B$ 时, 有

$$1 \geqslant (2\pi)^n\sum_{\xi\in\mathbb{Z}^n}|\hat{f}(\xi)|^2(1+|\xi|^2)^{k_1} \geqslant (2\pi)^n\sum_{|\xi|>N}|\hat{f}(\xi)|^2(1+|\xi|^2)^{k_0}(1+N^2)^l,$$

即

$$(2\pi)^n\sum_{|\xi|>N}|\hat{f}(\xi)|^2(1+|\xi|^2)^{k_0} \leqslant (1+N^2)^{-l} \leqslant \left(\varepsilon/4\right)^2,\quad \forall\ f\in B. \tag{5.6}$$

另一方面, $\{\hat{f}(\xi) \mid f \in B,\ |\xi| \leqslant N\}$ 可视为有限维欧氏空间中的有界集合, 于是存在有限个 $f_i \in B$, 使得任给 $f \in B$, 均存在某个 f_j, 使得

$$(2\pi)^n \sum_{|\xi| \leqslant N} |\hat{f}(\xi) - \hat{f}_j(\xi)|^2 (1 + |\xi|^2)^{k_0} \leqslant (\varepsilon/2)^2. \tag{5.7}$$

这说明

$$\begin{aligned}\|f - f_j\|_{W^{k_0}}^2 &= (2\pi)^n \sum_{|\xi| \leqslant N} |\hat{f}(\xi) - \hat{f}_j(\xi)|^2 (1 + |\xi|^2)^{k_0} \\ &\quad + (2\pi)^n \sum_{|\xi| > N} |\hat{f}(\xi) - \hat{f}_j(\xi)|^2 (1 + |\xi|^2)^{k_0} \\ &\leqslant (\varepsilon/2)^2 + 2\big[(\varepsilon/4)^2 + (\varepsilon/4)^2\big] < \varepsilon^2,\end{aligned}$$

即 B 被 $W^{k_0}(\mathbb{T}^n)$ 中以 $\{f_i\}$ 为中心, 以 ε 为半径的球所覆盖. □

以上三个命题是环面上 Sobolev 空间的基本性质. 下面我们想在一般的闭流形上定义 Sobolev 空间, 为此再做一点准备工作.

命题 5.1.5　设 $k \geqslant 0$, 在 $C^\infty(\mathbb{T}^n)$ 上定义一个新范数如下

$$\|f\|_k' = \sum_{|I| \leqslant k} \|\partial_I f\|_{L^2},$$

则这个新范数 $\|\cdot\|_k'$ 与 Sobolev k-范数等价.

证明　参照命题 5.1.2 的证明, 利用式 (5.4) 和 Plancherel 定理即可. □

推论 5.1.6　设 $f \in C^\infty(\mathbb{T}^n)$, 则乘积映射

$$W^k(\mathbb{T}^n) \to W^k(\mathbb{T}^n), \quad g \mapsto f \cdot g$$

定义良好且为有界算子; l 阶线性微分算子将 $W^k(\mathbb{T}^n)$ 映入 $W^{k-l}(\mathbb{T}^n)$ 且为有界线性算子.

证明　任给 $g \in C^\infty(\mathbb{T}^n)$. 设 I 为多重指标, 根据求导的 Leibinz 法则可知

$$\partial_I(f \cdot g) = \sum_{|J|+|K|=|I|} \partial_J f \cdot \partial_K g,$$

其中, J, K 都是多重指标. 上式表明

$$\|\partial_I(f \cdot g)\|_{L^2} \leqslant C_f' \sum_{|K| \leqslant |I|} \|\partial_K g\|_{L^2},$$

其中, C_f' 是与 f 有关但不依赖于 g 的常数. 于是由命题 5.1.5 可知

$$\|f \cdot g\|_{W^k} \leqslant C_f \|g\|_{W^k},$$

其中, C_f 只依赖于 f. 这说明了光滑函数的乘积是从 $W^k(\mathbb{T}^n)$ 到 $W^k(\mathbb{T}^n)$ 的有界线性算子.

注意到 l 阶线性算子无非是次数不超过 l 的各阶偏导数的线性组合, 因此同样的证明方法表明 l 阶线性算子将 $W^k(\mathbb{T}^n)$ 有界地映入 $W^{k-l}(\mathbb{T}^n)$ 中. □

推论 5.1.7　设 U, V 为 $\mathbb{T}^n$ 中的开集, $\phi: U \to V$ 为微分同胚. 设 $f \in L^2(\mathbb{T}^n)$, f 的支集含于紧集 $K \subset V$. 定义 $\mathbb{T}^n$ 中函数 $\phi^* f$ 如下: 在 U 中 $\phi^* f = f \circ \phi$, 在 U 外 $\phi^* f = 0$. 则 $\phi^* f \in W^k(\mathbb{T}^n)$ 当且仅当 $f \in W^k(\mathbb{T}^n)$.

证明　先设 $f \in C^\infty(\mathbb{T}^n)$. 由 ϕ 为微分同胚可知 $\phi^{-1}(K)$ 为含于 U 的紧集. 显然, 在 U

中 ϕ^*f 为光滑函数, 其支集含于 $\phi^{-1}(K)$. 按照定义, 在 $\mathbb{T}^n$ 中 ϕ^*f 是经过零延拓以后得到的光滑函数. 我们要估计 ϕ^*f 在 $W^k(\mathbb{T}^n)$ 中的范数.

设 I 为多重指标, 根据求导的链式法则可知 $\partial_I(\phi^*f)$ 由 f 的偏导数 (次数不超过 $|I|$) 和 ϕ 的偏导数 (次数不超过 $|I|$) 的乘积经线性组合而得. 注意到我们只需要在紧集 $\phi^{-1}(K)$ 上计算这些导数即可, 因此有

$$|\partial_I(\phi^*f)(x)| \leqslant C_\phi \sum_{|J|\leqslant I} \left|\partial_J f\big(\phi(x)\big)\right|, \quad \forall\, x \in \mathbb{T}^n, \tag{5.8}$$

其中, C_ϕ 是只依赖于 ϕ 的常数. 为了方便起见, 下面我们都用 C_ϕ 表示仅依赖于 ϕ 的常数. 由式 (5.8) 可得

$$\sum_{|I|\leqslant k} \|\partial_I(\phi^*f)\|_{L^2}^2 \leqslant C_\phi \sum_{|J|\leqslant k} \int_{\mathbb{T}^n} \left|\partial_J f\big(\phi(x)\big)\right|^2 \mathrm{d}x.$$

另一方面, 根据变量替换公式, 我们有

$$\begin{aligned}\int_{\mathbb{T}^n} \left|\partial_J f\big(\phi(x)\big)\right|^2 \mathrm{d}x &= \int_U \left|\partial_J f\big(\phi(x)\big)\right|^2 \mathrm{d}x = \int_V |\partial_J f(y)|^2 \left|\det J\big(\phi^{-1}\big)\right| \mathrm{d}y \\ &\leqslant C_\phi \int_V |f_J(y)|^2 \,\mathrm{d}y = C_\phi \int_{\mathbb{T}^n} |\partial_J f(y)|^2 \,\mathrm{d}y,\end{aligned}$$

这说明

$$\sum_{|I|\leqslant k} \|\partial_I(\phi^*f)\|_{L^2} \leqslant C_\phi \sum_{|J|\leqslant k} \|\partial_J f\|_{L^2}^2.$$

由命题 5.1.5 可得

$$\|\phi^*f\|_{W^k} \leqslant C_\phi \|f\|_{W^k}.$$

由此容易看出, 当 $f \in W^k(\mathbb{T}^n)$ 时, ϕ^*f 也属于 $W^k(\mathbb{T}^n)$. 反之, 利用 ϕ^{-1} 为微分同胚可见当 $\phi^*f \in W^k(\mathbb{T}^n)$ 时, f 也属于 $W^k(\mathbb{T}^n)$. □

有了这些准备知识, 我们现在可以在一般的紧致流形上定义 Sobolev 空间了. 设 M 为 n 维紧致流形, 取其有限个局部坐标覆盖 $\{(U_i, \varphi_i)\}$, 其中 φ_i 是从 U_i 到 $B_3(0)$($\mathbb{R}^n$ 中以原点以中心, 以 3 为半径的球) 内的微分同胚. 设 $\{\psi_i\}$ 是从属于开覆盖 $\{U_i\}$ 的单位分解. 当 $f \in C^\infty(M)$ 时, 每一个 $(\psi_i f) \circ \varphi_i^{-1}$ 均为支集含于 $B_3(0)$ 的光滑函数, 因而经过零延拓以后可视为 $\mathbb{T}^n$ 中的光滑函数. 定义

$$\|f\|_{W^k} = \sum_i \|(\psi_i f) \circ \varphi_i^{-1}\|_{W^k}, \tag{5.9}$$

其中, 上式右端的范数是在 $\mathbb{T}^n$ 中取的. 由刚才的两个推论可知, 不同的局部坐标覆盖或单位分解所定义的范数 $\|f\|_{W^k}$ 都是等价的. 在一个固定的范数之下, $C^\infty(M)$ 经完备化以后的空间记为 $W^k(M)$, 称为 M 上的 k 次 Sobolev 空间. 根据定义方式可知, Sobolev 空间的三条基本性质 (命题 5.1.2, Sobolev 嵌入定理和 Rellich 引理) 对于 M 上的 Sobolev 空间仍然成立.

设 V 为 m 维向量空间, $\{v_j\}$ 是它的一组基. M 上的 V-值光滑函数 f 可表示为

$$f=\sum_{j=1}^{m} f_j v_j,$$

其中, $f_j \in C^\infty(M)$. 我们可定义

$$\|f\|_{W^k}=\sum_{j=1}^{m}\|f_j\|_{W^k},$$

从而可定义 V-值函数的 Sobolev 空间.

更一般地, 设 E 为紧致流形 M 上的向量丛, 我们也可以对 E 的截面空间 $\Gamma(E)$ 进行完备化, 也就是定义相应的 Sobolev 空间. 为此, 取 M 的上述局部坐标覆盖 $\{(U_i,\varphi_i)\}$. 在每一个 U_i 上选取 E 的局部平凡化

$$\Phi_i : E|_{U_i} \to U_i \times \mathbb{R}^m,$$

其中, $m=\mathrm{rank}E$. 如果 s 为 E 的光滑截面, 则 $\psi_i s$ 在 U_i 中可视为 $\mathbb{R}^m$-值光滑函数 s_i, 其中

$$\Phi_i\big(\psi_i s(x)\big)=\big(x,s_i(x)\big),\quad x\in U_i.$$

定义

$$\|s\|_{W^k}=\sum_{i}\|s_i\|_{W^k},$$

则我们可以得到 Sobolev 空间 $W^k(E)$, 它是光滑截面空间在上式范数下的完备化. 这些 Sobolev 空间也都具有前述基本性质. 为了简单起见, 以后我们将 W^k 范数记为 $\|\cdot\|_k$, L^2 范数记为 $\|\cdot\|_0$.

习题 5.1

1. 证明: $\mathbb{T}^n$ 上的 C^k 函数均可用 C^∞ 函数在最大 k-模下一致逼近.
2. 给出命题 5.1.5 的详细证明.
3. 设 k 是非负实数, 试给出 Sobolev 空间 $W^k(\mathbb{T}^n)$ 的定义.
4. 设 M 为紧致微分流形, k 为非负整数. 如何定义 $C^k(M)$ 中的范数使之满足 Sobolev 空间的基本性质?
5. 设 $\phi:\mathbb{T}^n\to\mathbb{T}^n$ 为 C^k 微分同胚, 证明: f 诱导了 $W^k(\mathbb{T}^n)$ 之间的有界可逆线性同构.

§5.2 Hodge 定理的证明

我们利用前一节发展起来的 Sobolev 空间的基本理论研究 Dirac 算子的椭圆性质, 进而给出 Hodge 定理的证明.

设 M 为闭黎曼流形, S 为 M 上的 Clifford 丛, $\not{D}:\Gamma(S)\to\Gamma(S)$ 为 Dirac 算子. 取 TM 的局部标准正交基 $\{e_i\}$ 以及 S 的局部标准正交标架 $\{s_j\}$, 相应地就有 S 的局部平凡化 $\varPhi$, 使得

$$\varPhi\big(s(x)\big)=\big(x,(f_1(x),\cdots,f_j(x),\cdots)\big),\quad x\in M,$$

其中, $s=f_js_j$ 为 S 的截面. 记

$$Ds_j = s_k \otimes \omega_j^k,$$

其中, D 为 S 的联络, ω_j^k 为相应的联络形式. 按照 Dirac 算子的定义, 我们有

$$\begin{aligned} \not{D}s &= e_i \cdot D_{e_i}s = e_i \cdot D_{e_i}(f_js_j) = e_i \cdot e_i(f_j)s_j + f_je_i \cdot D_{e_i}s_j \\ &= \nabla f_j \cdot s_j + f_j\omega_j^k(e_i)e_i \cdot s_k, \end{aligned}$$

从上式可明显看出 $\not{D}$ 为一阶微分算子, 且

$$\|\not{D}s\|_0 \leqslant C\|s\|_1, \tag{5.10}$$

其中, C 是与 s 无关的常数.

反之, 我们有如下重要的反向不等式.

定理 5.2.1 (Gårding 不等式) *存在常数 $C>0$, 使得*

$$\|s\|_1 \leqslant C(\|s\|_0 + \|\not{D}s\|_0), \quad \forall\, s \in \Gamma(S). \tag{5.11}$$

证明 在前一节中, Sobolev 空间是用单位分解定义的, 因此我们只要在局部上证明式 (5.11) 即可. 根据前一章定理 4.6.9 的证明, 我们有如下 Weitzenböck 公式

$$\not{D}^2 s = -\mathrm{tr}D^2s - \frac{1}{2}e_i \cdot e_j \cdot \hat{R}(e_i,e_j)s, \tag{5.12}$$

其中, $\hat{R}$ 为 S 的曲率张量. 积分可得

$$\|\not{D}s\|_0^2 = \|Ds\|_0^2 - \frac{1}{2}\big(e_i \cdot e_j \cdot \hat{R}(e_i,e_j)s,\ s\big),$$

于是存在常数 C_1, 使得

$$\|Ds\|_0^2 \leqslant \|\not{D}s\|_0^2 + C_1\|s\|_0^2. \tag{5.13}$$

另一方面, Ds 可表示为

$$Ds = D(f_js_j) = s_j \otimes \mathrm{d}f_j + f_js_k \otimes \omega_j^k,$$

于是存在正的常数 C_2, C_3, 使得

$$\|Ds\|_0^2 \geqslant C_2\|s\|_1^2 - C_3\|s\|_1\|s\|_0.$$

取 $\varepsilon = C_2/C_3$, 对上式右边第二项利用不等式 $2ab \leqslant \varepsilon a^2 + \varepsilon^{-1}b^2$ 可得

$$C_3\|s\|_1\|s\|_0 \leqslant \frac{1}{2}C_2\|s\|_1^2 + \frac{1}{2}C_4\|s\|_0^2,$$

其中, $C_4 = C_3^2/C_2$. 这说明

$$\|Ds\|_0^2 \geqslant \frac{1}{2}C_2\|s\|_1^2 - \frac{1}{2}C_4\|s\|_0^2.$$

将上式代入式 (5.13) 即可得到式 (5.11) . □

注 在定理的证明中, 我们用到的一条重要事实就是 Dirac 算子包含了各个方向的方向导数.

更一般地, 在 Sobolev k-范数下, 我们有如下推广的不等式.

命题 5.2.2 (椭圆估计)　设 k 为非负整数, 则存在常数 $C_k>0$, 使得

$$\|s\|_{k+1}\leqslant C_k\big(\|s\|_k+\|\not{D}s\|_k\big),\quad \forall\, s\in\Gamma(S).\tag{5.14}$$

证明　只需要局部坐标邻域中证明不等式即可, 我们用归纳法来证明. $k=0$ 的情形就是 Gårding 不等式. 假定式 (5.14) 对 $k-1$ 成立, 则

$$\begin{aligned}\|D_{e_i}s\|_k&\leqslant C_{k-1}\big(\|D_{e_i}s\|_{k-1}+\|\not{D}D_{e_i}s\|_{k-1}\big)\\&\leqslant A_1C_{k-1}\|s\|_k+C_{k-1}\|D_{e_i}\not{D}s\|_{k-1}+C_{k-1}\|[\not{D},D_{e_i}]s\|_{k-1}\\&\leqslant A_1C_{k-1}\|s\|_k+A_1C_{k-1}\|\not{D}s\|_k+C_{k-1}\|[\not{D},D_{e_i}]s\|_{k-1},\end{aligned}$$

其中, $A_1>0$. 我们来说明 $[\not{D},D_{e_i}]$ 为一阶微分算子. 事实上

$$\begin{aligned}[\not{D},D_{e_j}]s&=e_i\cdot D_{e_i}D_{e_j}s-D_{e_j}(e_i\cdot D_{e_i}s)\\&=e_i\cdot D_{e_i}D_{e_j}s-(D_{e_j}e_i)\cdot D_{e_i}s-e_i\cdot D_{e_j}D_{e_i}s\\&=e_i\cdot\hat{R}(e_j,e_i)s+e_i\cdot D_{[e_i,e_j]}s-(D_{e_j}e_i)\cdot D_{e_i}s,\end{aligned}$$

这说明, 存在 $A_2>0$, 使得

$$\|[\not{D},D_{e_i}]s\|_{k-1}\leqslant A_2\|s\|_k,$$

因此存在 $A_3,B_1,B_2>0$, 使得

$$\begin{aligned}\|s\|_{k+1}&\leqslant A_3\sum_i\|D_{e_i}s\|_k\leqslant B_1\|s\|_k+B_2\|\not{D}s\|_k\\&\leqslant C_k\big(\|s\|_k+\|\not{D}s\|_k\big).\end{aligned}$$

根据归纳法, 命题得证. □

在前面的估计中, 我们是对 S 的光滑截面进行的. 为了利用 Sobolev 空间的完备性, 下面我们要将 Dirac 算子的定义域予以延拓. 由于 $\not{D}$ 为一阶微分算子, 因此可以想见延拓后的定义域应为 $W^1(S)$.

引理 5.2.3　*存在有界线性算子 $\bar{D}:W^1(S)\to L^2(S)$, 使得限制在 $\Gamma(S)$ 上时 $\bar{D}=\not{D}$.*

证明　设 $s\in W^1(S)$. 按照 Sobolev 空间的定义, 存在 $\{s_l\}\subset\Gamma(S)$, 使得

$$\lim_{l\to\infty}\|s_l-s\|_1=0.$$

由式 (5.10) 可得

$$\|\not{D}s_l-\not{D}s_k\|_0=\|\not{D}(s_l-s_k)\|_0\leqslant C\|s_l-s_k\|_1,$$

这说明 $\{\not{D}s_l\}$ 为 $L^2(S)$ 中的 Cauchy 列, 因此在 $L^2(S)$ 中收敛. 记 $\bar{D}s=\lim\limits_{l\to\infty}\not{D}s_l$.

我们要说明 $\bar{D}s$ 与 $\{s_l\}$ 的选取无关. 设 $\{s_l'\}\subset\Gamma(S)$ 也满足条件

$$\lim_{l\to\infty}\|s_l'-s\|_1=0.$$

则有

$$\|\not{D}s_l-\not{D}s_l'\|_0=\|\not{D}(s_l-s_l')\|_0\leqslant C\|s_l-s_l'\|_1\to0,\quad l\to\infty,$$

这表明 $\bar{D}s$ 的定义是恰当的. 如果 $s \in \Gamma(S)$, 则将 s_l 都取为 s 即知 $\bar{D}s = \not{D}s$. 显然 $\bar{D}: W^1(S) \to L^2(S)$ 为线性算子. 由

$$\|\bar{D}s\|_0 = \lim_{l\to\infty} \|\not{D}s_l\|_0 \leqslant C \lim_{l\to\infty} \|s_l\|_1 = C\|s\|_1$$

可知 $\bar{D}$ 为有界算子. □

将 Dirac 算子延拓为 $\bar{D}$ 的原因之一是在 L^2 范数下 $\not{D}$ 为无界算子, 因而不易利用泛函分析研究它. 下面的结果给出了延拓的另一个解释: 延拓以后的 $\bar{D}$ 是闭算子.

命题 5.2.4 (i) 设 $s_1, s_2 \in W^1(S)$, 则

$$(\bar{D}s_1, s_2) = (s_1, \bar{D}s_2). \tag{5.15}$$

(ii) 记

$$G(\not{D}) = \{(s, \not{D}s) \in L^2(S) \oplus L^2(S) \mid s \in \Gamma(S)\},$$

$$G(\bar{D}) = \{(s, \bar{D}s) \in L^2(S) \oplus L^2(S) \mid s \in W^1(S)\},$$

则 $G(\bar{D}) = \overline{G(\not{D})}$.

证明 (i) 取光滑截面 $\{s_\alpha\}, \{s'_\alpha\}$, 使得在 W^1 范数下 $s_\alpha \to s_1$, $s'_\alpha \to s_2$. 此时有

$$(\bar{D}s_1, s_2) = \lim_{\alpha\to\infty} (\not{D}s_\alpha, s'_\alpha) = \lim_{\alpha\to\infty} (s_\alpha, \not{D}s'_\alpha) = (s_1, \bar{D}s_2).$$

(ii) 根据 $\bar{D}$ 的定义, 显然有 $G(\bar{D}) \subset \overline{G(\not{D})}$. 反之, 设 $(s,t) \in \overline{G(\not{D})}$. 这时存在 $\{s_l\} \subset \Gamma(S)$, 使得

$$\lim_{l\to\infty} (\|s_l - s\|_0 + \|t - \not{D}s_l\|_0) = 0.$$

由 Gårding 不等式可得

$$\begin{aligned}\|s_l - s_k\|_1 &\leqslant C(\|s_l - s_k\|_0 + \|\not{D}s_l - \not{D}s_k\|_0)\\ &\leqslant C(\|s_l - s\|_0 + \|s_k - s\|_0 + \|\not{D}s_l - t\|_0 + \|\not{D}s_k - t\|_0),\end{aligned}$$

这说明 $\{s_l\}$ 为 W^1 范数下的 Cauchy 列, 从而 $s \in W^1(S)$, $t = \bar{D}s$. □

设 $x \in W^1(S)$, $y = \bar{D}x \in L^2(S)$. 由式 (5.15) 可得

$$(\not{D}s, x) = (s, y), \quad \forall\, s \in \Gamma(S). \tag{5.16}$$

上式对于 $L^2(S)$ 中的 x, y 也有意义. 如果上式对 $x, y \in L^2(S)$ 成立, 则称 $\not{D}x = y$ 在弱意义下成立, 记为 $\not{D}x = y\ (w)$. 我们断言这时必有 $x \in W^1(S)$, 这个重要结果称为 Dirac 算子的正则性. 这里我们用光滑化的办法来证明.

引理 5.2.5 存在一族自伴随算子 $F_\varepsilon : L^2(S) \to \Gamma(S)$ $(\varepsilon \in (0,1))$ 满足以下条件:

(i) $\{F_\varepsilon\}$ 一致有界, 即存在常数 C, 使得 $\|F_\varepsilon s\|_0 \leqslant C\|s\|_0, \forall\, s \in L^2(S), \varepsilon \in (0,1)$;

(ii) $\{[\not{D}, F_\varepsilon]\}$ 可延拓为 $L^2(S)$ 上的一致有界算子;

(iii) 当 $\varepsilon \to 0^+$ 时 $(F_\varepsilon x, y) \to (x, y), \forall\, x, y \in L^2(S)$.

证明 下面我们只需要局部坐标邻域中的结果, 因此我们在环面上来做, 并假定 S 为平凡丛.

在 $\mathbb{R}^n$ 中取非负鼓包函数 $\phi(x)=\phi(|x|)$, 使得 ϕ 在 $\mathbb{R}^n$ 中积分为 1. 鼓包函数的存在性见引理 1.3.1. 记 $\phi_\varepsilon(x)=\varepsilon^{-n}\phi(x/\varepsilon)$. 设 $s\in L^2(S)$, 定义

$$F_\varepsilon s(x)=\phi_\varepsilon * s(x)=\int_{\mathbb{T}^n}\phi_\varepsilon(x-y)s(y)\,\mathrm{d}y,$$

其中, 我们设 s 的支集含于原点附近的小邻域. 此时 $F_\varepsilon s$ 的支集也含于原点附近的小邻域.

根据卷积的性质, 由 Cauchy-Schwarz 不等式可得

$$\|F_\varepsilon s\|_{L^2}\leqslant\|\phi_\varepsilon\|_{L^1}\|s\|_{L^2}=\|s\|_{L^2}.$$

熟知卷积将可积函数变为光滑函数, 且连续函数的卷积一致地逼近自己, 由此不难验证 (iii) 成立.

我们来验证 (ii) 成立. 设 $s\in\Gamma(S)$. 由定义, 我们有

$$\not{D}F_\varepsilon s(x)=\int_{\mathbb{T}^n}\not{D}_x\big(\phi_\varepsilon(x-y)s(y)\big)\,\mathrm{d}y=\int_{\mathbb{T}^n}\nabla_x\phi_\varepsilon(x-y)\cdot s(y)\,\mathrm{d}y+\delta(s),$$

其中, $\delta(s)$ 不含关于 s 的导数. 同理,

$$\begin{aligned}F_\varepsilon\not{D}s(x)&=\int_{\mathbb{T}^n}\phi_\varepsilon(x-y)\not{D}s(y)\,\mathrm{d}y\\&=\int_{\mathbb{T}^n}\not{D}_y\big(\phi_\varepsilon(x-y)s(y)\big)\,\mathrm{d}y-\int_{\mathbb{T}^n}\nabla_y\phi_\varepsilon(x-y)\cdot s(y)\,\mathrm{d}y\\&=\int_{\mathbb{T}^n}\not{D}_y\big(\phi_\varepsilon(x-y)s(y)\big)\,\mathrm{d}y+\int_{\mathbb{T}^n}\nabla_x\phi_\varepsilon(x-y)\cdot s(y)\mathrm{d}y.\end{aligned}$$

于是有

$$\not{D}F_\varepsilon s(x)-F_\varepsilon\not{D}s(x)=\delta(s)-\int_{\mathbb{T}^n}\not{D}_y\big(\phi_\varepsilon(x-y)s(y)\big)\,\mathrm{d}y.$$

因为 $\not{D}$ 为一阶微分算子, 将上式右边关于 y 分部积分以后所得结果仍为卷积, 且被积项不再含有关于 s 的导数. 这说明存在常数 C, 使得

$$\|[\not{D},F_\varepsilon]s\|_0\leqslant C\|s\|_0.$$

于是 $[\not{D},F_\varepsilon]$ 可延拓为 $L^2(S)$ 中的一致有界算子. □

引理中的算子族 $\{F_\varepsilon\}$ 称为 Friedrich 光滑化子. 光滑化子能将可积函数变为光滑函数, 因此在微分方程弱解的正则性问题的研究中十分有用.

命题 5.2.6 (正则性)　设 $x,y\in L^2(S)$. 如果 $\not{D}x=y$ 在弱意义下成立, 则 $x\in W^1(S)$, 且 $\bar{D}x=y$.

证明　我们先将问题局部化. 设 $f\in C^\infty(M)$, $s\in\Gamma(S)$, 则

$$\begin{aligned}(\not{D}s,fx)=(f\not{D}s,x)&=\big(\not{D}(fs)-\nabla f\cdot s,x\big)\\&=(fs,y)+(s,\nabla f\cdot x)\\&=(s,\nabla f\cdot x+fy),\end{aligned}$$

这说明 $\not{D}(fx)=\nabla f\cdot x+fy$ 在弱意义下成立. 于是, 利用单位分解我们只需要在局部坐标邻域中证明正则性即可. 在局部上 S 是平凡丛. 不失一般性, 我们就在环面 $\mathbb{T}^n$ 上来证明

命题.

记 $x_\varepsilon = F_\varepsilon x$, 则 $x_\varepsilon \in \Gamma(S)$. 对任意 $s \in \Gamma(S)$, 有

$$\begin{aligned}(\not{D}x_\varepsilon, s) &= (x_\varepsilon, \not{D}s) = (x, F_\varepsilon \not{D}s) = (x, \not{D}F_\varepsilon s) + (x, [F_\varepsilon, \not{D}]s) \\ &= (y, F_\varepsilon s) + (x, [F_\varepsilon, \not{D}]s).\end{aligned}$$

于是存在常数 C', 使得

$$|(\not{D}x_\varepsilon, s)| \leqslant C'\|s\|_0, \quad \forall\, s \in \Gamma(S).$$

上式表明 $\|\not{D}x_\varepsilon\|_0 \leqslant C'$. 由 Gårding 不等式可得

$$\|x_\varepsilon\|_1 \leqslant C(\|x_\varepsilon\|_0 + \|\not{D}x_\varepsilon\|_0) \leqslant C''.$$

注意到 x_ε 是 ϕ_ε 和 x 的卷积, 因此 $\hat{x_\varepsilon}(\xi) = \hat{\phi_\varepsilon}(\xi)\hat{x}(\xi)$. 这说明

$$(2\pi)^n \sum_{\xi \in \mathbb{Z}^n} |\hat{\phi_\varepsilon}(\xi)|^2 |\hat{x}(\xi)|^2 (1 + |\xi|^2) \leqslant (C'')^2, \quad \forall\, \varepsilon \in (0,1).$$

在上式中令 $\varepsilon \to 0^+$ 可得

$$(2\pi)^n \sum_{\xi \in \mathbb{Z}^n} |\hat{x}(\xi)|^2 (1 + |\xi|^2) \leqslant (C'')^2,$$

这说明 x 的 Fourier 级数的部分和在 W^1 范数下收敛于 x, 即 $x \in W^1(\mathbb{T}^n)$.

当 $s \in \Gamma(S)$ 时, 我们有

$$(\bar{D}x, s) = (x, \not{D}s) = (y, s).$$

由于 $\Gamma(S)$ 在 $L^2(S)$ 中稠密, 上式表明 $\bar{D}x = y$. □

注 此命题表明 $\not{D}x = y\ (w)$ 等价于 $\bar{D}x = y$.

更一般地, 我们有如下正则性结果.

命题 5.2.7 设 $x, y \in W^k(S)$. 如果 $\bar{D}x = y$, 则 $x \in W^{k+1}(S)$.

证明 只需要在局部坐标邻域中证明结论即可. 我们对 k 进行归纳证明. $k = 0$ 的情形就是命题 5.2.6. 设结论对 $k-1$ 成立. 设 ∂_i 为任一局部坐标的基向量场, $x, y \in W^k(S)$, 则

$$\begin{aligned}\bar{D}D_{\partial_i}x &= D_{\partial_i}\bar{D}x + [\bar{D}, D_{\partial_i}]x \\ &= D_{\partial_i}y + [\bar{D}, D_{\partial_i}]x.\end{aligned}$$

由 $[\bar{D}, D_{\partial_i}]$ 为一阶求导算子可知上式右端属于 $W^{k-1}(S)$. 由归纳假设可知 $D_{\partial_i}x \in W^k(S)$. 这说明 $x \in W^{k+1}(S)$. □

推论 5.2.8 (Weyl 引理) 设 $x \in L^2(S)$, $y \in \Gamma(S)$. 如果 $\bar{D}x = y$, 则 $x \in \Gamma(S)$.

证明 由命题 5.2.6 可知 $x \in W^1(S)$. 再由 $y \in \Gamma(S) \subset W^1(S)$ 和命题 5.2.7 可知 $x \in W^2(S)$. 如此反复应用命题 5.2.7 可知 $x \in W^k(S)$, $\forall\, k \geqslant 1$. 由 Sobolev 嵌入定理即知 $x \in \Gamma(S)$. □

推论 5.2.9 $\mathrm{Ker}\not{D} = \mathrm{Ker}\bar{D} \subset \Gamma(S)$, 且 $\mathrm{Ker}\bar{D}$ 为有限维子空间.

证明 由推论 5.2.8 可见 $\mathrm{Ker}\bar{D} \subset \Gamma(S)$, 于是 $\mathrm{Ker}\not{D} = \mathrm{Ker}\bar{D}$.

如果 $\mathrm{Ker}\not{D}$ 不是有限维的, 则可取一列 $\{s_i\} \subset \mathrm{Ker}\not{D}$, 使得 $\{s_i\}$ 在 L^2 范数下是标准

正交的. 根据 Gårding 不等式, 我们有

$$\|s_i\|_1 \leqslant C\big(\|s_i\|_0 + \|\not{D}s_i\|_0\big) = C.$$

由 Rellich 引理可知 $\{s_i\}$ 在 $L^2(S)$ 存在收敛子列, 但这与 $\|s_i - s_j\| = \sqrt{2}\ (i \neq j)$ 相矛盾. □

进一步, 我们可以将 $L^2(S)$ 分解为 $\not{D}$ 的特征子空间的直和, 且每一个特征子空间都是有限维的.

引理 5.2.10 *存在紧自伴随算子 $Q: L^2(S) \to W^1(S)$, 使得 $Q\big(L^2(S)\big) \subset W^2(S)$, 且*

$$x = (1 + \bar{D}^2)Qx, \quad \forall\, x \in L^2(S). \tag{5.17}$$

证明 由命题 5.2.4 可知 $G(\bar{D})$ 为 Hilbert 空间 $L^2(S) \oplus L^2(S)$ 中的闭子空间. 考虑正交投影 $P: L^2(S) \oplus L^2(S) \to G(\bar{D})$, 记

$$P(x, 0) = (Qx, \bar{D}Qx), \quad x \in L^2(S).$$

此时 $Qx \in W^1(S)$. 记 $y = \bar{D}Qx \in L^2(S)$. 因为 $(x, 0) - (Qx, y)$ 与 $G(\bar{D})$ 正交, 故对任意 $s \in \varGamma(S)$, 均有

$$(x - Qx, s) - (y, \not{D}s) = 0,$$

这说明 $\not{D}y = x - Qx$ 在弱意义下成立. 根据正则性, $y \in W^1(S)$. 再由 $\bar{D}Qx = y$ 和正则性可知 $Qx \in W^2(S)$.

由 $x = Qx + \bar{D}y$ 和椭圆估计可得

$$\begin{aligned}
\|x\|_0^2 &= \|Qx\|_0^2 + \|\bar{D}Qx\|_0^2 + \|\bar{D}y\|_0^2 + \|y\|_0^2 \\
&\geqslant C_0\big(\|Qx\|_1^2 + \|y\|_1^2\big) = C_0\big(\|Qx\|_1^2 + \|\bar{D}Qx\|_1^2\big) \\
&\geqslant C_1C_0\|Qx\|_2^2,
\end{aligned}$$

这说明 Q 可视为从 $L^2(S)$ 到 $W^2(S)$ 的有界算子. 由 Rellich 引理可知, 看成从 $L^2(S)$ 到 $W^1(S)$ 的算子时, Q 为紧算子. Q 的自伴随性质可从等式 $x = (1 + \bar{D}^2)Qx$ 看出. □

定理 5.2.11 *$L^2(S)$ 可正交分解为可数个子空间 L_λ 的直和, 其中每一个 L_λ 都是 $\not{D}$ 的以 λ 为特征值的特征子空间, 它们都是 $\varGamma(S)$ 的有限维子空间. 特征值 λ 构成了 $\mathbb{R}$ 的离散子集.*

证明 引理 5.2.10 中的算子 Q 为紧自伴随算子. 根据泛函分析中紧自伴随算子的谱理论, $L^2(S)$ 可正交分解为 Q 的特征子空间的直和, 且每一个特征子空间都是 $W^2(S)$ 中的有限维子空间. Q 的特征值构成趋于零的离散子集.

由 $(1 + \bar{D}^2)Q = 1$ 可知, Q 的以 ρ 为特征值的特征子空间是 $\bar{D}^2$ 的特征子空间, 其特征值为 $(1-\rho)/\rho$. 由 $\bar{D}^2 \geqslant 0$ 可知这些特征值都是非负的, 在 $\mathbb{R}$ 上构成趋于 $+\infty$ 的离散子集.

进一步, 如果 V 是 $\bar{D}^2$ 的特征子空间, 特征值为 λ^2, 则 $(\bar{D} + \lambda)V$ 和 $(\bar{D} - \lambda)V$ 为 $\bar{D}$ 的正交特征子空间, 特征值分别为 λ 和 $-\lambda$. 这些有限维特征子空间均含于 $W^1(S)$. 反复利用正则性还可以知道这些特征子空间均含于 $\varGamma(S)$, 因而都是 $\not{D}$ 的特征子空间. □

记 $\sigma(\not{D})$ 为 $\not{D}$ 的全体特征值构成的离散子集, 称为算子 $\not{D}$ 的谱. 设 f 是定义在 $\sigma(\not{D})$ 上的有界函数, 我们在 $L^2(S)$ 上定义有界算子 $f(\not{D})$ 如下: 当 $s \in L_\lambda$ 时, 规定 $f(\not{D})s = f(\lambda)s$.

显然, 如果 $\not{D}$ 与算子 A 可交换次序, 则 $f(\not{D})$ 也与算子 A 可交换次序. 这表明 $f(\not{D})$ 将 $\Gamma(S)$ 映入 $\Gamma(S)$. 事实上, 设 $s \in \Gamma(S)$. 对任意 $k \geqslant 0$, $\not{D}^k s \in \Gamma(S)$. 因此

$$\bar{D}^k f(\not{D})s = f(\not{D})\not{D}^k s \in L^2(S).$$

由正则性可知 $f(\not{D})s \in W^k(S)$. 再由 Sobolev 嵌入定理可知 $f(\not{D})s \in \Gamma(S)$.

最后我们回到 Hodge 分解定理. 设 (M, g) 为闭的定向黎曼流形. 我们知道, 外形式丛 $\wedge^* T^* M$ 为 Clifford 丛, 相应的 Dirac 算子为 $\not{D} = \mathrm{d} + \delta$. M 上调和形式的全体记为 $\mathcal{H}$, 则 $\mathcal{H} = \mathrm{Ker}\not{D}$. 在 $\sigma(\not{D})$ 上定义函数

$$g(\lambda) = \begin{cases} \lambda^{-2}, & \lambda \in \sigma(\not{D}) \setminus \{0\} \\ 0, & \lambda = 0. \end{cases}$$

由 $\not{D}^2 = \Delta$ 的特征值为离散的且趋于无穷大可见 g 为有界函数, 于是我们有有界算子 $G = g(\not{D}) : L^2(\wedge^* T^* M) \to L^2(\wedge^* T^* M)$. G 称为 Green 算子, 它把 $\Omega^*(M) = \Gamma(\wedge^* T^* M)$ 映入 $\Omega^*(M)$. 因为 $\not{D}^2$ 与 $g(\not{D})$ 可交换次序, 于是 G 与 $*, \mathrm{d}, \delta$ 均可交换次序. 又因为 $\not{D}^2 = \Delta$ 是保型算子, 所以 G 也是保型算子. 注意到 $\not{D} g(\not{D})$ 仍为有界算子, 由椭圆估计可知 G 是将 $L^2(\wedge^* T^* M)$ 映入 $W^1(\wedge^* T^* M)$ 的有界算子. 由 Rellich 引理可知, 作为从 $L^2(\wedge^* T^* M)$ 到 $L^2(\wedge^* T^* M)$ 的算子, G 是紧算子.

记 $\pi : L^2(\wedge^* T^* M) \to \mathcal{H}$ 为正交投影. 易见 $\Delta G = \not{D}^2 g(\not{D}) = \mathrm{id} - \pi$. 限制在 $\Omega^*(M)$ 上时, 这些结果可以总结成如下 Hodge 分解定理.

定理 5.2.12 (Hodge) 设 (M, g) 为闭的定向黎曼流形, 则 $\mathcal{H}$ 为有限维子空间, 并且存在有界线性算子 $G : \Omega^*(M) \to \Omega^*(M)$, 使得

(i) $\mathrm{Ker} G = \mathcal{H}$;

(ii) $G(\Omega^q(M)) \subset \Omega^q(M)$, 且

$$G* = *G, \quad G\mathrm{d} = \mathrm{d}G, \quad G\delta = \delta G;$$

(iii) 在内积 $(,)$ 诱导的 L^2 范数下 G 为紧算子;

(iv) $\mathrm{id} = \pi + \Delta G$, 即

$$\omega = \omega_h + \mathrm{d}(\delta G \omega) + \delta(\mathrm{d} G \omega), \quad \forall\, \omega \in \Omega^*(M),$$

其中, ω_h 为调和微分形式. 上式称为 Hodge 分解.

习题 5.2

1. 设 X 为 M 上的光滑切向量场, $\not{D}$ 为 Clifford 丛的 Dirac 算子. 证明:
$$[\not{D}, D_X]s = e_i \cdot D_{D_{e_i}X} s - e_i \cdot \hat{R}(e_i, X)s, \quad \forall\, s \in \Gamma(S).$$
2. 在 $C^\infty(\mathbb{T}^1)$ 中考虑算子 $\mathrm{i}\partial_x$, 验证此算子在 L^2 范数下是无界算子.
3. 证明: Dirac 算子在 L^2 范数下为无界算子.
4. 证明: 当 $s \in W^{k+1}(S)$ 时, $\bar{D}s \in W^k(S)$.
5. 在 $\mathbb{T}^1$ 上考虑算子 $\not{D} = \mathrm{i}\partial_x$, 则 $\not{D}^2 = -\partial_{xx}^2$. 试将 $L^2(\mathbb{T}^1)$ 分解为 $\not{D}$ 的特征子空间的直和, 讨论它与 Fourier 级数的关系.
6. 设 $\not{D}$ 为 Dirac 算子. 考虑定义在 $\sigma(\not{D})$ 上的有界函数 $f_\varepsilon(\lambda) = \exp(-\varepsilon\lambda^2)$, 其中 $\varepsilon > 0$. 证明: $f_\varepsilon(\not{D}) = \exp(-\varepsilon\not{D}^2)$ 为 Friedrich 光滑化子.

§5.3 热方程与热核

本书最后几节将着重讨论所谓的指标公式, 基本的分析对象是热方程和热核. 假定 (M,g) 为闭的黎曼流形, S 为 M 上的 Clifford 丛, $\not{D}$ 为 S 的 Dirac 算子.

所谓热方程是指如下偏微分方程

$$\frac{\partial s}{\partial t}+\not{D}^2 s=0, \tag{5.18}$$

其中, t 称为时间变量, $s(t,\cdot)\in\Gamma(S)$ 光滑地依赖于时间变量, 也记 $s_t=s(t,\cdot)$.

类似地, 所谓波方程是指如下偏微分方程

$$\frac{\partial s}{\partial t}-\mathrm{i}\not{D}s=0, \tag{5.19}$$

其中, $\mathrm{i}=\sqrt{-1}$.

我们要讨论热方程和波方程解的存在性, 唯一性和解的性质.

引理 5.3.1 存在常数 C_k, 使得

$$\|s\|_k\leqslant C_k\|\bar{D}^k s\|_0,\quad \forall\ s\in W^k(S)\cap(\mathrm{Ker}\not{D})^{\perp}. \tag{5.20}$$

证明 我们先来证明存在常数 C_k', 使得

$$\|s\|_k\leqslant C_k'\|\bar{D}s\|_{k-1}\quad \forall\ s\in W^k(S)\cap(\mathrm{Ker}\not{D})^{\perp}. \tag{5.21}$$

对 k 使用归纳法来证明. 记 $\delta=\min\{|\lambda|\mid\lambda\in\sigma(\not{D})\setminus\{0\}\}$, 则 $\delta>0$. 当 $s\in W^1(S)\cap(\mathrm{Ker}\not{D})^{\perp}$ 时, $\|\bar{D}s\|_0\geqslant\delta\|s\|_0$. 由椭圆估计可得

$$\|s\|_1\leqslant C\big(\|s\|_0+\|\bar{D}s\|_0\big)\leqslant C_1'\|\bar{D}s\|_0.$$

假定式 (5.21) 对 k 成立. 当 $s\in W^{k+1}(S)\cap(\mathrm{Ker}\not{D})^{\perp}$ 时, 由椭圆估计可得

$$\|s\|_{k+1}\leqslant C\big(\|s\|_k+\|\bar{D}s\|_k\big)\leqslant C\big(C_k'\|\bar{D}s\|_{k-1}+\|\bar{D}s\|_k\big)\leqslant C_{k+1}'\|\bar{D}s\|_k,$$

即式 (5.21) 对 $k+1$ 也成立. 由归纳法可知式 (5.21) 对任意 $k\geqslant 1$ 均成立.

当 $s\in W^k(S)\cap(\mathrm{Ker}\not{D})^{\perp}$ 时, 反复利用式 (5.21) 可得

$$\|s\|_k\leqslant C_k'\|\bar{D}s\|_{k-1}\leqslant C_k'C_{k-1}'\|\bar{D}^2 s\|_{k-2}\leqslant\cdots\leqslant C_k\|\bar{D}^k s\|_0,$$

引理得证. □

此引理说明, 在 $W^k(S)\cap(\mathrm{Ker}\not{D})^{\perp}$ 上, 范数 $\|\cdot\|_k$ 和 $\|\bar{D}^k\cdot\|_0$ 等价.

推论 5.3.2 存在常数 C_k, 使得

$$\|s\|_k\leqslant C_k\big(\|s\|_0+\|\bar{D}^k s\|_0\big),\quad \forall\ s\in W^k(S). \tag{5.22}$$

证明 反复使用椭圆估计可得

$$\|s\|_k\leqslant C\big(\|s\|_0+\|\bar{D}s\|_0+\cdots+\|\bar{D}^{k-1}s\|_0\big).$$

注意到 $\mathrm{Im}\bar{D}\subset(\mathrm{Ker}\not{D})^{\perp}$, 在上式中对 $\bar{D}s,\ \cdots,\ \bar{D}^{k-1}s$ 应用引理 5.3.1 即可得到欲证结论. □

命题 5.3.3 给定初值 $s(0,\cdot)=s_0\in\Gamma(S)$, 当 $t\geqslant 0$ 时热方程 (5.18) 存在唯一光滑

解 s_t. 在 L^2 范数下, 成立

$$\|s_t\| \leqslant \|s_0\|, \quad \forall\, t \geqslant 0.$$

证明 当 $t \geqslant 0$ 时, 在 $\sigma(\not{D})$ 上定义有界函数 $f_t(\lambda) = \exp(-t\lambda^2)$. 于是 $f_t(\not{D}) = \exp(-t\not{D}^2)$ 为有界算子. 定义

$$s_t = \exp(-t\not{D}^2)s_0, \quad t \geqslant 0,$$

则当 $s_0 \in \Gamma(S)$ 时 $s_t \in \Gamma(S)$ 对 $t \geqslant 0$ 均成立.

我们要研究 s_t 是如何依赖于时间 t 的. 不妨设 $s_0 \in (\mathrm{Ker}\not{D})^{\perp}$. 将 s_0 按照 $\not{D}$ 的特征值正交展开为 $s_0 = s_0^1 + s_0^2 + \cdots$, 其中

$$\not{D}s_0^j = \lambda_j s_0^j, \quad 0 < |\lambda_1| \leqslant |\lambda_2| \leqslant \cdots \to +\infty.$$

此时 s_t 在 $L^2(S)$ 中可写为

$$s_t = \sum_{j=1}^{\infty} \exp(-t\lambda_j^2)s_0^j.$$

容易看出, 在 $L^2(S)$ 中 $s_t \to s_0$ $(t \to 0^+)$. 我们要说明在 $\Gamma(S)$ 中 $s_t \to s_0$ 仍成立. 根据 Sobolev 嵌入定理, 只要说明在每一个 $W^{2k}(S)$ 中 $s_t \to s_0$ 均成立即可. 用引理 5.3.1, 我们只要说明 $\not{D}^{2k}s_t \to \not{D}^{2k}s_0$ 在 $L^2(S)$ 中成立即可. 事实上,

$$\not{D}^{2k}s_t = \not{D}^{2k}\exp(-t\not{D}^2)s_0 = \exp(-t\not{D}^2)\not{D}^{2k}s_0,$$

将 $\not{D}^{2k}s_0$ 视为新的初值就能得出 $\not{D}^{2k}s_t \to \not{D}^{2k}s_0$ 在 $L^2(S)$ 中的确成立.

下面我们说明 s_t 关于 $t \in (0,\infty)$ 是光滑的. 对每一个 $k \geqslant 1$, 在 $L^2(S)$ 中级数

$$\sum_{j=1}^{\infty}(-1)^k\exp(-t\lambda_j^2)(\lambda_j)^{2k}s_0^j$$

关于 t 都是内闭一致收敛的, 这说明在 $L^2(S)$ 中 s_t 关于 t 无限次可导, 且

$$\partial_t^k s_t = \sum_{j=1}^{\infty}(-1)^k\exp(-t\lambda_j^2)(\lambda_j)^{2k}s_0^j, \quad \forall\, t > 0.$$

用前一段类似的方法可以说明上式在每一个 $W^{2k}(S)$ 中均成立. 由 Sobolev 嵌入定理可知上式在 $\Gamma(S)$ 中也成立. 特别地,

$$\partial_t s_t = -\sum_{j=1}^{\infty}\exp(-t\lambda_j^2)(\lambda_j)^2 s_0^j = -\exp(-t\not{D}^2)\not{D}^2 s_0 = -\not{D}^2\exp(-t\not{D}^2)s_0 = -\not{D}^2 s_t,$$

这说明 s_t 满足热方程.

在 L^2 范数下, 我们有

$$\frac{\mathrm{d}}{\mathrm{d}t}\|s_t\|^2 = \frac{\mathrm{d}}{\mathrm{d}t}(s_t, s_t) = -(\not{D}^2 s_t, s_t) - (s_t, \not{D}^2 s_t) = -2\|\not{D}s_t\|^2 \leqslant 0,$$

这说明当 $t \geqslant 0$ 时 $\|s_t\| \leqslant \|s_0\|$, 由此也可以看出热方程的解是唯一的. □

对于波方程, 我们有

命题 5.3.4 设 $s_0 \in \Gamma(S)$, 则

(i) 对 $t \in \mathbb{R}$, 波方程都存在唯一的光滑解 s_t, 且在 L^2 范数下 $\|s_t\| = \|s_0\|$;

(ii) s_t 的支集含于 s_0 支集的 $|t|$ 距离邻域中.

证明 (i) 令 $s_t = \exp(\mathrm{i}t\not{D})s_0$. 与热方程类似, 可验证 s_t 满足波方程. 在 L^2 范数下, 求导可得

$$\frac{\mathrm{d}}{\mathrm{d}t}(s_t, s_t) = (\mathrm{i}\not{D}s_t, s_t) + (s_t, \mathrm{i}\not{D}s_t) = 0,$$

这说明 $\|s_t\|$ 不依赖于 t.

(ii) 由于 $s_{t_1+t_2} = \exp(\mathrm{i}t_1\not{D})s_{t_2}$, $s_t^* = s_{-t}$, 我们就只需要证明 $t > 0$ 且充分小的情形结论成立.

设 $p \in M$, $r > 0$ 且充分小. 在测地球 $B_r(p)$ 中选取正规坐标. 令

$$\phi(t) = \int_{B_{r-t}(p)} |s_t|^2 \,\mathrm{d}x,$$

其中, $\mathrm{d}x$ 是 (M, g) 的体积形式. 我们来说明 $\phi(t)$ 关于 t 单调递减.

首先, 由引理 4.6.10 的证明可知

$$\langle \mathrm{i}\not{D}s_t, s_t\rangle + \langle s_t, \mathrm{i}\not{D}s_t\rangle = -\mathrm{i}\,\mathrm{div}(X),$$

其中, X 是由 $\langle X, Y\rangle = \langle s_t,\ Y \cdot s_t\rangle$ 定义的切向量场.

其次, 对 $\phi(t)$ 求导并利用散度定理和 Cauchy-Schwarz 不等式可得

$$\begin{aligned}
\phi'(t) &= \int_{B_{r-t}(p)} \left[\langle \mathrm{i}\not{D}s_t, s_t\rangle + \langle s_t, \mathrm{i}\not{D}s_t\rangle\right] \mathrm{d}x - \int_{\partial B_{r-t}(p)} \langle s_t, s_t\rangle \,\mathrm{d}\sigma \\
&= -\mathrm{i}\int_{\partial B_{r-t}(p)} \langle s_t, \vec{N} \cdot s_t\rangle \,\mathrm{d}\sigma - \int_{\partial B_{r-t}(p)} \langle s_t, s_t\rangle \,\mathrm{d}\sigma \\
&\leqslant \left(\int_{\partial B_{r-t}(p)} \langle s_t, s_t\rangle\, \sigma\right)^{\frac{1}{2}} \left(\int_{\partial B_{r-t}(p)} \langle \vec{N} \cdot s_t, \vec{N} \cdot s_t\rangle \,\mathrm{d}\sigma\right)^{\frac{1}{2}} \\
&\quad - \int_{\partial B_{r-t}(p)} \langle s_t, s_t\rangle \,\mathrm{d}\sigma \\
&= \int_{\partial B_{r-t}(p)} \langle s_t, s_t\rangle \,\mathrm{d}\sigma - \int_{\partial B_{r-t}(p)} \langle s_t, s_t\rangle \,\mathrm{d}\sigma = 0,
\end{aligned}$$

其中, $\mathrm{d}\sigma$ 为测地球面 $\partial B_{r-t}(p)$ 上的面积形式, $\vec{N}$ 为测地球面的单位外法向.

设 $p \in M$ 且与 $\mathrm{supp}s_0$ 的距离大于或等于 r, 则 $\phi(0) = 0$. 由 ϕ 的非负性和单调性可知, 当 $0 < t < r$ 时, $\phi(t) = 0$. 此时 s_t 在 $B_{r-t}(p)$ 中为零. 特别地, $s_t(p) = 0$. □

下面的命题给出了热方程和波方程之间的联系.

命题 5.3.5 作为 $L^2(S)$ 上的有界算子, 我们有

$$\exp\left(-t\not{D}^2\right) = \frac{1}{\sqrt{4\pi t}} \int_{\mathbb{R}} \exp\left(-\lambda^2/4t\right) \exp(\mathrm{i}\lambda\not{D}) \,\mathrm{d}\lambda, \tag{5.23}$$

即对任意 $x, y \in L^2(S)$, 下式成立

$$\left(\exp\left(-t\not{D}^2\right)x, y\right) = \frac{1}{\sqrt{4\pi t}} \int_{\mathbb{R}} \exp\left(-\lambda^2/4t\right) \left(\exp(\mathrm{i}\lambda\not{D})x, y\right) \mathrm{d}\lambda.$$

证明 只需要对 $\not{D}$ 的特征向量验证欲证等式即可, 这时问题转化成了 Gauss 型函数的 Fourier 变换. □

记 $\pi_1: M\times M\to M$, $\pi_2: M\times M\to M$ 分别为向第一分量和第二分量的投影映射. 令 $E=\pi_1^*S\otimes\pi_2^*S^*$, 其中 S^* 表示 S 的对偶丛. 设 φ_j 为 $\not{D}$ 的对应于特征值 λ_j 的特征向量, 记

$$K(t,x,y)=\sum_{j=1}^{\infty}\exp\big(-t\lambda_j^2\big)\varphi_j(x)\otimes\varphi_j(y)^*,\quad (t,x,y)\in(0,+\infty)\times M\times M, \tag{5.24}$$

我们要说明 $K(t,x,y)\in\Gamma(E)$, 并且光滑地依赖于 t. 为此先对 Dirac 算子的特征值 $\{\lambda_j\}$ 做一些估计.

引理 5.3.6 *存在常数 $C(k)$, 使得当 $k>\frac{1}{2}\dim M$ 时, 如下估计成立*

$$m-\dim\ker\not{D}\leqslant C^2(k)\cdot\mathrm{rank}S\cdot\mathrm{vol}(M,g)\cdot\lambda_m^{2k},\quad\forall\, m>\dim\mathrm{Ker}\not{D}. \tag{5.25}$$

证明 设 $k>\frac{1}{2}\dim M$, $m>\dim\mathrm{Ker}\not{D}$. 对于任意一列复数 $\{c_n\}\subset\mathbb{C}$, 记

$$\psi=\sum_{n=\dim\mathrm{Ker}\not{D}+1}^{m}c_n\varphi_n.$$

由 $\psi\in(\mathrm{Ker}\not{D})^{\perp}$ 和引理 5.3.1 可知

$$\|\psi\|_k\leqslant C_k\|\not{D}^k\psi\|_0=C_k\Bigg(\sum_{n=\dim\mathrm{Ker}\not{D}+1}^{m}|c_n|^2\lambda_n^{2k}\Bigg)^{\frac{1}{2}}\leqslant C_k|\lambda_m|^k\|\psi\|_0.$$

再由 Sobolev 嵌入定理可得

$$\|\psi\|_{C^0}\leqslant C_k'\|\psi\|_k\leqslant C(k)|\lambda_m|^k\|\psi\|_0. \tag{5.26}$$

记

$$\varphi=\sum_{n=\dim\ker\not{D}+1}^{m}\langle\varphi_n,\varphi_n\rangle.$$

对每一固定的 $x\in M$, 因为纤维 S_x 的维数为 $\mathrm{rank}S$, 我们总可选取酉阵 U, 使得

$$(\cdots,\varphi_n,\cdots,\varphi_m)U=(\cdots,\tilde{\varphi}_n,\cdots,\tilde{\varphi}_m),$$

其中, $\tilde{\varphi}_j(x)=0$, $j=\dim\ker\not{D}+1,\cdots,m-\mathrm{rank}S$. 此时利用式 (5.26) 可得

$$\begin{aligned}\varphi(x)&=\sum_{n=\dim\mathrm{Ker}\not{D}+1}^{m}|\tilde{\varphi}_n(x)|^2=\sum_{n=m-\mathrm{rank}S+1}^{m}|\tilde{\varphi}_n(x)|^2\\&\leqslant\sum_{n=m-\mathrm{rank}S+1}^{m}C(k)^2|\lambda_m|^{2k}\|\tilde{\varphi}_n\|_0^2\\&=\mathrm{rank}S\cdot C(k)^2|\lambda_m|^{2k}.\end{aligned}$$

上式在 M 上积分可得

$$m-\dim\mathrm{Ker}\not{D}=\int_M\varphi(x)\,\mathrm{d}x\leqslant\mathrm{rank}S\cdot C(k)^2|\lambda_m|^{2k}\mathrm{vol}(M,g),$$

引理得证. □

由式 (5.25) 可见, 存在常数 $\delta>0$, 使得当 j 充分大时 $|\lambda_j|\geqslant j^{\delta}$. 于是当 $t>0$ 时有

$$\sum_{j=1}^{\infty}\exp\big(-t\lambda_j^2\big)<\infty. \tag{5.27}$$

由此可见式 (5.24) 在 $L^2(E)$ 中是收敛的. 进一步, 利用

$$\sum_{j=1}^{\infty}\exp\big(-t\lambda_j^2\big)(\lambda_j)^{2k}<\infty,\quad \forall\, k\geqslant 1$$

还可说明 $K(t,x,y)$ 关于 $(t,x,y)\in(0,+\infty)\times M\times M$ 是光滑的 (请读者参照命题 5.3.3 的证明). $K(t,x,y)$ 称为 $\not{D}^2$ 的**热核**.

记 $s_0=\sum\limits_{j=1}^{\infty}c_j\varphi_j$, 其中 $c_j=(s_0,\varphi_j)$. 如果 s_t 为热方程的解, 则

$$s_t=\exp(-t\not{D}^2)s_0=\sum_{j=1}^{\infty}\exp\big(-t\lambda_j^2\big)c_j\varphi_j=\int_M K(t,x,y)s_0(y)\,\mathrm{d}y,$$

其中

$$K(t,x,y)s_0(y)=\sum_{j=1}^{\infty}\exp\big(-t\lambda_j^2\big)\varphi_j(x)\langle s_0(y),\varphi_j(y)\rangle.$$

这说明, 对热方程的研究可以转化为对热核的研究.

注　热核是从函数 $\exp(-t\lambda^2)$ 出发构造出来的. 我们可以考虑更广泛的一类函数. 设 f 为在 $\mathbb{R}$ 上定义的复值连续函数. 如果对每一 $N\geqslant 0$, 均存在常数 C_N 使得

$$|f(x)|\leqslant C_N(1+|x|)^{-N},\quad \forall\, x\in\mathbb{R},$$

则称 f 为速降函数. 对于速降函数, 有界算子 $f(\not{D})$ 可以表示为

$$f(\not{D})s=\int_M K(x,y)s(y)\,\mathrm{d}y,\quad s\in L^2(S),$$

其中

$$K(x,y)=\sum_{j=1}^{\infty}f(\lambda_j)\varphi_j(x)\otimes\varphi_j(y)^*\in\Gamma(E).$$

$K(x,y)$ 称为 $f(\not{D})$ 的核.

设 f 为速降函数, 其 Fourier 变换 $\hat{f}$ 定义为

$$\hat{f}(\lambda)=\frac{1}{2\pi}\int_{\mathbb{R}}f(x)\exp(-\mathrm{i}x\lambda)\,\mathrm{d}x.$$

当 f 二阶可导, 且 f',f'' 仍为速降函数时, 如下 Fourier 反演公式成立

$$f(x)=\int_{\mathbb{R}}\hat{f}(\lambda)\exp(\mathrm{i}x\lambda)\,\mathrm{d}\lambda.$$

命题 5.3.7　固定 $\delta>0$, 则存在常数 $C,c>0$ 使得 $K(t,x,y)$ 在 C^k 范数下有如下估计

$$\|K(t,x,y)\|_{C^k}\leqslant C\exp\big(-c/t\big),\quad \forall\, d(x,y)>2\delta. \tag{5.28}$$

证明 在 $\mathbb{R}$ 上取鼓包函数 $\phi(\lambda)$, 使得

$$\phi(\lambda)=1,\ |\lambda|\leqslant\delta;\quad \phi(\lambda)=0,\ |\lambda|\geqslant 2\delta.$$

用 Fourier 反演公式定义函数 f_1, f_2

$$\hat{f}_1(\lambda)=(4\pi t)^{-\frac{1}{2}}\exp\big(-\lambda^2/4t\big)\phi(\lambda),\quad \hat{f}_2(\lambda)=(4\pi t)^{-\frac{1}{2}}\exp\big(-\lambda^2/4t\big)\big[1-\phi(\lambda)\big],$$

容易看出 f_1 和 f_2 均为速降函数, 且 $f_1(\not{D})+f_2(\not{D})=\exp(-t\not{D}^2)$. $f_1(\not{D}), f_2(\not{D})$ 的核分别记为 $K_1(t,x,y)$, $K_2(t,x,y)$, 则

$$K(t,x,y)=K_1(t,x,y)+K_2(t,x,y).$$

注意到

$$\begin{aligned}\int_M K_1(t,x,y)s(y)\,\mathrm{d}y=f_1(\not{D})s&=\frac{1}{\sqrt{4\pi t}}\int_{\mathbb{R}}\exp\big(-\lambda^2/4t\big)\phi(\lambda)\exp(\mathrm{i}\lambda\not{D})s(x)\,\mathrm{d}\lambda\\&=\frac{1}{\sqrt{4\pi t}}\int_{|\lambda|\leqslant 2\delta}\exp\big(-\lambda^2/4t\big)\phi(\lambda)\exp(\mathrm{i}\lambda\not{D})s(x)\,\mathrm{d}\lambda.\end{aligned}$$

任给 $\varepsilon>0$, 当 $\mathrm{supp}s\subset B_\varepsilon(p)$ 时, 由命题 5.3.4 可知

$$\mathrm{supp}\int_M K_1(t,x,y)s(y)\,\mathrm{d}y\subset B_{\varepsilon+2\delta}(p).$$

令 $\varepsilon\to 0^+$, 由上式不难看出, 当 $d(x,y)>2\delta$ 时, $K_1(t,x,y)=0$.

下面我们要在 C^k 范数下估计 $K_2(t,x,y)$. 注意到

$$\int_M K_2(t,x,y)s(y)\,\mathrm{d}y=\int_{\mathbb{R}}\hat{f}_2(\lambda)\exp(\mathrm{i}\lambda\not{D})s(x)\,\mathrm{d}\lambda.$$

根据 Soblev 嵌入定理和椭圆估计, 我们只需要估计如下算子

$$s\mapsto\int_{\mathbb{R}}\hat{f}_2(\lambda)\exp(\mathrm{i}\lambda\not{D})\not{D}^{2k}s(x)\,\mathrm{d}\lambda$$

在 L^2 下的范数即可. 不妨设 $\not{D}s=\mu s$, 记

$$I=\int_{\mathbb{R}}\hat{f}_2(\lambda)\exp(\mathrm{i}\lambda\mu)\mu^{2k}\,\mathrm{d}\lambda,$$

反复利用分部积分可得

$$I=(-1)^k\int_{\mathbb{R}}\big(\hat{f}_2\big)^{(2k)}(\lambda)\exp(\mathrm{i}\lambda\mu)\,\mathrm{d}\lambda.$$

根据 $\hat{f}_2$ 的表达式和 ϕ 的选取可得

$$|I|\leqslant\int_{\mathbb{R}}\big|\big(\hat{f}_2\big)^{(2k)}(\lambda)\big|\,\mathrm{d}\lambda\leqslant(4\pi t)^{-\frac{1}{2}}\exp\big(-\delta^2/4t\big)P_{2k}(1/t),$$

其中, P_{2k} 是系数依赖于 δ 的多项式. 这说明

$$|I|\leqslant C\exp\big(-\delta^2/8t\big),$$

其中, C 依赖于 δ 和 k(但不依赖于 μ). □

下面的命题给出了热核的一种刻画.

命题 5.3.8 热核 $K(t,x,y)$ 满足如下性质:

(i) $K(t,x,y)$ 关于变量 t,x 满足热方程, 即

$$[\partial_t + D\!\!\!/_x^2]K(t,x,y)=0,$$

其中, $D\!\!\!/_x$ 表示关于变量 x 的 Dirac 算子;

(ii) 对每一个 $s\in\Gamma(S)$, 当 $t\to 0^+$ 时

$$\int_M K(t,x,y)s(y)\,\mathrm{d}y\to s(x) \tag{5.29}$$

关于 x 一致地收敛.

反之, 如果 E 的截面族 $K'(t,x,y)$ 关于 t 是 C^1 的, 关于 x,y 是 C^2 的, 并且满足以上两条性质, 则 $K'(t,x,y)=K(t,x,y)$.

证明　从热核的构造可知 $K(t,x,y)$ 满足性质 (i) 和 (ii). 反之, 如果 $K'(t,x,y)$ 也满足这两条性质, 记 $H(t,x,y)=K(t,x,y)-K'(t,x,y)$. 则 $H(t,x,y)$ 关于 t,x 满足热方程, 且对每一个 $s\in\Gamma(S)$, 下式关于 x 一致地成立

$$\int_M H(t,x,y)s(y)\,\mathrm{d}y\to 0.$$

设 φ 是 $D\!\!\!/$ 关于特征值 λ 的特征向量. 记

$$h(t)=\left(\int_M H(t,x,y)s(y)\,\mathrm{d}y,\ \varphi(x)\right).$$

求导可得

$$\begin{aligned}h'(t)&=\left(\int_M \partial_t H(t,x,y)s(y)\,\mathrm{d}y,\ \varphi(x)\right)=\left(\int_M -D\!\!\!/_x^2 H(t,x,y)s(y)\,\mathrm{d}y,\ \varphi(x)\right)\\&=-\left(\int_M H(t,x,y)s(y)\,\mathrm{d}y,\ D\!\!\!/_x^2\varphi(x)\right)=-\lambda^2 h(t).\end{aligned}$$

当 $t>\varepsilon>0$ 时, 由上式可得

$$h(t)=h(\varepsilon)\exp\big(-(t-\varepsilon)\lambda^2\big).$$

令 $\varepsilon\to 0^+$ 可得 $h(t)=0$. 由 φ 的任意性可知

$$\int_M H(t,x,y)s(y)\,\mathrm{d}y=0,\quad \forall\ s\in\Gamma(S).$$

再由 s 的任意性可知 $H(t,x,y)=0$, 即 $K'(t,x,y)=K(t,x,y)$. □

注　式(5.29) 也称为当 $t\to 0^+$ 时 $K(t,x,y)$ 趋于 δ 函数.

以上性质可以用来进一步研究热核. 下面我们的目的是寻找热核的一个较为明确的近似表达式.

定义 5.3.1　设 m 为正整数. 一个 m 阶的近似热核是指依赖于时间 t 的 E 的一族截面 $K'(t,x,y)$, 使得 $K'(t,x,y)$ 关于 t 是 C^1 的, 关于 x,y 是 C^2 的; 当 $t\to 0^+$ 时要求 $K'(t,x,y)$ 趋于 δ 函数; 最后要求 $K'(t,x,y)$ 满足如下近似热方程

$$[\partial_t + D\!\!\!/_x^2]K'(t,x,y)=t^m r(t,x,y),$$

其中, $r(t,x,y)$ 为 E 的 C^m 截面, 且连续地依赖于 $t\in[0,+\infty)$.

下面的命题可以用来估计近似热核和真正热核之间的差异.

命题 5.3.9 (Duhamel 原理) 设 s_t 是 S 的一族关于 t 连续变化的 C^2 截面, 则存在 S 的唯一的一族光滑截面 $\tilde{s}_t$, 使得 $\tilde{s}_t$ 关于 t 可导, 且满足如下非齐次热方程

$$\left[\partial_t + \not{D}^2\right]\tilde{s}_t = s_t, \quad \tilde{s}_0 = 0. \tag{5.30}$$

证明 令

$$\tilde{s}_t = \int_0^t \exp\big(-(t-\tau)\not{D}^2\big)s_\tau \,\mathrm{d}\tau,$$

关于 t 求导可得

$$\partial_t\tilde{s}_t = s_t + \int_0^t -\not{D}^2\exp\big(-(t-\tau)\not{D}^2\big)s_\tau\,\mathrm{d}\tau = s_t - \not{D}^2\tilde{s}_t.$$

$\tilde{s}_t$ 的唯一性可从热方程解的唯一性得出. □

推论 5.3.10 非齐次热方程 (5.30) 的解 $\tilde{s}_t$ 满足如下估计

$$\|\tilde{s}_t\|_k \leqslant tC_k \sup\{\|s_\tau\|_k \mid 0 \leqslant \tau \leqslant t\}. \tag{5.31}$$

证明 利用式 (5.22) 和 $\|\exp(-t\not{D}^2)s\|_0 \leqslant \|s\|_0$ 可得

$$\begin{aligned}\|\tilde{s}_t\|_k &\leqslant C_k'\big(\|\tilde{s}_t\|_0 + \|\not{D}^k\tilde{s}_t\|_0\big)\\ &= C_k'\big(t\sup\{\|s_\tau\|_0 \mid 0 \leqslant \tau \leqslant t\} + t\sup\{\|\not{D}^k s_\tau\|_0 \mid 0 \leqslant \tau \leqslant t\}\big)\\ &\leqslant tC_k\sup\{\|s_\tau\|_k \mid 0 \leqslant \tau \leqslant t\}.\end{aligned}$$

这里我们还用到了 $\not{D}^k\exp(-t\not{D}^2) = \exp(-t\not{D}^2)\not{D}^k$. □

下面的命题给出了近似热核和真正热核之间的误差估计.

命题 5.3.11 任给正整数 m, 存在 $m' \geqslant m$, 使得当 $K'(t,x,y)$ 为 m' 阶近似热核时, 有

$$K(t,x,y) - K'(t,x,y) = t^{m'}e(t,x,y), \tag{5.32}$$

其中, $e(t,x,y)$ 为 E 的 C^m 截面, 它关于 $t \in [0,\infty)$ 连续.

证明 取 $m' > m + \dfrac{1}{2}\dim M$. 根据近似热核的定义, 当 $t \to 0^+$ 时 $K'(t,x,y)$ 趋于 δ 函数, 且

$$\left[\partial_t + \not{D}_x^2\right]K'(t,x,y) = t^{m'}r(t,x,y),$$

其中, r 为 $C^{m'}$ 项. 设 $s_t = s(t,x,y)$ 为如下非齐次热方程的唯一解

$$\left[\partial_t + \not{D}_x^2\right]s(t,x,y) = -t^{m'}r(t,x,y), \quad s(0,x,y) = 0.$$

根据热核的唯一性可得

$$K(t,x,y) = K'(t,x,y) + s(t,x,y).$$

由式 (5.31) 可得

$$\|s_t\|_{m'} \leqslant Ct^{m'+1},$$

其中, C 为与 $r(t,x,y)$ 有关的常数. 利用 Sobolev 嵌入定理就完成了命题的证明. □

定义 5.3.2 (渐近展开) 设 f 是从 $[0,+\infty)$ 到某 Banach 空间 B 的映射. 形式幂级数 $\sum\limits_{l=0}^{\infty} a_l t^l$ $(a_l \in B)$ 称为 f 在 $t=0$ 附近的渐近展开, 如果对每一个 $k \geqslant 0$, 均存在常数 C_k, 使得

$$\left\| f - \sum_{l=0}^{k} a_l t^l \right\| \leqslant C_k t^{k+1}$$

在 $t=0$ 附近成立. 我们用

$$f \sim \sum_{l=0}^{\infty} a_l t^l$$

表示 f 在 $t=0$ 附近的渐近展开.

我们寻找热核的一个渐近展开式, 使得该展开式的部分和为阶数越来越高的近似热核. 我们熟知, 在欧氏空间 $\mathbb{R}^n$ 中, Laplace 算子的热核形如

$$(t,x,y) \mapsto (4\pi t)^{-\frac{n}{2}} \exp\big(-|x-y|^2/4t\big).$$

这启发我们, 流形上算子 $\not{D}^2$ 的热核应以如下函数

$$h_t(x,y) = h(t,x,y) = (4\pi t)^{-\frac{n}{2}} \exp\big(-d(x,y)^2/4t\big) \tag{5.33}$$

作为初级近似, 其中 $n = \dim M$.

根据式 (5.28) , 我们只需要在 $M \times M$ 的对角线附近构造近似热核即可 (利用鼓包函数可将对角线附近的光滑函数延拓为 $M \times M$ 上的光滑函数). 下面我们利用正规坐标递归地构造近似热核.

固定 $y \in M$. 以 y 为坐标原点的正规坐标记为 $\{x^i\}$. 在正规坐标系中, 黎曼度量可表示为

$$g = g_{ij} \mathrm{d}x^i \otimes \mathrm{d}x^j,$$

记 $G = \det\big(g_{ij}\big)$, $r = d(x,y)$ 为距离函数. 由 §3.4 中的讨论可知

$$r^2 = x^i x^i = g_{ij} x^i x^j.$$

引理 5.3.12 在正规坐标下, 我们有

$$\nabla h = -\frac{h}{2t} r\,\partial_r, \quad \partial_t h + \Delta h = \frac{h}{4tG} r\,\partial_r G.$$

证明 由 h 的定义可得

$$\nabla h = h\frac{-1}{4t}\nabla r^2 = -\frac{h}{2t} r \nabla r = -\frac{h}{2t} r\,\partial_r.$$

于是

$$\begin{aligned}\Delta h = -\mathrm{div}(\nabla h) &= \frac{1}{\sqrt{G}} \frac{\partial}{\partial x^i}\left[\sqrt{G}\frac{h x^i}{2t}\right] \\ &= \frac{1}{\sqrt{G}} \frac{h}{2t} x^i \frac{\partial \sqrt{G}}{\partial x^i} + \frac{1}{2t} x^i \frac{\partial h}{\partial x^i} + \frac{nh}{2t}\end{aligned}$$

$$= \frac{1}{\sqrt{G}} \frac{h}{2t} r \partial_r \sqrt{G} + \frac{r}{2t} \partial_r h + \frac{nh}{2t}$$

$$= \frac{rh}{4tG} \partial_r G - \frac{r^2 h}{4t^2} + \frac{nh}{2t}.$$

对 h 关于 t 求导可得

$$\partial_t h = -\frac{nh}{2t} + \frac{r^2 h}{4t^2}.$$

将以上等式结合起来就得到了欲证的第二个等式. □

引理 5.3.13 设 f 为 M 上的光滑函数, $s \in \Gamma(S)$, 则

$$\not{D}^2 (fs) = f \not{D}^2 s + (\Delta f) s - 2D_{\nabla f} s.$$

证明 设 $\{e_i\}$ 为 M 上的局部标准正交标架, 则

$$\begin{aligned}
-\mathrm{tr} D^2 (fs) &= -D_{e_i} D_{e_i} (fs) + D_{D_{e_i} e_i} (fs) \\
&= -D_{e_i} \big[(e_i f) s + f D_{e_i} s \big] + \big(D_{D_{e_i} e_i} f \big) s + f D_{D_{e_i} e_i} s \\
&= -\mathrm{tr} D^2 f - 2 e_i(f) D_{e_i} s - f \mathrm{tr} D^2 s \\
&= (\Delta f) s - 2 D_{\nabla f} s - f \mathrm{tr} D^2 s,
\end{aligned}$$

结合式 (5.12) 就得到了欲证等式. □

定理 5.3.14 设 $K(t,x,y)$ 是算子 $\not{D}^2$ 的热核, 则存在 $K(t,x,y)$ 在 $t=0$ 附近的如下渐近展开式

$$K(t,x,y) \sim h(t,x,y) \big[\Theta_0(x,y) + t\Theta_1(x,y) + t^2 \Theta_2(x,y) + \cdots \big], \tag{5.34}$$

其中, $\Theta_j \in \Gamma(E)$. 上述渐近展开式在每一个 Banach 空间 $C^k(E)$ 中均成立, 并且逐项关于 t 或 x 求导以后仍为渐近展开式. Θ_j 在 $M \times M$ 的对角线上的值可以写为度量和联络系数及其导数的代数表达式, $\Theta_0(y,y) = 1$ 为 S 的恒同自同态.

证明 根据命题 5.3.11, 我们只需要找到一列 Θ_i, 使得对每一个 m, 当 k 充分大时, 部分和

$$h(t,x,y) \sum_{j=0}^{k} t^i \Theta_i(x,y)$$

为 m 阶近似热核.

我们在对角线附近来做热核的渐近展开. 如前面的讨论那样在 y 附近选取正规坐标. 结合前面的两个引理可得

$$\frac{1}{h} \big[\partial_t + \not{D}^2 \big] (hs) = \partial_t s + \not{D}^2 s + \frac{r}{4tG} (\partial_r G) s + \frac{1}{t} D_{r\partial_r} s, \tag{5.35}$$

其中, $s \in \Gamma(S)$ 或 $\Gamma(S \otimes S_y^*)$.

我们将 s 形式地写为

$$s \sim u_0 + t u_1 + t^2 u_2 + \cdots,$$

其中, u_j 与 t 无关. 我们希望 hs 满足热方程. 将上述表达式代入式 (5.35), 让 t^j 的系数全

为零, 我们就得到如下一列关于 u_j 的方程组 ($u_{-1}=0$)

$$D_{r\partial_r}u_j+\Big(j+\frac{r}{4G}\partial_r G\Big)u_j=-\not{D}^2u_{j-1},\ \ j=0,1,\cdots. \tag{5.36}$$

上述方程组可以改写为

$$D_{\partial_r}(r^jG^{\frac14}u_j)=\begin{cases}0, & j=0,\\ -r^{j-1}G^{\frac14}\not{D}^2u_{j-1}, & j\geqslant 1.\end{cases}$$

当 $j=0$ 时, 上式表明 u_0 由其初值 $u_0(y)$ 唯一确定, 我们规定 $u_0(y)$ 为 S_y 的恒同自同态. 当 $j\geqslant 1$ 时, $r^jG^{\frac14}u_j$ 由 $-r^{j-1}G^{\frac14}\not{D}^2u_{j-1}$ 沿径向测地线的积分再加上一个常数所决定. 由于 u_j 在原点 y 处要求是光滑的, 因此该常数只能为零. 这样, u_j 可以递归地求出, 它们均由初值 $u_0(y)=1$ 所决定.

定义 $\Theta_j(x,y)=u_j(x)$. 按照初值的选取, $\Theta_0(y,y)=1$. 于是当 $t\to 0^+$ 时, 部分和

$$K^l(t,x,y)=h(t,x,y)\sum_{j=0}^{l}t^j\Theta_j(x,y)$$

趋于 δ 函数. 由 u_j 的构造可得

$$\big[\partial_t+\not{D}_x^2\big]K^l(t,x,y)=t^lh(t,x,y)e^l(t,x,y),$$

其中, $e^l(t,x,y)$ 为光滑截面. 由此可见, 对任意给定的 m, 当 l 充分大时, $K^l(t,x,y)$ 为 m 阶近似热核.

最后, 按照我们的构造, $\Theta_j(y,y)=u_j(y)$. 在式 (5.36) 中, 将 u_j 在坐标原点 y 处做 Taylor 展开, 比较方程两边的系数就可以得出 $u_j(y)$ 的递推关系式, 递推关系式中出现的系数只依赖于度量和联络及其导数项的代数组合. □

一般地, 具体计算出 $\Theta_j(y,y)$ 的过程是非常复杂的. $\Theta_1(y,y)$ 的情形比较简单, 我们可计算如下: 根据以上推导, $u_0=G^{-\frac14}$. 由式 (5.36) 可得

$$u_1(y)=-\not{D}^2u_0(y)=\sum_i\frac{\partial^2G^{-\frac14}}{\partial(x^i)^2}(y)-\kappa,$$

其中, κ 为式 (5.12) 中的曲率项. 在 §3.4 中我们曾算出

$$G=1-\frac13R_{kl}x^kx^l+O(r^3),$$

其中, R_{kl} 为 M 的 Ricci 曲率. 于是

$$G^{-\frac14}=1+\frac1{12}R_{kl}x^kx^l+O(r^3).$$

由此可得

$$\Theta_1(y,y)=\frac16\sigma-\kappa, \tag{5.37}$$

其中, σ 为 M 的数量曲率.

习题 5.3

1. 设 $x,y\in L^2(S)$. x,y 按照 $\not{D}$ 的特征值可正交分解为

$$x = \sum_{j=1}^{\infty} x_j \varphi_j, \quad y = \sum_{j=1}^{\infty} y_j \varphi_j,$$

其中, $x_j = (x, \varphi_j)$, $y_j = (y, \varphi_j)$. 证明: $\not{D} x = y$ 在弱意义下成立当且仅当 $y_j = \lambda_j x_j$ 对每一个 $j \geqslant 1$ 均成立.

2. 给出波方程解 s_t 光滑依赖于 $t \in \mathbb{R}$ 的完整证明.
3. 给出热核 $K(t,x,y)$ 关于 t,x,y 光滑性的详细证明.
4. 设 f 为 $\mathbb{R}$ 上的速降函数. 证明: $f(\not{D})$ 将 $L^2(S)$ 映入 $\Gamma(s)$.
5. 在环面 $\mathbb{T}^n$ 上计算 Hodge-Laplace 算子的热核.

§5.4 迹与指标公式

设 H, H' 为可分 Hilbert 空间, $A: H \to H'$ 为有界线性算子. 在 H 和 H' 中分别取标准正交基 $\{e_i\}$, $\{e'_j\}$. 如果

$$\|A\|_{HS}^2 = \sum_i \|Ae_i\|^2 = \sum_{i,j} |\langle Ae_i, e'_j \rangle|^2 < \infty,$$

则称 A 为 **Hilbert-Schmidt 算子**, $\|A\|_{HS}$ 称为 A 的 Hilbert-Schmidt 范数. 注意到

$$\sum_{i,j} |\langle Ae_i, e'_j \rangle|^2 = \sum_j \|A^* e'_j\|^2 = \|A^*\|_{HS}^2,$$

因此 $\|A\|_{HS}$ 的定义不依赖于标准正交基的选取, 并且 A 为 Hilbert-Schmidt 算子当且仅当 A^* 为 Hilbert-Schmidt 算子. 不难看出 Hilbert-Schmidt 算子均为紧算子.

设 A 为 Hilbert-Schmidt 算子. 如果 U 为 $H'(H)$ 上的有界线性算子, 则 UA (AU) 也为 Hilbert-Schmidt 算子, 且

$$\|UA\|_{HS} \leqslant \|U\| \|A\|_{HS}, \quad (\|AU\|_{HS} \leqslant \|U\| \|A\|_{HS}).$$

设 A, B 为 Hilbert-Schmidt 算子, 记

$$\langle A, B \rangle_{HS} = \sum_i \langle Ae_i, Be_i \rangle,$$

$\langle , \rangle_{HS}$ 称为 Hilbert-Schmidt 内积.

定义 5.4.1 设 $T: H \to H$ 为有界线性算子. 如果存在 Hilbert-Schmidt 算子 $A: H \to H'$, $B: H' \to H$, 使得 $T = BA$, 则称 T 为迹类算子, 其迹 $\operatorname{tr} T$ 定义为

$$\operatorname{tr} T = \langle A, B^* \rangle_{HS} = \sum_i \langle Ae_i, B^* e_i \rangle = \sum_i \langle Te_i, e_i \rangle.$$

如果 T 为自伴随的迹类算子, 则 $\operatorname{tr} T$ 为其特征值之和. 当 A, B 为上述定义中的 Hilbert-Schmidt 算子时, 则有

$$\begin{aligned}
\operatorname{tr}(AB) &= \sum_i \langle Ae_i, B^* e_i \rangle = \sum_{i,j} \langle Ae_i, e'_j \rangle \langle e'_j, B^* e_i \rangle \\
&= \sum_{i,j} \langle e_i, A^* e'_j \rangle \langle Be'_j, e_i \rangle = \sum_j \langle Be'_j, A^* e'_j \rangle \\
&= \operatorname{tr}(BA).
\end{aligned}$$

一般地, 我们还有

命题 5.4.1 设 $T: H \to H$ 为迹类算子, $U: H \to H$ 为有界线性算子, 则 TU 和 UT 仍为迹类算子, 且 $\mathrm{tr}(TU) = \mathrm{tr}(UT)$.

证明 设 $T = BA$, 其中 A, B 为上述定义中的 Hilbert-Schmidt 算子. 注意到 AU, UB 仍为 Hilbert-Schmidt 算子, 因此 $TU = B(AU)$ 和 $UT = (UB)A$ 仍为迹类算子. 根据刚才的讨论, 我们还有

$$\mathrm{tr}(TU) = \mathrm{tr}[B(AU)] = \mathrm{tr}[(AU)B] = \mathrm{tr}[(UB)A] = \mathrm{tr}(UT),$$

命题得证. □

命题 5.4.2 设 $T, T': H \to H$ 为迹类算子, 则 $T + T'$ 也是迹类算子.

证明 设 $A: H \to H'$, $B: H' \to H$ 为 Hilbert-Schmidt 算子, 使得 $T = BA$. 再设 $A': H \to H''$, $B': H'' \to H$ 为 Hilbert-Schmidt 算子, $T' = B'A'$. 考虑算子

$$\hat{A}: H \to H' \oplus H'', \quad v \mapsto \big(A(v), A'(v)\big),$$

容易看出 $\hat{A}$ 是 Hilbert-Schmidt 算子. 同理, 考虑算子

$$\hat{B}: H' \oplus H'' \to H, \quad (w', w'') \mapsto B(w') + B'(w''),$$

$\hat{B}$ 也是 Hilbert-Schmidt 算子. 显然, $T + T' = \hat{B}\hat{A}$. 于是 $T + T'$ 为 Hilbert-Schmidt 算子, 且 $\mathrm{tr}(T + T') = \mathrm{tr}T + \mathrm{tr}T'$. □

在流形上, 下面的命题 (及其推广) 是我们所需要的.

命题 5.4.3 设 f 为 $\mathbb{R}$ 上的速降函数, $\not{D}$ 为 Dirac 算子, 则 $f(\not{D})$ 为迹类算子, 且

$$\mathrm{tr} f(\not{D}) = \int_M \mathrm{tr} K(x, x)\, \mathrm{d}x, \tag{5.38}$$

其中, $K(x, y)$ 为 $f(\not{D})$ 的核.

证明 利用以上命题, 通过分别考虑 f 的实部和虚部, 不妨设 f 是实值函数. 进一步, 通过将 f 分解为正负部分的和, 我们还可假设 f 为非负函数. 令 $h = \sqrt{f}$, 则 h 也为速降函数, 且 $f = h^2$.

我们来说明 $h(\not{D})$ 为 Hilbert-Schmidt 算子. 事实上, 设 $\{\varphi_j\}$ 为 $\not{D}$ 的特征向量所组成的标准正交基, 其中 $\not{D}\varphi_j = \lambda_j \varphi_j$. 由式 (5.25) 和 h 为速降函数可知

$$\sum_j \|h(\not{D})\varphi_j\|_0^2 = \sum_j |h(\lambda_j)|^2 < \infty,$$

这说明 $h(\not{D})$ 为 Hilbert-Schmidt 算子. 于是 $f(\not{D}) = h^2(\not{D})$ 为迹类算子.

注意到 $f(\not{D})$ 的核 $K(x, y)$ 为

$$K(x, y) = \sum_j f(\lambda_j) \varphi_j(x) \otimes \varphi_j^*(y),$$

因此有

$$\mathrm{tr} f(\not{D}) = \sum_j \big(f(\not{D})\varphi_j, \varphi_j\big) = \sum_j f(\lambda_j) = \int_M \mathrm{tr} K(x, x)\, \mathrm{d}x.$$

命题得证. □

特别地, 对于算子 $\exp\big(-t\not{D}^2\big)$ 来说, 由式 (5.34) 可得

$$\sum_j \exp\big(-t\lambda_j^2\big) = \mathrm{tr}\exp\big(-t\not{D}^2\big) = \int_M K(t,x,x)\,\mathrm{d}x \sim (4\pi t)^{-\frac{n}{2}}(a_0 + ta_1 + \cdots),$$

其中, $n = \dim M$,

$$a_j = \int_M \mathrm{tr}\Theta_j(x)\,\mathrm{d}x.$$

于是我们得到

$$(4\pi t)^{\frac{n}{2}} \sum_j \exp\big(-t\lambda_j^2\big) \sim a_0 + ta_1 + \cdots, \tag{5.39}$$

其中

$$a_0 = \mathrm{rank}(S)\mathrm{vol}(M,g), \quad a_1 = \frac{1}{6}\mathrm{rank}(S)\int_M \sigma(x)\,\mathrm{d}x - \int_M \mathrm{tr}\kappa(x)\,\mathrm{d}x.$$

从式 (5.39) 可以看出 $\not{D}^2$ 的热核决定了流形的体积. 我们还可以从此式获得 $\not{D}^2$ 的特征值的分布信息. 记

$$N(\lambda) = \max\{j \mid \lambda_j^2 \leqslant \lambda\},$$

$N(\lambda)$ 表示 $\not{D}^2$ 的不超过 λ 的特征值的个数 (含重数). $N(\lambda)$ 为 λ 的单调递增函数, 它决定的 Lebesgue-Stieltjes 测度记为 $\mathrm{d}N(\lambda)$. 式(5.39) 可改写为

$$(4\pi t)^{\frac{n}{2}} \sum_j \exp\big(-t\lambda_j^2\big) = (4\pi t)^{\frac{n}{2}} \int_0^\infty \exp(-t\lambda)\,\mathrm{d}N(\lambda) \sim a_0 + ta_1 + \cdots.$$

上式可以解释为在以指数函数 $\exp(-t\lambda)$ 为权重下, $\not{D}^2$ 的特征值个数的平均值有一个渐近展开式. 我们要从 $N(\lambda)$ 的平均值出发得出关于 $N(\lambda)$ 本身的估计, 这就需要所谓的 Tauber 型定理.

定理 5.4.4 (Karamata) 设 $\mathrm{d}\mu(\lambda)$ 为 $[0,+\infty)$ 上的正测度. 如果 $t>0$ 时如下积分

$$\int_0^\infty \exp(-t\lambda)\,\mathrm{d}\mu(\lambda)$$

收敛, 且

$$\lim_{t\to 0^+} t^\alpha \int_0^\infty \exp(-t\lambda)\,\mathrm{d}\mu(\lambda) \to C,$$

其中, α, C 为正的常数, 则当 f 为 $[0,1]$ 上的连续函数时, 成立

$$\lim_{t\to 0^+} t^\alpha \int_0^\infty f\big(\exp(-t\lambda)\big)\exp(-t\lambda)\,\mathrm{d}\mu(\lambda) \to \frac{C}{\Gamma(\alpha)}\int_0^\infty f\big(\exp(-t)\big)t^{\alpha-1}\exp(-t)\,\mathrm{d}t.$$

证明 根据 Weierstrass 定理, 闭区间上的连续函数可以用多项式一致逼近. 因此我们只要对 $[0,1]$ 上的多项式函数证明结论即可. 由题设, f 为常值函数时结论成立, 因此只要考虑形如 $f(x) = x^k$ 的单项式函数即可. 我们计算如下: 一方面, 由题设可得

$$\lim_{t\to 0^+} t^\alpha \int_0^\infty \exp\big(-(k+1)t\lambda\big)\,\mathrm{d}\mu(\lambda) = C(k+1)^{-\alpha}.$$

另一方面, 根据 Gamma 函数的定义容易看出

$$\frac{C}{\Gamma(\alpha)}\int_0^{\infty}\exp(-kt)t^{\alpha-1}\exp(-t)\,\mathrm{d}t=C(k+1)^{-\alpha},$$

于是定理得证. □

利用 Karamata 定理, 我们得到 $N(\lambda)$ 的如下近似估计.

定理 5.4.5 (Weyl)　设 $N(\lambda)$ 是 $\not{D}^2$ 的不超过 λ 的特征值的个数, 则

$$N(\lambda)\sim\frac{\operatorname{rank}(S)\operatorname{vol}(M,g)}{(4\pi)^{\frac{n}{2}}\Gamma\big(n/2+1\big)}\lambda^{\frac{n}{2}}. \tag{5.40}$$

证明　在 Karamata 定理中取一列单调递减连续函数, 使得它们的极限在 $[1/\mathrm{e},1]$ 上为 $1/x$, 在 $[0,1/\mathrm{e})$ 上为零, 则我们得到

$$\lim_{t\to0^+}t^{\frac{n}{2}}\int_0^{\frac{1}{t}}\mathrm{d}N(\lambda)=\frac{\operatorname{rank}(S)\operatorname{vol}(M,g)}{(4\pi)^{\frac{n}{2}}\Gamma\big(n/2\big)}\int_0^1t^{\frac{n}{2}-1}\mathrm{d}t=\frac{\operatorname{rank}(S)\operatorname{vol}(M,g)}{(4\pi)^{\frac{n}{2}}\Gamma\big(n/2+1\big)},$$

上式整理以后就是我们要证明的式 (5.40) . □

注　式(5.40) 可以改写为

$$|\lambda_j|\sim\sqrt{4\pi}\left(\frac{\Gamma\big(n/2+1\big)}{\operatorname{rank}(S)\operatorname{vol}(M,g)}\right)^{\frac{1}{n}}j^{\frac{1}{n}},$$

它比式 (5.25) 中的估计更精确.

最后, 我们来讨论算子的指标. 设 B_1,B_2 为 Banach 空间, $A:B_1\to B_2$ 为有界线性算子. 如果 $\operatorname{Ker}A$ 是有限维的, $\operatorname{Im}A$ 为闭子空间且余维数有限, 则称 A 为 Fredholm 算子. 此时, A 的指标 $\operatorname{ind}(A)$ 定义为

$$\operatorname{ind}(A)=\dim\operatorname{Ker}A-\operatorname{codim}\operatorname{Im}A.$$

在泛函分析中, 我们熟知算子的指标具有稳定性 (在微扰下算子的指标不变).

例 5.4.1　有限维空间中算子的指标.

设 V,W 为有限维线性空间, $A:V\to W$ 为线性算子. 在线性代数中, 我们知道

$$\dim V-\dim\operatorname{Ker}A=\dim\ \operatorname{Im}A,$$

因此

$$\begin{aligned}\operatorname{ind}(A)&=\dim\operatorname{Ker}A-\operatorname{codim}\operatorname{Im}A\\&=\dim\operatorname{Ker}A-(\dim W-\dim\operatorname{Im}A)\\&=\dim V-\dim W,\end{aligned}$$

即算子 A 的指标为常数.

例 5.4.2　$L^2_+(\mathbb{T}^1)$ 中平移算子的指标.

设 $f\in L^2(\mathbb{T}^1)$, f 的 Fourier 展开可写为 $\sum\limits_{\xi\in\mathbb{Z}}\hat{f}(\xi)\exp(\mathrm{i}\xi x)$. 记

$$L^2_+(\mathbb{T}^1)=\{f\in L^2(\mathbb{T}^1)\mid\hat{f}(\xi)=0,\ \ \forall\,\xi<0\}.$$

设 $k \in \mathbb{Z}$, 在定义 $L_+^2(\mathbb{T}^1)$ 中定义平移算子 A_k 如下

$$A_k f = \sum_{\xi=-k}^{\infty} \hat{f}(\xi)\exp\big(\mathrm{i}(\xi+k)x\big) \in L^2(\mathbb{T}^1).$$

根据 Fourier 级数的 Parseval 等式, 我们有

$$\|A_k f\|_0^2 = 2\pi \sum_{\xi=-k}^{\infty} |\hat{f}(\xi)|^2 \leqslant 2\pi \sum_{\xi\in\mathbb{Z}} |\hat{f}(\xi)|^2 = \|f\|_0^2,$$

这说明 $A_k : L_+^2(\mathbb{T}^1) \to L_+^2(\mathbb{T}^1)$ 为有界线性算子.

当 $k=0$ 时, $A_k = \mathrm{id}$. 当 $k>0$ 时, 易见 $\mathrm{Ker}A_k = \{0\}$, 且

$$L_+^2(\mathbb{T}^1) = \mathrm{span}\{1, \exp(\mathrm{i}x), \cdots, \exp(\mathrm{i}(k-1)x)\} \oplus \mathrm{Im}A_k,$$

这说明 $\mathrm{codim}\ \mathrm{Im}A_k = k$. 于是

$$\mathrm{ind}(A_k) = \dim \mathrm{Ker}A_k - \mathrm{codim}\ \mathrm{Im}A_k = -k.$$

当 $k<0$ 时, 同理可说明 $\mathrm{ind}(A_k) = -k$.

设 $\not{D}$ 为流形 M 上的 Dirac 算子. 我们有

命题 5.4.6 $\bar{D} : W^1(S) \to L^2(S)$ 为 Fredholm 算子, 且 $\mathrm{ind}(\bar{D}) = 0$.

证明 由推论 5.2.9 我们已经知道 $\mathrm{Ker}\bar{D} = \mathrm{Ker}\not{D}$ 是有限维的. 在 $L^2(S)$ 中, 我们断言 $\mathrm{Im}\bar{D} = (\mathrm{Ker}\not{D})^\perp$. 事实上, 设 $y = \bar{D}x \in \mathrm{Im}\bar{D}$, 则

$$(y,s) = (\bar{D}x, s) = (x, \not{D}s) = 0, \quad \forall\, s \in \mathrm{Ker}\not{D}.$$

这说明 $\mathrm{Im}\bar{D} \subset (\mathrm{Ker}\not{D})^\perp$. 反之, 设 $y \in (\mathrm{Ker}\not{D})^\perp$. y 可写为

$$y = c_1\varphi_1 + c_2\varphi_2 + \cdots, \quad c_j = (y, \varphi_j),$$

其中, φ_j 为 $\not{D}$ 的特征向量, 对应的特征值 λ_j 均不为零. 记

$$x = \frac{c_1}{\lambda_1}\varphi_1 + \frac{c_2}{\lambda_2}\varphi_2 + \cdots,$$

则 $\bar{D}x = y$, $x \in W^1(S)$. 这说明 $y \in \mathrm{Im}\bar{D}$, 即 $(\mathrm{Ker}\not{D})^\perp \subset \mathrm{Im}\bar{D}$. □

为了使 Dirac 算子的指标有意义, 我们需要引入额外的结构. 设 $\varepsilon : S \to S$ 为 Clifford 从 S 的自伴随自同构, 满足条件 $\varepsilon^2 = \mathrm{id}$. 此时 $S = S^+ \oplus S^-$, 其中

$$S^+ = \{u \in S \mid \varepsilon u = u\}, \quad S^- = \{u \in S \mid \varepsilon u = -u\}.$$

如果我们还要求

$$e \cdot \varepsilon s = -\varepsilon e \cdot s, \quad \forall\, e \in TM,\ s \in S,$$

则 $e \cdot S^+ = S^-$, $e \cdot S^- = S^+$ 对任意非零切向量 e 成立.

进一步, 如果 ε 与 S 上的联络 D 相容, 即

$$D_X(\varepsilon s) = \varepsilon(D_X s), \quad \forall\, X \in \Gamma(TM),\ s \in \Gamma(S),$$

则 $\not{D}\varepsilon = -\varepsilon\not{D}$. 此时 $\not{D}$ 可分解为 $\not{D} = \not{D}^+ \oplus \not{D}^-$, 其中

$$\not{D}^+ = \not{D}|_{\Gamma(S^+)} : \Gamma(S^+) \to \Gamma(S^-), \quad \not{D}^- = \not{D}|_{\Gamma(S^-)} : \Gamma(S^-) \to \Gamma(S^+).$$

与 $\not{D}$ 类似, $\not{D}^{\pm}$ 可延拓为从 $W^1(S^{\pm})$ 到 $L^2(S^{\mp})$ 的 Fredholm 算子. 定义

$$\operatorname{ind}(\not{D}) = \dim \operatorname{Ker}\not{D}^{+} - \dim \operatorname{Ker}\not{D}^{-}, \tag{5.41}$$

$\operatorname{ind}(\not{D})$ 称为 $\not{D}$ 的指标.

例 5.4.3　Hodge-de Rham 算子的指标.

设 $S = \wedge^* T^* M$ 为 M 上的外形式丛. 当 ω 为 p 次外形式时, 令 $\varepsilon\omega = (-1)^p\omega$, 则 ε 为满足如上条件的自同构. 此时 $\Omega(M) = \Omega^+(M) \oplus \Omega^-(M)$, 其中

$$\Omega^+(M) = \oplus_k \Omega^{2k}(M), \quad \Omega^-(M) = \oplus_k \Omega^{2k+1}(M).$$

记 $\not{D} = \mathrm{d} + \delta$ 为 Hodge-de Rham 算子, 则

$$\operatorname{ind}(\not{D}) = \dim \operatorname{Ker}\not{D}^{+} - \dim \operatorname{Ker}\not{D}^{-} = \dim \mathcal{H}^+ - \dim \mathcal{H}^-,$$

其中, $\mathcal{H}^+$, $\mathcal{H}^-$ 分别为偶数次调和形式和奇数次调和形式所组成的空间. 根据 Hodge 定理可得

$$\operatorname{ind}(\not{D}) = \sum_k \dim H_{dR}^{2k}(M) - \sum_k \dim H_{dR}^{2k+1}(M) = \chi(M), \tag{5.42}$$

即 Hodge-de Rham 算子的指标等于 M 的 Euler 数.

下面我们将 Dirac 算子 $\not{D}$ 的指标与热核联系起来. 设 S 是具有如上自同构 ε(常称为分次算子) 的 Clifford 丛 (常称为分次 Clifford 丛). 如果 A 为 $L^2(S)$ 上的迹类算子, 则 A 的超迹 (super-trace) 定义为

$$\operatorname{tr}_s(A) = \operatorname{tr}(\varepsilon A).$$

如果按照分解 $L^2(S) = L^2(S^+) \oplus L^2(S^-)$ 将 A 写为矩阵形式

$$A = \begin{pmatrix} A_{00} & A_{01} \\ A_{10} & A_{11} \end{pmatrix},$$

则 $\operatorname{tr}_s(A) = \operatorname{tr}(A_{00}) - \operatorname{tr}(A_{11})$.

$\operatorname{ind}(\not{D})$ 可以用算子的超迹解释. 事实上, 记 $P : L^2(S) \to \operatorname{Ker}\not{D}$ 为正交投影, 则

$$\begin{aligned}
\operatorname{tr}_s(P) = \operatorname{tr}(\varepsilon P) &= \sum_j (\varepsilon P\varphi_j, \varphi_j) = \sum_{\varphi_j \in \operatorname{Ker}\not{D}} (\varepsilon\varphi_j, \varphi_j) \\
&= \sum_{\varphi_j \in \operatorname{Ker}\not{D}^{+}} (\varphi_j, \varphi_j) - \sum_{\varphi_j \in \operatorname{Ker}\not{D}^{-}} (\varphi_j, \varphi_j) \\
&= \dim \operatorname{Ker}\not{D}^{+} - \dim \operatorname{Ker}\not{D}^{-} = \operatorname{ind}(\not{D}).
\end{aligned}$$

一般地, 我们有

命题 5.4.7　*设 f 为定义在 $[0, +\infty)$ 上的速降函数. 如果 $f(0) = 1$, 则 $\operatorname{ind}(\not{D}) = \operatorname{tr}_s\big(f(\not{D}^2)\big)$.*

证明　设 λ 为 $\not{D}^2$ 的特征值, 记 V_λ 为相应的特征子空间. 注意到 $\not{D}$ 保持 V_λ 不变, 因

此当 $\lambda \neq 0$ 时, $\not{D}$ 给出了 $V_\lambda \cap \Gamma(S^+)$ 和 $V_\lambda \cap \Gamma(S^-)$ 之间的同构. 于是我们有

$$\begin{aligned}\mathrm{tr}_s\big(f(\not{D}^2)\big) &= \sum_j \big(f(\lambda_j^2)\varepsilon\varphi_j, \varphi_j\big) = \sum_\lambda f(\lambda)\big(\dim V_\lambda \cap \Gamma(S^+) - \dim V_\lambda \cap \Gamma(S^-)\big)\\ &= \mathrm{ind}(\not{D}) + \sum_{\lambda>0} f(\lambda)\big(\dim V_\lambda \cap \Gamma(S^+) - \dim V_\lambda \cap \Gamma(S^-)\big)\\ &= \mathrm{ind}(\not{D}).\end{aligned}$$

命题得证. □

推论 5.4.8 (McKean-Singer) 设 S 为分次 Clifford 丛, 则当 $t>0$ 时, 有

$$\mathrm{ind}(\not{D}) = \mathrm{tr}_s\big(\exp(-t\not{D}^2)\big) = \int_M \mathrm{tr}_s K(t,x,x)\,\mathrm{d}x, \tag{5.43}$$

其中, $\mathrm{tr}_s K = \mathrm{tr}(\varepsilon K)$.

由式 (5.34) 可得

$$\mathrm{ind}(\not{D}) = \mathrm{tr}_s\big(\exp(-t\not{D}^2)\big) \sim \frac{1}{(4\pi t)^{\frac{n}{2}}}\left(\int_M \mathrm{tr}_s\Theta_0 + t\int_M \mathrm{tr}_s\Theta_1 + \cdots\right),$$

其中, $n=\dim M$. 因为上式左边的指标 $\mathrm{ind}(\not{D})$ 与 t 无关, 我们就有

推论 5.4.9 当 $\dim M = n$ 为奇数时, $\mathrm{ind}(\not{D})=0$; 当 n 为偶数时, $\mathrm{ind}(\not{D})$ 可表示为

$$\mathrm{ind}(\not{D}) = \frac{1}{(4\pi)^{\frac{n}{2}}}\int_M \mathrm{tr}_s\Theta_{\frac{n}{2}}. \tag{5.44}$$

注意到 $\Theta_{\frac{n}{2}}$ 是度量和联络系数及其导数的代数组合, 在 M 的复迭空间 $\tilde{M}$ 上, $\Theta_{\frac{n}{2}}$ 具有同样的表达式. 于是我们立即得到如下推论.

推论 5.4.10 设 $\tilde{M}$ 为 M 的 k 叶复迭, $\tilde{S}$ 为 S 的自然提升. $\tilde{S}$ 上的 Dirac 算子记为 $\tilde{\not{D}}$, 则 $\mathrm{ind}(\tilde{\not{D}}) = k\cdot\mathrm{ind}(\not{D})$.

例 5.4.4 闭曲面上的 Gauss-Bonnet 公式.

设 M 为闭的定向 2 维黎曼流形 (闭曲面), 考虑 Hodge-de Rham 算子 $\not{D}=\mathrm{d}+\delta$ 的指标. 由式 (5.42) 和式 (5.44) 可得

$$\chi(M) = \frac{1}{4\pi}\int_M \mathrm{tr}_s\Theta_1.$$

由式 (5.37) 可得

$$\mathrm{tr}_s\Theta_1 = -\mathrm{tr}_s\kappa.$$

注意到

$$\kappa = -e_1\cdot e_2\cdot R(e_1,e_2),$$

其中, $\{e_1,e_2\}$ 为 M 的标准正交标架. κ 作用在 0-形式和 2-形式上均为零. 因此

$$\mathrm{tr}_s\Theta_1 = -\langle e_1\cdot e_2\cdot R(e_1,e_2)\omega^1,\ \omega^1\rangle - \langle e_1\cdot e_2\cdot R(e_1,e_2)\omega^2,\ \omega^2\rangle,$$

其中, $\{\omega^1,\omega^2\}$ 为 $\{e_1,e_2\}$ 的对偶余切标架. 简单的计算表明

$$R(e_1,e_2)\omega^1 = R_{1212}\omega^2,\quad R(e_1,e_2)\omega^2 = -R_{1212}\omega^1,$$

于是有

$$\begin{aligned}\mathrm{tr}_s\Theta_1 &= -R_{1212}\langle e_1\cdot e_2\cdot\omega^2,\ \omega^1\rangle + R_{1212}\langle e_1\cdot e_2\cdot\omega^1,\ \omega^2\rangle\\ &= 2R_{1212}\langle e_2\cdot\omega^2, e_1\cdot\omega^1\rangle\\ &= 2R_{1212} = 2K.\end{aligned}$$

这说明

$$\chi(M) = \frac{1}{2\pi}\int_M K(x)\,\mathrm{d}x,$$

此即闭曲面上的 Gauss-Bonnet 公式.

习题 5.4

1. 证明: Hilbert-Schmidt 算子为紧算子.
2. 说明 Hilbert-Schmidt 内积不依赖于标准正交基的选取.
3. 当 $p > \dfrac{1}{2}\dim M$ 时, 证明: 从 $W^{k+p}(M)$ 到 $W^k(M)$ 的紧嵌入是 Hilbert-Schmidt 算子.
4. 设 $k(x,y)$ 为 $M\times M$ 上的连续函数. 定义 $L^2(M)$ 上的有界线性算子 A 如下

$$Au(x) = \int_M k(x,y)u(y)\,\mathrm{d}y,\quad u\in L^2(M).$$

   证明: A 为 Hilbert-Schmidt 算子, 且

$$\|A\|_{HS}^2 = \iint_{M\times M} |k(x,y)|^2\,\mathrm{d}x\mathrm{d}y.$$

5. 接上一题. 证明: 如果 $k(x,y)$ 为光滑函数, 则 A 为迹类算子, 且

$$\mathrm{tr}A = \int_M k(x,x)\,\mathrm{d}x.$$

6. 设 $\phi:\mathbb{T}^1\to\mathbb{C}^*$ 为处处非零的连续函数. 定义算子 $A_\phi: L_+^2(\mathbb{T}^1)\to L_+^2(\mathbb{T}^1)$ 为

$$A_\phi f = \pi(\phi\cdot f),\quad f\in L_+^2(\mathbb{T}^1),$$

   其中, $\pi: L^2(\mathbb{T}^1)\to L_+^2(\mathbb{T}^1)$ 为正交投影. 证明: A_ϕ 为 Fredholm 算子, 且 $\mathrm{ind}(A_\phi) = -W(\phi,0)$, 其中, $W(\phi,0)$ 为 ϕ 的卷绕数.

§5.5 指标公式的证明

我们先给出 Dirac 算子指标公式的证明, 然后简要介绍一般的指标公式.

§5.5.1 Dirac 算子的指标公式

设 M 是具有自旋结构的闭流形, 其维数 $\dim M = n$ 为偶数. 设 Ψ 为旋量空间, τ : $\mathrm{Spin}(n)\to\mathrm{End}(\Psi)$ 为旋量表示. 记 $S=\mathcal{S}(M)$ 为旋量丛, 它是 M 上的 Clifford 丛 (见 §4.6.2).

在 M 上选取定向局部标准正交标架 $\{e_i\}_{i=1}^n$. 考虑 S 的自同构

$$\nu: S\to S,\quad s\mapsto e_1\cdots e_n\cdot s,$$

容易验证 ν 与标准正交标架的选取无关, 且 $\nu^2=(-1)^{\frac{n}{2}}\mathrm{id}$. 令 $\varepsilon=\mathrm{i}^{\frac{n}{2}}\nu$ (其中 $\mathrm{i}=\sqrt{-1}$), 则 $\varepsilon^2=\mathrm{id}$.

为了简单起见, 记 $\nu=e_1\cdots e_n$. 对每一个 j, 均有

$$e_j\cdot\nu=e_j\cdot e_1\cdots e_n=(-1)^j e_1\cdots e_{j-1}\cdot e_{j+1}\cdots e_n$$

$$\nu\cdot e_j=(-1)^{n-j+1}e_1\cdots e_{j-1}\cdot e_{j+1}\cdots e_n=-e_j\cdot\nu,$$

这说明 ν 和 ε 与 Clifford 乘积反交换. 由 §4.6.2 中联络的构造可知, ν 和 ε 都与 S 上的联络相容. 这样我们就得到了分次算子 ε. 此时旋量丛可分解为 $S=S^+\oplus S^-$, 其中 S^+, S^- 就是半旋表示所诱导的伴随向量丛.

我们想要计算 Dirac 算子的指标. 由式 (5.44) 可得

$$\mathrm{ind}(\not{D})=\frac{1}{(4\pi)^{\frac{n}{2}}}\int_M \mathrm{tr}_s\Theta_{\frac{n}{2}}(y,y)\,\mathrm{d}y,$$

其中, $\Theta_{\frac{n}{2}}(y,y)\in S_y\otimes S_y^*=\mathrm{End}(S_y)$. 为了计算超迹, 我们引入如下记号: 设 $I\subset\{1,\cdots,n\}$, 当 $I=\varnothing$ 时, 记 $e_I=1$; 当 $I=\{i_1,\cdots,i_k\}$ $(i_1<\cdots<i_k)$ 时, 记 $e_I=e_{i_1}\cdots e_{i_k}$. 这里 e_I 均可视为 S 的局部自同态.

引理 5.5.1 当 $I\neq\{1,\cdots,n\}$ 时 $\mathrm{tr}_s(e_I)=0$; 当 $I=\{1,\cdots,n\}$ 时, $\mathrm{tr}_s(e_I)=(-2\mathrm{i})^{\frac{n}{2}}$.

证明 当 $I=\varnothing$ 时, 我们有

$$\mathrm{tr}_s(e_I)=\mathrm{tr}\big(\mathrm{i}^{\frac{n}{2}}\nu\big)=0.$$

设 $I=\{i_1,\cdots,i_k\}\neq\{1,\cdots,n\}$. 取 $j\notin I$, 则

$$e_I=-e_I\cdot e_j\cdot e_j=(-1)^{k-1}e_j\cdot e_I\cdot e_j.$$

于是

$$\mathrm{tr}(\nu\cdot e_I)=-\mathrm{tr}(\nu\cdot e_I\cdot e_j\cdot e_j)=(-1)^k\mathrm{tr}(e_I\cdot e_j\cdot\nu\cdot e_j)$$

$$=(-1)^k\mathrm{tr}(\nu\cdot e_j\cdot e_I\cdot e_j)=-\mathrm{tr}(\nu\cdot e_I),$$

这说明 $\mathrm{tr}_s(e_I)=\mathrm{tr}\big(\mathrm{i}^{\frac{n}{2}}\nu\cdot e_I\big)=0$.

当 $I=\{1,\cdots,n\}$ 时, $e_I=\nu$. 此时有

$$\mathrm{tr}_s(e_I)=\mathrm{tr}\big(\mathrm{i}^{\frac{n}{2}}\nu^2\big)=\mathrm{tr}\big((-\mathrm{i})^{\frac{n}{2}}\mathrm{id}\big)=(-\mathrm{i})^{\frac{n}{2}}\mathrm{rank}(S)=(-2\mathrm{i})^{\frac{n}{2}}.$$

引理得证. □

如果记 $\Theta_j(x,y)=\Theta_{j,I}(x,y)e_I$, 则上述引理表明

$$\mathrm{ind}(\not{D})=\frac{(-2\mathrm{i})^{\frac{n}{2}}}{(4\pi)^{\frac{n}{2}}}\int_M \Theta_{\frac{n}{2},\{1,\cdots,n\}}(y,y)\,\mathrm{d}y. \tag{5.45}$$

尽管我们知道 $\Theta_{\frac{n}{2},\{1,\cdots,n\}}(y,y)$ 可以用度量和联络的系数及其导数的代数组合表示, 要直接求出它的表达式仍然非常困难. 下面我们采用 Getzler 的放缩技巧来进行计算.

因为只需要进行局部的计算, 我们在以 y 为坐标原点的正规坐标系中讨论问题. 此时, S 可视为平凡丛, 其纤维可等同于 $\mathbb{C}l(T_yM)$ 的子空间. 设 $\lambda>0$, M 上的黎曼度量 g 经过放缩后变成 $g_\lambda=\lambda^2 g$. (T_yM,g_λ) 生成的 Clifford 代数记为 $\mathbb{C}l(T_yM)_\lambda$. 令

$$U_\lambda:\mathbb{C}l(T_yM)\to\mathbb{C}l(T_yM)_\lambda,\quad e_I\mapsto\lambda^{-|I|}e_I,$$

则 U_λ 为保内积的代数同构. 设 s 为 S 在 y 附近的截面, 记

$$(\phi_\lambda s)(x) = U_\lambda s(\lambda x).$$

令

$$\not{D}_\lambda = \lambda\phi_\lambda \not{D}\phi_\lambda^{-1}, \quad K_\lambda(t,x,y) = \lambda^n U_\lambda K(\lambda^2 t, \lambda x, y).$$

容易看出 $K_\lambda(t,x,y)$ 满足如下热方程

$$\left[\partial_t + \not{D}_\lambda^2\right] K_\lambda(t,x,y) = 0.$$

由式 (5.34) 可得 $K_\lambda(t,x,y)$ 的如下渐近展开

$$K_\lambda(t,x,y) \sim h(t,x,y)\sum_{j,I} t^j \lambda^{2j-|I|}\Theta_{j,I}(\lambda x, y)e_I, \tag{5.46}$$

由此可见当 $t \to 0^+$ 时 $K_\lambda(t,x,y)$ 趋于 δ 函数. 这说明 $K_\lambda(t,x,y)$ 是 $\not{D}_\lambda$ 的热核. $\not{D}_\lambda$ 称为放缩后的 Dirac 算子. 当 $\lambda \to 0^+$ 时, $\not{D}_\lambda^2$ 的极限有很好的表达式.

我们在 y 附近的正规坐标系 $\{x^i\}$ 中计算极限 $\lim\limits_{\lambda\to 0^+} \not{D}_\lambda^2$. 记 $\partial_i = \dfrac{\partial}{\partial x^i}$. 在 T_yM 中 $\{e_i = \partial_i|_y\}$ 为一组标准正交基, 将 $\{e_i\}$ 沿径向测地线平行移动, 得到的局部标准正交基仍记为 $\{e_i\}$. 记

$$De_i = e_j \otimes \omega_i^j,$$

其中, D 和 $\{\omega_i^j\}$ 分别为联络和相应的联络形式. 由 $\{e_k\}$ 沿径向测地线平行可得

$$x^i D_{\partial_i} e_k = D_{x^i\partial_i} e_k = 0.$$

于是有

$$0 = x^j D_{\partial_j}\big(x^i D_{\partial_i} e_k\big) = x^i D_{\partial_i} e_k + x^j x^i D_{\partial_j} D_{\partial_i} e_k = x^j x^i D_{\partial_j} D_{\partial_i} e_k.$$

特别地, 在坐标原点处有

$$D_{\partial_j} D_{\partial_i} e_k + D_{\partial_i} D_{\partial_j} e_k = 0.$$

此时

$$R(e_i, e_j)e_k = D_{\partial_j} D_{\partial_i} e_k - D_{\partial_i} D_{\partial_j} e_k + D_{[\partial_i, \partial_j]} e_k = -2 D_{\partial_i} D_{\partial_j} e_k.$$

在坐标原点处, 上式表明

$$\begin{aligned}\partial_i\big(\omega_k^l(\partial_j)\big) &= \partial_i\langle D_{\partial_j} e_k, e_l\rangle = \langle D_{\partial_i} D_{\partial_j} e_k, e_l\rangle + \langle D_{\partial_j} e_k, D_{\partial_j} e_l\rangle \\ &= -\frac{1}{2} R(e_i, e_j, e_k, e_l).\end{aligned}$$

于是 $\omega_k^l(\partial_j)$ 在坐标原点附近有如下 Taylor 展开

$$\begin{aligned}\omega_k^l(\partial_j) &= \omega_k^l(\partial_j)(0) + x^i\partial_i\big(\omega_k^l(\partial_j)\big) + O\big(|x|^2\big) \\ &= -\frac{1}{2} x^i R(e_i, e_j, e_k, e_l) + O\big(|x|^2\big).\end{aligned}$$

设 s 为 S 在坐标原点附近的截面. 由式 (4.46) 可得

$$\begin{aligned} D_{\partial_j}s &= \partial_j s + \frac{1}{4}\omega_k^l(\partial_j)e_k\cdot e_l\cdot s \\ &= \partial_j s - \frac{1}{8}x^i R(e_i,e_j,e_k,e_l)e_k\cdot e_l\cdot s + O\big(|x|^2\big). \end{aligned}$$

因此有

$$\lambda\phi_\lambda D_{\partial_j}\phi_\lambda^{-1}s = \partial_j s - \frac{1}{8}x^i R(e_i,e_j,e_k,e_l)e_k\cdot e_l\cdot s + O(\lambda).$$

由式 (4.49) 可得

$$\not{D}^2 s = -\mathrm{tr}D^2 s + \frac{\sigma}{4}s = g^{ij}D_{D_{\partial_j}\partial_i}s - g^{ij}D_{\partial_i}D_{\partial_j}s + \frac{\sigma}{4}s,$$

其中, (g^{ij}) 为度量矩阵的逆矩阵, σ 为数量曲率. 由以上讨论可得

$$\not{D}_\lambda^2 s = -\sum_j\left(\partial_j - \frac{1}{8}x^i\hat{R}_{ij}\right)^2 s + O(\lambda),$$

其中, $\hat{R}_{ij} = R(e_i,e_j,e_k,e_l)e_k\cdot e_l$. 这说明

$$\lim_{\lambda\to 0^+}\not{D}_\lambda^2 = \not{D}_0^2 = -\sum_j\left(\partial_j - \frac{1}{8}x^i\hat{R}_{ij}\right)^2.$$

注意到当 $\lambda\to 0^+$ 时, $\mathbb{C}l(T_yM)_\lambda$ 中的 Clifford 乘积趋于外积运算, 即 $\mathbb{C}l(T_yM)_0$ 与 $\wedge^*T_y^*M$ 代数同构. $\not{D}_0^2$ 最终作用在 $\wedge^*T_y^*M$-值函数上. 这时 $\not{D}_0^2$ 可写为

$$\not{D}_0^2 = -\sum_j\left(\partial_j - \frac{1}{4}x^i\Omega_{ij}\right)^2,$$

其中, Ω_{ij} 为 y 处的曲率形式. 我们要研究 $\not{D}_0^2$ 的热核.

命题 5.5.2 设 $\{e_i\}$ 为 $\mathbb{R}^n$ 中的标准正交基, $x = x^ie_i$ 为直角坐标. 设 $\theta:\mathbb{R}^n\to\mathbb{R}^n$ 为斜对称线性变换, 考虑 $\mathbb{R}^n$ 上如下算子

$$L = -\sum_j\left(\partial_j - \frac{1}{4}x^i\theta_{ij}\right)^2,$$

其中, $\theta_{ij} = \langle\theta(e_i),e_j\rangle$. 当 $t>0$ 充分小时, 以下函数

$$q(t,x) = (4\pi t)^{-\frac{n}{2}}\det{}^{\frac{1}{2}}\left(\frac{t\theta/2}{\sinh(t\theta/2)}\right)\exp\left(-\frac{1}{4t}\left\langle\frac{t\theta}{2}\left(\coth\frac{t\theta}{2}\right)x,x\right\rangle\right) \tag{5.47}$$

满足如下方程

$$\partial_t q + Lq = 0.$$

证明 算子 L 可写为

$$L = -\partial_j\partial_j + \frac{1}{16}x^kx^l(\theta^2)_{kl} + \frac{1}{2}x^i\theta_{ij}\partial_j.$$

易见 L 在正交变换下具有形式不变性, 因此我们可以假设 (θ_{ij}) 等于以下 2×2 的标准块

的直和

$$\begin{pmatrix} 0 & \omega_k \\ -\omega_k & 0 \end{pmatrix}, \quad k = 1, \cdots, \frac{n}{2}.$$

此时 L 可写为

$$L = \sum_{k=1}^{n/2} \Big(- \partial_{2k-1}^2 - \partial_{2k}^2 - \frac{\omega_k^2}{16} \big[|x^{2k-1}|^2 + |x^{2k}|^2 \big] \Big) + \sum_{k=1}^{n/2} \frac{\omega_k}{2} \big(x^{2k-1} \partial_{2k} - x^{2k} \partial_{2k-1} \big).$$

记

$$L_{k,0} = -\partial_{2k-1}^2 - \partial_{2k}^2 - \frac{\omega_k^2}{16} \big[|x^{2k-1}|^2 + |x^{2k}|^2 \big], \quad L_{k,1} = \frac{\omega_k}{2} \big(x^{2k-1} \partial_{2k} - x^{2k} \partial_{2k-1} \big).$$

根据下一小节中的 Mehler 公式, 如下函数

$$p_k(t,x) = \frac{1}{4\pi t} \frac{\mathrm{i}t\omega_k/2}{\sinh(\mathrm{i}t\omega_k/2)} \exp\Big(- \frac{|x^{2k-1}|^2 + |x^{2k}|^2}{4t} \frac{\mathrm{i}t\omega_k}{2} \coth \frac{\mathrm{i}t\omega_k}{2} \Big)$$

满足方程

$$\partial_t p_k + L_{k,0} p_k = 0.$$

注意到 $L_{k,1}$ 在 $|x^{2k-1}|^2 + |x^{2k}|^2$ 上的作用为零, 因此 p_k 也满足如下方程

$$\partial_t p_k + L_k p_k = 0,$$

其中, $L_k = L_{k,0} + L_{k,1}$. 这说明函数 $q(t,x) = p_1(t,x) \cdots p_{\frac{n}{2}}(t,x)$ 满足方程

$$\partial_t q + Lq = 0.$$

注意到全纯函数 $\dfrac{z}{\sinh z}$ 在 $z = 0$ 附近可以展开为 Taylor 级数

$$\frac{z}{\sinh z} = 1 + a_1 z^2 + a_2 z^4 + \cdots.$$

当 $t > 0$ 充分小时, 在上式中代入 $z = \dfrac{1}{2} t\theta$, 可以发现矩阵 $(t\theta/2)/\sinh(t\theta/2)$ 等于以下 2×2 标准块的直和

$$\begin{pmatrix} \frac{\mathrm{i}t\omega_k/2}{\sinh(\mathrm{i}t\omega_k/2)} & 0 \\ 0 & \frac{\mathrm{i}t\omega_k/2}{\sinh(\mathrm{i}t\omega_k/2)} \end{pmatrix}, \quad k = 1, \cdots, \frac{n}{2}.$$

同理, 矩阵 $(t\theta/2)\coth(t\theta/2)$ 等于以下 2×2 标准块的直和

$$\begin{pmatrix} \frac{\mathrm{i}t\omega_k}{2} \coth \frac{\mathrm{i}t\omega_k}{2} & 0 \\ 0 & \frac{\mathrm{i}t\omega_k}{2} \coth \frac{\mathrm{i}t\omega_k}{2} \end{pmatrix}, \quad k = 1, \cdots, \frac{n}{2}.$$

这说明 $q(t,x)$ 的确是式 (5.47) 所描述的那样. □

在式 (5.47) 中, 我们要求 $t > 0$ 充分小, 否则级数可能发散. 不过, 如果 θ 是幂零矩阵, 则级数只有有限项不为零, 从而对 $t > 0$ 均有意义. 特别地, 在式 (5.47) 中以曲率矩阵 $\varOmega$ 代替 θ, 所得函数为

$$K_0(t,x) = (4\pi t)^{-\frac{n}{2}} \det{}^{\frac{1}{2}} \Big(\frac{t\varOmega/2}{\sinh(t\varOmega/2)} \Big) \exp\Big(- \frac{1}{4t} \Big\langle \frac{t\varOmega}{2} \Big(\coth \frac{t\varOmega}{2} \Big) x, x \Big\rangle \Big).$$

$K_0(t,x)$ 必定也满足方程

$$\partial_t K_0 + \not{D}_0^2 K_0 = 0.$$

特别地, 当 $x=0$(坐标原点) 时, $K_0(t,0)$ 可展开为

$$K_0(t,0) = (4\pi t)^{-\frac{n}{2}} \det{}^{\frac{1}{2}}\left(\frac{t\Omega/2}{\sinh(t\Omega/2)}\right) = (4\pi t)^{-\frac{n}{2}} \sum_{j=0}^{[n/4]} b_j (t/2)^{2j} \Omega^{2j}.$$

由 $\not{D}_\lambda^2 = \not{D}_0^2 + O(\lambda)$ 和式 (5.34) 的证明可得

$$\lim_{\lambda\to 0^+} \sum_{j,I} t^j \lambda^{2j-|I|} \Theta_{j,I}(y,y) e_I = \sum_{j=0}^{[n/4]} b_j (t/2)^{2j} \Omega^{2j}.$$

特别地, 当 $|I| > 2j$ 时, 上式表明 $\Theta_{j,I}(y,y)=0$. 在上式中比较 $t^{\frac{n}{2}}$ 的项, 当 $I=\{1,\cdots,n\}$ 时, 由于 Clifford 乘积运算趋于外积运算, e_I 就趋于 M 的体积元. 因此有

$$t^{\frac{n}{2}} \Theta_{\frac{n}{2},\{1,\cdots,n\}}(y,y)\,\mathrm{d}y = \det{}^{\frac{1}{2}}\left(\frac{t\Omega/2}{\sinh(t\Omega/2)}\right) \text{ 中的 } n\text{-形式项}. \tag{5.48}$$

由式 (5.45) 可得

$$\operatorname{ind}(\not{D}) = \int_M \det{}^{\frac{1}{2}}\left(\frac{\Omega/4\pi\mathrm{i}}{\sinh(\Omega/4\pi\mathrm{i})}\right) = \int_M \hat{A}(TM),$$

其中, $\hat{A}(TM)$ 是例 3.8.7 所定义的 $\hat{A}$-类. 于是我们得到了如下结果, 它是 Atiyah-Singer 指标公式 (定理) 的一个特殊情形.

定理 5.5.3 (Atiyah-Singer) 设 M 为偶数维闭的定向黎曼流形. 如果 M 具有自旋结构, $\not{D}$ 为旋量丛的 Dirac 算子, 则

$$\operatorname{ind}(\not{D}) = \hat{A}(M) = \int_M \hat{A}(TM). \tag{5.49}$$

特别地, $\hat{A}(M)$ 为整数.

§5.5.2 谐振子

设 $a>0$, 考虑如下作用在 $L^2(\mathbb{R})$ 中的无界算子

$$H = -\frac{\mathrm{d}^2}{\mathrm{d}x^2} + a^2x^2,$$

H 称为**谐振子**. 算子 H 自然地出现在量子力学中. 按照物理学中的习惯, 记

$$A = ax + \frac{\mathrm{d}}{\mathrm{d}x},\quad A^* = ax - \frac{\mathrm{d}}{\mathrm{d}x},$$

A 称为湮没算符, A^* 称为生成算符.

设 f 为 $\mathbb{R}$ 上的速降函数. 如果 f 是光滑的, 且其各阶导数仍为速降函数, 则称 f 为 Schwartz 函数. Schwartz 函数的全体组成的函数空间称为 Schwartz 空间, 记为 $\mathcal{S}(\mathbb{R})$.

算子 H, A, A^* 将 $\mathcal{S}(\mathbb{R})$ 映入 $\mathcal{S}(\mathbb{R})$. 直接的计算表明, 这些算子满足如下关系

$$\begin{aligned} &AA^* = H + a, \quad A^*A = H - a, \\ &[A, A^*] = 2a, \quad [H, A] = -2aA, \quad [H, A^*] = 2aA. \end{aligned} \tag{5.50}$$

谐振子 H 的基态是指满足如下条件的函数 $\psi_0 \in L^2(\mathbb{R})$:

$$A\psi_0 = 0, \quad \|\psi_0\|_0 = 1.$$

按照定义, 基态 ψ_0 满足如下方程

$$\frac{\mathrm{d}\psi_0}{\mathrm{d}x} + ax\psi_0 = 0,$$

此方程的解形如 $\psi_0(x) = C\exp\big(-ax^2/2\big)$. 我们取 $C = a^{\frac{1}{4}}\pi^{-\frac{1}{4}}$, 使得 ψ_0 满足归一化条件 $\|\psi_0\|_0 = 1$.

由 $A^*A = H - a$ 可见 $H\psi_0 = a\psi_0$, 即基态为 H 的特征向量, 对应的特征值为 a. 当 $k \geqslant 1$ 时, 递归地定义激发态 ψ_k 如下

$$\psi_k = (2ka)^{-\frac{1}{2}} A^*\psi_{k-1}. \tag{5.51}$$

易见 ψ_k 均属于 $\mathcal{S}(\mathbb{R})$.

引理 5.5.4　ψ_k 均为 H 的特征向量, 对应的特征值为 $(2k+1)a$. 并且 $\|\psi_k\|_0 = 1$, 即激发态都是归一化的.

证明　由归纳法和式 (5.50) 可得

$$\begin{aligned} H\psi_k &= (2ka)^{-\frac{1}{2}} HA^*\psi_{k-1} = (2ka)^{-\frac{1}{2}}(A^*H + 2aA^*)\psi_{k-1} \\ &= (2ka)^{-\frac{1}{2}} A^*\big((2k-1)a\psi_{k-1} + 2a\psi_{k-1}\big) \\ &= (2k+1)a\psi_k. \end{aligned}$$

同理可得

$$\begin{aligned} \|\psi_k\|_0^2 &= \frac{1}{2ka}(A^*\psi_{k-1}, A^*\psi_{k-1}) = \frac{1}{2ka}(AA^*\psi_{k-1}, \psi_{k-1}) \\ &= \frac{1}{2ka}\big((H+a)\psi_{k-1}, \psi_{k-1}\big) = \frac{1}{2ka}\big((2ka)\psi_{k-1}, \psi_{k-1}\big) \\ &= 1. \end{aligned}$$

引理得证. □

下面我们要说明 $\{\psi_k\}$ 构成了 $L^2(\mathbb{R})$ 中的一组完备基. 由于 $\mathcal{S}(\mathbb{R})$ 在 $L^2(\mathbb{R})$ 中稠密, 我们只要说明 $\mathcal{S}(\mathbb{R})$ 中的函数在 $L^2(\mathbb{R})$ 中均可由 $\{\psi_k\}$ 张成即可. 设 $f \in \mathcal{S}(\mathbb{R})$, 记 $a_k = (f, \psi_k)$. 对任意 $l \geqslant 1$, 均有

$$\begin{aligned} |a_k| &= |(f, \psi_k)| = [(2k+1)a]^{-l}|(f, H^l\psi_k)| \\ &= [(2k+1)a]^{-l}|(H^l f, \psi_k)| \leqslant \frac{C_l}{[(2k+1)a]^l}, \end{aligned}$$

其中, C_l 是依赖于 l 的常数. 满足上述不等式的数列称为关于 k 速降的数列. 记

$$g = f - \sum_{k=0}^{\infty} a_k \psi_k \in L^2(\mathbb{R}),$$

则 $(g, \psi_k) = 0, \forall\, k \geqslant 0$. 这说明对任意多项式 $p(x)$, 均有

$$\int_{\mathbb{R}} g(x)p(x)\exp\big(-ax^2/2\big)\,\mathrm{d}x = 0. \tag{5.52}$$

任取 $\lambda \in \mathbb{R}$, 由指数函数的 Taylor 展开可得

$$\exp\big(\mathrm{i}\lambda x - a^2x^2/2\big) = \sum_{j=0}^{\infty} \frac{(\mathrm{i}\lambda)^j}{j!} x^j \exp\big(-a^2x^2/2\big).$$

上式在 $L^2(\mathbb{R})$ 中也是成立的, 这可由如下估计看出

$$\int_{\mathbb{R}} x^{2j}\exp\big(-a^2x^2\big)\,\mathrm{d}x = \frac{1}{a^{2j+1}}\Gamma\big(j+1/2\big) \leqslant \frac{j!}{a^{2j+1}}.$$

于是由式 (5.52) 可得

$$\int_{\mathbb{R}} g(x)\exp(\mathrm{i}\lambda x)\exp\big(-a^2x^2\big)\,\mathrm{d}x = 0, \quad \forall\, \lambda \in \mathbb{R}.$$

由 Fourier 变换的 Plancherel 等式可得 $g = 0 \in L^2(\mathbb{R})$.

进一步, 我们还可说明 $g = 0$ 在 $\mathcal{S}(\mathbb{R})$ 也成立. 一般地, 设 $f \in L^2(\mathbb{R})$, 记 $a_k = (f, \psi_k)$, $\{a_k\}$ 称为 f 的广义 Fourier 系数. 如果 $\{a_k\}$ 关于 k 是速降的, 则对任意 $l \geqslant 0$, 级数

$$\sum_{k=0}^{\infty} a_k A^l \psi_k, \quad \sum_{k=0}^{\infty} a_k (A^*)^l \psi_k$$

在 $L^2(\mathbb{R})$ 中均收敛. 这说明

$$\sum_{k=0}^{\infty} a_k \frac{d^l}{\mathrm{d}x^l}\psi_k, \quad \sum_{k=0}^{\infty} a_k x^l \psi_k$$

在 $L^2(\mathbb{R})$ 中均收敛. 利用 $\mathbb{R}$ 上的 Sobolev 空间理论可说明 $\sum\limits_{k=0}^{\infty} a_k\psi_k$ 在 $\mathcal{S}(\mathbb{R})$ 中收敛, 即 $f \in \mathcal{S}(\mathbb{R})$.

命题 5.5.5 设 φ 是定义在 $\{(2k+1)a\}$ 上的有界函数, 则 $\varphi(H)$ 为 $L^2(\mathbb{R})$ 上的有界算子, 并且将 $\mathcal{S}(\mathbb{R})$ 映入 $\mathcal{S}(\mathbb{R})$.

证明 设 $f \in L^2(\mathbb{R})$, $\{a_k\}$ 为 f 的广义 Fourier 系数, 则

$$\varphi(H)f = \sum_{k=0}^{\infty} \varphi\big((2k+1)a\big) a_k \psi_k,$$

由此显然可以看出 $\varphi(H)$ 是从 $L^2(\mathbb{R})$ 到 $L^2(\mathbb{R})$ 的有界线性算子. 如果 $f \in \mathcal{S}(\mathbb{R})$, 则 $\{a_k\}$ 关于 k 是速降的. 此时 $\{\varphi\big((2k+1)a\big)a_k\}$ 关于 k 也是速降的, 这说明 $\varphi(H)f \in \mathcal{S}(\mathbb{R})$. □

特别地, 当 $\phi \in \mathcal{S}(\mathbb{R}), t \geqslant 0$ 时, $\exp(-tH)\phi \in \mathcal{S}(\mathbb{R})$. 记 $\phi_t(x) = \phi(t,x) = \exp(-tH)\phi(x)$,

则 $\phi_t(x)$ 满足如下热方程

$$\partial_t\phi_t + H\phi_t = 0, \quad \phi_0 = \phi. \tag{5.53}$$

算子 $\exp(-tH)$ 可表示为

$$\exp(-tH)\phi(x) = \int_{\mathbb{R}} p(t,x,y)\phi(y)\,\mathrm{d}y, \quad \phi \in \mathcal{S}(\mathbb{R}),$$

其中, $p_t(x,y) = p(t,x,y)$ 为 $\exp(-tH)$ 的热核, 它可写为

$$p_t(x,y) = \sum_{k=0}^{\infty} \exp\big(-t(2k+1)a\big)\psi_k(x)\psi_k(y).$$

$p_t(x,y)$ 还可以写成更紧凑的形式. 根据 ψ_k 的定义, 我们可以猜测 $p_t(x,y)$ 应形如

$$p_t(x,y) = \exp\big(\alpha(t)x^2/2 + \beta(t)xy + \alpha(t)y^2/2 + \gamma(t)\big).$$

p_t 关于 t, x 要满足热方程 (5.53), 于是可得

$$\big[\dot\alpha(t)x^2/2 + \dot\beta(t)xy + \dot\alpha(t)y^2/2 + \dot\gamma(t) - (\alpha(t)x + \beta(t)y)^2 - \alpha(t) + a^2x^2\big]p_t(x,y) = 0.$$

因此待定系数 $\alpha(t)$, $\beta(t)$ 和 $\gamma(t)$ 必须满足如下方程

$$\dot\alpha(t)/2 - \alpha^2(t) + a^2 = 0, \quad \dot\beta(t) - 2\alpha(t)\beta(t) = 0,$$

$$\dot\alpha(t)/2 - \beta^2(t) = 0, \quad \dot\gamma(t) - \alpha(t) = 0.$$

由此可以解出

$$\alpha(t) = -a\coth(2at + C), \quad \beta(t) = \frac{a}{\sinh(2at+C)}, \quad \gamma(t) = -\frac{1}{2}\ln\sinh(2at+C) + D.$$

当 $t \to 0^+$ 时, 要求 p_t 趋于 δ 函数. 于是常数 C, D 只能选择为

$$C = 0, \quad D = \frac{1}{2}\ln\frac{a}{2\pi}.$$

根据热核的唯一性, 最后我们得到

$$p_t(x,y) = \sqrt{\frac{a}{2\pi\sinh(2at)}}\exp\left[\frac{-a(x^2+y^2)\cosh(2at) + 2axy}{2\sinh(2at)}\right], \tag{5.54}$$

上式称为 **Mehler 公式**. 特别地, 当 $y = 0$ 时, 有

$$p(t,x) = p(t,x,0) = \sqrt{\frac{a}{2\pi\sinh(2at)}}\exp\left[\frac{-ax^2\coth(2at)}{2}\right].$$

在以上讨论中, 我们假定 a 为正实数. 在应用到指标公式的证明时, 需要考虑 a 为复数的情形. 注意到当 $t > 0$ 且充分小时, $p(t,x)$ 关于 $a \in \mathbb{C}$ 为全纯函数. 因此, 即使 a 为复数, 当 $t > 0$ 且充分小时, $p(t,x)$ 仍然满足方程

$$\frac{\partial p}{\partial t} - \frac{\partial^2 p}{\partial x^2} + a^2x^2p = 0.$$

§5.5.3　Atiyah-Singer 指标公式

下面我们再简要讨论一般的 Atiyah-Singer 指标公式.

设 S 为 M 上的 Clifford 丛. 如果 F 为 M 上的向量丛, 具有 Hermite 度量以及与度量相容的联络 D, 则 $S\otimes F$ 也是 M 上的 Clifford 丛, 其 Clifford 乘积作用在 S 分量上. 相应的 Dirac 算子记为 $\not{D}_F$. 如果 s、v 分别为 S 和 F 的截面, 则

$$\not{D}_F(s\otimes v)=\not{D}s\otimes v+(e_i\cdot s)\otimes D_{e_i}v,$$

其中, $\{e_i\}$ 为 M 的局部标准正交标架. 我们有如下 Weitzenböck 公式

$$\not{D}_F^2(s\otimes v)=(\not{D}^2s)\otimes v-s\otimes \mathrm{tr}D^2v-2D_{e_i}s\otimes D_{e_i}v-\sum_{i<j}(e_i\cdot e_j\cdot s)\otimes R(e_i,e_j)v. \tag{5.55}$$

设 M 具有自旋结构, S 为旋量丛. 记 $\not{D}_{F,\lambda}=\lambda\phi_\lambda\not{D}_F\phi_\lambda^{-1}$, 则

$$\not{D}_{F,0}^2=\lim_{\lambda\to0^+}\not{D}_{F,\lambda}^2=\not{D}_0^2-\Omega^F,$$

其中, $\Omega^F=\dfrac{1}{2}\omega^i\wedge\omega^jR(e_i,e_j)$ 在 S 分量上的作用为外积, 在 F 分量上的作用为曲率算子. $\{\omega^i\}$ 为 $\{e_i\}$ 的对偶余切标架. 由于算子 $\not{D}_0^2$ 和 Ω^F 可交换次序, 下面的函数

$$K_{F,0}(t,x)=K_0(t,x)\exp\big(-t\Omega^F\big)$$

就满足方程

$$\partial_tK_{F,0}+\not{D}_{F,0}^2K_{F,0}=0.$$

$\not{D}_F^2$ 的热核 $K(t,x,y)$ 的渐近展开式记为 $(4\pi t)^{-\frac{n}{2}}\sum_j t^j\Theta_j(x,y)$. 设 $c\in\mathbb{C}l(T_yM)$, $A\in\mathrm{End}(F_y)$, 容易验证

$$\mathrm{tr}_s(c\otimes A)=\mathrm{tr}_s(c)\mathrm{tr}A.$$

与式 (5.48) 类似, 我们有

$$t^{\frac{n}{2}}\Theta_{\frac{n}{2},\{1,\cdots,n\}}(y,y)\,\mathrm{d}y=\det{}^{\frac{1}{2}}\Big(\frac{t\Omega/2}{\sinh t\Omega/2}\Big)\mathrm{tr}\exp\big(-t\Omega^F\big)\ \text{中的}\ n\text{-形式项}.$$

这说明

$$\mathrm{ind}(\not{D}_F)=\int_M\hat{A}(TM)\mathrm{tr}\exp\Big(-\frac{1}{2\pi\mathrm{i}}\Omega^F\Big)=\int_M\hat{A}(TM)\mathrm{ch}(F),$$

其中, $\mathrm{ch}(F)$ 为向量丛 F 的 Chern 特征 (见例 3.8.5).

$\not{D}_F$ 称为变形 Dirac 算子或以向量丛 F 为系数的 Dirac 算子. 我们将前面的讨论总结为如下定理.

定理 5.5.6 (Atiyah-Singer) *设 M 为具有自旋结构的偶数维定向闭流形, $\not{D}_F$ 是以向量丛 F 为系数的 Dirac 算子, 则*

$$\mathrm{ind}(\not{D}_F)=\int_M\hat{A}(TM)\mathrm{ch}(F). \tag{5.56}$$

式(5.56) 是更一般的 Atiyah-Singer 指标公式的特殊情形. 为了叙述这个一般的公式, 我们再引进一些概念.

设 E,F 为流形 M 上的向量丛 (实的或复的都可以), $L:\Gamma(E)\to\Gamma(F)$ 为线性映射. 我们称 L 为阶数不超过 k 的微分算子, 如果对 E,F 的任意给定的局部平凡化, L 的局部

表示均形如

$$(Lf)_i = \sum_{|\alpha|\leqslant k}\sum_j a_{i\alpha}^j \partial^\alpha f_j,$$

其中, $(f_1,\cdots,f_j,\cdots)$ 为 $f\in\Gamma(E)$ 的局部表示, $\big((Lf)_1,\cdots,(Lf)_i,\cdots\big)$ 为 Lf 的局部表示. α 为多重指标, $a_{i\alpha}^j$ 为 M 上的局部 (光滑) 函数.

微分算子也可以不借助局部平凡化而用内蕴的方法描述. 以 $\mathbb{R}^n$ 中的一阶偏微分算子为例. 设 $T: C^\infty(\mathbb{R}^n)\to C^\infty(\mathbb{R}^n)$ 为线性映射, 对任意光滑函数 ϕ, 定义线性映射 $[T,\phi]$ 为

$$[T,\phi]f = T(\phi f)-\phi T(f),\quad f\in C^\infty(\mathbb{R}^n).$$

如果 $T = a_i\partial_i$ 为一阶偏微分算子, 则

$$[T,\phi]f = a_i\partial_i(\phi f)-\phi a_i\partial_i f = (a_i\partial_i\phi)f,$$

即 $[T,\phi]$ 不再含有求导运算, 它是零阶微分算子. 一般地, 如果 T 为 $\mathbb{R}^n$ 中的 k 阶微分算子, 则 $[T,\phi]$ 为 $\mathbb{R}^n$ 中的 $k-1$ 阶微分算子. 利用这一观察, 我们可以递归地定义向量丛上的微分算子. 向量丛 E 到 F 的丛同态称为零阶微分算子. 等价地说, 线性映射 $L:\Gamma(E)\to\Gamma(F)$ 称为零阶微分算子, 如果对任意 $\phi\in C^\infty(M)$, $f\in\Gamma(E)$, 下式成立

$$[T,\phi]f = T(\phi f)-\phi T(f) = 0.$$

如果对任意 $\phi\in C^\infty(M)$, $[T,\phi]$ 均为阶数不超过 $k-1$ 的微分算子, 则称 T 为阶数不超过 k 的微分算子.

设 T^*M 为 M 的余切丛, π 为丛投影. π^*E,π^*F 分别为 E,F 的拉回丛. 给定阶数不超过 k 的微分算子, 我们定义一个丛同态 $\sigma_k(L):\pi^*E\to\pi^*F$ 如下: 设 $\xi\in T_p^*M$, $e\in E_p$. 选取 M 上的光滑函数 φ 以及 E 的光滑截面 f, 使得

$$\varphi(p)=0,\quad \mathrm{d}\varphi(p)=\xi,\quad f(p)=e.$$

令

$$\sigma_k(L)(\xi)e = L\Big(\frac{1}{k!}\varphi^k f\Big)(p)\in F_p, \tag{5.57}$$

不难验证上式右边不依赖于 φ 和 f 的选取. 对任意 $\xi\in T_p^*M$, $\sigma_k(L)(\xi)$ 均为从 E_p 到 F_p 的线性映射. 显然, 当 $\rho\in\mathbb{R}$ 时, $\sigma_k(L)(\rho\xi)=\rho^k\sigma_k(L)(\xi)$.

如果 $\sigma_k(L)$ 不恒为零, 我们就称 L 为 k 阶微分算子. 此时 $\sigma_k(L)$ 称为 L 的 (主) 象征 (symbol).

例 5.5.1 协变微分.

设 E 为 M 上的向量丛, D 为 E 上的联络. 联络也可视为如下协变微分

$$D:\Gamma(E)\to\Gamma(E\otimes T^*M),\quad \theta\mapsto D\theta.$$

由协变微分的局部表示可见它是一阶微分算子. 当 $\varphi\in C^\infty(M)$, $\theta\in\Gamma(E)$ 时, 有

$$D(\varphi\theta) = \theta\otimes\mathrm{d}\varphi+\varphi D\theta.$$

这说明 $\sigma_1(D)(\xi)e = e\otimes\xi$, $\forall\,\xi\in T_p^*M$, $e\in E_p$.

例 5.5.2 外微分及其伴随算子.

外微分算子 $\mathrm{d}:\Omega^q(M)\to\Omega^{q+1}(M)$ 为一阶微分算子. 当 $\varphi\in C^\infty(M)$, $\omega\in\Omega^q(M)$ 时,

有

$$\mathrm{d}(\varphi\omega) = \mathrm{d}\varphi \wedge \omega + \varphi \mathrm{d}\omega.$$

这说明 $\sigma_1(\mathrm{d})(\xi) = e(\xi)$, 其中 $e(\xi)$ 表示以 ξ 做外积.

设 M 为闭的 n 维定向黎曼流形, $*$ 为 Hodge 星算子. 此时, 外微分算子 d 的伴随算子为

$$\delta = (-1)^{n(q-1)+1} * \mathrm{d} * : \Omega^q(M) \to \Omega^{q-1}(M).$$

当 $\varphi \in C^\infty(M)$, $\omega \in \Omega^q(M)$ 时, 有

$$\delta(\varphi\omega) = -i\big((\mathrm{d}\phi)^{\#}\big)\omega + f\delta\omega,$$

其中, $(\mathrm{d}\varphi)^{\#}$ 为 $\mathrm{d}\varphi$ 的对偶. 这说明 $\sigma_1(\delta)(\xi) = -i(\xi^{\#})$.

设 L 为 k 阶微分算子. 如果对任意 $p \in M$ 和 $\xi \in T_p^*M \setminus \{0\}$, 映射

$$\sigma_k(L)(\xi) : E_p \to F_p$$

均为线性同构, 则称 L 为 k 阶**椭圆算子**.

例 5.5.3 Dirac 算子.

设 S 为 M 上的 Clifford 丛, $\not{D}$ 为 Dirac 算子. 当 $\varphi \in C^\infty(M)$, $s \in \Gamma(S)$ 时, 有

$$\not{D}(\varphi s) = (\mathrm{d}\varphi)^{\#} \cdot s + \varphi \not{D} s,$$

这说明 $\sigma_1(\not{D})(\xi) = c(\xi^{\#})$, 其中 c 表示 Clifford 乘积. 由此还可得到 $\sigma_2(\not{D}^2)(\xi) = -|\xi|^2$, 这说明 $\not{D}$, $\not{D}^2$ 分别为一阶和二阶椭圆算子.

例 5.5.4 Hodge-Laplace 算子.

设 M 为闭的定向黎曼流形. Hodge-de Rham 算子 $\mathrm{d} + \delta : \Omega^*(M) \to \Omega^*(M)$ 为一阶微分算子. 根据前面的例子, 我们有

$$\sigma_1(\mathrm{d}+\delta)(\xi) = \sigma_1(\mathrm{d})(\xi) + \sigma_1(\delta)(\xi) = e(\xi) - i(\xi^{\#}).$$

在等同 TM 和 T^*M 的情况下, $\sigma_1(\mathrm{d}+\delta)(\xi)$ 也就是外形式丛上的 Clifford 乘积运算. 因此, Hodge-Laplace 算子 $\Delta = (\mathrm{d}+\delta)^2$ 的象征为 $\sigma_2(\Delta)(\xi) = -|\xi|^2$, 这说明 $\mathrm{d}+\delta$ 为一阶椭圆算子, Δ 为二阶椭圆算子.

在本章头几节中, 我们研究了 Dirac 算子的解析性质 (主要是正则性). 这些讨论对于一般的椭圆算子仍然成立. 特别地, 设 M 为定向闭流形, E, F 为 M 上的向量丛, $P : \Gamma(E) \to \Gamma(F)$ 为椭圆算子, 则 $\mathrm{Ker}P$ 和 $\mathrm{Coker}P$ 为有限维子空间. 定义

$$\mathrm{ind}(P) = \dim \mathrm{Ker}P - \dim \mathrm{Coker}P,$$

$\mathrm{ind}(P)$ 称为 P 的解析指标. 在对算子 P 进行微扰时, 其解析指标 $\mathrm{ind}(P)$ 不变. 1960 年, Gel'fand 提出了如何用拓扑不变量表示解析指标的问题. 1963 年, Atiyah 和 Singer 解决了 Gel'fand 提出的问题.

在 n 维流形 M 上给定定向, 其余切丛 T^*M 上的定向可以用如下方式决定: 设 $\{x^i\}$ 为 $U \subset M$ 上的局部定向坐标, 则 T^*M 在 U 上的局部平凡化为

$$\Phi : T^*M|_U \to U \times \mathbb{R}^n, \quad \xi \in T_p^*M \mapsto \big(p, \xi(\partial_1), \cdots, \xi(\partial_n)\big).$$

我们选择 T^*M 的定向使得 Φ 是保持定向的. 记

$$S^*M = \{\xi \in T^*M \mid |\xi| = 1\}, \quad D^*M = \{\xi \in T^*M \mid |\xi| \leqslant 1\},$$

S^*M 为 T^*M 的单位球丛, D^*M 为 T^*M 的单位圆盘丛. 显然, D^*M 为定向带边流形, 其边界为 S^*M. 取两个一样的单位圆盘丛, 为了区别起见, 分别将它们记为 D_+^*M 和 D_-^*M. 将这两个单位圆盘丛沿着它们的公共边界 S^*M 黏合, 得到的无边流形记为 ΣM. ΣM 是 M 上的球丛, 其纤维为 S^n. 跟向量丛一样, 球丛 ΣM 和它的底空间 M 的 de Rham 上同调群之间有着所谓的 Thom 同构

$$\Psi : H_{dR}^*(\Sigma M) \to H_{dR}^{*-n}(M).$$

记椭圆算子 P 的象征为 $\sigma(P)$. 我们知道, $\sigma(P)(\xi)$ 关于 ξ 具有齐次性, 因此 $\sigma(P)$ 由它在单位球丛 S^*M 上的值唯一确定. 设 $\xi \in S_p^*M$, 则 $\sigma(P)(\xi)$ 是 E_p 和 F_p 之间的线性同构. 通过此同构我们将 $\pi^*E|_{D_+^*M}$ 和 $\pi^*|_{D_-^*M}$ 沿着 S^*M 黏合为 ΣM 上的向量丛, 记为 ΣP.

现在我们终于可以叙述 Atiyah-Singer 的结果了, 这可以说是 20 世纪最伟大的数学定理之一.

定理 5.5.7 (Atiyah-Singer) 设 M 为 n 维定向闭流形, E, F 为 M 上的向量丛, $P : \Gamma(E) \to \Gamma(F)$ 为椭圆算子, 则

$$\operatorname{ind}(P) = (-1)^{\frac{1}{2}n(n+1)} \int_M \Psi\big(\operatorname{ch}(\Sigma P)\big)\operatorname{Td}(TM \otimes \mathbb{C}), \tag{5.58}$$

其中, ch 和 Td 分别为向量丛的 Chern 特征和 Todd 类.

式(5.58) 称为 Atiyah-Singer 指标公式 (定理), 我们在前面所讨论过的 Gauss-Bonnet-Chern 公式和 Dirac 算子的指标公式等都是这个公式的特殊情形. 由于这个公式本身的重要性, 在过去的几十里人们从多个不同的角度给出了不同的证明和诠释. 这些证明可以粗略地分成三类: 配边 (cobordism) 理论式的证明, K-理论式的证明和热方程式的证明. 这些证明向我们展现了分析学, 几何学和拓扑学, 以及数学物理是如何互相关联在一起的. 关于这些证明的详细讨论超出了本书的范围, 不过可以证明式 (5.58) 可以约化为式 (5.56).

习题 5.5

1. 当 $k \geqslant 0$ 时, 定义 Hermite 多项式为

$$H_k(x) = (-1)^k \exp(x^2) \frac{\mathrm{d}^k}{\mathrm{d}x^k} \exp(-x^2).$$

当 $a = 1$ 时, 证明: 谐振子的激发态满足如下等式

$$\psi_k(x) = (2^k k! \sqrt{\pi})^{-\frac{1}{2}} H_k(x) \exp\big(-x^2/2\big), \quad \sum_{k=0}^{\infty} t^k \frac{H_k(x)}{k!} = \exp(2tx - t^2).$$

2. 当 $M = \mathbb{C}P^2$ 时, 证明: $\hat{A}(M) = -\dfrac{1}{8}$. 由此说明 $\mathbb{C}P^2$ 不具有自旋结构.
3. 利用式 (5.42) 和带系数的 Dirac 算子的指标公式重新证明 Gauss-Bonnet-Chern 公式.
4. 设 M 为闭的定向黎曼流形, 其维数 $\dim M = n$ 为偶数. 在外形式丛 $\wedge^* T^*M$ 上定义如下分次算子 ε

$$\varepsilon = \mathrm{i}^{n/2+q(q-1)} * : \Omega^q(M) \to \Omega^{n-q}(M).$$

此时 Hodge-de Rham 算子可分解为 $\mathrm{d} + \delta = \not{D}^+ \oplus \not{D}^-$, 记

$$\operatorname{Sign}(M) = \dim \operatorname{Ker} \not{D}^+ - \dim \operatorname{Ker} \not{D}^-.$$

当 $n/2$ 为偶数时, 用 Hodge 定理证明: $\mathrm{Sign}(M)$ 等于如下对称双线性型 (称为 M 的相交形式) 的指标

$$H_{dR}^{n/2}(M) \times H_{dR}^{n/2}(M) \to \mathbb{R}, \quad ([\omega],[\eta]) \mapsto \int_M \omega \wedge \eta,$$

其中, 对称双线性型的指标定义为该双线性型正特征值的个数减去负特征值的个数.

5. 接上一题, 当 $n/2$ 为偶数时, 利用带系数的 Dirac 算子的指标公式证明:

$$\mathrm{Sign}(M) = \int_M L(TM),$$

其中, $L(TM)$ 是切丛的 Hirzebruch L-类. 此结果称为 Hirzebruch Signature 定理.

6. 当流形 M 的维数为奇数时, 证明: M 上椭圆算子的指标为零.

参 考 文 献

陈省身, 陈维桓, 2001. 微分几何讲义 [M]. 2 版. 北京: 北京大学出版社.

梅加强, 2025. 数学分析 [M]. 3 版. 北京: 高等教育出版社.

伍鸿熙, 陈维桓, 1993. 黎曼几何选讲 [M]. 北京: 北京大学出版社.

伍鸿熙, 沈纯理, 虞言林, 1989. 黎曼几何初步 [M]. 北京: 北京大学出版社.

徐森林, 薛春华, 1991. 流形 [M]. 北京: 高等教育出版社.

许以超, 2008. 线性代数与矩阵论 [M]. 2 版. 北京: 高等教育出版社.

詹汉生, 1987. 微分流形导引 [M]. 北京: 北京大学出版社.

Atiyah M F, Bott R, Shapiro A, 1964. Clifford modules[J]. Topology, 3: 3-38.

Atiyah M F, Singer I M, 1968. The index of elliptic operators: I[J]. Annals of Mathematics, 87(3): 484-530.

Berline N, Getzler E, 2004. Vergne M. Heat Kernels and Dirac Operators[M]. Berlin: Springer-Verlag.

Bishop R L, Crittenden R J, 1964. Geometry of Manifolds[M]. New York: Academic Press.

Boothby W M, 1986. Introduction to Differentiable Manifolds and Riemannian Geometry[M]. New York: Academic Press.

Bott R, Tu L W, 1982. Differential Forms in Algebraic Topology[M]. Berlin: Springer-Verlag.

Bredon G E, 1993. Topology and Geometry[M]. New York: Springer-Verlag.

Chevalley C, 1999. Theory of Lie Groups[M]. Princeton: Princeton University Press.

Dugundji J, 1951. An extension of tietze's theorem[J]. Pacific Journal of Mathematics, 1(3): 353-367

Friedrich T, 2000. Dirac Operators in Riemannian Geometry[M]. Providence: American Mathematical Society.

Goldberg S I, 1962. Curvature and Homology[M]. New York: Academic Press.

Greub W, Halperin S, Vanstone R, 1972. De Rham Cohomology of Manifolds and Vector Bundles[M]//Connections, Curvature, and Cohomology. Vol. 1. New York: Academic Press.

Greub, W, Halperin S, Vanstone R, 1973. Lie Groups, Principal Bundles, and Characteristic Classes[M]//Connections, Curvature, and Cohomology. Vol. 2. New York: Academic Press.

Greub W, Halperin S, Vanstone R, 1976. Cohomology of Principal Bundles and Homogeneous Spaces[M]//Connections, Curvature, and Cohomology. Vol. 3. New York: Academic Press, 1976.

Guillemin V, Pollack A, 1974. Differential Topology[M]. New Jersey: Prentice-Hall Inc.

Helgason S, 1962. Differential Geometry and Symmetric Spaces[M]. New York: Academic Press.

Kobayashi S, Nomizu K, 1969. Foundations of Differential Geometry. Vol 2[M]. New York: John Wiley & Sons Inc.

Lawson H B, Michelson M L, 1989. Spin Geometry[M]. Princeton: Princeton University Press.

Milnor J W, 1997. Topology from the Differentiable Viewpoint[M]. Princeton: Princeton University Press.

Milnor J W, Stasheff J D, 1974. Characteristic Classes[M]. Princeton: Princeton University Press.

Nicolaescu L I, 1996. Lectures on the Geometry of Manifolds[M]. Singapore: World Scientific.

Roe J, 1998. Elliptic Operators, Topology and Asymptotic Methods[M]. 2nd ed. Harlow: Longman.

Warner F W, 1983. Foundations of Diferentiable Manifolds and Lie Groups[M]. Berlin: Springer-Verlag.

Wells R O, 1980. Differential Analysis on Complex Manifolds[M]. Berlin: Springer-Verlag.

Yoshida K, 1996. Functional Analysis[M]. Berlin: Springer-Verlag.
Yu Y L, 2001. The Index Theorem and the Heat Equation Method[M]. Singapore: World Scientific.
Zhang W P, 2001. Lectures on Chern-Weil Theory and Witten Deformations[M]. Singapore: World Scientific.

索　引